全国环境监察培训系列教材

污染源环境监察

环境保护部环境监察局 编

中国环境出版社·北京

图书在版编目（CIP）数据

污染源环境监察/环境保护部环境监察局编．—北京：中国环境出版社，2012.4（2014.6 重印）
全国环境监察培训系列教材
ISBN 978-7-5111-0906-4

Ⅰ．①污… Ⅱ．①环… Ⅲ．①污染源—环境监测—中国—技术培训—教材 Ⅳ．①X501

中国版本图书馆 CIP 数据核字（2012）第 023382 号

出 版 人 王新程
责任编辑 黄晓燕
文字编辑 刘 杨 董蓓蓓 袁彦婷 李兰兰
责任校对 唐丽虹
封面设计 玄石至上

出版发行 中国环境出版社
（100062 北京市东城区广渠门内大街 16 号）
网 址：http://www.cesp.com.cn
电子邮箱：bjgl@cesp.com.cn
联系电话：010-67112765（编辑管理部）
010-67112735（环评与监察图书出版中心）
发行热线：010-67125803，010-67113405（传真）
印 刷 北京市联华印刷厂
经 销 各地新华书店
版 次 2012 年 4 月第 1 版
印 次 2014 年 6 月第 3 次印刷
开 本 787×1092 1/16
印 张 28.5
字 数 600 千字
定 价 80.00 元

本书编审委员会

主　　编　毛应淮

副主编　曹晓凡

编写人员　宋海鸥　王仲旭　姚宝军　韩小铮　刘定慧

杜　卫　宫银海　戴秋香　赵　强　黄　宇

云利刚　唐海刚

序

目前，我国经济进入了工业化、城镇化快速发展的关键时期，传统发展方式带来的经济社会发展与人口资源环境压力加大的矛盾日益凸显。党中央、国务院高度重视我国环境保护监督管理水平的提高，国务院发布的《关于加强环境保护重点工作的意见》（国发[2011]35 号）明确指出应强化环境执法监管，并提出完善督查体制机制，加强国家环境监察职能。这为我们全面做好“十二五”环保工作、积极探索中国环保新道路、大力提高生态文明建设水平指明了方向。

周生贤部长指出，环境执法监督是环保部门的立局之本。加强环境执法监督，是全面贯彻落实科学发展观、推动环保历史性转变的有效手段，是维护群众环境权益、保障和改善民生的基本要求，是环保部门参与宏观决策的依据、环境综合管理的基础。建立权责明确、行为规范、监督有力、高效运转的环境执法监督体系至关重要。“十二五”期间，环境执法工作要紧紧围绕主题主线新要求，以环境执法监督理念和模式转变为主攻方向，以解决影响科学发展和损害群众健康的突出环境问题为工作重点，逐步实现环境执法“精细化、科学化、效能化、智能化”，构建完备的环境执法监督体系，适应经济社会发展新要求和人民群众的新期待。

环境监察队伍是我国环境保护现场监督管理的专门执法队伍，肩负着环境执法监督的重要任务，奋战在环境保护工作的第一线，他们的素质能力和知识水平直接关系到党和国家环境保护方针政策能否落到实处、环境保护法律法规能否得到贯彻执行。如何建设一流环境监察人才队伍，为环保事业的发展提供有力的人才保障和智力支持，是当前面临的一项重大课题。环境保护部一直十分重视环境监察队伍培训工作，特别是《关于加强全国环境保护系统人才队伍建设的若干意见》发布实施后，以规范环境监察队伍管理、提高执法效能为出发点，统筹规划，创新方式，实施全覆盖、多形式、高质量的环境监察岗位培训，切实提高了环境监察人员的综合素质和执法能力，为建设生态文明、探索环保新道路提供了环境执法保障。

为了进一步规范环境监察培训，夯实环境监察培训基础性工作，环监局组织有关专家，在总结全国环境执法实践的基础上，综合基层环境监察机构的需求，编制了环境监察专业知识培训系列教材。本系列培训教材的编制完成，对指导全国环境监察的岗位培训、提高环境监察人员的执法水平和业务素质、促进环境监察培训工作水平的提升，将发挥重要作用。希望环境监察战线的同志们认真学习，再接再厉，为做好环保执法工作、加快推进环保历史性转变、积极探索环保新道路、全面推进生态文明建设作出更大的贡献。

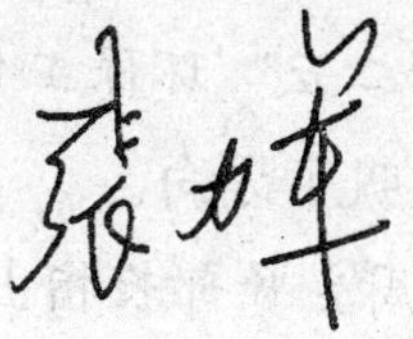

2011 年 12 月 22 日

前　言

《污染源环境监察》是《环境监察》系列辅助教材之一，是在《环境监察》（第三版）第二章的基础上对污染源监察工作的理论与方法进行较为详尽的阐述。

污染源环境监察是环境监察工作的重点之一。污染源环境监察如果只从废水、废气、固体废物和环境噪声等几个方面笼统地讲述已不能满足日常环境监察和排污核定工作的需要，很多学员也希望能从不同工业行业生产工艺、产排污规律及强度等方面介绍工业污染源环境监察的内容，实现污染源环境监察的精细化、规范化和高效化，提高工业行业的污染防治水平和环境监管水平。本书力求内容全面、翔实、实用，但由于篇幅所限，只讲述了部分重点污染行业的生产工艺、产排污规律及强度等方面的环境监察方法，既注重基础理论的阐述，又对实践中污染源环境监察工作的方法和内容进行了总结，实用性较强。

目前，环境保护部已经陆续颁布数个工业行业的现场环境监察执法指南，近期还将会有更多的工业行业的现场环境监察指南颁布。本书充分吸收了已经颁布实施的工业行业现场环境监察指南的内容，并将为后续制定的工业行业现场环境监察指南提供参考。

本书由环境保护部环境监察局组织编写，作为国家和省级环境监察岗位培训的辅助教材，也作为环境监察工作的指导书籍，同时可作为高等院校环境监察专业及相关专业的教学用书，还可作为企业相关工作人员的参考书。

全书共 14 章，在环境保护部环境监察局的指导下，由中国环境管理干部学院毛应淮、曹晓凡等人共同编写。其中第一、三、四、五、七、八、十章由毛应淮编写，第二、六、九、十一、十二、十三章由曹晓凡编写，第十四章由王仲旭编写，宋海鸥、姚宝军、刘定慧、韩小铮、杜卫、宫银海、于莉、翟国辉、戴秋香、赵强、黄宇、云利刚、唐海刚等同志参与编写。全书由毛应淮统稿和总体设计。

本书在编写过程中参考了环境保护部环境监察局有关污染源环境监察的文件和文献，由于我们水平有限，难免存在理解上的某些偏差，我们衷心希望有关领导和专家、读者提出宝贵意见。

编者

2012年1月

目　录

第一章　工业锅炉与火电工业污染源环境监察

第一节　工业锅炉与火电工业基础知识

一、工业锅炉基础知识

（一）工业锅炉的含义

锅炉（蒸汽发生器）是利用燃料或其他能源的热能，把工质（一般为净化的水）加热到一定参数（温度、压力）的换热设备。也可以说是生产蒸汽或热水的热能动力设备。

（二）工业锅炉的主要分类

工业锅炉有多种分类方式，可以按用途分类、按规模分类和按压力分类等。

表 1-1　煤（油）锅炉主要分类形式

<table>
<tr><th colspan="2">分类</th><th colspan="2">锅炉参数</th></tr>
<tr><td rowspan="3">按用途分</td><td>电站锅炉</td><td colspan="2">电站锅炉是高排放强度的大气污染源，多为 400 t/h 以上的锅炉</td></tr>
<tr><td>工业锅炉</td><td colspan="2">工业锅炉是我国的主要热能动力设备，它包括压力≤2.45MPa、容量≤65 t/h 的工业用蒸汽炉、采暖热水炉、特种用途锅炉等，以中小型锅炉为主</td></tr>
<tr><td>民用锅炉</td><td colspan="2">以小型锅炉为主，容量小，多为老旧锅炉，热效率低，污染物治理效果差，是城市主要大气污染源</td></tr>
<tr><td rowspan="3">按规模分</td><td>大型锅炉</td><td>容量＞65 t/h</td><td rowspan="10">机组的蒸汽参数是决定机组热经济性的重要因素。一般，压力是 16.6～31.0MPa、温度在 535～600℃，压力每提高 1MPa，机组的热效率上升 0.18%～0.29%；新蒸汽温度或再热蒸汽温度每提高 10℃，机组的热效率就提高 0.25%～0.3%</td></tr>
<tr><td>中型锅炉</td><td>容量＝20～65 t/h</td></tr>
<tr><td>小型锅炉</td><td>容量≤20 t/h</td></tr>
<tr><td rowspan="7">按压力分</td><td>低压锅炉</td><td>P≤2.5MPa</td></tr>
<tr><td>中压锅炉</td><td>2.5MPa＜P≤6.0MPa</td></tr>
<tr><td>高压锅炉</td><td>6.0MPa＜P≤10MPa</td></tr>
<tr><td>超高压锅炉</td><td>P＝14MPa</td></tr>
<tr><td>亚临界锅炉</td><td>P＝17～20MPa</td></tr>
<tr><td>超临界锅炉</td><td>P＞25 MPa</td></tr>
<tr><td>超超临界锅炉</td><td>P＞31MPa</td></tr>
</table>

（三）工业锅炉的相关参数

表 1-2 工业锅炉的相关参数

参 数	含 义
锅炉压力	指锅炉内蒸汽的压强。压力越高，蒸汽温度越高，热焓越多。压力的单位常用兆帕（MPa）
蒸发量	锅炉内每小时产生的蒸汽量称蒸发量，单位取吨蒸汽/时（t/h），锅炉铭牌上标明的蒸发量是该锅炉的额定蒸汽参数（即设备运行时的最高蒸发量，实际运行时的蒸发量应小于此值）
供热量	锅炉每小时提供的热量称供热量，单位取兆瓦/时（MW/h）或过去常用的千卡/时（kcal/h）。锅炉铭牌上标志的供热量为额定供热量，是运行产生的最高供热量
耗煤量	指每小时正常运行消耗的燃煤量 B，B＝锅炉供热量/（煤的低位热值×锅炉效率），锅炉供热量＝锅炉蒸发量（kg/h）×[蒸汽热焓（kJ/kg）－给水焓（kJ/kg）]
热效率	锅炉热效率指投入锅炉内的燃料供热量与发热量之比（用μ表示） μ＝锅炉小时供热量/[小时耗煤量×煤的低位热值], 锅炉热效率在 50%～90%

（四）一般工业锅炉的主要设施和主要环境污染指标

一般工业锅炉的主要设施是煤场、供煤系统、锅炉房、除尘设施、脱硫设施（只有部分锅炉有）、渣场。

一般工业锅炉使用的主要燃料是燃煤（主要是烟煤）和生物质燃料（木材、秸秆、谷糠、锯末等）。

一般工业锅炉的主要污染是锅炉产生的烟气，烟气中的主要污染物是 SO_2、烟尘、NO_x、CO_2，还有煤场、灰场产生的粉尘污染（无组织）。一般没有废水，废渣主要是炉渣和粉煤灰（一般都能综合利用）。

二、火电厂基础知识

（一）火电厂的基本类型

火电厂的基本类型可以按照燃料的不同分为燃煤电厂、燃气电厂、燃油电厂、垃圾焚烧电厂和燃水煤浆电厂等。

表 1-3 火电厂的基本类型

火电厂类型	燃 料	燃烧系统	主要大气污染物
燃煤电厂	煤与煤矸石	储煤场、输煤系统、磨煤设备、锅炉、除尘设施、脱硫、脱硝设施、烟筒、输灰系统	SO_2、烟尘、NO_x、汞及工业废水、炉渣、粉煤灰
燃气电厂	天然气或燃气	锅炉产生蒸汽带动发电机发电；或燃气在燃汽轮机中直接燃烧做功发电	NO_x 和工业废水
燃油电厂	轻油、重油、原油	发电流程与燃气电厂流程相类同	SO_2、NO_x 和工业废水
垃圾焚烧电厂	垃圾及助燃的燃料	垃圾经发酵脱水、焚烧炉焚烧。当垃圾中低位热值≤3 350 kJ/kg（800 kcal/kg）时，焚烧需助燃，添加燃煤或燃油进行助燃。垃圾焚烧炉燃烧方式有炉排炉、硫化床焚烧炉、旋转式燃烧-回转炉等	烟尘、SO_2、NO_x、HCl、灰渣、二噁英、工业废水
燃水煤浆电厂	水煤浆	发电流程与燃气电厂流程相类同	与燃煤电厂相似，相应污染物的产生量略小于煤粉炉电厂

（二）火电厂的工艺

火力发电的整个生产系统主要包括燃烧系统、气水系统和电气系统等。燃煤电厂按其功能分为凝汽式电厂和热电厂。两者生产工艺流程基本相同，只是热效率的利用途径有差别。前者安装凝汽式机组，仅向外界供应电能；后者安装热电汽轮机组，除供电外，还可向用户供应蒸汽和热水。凝汽式汽轮机做功后的蒸汽基本全部进入凝汽器，存在冷源损失。热电汽轮机做功后的蒸汽部分对外供热，部分进入凝汽器，循环热效率提高。

表 1-4　燃煤火电厂的生产系统

生产系统	生产设备等	工艺流程
燃烧系统	燃烧系统由锅炉本体和辅助设备构成	煤经皮带输送到煤斗进入磨煤机磨成煤粉，与经过预热的空气一同经喷燃器喷入锅炉内燃烧，燃烧后的热烟气排出锅炉，经除尘器和脱硫脱硝装置后，由引风机通过烟囱排入高空
气水系统	气水系统包括锅炉、汽轮机、凉水塔（凝汽器）、补水车间等	水在锅炉内被加热成蒸汽，进入过热器，进一步加热为过热蒸汽，通过蒸汽管道被引入汽轮机，冲击汽轮机转动并带动发电机发电，做完功的蒸汽压力和温度不断降低，最后排入凝汽器，蒸汽在凝汽器内凝结成凝结水，再经补水车间补充 2%～3%的软化水，可以循环回蒸汽锅炉
电气系统	电气系统设备包括电机、变电设备、输电设备等	发电机发出的电除少部分自用外，绝大部分由主变压器升压后经高压配电装置和输电线向外供电。发电厂自用部分由变压器降压后，经厂用配电装置和输电线供厂内电器使用

（三）火电与环保指标相关的工业参数

表 1-5　火电与环保指标相关的工业参数

参数	含　义
装机容量	火电厂的全部发电能力（功率，以 kW 计）称发电厂的装机容量
年平均利用时间	火电厂平均满负荷运行的等效时间称电厂的利用时间。若用火电厂的年发电量除以电厂的装机容量，就可计算出电厂的年利用时间
电厂的发电量	电厂统计电量有两个数据，发电机发出的电力是电厂发电量，电厂生产过程所必需的电量（主要用电设备如送风机、引风机、给水泵、循环水泵等高能耗设备等消耗的电量）称电厂自用电量。电厂对外供应的电量是供电量。自用电量占发电量的 5%～7%。 电厂供电量=发电量−电厂自用电量

（四）火电厂的主要设施和主要环境污染指标

一般火电厂使用的主要燃料是燃煤、燃气、燃油（重油、轻油）、水煤浆等。

一般火电厂主要产生污染的设施是煤场、供煤系统、锅炉、除尘设施、脱硫脱硝系统、灰坝、灰库，补水车间、机修车间等。

一般火电厂的大气污染主要是锅炉产生的烟气，烟气中的主要污染物是 SO_2、烟尘、NO_x、CO_2，还有煤场、供煤系统、灰库、灰坝、石灰石、石膏渣产生的粉尘污染（无组织）。废水污染来源主要有补水车间废水（主要是金属离子污染）、冲渣废水（SS）、机修车间废水（石油类、COD）。主要废渣是粉煤灰和炉渣。

三、锅炉的燃烧方式

工业锅炉房和火电的最主要污染是锅炉产生的烟气污染，烟气污染与燃料的种类、品质、消耗量，锅炉的燃烧方式，除尘措施与效率，脱硫脱硝措施与效率有关。

按照煤炭的燃烧方式，燃烧设备大致可以分为四类：层燃式锅炉（炉排炉、火床炉）、悬燃式锅炉（煤粉炉、燃油锅炉、燃气锅炉）、半悬式锅炉（沸腾炉、循环流化床锅炉等）、半层半悬式锅炉（抛煤机炉）。

表 1-6 主要锅炉类型及其运行特点

燃烧方式	燃烧设备	燃烧效率/%	运行特点	优缺点
层式燃烧	链条炉排	85～90	炉排由主动链轮带动，由前向后徐徐运动，炉排与空气反向运动，依次经过干燥、预热、燃烧、燃尽，形成的灰渣最后由装置在炉排末端的除渣板铲落渣斗。炉温在 600～700℃	适用褐煤、次烟煤和无烟煤飞灰少，多用于蒸发量为 2～65 t/h 的中、小容量锅炉，着火条件差，煤种适应性不好
	振动炉排	85～90	加料和燃烧过程与链条炉相似，水冷炉排周期振动，炉温在 600～700℃	适用烟煤和褐煤，多用于 2～10 t/h 的小型锅炉。缺点是热效率低，它的漏煤量为 5%左右，比链条炉高得多
	往复推饲炉	85～90	往复推饲炉燃烧过程与链条炉相似，其通风特性、燃烧特性、炉拱布置等，和链条炉是一样的。由于炉排推动，实现了部分燃料的无限制着火。炉温在 600～700℃	多用于 0.5～10 t/h 的小型工业锅炉。往复推饲炉与振动炉排一样有炉排片易烧坏、漏煤、漏风等缺点
悬浮式燃烧	旋风燃烧炉	98 以上	旋风炉实际上是液态排渣炉的一种，一般由旋风筒、燃烬室和冷却炉膛组成，因其有圆柱形燃烧室（旋风筒），气流在其内高速旋转燃烧而得名。碎煤在炉膛内与风混合沿切线旋转运动，炉温达 1 600℃	旋风炉热强度高，燃烧温度高，飞灰份额也低于煤粉炉，可以使用灰分 50%劣质煤，燃烧完全，效率高。但烟尘、SO_2、NO_x 的产生量较大
	煤粉燃烧炉	95～98	煤粉碎后用空气喷入炉膛，以悬浮状态燃烧，燃后的灰靠气流导出炉外，少量灰沉积炉壁落到炉底经锁灰器排出。炉温在 1 000℃上下	煤粉炉是我国电厂生产的主要锅炉型式。优点是燃烧效率高，但烟尘、SO_2、NO_x 的产生量也高
半悬式锅炉	鼓泡流化床 BFB	95～97	煤、石灰石、空气混合后从下部布料盘送入，经预热、过热、燃烧送入流化床燃烧。循环流化床内的温度可控制在 850℃的范围内，这一燃烧温度抑制了热反应型 NO_x 的形成，加到床层的石灰石（平均钙硫摩尔比为 2～2.5），有效减少 SO_2 排放量，对 NO_x 的也有适量减少，但石灰石对锅炉磨损较大	燃料在炉内通过物料循环系统循环反复燃烧，使燃料颗粒在炉内滞留时间大大增加；直至燃烬。
	循环流化床 CFB	97～98		燃料适应性好，可以燃用优质煤、劣质煤、油页岩、石油焦、垃圾等，并达到很高的热效率，有较好的硫氮去除效果
半层半悬式炉	抛煤机炉	不稳定	是悬浮式和层式的复合燃烧方式，煤连续投入炉内上方，50%的煤粉悬浮状态燃烧，大些的煤粒落在炉箅上继续层式燃烧。但燃烧不足，黑度超标	多用于 10 t/h 以下的锅炉。煤种适用范围广。缺点是，不完全燃烧损失较大，锅炉初始排尘浓度高，大气的污染较严重

注：在电厂锅炉中，由于煤与空气充分混合且燃烧充分，CO 和碳氢化合物排放量很低，排出的 CO 低于 100 mg/m^3，对较小的层式燃煤锅炉由于空气与煤混合不好，燃烧不充分，CO 和碳氢化合物的排放量就大得多。

四、不同类型锅炉的环境差异

悬浮式燃烧的锅炉燃烧率高达 95%～99%，过剩空气系数在 1.2～1.4，飞灰率高达 85%，炉温排放的烟尘，几乎都是灰分。层燃式锅炉燃烧率只有 85%～90%，过剩空气系数在 1.6～2.0，飞灰率只有 15%～25%排放的烟尘里，还有一定量的可燃物质。循环流化床锅炉燃烧也较充分，烟尘中可燃物少。抛煤机炉产生的烟尘中含碳量比煤粉炉高。抛煤机炉和沸腾炉的飞灰率介于层式燃烧炉和悬式燃烧炉之间。

表 1-7　不同燃烧方式燃烧效率、d_{fh}、C_{fh} 系数表

燃烧方式	燃烧设备	燃烧效率/%	d_{fh} 与 C_{fh} 值/%	过剩空气系数 α
层式燃烧	链条炉排	80～90	d_{fh}=15～20 C_{fh}=25～30	1.5～1.8
	振动炉排	80～85	d_{fh}=30 C_{fh}=25～30	1.6～2.0
	往复推饲炉	85～90 （倾斜逆向式 95 以上）	d_{fh}=25 C_{fh}=25～30	1.6～2.0
悬浮式燃烧	旋风燃烧炉	98 以上	d_{fh}=70 C_{fh}=1～5	1.15～1.3
	煤粉燃烧炉	95～98	d_{fh}=85～93 C_{fh}=1～5	1.15～1.3
半悬式燃烧	鼓泡流化床 BFB	90～96	d_{fh}=40～60	1.2～1.25
	循环流化床 CFB	95～99	C_{fh}=3～5	1.1～1.2
半层半悬式燃烧	抛煤机炉	不稳定	d_{fh}=25～40 C_{fh}=45	

注：d_{fh} 指锅炉燃烧的飞灰率，C_{fh} 指锅炉产生烟气中可燃物的比率。

不同的锅炉因采用的燃烧方式不同，即使烧同样的煤，最后产生的飞灰、废气量和粉尘量也不同。煤粉炉、沸腾炉、油气炉是采用悬浮燃烧方式；抛煤机炉采用半悬浮半层式燃烧方式；链条炉、往复炉、振动炉、下饲式炉、手烧炉采用层式燃烧方式。它们最后的飞灰率、废气量、粉尘产生量分别如表 1-8 所示。

表 1-8　不同燃烧方式的差别

燃烧方式	残碳率/%	飞灰率 d_{fh} /%	烟尘中可燃物比率 C_{fh} /%	吨煤废气量/m^3	1%产尘量/（kg/t 煤）	NO_x 产生量/（kg/t 煤）
层式燃烧	12	15～25	25～30	10 500	0.45	2～4
悬式燃烧	3	80～90	3～5	8 000	2.5	6～8

五、火电工业的产业技术政策

（一）火电工业的产业政策

表 1-9　火电工业的产业政策

<table>
<tr><th>文件名及颁布时间</th><th>内容概要</th></tr>
<tr><td>《国家发展改革委关于燃煤电站项目规划和建设有关要求的通知》（发改能源[2004]864 号）</td><td rowspan="13">产业布局：1.地级城市市区禁止建设除热电联产以外的火电厂。2. 在大电网覆盖范围内，原则上不得建设单机容量 30 万 kW 以下纯凝汽式燃煤机组。3. 严格控制重点区域新建、扩建除“上大压小”和热电联产以外的火电厂。4. 以工业热负荷为主的工业区应当尽可能集中规划建设，以实现集中供热。5. 在已有热电厂的供热范围内，原则上不重复规划建设企业自备热电厂。

原料结构：“十一五”期间使用燃用优质煤、筛选块煤、固硫型煤。

生产规模：1. “十一五”期间安排投产规模为 1.65 亿 kW，其中大中型项目 1.5 亿 kW 左右（年均投产 3000 万 kW），包括水电 4512.7 万 kW、煤电 8738 万 kW、核电 400 万 kW、天然气发电 1364 万 kW，新能源发电 100 万 kW。2. 2010 年年底脱硫机组投运及在建容量将达到 2.3 亿 kW（不包括循环流化床锅炉）。

工艺设备：热电联产项目中，优先安排背压型热电联产机组。

淘汰落后：

1. 大电网覆盖范围内，单机容量在 10 万 kW 以下的常规燃煤火电机组。

2. 单机容量 5 万 kW 及以下的常规小火电机组。

3. 以发电为主的燃油锅炉及发电机组（5 万 kW 及以下）。

4. 大电网覆盖范围内，设计寿命期满的单机容量 20 万 kW 以下的常规燃煤火电机组。

能源消耗：1. 火电行业供电煤耗 2010 年降到 360 g 标准煤/kWh，2020 年降到 320 g 标准煤/kWh。2. 2010 年燃煤工业锅炉运行率达到 70%～80%</td></tr>
<tr><td>《节能中长期专项规划》（国家发改委，2004 年 11 月）</td></tr>
<tr><td>《关于加快火电厂烟气脱硫产业化发展的若干意见》（发改委，2005 年 5 月 19 日）</td></tr>
<tr><td>《产业结构调整指导目录》（发改委令[2011]9 号，2011 年 3 月 27 日）</td></tr>
<tr><td>《关于落实科学发展观　加强环境保护的决定》（国发[2005]39 号，2005 年 12 月 3 日）</td></tr>
<tr><td>《电力行业“十一五”计划及 2020 年发展规划》（新闻稿，2006 年 1 月 19 日）</td></tr>
<tr><td>《国民经济和社会发展第十一个五年规划纲要》（十届人大四次会议批准，2006 年 3 月 14 日）</td></tr>
<tr><td>《关于加快电力工业结构调整促进健康有序发展有关工作的通知》（发改能源[2006]661 号，2006 年 4 月 18 日）</td></tr>
<tr><td>《热电联产和煤矸石综合利用发电项目建设管理暂行规定》（发改能源[2007]141 号，2007 年 1 月 17 日）</td></tr>
<tr><td>《关于加快关停小火电机组若干意见》（国发[2007]2 号，2007 年 1 月 20 日）</td></tr>
<tr><td>《现有燃煤电厂二氧化硫治理“十一五”规划》（发改环资[2007]592 号，2007 年 3 月 28 日）</td></tr>
<tr><td>《关于进一步加强淘汰落后产能工作的通知》（国发[2010]7 号，2010 年 2 月 6 日）</td></tr>
<tr><td>《关于进一步加强电力行业节能减排监管工作的通知》（国家电监会，2010 年 5 月 10 日）</td></tr>
</table>

（二）电力工业环境保护政策

表 1-10　电力工业环境保护政策

文件名及颁布时间	对企业的要求
《火电厂大气污染物排放标准》（GB 13223—2003，2003 年 12 月 30 日）	规划要求：煤矸石综合利用发电项目应优先在大型煤炭矿区内或紧邻大型煤炭洗选设施规划建设；在大型矿区以外的城市近郊区原则上不规划建设燃用煤矸石的热电联产项目。 环境标准：火力发电锅炉烟尘最高允许排放浓度、烟气黑度，二氧化硫最高允许排放浓度及氮氧化物最高允许排放浓度均不能超过《火电厂大气污染物排放标准》的规定限值。 污染治理要求：1. 火电企业逐步拆除已建脱硫设施的旁路烟道，暂时保留旁路烟道的，所有旁路挡板必须实行铅封。所有新建燃煤机组不得设置脱硫旁路烟道，烟气排放连续监测系统采样点一律安装在烟囱符合监测要求的高度位置。2. 重点区域内未配备脱硫设施的企业，禁止直接燃用含硫量超过 0.5%的煤炭。3. 在京津冀、长三角和珠三角地区，新建火电厂必须同步建设脱硝装置。2015 年年底前，现役机组全部完成脱硝改造。4. 新建、改建、扩建的燃煤电厂，应选用装配有高效低氮燃烧技术和装置的发电锅炉 污染治理技术要求：1. 低氮燃烧技术应作为燃煤电厂氮氧化物控制的首选技术。2. 烟气脱硝技术要求：（1）新建、改建、扩建的燃煤机组，宜选用 SCR；小于等于 600MW 时，也可选用 SNCR 或 SCR 脱硝技术；（2）燃用无烟煤或贫煤且投运时间不足 20 年的在役机组，宜选用 SCR 或 SNCR-SC 脱硝技术；（3）用烟煤或褐煤且投运时间不足 20 年的在役机组，宜选用 SNCR 或其他烟气脱硝技术。3. 燃用含硫量大于 1%煤（含 1%）并且容量大于 200MW（含 200MW）的机组，建设烟气脱硫设施应重点考虑采用石灰石-石膏湿法脱硫工艺技术；燃用含硫量小于 1%煤并且容量小于 200MW 的机组，建设烟气脱硫设施可考虑采用干法、半干法或其他一次性投资较低的成熟技术；燃用含硫量小于 1%煤的海滨电厂可采用海水法脱硫工艺；在吸收剂来源以及副产物销售途径充分落实的前提下可以采用其他脱硫工艺技术
《关于加快火电厂烟气脱硫产业化发展的若干意见》（发改委，2005 年 5 月 19 日）	
《火电厂烟气脱硫工程技术规范　烟气循环流化床法》（HJ/T 178—2005，2005 年 6 月 24 日）	
《火电厂烟气脱硫工程技术规范　石灰石/石灰－石膏法》（HJ/T 179—2005，2005 年 6 月 24 日）	
《关于发布火电项目环境影响报告书受理条件的公告》（环发[2006]39 号，2006 年 8 月 1 日）	
《二氧化硫总量分配指导意见》（环发[2006]182 号，2006 年 11 月 9 日）	
《热电联产和煤矸石综合利用发电项目建设管理暂行规定》（发改能源[2007]141 号，2007 年 1 月 17 日）	
《燃煤机组脱硫电价及脱硫设施运行管理办法（试行）》（发改价格[2007]1176 号，2007 年 5 月 29 日）	
《2009—2010 年全国污染防治工作要点》（环办函[2009]247 号，2009 年 3 月 23 日）	
《火电厂氮氧化物防治技术政策》（环发[2010]10 号，2010 年 1 月 27 日）	
《火电厂烟气脱硝工程技术规范　选择性催化还原法》（HJ 562—2010，2010 年 2 月 3 日）	
《火电厂烟气脱硝工程技术规范　选择性非催化还原法》（HJ 563—2010，2010 年 2 月 3 日）	
《燃煤电厂污染防治最佳可行技术指南（试行）》（环发[2010]23 号，2010 年 2 月 20 日）	
《关于推进大气污染联防联控工作　改善区域空气质量指导意见》（国办发 [2010]33 号，2010 年 5 月 11 日）	
《关于火电企业脱硫设施旁路烟道挡板实施铅封的通知》（环办[2010]91 号，2010 年 6 月 17 日）	
《火电厂烟气脱硫工程技术规范　氨法》（HJ 2001—2010，2010 年 12 月 17 日）	

第二节 燃 料

工业上常用的燃料有固体燃料、液体燃料（原油、渣油、柴油等）和气体燃料（天然气、石油气、煤气等）。在我国的能源利用结构中煤的消耗量占了近 76%。

一、固体燃料

工业上使用的固体燃料主要是煤炭、木材、植物秸秆、锯末、谷糠等，木材、植物秸秆、锯末、谷糠统称生物质燃料，国家要求固体生物质燃料应经压缩后燃烧。

电力行业是消费煤炭最多的行业，其动力煤消费量占煤炭总消费量的 50%以上。煤炭燃烧具有高度污染性，电力工业成为大气污染物减排的重点监控行业。

（一）煤炭的主要成分

煤炭中的主要成分有碳元素（主要是有机碳）、灰分、硫元素、氮元素和氢元素。煤炭中各种元素成分不同，对煤的性质影响也不同。

表 1-11 煤炭的主要成分

成分	热值（每千克）	平均含量	说明
碳	31 365 kJ（折 7 500 kcal）	40%～90%	煤炭分为泥煤、褐煤、烟煤、无烟煤。泥煤呈黑褐色，碳含量为 45%以下；褐煤呈褐色，碳含量 55%～73%；烟煤一般呈黑色，具有不同程度光泽，碳含量 70%～85%；无烟煤呈灰黑色，带金属光泽，燃烧时无烟，碳含量 85%～95%，煤化程度最高
灰分	不燃烧	40%～5%	煤完全燃烧后的残留物统称为灰分。灰分大部分来自矿物质，其组成十分复杂，主要成分为黏土、氧化物和金属化合物（钙、镁、铁的碳酸盐和钾、镁的硅酸盐等）
硫	9 033 kJ（折 2 160 kcal）	0.2%～3.0%	硫是煤中的有害成分。它以三种形态存在：有机硫、硫铁矿和硫酸盐，有机硫、硫铁矿的硫分称为可燃硫
氮	—	1%～2%	受热分解生成氮的化合物，如煤气中的氨、氰化物、焦油中的吡啶及 NO_x 等
氢	12 036 kJ（折 2 878 kcal）	1%～6%	氢元素是煤中有机质的组成元素，氢燃烧生成水

（二）煤炭的煤质参数

表 1-12 各种煤的煤质参数

燃料	Q /（kcal/kg）	碳含量/%	灰分/%	挥发分/%	硫分/%	氮/%	燃烧状况
褐煤	＜4 500	40～70	20～40	＞40	—	1.34	易燃，热值低
烟煤	5 000～6 500	70～85	8～15	10～40	—	1.55	燃烧快，烟多
无烟煤	6 000～7 200	85～95	3～8	6～10	—	0.15	燃烧缓，烟少
焦炭	6 500～7 500	75～85	10～18	—	≤0.7	—	不易燃，少烟

注：煤中的氮在燃烧时约 15%～40%转化为 NO_x。

（三）标准煤换算

燃料燃烧后产生的废气量与燃烧热值有关。燃料之间的换算一般采用标准煤折算。

环境统计中常接触到标准煤的概念，标准煤是以一定燃烧值为标准的当量概念。规定7 000 kcal 的燃料相当于 1 kg 标准煤

$$B_{标} = Q^{Y}/7\,000\ \text{kcal} = Q^{Y}/29\,307\ \text{kJ} \qquad (\text{kg 标煤})$$

表 1-13　常用能源折算标煤系数表

燃料名称		折标煤量/（t/t）	燃料名称	折标煤量/（t/1 000 m³）
普通原煤		0.714 3	天然气	1.33
洗精煤		0.900	炼厂干气	1.571 4
煤泥		0.285 7～0.428 6	煤矿瓦斯气	0.500 0～0.517 4
焦炭		0.971 4	液化石油气油	1.714 3 t/t
原油		1.428 6	液化石油气	1.714
汽油、煤油		1.471 4	焦炉煤气	0.557 1
柴油		1.457 1	发生炉煤气	0.178 6
燃料油		1.428 6	水煤气	0.357 1
1 万 kWh 电		1.228 6 t 标煤	电力（等价）	3.246 9 计算最终消费
热力	10^6 kJ	0.034 12 t 标煤	压力气化煤气	0.514 3
	1 000 kcal	0.142 86 t 标煤	重油热裂煤气	1.214 3

（四）燃料的低位发热值

燃料的发热量（燃烧值）是指 1 kg 燃料完全燃烧放出的热量。燃料的高位热值是指燃烧值，但煤燃烧后自身含水及燃烧生成的水的气化要用掉部分热量，这部分热在锅炉内是收不回来的。燃料的高位热值减去水的汽化热才是锅炉得到的热量，称为燃料的低位热值 Q^{Y}。

表 1-14　各种燃料的低位燃烧值表　　单位：固液体 kJ/kg，气体 kJ/m³

燃料类型	低位热值 Q^{Y}	燃料类型	低位热值 Q^{Y}	燃料类型	低位热值 Q^{Y}
石煤和矸石	8 374	焦炭	27 183	氢	10 798
无烟煤	22 051	重油	41 870	一氧化碳	12 636
烟煤	17 585	柴油	46 057	煤气、高炉气	7 500～13 000
褐煤	11 514	纯炭	31 401	焦炉气、沼气	12 500～27 000
贫煤	18 841	硫	9 043	天然气	>35 000

二、液体燃料

液体燃料主要分原油、重油、轻油等。重油包括重油和渣油（石油分馏残余物），轻油包括柴油、汽油和煤油。

表 1-15 液体燃料的特征

燃料名称	含氮率	含硫率	灰分	碳含量	特性
原油	0.1%～0.4%	0.1%～3%	0.02%～0.1%	83%～87%	原油是黑色或黄褐色、流动或半流动黏稠液体，成分含氢 11%～14%，高位发热值可达 9 600～12 000 kcal/kg。原油含碳氢类物质 95%～99%，非烃化合类物质（主要是硫、氮、氧）仅 1%～4% 非烃化合物含量有时可高达 20%。非烃化合物在石油炼制时，大部分集中在重油和渣油中（大部分硫化物集中在重油中，大部分氮化物集中在渣油中）
重油	0.3%～1%	1%～3%	0.3%	85%～88%	重油是石油蒸馏后的残油，呈黑褐色，包括直馏渣油和裂化残油，主要用于工业燃料。成分含氢 10%～12%。燃烧时主要污染物为烟尘、SO_2、NO_x 等。 重油和原油中的硫在燃烧时几乎全部转化为 SO_2 氮在燃烧时 20%～40%转化为 NO_x
轻油	—	0.01%	0.01%	86%～88%	轻油是石油的分馏产物，属有机物链烷、环烷、芳香族等的混合物。常见的汽油、煤油和柴油等属轻油类，因其杂质少，燃烧充分，一般不易造成空气污染
沥青	主要成分是沥青质和树脂，其次有高沸点矿物油和少量的氧、硫和氯的化合物				包括天然沥青、石油沥青、页岩沥青和煤焦油沥青等四种。煤焦沥青中主要含有难挥发的蒽、菲、芘等，由于沥青中含有荧光物质，其中含致癌物质 3,4-苯并芘高达 2.5%～3.5%，高温处理时随烟气一起挥发出来。沥青热值约 37.69 MJ/m³
焦油	含大量沥青，其他成分是芳烃及杂环有机化合物。包含的化合物已被鉴定的达 400 余种				高温煤焦油是黑色黏稠液体，相对密度大于 1.0，焦油热值约为 29.31～37.69 MJ/m³

三、气体燃料

气体燃料主要分天然气、液化石油气、人工煤气、高炉及焦炉煤气等。气体燃料极易完全燃烧，灰分几乎没有，硫、氮成分较少，因此燃烧时基本没有烟尘和 SO_2 等污染物，只有一定量的 NO_x。

表 1-16 气体燃料的特征

燃料名称	发热值/（MJ/m³）	特性
天然气	37.60～46.00	天然气主要是由低分子的碳氢化合物组成的混合物。根据天然气来源一般可分为四种：气田气（或称纯天然气）、石油伴生气、凝析气田气和煤层气
气田气	36	气田气是从气井直接开采出来的燃气。气田气的成分以甲烷为主，甲烷含量在 90%以上，还含有少量的二氧化碳、硫化氢、氮和微量的氦、氖、氩等气体
凝析气田气	48	凝析气田气是含石油轻质馏分的燃气。凝析气田气除含有大量甲烷外，还含有 2%～5%的戊烷及其他碳氢化合物
油田伴生气	16.15	伴随石油一起开采出来的低烃类气体称石油伴生气。石油伴生气的甲烷含量约为 80%，乙烷、丙烷和丁烷等含量约为 15%，低热值约为 45MJ/m³

燃料名称	发热值/（MJ/m^3）	特　性
矿井气	18	在煤层开采过程中，井巷中的煤层气与空气混合形成的气体称为矿井气。矿井气主要成分为甲烷（30%～55%），氮气（30%～55%），氧气及二氧化碳等
液化石油气（气态）	87.92～100.50	液化石油气主要成分是丙烷和丁烷，是石化厂生产的副产品。它液化性能好，易储运，使用方便。液化石油气与天然气性质相近
液化石油气（液态）	45.22～50.23	
油制气（热裂）	42.17	重油热裂解气以甲烷、乙烯和丙烯为主要成分，低热值约为 41MJ/m^3。每吨重油的产气量约为 500～550 m^3
油煤气（催裂）	18.85～27.23	重油热催化裂解气中氢气含量最多，也含有甲烷和一氧化碳
焦炉煤气	18.26	焦炉煤气是煤在高温条件下生产焦炭时回收的副产品。它的主要成分为甲烷和少量氢、CO，一般混有焦油气、阿莫尼亚、硫分等有害杂质，燃烧时，废气应经过净化
直立炉煤气	16.15	
发生炉煤气	5.01～6.07	发生炉煤气是煤与水蒸气在缺氧条件下燃烧的产品，主要成分是 H_2 和 CO 及少量 CO_2 和 N_2。由于成本高，热值较低，一般不用于锅炉。燃烧废气含有少量 NO_x 和 CO
水煤气	10.05～10.87	主要成分为氢气和一氧化碳，也含有少量二氧化碳、氮气和甲烷等组分
两段炉水煤气	11.72～12.57	
混合煤气	13.39～15.06	混合煤气是指两种（或以上）煤气混合组成的气体。一般焦炉上混合煤气采用高炉煤气（BFG）中掺入一定比例的焦炉煤气（COG）
高炉煤气	3.52～4.19	高炉煤气是钢铁厂冶炼时回收的副产品，主要成分 CO 占 25%～30%，H_2 占 2%，CO_2 占 11%，N_2 占 60%。高炉煤气一般是钢铁厂的自用燃料。燃烧废气含有少量 NO_x 和 CO
转炉煤气	8.38～8.79	每吨钢可产生转炉煤气 60～105 m^3，主要成分是 CO 和 CO_2，含 CO 60%～80%，CO_2 15%～20%
沼气	18.85	沼气是由各种有机物质（蛋白质、纤维素、脂肪、淀粉等）在隔绝空气的条件下发酵，产生可燃气体，沼气中甲烷的含量约为 60%，CO_2 约为 35%，还含有少量的氢、CO 等气体

四、燃料消耗量的计算

燃料的消耗量是计算燃料燃烧过程中排放的烟尘、SO_2、NO_x 产生量的基本参考指标，也是按林格曼黑度确定排放烟尘收费的基本指标。

（一）工业锅炉燃煤量（热力煤耗）计算

其计算方法是根据锅炉出口蒸汽和热水的温度压力在焓熵图（表）内查得每千克的热焓减去给水（或回水）热焓，乘上锅炉实际产出的蒸汽或热水数量（流量表读出）计算。如果有些企业没有配齐蒸汽或热水的流量表，如没有焓熵图（表），则可参考下列方法估算：

表 1-17　各种条件下锅炉吨煤生产蒸汽（热水）数量　　单位：t 原煤/t 蒸汽

供热类型	物理条件	热焓/（kcal/kg）	锅炉热效率			
			55/%	60/%	65/%	70/%
热水	闭路	20	$36.36/Q^Y$	$33/Q^Y$	$30.77/Q^Y$	$28.57/Q^Y$
	开路	70	$127/Q^Y$	$117/Q^Y$	$108/Q^Y$	$100/Q^Y$
饱和蒸汽	压力 1～2.5 kg/cm² 温度 127～135℃	620	$1\,127/Q^Y$	$1\,033/Q^Y$	$953.9/Q^Y$	$885.7/Q^Y$
	压力 3～7 kg/cm² 温度 135～165℃	630	$1\,146/Q^Y$	$1\,050/Q^Y$	$969.2/Q^Y$	$900/Q^Y$
	压力 8 kg/cm² 温度 170℃以上	640	$1\,164/Q^Y$	$1\,067/Q^Y$	$984.6/Q^Y$	$914.3/Q^Y$
过热蒸汽压力 150 kg/cm²	200℃以下	650	$1\,182/Q^Y$	$1\,083/Q^Y$	$1\,000/Q^Y$	$928.6/Q^Y$
	220～260℃	680	$1\,236/Q^Y$	$1\,133/Q^Y$	$1\,046/Q^Y$	$971.4/Q^Y$
	280～320℃	700	$1\,273/Q^Y$	$1\,167/Q^Y$	$1\,077/Q^Y$	$1\,000/Q^Y$
	350～500℃	700	$1\,273/Q^Y$	$1\,167/Q^Y$	$1\,077/Q^Y$	$1\,000/Q^Y$

注：Q^Y 为锅炉使用燃煤的低位热值，单位取 kcal/kg 煤，每个单元数据应根据使用煤炭的热值计算确定。

$$B = (i''-i') / (Q^Y\eta)$$

式中：B —— 燃煤量，kg 原煤/kg 蒸汽（折 t 原煤/t 蒸汽）；

i'' —— 锅炉在某工作压力下的饱和蒸汽热焓，kcal/kg；

i' —— 锅炉给水热焓，kcal/kg，一般按给水温度 20℃，i'=20 kcal/kg；

Q^Y —— 燃煤低位热值，kcal/kg；

η —— 锅炉的热效率，%。

例：小锅炉吨原煤产汽（热效率 60%，原煤 5 500 kcal/kg，22.99GJ/t 煤，汽压 0.75MPa，200℃，吨汽热值 2.841 GJ）的计算如下：

$$22.99\times0.6\div2.841=4.855\ \text{t 汽/t 原煤}$$

一般工业锅炉在热力生产（产生蒸汽、热水）过程中，因煤的低位热值和锅炉进出口焓差不同，1 t 原煤产生的蒸汽量约在 5～7 t。

（二）火电厂燃煤消耗量的计算

利用发电效率（$K_热$）和使用燃煤低位热值（Q^Y），计算火电厂发电量 W（万 kWh）的理论燃煤消耗量的方法如下：

$$B = 36\,000/(K_热 Q^Y)\ \text{t 原煤/万 kWh}$$

式中：$K_热$ —— 发电机组的热电转化率，见表 1-18，%；

Q^Y —— 燃煤的低位热值，kJ；如 Q^Y 单位为 kcal/kg 煤，煤耗值在上述公式基础上还要除以 4.186 8。

电厂的煤耗与机组水平和煤质优劣有关。

表 1-18 不同机组水平热效率及煤耗系数

机组水平 机组容量等级/ （万 kWh）	热电 效率 $K_{热电}$/%	标煤耗/ [g（标） /kWh]	折原煤消耗/（g 原煤/kWh）					
			低位热值 3 500 kcal （A 45%）	低位热值 3 800 kcal （A 41%）	低位热值 4 000 kcal （A 39%）	低位热值 4 300 kcal （A 35%）	低位热值 4 600 kcal （A 31%）	低位热值 5 000 kcal （A 25%）
中压：10 以下	30	490	980	903	858	798	746	686
高压：10	33	400	800	737	700	651	609	560
超高压：12.5～13.5	35	365	730	672	639	594	555	511
20		360	720	663	630	586	548	504
亚临界：30	38	340	680	626	595	554	517	476
33		335	670	617	586	545	510	469
35		330	660	608	578	537	502	462
60		325	650	599	569	529	495	455
超临界：30	41	320	640	590	560	521	489	448
60		300	600	553	525	488	457	420
超超临界：60～100	47	270	540	497	473	440	411	378

注：① 电力工业平均煤耗：2009 年全国供电煤耗为 342 g 标煤/kWh，国际先进水平为 317g 标煤/kWh（折原煤 444g）。我国的供电煤耗则是扣除了泵、风机、除尘器、磨煤机等辅机的电厂用电后的净发电煤耗。

②原煤耗量以低位热值 4 800kcal/kg 为标准。

③A 表示灰分。

第三节 工业锅炉与火电工业的污染源环境监察

工业锅炉与火电工业产生的主要特征污染物为大气污染物 SO_2、烟尘、NO_x，水污染物为 COD，固体废弃物为粉煤灰和炉渣，但主要的特征污染物还是大气污染物 SO_2、烟尘、NO_x。大气污染物的产生量、去除量和排放量与三种因素有关：与企业装备（锅炉）的技术水平有关，与消耗燃料的种类、品质和消耗量有关，与特征污染物的控制技术水平和运行有关。

一、火电工业的排污节点

火电工业的三个生产系统中主要污染产生于燃烧系统。由于火电厂规模巨大，燃料消耗量特别大，产生的大气污染物数量在全国各行业中居首位，因此其大气污染物的污染治理和控制减排，始终被列为节能减排的首位。

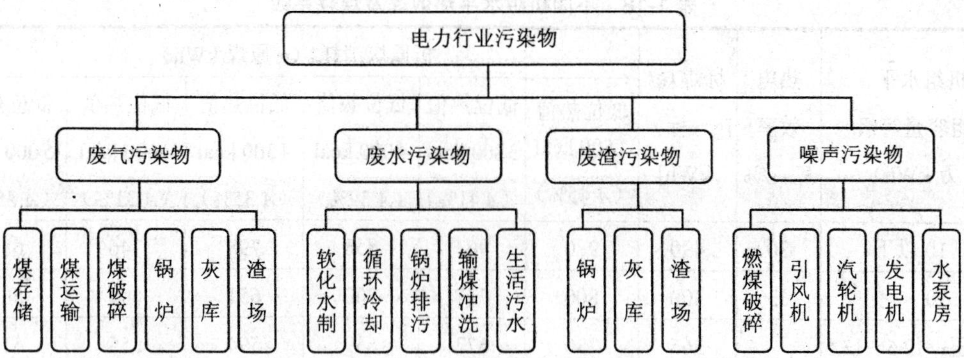

图 1-1 火电行业的主要污染来源

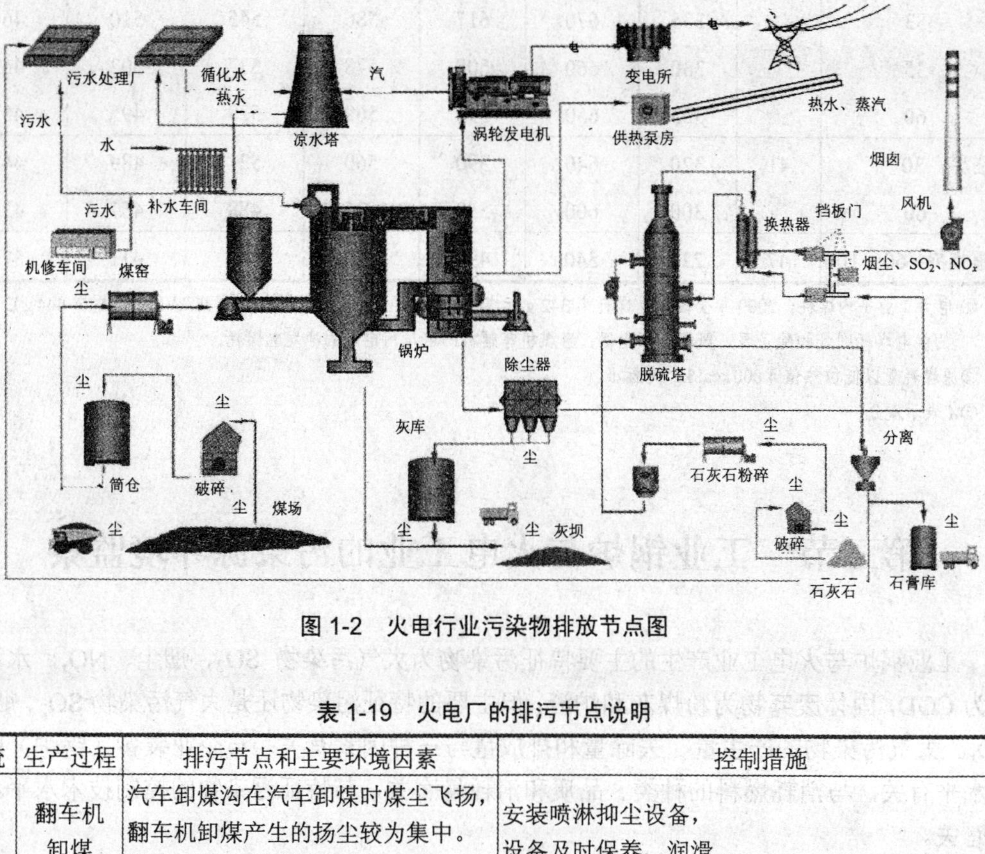

图 1-2 火电行业污染物排放节点图

表 1-19 火电厂的排污节点说明

系统	生产过程	排污节点和主要环境因素	控制措施
输煤系统	翻车机卸煤	汽车卸煤沟在汽车卸煤时煤尘飞扬，翻车机卸煤产生的扬尘较为集中。设备运转产生噪声	安装喷淋抑尘设备，设备及时保养、润滑
	储煤场装卸、贮存	煤场、筒仓在煤炭的装卸、贮存、运输过程产生扬尘	采取抑尘措施：采用筒仓式贮存抑尘效果高于95%，单层挡风抑尘网抑尘效果可达85%以上，双层综合效果可达95%左右。喷雾加湿防尘措施，抑尘效果可达50%，如有防尘墙措施的，抑尘效果可达20%～30%。 煤场采用喷淋加湿除尘，煤炭露天堆放扬尘防治措施是封闭式煤仓和防风抑尘网，并在煤场周围设置喷淋装置，洒水抑尘，煤场周围植树绿化；煤炭作业扬尘防治措施是采用喷水和封闭

系统	生产过程	排污节点和主要环境因素	控制措施
输煤系统	煤炭输送	煤炭在运输过程中输煤皮带尾部和首部产生的扬尘， 煤炭输送过程中，煤粉扩散比较严重的地方绝大多数集中在落煤点， 输煤设施冲洗产生污水，含 SS	设挡尘卷帘，引风和除尘， 采用密闭传送带运输，配置袋式除尘器， 采用喷淋加湿除尘， 污水统一处理
备煤系统	破碎过程	破碎机导料槽及挡帘产生扬尘， 设备运转产生噪声	设密闭装置，设置缓冲锁气器，碎煤机室密封， 采用喷淋加湿除尘， 如有集气加除尘系统
	磨煤机	进入口、出口和排渣门可能漏风，排渣箱内的正压气体会产生扬尘。 球磨机在运行过程，产生的噪声高达 100～110 dB（A）	磨煤进出口和排渣门的密闭性，防止扬尘 造粉和输粉系统应加防尘罩棚，防止粉尘外泄。 对磨煤机的高噪声应有降噪措施
	煤粉仓	煤仓的落煤口处风吹、落料产生的扬尘	煤粉仓密闭，严防漏尘。 装设布袋除尘装置
锅炉燃烧系统	锅炉	进粉、落料、管道密封造成扬尘； 燃烧后的煤生成固体废物炉渣； 燃烧后的污染物由烟囱排放，主要污染物是颗粒物、SO_2、NO_x、CO 和 CO_2； 锅炉排汽噪声 115～130 dB（A）	进粉、落料、管道密封。烟尘采用除尘措施，一般采用电除尘器、袋式除尘器和电袋复合除尘器，电袋复合式除尘器的设计除尘效率可达 99.9%以上； SO_2 采取脱硫；NO_x 采用脱硝措施或低氮燃烧技术。 炉渣应综合利用，减少污染，设备应隔声、降噪
	烟囱	燃烧后的烟气从烟囱排放，主要污染物是烟尘、SO_2、NO_x 和 CO_2。而重金属、未燃烧的碳氢化合物、挥发性有机化合物等物质的排放量较小	应设大气自动监控装置
汽水系统	水泵房	噪声 82～106 dB（A）	应采取降噪措施
	汽轮机	噪声 76～108 dB（A）	应采取降噪措施
	软化水制备	水处理产生废水污染含 COD、SS 及重金属，pH 值。污水处理会产生污泥	废水经收集、调节、凝聚、浓缩、净水处理， 污泥进行脱水后妥善处置，避免产生二次污染
	循环冷却	排污水 COD、SS； 冷却塔噪声 70～85 dB（A）	废水经收集调节、简单处理后回用，外排应注意环境影响
电气系统	发电机	噪声 84～106 dB（A）	应采取降噪措施
	变电所	可能产生电磁辐射污染	应考虑电磁辐射的安全距离
除尘系统	除尘器	集尘和装车外运过程灰库产生粉尘	输送管道密闭，应有集尘措施
	灰库	卸灰时造成较大的扬尘污染； 排气风机出口噪声 82～108 dB（A）	卸灰机处加装除尘器， 风机入口采用软连接，出口加装消声器
	灰坝	灰场表面干灰或取灰产生扬尘，灰坝设施出现渗漏，漏水、跑灰的污水	用灰水防止扬尘，防止渗漏，漏水、跑灰，防止造成恶性垮坝和环境污染事故
脱硫系统	制粉系统	制粉制浆系统及石膏干燥系统、脱硫废渣利用抛弃系统可能产生粉尘	改善系统的密封性，严重的部位要增设除尘设施
	脱硫塔	正常运行时，吸收塔顶部的排气挡板是关闭的，当 FGD 装置走旁路或装置停运时，排气挡板开启。旁路挡板开启时，原烟气挡板和净烟气挡板关闭	吸收塔内的吸收浆液由排浆泵排出并存入事故浆池， 塔顶部的排气挡板开启应有防尘措施
	石膏脱水系统	脱硫石膏工艺产生一定量废水，污染物有重金属、pH 和 SS	废水经收集、调节、凝聚、浓缩、净水处理， 石膏进棚
污水处理	污水站	综合废水主要来自化学水处理车间的含重金属废水、机修车间含油废水和生活废水	化学废水多采用离子交换法处理方法， 含油废水采用生化处理

二、锅炉燃煤烟气量的计算

煤炭燃烧产生的烟尘包括黑烟和飞灰两部分。黑烟是未完全燃烧的物质，以游离态碳（即炭黑）和挥发物为主，主要是可燃物质，黑烟的粒径在 0.01～1 μm。飞灰是烟尘中灰分的微粒，粒径在 1μm 以上，它们的产生量与燃料成分、设备、燃烧状况有关。常用测烟尘的方法有林格曼仪、收尘法、烟尘测定仪法等。

燃煤火电厂由于燃料消耗量特别巨大，产生和排放的烟气量也特别大。烟气量的物料衡算与燃料的种类、燃料的低位热值、锅炉的过剩燃烧系数有密切关系。燃煤电厂与工业锅炉烟气量排放计算方法相同，如下：

（1）计算理论空气（标态）需要量。

固体燃料　$V_0 = 1.1\,Q^Y/4\,186$　m^3/kg；

液体燃料　$V_0 = 0.85\,Q^Y/4\,186$　m^3/kg；

气体燃料　$V_0 = 0.875\,Q^Y/4\,186$　m^3/kg；（$Q^Y < 10\,455$ kJ/kg）

$V_0 = 1.09\,Q^Y/4\,186$　m^3/kg。（$Q^Y > 14\,637$ kJ/kg）

（2）产生标态烟气量的计算。

固体燃料　$V^Y = 1.04Q^Y/4\,186+0.77+1.0161(\alpha-1)V_0$　m^3/kg；

液体燃料　$V^Y = 1.11Q^Y/4\,186 + 1.0161(\alpha-1)V_0$　m^3/kg；

气体燃料　$V^Y = 0.725Q^Y/4\,186+1.0+1.0161(\alpha-1)V_0$　m^3/kg；（$Q^Y < 10\,455$ kJ/kg）

$V^Y = 1.14Q^Y/4\,186-0.25+1.0161(\alpha-1)V_0$　m^3/kg。（$Q^Y > 14\,637$ kJ/kg）

烟气排放总量计算如下：

$$V_{总} = B \cdot V_t$$

式中：Q^Y —— 燃煤低位热值，kJ/kg 煤，若热值单位取 kcal/kg 煤，式中参数 4186 换为 1 000；

α —— 锅炉燃烧的过剩空气系数；火电厂锅炉燃烧的过剩空气系数一般为 1.20～1.50。工业锅炉燃烧的过剩空气系数一般为 1.5～1.9；

B —— 消耗的燃煤数量，t；

V_t —— t 燃煤燃烧后排放的烟气量，m^3/t 煤；

$V_{总}$ —— 燃煤燃烧后排放的烟气总量，m^3。

表 1-20　工业锅炉烟气量查核表　　单位：m^3（标气）/t 原煤

过剩空气系数 \ 燃煤低位热值/kcal	4 800	5 000	5 200	5 400	5 600	5 800	6 000
1.5	8 445	8 764	9 084	9 404	9 724	10 043	10 363
1.6	8 981	9 323	9 665	10 007	10 350	10 692	11 034
1.7	9 518	9 882	10 247	10 611	10 975	11 340	—
1.8	10 054	10 441	10 828	11 215	—	—	—
1.9	10 591	11 000	—	—	—	—	—

表 1-21　火电锅炉烟气量查核表　　单位：m^3（标气）/t 原煤

过剩空气系数 \ 燃煤低位热值/kcal	3300	3600	3900	4200	4500	4800	5000	5200
1.20	—	—	—	—	—	—	7088	8338
1.25	—	—	—	—	—	—	7367	7631
1.30	—	—	—	—	—	7372	7647	7922
1.35	—	—	5212	6781	7200	7640	7926	8212
1.40	5677	6124	6570	7016	7450	7908	8205	8503
1.45	5862	6325	6788	7251	7670	8176	8485	8793
1.50	6046	6526	7006	7485	7950	9484	8764	9084

一般工业锅炉的燃煤低位热值在 4 800～6 000 kcal/kg 燃煤，过剩空气系数 1.5～1.9，烟气量大约在 8 500～11 000 m^3/t 原煤；火电厂锅炉的燃煤低位热值在 3 500～5 000 kcal/kg 燃煤，过剩空气系数 1.2～1.5，烟气量大约在 7 000～9 000 m^3/t 原煤。

三、锅炉燃煤烟尘排放量的计算

（一）烟尘排放量的实测法计算

烟尘实测法是采集烟尘样本，监测烟尘浓度 C，监测烟气排放量 Q。

实测法公式如下：

$$G = K \cdot Q \cdot C$$

式中：G —— 监测的污染物的量；

K —— 平衡系数；

Q —— 监测烟气的排放量；

C —— 监测烟气的浓度。

（二）烟尘排放量的林格曼仪测定法

标准的林格曼图是由 14 cm×20 cm，黑度不同的六小块比色图板构成，用观察到的烟尘的黑度与林格曼图比色，确定烟尘黑度的等级。

表 1-22　林格曼黑度对照表

黑格占背景百分比/%	黑度的级别（级）	烟尘颜色	烟尘浓度/（g/m^3）
0	0	全白	0～0.2
20	1	微灰	0.25
40	2	灰	0.70
60	3	深灰	1.20
80	4	灰黑	2.30
100	5	全黑	4.0～5.0

（三）烟尘排放量的测试分析计算法

利用锅炉烟尘的测试分析参数可以计算燃煤烟尘的产污系数（吨煤的烟尘产污量）和排污系数。

如下式所示：

$$G_{烟尘产} = \frac{1000 \cdot A \cdot d_{fh}}{(1 - C_{fh})} \qquad G_{烟尘排} = G_{烟尘产}(1 - \eta)$$

式中：$G_{烟尘产}$ —— 烟尘的产污系数，kg/t；

A —— 煤中灰分含量，%；

d_{fh} —— 烟尘中飞灰占灰分总量的比率，%；

C_{fh} —— 烟尘中可燃物的比率，%；

η —— 除尘效率，%。

表 1-23 不同燃烧方式 A、d_{fh}、C_{fh} 系数表 单位：%

燃烧方式	A	C_{fh}	d_{fh}
层式燃烧锅炉	10～35	15～45 平均值 30	15～40 平均值 20
抛煤机炉	15～45	40～50 平均值 45	25～40 平均值 25
悬浮式燃烧锅炉	25～50	0～5 平均值 3	60～85 平均值 80

表 1-24 烟尘中灰分占煤中灰分百分比 d_{fh} 单位：%

炉型	d_{fh}	炉型	d_{fh}	炉型	d_{fh}
手烧炉	15～25	振动炉	20～40	煤粉炉	75～85
链条炉	15～25	抛煤炉	25～40	油炉	0
往复推饲炉	20	沸腾炉	40～60	天然气炉	0

（四）锅炉烟尘物料衡算法

火电行业的烟尘排放量 $G_{烟尘}$ 与燃煤耗量、燃煤灰分、燃烧方式和烟尘去除率有直接关系。可以忽略其他因素，用物料衡算法简便计算。

1. 一般锅炉的烟尘产排放量计算

煤粉炉烟尘产生量系数如下：

煤粉炉烟尘产生量 $G_{粉烟尘产}=K_{烟尘} \cdot A$ kg/t 原煤

煤粉炉烟尘去除量 $G_{粉烟尘去}=K_{烟尘} \cdot A \cdot \eta_{尘}$ kg/t 原煤 （粉煤灰量）

煤粉炉烟尘排放量 $G_{粉烟尘排}=K_{烟尘} \cdot A（1-\eta_{尘}）$ kg/t 原煤

式中：A —— 灰分，%；

$\eta_{尘}$ —— 除尘率，%。

表 1-25　$K_{烟尘}$的取值　　单位：kg/t 原煤

锅炉类型	煤粉炉（火电）	煤粉炉（工业）	水煤浆炉（火电）	水煤浆炉（工业）	层燃炉	抛煤机炉
$K_{烟尘}$的取值	924	893	924	893	245	384

2．循环流化床锅炉的烟尘排放量计算

循环流化床锅炉烟尘产生量系数如下：

循环流化床烟尘产生量　$G_{循烟尘产} = 630A + 7.5 + 6\,194S$　kg/t 原煤

循环流化床烟尘去除量　$G_{循烟尘去} = (630A + 7.5 + 6\,194S)\eta_{尘}$　kg/t 原煤　（粉煤灰量）

循环流化床烟尘排放量　$G_{循烟尘排} = (630A + 7.5 + 6\,194S)(1-\eta_{尘})$　kg/t 原煤

式中：S —— 硫分，%。

层式燃烧锅炉的烟尘产生量主要是和锅炉的燃烧方式（链条炉、振动炉、往复炉）关系比较大，和煤种的关系并不明显。

水煤浆燃烧形成的飞灰颗粒物的污染物计算与煤粉燃烧相同，主要是水煤浆含有的灰分较低，还有浆滴蒸发时发生结团，会提高除尘效率。

四、锅炉烟气 SO_2 排放量的计算

（一）我国煤炭的含硫率

煤中的硫分一般为 0.2%～5%。如果燃煤中的硫分高于 1.5%称高硫煤，城市燃煤高于 1%的也视为高硫煤。液体燃料主要包括原油、轻油（汽油、煤油、柴油）和重油。原油硫分在 0.1%～0.3%，重油硫分在 0.5%～3.5%，原油中的硫元素通常富集于釜底的重油中，一般轻油中的硫分要低于 0.1%。

（二）SO_2 排放量计算

1．一般锅炉的 SO_2 产排放量的计算

煤粉炉、层燃式锅炉、抛煤机锅炉、燃油锅炉等 SO_2 产排污系数计算如下：

单位燃料 SO_2 产污量　$G_{SO_2产} = K_{硫} S_1$　kg/t 原煤

单位燃料 SO_2 去除量　$G_{SO_2除} = K_{硫} S_1 \eta_S$　kg/t 原煤

单位燃料 SO_2 排放量　$G_{SO_2排} = K_{硫} S_1 (1-\eta_S)$　kg/t 原煤

式中：$K_{硫}$ —— 产污系数，kg/t 原煤；

S_1 —— 燃煤硫分，%；

η_S —— 脱硫率，%。

$K_{硫}$依据不同的炉型和使用不同的燃料取值参照表 1-26。

表 1-26 一般锅炉 $K_{硫}$ 的取值 单位：kg/t 原煤

炉 型	煤粉（含水煤浆）炉	层燃炉（炉内无脱硫）	层燃炉（炉内脱硫）	烟煤抛煤机炉（炉内无脱硫）	烟煤抛煤机炉（炉内脱硫）
$K_{硫}$	1 700	1 600	1 120	1 600	1 120
燃料	燃油锅炉	以型煤为燃料锅炉（无固硫）	以型煤为燃料锅炉（有固硫）	褐煤抛煤机炉（炉内无脱硫）	褐煤抛煤机炉（炉内脱硫）
$K_{硫}$	1 900	1 400	700	1 500	1 050

注：数据主要参考《第一次全国污染源普查工业污染源产排污系数手册》。

2．循环流化床锅炉的 SO_2 产排放量的计算

循环流化床锅炉吨煤 SO_2 排放系数为：

单位原煤 SO_2 产污量 $G_{SO_2产}=K_{硫}$ kg/t 原煤

单位原煤 SO_2 去除量 $G_{SO_2除}=K_{硫}\eta_S$ kg/t 原煤

单位原煤 SO_2 排放量 $G_{SO_2排}=K_{硫}(1-\eta_S)$ kg/t 原煤

式中：$K_{硫}$ —— 主要取决于锅炉的规模等级（见表 1-27）；

S_1 —— 燃煤硫分，%；

η_S —— 脱硫率，%。

表 1-27 循环流化床锅炉 SO_2 产污系数 单位：kg/t 原煤

规模/万 kW	25～44.9	7.5～24.9	0.9～7.4	≤0.8
产污系数 $K_{硫}$	$255\ S_1$	$509\ S_1$	$580S_1$	$1500\ S_1$（无脱硫剂） $450\ S_1$（添加脱硫剂）

注：数据主要参考《第一次全国污染源普查工业污染源产排污系数手册》。

水煤浆以洗精煤为原料，洗精煤会在洗煤过程中去除 10%～30%的无机硫，但燃烧过程的 SO_2 的排放规律与燃煤相似，煤中加入脱硫剂效果并不明显。

五、锅炉 NO_x 排放量的计算

（一）火电厂 NO_x 产生的机理

煤燃烧过程中 NO_x 的生成途径主要有三种：一是燃料型 NO_x，燃料中的氮在燃烧时热分解再氧化，一般燃料中的氮生成 NO_x 的比例比较大。二是热力型 NO_x，系输入空气中的 N_2，在燃烧时也会生成 NO_x，但比例比较小。三是快速型 NO_x，系碳氢化合物过浓时燃烧生成的 NO_x。一般在燃烧时产生的 NO_x 中约 90%为 NO，其余主要是 NO_2。

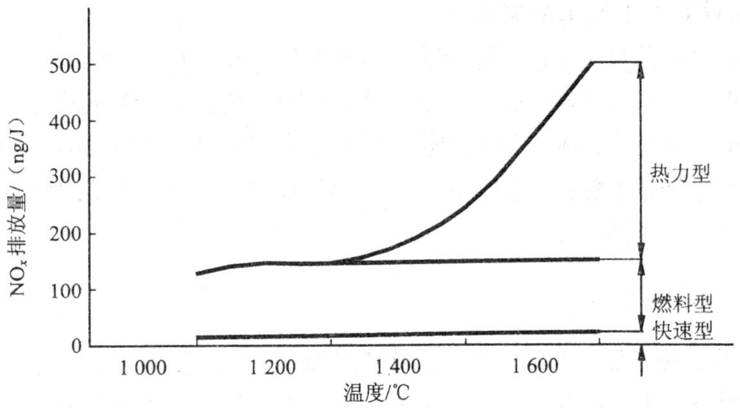

图 1-3　三种类型 NO_x 在煤燃烧过程中对 NO_x 排放总量的贡献

1．燃料型 NO_x

燃料中含氮化合物燃烧过程热分解，再氧化生成 NO_x，约占 NO_x 总量的 60%～80%以上，最高可达 90%。燃料中 C-N 结合键能比空气中氮分子 N-N 键能小得多，因此燃料中的 N 更易经热分解和氧化生成 NO_x。

燃料型 NO_x 生成机理复杂，至少有 29 种化学反应式。但燃烧过程中影响燃料型 NO_x 生成和破坏的主要因素有：①煤质，指煤的含氮量、挥发分含量、固定碳与挥发分的比（FC/V）、其他元素含量与比值；②燃烧温度；③过量空气系数；④燃料及燃烧产物在火焰高温区和炉膛内的停留时间；⑤反应区中的烟气气氛，即 O_2、N_2、NO、CH。

燃料中的含氮化合物是在燃烧时热分解再氧化生成。燃料型 NO_x 的产生量与燃料的品质如含氮率、挥发分、燃料比（FC/*V*）等有直接关系。一般燃煤电厂和工业锅炉使用的动力煤的含氮率一般为 1.3%～1.7%，以氮的环状化合物或链状化合物存在，如奎琳（C_6H_5N）和芳香胺（$C_6H_5NH_2$），含氮率的变化很小，燃料型 NO_x 的产生量相对稳定；焦炭含氮率非常低，燃料型 NO_x 的产生量也很少。燃料比（固态碳/挥发分）越低，则 NO_x 产生量也越低，燃料比越高，则 NO_x 产生量越高。一般燃煤挥发分在 30%～40%。

燃煤燃烧温度在 600℃以上，氮分离成游离态，在一定条件下，与氧反应生成 NO_x。温度开始升高对燃煤中的氮转化为 NO_x 影响较为明显，升高到一定程度，温度再升高对煤中的氮转化的影响会减弱。

2．热力型 NO_x 和快速型 NO_x

空气中的氮生成的 NO_x 分为热力型 NO_x 和快速型 NO_x。

热力型 NO_x 是空气中的氮气在高温下氧化生成 NO_x 形成。在温度足够高时（1 300℃以上），可占到 NO_x 总量的 30%。燃烧过程中，温度对热力型 NO_x 的生成具有决定性作用。

空气中的氮气在高温下获得足够的能量继而分解，或高温下受其他分子撞击分解，与氧反应生成热力型和快速型 NO_x。

快速型 NO_x，指燃烧时空气中的氮和燃料燃烧产生的碳氢离子团如 CH、CH_2、CH_3 等生成中间产物如 HCN、N 和 CN 等，进而氧化生成 NO_x。快速型 NO_x 的生成对温度的依赖性比较弱，生成量很小，一般小于 5%。在燃煤锅炉中，不予考虑。

3. 给氧条件对生成 NO_x 的影响

控制燃烧给氧区的氧气浓度，可以减少炉内 NO_x 的产生量。当燃烧过剩空气系数减少或氧气浓度较低时，氮原子转变成 NO_x 的转化率降低，减少了 NO_x 的产生量。通过控制给氧条件是最早的低氮燃烧技术。低氮燃烧，可使 NO_x 的产生量减少 30%～40%。

现在的低氮燃烧技术包括：①低过剩空气燃烧技术；②空气分级燃烧技术；③燃料分级燃烧技术；④烟气再循环技术。

（二）NO_x 控制技术

控制 NO_x 的措施主要有两类：燃烧过程中的减排技术（低氮燃烧技术）和燃烧后的脱硝技术。低氮燃烧技术主要分为低氮燃烧器和分级燃烧技术。采用低氮燃烧+SNCR 技术，不添加催化剂的方法称为选择性非催化还原法，简称 SNCR，在催化剂的作用下，采用低氮燃烧+SCR 技术。

我国对 NO_x 的控制自 2003 年颁布《火电厂大气污染物排放标准》(GB 13223—2003)后，一批新建火电机组，大多采用了低氮氧化物燃烧技术，有的火电厂结合技术改造安装了低氮氧化物燃烧器，商业化烟气脱硝装置也已在 30 万 kW、60 万 kW 装机容量的多台机组上投入运行，为火电厂降低氮氧化物的排放控制积累了经验。据不完全统计，到目前为止约有 90 多家电厂的近 200 台总装机容量为 1.05 亿 kW 的机组已通过环评，其中已建、在建或拟建的火电厂烟气脱硝项目达到 5 745 万 kW 装机容量，主要分布在北京、上海、江苏、浙江、广东、山西、湖南等省（市）。所采用的工艺技术主要是选择性催化还原法（SCR），约占 96%，非选择性还原催化法（SNCR）只占 4%。

1. 低氮燃烧技术

低氮燃烧技术主要分为低氮燃烧器和分级燃烧技术。低氮燃烧技术大致经历了如下三个发展阶段：① 第一代以低过剩空气系数、降低空气预热温度、燃烧器退出运行和浓淡燃烧器燃烧、炉膛内烟气再循环等技术为代表；② 第二代以低氮燃烧器（LNB，其功能是将空气分级）、燃烧器处烟气再循环、上部燃尽风等技术为代表；③ 第三代以低氮燃烧器（LNB，其功能是同时兼顾空气分级和燃料分级）、炉膛内再燃烧/炉膛内还原等技术为代表。

第一代技术的特点是不要求燃烧系统做大的改动，其方法最简单易行，当然效果也较小。第二代技术的特点是降低燃烧器一次风区域内的氧浓度，从而相应地降低峰值温度。第三代技术的特点是还原已经在燃烧器区域或炉膛内生成的氮氧化物。

低氮燃烧技术的减排效率可以达到 30%～40%。

2. 选择性催化还原法烟气脱硝技术

SCR 烟气脱硝技术是指在催化剂作用下，利用还原剂（如 NH_3）"有选择性"地与烟气中的 NO_x 反应并生成无毒无污染的 N_2 和 H_2O。已在燃油和燃煤锅炉上成功投入商业运用。SCR 技术对锅炉烟气 NO_x 控制效果十分显著、技术较为成熟，目前已成为世界上应用最有成效的一种烟气脱硝技术。

在 SCR 脱硝过程中，通过加氨可以把 NO_x 转化为空气中天然含有的氮气（N_2）和水（H_2O）。

反应所需的 NH_3/NO_x 摩尔比为化学计量关系。在不添加催化剂的条件下，较理想的还原反应为 800～900℃，但是，这一温度范围“很狭窄”。当温度在 1 050～1 200℃时，NH_3 会氧化成 NO，而且 NO_x 还原速度会很快降下来，当温度低于 800℃时，反应速度很慢，此时需要添加催化剂，因此分为 SCR 工艺和 SNCR 工艺。在选择性催化还原工艺中，催化剂安放在一个像固体反应器的箱体内。催化剂单元通常垂直布置，烟气由上向下流动。

为了适应更为严格的排放要求，我国目前已开展这方面的研究工作，特别是国电热工研究院和江苏苏源环保工程有限公司等，已对 SCR 工艺、催化剂和相关的关键技术设备开展了全面的研究，并已取得了初步的研究进展。SCR 技术在国内已逐步开始推广应用，目前已建成、正在建设和拟建的 SCR 脱硝装置有 50 余套。

3．选择性非催化还原法烟气脱硝技术

SNCR 法称选择性非催化还原技术，是在无催化剂参与条件下，以含氨基的还原剂将烟气中的 NO_x 还原为 N_2 和 H_2O。该法以氨作还原剂，适宜反应温度为 850～1 100℃。SNCR 技术，在炉膛 800～1 250℃温度范围内、无催化剂作用，NH_3 或尿素等氨基还原剂可选择性地还原烟气中的 NO_x，基本上不与烟气中的 O_2 作用，据此发展了 SNCR 法。在 800～1 250℃范围内，NH_3 或尿素还原 NO_x 的主要反应为：

NH_3 为还原剂　$4NH_3+4NO+O_2 \longrightarrow 4N_2+6H_2O$

尿素为还原剂　$2NO+CO(NH_2)_2+1/2O_2 \longrightarrow 2N_2+CO_2+2H_2O$

低氮燃烧+SCR 技术称选择性催化还原法，SCR 法是将氨喷入烟道，使氨和烟气均匀混合，流过安置催化剂的反应器，在催化剂的作用下完成还原反应。根据不同种类催化剂的适宜工作温度范围，SCR 可分为高温工艺、中温工艺和低温工艺，高温工艺的适宜温度范围为 345～590℃；中温工艺的适宜温度范围为 260～380℃；低温工艺的适宜温度范围为 80～300℃。据不完全统计，已建、在建或拟建的火电厂烟气脱硝项目采用的工艺技术主要是 SCR 法，约占 96%，SNCR 法只占 4%。

SNCR 技术，同 SCR 技术相比，SNCR 技术脱硝成本低。但没有额外的 SO_2/SO_3 转化率。导致脱硝效率降低，SNCR 法的脱硝效率一般在 40%以下。

不同还原剂有不同的反应温度范围，此温度范围称为温度窗。NH_3 的反应最佳温度区为 850～1 100℃。当温度过高，氨分解使 NO_x 还原率降低；温度过低，氨逃逸增加，也会降低 NO_x 还原率。

（三）火电厂 NO_x 排放量的计算

1．影响火电锅炉 NO_x 产生量的因素

影响燃烧过程中 NO_x 产生量的主要因素有煤质（含 N 率和挥发分）、炉型（燃烧温度和燃料在炉膛内的停留时间）、反应区中的条件（给氧量、过剩空气系数）。

2．火电锅炉 NO_x 排放量的计算公式

锅炉 NO_x 排放量的计算公式如下：

$$G_{NO_x}=B \cdot K_N(1-\eta_N)(1-\eta_{NS}) \quad \text{kg/t 原煤}$$

式中：B —— 消耗的燃煤（燃油）数量，t 或（10^3m^3）；

K_N —— 火电工业 NO_x 产生量参考系数；

η_N ——脱硝率，%；

η_{NS} —— 碱法脱硫产生的脱硝效果，%。

3．影响 NO_x 排放量的因素取值

（1）锅炉机组水平与煤质的影响（K_N 的取值）

K_N 值取决于锅炉类型和机组规模以及煤中的挥发分（K_N 取值见表 1-28、表 1-29 和表 1-30）。燃料中的挥发分越高，NO_x 产生量越低的原因在于挥发分中的烃（CH_i）成分对进行 NO_x 还原反应的原因。

表 1-28　火电机组 NO_x 产生量系数（K_N）表　　单位：kg/t 原煤

机组规模与锅炉类型	挥发分（$V≤10\%$）	挥发分（$10\%<V≤20\%$）	挥发分（$20\%<V≤37\%$）	挥发分（$V>37\%$）	备注
≥75 万 kW 煤粉炉机组	—	—	6.09	4.10	低氮
45 万～74.9 万 kW 煤粉炉机组	13.40	11.20	10.11	6.80	无低氮
25 万～44.9 万 kW 煤粉炉机组	13.35	11.09	9.70	6.78	无低氮
15 万～24.9 万 kW 煤粉炉机组	12.8	11.02	9.35	6.57	无低氮
7.5 万～14.9 万 kW 煤粉炉机组	12.31	10.97	9.13	6.44	无低氮
3.5 万～7.4 万 kW 煤粉炉机组	11.50	9.86	6.88	5.07	无低氮
2 万～3.4 万 kW 煤粉炉机组	10.79	8.97	6.54	5.02	无低氮
0.9 万～1.9 万 kW 煤粉炉机组	9.70	6.78	5.14	4.93	无低氮
0.9 万～1.9 万 kW 层燃炉机组	5.61	5.00	4.38	4.22	—

注：数据主要参考《第一次全国污染源普查工业污染源产排污系数手册》。

表 1-29　火电单机容量≤0.8 万 kW 锅炉 NO_x 产生量系数（K_N）　　单位：kg/t 原煤

煤种	层燃炉			煤粉炉		循环流化床	
	烟煤	无烟煤	褐煤	烟煤	褐煤	烟煤	无烟煤
无低氮	4.35	5.51	4.71	5.04	4.9	3.63	5.53

注：数据主要参考《第一次全国污染源普查工业污染源产排污系数手册》。

表 1-30　工业锅炉 NO_x 产生量系数

单位：固液燃料为 kg/t 燃料，气体燃料为 kg/10^3m^3 燃料

燃料	烟煤、褐煤	无烟煤	型煤	混煤	生物质压块燃料	水煤浆	轻油	重油	天然气	石油液化气	煤气	垃圾+煤	垃圾
抛煤机炉	3.11	—	—	—	—	—	—	—	—	—	—	—	—
层燃炉	2.94	2.7	0.5	2.94	1.02	—	—	—	—	—	—	—	—
循环流化床	2.7	1.82	—	—	—	2.72	—	—	—	—	—	—	—
煤粉炉	4.72	—	—	—	—	—	—	—	—	—	—	3.12	3.06
室燃炉	—	—	—	—	—	—	3.67	3.6	1.87	5.96	0.86	—	—

注：数据主要参考《第一次全国污染源普查工业污染源产排污系数手册》。

（2）NO_x控制措施的影响（η_N的取值）

η_N取值决定于控制NO_x措施，主要有两类：燃烧过程中的减排技术（低氮燃烧技术）和燃烧后的脱硝技术。

低氮燃烧技术主要分为低氮燃烧技术和分级燃烧技术。采用低氮燃烧技术对NO_x的削减率η_N一般在30%～40%（《第一次全国污染源普查工业污染源产排污系数手册》确定的低氮燃烧削减率η_N为40%）。采用低氮燃烧+SNCR技术，其对NO_x的削减率η_N能增加到50%～60%（《第一次全国污染源普查工业污染源产排污系数手册》确定的削减率η_N为58%）。由于没有催化剂的帮助，该法在用氨作还原剂的情况下，适宜反应温度为850～1 000℃。SNCR技术的脱硝效率η_N最大为35%～40%。采用低氮燃烧+SCR技术对NO_x的削减率η_N可达到80%。

（3）烟气碱法脱硫装置的影响（η_{NS}的取值）

目前的脱硫工艺使用最多的是石灰石-石膏湿法脱硫，该方法对NO_x脱除效率一般取7%。2010年公布的《火电厂烟气脱硫工程技术规范 氨法》编制说明（征求意见稿）中指出，氨法脱硫工艺在脱硫的同时，其脱硝率在27%左右。如表1-31所示。

表1-31 石灰石-石膏湿法脱硫系统对应的NO_x影响统计表

机组规模/万kW	脱硫系统进口NO_x浓度/（mg/m^3）	脱硫系统进口NO_x浓度/（mg/m^3）
60	768.0	681.4
60	773.3	692.8
33	684.4	672.0
33	666.6	653.9
20	711.0	567.1
20	694.4	534.6
10	590.3	559.9
10	607.3	587.2

此表数据摘自：朱法华，钟鲁文，等. 火电行业主要污染物产排污系数. 中国环境科学出版社，2009年11月版。

六、火电厂污水量的计算

（一）我国火电厂的平均用水量

如按平均水重复利用率计算，废水排放量约为：

80%×33×发电量（万kWh） 以m^3计

如已知企业的水重复利用率为$\eta_水$，废水排放量约为：

80%×33[（1−$\eta_水$）/（1−70%）]×发电量（万kWh） 以m^3计

（二）我国火电厂的污水排放量核算

电厂排放的废水主要包括冷却水（占总用水的 70%以上）、湿法输灰的冲灰废水、补水车间的化学处理废水和火电厂的其他废水。对电力工业的废水应提高冲灰水的循环利用率，减少渗漏，控制意外性外排。电厂的冲灰水事故性外排经常会发生，尤其在雨季，电厂最容易发生排水性事故。对电厂的间接冷却水应严格控制分流，还要防止对地表水体的热污染。对电厂清洗水应注意 pH 值达标排放。

1. 冲灰水

目前多数火力发电厂采用水力输灰方式，将锅炉的灰渣及除尘器的灰送至灰场，灰水经过滤回电厂循环使用。每吨灰渣要用 18 m^3 冲灰水，灰水中的主要污染物是 SS、pH 值、砷和金属离子等，灰水含 SS 40 g/L，pH 值为 8～11。当灰水管理不善，冲灰水从灰场外泄时会对地表水造成污染，废水中的 SS 约为 2 500 mg/L。

火电厂冲灰水耗水量的计算：

$$耗水量=0.34\times18\times1.05B\cdot A$$

式中：B —— 耗煤量，t；

A —— 燃煤灰分，%。

注：每冲 1 t 灰需水 18 m^3，其中重复利用率 66%，则新水为 34%，灰渣量为 $1.05B\cdot A$。

2. 化学处理废水

为防止锅炉产生水垢，对锅炉用水要进行软化处理，一般采用离子交换法。阴阳离子交换树脂使用一定时间后要再生，要用一定浓度的酸碱液冲洗。来自化学水处理车间的冲洗废水中 pH 值、部分重金属离子会超标。排放的化学废水量为处理水量的 10%（处理水量约为锅炉循环水量的 2%）。

火电厂化学处理（软化）废水量的计算：

$$废水量=0.03W_1\times10\%$$

式中：W_1 —— 发电蒸汽量，t。

注：火电厂汽水损失率一般在 2%～3%。

3. 发电厂的其他废水

发电厂的其他废水还有煤场排水、锅炉排水、锅炉清洗水和冷却水等，以外排冷却水的水量最大。外排冷却水属于间接冷却水，如能按规定分流排放则对外界环境的影响主要是热污染。其余废水均属于不规则排放。锅炉清洗一般在检修锅炉前进行，废水中的污染物除了含一定量的磷、SS、油外，还含清洗剂。

七、火电厂的废渣产排放量的计算

燃煤烟气经除尘器除尘处理，为方便综合利用，一般采用干式除灰，产生的粉煤灰采用气力输送系统，气力输送系统由仓泵、气源、管道和灰库等部分组成，采用程序控制方式，实现系统设备的协调有序运行。灰库库顶设布袋除尘器，用于灰库排气。

锅炉出渣采用干式或湿式除渣。高温炉渣经冷渣机冷却或水冷后，进入链式除渣机或刮板式除渣机，干式除渣输送至渣仓储存，湿式除渣输送至渣池储存。渣仓（池）中的渣定期运走综合利用。垃圾焚烧火电厂和农作物秸秆焚烧火电厂烟气处理措施与燃煤火电厂有所不同，所产生的灰渣也需特别处理。火电厂的废渣数量巨大，废渣来源主要包括锅炉的冷灰（约占 20%）和除尘器的粉煤灰（约占 80%）。

火电厂和工业锅炉炉渣产生总量 = 灰渣产生总量－烟尘产生量

灰渣产生总量计算如下：

$$火电厂灰渣产生总量=105\%\times B \cdot A$$

式中：B —— 耗煤量，t；

A —— 燃煤灰分，%。

火电厂废渣产生总量约为消耗煤炭量的 25%～30%。

表 1-32 主要类型锅炉的废渣产生量

锅炉类型	粉煤灰产生量（烟尘去除量）	炉渣产生量
煤粉（含水煤浆）炉	$G_{粉烟尘去}=924A \cdot \eta$ （kg/t 原煤）	103 A
循环流化床锅炉	$G_{循烟尘去}=（630A+7.5+6\,194S）\cdot \eta$	0.5 $G_{循烟尘去}$
层燃锅炉	$G_{粉烟尘去}=245A \cdot \eta$	1 196 A
抛煤机锅炉	$G_{粉烟尘去}=384A \cdot \eta$	987 A

第四节 工业锅炉和火电厂的污染治理

一、工业锅炉和火电厂废气的污染治理

（一）除尘技术

火电厂由于烟气量大、产尘浓度高，为了达到国家和地方规定的标准，除尘技术主要采用静电除尘器、袋式除尘器和电袋组合除尘器；一般工业锅炉，尤其是小型锅炉（层燃式），还多采用运行成本低、效率较低的机械除尘或湿法除尘。

电除尘器最大的优点是设备阻力低，处理烟气量大，去除率高，运行费用低，维护工作量少，使用温度范围广。但是，锅炉工况、负荷变化以及燃用煤质（粉尘比电阻变化）均会影响其除尘效率。袋式除尘器不受烟尘比电阻的影响，而且去除细颗粒物的能力比电除尘器还要好，滤袋是布袋除尘器最关键的设备之一，直接影响除尘效率。滤袋寿命的长短一般与滤袋材质、制作质量、过滤烟气温度、流穿滤袋速度等有关，对除尘器运行性能的评定起着关键的作用。

表 1-33 常见除尘设施一览表

处理设施	作 用	用 途
重力沉降室	含尘气进入沉降室流速降低，颗粒物在重力作用下沉降	除尘效率较低，常用于一级除尘
惯性除尘器	利用粉尘的惯性力大于其体的惯性力，将其分离	除尘效率较低，常用于一级除尘
旋风除尘器	利用旋转的含尘气流产生的惯性力将颗粒物分离	除尘效率可达 80%左右，一般作预除尘
袋式除尘器	含尘气流穿过许多滤袋时粉尘被滤出，排除	除尘效率较高，可达 99%以上
静电除尘器	利用静电力从废气中分离尘颗粒	除尘效率较高，可达 99%
湿式除尘	利用洗涤液与含尘气体充分接触，将尘粒洗涤、净化	除尘效率较高，可达 95%以上

表 1-34 各类除尘器的除尘效率表

类型	除尘方式	平均除尘率/%	类型	除尘方式	平均除尘率/%
重力除尘器	干式沉降室	63.4（50）（40～50）	组合旋风除尘器	陶瓷多管旋风	71.3（95～99）
	湿式沉降室	（80）（60～80）		金属多管旋风	83.3
惯性除尘器	立帽式	48.5（40～50）	湿式除尘器	湿法喷淋、冲击、降尘	76.1
普通旋风除尘器	XDF 旋风	75.1（80～98）		管式水膜	75.6
	XCX 旋风	88.5（90）		麻石水膜	88.4（90）
异型旋风除尘器	XLP 型（CLP）旁室式旋风除尘器	83.3		其他旋风水膜	83.3
	扩散式旋风除尘器	85.8		SW 型钢管水膜	93.0
	SG 型锥式旋风	89.5		湿式文丘里水膜两级除尘	96.8
	XZY 型消烟旋风	80	静电除尘器	管式静电	85.1
双旋风除尘器	XSW（原 DG）卧式双级旋风	80.6（84～87.5）		板式静电	89.7
	CR 型双级涡旋除尘器	（85～90）		百叶窗加电除尘	95.2
	XPX 型下排烟式旋风	93（92）		电除尘	>97
	XS 型双旋风除尘器	（90～94）		二级电除尘	99.5%
组合旋风除尘器	XLG（CLG）多管旋风	79.9	布袋除尘器	玻璃纤维布袋	99
	XZZ-D450 旋风	90.3		复式布袋除尘	>99.5%
	XZZ-D550、750	93.6		复式电袋除尘	99.9%
	XWD 卧式多管旋风	94.1（95）			

（二）SO_2 控制技术

目前我国火电行业主要应用的脱硫技术有炉内脱硫的喷脱硫剂法、流化床法和炉后脱硫的石灰石-石膏法、氨法和海水法，对各类不同机组的使用情况统计分析，大型机组多采用湿法脱硫技术，中小型机组选择投资相对较低的干法脱硫技术的居多。

表 1-35 烟气脱硫工艺综合比较表

工艺名称	石灰石-石膏法	简易湿法	氨法脱硫	旋转喷雾干燥法	炉内喷钙，烟气增湿法	海水吸收法	循环流化床法	电子束辐照法
工艺流程	主流程简单，制浆部分复杂	较简单	脱硫部分简单，制肥部分复杂	制浆部分复杂	较简单	简单	简单	较简单
钙硫比	1.05	1.1	—	1.5	2～2.5	—	1.2	—
脱硫率/%	85～95	50	>95	70	60	90	75	>90
脱硝率/%	7	—	30	—	—	—	—	80
耗电比例（占发电）/%	1.5～2	1	1～1.5	1	<0.5	1～1.5	<0.5	2～2.5
300MW 机组占地面积/km^2	3～5	2～3.5	3～5	2～3.5	1.5～2	3～5	1～2	6～7
烟气再热	需	需	需	不需	不需	需	不需	需
推广应用前景	高、中硫煤	高、中硫煤	高硫煤，附近有磷矿资源	高、中、低硫煤	高、中硫煤	中、低硫煤，沿海地区	高、中、低硫煤	高、中硫煤，有氨源
SO_2 处理成本/（元/kg）	1～1.4	0.8～1	3～5	0.9～1.2	0.8～1	—	1～1.1	1.4～1.6

注：本文参照黄伟等. 火电厂烟气脱硫工艺技术经济分析与选择. 中国科协 2004 年学术年会电力分会场暨中国电机工程学会 2004 年学术年会论文集。

（三）NO_x 控制技术

详细内容见本章第三节第五部分。

二、脱硫设施脱硫量的测算

大部分脱硫烟道都配备有旁路挡板（正常情况下处于关闭状态）。在紧急情况下或启动时，旁路挡板打开，以使烟道气绕过二氧化硫脱除装置，直接排入烟囱。

影响湿式石灰石-石膏法脱硫效率的因素：

（1）石灰石品质对脱硫效率的影响，石灰石矿中 $CaCO_3$ 的含量从 50%～90%分布不均。送入同量的石灰石浆液，纯度低的石灰石浆液难以维持吸收塔罐中的 pH 值，使脱硫效率降低。

（2）钙硫比对脱硫效率的影响，因此，要达到较高的脱硫效果，Ca/S 摩尔比必须大于 1，当 Ca/S=1.02～1.05 时，脱硫效率最高，当钙硫比大于 1.05 以后，脱硫率开始趋于稳定。

目前我国 90%以上的脱硫设施为石灰石-石膏法，石灰石-石膏法的脱硫量可依据石灰石消耗量判断。对各种条件下（不同的石灰石纯度、不同的 Ca/S）去除 1 kg SO_2 需消耗石灰石量进行计算得出下表所列数据，可供核查方便计算。

表 1-36　各种条件下去除 1kg SO_2 需消耗石灰石量对照表　　单位：kg 石灰石/kg SO_2

Ca/S	纯度 60%	纯度 70%	纯度 80%	纯度 85%	纯度 90%
1.01	2.626	2.251	1.970	1.854	1.751
1.03	2.678	2.295	2.009	1.890	1.785
1.05	2.730	2.340	2.048	1.927	1.820
1.07	2.782	2.385	2.087	1.964	1.855
1.10	2.860	2.451	2.145	2.019	1.907

第五节　工业锅炉和火电厂环境监察要点

一、工业锅炉和火电厂烟气环境监察要点

锅炉烟气产生的污染物主要是烟尘、SO_2、NO_x、CO_2 等。

（一）烟尘排放的监察要点

锅炉烟气中的烟尘产生量主要与锅炉的类型、燃料的灰分有关，烟尘的去除量主要与除尘设施类型的技术水平、除尘设施运行率有关，烟尘的排放量与上述多方面的因素有直接关系，故监察时应着重检查以上两方面的情况。除尘器不正常运行有诸多方面的原因，比如机械除尘的漏风和破损会使除尘效率大大降低，因此设施保养和完好率十分重要；静电除尘要检查运行电场的电压，三电场运行较好时除尘率在 99%以上，四电场、五电场运行较好时除尘率在 99.5%以上。企业可能降低电场的电压，用以降低运行成本，这使得除尘效率大大降低；袋式除尘与袋的质量高低和破损袋数关系密切，如破损的除尘袋未及时更换，相当多的废气量会从破损的除尘袋逸出，这部分废气量相当于直接排放。

表 1-37　旋风除尘器漏风率与除尘效率的关系

漏风率	1%	5%	15%
达到正常除尘效率的比率	90%	50%	0%

当锅炉需喷油助燃时，静电除尘和袋式除尘的自我保护装置使除尘设施停运，烟气可能直排，当此类情况频繁发生时，烟尘污染严重。可通过喷油量消耗确定除尘设施停运时间。

（二）SO_2 排放的监察要点

锅炉烟气中的 SO_2 产生量与锅炉使用的燃料品质（含硫率）和燃料消耗量有关，SO_2 去除量与脱硫设施类型的技术水平、脱硫设施运行率有关，SO_2 的排放量与上述多方面的因素有直接关系，故监察应着重检查以上各方面的情况。燃料的含硫量、燃料的消耗量和

脱硫设施的运行率是检查 SO_2 排放的重点。

检查锅炉和火电场燃料消耗量的方法参照本章第二节的相关内容，可以准确计算燃料消耗量。

燃料含硫率可以根据脱硫系统进口烟气的 SO_2 浓度计算燃料的平均含硫率，比如燃煤产生烟气脱硫系统进口的 SO_2 浓度为 2 000 mg/m^3 时，该燃煤的平均含硫率为 1%，每增减 200 mg/m^3 时，含硫率相对增减 0.1%。通过上述方法可以核查企业填报的燃煤含硫率是否正确。

检查不同的脱硫技术类型的脱硫设施运行率的方法各有差异。比如最常用的石灰石-石膏法脱硫技术的运行率与旁通管路排放的烟气比例有关，旁通管路排放烟气除部分企业属故意偷排外，相当多的企业是因设备故障（主要是换热器堵塞）造成。目前，越来越多的火电企业为了提高运行率都拆除了换热器，在排烟设施的最后部分安装了增压风机，这使运行率超过 95%，否则，运行率很难达到 90%。

检查 SO_2 的方法参照本章第四节第二部分的相关内容，可以根据企业脱硫设施消耗的石灰石（或者产生的石膏）数量来确定 SO_2 去除量。

（三）NO_x 排放的监察要点

锅炉烟气中的 NO_x 产生量主要与锅炉类型、锅炉技术水平、燃料挥发分、燃料含氮率有关，NO_x 削减量与低氮燃烧方式（低氮燃烧器、空气分级燃烧技术、燃料分级燃烧技术）、脱硝技术（SCR、SNCR）、脱硫类型、脱硝设施运行率等因素有关，NO_x 的排放量与上述多方面的因素直接相关，故监察时应着重检查以上各方面的情况。

二、工业锅炉和火电厂废气无组织排放环境监察要点

煤炭在运输、装卸、储存、传输等过程中会产生煤尘的无组织排放，应检查企业是否采取筒仓、防尘网、喷水雾、挡帘等防尘措施；当发生煤尘爆炸和燃烧时产生生产异常情况时，还可能同时产生环境污染情况。

在收集粉煤灰的灰库、灰坝，脱硫的石灰石贮存、破碎、传输、脱硫石膏库等场所会产生粉尘的无组织排放，应检查企业是否采取相应的防尘措施；对灰库、灰坝贮存粉煤灰或运输粉煤灰时是否有防止产生二次扬尘措施。

三、工业锅炉和火电厂废水排放环境监察要点

一般工业锅炉基本没有污水，火电企业用水量很大，主要用于凉水塔的循环冷却水，应重点关注补水车间产生的含重金属污水，机修车间的含油污水，含重金属的冲灰废水。

补水车间产生的废水中重金属可能超标，应定期对其进行采样检测，企业应分质管理。

机修车间的废水中石油类、乳化剂、COD 等多项指标可能超标，应加强监管。

四、关注新修订的《火电厂大气污染物排放标准》的要求

环境保护部和国家质量监督检验检疫总局联合发布了新修订的《火电厂大气污染物排放标准》，新标准将自 2012 年 1 月 1 日起实施。为更好地适应“十二五”环境保护工作的新要求，环境保护部在总结实践经验的基础上，对《火电厂大气污染物排放标准》（GB 13223—2003）进行了修订。新标准区分现有和新建火电建设项目，分别规定了对应的排放控制要求：对新建火电厂，规定了严格的污染物排放限值；对现有火电厂，设置了两年半的达标排放过渡期，给企业一定时间进行机组改造。新标准大幅收紧了 NO_x、SO_2 和烟尘的排放限值，针对重点地区制定了更加严格的大气污染物特别排放限值；并增设了汞的排放限值和燃气锅炉排放限值；增设了适用于环境敏感地区的大气污染物特别排放限值，在监察时应予以关注。

第二章　钢铁工业的污染源环境监察

第一节　我国钢铁工业的现状

一、我国钢铁工业体系及消费结构

我国钢铁工业作为基础工业在“十五”期间快速扩张，进入了加速结构调整、提高竞争力为主的新发展阶段。经过多年的建设，我国钢铁工业已形成了包括由矿山、烧结、焦化、炼铁、炼钢、轧钢以及相应的铁合金、耐火材料、碳素制品等多生产部门构成的庞大工业体系。钢铁工业体系见图 2-1。

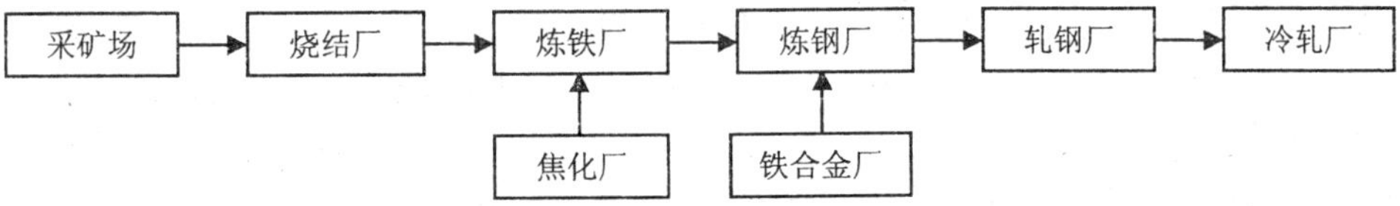

图 2-1　钢铁工业体系

我国钢铁产品消费主要集中在建筑、机械、汽车、造船、铁道、石油、家电、集装箱八大行业，这八大行业钢材消费量占全国钢材消费量的 80%以上。其中建筑行业消耗占钢材总量的 51.82%。

二、我国钢铁工业存在的问题

（一）产业集中度偏低已成为钢铁工业节能减排的主要矛盾

钢铁企业的最佳规模为 800 万～1000 万 t/a，在世界上的发达国家，产业集中度都相当高。我国 2008 年前 6 家钢产量仅占我国钢总产量的 33%。在产业集中度差的情况下，我国钢铁业存在着大量落后产能。因此，加快推进中国钢铁联合重组，提高产业集中度，是节能减排进一步深化的根本。

提高钢铁行业的产业集中度也是我国《钢铁产业政策》的要求。《钢铁产业政策》提出：到 2010 年，国内前 10 家钢铁公司钢产量达到全国总产量的 50%，到 2020 年，这个比例要达到 70%。

（二）落后和低水平工业装备仍然是钢铁工业节能减排的难点

我国中小钢铁企业中普遍存在规模小、基本采用落后或低水平的工业装备、节能环保设施不到位等问题，导致我国钢铁工业工艺装备总体水平不高，从而造成了能耗高，二次能源回收低，污染处理难度大。因此加大淘汰落后和替代低水平工艺装备的力度仍是推进节能减排的难点。中小钢铁企业集中的河北、江苏、山东、河南四省，钢铁产量占全国的一半以上。

（三）我国现有能源结构等问题是造成钢铁工业能耗差距的主要原因

我国钢铁工业一次能源以煤炭为主，占能源消费总量的 70%左右，而且发热量、灰分、硫分等质量指标与美国、德国、日本相比，存在较明显的差距。石油类能源和天然气所占比例比其他国家低 10%～20%。从而造成能源利用效率相对较低，初步估计由此造成的能耗差距在 15～20 kg 标准煤/t 钢。

（四）污染治理不到位，导致污染减排任务艰巨

钢铁工业是污染排放大户，全行业工业废水排放量占工业排放总量的 8.53%，工业粉尘排放量占工业排放总量的 5.18%，粉尘的无组织排放尤为严重，钢铁行业的 SO_2 排放量在工业行业 SO_2 排放量中排名第三。

钢铁工业在全国工业当中，能耗约占总能耗的 11%；水耗占 9%左右；排放的废水和废气约占 14%；固体废弃物约占 16%；而且我国钢铁工业的能耗、水耗指标大大高于国外的先进水平。

据中国金属学会统计，2009 年我国粗钢产量突破 5.6 亿 t，其能源消耗约占工业总能耗的 23%，新水消耗、废水、二氧化硫、固体废物排放量分别占工业的 3%、8%、8%和 16%。2010 年我国钢产量已达到 6.3 亿 t，如此巨大的生产总量，加剧了能源、资源紧张，运输困难等问题。

三、钢铁行业产业政策

（一）钢铁行业产业结构调整政策

表 2-1 钢铁行业产业结构调整政策

文件及颁布时间	内容概要
《关于钢铁、电解铝、水泥行业项目清理有关意见的通知》（发改工业[2004]1791 号，2004 年 8 月 25 日） 《钢铁产业发展政策》（国家发改委[2005]35 号，2005 年 7 月 8 日）	产业布局： 1. 重要环境保护区、严重缺水地区、大城市市区，不再扩建钢铁冶炼生产能力，在大中城市及其近郊，禁止新（扩）建钢铁、冶炼等高耗能企业。 2. 原则上不再单独建设新的钢铁联合企业、独立炼铁厂、炼钢厂，不提倡建设独立轧钢厂，必须依托有条件的现有企业，结合兼并、搬迁，在水资源、原料、运输、市场消费等具有比较优势的地区进行改造和扩建。 3. 2011 年年底前不再核准、备案任何扩大产能的钢铁项目。

文件及颁布时间	内容概要
《促进产业结构调整暂行规定》（国务院 2005 年 12 月 2 日发布，国发[2005]40 号） 《关于落实科学发展观加强环境保护的决定》（2005 年 12 月 3 日，国发[2005]39 号） 《国务院关于加快推进产能过剩行业结构调整的通知》（国发[2006]11 号，2006 年 3 月 12 日） 《国民经济和社会发展第十一个五年规划纲要》（2006 年 3 月 14 日，十届全国人大四次会议批准） 《关于钢铁工业控制总量淘汰落后加快结构调整的通知》（2006 年 6 月 14 日，发改工业[2006]1084 号） 《中国应对气候变化国家方案》（国家发改委，2007 年 6 月） 《国家酸雨和二氧化硫污染防治“十一五”规划》（环发[2008]1 号，2008 年 1 月 3 日） 《钢铁产业调整振兴规划》（发改委令[2009]35 号，2009 年 3 月 20 日） 《关于抑制部分行业产能过剩和重复建设 引导产业健康发展若干意见的通知》（国发[2009]38 号，2009 年 9 月 24 日） 《现有钢铁企业生产经营准入条件及管理办法》（征求意见稿）（工信部，2009 年 12 月 10 日） 《关于进一步加强淘汰落后产能工作的通知》（国发[2010]7 号，2010 年 2 月 6 日） 《关于进一步加大工作力度确保实现“十一五”节能减排目标的通知》（国发[2010]12 号，2010 年 5 月 4 日） 《关于进一步加大节能减排力度 加快钢铁工业结构调整的若干意见》（国办发[2010]34 号，2010 年 6 月 4 日） 《产业结构调整指导目录》（发改委令[2011]9 号，2011 年 3 月 27 日）	4. 东北地区重点淘汰落后能力、建设企业集团；华北地区严格控制生产厂点继续增多和生产能力扩张；华东地区集中区域优势发展；中南地区发挥地域优势重点建设钢铁联合企业；西南地区重点提高装备水平，发展高附加值产品；西北地区以满足本地区经济发展为主。 原料结构： 1. 鼓励大型钢铁企业进行铁矿等资源勘探开发，鼓励企业发展低品位矿采选技术，充分利用国内贫矿资源。 2. 支持有条件的大型骨干企业集团到境外采用独资、合资、合作、购买矿产资源等方式建立铁矿、铬矿、锰矿、镍矿、废钢及炼焦煤等生产供应基地。 3. 沿海地区企业所需的矿石、焦炭等重要原辅材料，国家鼓励依靠海外市场解决。 生产规模： 1. 沿海深水港地区建设钢铁项目，高炉有效容积要大于 3 000 m^3；转炉公称容量大于 200 t，钢生产规模 800 万 t 及以上。 2. 到 2011 年，粗钢产量 5 亿 t 左右，表观消费量 4.5 亿 t 左右。 工艺设备： 1. 提高技术装备水平，一般装备基本实现本地化、自主化，大型装备本地化率 92%以上。 2. 高炉有效容积 400 m^3 以上，转炉公称容量 30 t 以上，电炉公称容量 30 t 以上（不含特殊钢电炉）。 3. 焦炉同步配套干熄焦装置，烧结机须配套烟气余热回收装置，高炉须配套煤粉喷吹和余压发电装置，转炉须配套煤气回收装置。有条件的企业焦炉须采用煤调湿并配套干熄焦装置，烧结机须配套烟气脱硫装置。 4. 企业应积极采用精料入炉、富氧喷煤、铁水预处理、大型高炉、转炉和超高功率电炉、炉外精炼、连铸、连轧、控轧、控冷等先进工艺技术和装备。 5. 禁止企业采用国内外淘汰的落后二手钢铁生产设备。 6. 鼓励采用以废钢为原料的短流程工艺。 淘汰落后： 1. “十一五”期间，淘汰约 1 亿 t 落后炼铁能力，力争到 2012 年再淘汰落后炼铁能力 7 200 万 t、炼钢能力 2 500 万 t。“十一五”期间，淘汰约 5 500 万 t 落后炼钢能力。 2. 2010 年年底前淘汰落后炼铁产能 2 500 万 t、炼钢 600 万 t。 3. 2011 年年底前淘汰落后炼铁能力 7 200 万 t、炼钢能力 2 500 万 t。 4. 淘汰土法炼焦（含改良焦炉）、炭化室高度小于 4.3 m 焦炉（3.2 m 及以上捣固焦炉除外）、无化产回收的单一炼焦生产设施；淘汰土烧结矿和热烧结矿；淘汰 90 m^2 以下烧结机（2013 年）、8 m^2 以下球团竖炉；淘汰铁合金生产用 24 m^2 以下带式锰矿、铬矿烧结机；淘汰 400 m^3 及以下高炉、200 m^3 及以下铁合金、铸铁管生产用高炉；30 t 及以下转炉和电炉、化铁炼钢；、6 300 kVA 以下铁合金矿热电炉，3 000 kVA 以下铁合金半封闭直流电炉、铁合金精炼电炉；5 万 t/a 及以下的单套煤焦油加工装置；煅烧石灰土窑；100 m^3 及以下铁合金锰铁高炉等。 能源消耗： 1. 2010 年全行业吨钢综合能耗降到 0.73 t 标煤、吨钢可比能耗降到 0.685 t 标煤、吨钢耗新水 8 t 以下；2011 年，重点大中型企业吨钢综合能耗不超过 620 kg 标准煤，吨钢耗用新水量低于 5 t，吨钢烟粉尘排放量低于 1.0 kg。 2. “十二五”末，吨钢综合能耗不超过 615 kg 标煤。 3. 不同工序能耗限值：焦化工序能耗≤115 kg 标煤/t、烧结工序能耗≤56 kg 标煤/t、高炉工序能耗≤411 kg 标煤/t、转炉工序能耗≤0 kg 标煤/t、普钢电炉工序能耗≤92 kg 标煤/t、特钢电炉工序能耗≤171 kg 标煤/t。吨钢新水消耗高炉流程企业不超过 6 t，电炉流程企业不超过 3 t

（二）钢铁行业环境保护政策

表 2-2 钢铁行业环境保护政策

文件及颁布时间	对企业的要求
《钢铁产业发展政策》（发改委[2005]35 号，2005 年 7 月 8 日） 《清洁生产标准 钢铁行业》（HJ/T 189—2006，2006 年 7 月 3 日） 《粗钢生产主要工序单位产品能源消耗限额》（GB 21256—2007） 《清洁生产标准 钢铁行业（烧结）》（HJ 426—2008，2008 年 4 月 8 日） 《清洁生产标准 钢铁行业（高炉炼铁）》（HJ 427—2008，2008 年 4 月 8 日） 《清洁生产标准 钢铁行业（炼钢）》（HJ 428—2008，2008 年 4 月 8 日） 《钢铁工业除尘工程技术规范》（HJ 435—2008，2008 年 6 月 6 日） 《清洁生产标准 钢铁行业（铁合金）》（HJ 470—2009，2009 年 4 月 10 日） 《钢铁行业烧结烟气脱硫实施方案》（工信部节[2009]340 号，2009 年 7 月 30 日） 《关于抑制部分行业产能过剩和重复建设 引导产业健康发展若干意见的通知》（国发[2009]38 号，2009 年 9 月 24 日） 《关于钢铁工业节能减排的指导意见》（工信部节[2010]176 号，2010 年 4 月 13 日） 《钢铁行业轧钢工艺污染防治最佳可行技术指南（试行）》（HJ-BAT-006，2010 年 12 月） 《钢铁行业炼钢工艺污染防治最佳可行技术指南（试行）》（HJ-BAT-006，2010 年 12 月）	环境标准："十二五"末，钢铁联合企业废水基本实现"零"排放；氮氧化物、二噁英等污染物排放得到有效控制。 污染治理要求：企业各项污染物排放浓度须同时符合国家或地方标准的规定，对超过核定的污染物排放指标和总量的，不准生产运行。 污染治理技术要求： 1. 推广高强度钢筋使用和节材技术，发展高温高压干熄焦、烧结余热利用，烟气脱硫等循环经济和节能减排工艺技术，以及提升开发利用低品位、难选冶铁矿等技术。 2. 大力推广高温高压干熄焦、干法除尘、煤气余热余压回收利用、烧结烟气脱硫等循环经济和节能减排新技术新工艺，提高"三废"的综合治理和利用水平。 3. 轧钢工艺污染预防最佳可行性技术包括加热炉/热处理炉污染物减排技术、浅槽紊流（喷流）酸洗技术、低铬/无铬钝化技术和水基涂镀技术；粉尘治理最佳可行性技术包括塑烧板除尘技术和袋式除尘技术。 4. 炼钢工艺污染预防最佳可行性技术包括加烟气余热回收技术、蓄热式钢包烘烤技术、连铸坯热送热装技术、废钢分拣预处理技术；粉尘治理最佳可行性技术包括 LT 干法除尘技术、第四代 OG 系统除尘技术、烟气捕集+袋式除尘技术、烟气急冷+高效过滤技术。 资源综合利用： 1. 钢铁联合企业技术经济指标达到水循环利用率 95%以上。 2. 到 2011 年年底，冶金渣利用率不低于 95%，钢渣综合利用率 94%，铁渣综合利用率 97%，尘泥综合利用率 99%，尾矿综合利用率 10%。二次能源基本实现 100%回收利用，冶金渣近 100%综合利用。 清洁生产：钢铁生产应符合采取清洁生产技术，并符合清洁生产技术指标

第二节 烧结球团工艺污染源环境监察

一、烧结及球团生产的原料与能耗

烧结生产使用的主要原料为含铁原料（精矿粉、富矿粉、高炉瓦斯泥、转炉泥以及轧钢氧化铁皮等）、熔剂（石灰石、白云石、菱镁石、生石灰和消石灰等）、燃料（无烟煤、焦粉、煤气等）。烧结燃料耗量为 40～50 kg 标煤/t 产品，综合能耗为 55～70 kg 标煤/t 产品。

球团生产的原料为矿粉、焦炭粉（或煤粉）和熔剂（石灰石灰或白云石）。球团使用的含铁原料主要有精矿粉、富矿粉等，但它比烧结使用的原料粒度细得多。通常使用富矿粉的球团厂普遍设有磨矿工艺，使比表面积符合最佳范围。多以焦粉、重油、煤气为燃料，燃料耗量为 18～20 kg/t 矿。综合能耗 30～45 kg 标煤/t 矿。

二、烧结及球团生产设备

烧结工艺主要设备是带式烧结机。球团生产的主要设备有竖炉、带式焙烧机、链篦机-回转窑三大类，主要设备包括造球机、焙烧设备、冷却设备。

烧结工艺的冷却有带式和环式两种，鼓风式带冷机是与各式烧结机（环烧、带烧、平烧）配套的高效通用烧结矿冷却设备。球团的冷却设备和方式大致有以下几种：环冷机、用竖式冷却器冷却；用轻型鼓风带冷却机冷却、自然冷却。

三、烧结与球团生产工艺

（一）烧结生产工艺

烧结工艺主要包括配料、混料、铺底布料、焙烧、破碎、冷却、筛分制成块矿的工艺。烧结过程中产生的废气由主抽风机通过下部风箱进入主排气管，废气经除尘脱硫后从烟囱排出。烧结（球团）生产工艺流程见图 2-2。

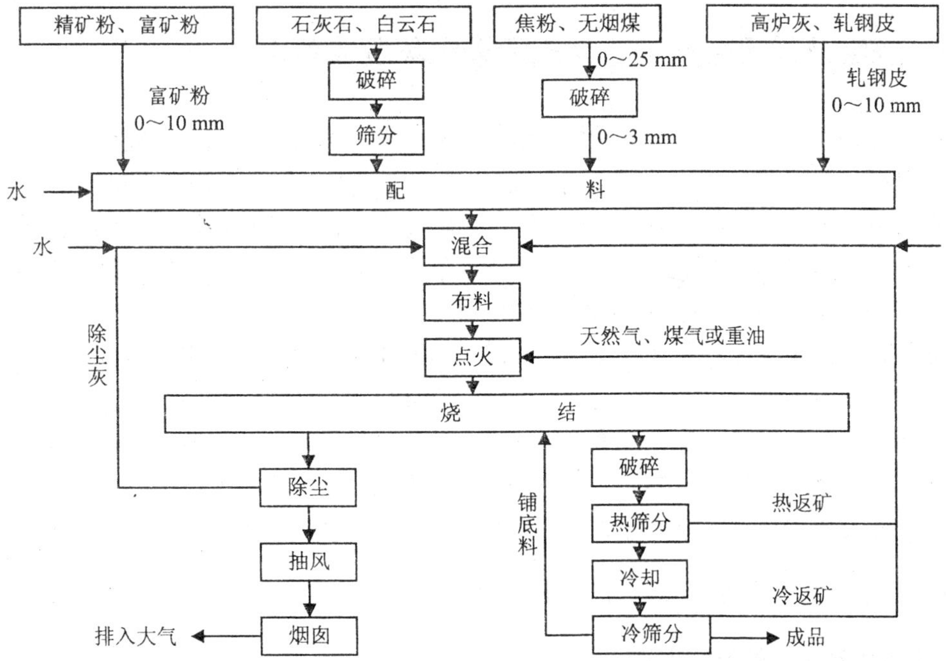

图 2-2　烧结生产工艺流程

（二）球团生产工艺

球团矿石细磨铁精矿或其他含铁粉料造块的又一种方法。它是将精矿粉、熔剂（有时还含燃料和黏结剂）的混合物，在造球机中滚成 8～15 mm 的生球，经干燥、焙烧固结成型。

球团生产的主要工序包括原料准备、配料、混合、造球、干燥、焙烧、冷却、筛分、成品、返矿等工序。球团常用的焙烧设备有球团竖炉、带式焙烧机、链篦机-回转窑。

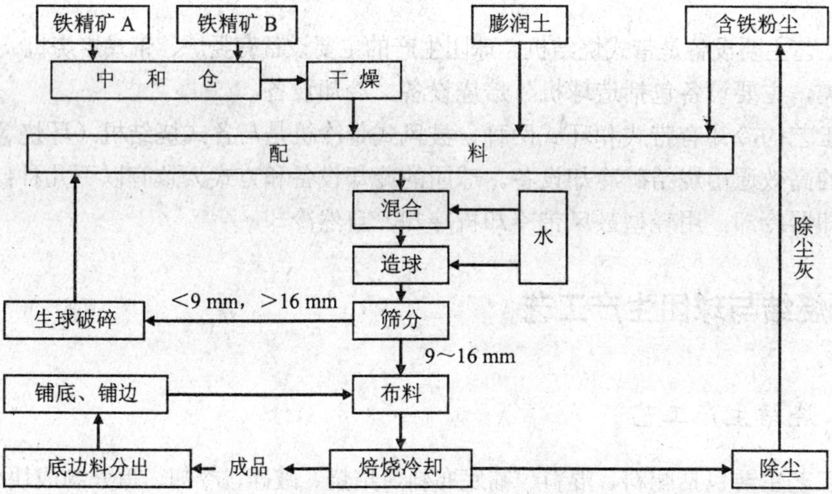

图 2-3 球团生产工艺流程

四、烧结及球团生产工艺大气污染源环境监察

混合料在烧结时，会产生含有粉尘、烟气、SO_2 和 NO_x 的高温废气。废气有组织污染主要来自机头（抽风箱）、机尾（卸矿端）的废气，废气中主要污染物含大量粉尘、SO_2，少量 CO、NO_x 等。对有组织排放的废气钢铁厂将收集净化。烧结机机头机尾产生的废气量约为 2 900～3 400 m^3/t。烧结矿、球团生产过程产生的废气污染比烧结生产少很多，球团生产过程中产生的烟气量约为 2 800～3 200 m^3/t 球团矿。

烧结厂在生产工艺中，在原料装卸、破碎、筛分和储运过程中产生含尘废气；混合料系统中产生水汽-粉尘的共生废气；破碎、筛分、冷却、贮存和转运过程中产生含尘废气，这些工艺废气大部分由集气装置收集净化，另有部分以无组织形式排放。烧结机的破碎系统、配料、混料、筛分（整粒）、转运等工艺过程中产生的工艺废气量约为 2 600～4 200 m^3/t 烧结矿。烧结过程中无组织粉尘排放量约为 0.3～2 kg/t 烧结矿（球团）。

（一）烧结及球团生产工艺的烟粉尘污染

1．烧结生产工艺烟粉尘污染

烧结机机头机尾产生的废气含尘浓度约为 4 000～5 000 mg/m^3，烟尘产生量为 8.2～

18.5 kg/t 烧结矿左右；烧结机的破碎系统、配料、混料、筛分（整粒）、转运等工艺过程产生的工艺废气含尘浓度约为 4 000～5 000 mg/m^3，粉尘产生量为 16.7～18.6 kg/t 烧结矿，烧结矿废气中的烟粉尘总产生量约为 25～40 kg/t 烧结矿。

2. 球团生产工艺烟粉尘污染

球团生产过程中产生的废气含尘浓度约为 3 100～3 500 mg/m^3，烟粉尘产生量约为 10 kg/t 球团矿。

烧结厂的炉窑等有组织排放过程中烟气净化超过 80%采用（三电场或四电场）电除尘器，其余为多管旋风除尘器，采用电除尘效果较好，采用旋风除尘器很难达到排放标准。

烟粉尘的有组织排放量与产生量及除尘设施的去除率有关，如下式计算：

$$G_{烟尘排}=G_{烟尘产}(1-\eta_{尘})$$

式中：$G_{烟尘产}$——有组织排放废气的产生量；

$\eta_{尘}$——除尘设施的除尘率。

例：某烧结机年产量 100 万 t，机头机尾烟气量 3 200 m^3/t 烧结矿，烟气集气装置的集气率为 98%，烟尘浓度 4 000 mg/m^3，除尘设施的除尘率为 99%。

该烧结机年排放烟气量　3 200×100=320 000 万 m^3

年产生烟尘量　32×10^8×4 000=12 800 t

年烟尘有组织排放量　12 800×98%×（1–99%）=125.4 t

年烟尘无组织排放量　12 800×2%=256 t

吨烧结矿烟尘无组织排放量　256 000÷1 000 000=0.256 kg/t 产品

如果集气率达到 99%，烟尘无组织排放量为 0.128 kg/t 产品；

如果集气率不到 95%，烟尘无组织排放量大于 0.64 kg/t 产品；

如果集气率不到 90%，烟尘无组织排放量大于 1.28 kg/t 产品。

如果该烧结机的破碎系统、配料、混料、筛分（整粒）、转运等工艺过程产生的废气量为 4 000 m^3/t 烧结矿，粉尘浓度为 4 500 mg/m^3，废气集气装置的集气率为 98%，除尘设施的除尘率为 99%。

则该烧结机年排放工艺废气量　4 000×100=400 000 万 m^3

年产生粉尘量　40×10^8×4 500=18 000 t/a

年工艺粉尘有组织排放量　18 000×98%×（1–99%）=3.6 t/a

年工艺粉尘无组织排放量　18 000×2%=360 t/a

吨烧结矿烟尘无组织排放量　360 000÷1 000 000=0.36 kg/t 产品

如果集气率达到 99%，工艺粉尘无组织排放量为 0.18 kg/t 产品；

如果集气率不到 95%，工艺粉尘无组织排放量应大于 0.90 kg/t 产品；

如果集气率不到 90%，工艺粉尘无组织排放量应大于 1.80 kg/t 产品。

如果烧结设施的集气率达到 99%，烟粉尘无组织排放量小于 0.308 kg/t 产品；

如果烧结设施的集气率不到 95%，烟粉尘无组织排放量应大于 1.54 kg/t 产品；

如果烧结设施的集气率不到 90%，烟粉尘无组织排放量应大于 3.08 kg/t 产品。

（二）烧结及球团生产工艺的 SO_2 污染

烧结烟气中的 SO_2，主要源于烧结矿原燃料中硫的化合物。由于烧结使用的焦炭量很少，这些硫的化合物主要来自铁精矿。

烧结与球团生产过程中原料的自熔，可去除原料中部分硫分。由于混合原料含硫率不同，烧结机烟气中 SO_2 的浓度一般是 100～1 000 mg/m^3，高的则可达到数千毫克/立方米。烧结厂使用的铁矿粉、燃料、熔剂等都含有硫分。采用国产铁精矿粉的混合料含硫率一般在 0.1%～0.3%，产生 SO_2 量为 1.8～5.4 kg/t 球团；采用进口铁精矿粉的混合料含硫一般是 0.02%～0.03%，产生 SO_2 量为 0.36～0.54 kg/t 球团。

1．烧结生产工艺 SO_2 污染

烧结工艺有组织排放废气。混合料中约 85%的硫转变为 SO_2，SO_2 取决于混合料中的硫分，一般烧结产生的 SO_2 约 0.7～8 kg/t，如烧结生产资料不详，其 SO_2 排放量可用以下方法粗略估算：

$$G_{\text{烧结}\,SO_2}=2\times85\%\times1\,000\times S\times(1-\eta_{SO_2})$$

式中：S——混合料的平均含硫率，%；

η_{SO_2}——脱硫措施的脱硫率，%，目前多数钢企烧结尚未采取脱硫措施。

2．球团生产工艺 SO_2 污染

球团生产过程中产生的 SO_2 与烧结工艺相近。球团生产过程中，混合料中 80%的硫会转变为 SO_2。如球团生产资料不详，球团生产 SO_2 排放量可用以下方法粗略估算：

$$G_{\text{球团}\,SO_2}=2\times80\%\times1\,000\times S\,(1-\eta_{SO_2})$$

（三）烧结及球团生产工艺的 NO_x 污染

烧结（球团）烟气中的 NO_x，主要是由固体燃料及含铁原料中的氮与空气中的氧在高温烧结而形成。在烟气中，由燃料生成的 NO_x 可以占到 90%。每生产 1 t 烧结矿约产生 NO_x 0.4～0.65 kg。烧结烟气中 NO_x 的浓度一般为 200～310 mg/m^3，也有报导说其浓度曾达到过 700 mg/m^3，这与燃料中氮的含量有关。竖炉法产生的 NO_x 为 0.2 kg/t 球团矿，浓度约为 70 mg/m^3；带式焙烧为 0.5 kg/t 球团矿，浓度约为 170 mg/m^3。

（四）烧结及球团生产工艺的氟化物污染

烧结（球团）生产设备产生的氟化物以气态的氟化氢、四氟化碳等为主，其主要来源于矿石中氟的含量，从目前国内的情况看，氟化物只在部分高氟地区的烧结（球团）设备排放较高。

氟化物的排放主要源于矿石中氟的含量，氟化物的排放量为 1.3～3.2 gF/t 烧结矿或球团氟化物的浓度为 0.6～1.5 mgF/m^3（用 2 100 m^3/t 烧结矿换算）。

表 2-3 烧结工艺大气污染物产生量

规模	工业废气量/（m^3/t 烧结矿）		烟尘/（kg/t 烧结矿）	工业粉尘/（kg/t 烧结矿）	SO_2/（kg/t 烧结矿）	NO_x/（kg/t 烧结矿）
≥180 m^2	2 900①	2 600②	8.19①	16.65②	0.7～7.5①③	0.522①
50～180 m^2	3 246①	4 000②	12.55①	19.2②	0.7～7.95①③	0.584①
＜50 m^2	3 400①	4 200②	18.62①	23.26②	0.7～8.5①③	0.612①

注：① 专指烧结机头、机尾产生的废气污染物指标，其中机头占到废气量的 2/3；

② 专指烧结机燃料及熔剂破碎系统、配料、混料、筛分（整粒）、转运等工艺过程产生的废气污染物指标；

③ 生产烧结矿所产生废气中 SO_2 的产污系数采用区间表示。由于废气中 SO_2 的产生量主要取决于原料中铁矿含硫量的高低。区间取值规定如下：铁矿含硫量＜0.01%时，系数取低值；铁矿含硫量为 0.01%时，系数取低值 × 3；铁矿含硫量为 0.25%时，系数取低值 × 6；铁矿含硫量≥0.5%时，系数取高值；当铁矿含硫量不为表格中给定值时，SO_2 产污系数按插值法进行计算。

数据主要参照《第一次全国污染源普查工业污染源产排污系数手册》。

表 2-4 球团工艺大气污染物产生量

工艺	规模	工业废气量/（m^3/t 球团矿）		烟尘②/（kg/t 球团矿）	工业粉尘/（kg/t 球团矿）	SO_2/（kg/t 球团矿）	NO_x/（kg/t 球团矿）
竖炉法	≥8 m^2	2 825①		9.45①	—	0.4～7①③	0.143①
	＜8 m^2	3 214①		9.882①	—	0.42～7.2①③	0.265①
带式焙烧法	所有	1 900④	1 300⑤	6.27④	2.65⑤	0.35～7④③	0.5④
链篦机一回转窑法	所有	2 650⑥	230⑦	9.44⑥	0.053⑦	0.4～7③⑥	0.261⑥

注：① 专指竖炉焙烧及物料干燥产生的废气污染物指标；

② 烟尘指焙烧烟气及烘干烟气的颗粒物；

③ 生产球团矿所产生废气中 SO_2 的产污系数采用区间表示。由于废气中 SO_2 的产生量主要取决于原料中铁矿含硫量的高低。区间取值规定如下：铁矿含硫量＜0.03%时，系数取低值；铁矿含硫量为 0.1%时，系数取低值 × 3.5；铁矿含硫量为 0.25%时，系数取低值 × 8.5；铁矿含硫量≥0.5%时，系数取高值；当铁矿含硫量不为表格中给定值时，SO_2 产污系数按插值法进行计算；

④ 专指带式焙烧结机头、烘干产生的废气污染物指标；

⑤ 专指带式焙烧机机尾出料及物料转运等工艺过程产生的废气污染物指标；

⑥ 专指回转窑头、烘干产生的废气污染物指标；

⑦ 专指回转窑窑尾排料、冷却等工艺过程产生的废气污染物指标。

数据主要参照《第一次全国污染源普查工业污染源产排污系数手册》。

五、烧结及球团工艺的废水与固体废物污染源环境监察

（一）烧结及球团工艺废水污染

烧结生产固废主要是指除尘设施的含铁尘泥（含铁 40%以上）等，产尘量为 25～40 kg/t 矿。生产废水出自：

（1）湿式除尘设备排水。废水中的主要污染物为 SS（悬浮物），浓度一般为 3～5 g/L。

（2）冲洗地坪排水和冲洗胶带废水。为间断性排水，废水中的主要污染物为 SS。

（3）设备间接冷却水。水质未受污染，经冷却和水质稳定处理后即可回用。

烧结（球团）产生废水的主要污染物为 SS。烧结（球团）耗新水量 1.0 m^3/t 产品，SS 含量高，浓度可达 10 g/L 以上，主要是含铁尘泥和焦粉——可做原料回用。烧结（球团）厂产生的废水量少，一般不含有毒有害的污染物，经冷却、沉淀或强化处理后能循环使用。

（二）烧结及球团工艺固体废物污染

烧结机机头、机尾，成品整粒、冷却筛分等工序中会产生大量含铁粉尘，俗称烧结尘泥。通过各种除尘装置收集而得到烧结尘泥，含铁量 50%左右。这些烧结及球团工艺固体废物，可以综合后用做烧结生产的原料配料，基本没有固体废物排出。

六、烧结（球团）工艺环境监察要点

（一）落实《产业结构调整指导目录（2011 年本）》规定的钢铁烧结（球团）工艺的产业技术政策

限制类（钢铁）：180 m^2 以下烧结机项目。

淘汰类（钢铁）：土烧结矿、热烧结矿、30 m^2 以下烧结机（2005 年）、90 m^2 以下烧结机（2013 年）、8 m^2 以下球团竖炉。

（二）烧结（球团）生产过程的 SO_2 控制措施

烧结（球团）烟气的 SO_2 治理，在我国尚处在起步阶段，还没有大规模应用，缺乏成熟的应用经验，但"十二五"节能减排工作已将钢铁行业 SO_2 减排列为重点监管内容，国家对钢铁行业 SO_2 限量排放的要求越来越高，烧结（球团）烟气将强制脱硫。

烧结（球团）生产过程中的主要污染是废气污染，烧结过程中产生的 SO_2 总量占钢铁生产总量的 60%～70%，排放量超过 90%，因此，监控烧结球团工艺 SO_2 产生量及其治理措施是环境监察的一项重要任务。不仅要了解混合配料的含硫率，还要了解钢铁企业在这些工艺中的脱硫控制措施，监督这些措施的实施效果。钢铁行业烧结球团工艺脱硫是"十二五"期间国家 SO_2 减排的重点项目。

（三）烧结（球团）生产过程的烟粉尘控制

烧结球团生产过程的原燃料破碎、配料、混料、输送、机尾卸料、冷筛/整粒等都要产生较大的无组织扬尘，要检查企业采取相应的抑尘设施和抑尘效果。监控企业须采取相应的抑尘措施。机头产生的燃烧废气和生产过程的集气罩废气均为有组织排放，粉尘浓度较高时则应采取高效的除尘措施。

目前国内烧结（球团）设备烟气净化 80%是采用电除尘器，其余为多管除尘器，电除尘器的除尘效果要优于多管除尘器，要认真检查除尘器的运行率和运行效果，严格控制其无组织排放。

（四）烧结（球团）生产过程的 NO_x 排放

烧结（球团）过程产生的 NO_x 是钢铁行业 NO_x 排放的主要成因，其占钢铁企业 NO_x 排放总量的 75%。由于目前国内烧结（球团）废气去除 NO_x 还没有先例，脱硝技术在钢铁烧结工艺应用还不成熟，现场监察主要是检查 NO_x 的排放量和排放浓度。

（五）烧结（球团）生产过程的氟化物排放

使用来自高氟地区的铁矿粉，烧结球团工艺过程产生的废气中氟化物也会超标，也应列入监察内容。

（六）检查烧结（球团）生产过程的废水污染控制与排放

原料场受控工艺设施有物料运输、贮存和卸料设施，产生的废水为卸料除尘废水和冲洗地坪废水，主要污染物为 SS，这些废水经过沉淀处理后可以回用。

第三节 炼铁工业污染源环境监察

一、炼铁工业的原料与能耗

高炉炼铁是一个还原过程，主要原料为 Fe_2O_3 或 Fe_3O_4 含量高的铁矿石、烧结矿或球团矿以及石灰石（调节矿石中脉石熔点和流动性的助熔剂）、还有焦炭（作为热源、还原剂和料柱骨架）。

通常冶炼 1 t 生铁需 1.5～2.0 t 铁矿石（一般情况下 1.8 t 铁矿石可产 1 t 生铁），0.5～0.7 t 燃料（高炉燃料主要是焦炭和煤粉，及重油、煤气、煤、天然气），0.2～0.4 t 熔剂，总计需要 2～3 t 原料。

二、炼铁生产设备

炼铁厂的主要工艺设施为高炉及其供料系统、送风系统、煤气净化除尘系统、渣铁处理系统和粉煤制备喷吹系统。炼铁厂包含有高炉、热风炉、高炉煤气洗涤设施、鼓风机、铸铁机、冲渣池等与之配套的辅助设施，这些也是主要的污染源。

三、炼铁生产工艺

工业炼铁是在高炉内连续进行。从其上料系统从炉顶装入的铁矿石、焦炭和熔剂向下运动，从高炉下部风口鼓入预热空气（1 000～1 300℃），喷入燃料。熔炼过程中原料、燃料下降，而高温还原性气体向上运动。炉料经过加热、还原、熔化、造渣、渗碳、脱硫等一系列物理化学过程，原料中的氧化铁在高温下被还原成金属铁（铁水），铁水从高炉底部出铁口流出。铁水用铁水罐车送至铸铁机浇铸成铁锭或送至转炉炼钢。石灰石作为熔剂，将铁矿石中难熔的脉石生成浮于铁水上的炉渣（硅酸钙），从出渣口排出。煤气从炉顶导出，经除尘处理后可用作工业用煤气。

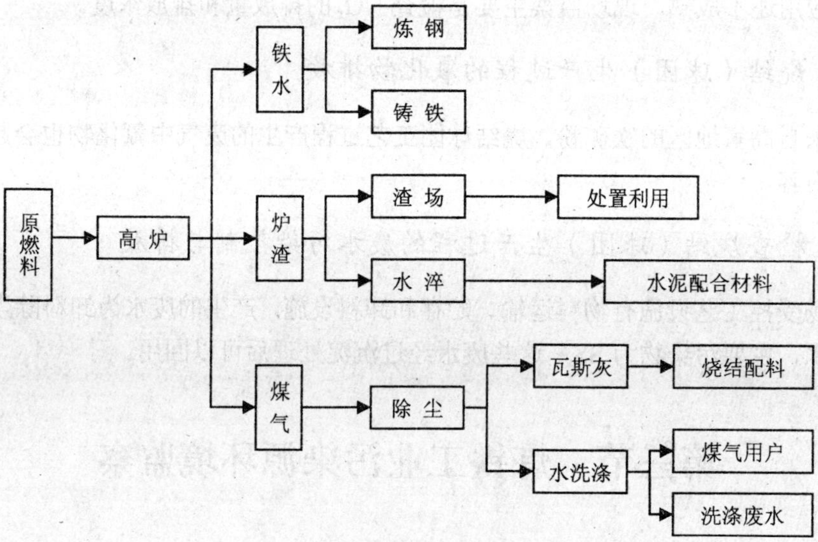

图 2-4 炼铁生产工艺流程

四、炼铁工业的排污节点

（一）炼铁工业的污染来源

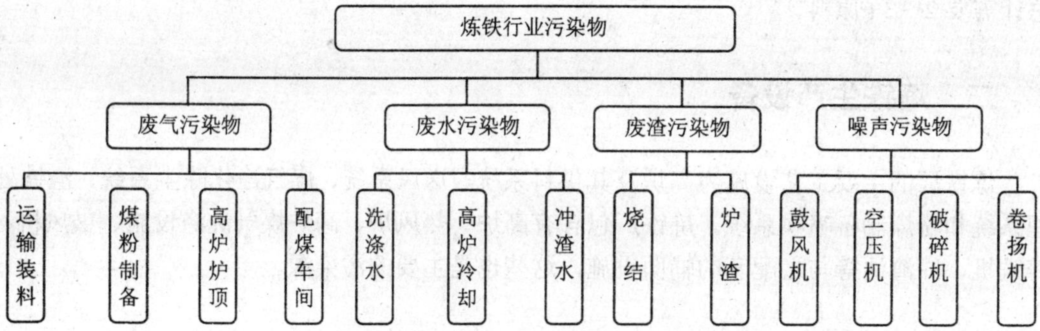

图 2-5 炼铁工业的主要污染来源

（二）炼铁工业的排污节点

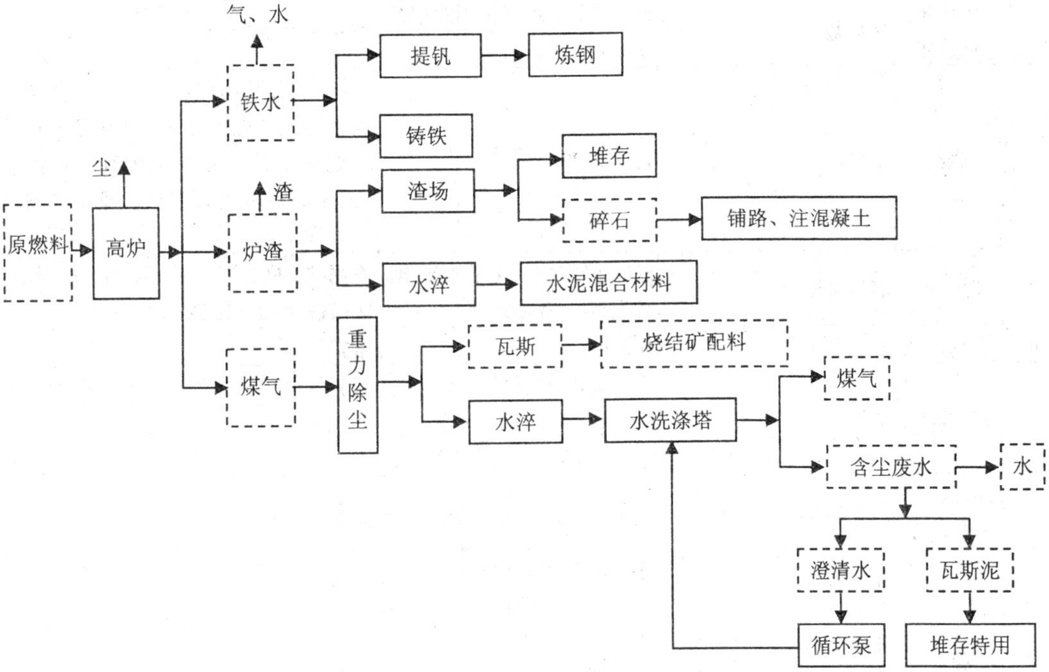

图 2-6　炼铁工业的产排污节点

（三）炼铁工业的排污节点说明

表 2-5　炼铁企业主要废气排污节点及主要控制措施

序号	工序名称	排污节点	主要污染物	控制措施
1	运输装料	连接处头、尾	粉尘	多采用收尘罩，布袋除尘器
2	送风系统	热风炉（加热炉）	SO_2、NO_x、烟尘、二噁英	采用清洁燃料，如净化后的高炉煤气、转炉煤气、焦炉煤气、低碳煤粉作燃料
3	煤粉制备及喷吹系统	装卸部位及喷嘴	粉尘	收尘罩、布袋除尘器、电除尘器
4	烧结工艺	机头（抽风箱）、机尾（卸矿端）	粉尘、SO_2、少量CO、NO_x、氟化物	负压收集、除尘 SO_2、少量CO、NO_x集中处理
5	高炉炉顶	高炉均压放散	CO、粉尘	旋风除尘器
		煤气回收系统管网不平衡、高炉煤气点火放散	SO_2、NO_x	采用重力除尘、两文一塔湿法除尘、提高高炉煤气回收利用率、减少高炉煤气点火放散
6	高炉出铁场	定期出铁时会排放出颗粒	粉尘、SO_2、NO_x	铁渣沟加盖、各尘源点设收尘罩。布袋除尘
7	高炉渣处理系统	水粒化高炉熔渣	SO_2、H_2S	排气筒直接排放
		水热泼干渣	SO_2、H_2S	无组织直接排放
8	配煤车间	煤场贮存、装卸、破碎、运输、配料	粉尘	多数采用收尘罩+布袋除尘器；少数采用收尘罩+静电除尘器
9	炼焦车间	装煤、推焦、湿熄焦、放焦	粉尘、CO、SO_2、甲烷、焦油气、苯并芘等	旋风除尘器；采用重力除尘＋两文一塔湿法除尘；尾气燃烧或回收利用；洗涤塔净化
10	焦炉	焦炉加热	SO_2、NO_x	安装脱硫装置或进行尾气燃烧回收利用；利用 H.P.F 法脱硫；A/O 生物脱氮技术

表 2-6 炼铁企业主要废水排污节点及主要控制措施

序号	工序名称	排污节点	主要污染物	控制措施
1	矿山采选废水	采矿场	pH、硫化物、SS、氰化物、砷、铜、锌、铅	石灰中和处理
2	烧结	烧结机	高悬浮物	平流式沉淀池分散处理工艺、集中浓缩浓污泥斗处理工艺、集中浓缩拉链机处理工艺、集中浓缩真空过滤机（或压滤机）处理工艺、集中浓缩综合处理工艺
3	高炉冲渣	高炉冲渣池	pH、悬浮物，化学需氧量，挥发酚，氰化物	渣滤法，槽式脱水法（RASA 拉萨法）转鼓脱水法（INBA 印巴法）
4	铁水处理	铁水预处理	颗粒物	布袋除尘
5	高炉煤气	洗气	高温废水、氯化物、氰化物、硫酸盐、酚、铁、油类；水中SS、酚、氰、硫化物、pH	石灰软化-碳化法工艺、投加药剂法工艺、酸化法工艺、石灰软化-药剂法工艺
6	高炉、热风炉冷却	高炉、热风炉冷却水	热废水、悬浮物、SS、pH	渣滤、中和
7	冲渣水	冲渣水	pH、悬浮物，化学需氧量，挥发酚，氰化物	自然沉淀
8	炼焦	洗煤污水、冲地污水、除尘污水、湿法熄焦水	悬浮物	经澄清处理后可重复使用
9	制气	荒煤气的冷却、净化洗涤水、粗苯加工的蒸汽冷凝水、焦油加工的冷凝水、洗涤水、设备清洗水	酚、氰化物、硫化物、焦油类、氨	进行过滤，辐射式沉淀池；安装除硫装置，利用活性炭吸附有害物质，洗涤塔净化；粉煤灰吸附法；利用 H.P.F 法脱硫
10	其他	生产古马隆聚酯产品	古马隆聚酯水洗废水、酚、焦油等	进行过滤，辐射式沉淀池；利用活性炭吸附有害物质洗涤塔净化；粉煤灰吸附法

表 2-7 炼铁企业主要固体废物排污节点及主要控制措施

序号	工序名称	排污节点	主要污染物	控制措施
1	原料加工、采矿	采矿场	尾矿，废渣	充分利用
2	煤气净化系统	煤气净化系统的机械化氨水澄清槽	焦油渣（主要成分有煤尘，焦粉，沥青粉，炭化室顶部热解产生的游离碳及清扫上升管和集气管时所带入的多孔物质，焦油和沥青的聚合物等含碳物质）	稳定原料焦油质量，保持稳定合理的焦油处理量，保持稳定均匀的二段出口温度，保持稳定均匀的蒸汽供给量，保持稳定的碳酸钠加入量，对设备进行预防性处理
3	原煤制焦	高温干馏	除尘焦粉	
4	高炉冶炼	锅炉	高炉渣，瓦斯灰	在过滤、压滤工艺中加强效果，比如选择适用的絮凝剂，提高脱水效果或制成球团，直接用于冶炼
5	烧结工艺	匀矿烧结	烧结灰	
		烧结机，除尘收机	尘泥	
6	除尘	除尘设备	高炉除尘灰（低沸点的有色金属蒸汽等，质轻，粒微，含有 CN^-，S^{2-}，As，及 Pb，Bi，Zn 等多种有害，有毒物质）、瓦斯灰、瓦斯泥	收尘罩、布袋除尘器、电除尘器

五、炼铁工业的废气污染源环境监察

炼铁的粉尘污染的产尘点相对较多。高炉熔炼产生高炉煤气 1 600～2 000 m^3/t 铁，其中含有 CO、烟尘、SO_2、NO_x、酚、氰等物质，根据统计，一般约有 2%～6%的高炉煤气泄漏到大气中，如无集尘措施，其中污染物会以无组织形式排放。热风炉通常是以混合煤气或重油、煤炭、塑料为燃料，燃料消耗量较小，在炼铁系统中热风炉是排放废气的大户，热风炉废气量 1 360～1 750 m^3/t 铁，产生的污染物有 SO_2、NO_x、烟尘、二噁英等，经净化后，污染物的产生和排放量较小。

（一）炼铁工业的粉尘污染

1. 运输装料与煤粉制备过程中的粉尘污染

原料系统中的原料装卸、传输和给料过程中的废气，铸铁机铁水浇注时产生含尘废气和石墨碳的废气。废气主要污染物是粉尘，粉尘产生量约 0.5～1.5 kg/t 铁。

2. 高炉气

高炉属密闭系统，原料经矿槽、皮带、振动筛、原料储运、装料系统进入高炉，这一过程排放的主要污染物是粉尘。高炉煤气处理系统有时无法及时处理所产生的高炉煤气，煤气将从炉顶向大气扩散。我国高炉煤气平均放散率在 5%～20%，有些工艺落后的钢企放散率高达 40%，有些小企业甚至全部放散，这就产生了一定量的粉尘排放。

3. 出铁场的粉尘污染

大型高炉一般有 3～4 个出铁口，出铁口产尘量约占出铁场总污染物的 30%，这是高炉出铁场的主要产尘源。大型高炉日出铁 14 次左右，每次出铁时间为 100 min 以上，出铁时间几乎持续全天，烟尘也连续不断地散发出来，含尘浓度高达 3 g/m^3。出铁期间，平均每生产 1 t 铁约产生 2.5 kg 左右的烟尘，对环境造成相当严重污染。

出铁时出铁场会排放 0.4～2.5 kg/t 铁的粉尘，经过滤袋除尘后其粉尘排放可减少至 2～85 g/t 铁。我国新建及重点大中型钢铁企业设有出铁场除尘设施，但除尘效果有差异，而一批中小企业未能具备出铁场除尘设施。

高炉炼铁的出铁场废气、高炉气放散、运输装料等废气的无组织排放量很大，但定量计算很难，据估计产生的扬散粉尘量在 0.5～5 kg/t 生铁。

（二）炼铁工业的烟尘污染

高炉熔炼产生的高炉煤气中含烟尘 25～35 kg/t 铁，热风炉废气的烟尘排放为 3～6 g/t 铁。

（三）炼铁工业的 SO_2 污染

高炉中的硫来自矿石、焦炭、熔剂和喷吹物。在一般情况下，焦炭带入的硫最多，约占 60%～80%，而矿石带入的硫一般不超过 30%。由炉料带入的硫（$S_{料}$）在冶炼过程中有三种出路：一部分挥发，随煤气排除炉外（$S_{煤气}$）；一部分进入生铁（$S_{铁}$）；其余大部分进入炉渣（$S_{渣}$）。故 $S_{料}=S_{铁}+S_{渣}+S_{煤气}$。

高炉熔炼产生的高炉煤气中含 SO_2 为 10～20 mg/m³。热风炉废气的 SO_2 排放为 20～250 g/t 铁，但目前很多企业采用除尘后的煤气作为热风炉燃料，这样大大减少了 SO_2 的排放。

高炉炼铁的大气污染有组织排放产生的 SO_2 约为 0.05～0.15 kg/t 生铁。

（四）炼铁工业的 NO_x 污染

高炉熔炼产生的高炉煤气中含 NO_x 为 10～20 mg/m³。热风炉废气是 NO_x 排放的主要来源，其排放浓度为 70～400 mg/m³，热风炉的废气量约为 1 400～1 900 m³/t 生铁。

高炉炼铁的大气污染有组织排放产生的 NO_x 约为 0.15～0.21 kg/t 生铁。

表 2-8　高炉炼铁大气污染物产生量　　单位：废气量为 m³/t 铁，污染物为 kg/t 铁

产品	规模	工业废气量			烟尘		工业粉尘	SO_2	NO_x
炼钢生铁	≥2 000 m²	1 520①	1 360②	5 200③	25.13①	0.045②	12.5③	0.11②	0.15②
	350～2 000 m²	1 670①	1 550②	6 200③	33.7①	0.07②	15.3③	0.13②	0.17②
	<350 m²	1 850①	1 750②	7 700③	35.2①	0.17②	17.1③	0.17②	0.19②
铸造生铁	<350 m²	2 200①	1 900②	8 000③	38.5①	0.2②	17.6③	0.175②	0.21②

注：① 专指高炉产生荒煤气的废气污染物指标；

② 专指热风炉燃烧产生的废气污染物指标；

③ 专指原料准备、出铁等过程产生的废气污染物指标。

数据主要参照《第一次全国污染源普查工业污染源产排污系数手册》。

六、炼铁工业废水污染源环境监察

炼铁厂用水总量为 14.5～20 m³/t 铁（其中煤气洗涤水量为 8～11 m³/t 铁、淬渣水需 6.5～9 m³/t 铁渣、铸铁机耗水量约 1.5～2 m³/t 铁），为减少废水量应提高重复用水率。

炼铁生产工艺过程中产生的废水主要来自以下三个方面：

（1）高炉煤气洗涤水——废水中主要污染物为 SS，浓度 1 000～3 000 mg/L，此外还含有 COD、挥发酚、氰化物、Zn、Pb、硫化物等有毒物质，危害极大，它是具有代表性的炼铁厂废水。据普查估计 COD、酚、氰产生量分别为 1.4～1.9 kg/t 生铁、34～46 g/t 铁、11～14 g/t 铁。

（2）高炉冲渣废水——高炉渣水淬方式分为渣池水淬和炉前水淬两种，高炉冲渣废水一般指炉前水淬所产生的废水。废水中的主要污染物为 SS，浓度 200～300 mg/L。

（3）高炉、热风炉间接冷却水——水质未受污染，经冷却和水质稳定处理后可回用。

炼铁废水一般经沉淀、过滤、冷却处理后，再循环到煤气洗涤器循环利用。为稳定水质，该系统有少量外排水——可作为高炉冲渣补充水。冲渣和铸铁过程污水中 SS 浓度很高。为了减少和消除炼铁炼钢的煤气洗涤水，现多采用干法除尘工艺。

表 2-9 高炉炼铁水污染物产生量 单位：废水量为 m^3/t 铁，污染物为 g/t 铁

产品	规模	工业废水量		COD	挥发酚	氰化物
炼钢生铁	≥2 000 m^2	8.12	6.5①	1 355	33.5	10.6
	350～2 000 m^2	9.25	8.1①	1 540	39	12
	＜350 m^2	11.2	9.2①	1 848	46	14.2
铸造生铁	＜350 m^2	12.1	10.92①	2 013	51.5	16.1

注：① 为高炉冲渣水产生的废水污染物指标，所有企业的高炉冲渣水全部循环使用，相关污染物指标排污系数为 0；其余皆为煤气洗涤水产生的废水污染物指标。

数据主要参照《第一次全国污染源普查工业污染源产排污系数手册》。

七、炼铁工业废渣污染源环境监察

炼铁过程产生的废渣主要有炼铁渣、粉尘、尘泥等。炼铁废渣大多可综合利用。此外，还有高炉储运、上料、冶炼过程除尘；集尘设施去除的粉尘及维修产生的废耐火材料等。

表 2-10 高炉炼铁工业固体废物产生量 单位：t/t 铁

产品	炼钢生铁			铸造生铁
规模	≥2 000 m^2	350～2 000 m^2	＜350 m^2	＜350 m^2
工业固体废物（冶炼废渣）	0.30	0.35	0.42	0.50

注：数据主要参照《第一次全国污染源普查工业污染源产排污系数手册》。

八、炼铁工业环境监察要点

（一）落实《产业结构调整指导目录（2011 年本）》规定的炼铁工业产业技术政策

限制类（钢铁）：有效容积 400 m^3 以上 1 200 m^3 以下炼铁高炉；1 200 m^3 及以上但未同步配套煤粉喷吹装置、除尘装置、余压发电装置，能源消耗大于 430 kg 标煤/t、新水耗量大于 2.4 m^3/t 等达不到标准的炼铁高炉。

淘汰类（钢铁）：400 m^3 及以下炼铁高炉（铸造铁企业除外，但需提供企业工商局注册证明、三年销售凭证和项目核准手续等），200 m^3 及以下铁合金、铸铁管生产用高炉。

（二）检查炼铁工业废气污染控制和排放

炼铁工业的废气污染主要指无组织排放。如配料、炉顶上料、出铁场、高炉气放散等过程都可能产生大量的无组织排放，应有必要的防控措施。有些小炼铁厂出产生铁产品，在炼铁工艺中有铸铁工序，无组织烟尘排放十分严重，炼铁废气中不但有烟尘，还有大量的 CO 排放，要加强监督管理。

由于煤气管网不平衡，高炉煤气处理系统无法及时处理高炉产生的煤气，高炉煤气将从高炉顶向大气放散，此过程主要排放 CO、粉尘、噪声等；出铁场出铁时，在出铁口、撇渣器、铁水沟、渣沟、生铁装入铁水罐时会排放出颗粒物（炉尘）；高炉压力高于大气压力。原料经矿槽、皮带、振动筛、上料小车储运、装料系统进入高炉，这一过程排放

的主要污染物是粉尘。炼铁过程的无组织排放，产尘点多而分散，有的产尘点上百个，粉尘原始浓度大，尘源控制难度大。对各无组织产尘点，通常采用密闭式或移动式收尘罩等尘源控制技术，再经袋式除尘器除尘后排放。炼铁工业高炉气的放散和火炬会造成烟尘、SO_2、NO_x的污染，也应予以关注。

炼铁工业的有组织废气排放主要指高炉荒煤气燃烧和热风炉产生的燃烧废气。热风炉通常是以高炉煤气混合焦炉煤气（COG）或天然气、重油、煤炭为燃料的，这一过程排放的主要污染物是粉尘、SO_2、NO_x应配备除尘脱硫措施。

（三）检查炼铁工业废水污染控制和排放

炼铁工艺的排放废水的设施为高炉及其供料系统、送风系统、煤气净化除尘系统、渣铁处理系统和粉煤制备喷吹系统。生产废水来自高炉煤气洗涤水（主要污染物为 SS，其次含少量酚、氰、Zn、Pb、硫化物）、炉渣粒化水（主要污染物为 SS）、高炉、热风炉间接冷却水经冷却和水质稳定处理后即可回用。

炼铁废水一般经沉淀、过滤、冷却处理后，再循环到煤气洗涤器循环利用，为稳定水质，该系统将有少量外排水，可作为高炉冲渣补充水。煤气洗涤水所含污染物种类比较多，如酚、氰化物、COD 等，毒性较大，处理起来有一定难度，一些钢铁企业是将其进行稀释排放，有些污染物不经处理，稀释排放很难达标。煤气洗涤水是钢铁企业废水监督检查的重点。

第四节　炼钢工业污染源环境监察

一、炼钢工业的原料与能耗

转炉炼钢主要原料是铁水及少量废钢，还有石灰和氧气。电炉炼钢主要是废钢、石灰和氧气，电炉的主要能源是电能。一般是 1 t 生铁产出 0.95 t 钢。2010 年我国重点钢铁企业转炉平均能耗 1.24 kg 标煤/t，电炉平均能耗 71.08 kg 标煤/t，已接近发达国家的水平。

二、炼钢生产设备

炼钢厂的主要具有混铁炉、炼钢炉（包括转炉和电炉，目前国内绝大多数钢铁企业已淘汰平炉炼钢）、精炼炉、模铸（铸锭或连铸）等设备。

三、炼钢生产工艺

（一）炼钢原理

含碳 2%以下的铁碳合金称为钢，炼钢是将生铁中含量较高的碳、硅、磷、锰等元素去除或降低到允许值以内的工艺。

转炉炼钢是将空气或氧气鼓入熔融的铁水中，使杂质硅、锰等氧化。因此转炉炼钢不需要另加燃料。转炉主要用于生产碳钢、合金钢及铜和镍的冶炼。

常用的电炉有电弧炉和感应炉两种，而电弧炉炼钢产量占电炉炼钢的绝大部分，一般所说电炉就是指电弧炉。电弧炉（简称 EAF）炼钢是以电能作为热源的炼钢方法，它是靠电极和炉料间放电产生的电弧热能去加热并熔化金属炉料和炉渣进而冶炼钢与合金的一种炼钢方法。

（二）转炉炼钢工艺

吹氧转炉炼钢是我国主要炼钢工艺，占国内总炼钢量的 85%。转炉炼钢的主要工艺路线如下：

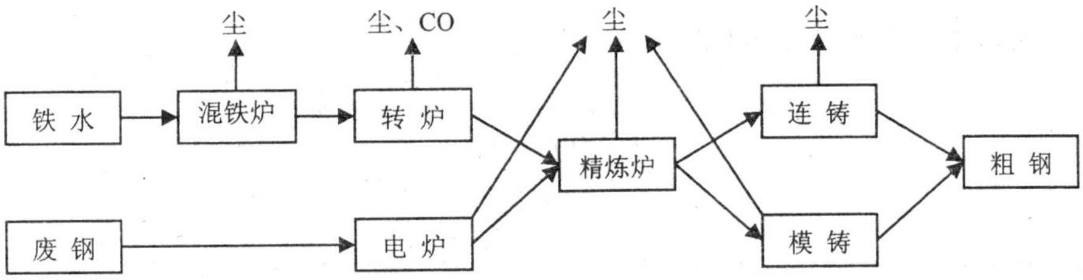

图 2-7　转炉炼钢生产工艺流程

铁水先在混铁炉内经脱硫、挡渣后，加入石灰，加兑 10%以下废钢，注入转炉。对注入转炉的铁水，吹入纯氧进行熔炼。吹炼使铁水中过量的碳被氧化。当探头测得碳含量低于预定值时，吹炼停止开始出钢。

对要求高的钢种可增加精炼（底吹氩、RH 真空处理、喷粉处理），可以有效降低钢中的气体与杂质，并有进一步降碳与降硫的作用，这些工作要通过精炼过程完成。在这些炼钢炉外的精炼措施进行后再进行成分微调，满足优质钢材的需求。

（三）电炉炼钢工艺

电炉炼钢主要用废钢铁作为原料，以电为热源在电炉内进行炼钢，电炉炼钢设备分两种：电弧炉和感应炉。

电弧炉的炉顶由巨大碳素电极插入炉中成分已知的废钢铁之间，以电弧发出的高温使废钢熔化，吹氧使铁水熔炼成钢。此法炼出的钢品质较纯净。感应电炉是将预先配好的炼钢原料入炉，采用高频交流电，借助涡流作用，使炉料感应加热熔化。感应加热产生涡流，对熔体起搅动作用，使钢的成分均匀一致。

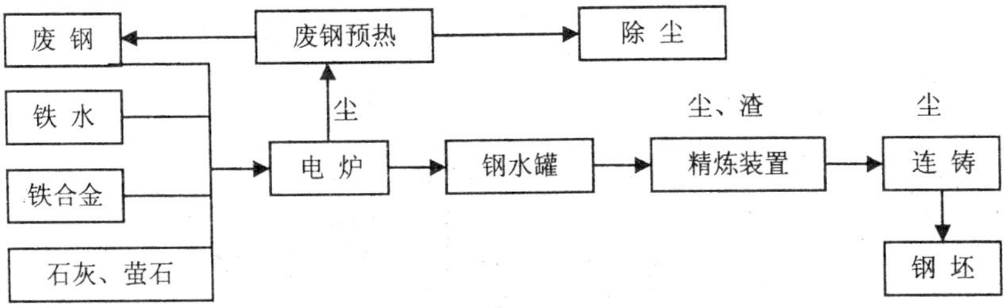

图 2-8　电炉炼钢生产工艺流程

(四)炼钢铸钢工艺

铸钢的方法分为锭模铸造和连续铸造两种。模铸工艺流程，是将冶炼合格的钢水浇铸到钢锭模内，待钢锭冷却后取出，送到加工车间加热、开坯、轧成钢材，目前除了一些小厂外很少被使用。连续铸钢技术基本工艺是将钢水不间断地浇铸在水冷结晶器中，待形成坯壳后，从结晶器中以稳定的速度拉出，再喷水冷却，待全部凝固后，按指定的长度切成连铸坯。

四、炼钢工业的排污节点

(一)炼钢工业污染物的来源

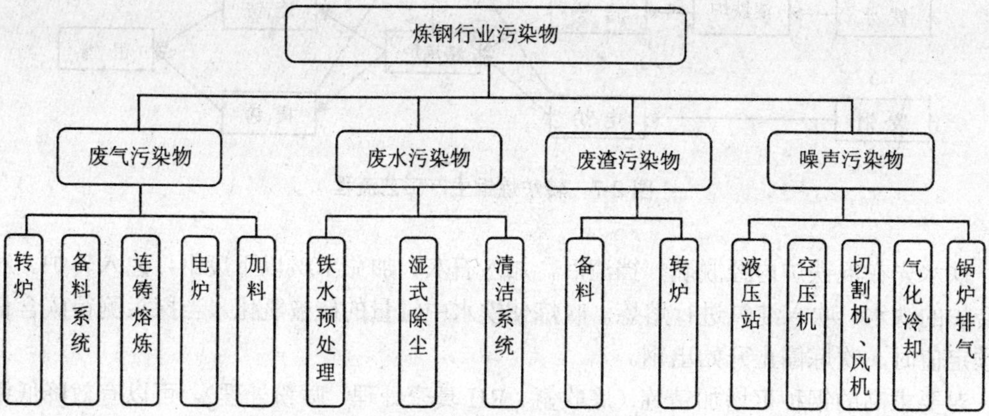

图 2-9 炼钢工业的主要污染物来源

(二)炼钢工业污染物排污节点

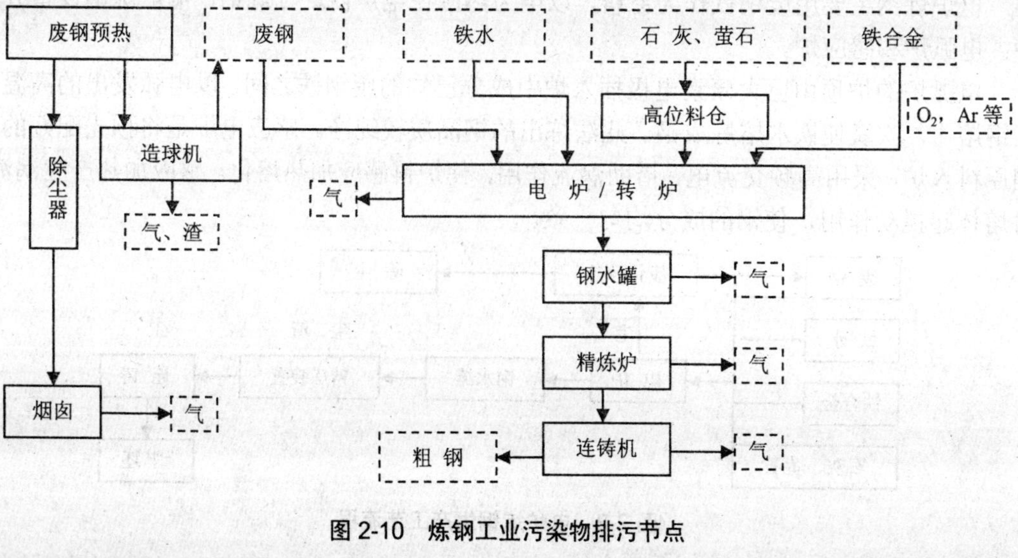

图 2-10 炼钢工业污染物排污节点

表 2-11　炼钢企业主要废气排污节点及主要控制措施

序号	工序名称	排污节点	主要污染物	控制措施
1	铁水预处理	铁水倒罐、前扒渣、后扒渣、清罐、预处理作业	含尘烟气	采用布袋除尘器设置多个除尘点，同时对输送的烟尘进行收集和净化处理
2	混凝炉	混凝炉	烟尘	布袋除尘器
3	铁水脱硫	铁水脱硫间	烟尘、SO_2	布袋除尘器
4	转炉炼钢系统	加废钢	烟尘、CO	布袋除尘器
		转炉（顶吹氧转炉）	烟尘、CO	高效布袋除尘和回收转炉煤气进行防尘净化，再将其收入煤气贮罐
		氧气转炉烟气净化系统	烟尘 NO_x、CO、SO_2	湿法净化、除尘
		氧气转炉二次除尘系统	烟尘	袋式除尘系统
5	电炉炼钢系统	装料	烟粉尘、CO、NO_x	加罩进行集气，以袋式或静电除尘器进行净化
		熔炼	烟粉尘、CO、有机物	加罩进行集气，以袋式或静电除尘器进行净化
		去渣	烟粉尘、CO、有机物、NO_x	布袋除尘器和回收转炉煤气进行防尘净化，再将其收入煤气贮罐
		出钢	烟粉尘、CO、有机物	布袋除尘器和回收转炉煤气进行防尘净化，再将其收入煤气贮罐
6	精炼	精炼炉	烟尘	布袋除尘器
7	备料系统	加料系统	粉尘	布袋除尘器
		料仓		
		钛合金料仓		
8	冶炼（熔化冶炼期）	炼钢炉	金属在高温时的气化而产生的黑褐色烟气	1. 加罩进行集气（有组织排放）燃烧排放 2. 袋式或静电除尘器进行净化 3. 回收炉气作为能源的一部分（转炉煤气）
	冶炼（铁水中碳的氧化）		CO（86%）、CO_2、金属氧化脱碳产生赤褐色烟气	
	冶炼（还原冶炼期）		投入碳粉或硅铁等材料产生白色或黑色烟气	
9	连铸	中间罐倾翻和修砌、连铸结晶器浇注及添加保护渣、火焰清理机作业过程、二冷段铸坯冷却过程	含尘烟气、水蒸气	将烟尘排至连铸二冷室内，利用二次冷却产生的蒸汽对烟气进行净化后排放，对水蒸气进行离心后排放
10	浇铸	连铸火焰清理及切割	氟化物、烟尘	高效布袋除尘器净化

表 2-12 炼钢企业主要废水排污节点及主要控制措施

序号	工序名称	排污节点	主要污染物	控制措施
1	铁水预处理	铁水预处理除尘系统 散状料转运站 辅助物料破碎	除尘废水 pH、悬浮物、总碱度、硬度	絮凝沉淀、磁化沉淀、使废水进入人力旋流器重力分离沉淀
2	混凝炉	混凝炉除尘	除尘废水 pH、悬浮物	絮凝沉淀、磁化沉淀
3	转炉炼钢系统	氧气转炉烟气净化	除尘废水 pH、SS	絮凝沉淀、磁化沉淀
		电炉冷却	冷却废水 SS、少量润滑油、少量氧化铁皮	一般采用沉淀、除油、过滤、冷却、水质稳定和循环措施
4	连铸	钢锭模喷淋冷却、连铸坯冷却	SS、少量润滑油、少量氧化铁皮	沉淀、除油、过滤、冷却、水质稳定和循环措施
5	精炼	炉外精炼冷却	SS 少量润滑油、少量氧化铁皮	沉淀、除油
6	铁水扒渣	混铁车	废水中含有大量铁磁质颗粒	MWC 技术改变水的物理性质，如导电率、表面张力等磁场作用，使溶液中的粒子活化能减少结晶过程中的动力，使悬浮物不易结晶
7	湿式除尘	铁水扒渣	含 SS、CO_2、Cl^-废水	调节 pH 值，沉淀池
8	钢渣预处理工序	炼钢炉	炼钢废水	送至高炉冲渣系统作为补充水被消耗掉
9	热轧	钢锭或钢坯在炉内加热、酸洗、镀锌	SS、氧化物、油脂、泥渣	浊环水系统循环使用、沉淀池
10	冷轧	酸洗、乳化液	二价铁盐、油脂、乳化液废水	混凝浮油的回收处理、加酸加热回收处理、乳化液的膜分离
11	清理系统	炼钢废气和火焰清理烟气净化所产生的废水	含有大量的氧化铁和其他杂质的废水、悬浮物、各种可溶物	高效的两级文丘里洗涤器以及废水循环后使用

表 2-13 炼钢企业主要固体废物排污节点及主要控制措施

序号	工序名称	排污节点	主要污染物	控制措施
1	铁水预处理	除尘、地下仓料	尘泥、石灰渣	加工磁选提钢，可以做水泥掺合料
2	熔炼	转炉	转炉渣、化铁炉渣	水淬法、余热自解法、热泼法、盘泼冷法
3	精炼	炉外精炼炉	钢渣	加工磁选提钢，可以做水泥掺合料、建材原料、水泥原料
4	转炉炼钢	转炉渣、转炉污泥（OG 泥）、转炉一次烟气干法除尘产生的 LT 除尘灰和转炉二次烟气除尘系统收集的除尘灰、转炉的修砌	氧化铁、耐火砖等	回收作为炼钢造渣剂，冷却剂和助溶剂的原料，生产氧化铁红，制备还原铁粉等
5	精炼	精炼炉冶炼过程中的精炼渣、精炼炉的修砌	钢渣、耐火材料	回收钢渣中的废钢铁，做一些生产的原料或熔剂，最后剩余的经处理用于铺路和生产建材等耐火材料部分代替天然原料返回生产利用，部分用于炼钢辅料，其余的作为固体垃圾填埋
6	连铸	连铸过程产生注余渣、残钢、漏钢、切头切尾废钢、连铸中间罐的修砌	废钢、耐火材料	回收钢渣中的废钢铁，做一些生产的原料或熔剂，最后剩余的经处理用于铺路和生产建材等耐火材料部分代替天然原料返回生产利用，部分用于炼钢辅料，其余的作为固体垃圾填埋
7	加工产品	炼钢辅助料加工	钢渣	加工磁选回收废钢，可以做水泥掺合料、建材原料、水泥原料、肥料等

五、炼钢工业的环境污染

（一）炼钢工业的废气污染

炼钢的废气排放主要分为有组织排放和无组织排放两种，目前多数钢铁企业炼钢的有组织废气（集气部分）排放能够得到有效净化，粉尘等污染物的排放量很少。

原辅料在装卸、装料兑铁水、脱硫、倾倒料、出钢、扒渣等辅助过程中，会产生无组织排放废气，废气中主要污染物是烟粉尘和 CO。炼钢无组织排放的废气中尘和 CO 浓度都很高，应加罩进行集气（有组织排放），并用袋式或静电除尘器进行净化。

电炉炼钢在装料、熔炼、去渣、出钢过程中，都产生大量烟气，烟气中含烟粉尘、CO 和 NO_x，填入的废钢铁中如果有油漆和镀锌层，废气中还会含有机物和锌的氧化物。电炉的炉温可达 2 000℃。

钢厂铁水原料的贮存多采用混铁炉。混铁炉在兑铁水和出铁水过程中会产生大量烟气，烟气中含烟粉尘、石墨，还会有金属氧化物。

铸锭和连铸过程中钢模、底盘清理时会产生粉尘，由于涂油钢水在铸锭时会产生焦油烟，喷水冷却时，产生的水蒸气会产生粉尘污染。

转炉产生的烟粉尘量约为 25～35 kg/t 钢，其中 70%是烟尘量。SO_2 和 NO_x 的量很少。

转炉烟气中 CO 浓度吹炼前期不断增加，达到高峰后逐渐下降，最高达值 90%，平均值 70%左右。炼钢产生废气为 500 m^3/t 钢，可回收 80～120 m^3/t 钢转炉煤气（转炉煤气热值在 7 000～8 400 kJ/m^3，含 CO 70%～80%），高于高炉煤气（高炉煤气热值为 2 800～3 500 kJ/m^3），应充分回收利用。

表 2-14　炼钢大气污染物产生量　　单位：废气量为 m^3/t 钢，污染物为 kg/t 钢

产品	碳钢			合金钢				不锈钢	
原料	生铁水、石灰、铁合金			生铁水、废钢、铁合金、石灰		废钢、铁合金、石灰		废钢、铬铁合金、造渣剂	生铁水、铬铁合金、造渣剂
工艺	转炉法			电炉法				电炉法	转炉法
规模	≥150 t	50～150 t	<50 t	≥50 t	<50 t	≥50 t	<50 t	所有	所有
工艺废气量	300① 4 123②	350① 650① 5 233②	698① 5 800②	1 050① 6 000～18 000②③	1 200① 9 000～23 000②	1 210① 6 000～18 000②③	1 450① 12 000～28 000②③	1 550④ 19 450⑤	1 500① 6 400②
工业粉尘	18.5① 9.3②	22.7① 11.5②	27.2① 13.3②	17.2① 6.53②	19.5① 8.42②	12.3① 5.42②	15.5① 7.25②	17.6④ 8.3⑤	23.4① 9.53②

注：① 专指一次烟气废气污染物指标；

② 专指上料系统、转炉二次烟气、精炼炉等工艺过程产生的废气污染物指标；

③ 当电炉烟气采用“炉排罩+全密闭罩”时取低值；采用“导流板+屋顶罩”时取高值；采用“炉排罩+屋顶罩”或“炉排罩+半密闭罩”时取中值；

④ 专指电炉和精炼炉产生的废气污染物指标；

⑤ 专指上料系统、二次烟气等工艺过程产生的废气污染物指标。

数据主要参照《第一次全国污染源普查工业污染源产排污系数手册》。

对炼钢行业进行无组织排放评估后，其无组织排放环节及无组织排放系数如表 2-15 所示。

表 2-15 炼钢行业无组织排放主要污染物排放系数

行业	无组织排放环节	无组织排放系数/（kg/t 产品）
		工业粉尘
炼钢	铁水倒罐	0.1～1.0
	转炉冶炼及操作	0.15～1.0
	电炉冶炼及操作	0.3～2.0
	连铸	0.1～0.2

注：无组织排放系数区间选取说明：铁水倒罐：大规模取低值；中规模取低值的 3 倍；小规模取高值。转炉冶炼及操作：大规模取低值；中规模取低值的 3 倍；小规模取高值。电炉冶炼及操作：大中规模取低值；小规模取高值。连铸：大中规模取低值；小规模取高值。

（二）炼钢工业的废水污染

炼钢生产废水出自：

（1）设备的间接冷却废水。水质一般未受污染，经冷却等处理后可回用；

（2）设备和产品的直接冷却水。废水中的主要污染物为氧化铁皮和油脂；

（3）湿式除尘废水。主要污染物为 SS，最高超过 10 g/L，其主成分为氧化铁、氧化钙、氧化硅等，另外带有热污染。

电炉炼钢一般采用干法除尘，不产生除尘废水。转炉、精炼炉系统设备的间接冷却水经冷却塔等设备降温处理以后再循环使用，少量排水可以全部用作转炉煤气洗涤或连铸循环系统的补充水。

1 t 转炉钢需要烟气净化水 3～5 m^3，是炼钢厂的主要污水，其中含有大量氧化铁、SS（除尘污水中 SS 浓度可达 2 000～5 000 mg/L）、pH 为 5～12，须经处理后才能回用和排放。直接冷却水基本回用。

表 2-16 炼钢水污染物产生量 单位：废水量为 m^3/t 钢，污染物为 g/t 钢

产品	碳钢			合金钢				不锈钢	
原料	生铁水、石灰、铁合金			生铁水、废钢、铁合金、石灰		废钢、铁合金、石灰		废钢、铬铁合金、造渣剂	生铁水、铬铁合金、造渣剂
工艺	转炉法			电炉法				电炉法	转炉法
规模	≥150 t	50～150 t	＜50 t	≥50 t	＜50 t	≥50 t	＜50 t	所有	所有
工业废水量	3.5① 3.5	4.3① 6.7	8.5① 8.5	5.1	8.1	3.6	7.0	5.7	4.3① 6
COD	363	475	660	484	650	385	495	495	435
石油类	38.5	55	105	60	105	33	58	62	50.4

注：① 数据专指洗涤煤气产生的废水污染物指标；其他均指连铸机产生的废水污染物指标。

数据主要参照《第一次全国污染源普查工业污染源产排污系数手册》。

（三）炼钢工艺的固体废物污染

炼钢废渣主要是钢渣、化铁炉渣、除尘的尘泥和耐火材料等。转炉钢渣量为 0.11～0.17 t/t，电炉钢渣量为 0.14～0.19 t/t。钢渣和尘泥中一般含 7%～10%的钢，加工磁选后可以回收其中 90%以上的废钢，也可以用做水泥掺合料、建材原料、水泥原料、肥料等。

表 2-17　炼钢固体废物（冶炼废渣）产生量　　单位：t/t 钢

产品	碳钢			合金钢				不锈钢	
原料	生铁水、石灰、铁合金			生铁水、废钢、铁合金、石灰		废钢、铁合金、石灰		废钢、铬铁合金、造渣剂	生铁水、铬铁合金、造渣剂
工艺	转炉法			电炉法				电炉法	转炉法
规模	≥150 t	50～150 t	<50 t	≥50 t	<50 t	≥50 t	<50 t	所有	所有
	0.11	0.14	0.18	0.15	0.19	0.14	0.17	0.14	0.14

注：数据主要参照《第一次全国污染源普查工业污染源产排污系数手册》。

六、炼钢工业环境监察要点

（一）落实《产业结构调整指导目录（2011 年本）》规定的炼钢工业产业技术政策

限制类（钢铁）：公称容量 30 t 以上 100 t 以下炼钢转炉，公称容量 100 t 及以上但未同步配套煤气回收、除尘装置，新水耗量大于 3 m^3/t 等达不到标准的炼钢转炉；公称容量 30 t 以上 100 t（合金钢 50 t）以下电炉；公称容量 100 t（合金钢 50 t）及以上但未同步配套烟尘回收装置，能源消耗大于 98 kg 标煤/t、新水耗量大于 3.2 m^3/t 等达不到标准的电炉。

淘汰类（钢铁）：用于地条钢、普碳钢、不锈钢冶炼的工频和中频感应炉，30 t 及以下转炉（不含铁合金转炉），30 t 及以下电炉（不含机械铸造电炉），化铁炼钢。

（二）检查炼钢工业废气污染控制和排放

转炉炼钢过程中；高炉铁水兑入、辅料加入、吹氧、出渣、出钢均有大量的含尘烟气产生，烟气中除烟尘之外还有 CO 等污染物；散状料上料系统有粉尘产生，LF、VD 等精炼炉冶炼及铁水预处理过程均有含尘烟气产生。转炉二次烟气、上料系统含尘废气、铁水预处理烟气、混铁炉烟气，以及 LF、VD 等精炼炉烟气，通常采用集气罩加高效布袋除尘器净化。

电炉及精炼装置在加料、出钢、吹氧和冶炼过程中有大量含 CO、CO_2 的高温含尘烟气产生，烟气中还含有少量的氟化物（其成分为 CaF_2）及二噁英；原、辅料系统的上料等，也有含尘废气产生。电炉上料系统含尘废气、精炼炉烟气等，通常采用集气罩加高效布袋除吸尘器净化，有的并入电炉烟气除尘器净化。

连铸结晶器加保护渣时有少量的烟尘产生，中间罐倾翻及修砌有粉尘产生，火焰清理机作业过程有含尘烟气生产。连铸生产过程对于结晶器废气，由于烟气量比较小、含尘浓度比较低，通常通过排烟装置将其排入二冷室机械去除；中间罐倾翻和修砌含尘废气，通常采用布袋除尘器净化；铸坯火焰清理烟气，通常根据烟气的性质采用湿式电除尘器净化。

在转炉、电炉和连铸生产过程的有组织和无组织的排放、控制设施较多，要认真检查这些设施的运行效果。炼钢工艺的主要污染物是粉尘和 CO。这些工序大多设有集气罩，采用负压操作，在多数情形下也有一定的无组织泄漏，产生一定量的粉尘和 CO。小型炼钢厂的许多工序未设集气装置，会产生大量的粉尘和CO，污染十分严重，必须加强监管。

（三）检查炼钢工业废水污染控制和排放

炼钢工业排放污水的设施为各型转炉或电炉以及与之配套的送风系统、吹氧系统、除尘系统和钢水连铸系统。生产废水来自设备间接冷却废水（水质一般未受污染，处理后可回用）、设备和产品的直接冷却水（主要污染物为氧化铁皮和油脂）、湿式除尘废水（主要污染物为 SS）。

电炉炼钢一般采用干法除尘，无除尘废水产生。

转炉采用湿法除尘时，会产生煤气洗涤水；采用干法除尘时，不产生煤气洗涤水；电炉烟气一般采用电除尘。转炉、精炼炉系统设备间接冷却水经冷却塔等设备降温处理以后循环使用，少量排水可以全部用作转炉煤气洗涤系统或连铸浊循环系统的补充水。

连铸坯冷却、钢坯火焰清理设备冷却等产生的废水含有大量氧化铁皮和少量的润滑油脂，经沉淀、过滤、降温、除油和水质稳定后循环使用。

第五节 轧钢工业污染源环境监察

一、轧钢工业的原料

热轧的原料是细锭或钢坯。冷轧的原料是热轧钢材。

二、轧钢生产设备

轧钢生产设备主要包括热轧机组、冷轧机组、均热炉、退火炉。

三、轧钢工艺

轧钢工艺是指以钢坯为原料，经备料、加热、轧制及精整处理，最终加工为成品钢材的生产过程。轧钢工艺主要分为热轧和冷轧，产品包括板带材、棒/线材、型材和管材等。

（一）热轧工艺

热轧是将钢锭或钢坯在均热炉里加热至 1 150～1 250℃，控制再结晶温度，进而轧制成材的工艺。热轧可以使材料延伸变薄，经切边、矫直、平整等精整处理后切成板材或卷材，热轧精整板材和卷材经酸洗去除氧化皮并涂油后即成为热轧酸洗板卷。钢材热轧具有良好的可塑性，容易成型，成型后钢材没有内应力，便于下列工序加工。如建筑用的钢筋、用来进行冲压的钢板、要进行机械加工和热处理的钢材均为热轧钢材。

热轧厂主要由加热区、轧钢区、冷却区和钢坯库等区段构成，有的还具有热处理、酸洗和镀面（镀锌、锡、铅）等区域。

（二）冷轧工艺

冷轧通常是指用热轧钢卷为原料，不经加热，低于再结晶温度，包括常温下进行轧制加工的工艺。钢材冷轧具有冷加工硬化的特性。冷轧钢卷经退火后必须进行精整，包括切边、平整、重卷或纵剪切板等。由于冷轧具有较好的机械性能，很多直接使用的钢材都使用冷轧钢材。细锭或钢坯通过轧制，制成板、管、型、线等钢材，如冷轧扭钢筋、冷轧钢丝、冷轧钢板等。

冷轧厂主要由酸洗区、轧钢区、热处理区、精整区等区构成。

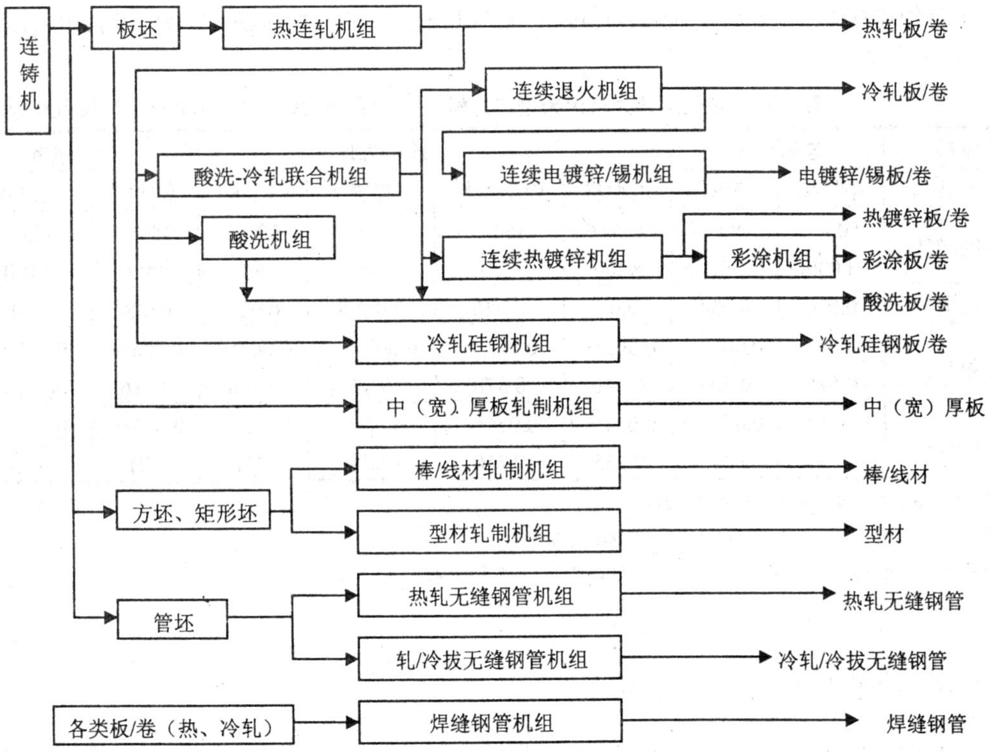

图 2-11　轧钢工艺流程

（三）镀层

轧制产品中往往需要在其表面镀锌、锡、铝、塑料、油漆、黄铜、铬等涂层，主要以镀锌为主。其工艺包括碱洗、酸洗、退火、冷却、镀锌等，同时要通过感应加热对镀锌层进行熔流平滑处理、水淬、卷切。

四、轧钢工业废气污染

轧钢工艺产生的大气污染为少量的燃烧废气（含烟尘、二氧化硫、氮氧化物等）、粉尘、油雾、酸雾、碱雾及挥发性有机废气（VOC）等。

（一）热轧生产工艺废气污染

加热炉燃烧高炉焦炉混合煤气、重油等加热钢卷产生的烟气。主要污染物有 SO_2、烟尘和 NO_x 等。使用高炉焦炉混合煤气的烟尘平均浓度约为 10 mg/m^3，使用重油烟尘平均浓度约为 3 000 mg/m^3；使用重油烟尘产生量为 0.3～0.5 kg/t 钢，使用重油 SO_2 产生量为 0.002～0.5 kg/t 钢，NO_x 产生量为 0.007～0.3 kg/t 钢。

轧制产生的废气主要指精轧机在轧制过程中产生的大量废气，含有主要污染物为氧化金属粉尘、油雾及水蒸气，废气量为 500～1 000 m^3/t 钢。

无组织排放量：热轧粉尘 0.08～1.0 kg/t 钢，切割烟尘 0.2～1.5 kg/t 钢，锤锻约 3.0 kg/t 钢。

表 2-18 热轧工艺大气污染物产生量　　单位：废气量为 m^3/t 钢，污染物为 kg/t 钢

原料	连铸板坯		连铸方坯					连铸管坯
产品	中厚板	带钢	大型材	中小型材	棒材	钢筋	高线材	无缝管
工业废气量	500～1 000	480～960	425～8 500	360～720	400～800	350～700	350～700	550～1 100
烟尘	0.036	0.034	0.03	0.026	0.028 8	0.026	0.026	0.04
SO_2	0.003～0.525	0.002～0.504	0.002～0.446	0.002～0.378	0.002 4～0.42	0.002～0.368	0.002～0.316	0.003～0.578
NO_x	0.075～0.3	0.072～0.288	0.064～0.255	0.054～0.216	0.06～0.24	0.053～0.21	0.053～0.21	0.083～0.33

注：① 专指加热炉燃烧产生的废气污染物指标；

② 工业废气量、SO_2、NO_x 取值受加热炉燃料种类的影响。

数据主要参照《第一次全国污染源普查工业污染源产排污系数手册》。

（二）冷轧生产工艺废气污染

冷轧厂主要由酸洗区、轧钢区、热处理区、精整区等区构成。冷轧工序废气主要包括加热炉燃烧后排放的废气和轧制废气。燃烧后排放的烟气主要是加热炉燃烧高炉焦炉的混合煤气、重油等加热钢卷产生的废气，主要污染物是烟尘、SO_2、NO_x 和 CO_2。精轧机在轧制过程中的废气产生的主要污染物是含氧化金属粉尘、油雾及水蒸气的混合烟气，还可能产生酸雾（酸洗）、碱雾（碱洗）和有机溶剂（喷涂）蒸汽烟气。其含尘浓度可达 3 000 mg/m^3。

表 2-19 冷轧生产废气污染源及污染物

污染物	排放源	排放工艺
烟气	工业炉	工业炉运行时燃料产生烟气
酸雾	连轧、推拉式酸洗、电镀锡、电镀锌、热镀锌、中性盐电解酸洗、电解酸洗、混酸	酸洗连轧、推拉式酸洗、电镀锡、电镀锌、热镀锌、中性盐电解酸洗、电解酸洗、混酸酸洗、电解脱脂槽、涂层、酸再生装置等工艺过程产生的含酸气体
碱雾	热镀锌机组、连退机组、脱脂清洗段等	热镀锌机组连退机组、脱脂等设备、碱洗槽、漂洗槽等设备在工艺过程产生的含碱气体
乳化液油雾	冷轧机组、湿平整机、修磨抛光机组等设备	轧机组、湿平整机修磨抛光机组等设备工作时产生乳化液油雾
粉尘	热轧精轧机、拉矫机、焊接机、酸再生、干平整机、管坯精整、方坯精整、抛丸机、修磨机、锌锅、锡锅、铅浴炉等设备	热轧精轧机、拉矫机、焊接机、酸再生、干平整机、管坯精整、方坯精整、抛丸机、修磨机、锌锅、锡锅、铅浴炉等设备运行时产生的烟尘
有机溶剂	板材的喷涂	板材的酸洗、碱洗、表调、喷涂等工序产生苯、甲苯、二甲苯、乙苯、甲基乙基酮、丙酮、异丙醇、甲基乙基酮、乙酸乙酯等有机溶剂废气和酸雾

表 2-20 冷轧工艺大气污染物产生量 单位：废气量为 m^3/t 钢，污染物为 kg/t 钢

产品	工艺名称	工业废气量	烟尘	SO_2	NO_x
冷轧无缝管	冷轧法	160～333	0.012	0.001～0.175	0.025～0.1
冷拔线棒材	冷拔法	500～1000	0.036	0.003～0.525	0.075～0.3

注：① 专指退火炉燃烧产生的废气污染物指标；

② 工业废气量、SO_2、NO_x 取值受加热炉燃料种类的影响。

数据主要参照《第一次全国污染源普查工业污染源产排污系数手册》。

五、轧钢工业废水污染

轧钢工艺产生的废水分为热轧废水和冷轧废水，其中以冷轧废水为主。轧钢废水主要指直接冷却水，废水量 10～19 m^3/t 钢，其中 COD 产生量 1.3～1.7kg/t 钢，石油类产生量 0.11～0.16kg/t 钢，废水回用率很高。

热轧废水主要指轧制过程中的直接冷却废水，含有氧化铁皮 SS 及石油类污染物等，且温度较高；热轧废水还包括设备间接冷却排水、带钢层流冷却废水，以及热轧无缝钢管生产中产生的石墨废水等。

表 2-21 热轧工艺水污染物产生量 单位：废水量为 m^3/t 钢，污染物为 g/t 钢

原料	连铸板坯		连铸方坯					连铸管坯
产品	中厚板	带钢	大型材	中小型材	棒材	钢筋	高线材	无缝管
工业废水量	15.25	19	15.5	10.7	17.6	9.5	13.3	20
COD	1 331	1 500	1 438.4	1 169	1 610	1 400	1 162.5	1 675
石油类	112	120	124.3	107.4	161	130	121.2	177.5

注：① 专指直接冷却产生的废水污染物指标。

数据主要参照《第一次全国污染源普查工业污染源产排污系数手册》。

冷轧废水的种类较多，包括含酸、碱废水；含油及乳化液废水；含铬废水和含氰酸盐等的废水。冷轧废水的成分复杂：除含有酸、碱、油、乳化液和少量机械杂质外，重金属废水（如含六价铬、锌、锡等）和磷化废水等。此外，还有少量的重金属离子和有机成分。冷轧废水应分流处理，得到回收利用。

表 2-22　冷轧工艺水污染物产生量　　单位：废水量为 m^3/t 钢，污染物为 kg/t 钢

产品	工艺名称	工业废水量	COD
冷轧无缝管	冷轧法	1.8	1 190
冷拔线棒材	冷拔法	2.6	633

注：① 专指酸洗废水产生的废水污染物指标，如果不采用酸洗工艺，则不产生酸洗废水及相关污染物。

数据主要参照《第一次全国污染源普查工业污染源产排污系数手册》。

六、轧钢工业固体废物污染

轧钢工艺产生的固体废物主要为冷轧酸洗废液（包括盐酸废液、硫酸废液、硝酸-氢氟酸混酸废液，用硫酸、盐酸进行酸洗时，废液含铁浓度高达 100～200 g/L；硝酸和氢氟酸主要用于不锈钢的酸洗，废液含铁与合金浓度高达 40～50 g/L），据《第一次全国污染源普查工业污染源产排污系数手册》给定的系数，冷轧无缝管以及冷拔线棒材的生产中会产生 0.02 kg/t 钢的危险废物（废酸）。还包括灰除尘、水处理污泥（包括少量含铬污泥、含重金属污泥）、锌渣和废油（含处理含油废水中产生的废滤纸带）等，其中含铬污泥、含重金属污泥、锌渣及废油均属危险废物，应按危险废物进行处置。

七、轧钢工业环境监察要点

（一）落实《产业结构调整指导目录（2011 年本）》规定的轧钢工业的产业技术政策

限制类（钢铁）：1 450 mm 以下热轧带钢（不含特殊钢）项目，30 万 t/a 及以下热镀锌板卷项目，20 万 t/a 及以下彩色涂层板卷项目，普通功率和高功率石墨电极压型设备、焙烧设备和生产线。

淘汰类（钢铁）：化铁炼钢、复二重线材轧机、横列式线材轧机、横列式棒材及型材轧机、叠轧薄板轧机、普钢初轧机及开坯用中型轧机、热轧窄带钢轧机、三辊劳特式中板轧机、直径 76 mm 以下热轧无缝管机组、三辊式型线材轧机（不含特殊钢生产）。

（二）检查炼钢工业废气污染控制和排放

1．检查热轧工艺主要污染及控制

（1）加热炉或退火炉的燃烧废气。轧钢加热炉或热处理炉排放燃烧废气。主要污染物是烟尘、SO_2、NO_x，因燃料多为精脱硫后的煤气，烟气中含尘、SO_2 浓度很低，有组织排放的烟气中的污染物比较容易控制。但实际上炉前还有严重的无组织排放的烟尘，加热炉

多属于开放式操作，烟气外泄现象十分严重。轧钢车间轧制过程产生的无组织烟气由于是在室内，对室外的环境影响有限。

（2）含尘烟气。精轧机在轧制过程中将产生含氧化金属粉尘、油雾及水蒸气，烟气含尘较高，一般应采用电除尘或塑烧板过滤设备净化后，达标排入大气。

2. 检查冷轧工艺主要污染及控制

（1）酸洗机组酸雾。对酸洗机组酸洗槽、漂洗槽、循环罐等产生的酸雾水汽污染物，一般应有酸雾洗涤系统，气态污染物经酸雾吸收塔喷淋洗涤后排放，洗涤后的废气中各类酸雾排放应小于国家排放标准。

（2）中性盐雾。中性盐电解酸洗产生的盐雾，一般应设专门的盐雾洗涤净化塔，洗涤净化后再排放，废气中含 Na_2SO_4 和六价铬。

（3）硝酸雾、混酸（HNO_3+HF）酸雾。酸洗段和酸回收工艺生产过程中产生的硝酸雾、混酸酸雾，应设专门的净化设施处理达标排放。

（4）盐酸再生站酸雾。盐酸再生站焙烧炉产生大量 HCl 气体，应采用吸收、洗涤净化，回用于酸洗槽，净化后的含 HCl 尾气排放应符合国家标准。

（5）铬酸雾。热镀锌机组的铬化段等工艺产生的铬酸雾应设洗涤处理系统，气态污染物经洗涤达标后再外排。

（三）检查炼钢工业废水污染控制和排放

热轧工艺废水排放设施为具有剪、切、锯、矫直、穿孔、定径、均整、打印等多功能的轧机系统。废水为直接接触物料和设备产生的冷却水，热轧污水主要来自供轧机支撑辊、卷取机、除磷、辊道冷却和冲铁皮等。污水主要含氧化铁皮和油。污水经处理后循环使用。

冷轧工艺废水排放设施为具有多种功能的各型轧机系统。冷轧废水的种类较多，包括含酸、碱废水，含油及乳化液废水，含铬废水和含氰酸盐等的废水。冷轧废水的成分复杂，除含有酸、碱、油、乳化液和少量机械杂质外，还含有大量的金属盐类，其中主要是铁盐。此外，还有少量的重金属离子和有机成分。是钢铁行业废水有毒有害污染物的主要来源，现场环境监察一定要结合工艺确定废水中的主要污染物。

轧钢厂生产废水一般都设有各类处理系统，包括含油及乳化液废水处理系统、含铬废水处理系统、含酸碱废水处理系统，要检查这些设施的运行率和运行效果。

第三章　建材工业污染源环境监察

第一节　水泥工业污染源环境监察

在水泥工业结构调整过程中，落后的干法中空窑、湿法窑基本被淘汰，小立窑等落后工艺技术占总产能的比例不断减小，落后工艺的完全退出，将对水泥工业的节能降耗工作产生巨大影响。

一、水泥工业的产业政策

（一）水泥工业产业结构调整政策

表 3-1　水泥工业产业结构调整政策

<table>
<tr><th>文件名及颁布时间</th><th>内容概要</th></tr>
<tr><td>《产业结构调整指导目录》（发改委令[2011]9号，2011 年 3 月 27 日）</td><td rowspan="8">产业布局：1. 严禁在风景名胜区、自然保护区、饮用水保护区和其他需要特别保护的区域内新建水泥（熟料）项目；2. 禁止在无大气环境容量的区域内新建水泥（熟料）生产项目。3. 对文化、旅游、高新技术和第三产业为发展重点的大城市市区不再建设水泥项目。4. 现有水泥厂逐渐向远郊或周边地区转移。5. 水泥行业地区布局：华北地区重点发展和调整；东北地区大力发展新型干法水泥；华东地区控制总量，大力发展新型干法水泥；中南地区适量发展大型熟料基地；西南地区调整结构，发展新型干法水泥；西北地区淘汰落后，发展新型干法水泥。
原料结构：鼓励企业利用低品位原、燃材料以及砂岩、固体废弃物等替代黏土配料，支持采用工业废渣做原料和混合材。
生产规模：到 2010 年，新型干法水泥比重达到 70%以上，企业数量减少到 2000 家左右，生产规模 3000 万 t 以上的达到 10 家，500 万 t 以上的达到 40 家。
工艺设备：1. 采用先进的矿山安全爆破和均化开采、原料预均化、生料均化技术和设施；2. 采用立磨、辊压机、高效选粉机等环保粉磨工艺技术和装备；3. 采用节能降耗的窑炉、预热器、分解炉、篦冷机等煅烧工艺技术和装备；</td></tr>
<tr><td>《国民经济和社会发展第十一个五年规划纲要》（十届人大四次会议批准，2006 年 3 月 14 日）</td></tr>
<tr><td>《关于加快水泥工业结构调整的若干意见的通知》（发改运行[2006]609 号，2006 年 4 月 13 日）</td></tr>
<tr><td>《关于加强固定资产投资调控　从严控制新开工项目意见的通知》（国办发[2006]44 号，2006 年 6 月 13 日）</td></tr>
<tr><td>《关于防止高耗能行业重新盲目扩张的通知》（发改运行[2006]1332 号，2006 年 6 月 5 日）</td></tr>
<tr><td>《水泥工业产业发展政策》（发改委令[2006]50 号，2006 年 10 月 17 日）</td></tr>
<tr><td>《水泥工业发展专项规划》（发改工业[2006] 2222 号，2006 年 10 月 17 日）</td></tr>
<tr><td>《关于做好淘汰落后水泥生产能力有关工作的通知》（发改办工业［2007］447 号，2007 年 2 月 27 日）</td></tr>
</table>

<table>
<tr><th>文件名及颁布时间</th><th>内容概要</th></tr>
<tr><td>《关于加快推进产业结构调整 遏制高耗能行业再度盲目扩张的紧急通知》（发改运行[2007]933 号，2007 年 4 月 29 日）</td><td rowspan="11">4. 采用先进的破碎、冷却、输送、计量及烘干技术和装备；5. 采用先进、高效及可靠的环保技术和装备。
淘汰落后：1. 窑径 3 m 及以上水泥机立窑（2012 年）、干法中空窑（生产高铝水泥、硫铝酸盐水泥等特种水泥除外）、立波尔窑、湿法窑；2. 直径 3 m 以下水泥粉磨设备；3. 无复膜塑编水泥包装袋生产线；4. 平拉工艺平板玻璃生产线；5. 100 万 m^2/a 以下的建筑陶瓷砖、20 万件/a 以下低档卫生陶瓷生产线；6. 建筑卫生陶瓷土窑、倒焰窑、多孔窑、煤烧明焰隧道窑、隔焰隧道窑、匣钵装卫生陶瓷隧道窑；7. 建筑陶瓷砖成型用的摩擦压砖机；8. 陶土坩埚玻璃纤维拉丝生产工艺与装备；9. 1 000 万 m^2/a 以下的纸面石膏板生产线；10. 500 万 m^2/a 以下的改性沥青类防水卷材生产线，500 万 m^2/a 以下沥青复合胎柔性防水卷材生产线，100 万卷/a 以下沥青纸胎油毡生产线；11. 石灰土立窑；12. 砖瓦 24 门以下轮窑以及立窑、无顶轮窑、马蹄窑等土窑（2011 年）；13. 普通挤砖等。
能源消耗：1. 新建水泥（熟料）生产线可比熟料综合煤耗、综合电耗、综合能耗和可比水泥综合电耗、综合能耗要达到国家规定的单位水泥能耗限额标准。2. 水泥粉磨站可比水泥综合电耗≤38 kWh/t。3. 利用工业废渣作为水泥混合材的，其废渣品种、品质和掺加量要符合国家标准。4. 到 2010 年，新型干法水泥吨水泥综合电耗≤95 kWh/t，熟料热耗≤740 kcal/kg。5. “十二五”末，全国水泥生产平均可比熟料综合能耗小于 114 kg 标准煤/t，水泥综合能耗小于 93 kg 标准煤/t</td></tr>
<tr><td>《关于鼓励利用电石渣生产水泥有关问题的通知》（发改办环资[2008]981 号，2008 年 4 月 30 日）</td></tr>
<tr><td>《关于抑制部分行业产能过剩和重复建设引导产业健康发展若干意见的通知》（国发[2009]38 号，2009 年 9 月 26 日）</td></tr>
<tr><td>《关于抑制产能过剩和重复建设 引导水泥产业健康发展的意见》（工信部，2009 年 11 月 26 日）</td></tr>
<tr><td>《关于进一步加强淘汰落后产能工作的通知》（国发[2010]7 号，2010 年 2 月 6 日）</td></tr>
<tr><td>《2010 年工业节能与综合利用工作要点》（工信厅节函［2010］188 号，2010 年 3 月 18 日）</td></tr>
<tr><td>《关于进一步加大工作力度 确保实现“十一五”节能减排目标的通知》（国发[2010]12 号，2010 年 5 月 4 日）</td></tr>
<tr><td>工业和信息产业部公告（工产业[2010]第 111 号，2010 年 8 月 5 日）</td></tr>
<tr><td>《水泥行业准入条件》（工原[2010]第 127 号，2010 年 11 月 16 日）</td></tr>
<tr><td>《关于水泥工业节能减排的指导意见》（工信部节［2010］582 号，2010 年 11 月 25 日）</td></tr>
</table>

（二）水泥工业环境保护政策

表 3-2 水泥工业环境保护政策

<table>
<tr><th>文件名及颁布时间</th><th>对企业的要求</th></tr>
<tr><td>《水泥工业大气污染物排放标准》（GB 4915—2004，2004 年 12 月 29 日）</td><td rowspan="3">规划要求：1. 新型干法水泥熟料年产能超过人均 900 kg 的省份，原则上应停止核准新建扩大水泥（熟料）产能生产线项目；2. 新建水泥粉磨站的规模要达到年产水泥 60 万 t 及以上。
环境标准：1. 新建生产线自 2005 年起、现有生产线自 2010 年起水泥生产线水泥窑及窑磨一体机颗粒物排放浓度≤50 mg/m^3，单位产品排放量≤0.15 kg/T；SO_2 排放浓度≤200 mg/m^3，单位产品排放量≤0.6 kg/T；NO_x 排放浓度≤800 mg/m^3，单位产品排放量≤2.4 kg/T。烘干机、烘干磨、煤磨及冷却机颗粒物排放浓度≤50 mg/m^3，单位产品排放量≤0.15 kg/T。破碎机、磨机、包装机及其他通风设备颗粒物排放量≤30 mg/m^3，单位产品排放量≤0.024 kg/T。水泥厂及其他通风设备颗粒物排放量≤30 mg/m^3。2. 作业场所颗粒物无组织排放不得超过 1.0 mg/m^3。3. 水泥窑焚烧危险废物时，二噁英排放浓度最高不得超过 0.1 ng TEQ/m^3。</td></tr>
<tr><td>《水泥行业清洁生产评价指标体系（试行）》（发改委公告[2007]第 41 号，2007 年 7 月 14 日）</td></tr>
<tr><td>《水泥工业除尘工程技术规范》（HJ 434—2008，2008 年 6 月 6 日）</td></tr>
</table>

文件名及颁布时间	对企业的要求
《清洁生产标准　水泥工业》（HJ 467—2009，2009 年 3 月 25 日）	污染治理要求：1. 减少物料露天堆放，干物料应封闭储存；取消生产中各种车辆运输；消除生产中物料的跑、冒、漏、撒。2. 水泥生产过程产生的固体废物应分类收集，无利用价值的滤袋等应在水泥窑中销毁，不得产生二次污染。3. 施工工地禁止使用袋装水泥和现场搅拌混凝土、砂浆。
《关于推进大气污染　联防联控工作　改善区域空气质量指导意见》（国办发 [2010]33 号，2010 年 5 月 11 日）	污染治理技术要求：1. 除尘系统在保证含尘气体被充分捕集的前提下可选取单独除尘方式或集中除尘方式。2. 除尘系统应采取强制通风负压系统，宜采用一级除尘。3. 处理含易燃易爆的含尘气体须选择具有泄爆功能的除尘器。4. 除尘系统不得设置旁路风管。5. 带式输送机转运物料落差不能过大，溜角宜≤50°。6. 布置在带式输送机上有的袋式除尘器排灰管应避免垂直下落。7. 水泥工业除尘应采用袋式除尘器或电除尘器。8. 各物料储存库顶设排风口并设置除尘器。
	资源综合利用：1. 水泥生产各工序除尘收集的物料应全部在水泥生产中利用。2. 新型干法窑系统废气余热回收利用，鼓励采用纯低温废气余热发电。
	清洁生产：1. 将水泥工业生产过程的清洁生产水平分为三级技术指标。2. 生产工艺和装备、资源能源利用、污染物产生及废物回收利用等方面应符合清洁生产一级到三级的指标要求

二、水泥生产的原料、产品与能耗

（一）原料

水泥原料中钙质原料主要指石灰石、电石渣等；硅铝质原料主要指砂岩、页岩、黏土、粉煤灰、煤矸石等；铁质原料主要指铁矿石、铁矿粉、硫酸渣等；混合材主要指粉煤灰、粒化高炉矿渣、火山灰质材料等。

表 3-3　吨水泥生产原辅料消耗

生料	石灰石	黏土	铁粉	熟料	石膏	混合材	水泥
1.520	1.228	0.276	0.031	1.000	0.067	0.269	1.333
100%	80%	18%	2%	75%	5%	20%	100%

摘自合肥水泥研究设计院，袁文献等编著《水泥生产工艺和规模与单位产品废气排放量的关系探讨》。

（二）产品

水泥行业的产品有三种，由生料经制备、焙烧成熟料产品；由生料制备、焙烧、磨配成水泥产品；由熟料磨配成水泥产品。不同的水泥产品的原料、生产工艺流程、能耗均有差异，因此单位产品的产排污强度不尽相同。

（三）能耗

与新型干法水泥相比，小立窑、湿法窑等落后工艺能耗高。水泥熟料煅烧过程需要较高的煅烧温度，消耗大量的天然能源——煤炭，每生产 1 t 水泥熟料约消耗 120 kg 标煤，由于目前采用立窑等落后生产工艺的能力还占相当比重，造成我国水泥工业整体能耗还比较高。单位热耗与其他工艺相比占明显优势。

表 3-4 和表 3-5 是各种水泥生产工艺单位煤耗的对比。

表 3-4　全国水泥行业各类窑型平均煤耗

生产方法	熟料标准煤耗/（kg 标煤/t）	熟料煤耗折原煤 B_0/（kg 原煤/t）（原煤热值 20 934 kJ/t）
新型干法窑	115	161
立窑	160	224
中空干法窑	186	260
湿法旋窑	200	280

注：数据参照袁文献等著《水泥生产工艺和规模与单位产品废气排放量的关系探讨》(《水泥》2005 年第 4 期）和《水泥工业发展专项规划》。

表 3-5　水泥生产各工艺过程的电力消耗

工艺过程	单位水泥电耗/（kWh/t）	占电力总消耗比例/%
原料开采	3.6	3.96
生料制备	27.3	24.8
生料煅烧	25.6	23.3
熟料磨配、包装、输运	42.0	38.2
其他	11.5	10.5
总计	110.00	100

注：数据摘自《水泥工艺网》。

三、水泥工业的基本生产工艺与设备

水泥的生产，一般分为生料制备、熟料焙烧和水泥磨配等三道工序。水泥的生产工艺可以简述为两磨一烧，包括原料准备（采石、破碎）、原料的运输和装卸，原料（石灰石、黏土、煤、矿渣等）烘干、原料破碎与粉磨（包括颚破机、生料磨、煤磨等）、物料的均化、混匀制成生料，生料经 1 450℃的高温烧成熟料，煅烧（包括立窑、旋窑等），熟料再经破碎，与石膏或其他混合材一起磨细成为水泥。水泥产品的包装、贮存、运输。

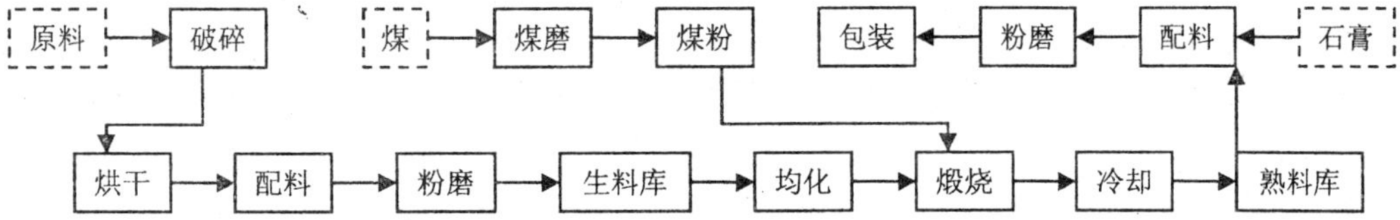

图 3-1　水泥生产工艺

由于生料制备和煅烧有干法和湿法的差别，所以将生产方法分为湿法，半干法或半湿法，干法 3 种。

（一）水泥生产的生料制备

水泥生产的生料制备阶段包括原料的破碎、生料储存、原料和燃料的磨粉、生料在设备间的输运、生料的配料均化和烘干等。

1. 破碎工艺

破碎工艺是将石灰石通过破碎机进行一次和二次破碎，碎成 20 mm 石块，常用的破碎设备分为锤式、颚式、反击式、冲击式、辊式、圆锥式破碎机等。

2. 生料的预均化工艺

石灰石的储存多采用长形或圆形预均化堆场，黏土或砂岩的储存多采用长形堆场，由程序自动控制堆料机和取料机根据物料的特性进行作业，均化效果好，成分稳定，并有效控制了生料储存和均化过程产生的无组织粉尘的排放，粉尘浓度约为 25 g/m^3。

3. 生料的烘干工艺

烘干工艺是将生料通过烘干机加热干燥（中空干法需要烘干，其他旋窑主要对煤烘干），烘干设备有回转式和悬浮式烘干机、烘干塔等，目前绝大多数的熟料加工企业都利用焙烧工艺的废气余热进行烘干物料，既降低了烘干燃煤能耗，又减少了烘干烟气量，许多企业实现了窑磨一体化。

4. 生料的粉磨工艺

生料的研磨在不同类型的磨机中进行，主要有球磨、管磨、立式磨和烘干与研磨同时进行的中间卸料磨等。原料经磨机磨细后，进入选粉机分选。

（二）水泥生产的煅烧

制备的生料被输送到水泥窑内煅烧至熔融状态，经过一系列的物理化学反应，形成以硅酸钙为主要成分（对硅酸盐水泥来说）的水泥熟料。

目前大中型水泥厂多使用回转窑，小型水泥厂多使用立窑，我国还有 20%左右的水泥仍使用立窑生产。由于立窑建设投资小、上马快，经济效益明显，许多粗放经营的水泥厂都是用立窑煅烧水泥，立窑大多设备简陋，污染治理设施不到位，无组织排放量大。

1. 立窑煅烧

立窑工艺的设备是静止的竖窑，分为普通立窑和机械化立窑，属于半干法生产。立窑工艺是先将生料与煤混合粉磨制成小于 20 mg 的料球，由立窑上部加入窑内。含煤粉的料球在窑内经预热烘干、烧成熟料。熟料烧成，由底部经卸料篦子卸出。立窑的直径以前多为 1.7～2.5 m，现在扩大到 2.5～3.2 m，高 8～11 m，立窑的日产量已达 250～300 t/d。

立窑生产规模小、设备简单、投资相对较低、运行热耗与电耗都比较低，但立窑煅烧不均匀、产品质量较低、窑的规模化产量较低，从目前的技术水平来看很难实现高水平的现代化生产。

2. 新型干法旋窑煅烧

新型干法多采用预分解技术、原料预均化及生料质量控制技术。目前新型干法窑的旋窑部分的最高温度可达 1 600℃，预分解窑温度在 800℃以上，完成部分碳酸盐的分解，旋风预热器实现烘干和预热功能。

（三）水泥磨配工艺

烧成的水泥熟料加上适量石膏及混合材料，经过混合共同磨细到一定的细度，制成水泥，经过包装机包装即可出厂（或制成散装水泥运送出厂）。水泥熟料的细磨通常采用圈流粉磨工艺（即闭路操作系统）。

四、水泥工业的排污节点

（一）水泥工业的主要污染来源

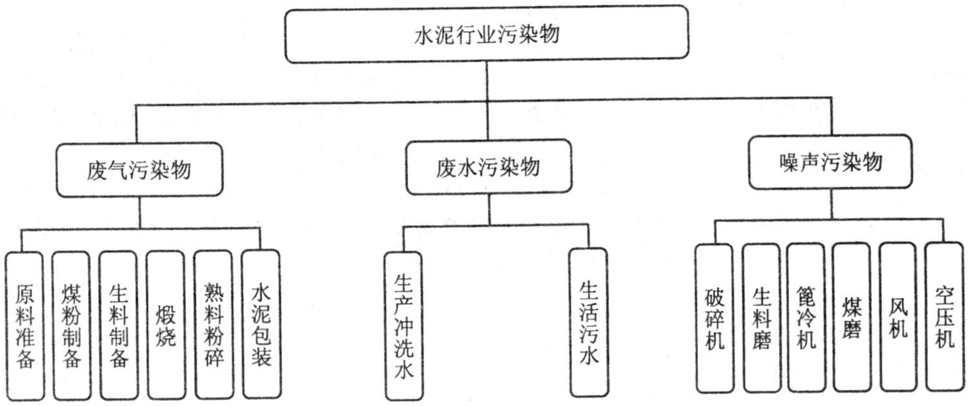

图 3-2 水泥生产工艺污染物来源

（二）水泥工业的排污节点

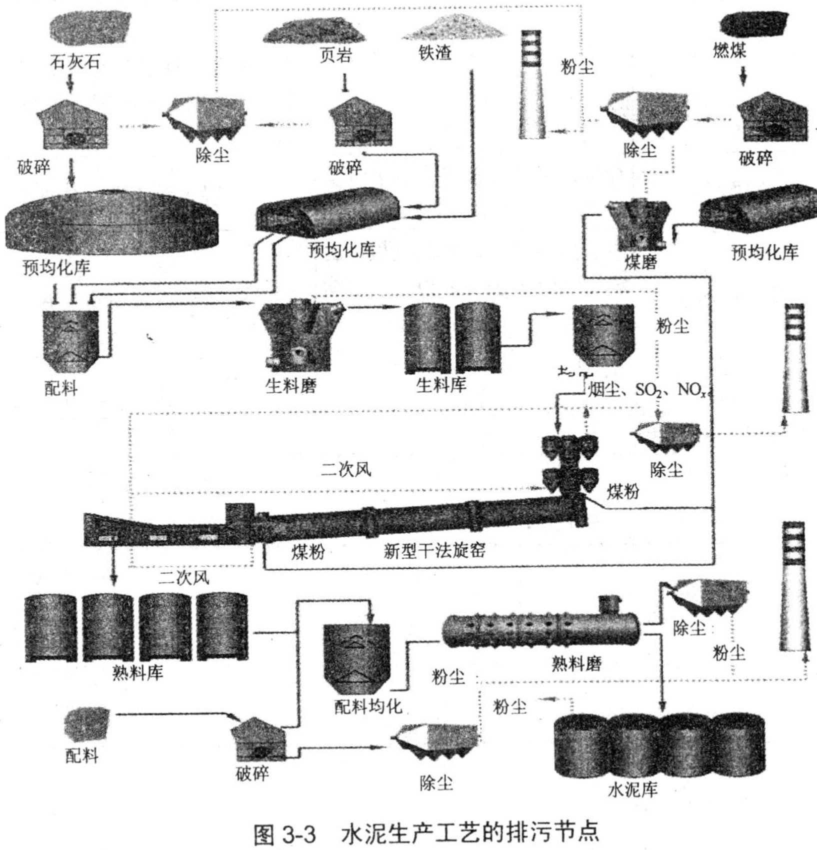

图 3-3 水泥生产工艺的排污节点

（三）水泥工业的排污节点说明

表 3-6 水泥企业主要废气排污节点及所采取的主要控制措施表

工序名称	排污节点	主要污染物	可能采取的几种污染控制措施
原料准备	石灰石、炉渣、矿渣等破碎	粉尘	粉尘收集返回系统 采用脉冲袋收尘器
	原料输送	粉尘	采用密闭式输送设备，转运点尽量降低排料落差，干燥季节洒水除尘，粉尘收集返回系统
煤粉制备	辊式磨	粉尘，浓度高（约 0～90 g/m^3）含微细煤粉尘，易产生燃烧和爆炸，废气量大，水分高，温度低	选用高浓度防暴袋收尘器，收尘效率为 99.9%
生料制备	生料烘干磨	粉尘、NO_x、SO_2	粉尘收集返回生料系统
	选粉机	粉尘	粉尘收集返回生料系统
	均化库	粉尘	粉尘收集
熟料煅烧	窑炉	粉尘 NO_x、SO_2、CO、CO_2	粉尘收集返回系统，窑头旋风除尘器、袋式除尘器、窑尾烟气收集 对 SO_2 的控制，一是采用低硫煤，二是采用窑外预分解回转窑技术，燃料燃烧所产生的大部分 SO_2 被物料吸收，吸硫率可达 98% NO_x 降低燃料带氧的浓度，实行低空气比运行；调解燃烧温度，调整煤和原料的进料量
	窑尾烟囱	粉尘，废气排放量是总废气量的 70%～80%	静电除尘器、袋式除尘器
	篦冷机余风	粉尘为熟料粉，颗粒较粗，出料粒度均在 25 mm 以下，含尘浓度约 3～40 g/m^3，排出废气温度较高，且波动较大	窑头旋风除尘器、袋式除尘器
熟料粉碎	球磨	粉尘	粉尘收集返回系统
水泥包装	包装机或装货口	粉尘	粉尘收集返回熟料系统

表 3-7 水泥主要废水排污节点及所采取的控制措施表

废水名称	排污节点	主要污染物	治理措施
生产冲洗水	场地冲洗	COD、SS	送污水处理装置
生活污水	办公楼、宿舍楼等	BOD_5、COD、SS 等	送污水处理装置处理后回用，不外排
生产废水	锅炉给水处理站	COD、SS	经污水处理装置处理后回用，不外排

表 3-8 噪声及其他污染控制措施表

产生部位	主要污染成分	采取措施
破碎机	强度 95～105 dB（A）	车间封闭
生料磨	强度 90～100 dB（A）	车间封闭
煤磨	强度 90～105 dB（A）	车间封闭
风机	强度 90～115 dB（A）	车间封闭、安装消声器
空压机	强度 90～95 dB（A）	车间封闭
篦冷机	强度 95～100 dB（A）	车间封闭

五、水泥工业的环境污染

（一）水泥工业生产的污染

水泥工业的环境污染主要是大气污染、噪声污染，相对水污染较小。产生的固体废物主要是可回收的粉尘，基本都会被水泥厂综合利用。

1．废水污染

水泥厂生产废水主要是指南针煤粉制备、生料磨、生料库和水泥库风机、窑尾、窑中、窑头、水泥磨、空压机等处的设备轴承冷却水；化验室、机修、冲洗等辅助生产用水。设有循环供水设施，大部分生产冷却水可循环使用。综合水耗立窑为 0.15 m^3/t 熟料，新型干法为 0.08～0.1 m^3/t 熟料，粉磨站约为 0.05 m^3/t 水泥，主要水污染物为 SS、石油类。

2．噪声污染

水泥厂的噪声主要来自机械噪声和空气动力噪声，机械噪声（原料磨、煤磨、水泥磨、破碎机等）；空气动力噪声（空压机、高压离心通风机、罗茨风机、各种泵等设备）。这些设备附近的噪声等级一般都在 90 dB 以上。主要控制噪声的措施采用减振和隔声来降低噪声。

3．废气污染

水泥行业是大气的重污染行业，大气特征污染物有粉尘、SO_2、NO_x、CO_2 等。

在水泥生产过程中，需要经过矿山开采、原料破碎、黏土烘干、生料粉磨、熟料煅烧、熟料冷却、水泥粉磨及成品包装等多道工序，每道工序都存在不同程度的粉尘排放。粉尘一直被认为是水泥厂最主要的污染物，产生粉尘的部位较多，既有有组织排放，也有无组织排放。其中烘干及煅烧发生的粉尘排放最为严重，占水泥厂粉尘总排放量的 70%以上。

水泥熟料烧成需要燃烧煤或重油等燃料，由于燃料中存在硫和氮，燃烧时会产生 SO_2 和 NO_x；煤粉的燃烧和生料中 $CaCO_3$ 的分解，也会产生大量 CO_2；为了便于煅烧，近年来在水泥立窑上普遍推广矿化剂技术，但由于萤石的掺入，使立窑的废气当中又增加了 HF 等诸多毒性氟化物。

水泥生产产生的废气量排放强度与水泥生产过程的能耗有直接关系，水泥生产过程主要污染物粉尘，而二氧化硫和氮氧化物的产生浓度与窑型有直接关系。

（二）水泥生产废气量

水泥生产的废气在物料的破碎、堆放、粉磨、储存、均化、烘干、输送、烧成、包装及运输生产线一般有 30～40 个有组织废气排放点源形成。最大的废气排放源是水泥窑的窑头、窑尾和粉磨的废气排放源，其次是多处无组织排放面源。熟料及水泥生产废气量为燃烧烟气（窑气）与工艺废气之和，燃烧烟气主要为水泥窑废气和烘干窑废气，现许多企业已将高温水泥窑废气用于烘干，则不再新增烘干窑废气量；工艺废气包括生料制备废气量和水泥磨配废气量。

1. 工艺废气量

（1）生料制备的废气量。

生料制备阶段是指生料的破碎、粉磨、煤磨、均化和提升运输。该阶段的工艺废气总量为石灰石破碎（V_1）、生料粉磨（V_2）、煤磨（V_3）、均化（V_4）和生料提升运输（V_5）产生的废气量之和。由于生产方法的不同，煤磨环节，立窑、新型干法窑、中空干法窑和湿法旋窑中产生的废气量会有所不同。吨熟料的原料消耗量如表 3-3 所示，各种生产方法的煤耗如表 3-4 所示，吨生料磨制阶段废气量和各生产阶段进入除尘器的废气温度如表 3-9 所示。吨熟料的工艺废气量用 $V_{生料}$表示，单位为 m^3/t 熟料。

表 3-9 吨生料磨制阶段废气量

生产方法	石灰石破碎	生料粉磨	煤磨	均化	提升运输
废气量/m^3	200	800	800	60	200
废气温度/℃	40	150	80	40	30

（2）烘干烟气量的计算。烘干烟气量不包括用于烘干的二次风。一般吨熟料烘干用煤 20kg 左右。烟气量一般为 200 m^3/t 熟料。

（3）熟料磨配阶段的废气量。

水泥磨配阶段是指混合材烘干、石膏破碎、水泥磨、包装机、均化和提升运输。该阶段的废气总量为混合材烘干、石膏破碎、水泥磨、包装机、均化和提升运输产生的废气量总和。吨水泥磨配阶段废气量如表 3-10 所示。

表 3-10 吨水泥磨配阶段废气量

生产方法	混合材烘干	石膏破碎	水泥磨	包装机	均化	提升运输	小计
废气量/（m^3/t 水泥）	376	11	800	197	70	223	1 677
废气温度/℃	90	40	90	50	40	30	—
废气量/（m^3/t 水泥）	282.8	9.6	601.7	166.5	61.1	200.9	1 323

熟料磨配的废气量为 1 323 m^3/t 水泥。

2. 各类水泥窑的烟气量计算

吨熟料的生料消耗是 1.52t 生料，故焙烧工艺中的生料损耗为 520kg，二氧化碳排放体积 286 m^3/t 熟料。t 熟料焙烧煤耗如表 3-4 所示。1kg 热值为 22 000kJ/kg 的燃煤燃烧产生的烟气量为 7.41 m^3/t 熟料（按过剩空气系数 1.2 计，水泥窑的燃烧过剩空气系数如表 3-11 所示）。熟料冷却废气量为 1 934 m^3/t 熟料。

表 3-11 水泥窑的燃烧过剩空气系数

窑 型	回 旋 窑			立 窑		预分解窑	烘干窑
燃料类型	煤粉	重油	气体燃料	无烟、焦煤	烟煤	MFC	—
过剩空气系数	1.1～1.25	1.08～1.1	1.05～1.1	1.10	1.1～1.3	0.9～1.1	0.9～1.1

按照窑型的不同，熟料焙烧工艺的废气量如表 3-12 所示。

表 3-12 熟料焙烧工艺废气量

生产方法	新型干法窑	立窑
废气量/（m^3/t 熟料）	3 637	4 229

表 3-13 水泥生产废气产生量一览表

生产路线	单位	窑型	窑烟气量 V		工艺废气量 u	
生料→熟料	m^3/t 熟料	新型干法	$2\ 220 + 7.41\ B_0$	3 413	$1\ 351+0.619\ B_0$	1 448
		立窑		3 880		1 490
熟料→水泥	m^3/t 水泥				1 323	1 323
生料→熟料→水泥	m^3/t 水泥	新型干法	$1\ 666+5.56\ B_0$	2 560	$1\ 013+0.465\ B_0+1\ 323$	2 409
		立窑		2 910		2 441

注：如有烘干废气，应在烟气量中加 200 m^3/t 熟料。

（三）水泥生产烟粉尘的产生量

水泥厂各种设备的产尘浓度：颚式破碎机排气筒产尘浓度 3 g/m^3，石灰石磨机排气筒产尘浓度 30 g/m^3，煤磨磨机排气筒产尘浓度 60 g/m^3，烘干机排气筒产尘浓度 60 g/m^3，立窑烟气产尘浓度 13 g/m^3，回转窑窑头窑尾烟气产尘浓度 60 g/m^3，包装机排气筒产尘浓度 15 g/m^3。

1. 工艺粉尘产生量

（1）生料工艺粉尘（破碎、粉磨煤磨、均化等平均粉尘浓度 30 g/L）的计算。

破碎、粉磨煤磨、均化等平均粉尘浓度为 30 g/m^3，粉尘产生量约为 43 kg/t 生料。不同生产方法生料加工阶段的废气量如表 3-13 所示。

（2）烘干烟尘量。

烘干机排气筒产尘浓度为 60 g/m^3，烘干烟气量 V_{22} 为 200 m^3/t 熟料，故烘干烟尘量为 12 kg/t 熟料。

（3）熟料磨粉尘量。

煤磨磨机排气筒产尘浓度为 30 g/m^3，熟料磨配阶段的烟气量 V_{33} 为 1 323 m^3/t 水泥，故熟料粉尘量为 40 kg/t 水泥。

2. 窑的烟尘量

熟料磨配阶段的废气量如表 3-10 所示。立窑烟气产尘浓度为 13 g/m^3，新型干法窑、中空干法窑和湿法旋窑烟气产尘浓度为 60 g/m^3。

表 3-14 水泥生产烟粉尘产生量一览表 单位：kg/t 水泥

生产路线	窑型	窑烟尘量		工艺粉尘量	
生料→熟料	立窑	0.013 V	50	0.03 U	44.7
	新型干法	0.06 V	205		43.4
熟料→水泥				40	40
生料→熟料→水泥	立窑	0.00975 V	38	0.0225 U+40	73
	新型干法	0.045 V	154	0.0225 U+40	73

注：U—生料工艺废气量，V—水泥窑烟气量。

3．无组织排放粉尘的测算

水泥生产无组织烟尘的主要来源：

（1）生料和燃料粉尘。

生料粉尘主要指原料进厂、破碎、粉磨、预均化、配料、输送等生产环节过程中产生的无组织排放，该种粉尘无组织排放随着水泥工业的技术进步变得越来越小。此类粉尘无组织排放占到水泥企业粉尘无组织排放的一半以上。燃料粉尘主要指煤进厂、储存、倒运、破碎、粉磨、输送等过程中产生的无组织排放，尤其装卸和倒运过程产生的煤粉尘排放居多。

（2）熟料粉尘。

熟料粉尘无组织排放主要产自熟料输送、下料、二次倒运过程，尤其以二次倒运产生的扬尘居多。

（3）水泥包装运输粉尘。

水泥粉尘无组织排放主要来自于水泥包装、散装和运输环节，尤其以装运环节居多。据北京环科院测定使用散装水泥粉尘排放计算数据，散装水泥粉尘排放为 0.28 kg 粉尘/t 水泥，使用袋装水泥时，水泥粉尘排放为 4.48 kg 粉尘/t 水泥，两者粉尘排放量差：(4.48−0.28)=4.2 kg 粉尘/t 水泥。如果按水泥运输无组织粉尘排放水泥厂内外各占 50%计算，在水泥厂内散装水泥粉尘排放为 0.14 kg 粉尘/t 水泥，使用袋装水泥时，水泥粉尘排放为 2.24 kg 粉尘/t 水泥，袋装比散装多排放粉尘 2.1 kg 粉尘/t 水泥。

（四）水泥生产 SO_2 排放量的测算

水泥窑 SO_2 的生成，主要是由于燃料和水泥原料中的硫铁矿等物质，部分在温度 300～600℃时分解生成；另有部分是在燃烧时生成。但是，因为水泥的主要原料是石灰石，在窑系统的各个部位有 SO_2 被吸收，如 Fe_2S 在顶部两级旋风筒中燃烧产生的 SO_2，约有 70%立刻被生料中的 CaO 所吸收。尤其在最低一级旋风筒中，气温为 800～850℃，SO_2 与活性强的 CaO 反应速度极快，来自窑气流中的大部分 SO_2 被最低一级的旋风筒截留下来。如果是窑磨一体机，SO_2 在磨中被进一步吸收。水泥熟料煅烧工艺本身就是效率很高的脱硫过程，大部分硫固化后留在残留水泥熟料中，只有少量随废气排放。

因为目前水泥生产除了生产过程的自吸硫外，一般尚不采取额外脱硫措施，因此生产过程的 SO_2 产生量即为 SO_2 排放量。

1．新型干法窑 SO_2 排放量的测算

新型干法生产工艺的生料与煤粉分别磨粉。原燃料燃烧产生的 SO_2 均通过焙烧炉，在

焙烧炉内大量刚生成的 CaO 基本上可将这些 SO_2 全部化合成 $CaSO_4$，只有原料中含有 FeS_2 时预热器的废气中才会有 SO_2，可以认为新型干法生产工艺 SO_2 的排放量主要取决于生料的 SO_3 含量，新型干法生产工艺 SO_2 的排放量可用下面公式计算。

$$G_{SO_2}=64/80\times t\text{熟料耗生料量}\times SO_3\text{含量}\times(1-\text{吸收率})\times 10^3\quad \text{kg/t 熟料}$$

为防止预热器结皮，生料中 SO_3 含量<1%，一般地说原燃料带入水泥窑中的硫化合物，在氧化气氛煅烧工况下吸收率可达 95%～99%。取生料中 SO_3 含量=1%，吸收率=98%，那么：

$$G_{SO_2}=64/80\times 1.68\times 1\%\times(1-98\%)\times 10^3=0.27\quad \text{kg/t 熟料}$$

可见，新型干法生产工艺 SO_2 的排放量一般小于 1.46 kg/t 熟料。若吸收率取 99%，SO_2 的排放量仅为 0.14 kg/t 熟料。

2. 立窑 SO_2 排放量的测算

立窑生产水泥熟料，其原料与燃料共同粉磨，生料中已包含煤，形成吨熟料的生料量为 1.52+0.21=1.73 t。立窑生产需要在生料中加入一定的水，形成料球，烧成时，湿料球中碳酸盐与硫化合物的分解几乎同时进行，释放出的 SO_2 能被新生成的 CaO 所吸收，而潮湿条件更有利 CaO 或 $CaCO_3$ 与 SO_2 反应，所以立窑中硫化合物的吸收率往往超过 95%。立窑生产 SO_2 的排放量亦可用上式计算，取吸收率=95%，生料中 SO_3 含量仍为 1%，则得：

$$G_{SO_2}=64/80\times 1.73\times 1\%\times(1-95\%)\times 10^3=0.69\quad \text{kg/t 熟料}$$

可见，当生料中 SO_3 含量一致时，立窑与新型干法窑 SO_2 的排放量差别不大。但是，立窑生产不存在结皮问题，往往使用高硫原料，生料中 SO_3 含量可能大于 1%，特别是立窑使用复合矿化剂时生料中 SO_3 含量更高，使得立窑生产比新型干法窑 SO_2 的排放量高。

另外，水泥立窑若存在强还原气氛，则硫酸盐会被还原成硫化物，在窑系统排放的废气中还会有 H_2S 存在。而回转窑上比较少见。

（五）水泥生产 NO_x 排放量的测算

1. 水泥立窑 NO_x 排放量的测算

水泥立窑中心烧成温度虽然可以超 1 400℃，但烧成废气在高温区滞留时间较短，因此热力型 NO_x 产生量并不大，主要产生的 NO_x 是燃料型 NO_x。水泥立窑产生的烟气量约为 3 000 m^3/t 熟料，烟气中的 NO_x 浓度约为 150 mg/m^3，则吨熟料产生的 NO_x 约为 0.45 kg，立窑的煤耗为 210 kg 原煤/t 熟料，则吨原煤 NO_x 产生量约 2.14 kg/t 煤。

水泥立窑烟气中产生的 NO_x 的计算应为：

$$G_{\text{氮}}=2.14\,B_0\times 10^{-3}\quad \text{kg/t 熟料}$$

式中：B_0 —— 吨熟料焙烧消耗的煤炭 kg 原煤/t 熟料，如果消耗的煤炭是以标煤计量，应折算成原煤量。

2. 新型干法水泥窑 NO_x 排放量的测算

新型干法水泥窑窑头最高温度可达 1 600℃，且烧成废气在高温区滞留时间较长，但一般新型干法水泥 45%燃料从窑头投放入窑（温度可达 1 600℃，NO_x 产生量约为 16kg/t 原煤），55%燃料从预分解窑投放入窑（温度可达 900℃，NO_x 产生量约为 7kg/t 原煤），其中原煤燃烧时 NO_x 生成量和温度之间的关系参照火电行业与工业锅炉的大量监测数据。

窑烟气中产生的 NO_x 的计算应为：

$$G_{氮}=（0.45×16+0.55×7）B_0×10^{-3}\quad kg/t 熟料$$

如果吨熟料原煤消耗为 B_0=160kg/t 熟料，则吨熟料 NO_x 的排放量为：

$$G_{氮}=（0.45×16+0.55×7）×0.16$$
$$=1.77\quad kg/t 熟料$$

如果吨熟料原煤消耗为 B_0=130kg/t 熟料，则吨熟料 NO_x 的排放量为：

$$G_{氮}=（0.45×16+0.55×7）×0.13$$
$$=1.44\quad kg/t 熟料$$

（六）水泥生产二氧化碳的排放

水泥生产 CO_2 产生的主要来源是熟料焙烧阶段，一方面由于水泥原料经焙烧，生料质量损耗为 520kg/t 熟料，转变成 CO_2 随烟气排放而产生；另一方面燃料燃烧产生烟气中含 CO_2，燃料燃烧 CO_2 产生量与燃料消耗量 B_0 和燃料低位热值有直接关系。

因此吨熟料生产 CO_2 的排放量计算方法如下：

$$（Q^Y/7\,500）×（44/12）×B_0+520\quad kg/t 熟料$$

式中：1 kg 碳完全燃烧生成 CO_2 时可放出 31 401 kJ（折 7 500 kcal）的热量；

B_0 —— 生产吨熟料所消耗的原煤量；

44 —— CO_2 的分子量；

12 —— C 的原子量；

520kg —— 生料分解产生的 CO_2 量。

例如水泥燃煤低位热值 Q^Y 为 5 000kcal/kg 原煤，吨熟料燃料消耗量 B_0 为 160kg/t 熟料，吨熟料生产 CO_2 的排放量应为：

$$G_{碳排放}=（5\,000/7\,500）×（44/12）×160+520=911\quad kg/t 熟料$$

因此，水泥工业属于 CO_2 排放强度非常高的行业，属于碳减排的重点关注行业之一。

（七）水泥生产氟化物的排放

水泥生产中，如不有意把含氟高的矿物（如萤石）用于水泥生产过程以降低烧成温度，一般窑尾排放的氟化物会很低。立窑普遍使用了萤石等矿化剂，氟化物排放很高。

水泥工业大气污染物排放标准修订开展的重点源调查，共获得 5 个新型干法窑氟化物排放样本，平均排放浓度 2.48 mg/m³。最低值 0.143 mg/m³，最高值 5.90 mg/m³。根据对另外 6 家立窑厂的统计，排放浓度在 6～62.56 mg/m³，平均为 28.7 mg/m³。国外对 F 排放的限值大多为 5 mg/m³。

表 3-15 水泥制造业大气污染物产生量系数

单位：废水、废气为 m^3/t 产品；污染物为 kg/t 产品

产品		水泥			熟料		水泥		水泥	
原料		钙、硅铝铁质原料							熟料混合材	
工艺		新型干法			新型干法		立窑		粉磨站	
生产规模		≥4000	2000~4000	<2000	≥4000	<4000	≥10	<10	≥60	<60
废水量		0.075	0.075	0.09	0.05	0.05	0.14	0.14	0.045	0.045
烟气量		3964	4069	4069	3964	4069	2644	3275	—	—
烟尘量		148	148	258	148	148	32	49	—	—
工艺废气量		1286	1286	2427	857	857	1691	1879	1135	1135
粉尘量（有组织）		52	57	124	35	38	32	38	18	23
粉尘量（无组织）		0.1~0.3	0.1~0.5	0.15~0.75	0.1~0.3	0.1~0.5	0.4~2.0	0.5~2.5	0.2~1.0	0.3~1.5
SO_2	S<1%	0.132	0.146	0.158	0.132	0.146	0.234	0.257	—	—
	2%>S≥1%	0.198	0.218	0.238	0.198	0.218	0.351	0.386	—	—
	S≥2%	0.385	0.436	0.517	0.385	0.436	0.595	0.722	—	—
NO_x		1.584	1.746	1.746	1.584	1.746	0.243	0.202	—	—
氟化物		2.551	3.595	3.595	2.551	3.595	6.61	8.188	—	—

注：① 生产规模等级新型干法单位取 t 熟料/d;

② 立窑、粉磨站单位取万 t 水泥/d。

数据主要参考《第一次全国污染源普查工业污染源产排污系数手册》。

六、水泥工业废气治理

水泥企业的污染主要指大气污染，主要的大气特征污染物有烟尘、粉尘、SO_2、NO_x、CO_2 等。水泥工业过去曾用过多种不同形式的除尘设备，为达到新的环保要求，现在普遍采用电除尘器和袋式除尘器，使用机械除尘方式的烟粉尘排放都不能达标。

（一）防尘管理

水泥厂必须制订严格防尘管理制度，对主要生产设施的除尘系统要建立岗位责任制，要有专人负责，其他除尘系统和措施也应指定专人兼管。各种除尘设施都要制订相应的维修管理制度，并定期检测，以保证除尘系统正常运行。

表 3-16 水泥生产过程的无组织除尘措施

工 艺	除尘措施
转筒式烘干机与吸风罩的连接处	必须严格密封
卸料口和除尘器出灰口	均须装锁风器
烘干机排气端筒	工况风速不得超过 4 m/s。在确定系统排风量时，漏风量不超过 40%
立窑卸料系统	应有防尘措施
包装机	应有集尘措施、袋装水泥的包装破损率应不大于 1%
水泥散装库	散装头须有除尘措施，以减少库底扬尘
料库（仓）	一般的排气，设置简易袋除尘器。对于气力输送入库的以及空气搅拌的粉料库，均须设置袋除尘器

对于现有生产线，干粉料的加工、输送、装卸、贮存过程应当全封闭；新建生产线要求更加严格，所有物料的加工、输送、装卸、贮存均应全封闭。

（二）除尘技术

磨机和烘干机的除尘可以采用袋式除尘器或电除尘器进行一级除尘，也可以采用旋风一级除尘，再设置袋式或电除尘作为二级除尘，这样可以有更高的去除率。烘干磨和风扫磨的排气含尘浓度高，也应采用两级除尘系统。

表 3-17 水泥生产过程的有组织除尘措施

工 艺	除尘措施
石灰石、石膏、熟料、煤等干物料破碎	一般采用一级袋除尘或电除尘
生料磨、水泥磨、烘干机	一般适用袋除尘或电除尘，并可采用多台并联方式使用，能处理高浓度、大风量的尘源
旋窑或立窑焙烧	一般采用袋式除尘或电除尘进行
水泥窑尾、煤粉磨、烘干机、热风炉、煤磨锅炉	扁袋除尘器一般适用于高温烟气除尘系统

收尘装置应与主机设备同步运行。当收尘装置出现故障时，主机设备应停止运行，待检修完毕后再次开启，共同投入使用。但窑尾电收尘因水泥窑工艺操作不当，CO 超标预警造成的暂时停用除外，此时要求电收尘器相对于水泥窑的运转率不得小于 98%。

（三）主要大气污染源的监控

对于在建水泥生产线重点排放源，要求必须安装连续监测装置进行连续监测，对于水泥窑，应连续监测颗粒物、SO_2、NO_x 的排放；对于烘干机（磨）、煤磨、冷却机，应监测废气中的颗粒物。

七、水泥工业环境监察要点

（一）落实《产业结构调整指导目录（2011 年本）》规定的水泥工业产业技术政策

限制类：2 000 t/d 以下熟料新型干法水泥生产线，60 万 t/a 以下水泥粉磨站。

淘汰类：窑径 3 m 及以上水泥机立窑（2012 年）、干法中空窑（生产高铝水泥、硫铝酸盐水泥等特种水泥除外），立波尔窑、湿法窑，直径 3 m 以下水泥粉磨设备，无复膜塑编水泥包装袋生产线。

我国《大气污染防治法》第十六条规定："在国务院和省、自治区、直辖市人民政府划定的风景名胜区、自然保护区、文物保护单位附近地区和其他需要特别保护的区域内，不得建设污染环境的工业生产设施……"要关注水泥行业准入条件的要求，监控水泥行业的无序发展。

（二）水泥工业粉尘污染监察要点

水泥工业的粉尘污染是所有工业行业中的最主要的减排监管行业。在矿山开采、水泥制造和水泥产品的储存运输生产的每个环节，都存在着明显的粉尘污染。水泥工业的粉尘无组织排放一般都会成为当地主要环境问题。但对更大范围的环境空气质量来说，含尘工艺尾气（通过高烟囱排放）的影响则要广泛得多。

水泥工业的粉尘有组织排放主要指水泥窑的废气和各设施有组织收集的废气除尘设施排放的废气。如采用高效的静电除尘和袋式除尘，且正常运行，排放的粉尘浓度应该达标。如不能达标，多为除尘设施未能正常运行。

水泥工业的粉尘无组织排放主要来自原料运输，物料转运，物料下料口，水泥出厂等环节，若对上述过程设置了有效的收尘设施，则可以有效地减少和消除粉尘的无组织排放，否则扬尘无法避免，粉尘的无组织排放还会加重。立窑工艺生产环节的连续性、自动化程度、密闭性较差，所有生产工序的进出口处都会产生无组织扬尘，立窑窑体漏气也很严重，导致立窑的无组织排放非常严重。新型干法工艺生产的连续性、密闭性较好，主要的无组织排放还是进料场和袋装水泥外运。粉磨站生产产生的粉尘无组织排放污染主要是原料与产品贮存、装卸、运输产生的扬尘污染，严禁露天堆放，检查设备进出口的防尘措施对这些排放部位应加强监督。

（三）水泥工业 SO_2 污染监察要点

水泥工业 SO_2 的产生量有限，立窑产生强度达到新型干法窑的 3 倍，由于水泥生产过程的吸硫作用，无须采用脱硫措施。

（四）水泥工业 NO_x 污染监察要点

水泥工业 NO_x 的产生量是比较大的，而且新型干法窑产生强度是立窑的 4～5 倍，由于新型干法窑所占比例不断增加，水泥工业产生的 NO_x 总量在不断增加，因水泥生产的特点（高温），缺乏有效控制 NO_x 排放强度的措施。

（五）水泥工业氟化物污染监察要点

立窑普遍使用了萤石等矿化剂，有些地区使用的原料中氟元素的含量较高，都会导致生产废气中氟化物排放量很高，应予以关注。

（六）水泥煅烧系统环境监察要点

水泥煅烧系统是最重要的大气排放源，产生的污染物种类很多，由于许多水泥企业开始利用工业及生活废物烧制熟料，污染物也由烟粉尘、NO_x、SO_2、CO_2、氟化物，增加了 VOCs（有机化合物）、PCDD/Fs（二噁英、呋喃）、金属及其化合物：Hg、Tl、Cd、Pb、As、HCl、氨等污染物，要根据水泥煅烧采用的原燃料种类，增加监控的污染指标。

第二节 陶瓷工业污染源环境监察

一、陶瓷工业的产业政策

（一）陶瓷工业产业结构调整政策

表 3-18 陶瓷工业产业结构调整政策

文件名及颁布时间	内容概要
《产业结构调整指导目录》（发改委令[2005]40 号，2005 年 12 月 2 日） 《能源发展“十一五”规划》（发改委，2007 年 4 月） 《中国应对气候变化国家方案》（国家发改委，2007 年 6 月） 《建筑卫生陶瓷产品单位能耗限额》（GB 21252—2007） 《国家酸雨和二氧化硫污染防治“十一五”规划》（环发[2008]1 号，2008 年 1 月 3 日） 《建材工业“十一五”发展规划纲要》（中国建筑材料工业协会，2008 年 8 月 5 日） 《关于抑制部分行业产能过剩和重复建设引导产业健康发展若干意见的通知》（国发[2009]38 号，2009 年 9 月 26 日）	产业布局：根据行业特点和发展要求推进产业转移，推进陶瓷行业向有原料优势、能源丰富的地区转移。 工艺设备：1. 卫生陶瓷生产改变燃料结构，采用洁净气体燃料无匣钵烧成工艺。2. 消化吸收、改造创新国外先进技术，形成如大吨位压砖机、超薄大尺寸陶瓷面板技术等具有自主知识产权的技术装备。 淘汰落后：淘汰 70 万 m^2/a 以下的中低档建筑陶瓷砖、20 万件/a 以下低档卫生陶瓷生产线；淘汰建筑卫生陶瓷土窑、倒焰窑、多孔窑、煤烧明焰隧道窑、隔焰隧道窑、匣钵装卫生陶瓷隧道窑；淘汰建筑陶瓷砖成型用的摩擦压砖机；淘汰一次冲洗用水量 9L 以上的便器。 能源消耗：1. 小便器最大用水量小于 3L；坐便器最大用水量小于 6L；蹲便器最大用水量小于 8L。2. 现有卫生陶瓷单位产品能耗≤800 kg 标煤/t，单位产品综合电耗≤1000 kWh/t；吸水率 E≤0.5%的陶瓷砖单位产品能耗≤340 kg 标煤/t，单位产品综合电耗≤400 kWh/t；吸水率 0.5%＜E≤10%的陶瓷砖单位产品能耗≤300 kg 标煤/t，单位产品综合电耗≤360 kWh/t；吸水率 E＞10%的陶瓷砖单位产品能耗≤320 kg 标煤/t，单位产品综合电耗≤360 kWh/t。3. 新建建筑卫生陶瓷企业（含新建生产线）卫生陶瓷单位产品能耗≤700 kg 标煤/t，单位产品综合电耗≤800 kWh/t；吸水率 E≤0.5%的陶瓷砖单位产品能耗≤330 kg 标煤/t，单位产品综合电耗≤380 kWh/t；吸水率 0.5%＜E≤10%的陶瓷砖单位产品能耗≤260 kg 标煤/t，单位产品综合电耗≤350 kWh/t；吸水率 E＞10%的陶瓷砖单位产品能耗≤280 kg 标煤/t，单位产品综合电耗≤340 kWh/t。4. 到 2010 年，建筑陶瓷综合能耗降到 9.2 kg 标准煤/m^2

（二）陶瓷工业环境保护政策

表 3-19 陶瓷工业环境保护政策

文件名及颁布时间	对企业的要求
《环境标志产品技术要求 卫生陶瓷》（HJ/T 296—2006，2006 年 8 月 23 日）	环境标准：1. 现有企业水污染直接排放限值：pH 值 6～9，SS≤60 mg/L，COD≤60 mg/L，BOD≤20 mg/L；间接排放限值：pH 值 6～9，SS≤120 mg/L，COD≤110 mg/L，BOD≤40 mg/L。2. 新建企业水污染直接排放限值：pH 值 6～9，SS≤50 mg/L，COD≤50 mg/L，BOD≤10 mg/L；间接排放限值：pH 值 6～9，SS≤120 mg/L，COD≤110 mg/L，BOD≤40 mg/L。

文件名及颁布时间	对企业的要求
《环境标志产品技术要求 陶瓷砖》（HJ/T 297— 2006，2006 年 8 月 23 日）	污染治理要求：1. 现有企业和新建企业水污染物排放浓度限值及产物基准排水量不得超过规定标准。2. 原料制备、干燥阶段，以水煤浆为原料的喷雾干燥塔二氧化硫排放浓度小于 500mg/m^3，氮氧化物小于 240 mg/m^3；以油、气味原料的喷雾干燥塔二氧化硫排放浓度小于 300mg/m^3，氮氧化物小于 240 mg/m^3。3. 烧成、烤花阶段，以水煤浆为原料的辊道窑、隧道窑、梭式窑二氧化硫排放浓度小于 500mg/m^3，氮氧化物小于 650 mg/m^3；以油、气味原料的辊道窑、隧道窑、梭式窑二氧化硫排放浓度小于 300mg/m^3，氮氧化物小于 400 mg/m^3。4. 卫生陶瓷和陶瓷砖中可溶性铅含量小于 20mg/kg，可溶性镉含量小于 5mg/kg。
《陶瓷工业污染物排放标准》（GB 25464—2010，2010 年 9 月 27 日）	污染治理技术要求：1. 建筑陶瓷行业推广辊道窑技术，大力开发推广节能煅烧技术及设计技术。2. 卫生陶瓷生产改变燃料结构，采用洁净气体燃料无匣钵烧成工艺。资源综合利用：1. 卫生陶瓷和陶瓷砖生产过程中产生的工业废渣回收利用率应达到 70%以上。2. 石灰石资源利用率达到 80%

二、陶瓷工业的能耗

我国陶瓷工业能耗比发达国家高出许多，我国生产每平方米陶瓷砖耗能 2.5～15 kg 标煤、每吨卫生瓷耗能 400～1 800 kg 标煤，发达国家生产每平方米陶瓷砖耗能 0.8～6.4 kg 标煤、每吨卫生瓷耗能 238～476 kg 标煤。

据估计，能源成本占陶瓷生产成本的比重超过 36%，我国有近 20%的陶瓷企业（主要是中小型陶瓷企业），能耗超过国家规定的标准，不仅增加了能源消耗，而且增加了污染物排放。

2009 年，我国建陶产量达到 64.27 亿 m^2，其中矿物原料消耗约 1.8 亿 t，能源消耗约 4050 万 t 标煤，电力消耗约 353 亿 kWh，水消耗约 11.48 亿 m^3。

三、陶瓷基本生产工艺与设备

陶瓷产品的生产工艺流程，大致可分为坯料制备、釉料制备（制釉、施釉）、成型（包括干燥）、烧成等四大工序。

1. 建筑陶瓷的生产工艺

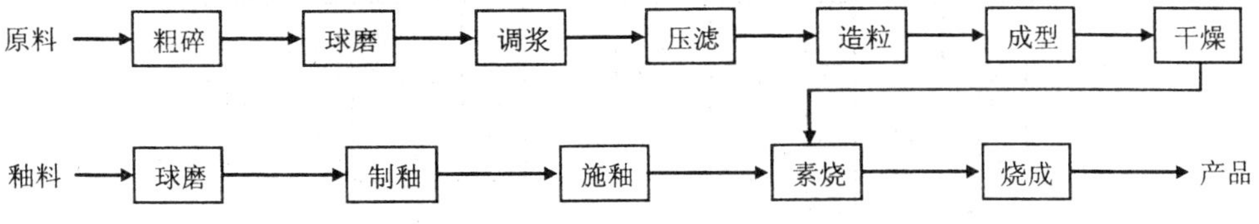

图 3-4 建筑陶瓷的生产工艺

2. 卫生陶瓷的生产工艺

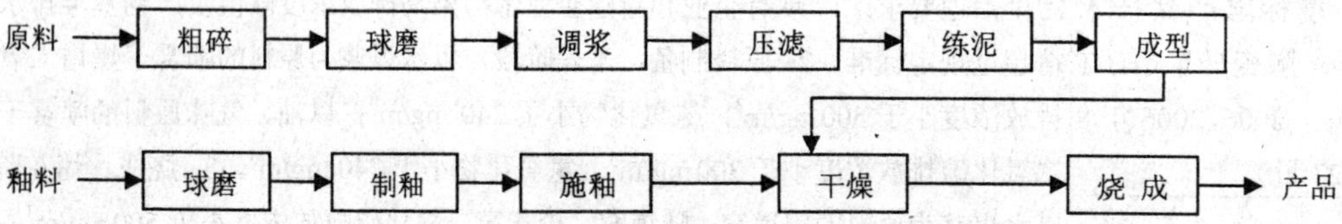

图 3-5 卫生陶瓷的生产工艺

3. 日用陶瓷的生产工艺

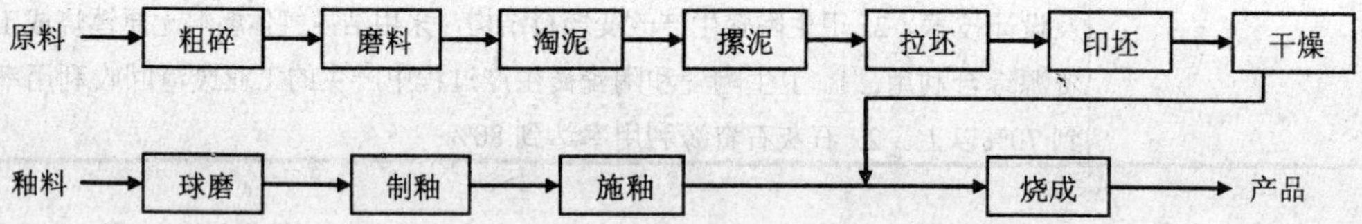

图 3-6 日用陶瓷的生产工艺

陶瓷的烧成窑炉分倒焰窑、隧道窑、辊道窑。倒焰窑属于小型间歇式窑炉，人工操作，污染严重。隧道窑是窑炉中先预热，加热烧成，逐步冷却，最后产品推出窑外，生产过程是在一个隧道窑内连续完成。辊道窑是一种小截面的隧道窑。

陶瓷的粉碎多采用颚式破碎机、轮碾机、施磨机、雷蒙磨、球磨机振动磨、搅拌磨、气流磨等设备。

四、陶瓷工艺的排污节点

（一）陶瓷工艺的主要污染物来源

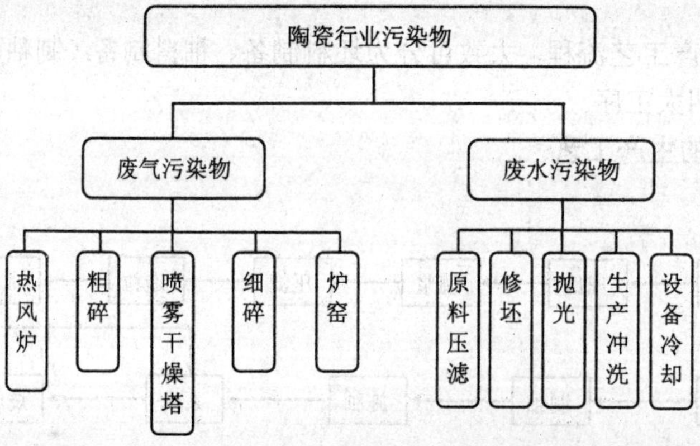

图 3-7 陶瓷工艺的主要污染物来源

(二)陶瓷工艺的产排污节点

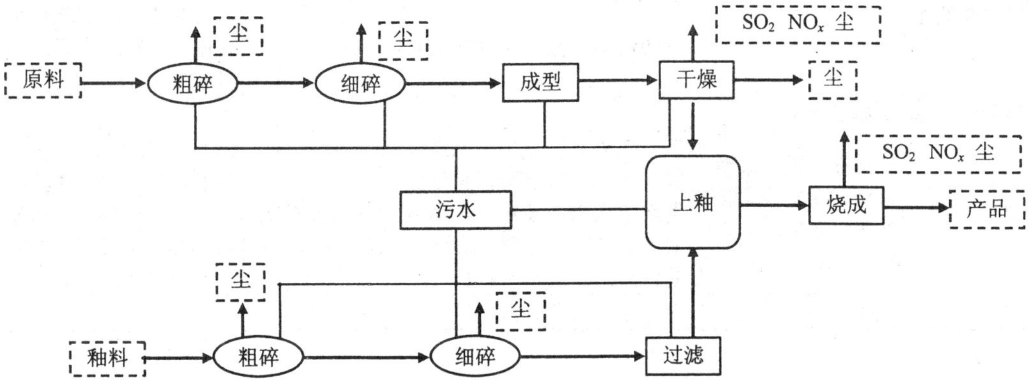

图 3-8 陶瓷工业的产排污节点

表 3-20 陶瓷企业主要废气排污节点及所采取的主要控制措施

工序名称	排污节点	主要污染物	可能采取的几种污染控制措施
原料制备、干燥	喷雾干燥塔、热风炉	游离 SiO_2 粉尘、NO_x、SO_2	喷雾干燥塔主要采用的治理方法是脱硫塔、气箱脉冲袋除尘器、旋流板塔、温式旋流板塔等方法; 对于陶瓷生产企业产尘点还可以采取诸如湿法作业、封闭产尘点、对原料进行覆盖等措施减少产尘点粉尘(颗粒物)的无组织排放
釉料制备	—	粉尘、NO_x、SO_2	—
施釉	—	—	水幕吸收
烧成	窑炉、隧道窑、辊道窑的窑头、窑尾	常规污染物:NO_x、SO_2 颗粒物、烟气黑度(林格曼黑度级) 特征污染物:铅烟和铅尘、氯化氢、氟化氢、铅、镉、钴、镍的氧化物	窑炉废气主要采用的治理方法是水膜除尘、水洗塔吸收、碱液吸收塔脱硫,固体制剂除尘器等。 目前,控制陶瓷工业烟尘排放采取的主要措施是安装除尘设备。常用的除尘器有湿式除尘器、旋风除尘器、袋式除尘器、静电除尘器。 国内常用花岗岩水膜除尘器,除尘效率在 90%以上,且有一定的脱硫效果,处理后的烟尘可达 200 mg/m^3 以下。旋风除尘器主要适应于粒径范围在 5~30 mg/L 的颗粒物的去除,去除效率在 60%~70%之间。袋式除尘器除尘效率高,能达到 95%~99%(与初始浓度有关,浓度越高效率越高);电除尘器对细粉尘有很高的捕集效率,可高于 99%

表 3-21 陶瓷企业主要废水排污节点及所采取的控制措施

废水名称	排污节点	主要污染物	治理措施
原料制备废水	原料压滤过程	悬浮颗粒较细	前处理主要采用隔油沉砂→絮凝沉淀→高浊度污水净化器→清水池→外排，污泥浓缩→压滤→泥饼外运
	修坯过程	悬浮含量大，可达到 40 g/L	
	抛光等工序	瓷砖粉末、抛光剂和研磨剂	
釉料制备废水	制釉工序	—	
生产冲洗水	包括球磨机、浆池、料仓、喷雾干燥塔的冲洗，施釉、印花机械、除铁器的冲洗等	污染物成分较复杂，主要有 SS、油脂、铅、镉、锌、铁等有毒污染物废水。生产废水中主要污染物为 pH、SS、COD、氨氮、总锌、总铜、总铅；总镍、总汞、总镉、总砷、总铬有检出	综合废水采用格栅→调节池→BIOFOR 滤池→清水池→达标外排，污泥浓缩→压滤→泥饼外运废水实现零排放
炉窑冷却水	设备冷却	无污染，主要是温度高	

五、陶瓷工业的环境污染

（一）陶瓷工业的废气污染

1．废气污染来源

陶瓷工业产生废气污染源主要有：陶瓷烧制、煤气站等工业炉窑的燃料燃烧会产生有害烟气，产生的污染物主要有烟尘、SO_2、NO_x 等污染物，破碎和磨机加工的进出料口产生粉尘都属于有组织排放便于集中控制。原料的开采、原料的提升、输运、配料、修坯等生产工序会产生无组织粉尘排放。

陶瓷工业废气大致可分为两大类。第一类为各种窑炉烧成过程产生的燃烧废气。第二类是生产工艺废气。

采用半干法生产陶瓷产品的工厂，废气排放量为 60 000～100 000 m^3/t 制品，其中破碎、磨机、筛分过程的含尘废气占废气量的 70%，烧成设备产生的烟气占废气量的 30%左右。以煤为燃料，烟气的污染十分严重，为减少窑炉烟气的排放量，可将煤转化成煤气，再供陶瓷窑炉作为燃料，废气污染会减少很多。

2．粉尘

陶瓷的生产过程从原料堆存、制备、成型、施釉、喷涂、干燥、烧成、彩烤、检选到包装，及与它配套的耐火材料加工、石膏模型制作等生产过程中均会有无组织排放产生，主要污染物为粉尘。因此，陶瓷工业生产过程中产生的粉尘中的游离 SiO_2 是特征污染物。粉尘中游离 SiO_2 含量高的部位一般在干轮碾、喷雾塔出料口、压砖机、精坯、修坯、配料等环节。

3．二氧化硫

陶瓷工业采用清洁燃料，废气中 SO_2 主要来源于燃料中的硫及陶瓷原料中的硫。高温时，原料中一部分硫形成 SO_2 释放到窑炉气中。当陶瓷原料中含有 $CaCO_3$ 时，$CaCO_3$ 与 SO_x 反应可减少硫的排放，反应产物留在陶瓷坯体中。

4．氮氧化物

NO_x 主要有两个来源：燃料型 NO_x 和热力 NO_x。陶瓷生产炉内温度分布不均局部高温

造成大量热力 NO_x 产生，并对窑炉内 NO_x 量起决定作用。同时，窑炉内氧浓度增加时，NO_x 的生成量也增加，并当 15%过剩空气系数时出现最大值；另外，气体在高温区停留的时间越长，烟气中 NO_x 浓度也越大。

表 3-22 建筑陶瓷大气污染物产生量系数

单位：废气量为万 m^3/万 m^2 产品，污染物为 kg/万 m^2 产品

产品	陶瓷墙砖						陶瓷地砖			
工艺	一次烧成+辊道窑		二次烧成+辊道窑				抛光地砖+辊道窑		饰釉地砖+辊道窑	
	气体燃料	液体燃料	气体燃料		液体燃料		气体燃料	液体燃料	气体燃料	液体燃料
规模	所有	所有	≥200 万/a	<200 万/a	≥150 万/a	<150 万/a	所有	所有	所有	所有
废气量	107.3	113.9	127.1	131.9	150.3	153.4	149.3	159.1	141.1	151.0
烟尘	3 524	3 752	3 682	3 821	4 354	4 443	4 919	5 246	4 650	5 171
SO_2	406	919	498	516	1245	1270	565	1 244	534	1 005
NO_x	484	513	571	599	682	696	758	808	636	724
氟化物	3.7	3.4	2.8	3.2	4.2	4.8	3.2	3.3	3.4	3.4

注：① 建筑陶瓷行业本次监测的产生污染物的生产过程均为燃烧过程；

② 燃料种类指窑炉用燃料，不考虑喷雾干燥塔的燃料种类；

③ 烟尘：窑炉及喷雾干燥塔产生的烟尘和粉尘无法区分，合称为烟尘。

数据主要参考《第一次全国污染源普查工业污染源产排污系数手册》。

表 3-23 卫生陶瓷大气污染物产生量系数

单位：废气量为万 m^3/万件产品，污染物为 kg/万件产品

工艺	规模	工业废气量	烟尘	SO_2	NO_x	氟化物
隧道窑	≥60 万件/a	126.1	32.2	33.2	81.3	2.6
	<60 万件/a	138.8	35.4	38.0	100.7	2.8
梭式窑	所有	281.4	66.5	59.3	136.3	7.1

注：① 产生污染物的生产过程均为燃烧过程。

数据主要参考《第一次全国污染源普查工业污染源产排污系数手册》。

表 3-24 日用陶瓷大气污染物产生量系数

单位：废气量为 m^3/t 产品，污染物为 kg/t 产品

产品	日用陶瓷					日用陶瓷（骨质瓷）
工艺	燃液化气隧道窑	燃发生炉煤气隧道窑	燃天然气辊道窑	燃煤推板窑，煤中含硫约 0.4%	燃城市煤气隧道窑	燃天然气隧道窑二次烧成
规模	7 000～25 000t 瓷/a				<7 000 t 瓷/a	
工业废气量	13851.4	18300.8	5781.8	17322.7	7807.2	9926.37
烟尘	0.278	0.82	0.15	1.60	0.24	0.24
SO_2	0.406	9.005	0.038	7.34	0.44	0.054
NO_x	1.32	2.76	0.579	2.71	0.521	0.551
工业粉尘	0.013	0.039	0.005	0.017	0.008	0.011

注：① 废气以窑炉废气为主，废气及其各项污染物产污系数按窑炉计。

数据主要参考《第一次全国污染源普查工业污染源产排污系数手册》。

（二）陶瓷工业的废水污染

陶瓷工业生产所产生的水污染物大致相近。根据调查统计，一般均包括常规污染因子pH、COD、BOD、悬浮物（SS）、总氮、氨氮、总磷、硫化物、氟化物、石油类及特征污染因子AOX、总铅、总镉、总铬、总镍、总钴、总铜、总锌等。

陶瓷生产的废水主要指洗气废水（煤气站洗涤塔和水封排水）、洗涤、冲洗废水。

煤气站的洗气废水污染物众多，污染严重，含有硫化物、酚和氰等有害污染物。详细资料可以参考第十章中炼焦工业一节。

洗涤、冲洗废水主要来自制备、釉料制备工序及设备和地面冲洗水，施釉、印花机械、除铁器的冲洗，容器洗涤废水，研磨废水等，主要污染物有SS、（来自釉料）铅、镉、锌、铁等有毒污染物。

一条年产100万 m^2 的陶瓷地砖生产线，每天产生120 m^3 废水，而一座中型日用瓷厂每天产生废水约500～1 000 m^3。

表3-25　建筑陶瓷水污染物产生量系数

单位：废气量为万 m^3/万 m^2 产品，污染物为kg/万 m^2 产品

产品	陶瓷墙砖						陶瓷地砖			
工艺	一次烧成+辊道窑		二次烧成+辊道窑				抛光地砖+辊道窑		饰釉地砖+辊道窑	
	气体燃料	液体燃料	气体燃料		液体燃料		气体燃料	液体燃料	气体燃料	液体燃料
规模	所有	所有	≥200万/a	＜200万/a	≥150万/a	＜150万/a	所有	所有	所有	所有
废水量	100	100	140	140	130	130	200	200	130	130
COD	11.46	12.93	12.58	13.00	15.28	15.28	26.84	26.84	21.80	25.00
石油类	0.10	0.15	0.18	0.20	0.19	0.20	0.25	0.38	0.16	0.25

注：数据主要参考《第一次全国污染源普查工业污染源产排污系数手册》。

表3-26　卫生陶瓷水污染物产生量系数

单位：废气量为 m^3/万件产品，污染物为kg/万件产品

工艺	规模	工业废水量/（t/万件 产品）	COD/（g/万件 产品）	石油类/（g/万件 产品）
隧道窑	≥60万件/a	1 520	50.160	3.500
	＜60万件/a	1 335	44.055	3.381
梭式窑	所有	1280.8	42.880	2.470

注：数据主要参考《第一次全国污染源普查工业污染源产排污系数手册》。

表 3-27　日用陶瓷水污染物产生量系数

单位：废水量为 t/t 产品，污染物为 kg/t 产品

产品	日用陶瓷					日用陶瓷（骨质瓷）
工艺	燃液化气隧道窑	燃发生炉煤气隧道窑	燃天然气辊道窑	燃煤推板窑，煤中含硫约 0.4%	燃城市煤气隧道窑	燃天然气隧道窑二次烧成
规模	7 000～25 000 t 瓷/a				＜7 000 t 瓷/a	
工业废水量	2.533	3.157	2.335	2.499	6.63	46.117
COD	0.132	0.479	0.309	0.377	0.633	6.952

注：数据主要参考《第一次全国污染源普查工业污染源产排污系数手册》。

（三）陶瓷工业的固体废物污染

废渣主要包括废模、废匣钵和废渣泥。废渣包括陶瓷抛光产生的废渣和陶瓷泥渣。因废渣中含有来自砂轮磨料中的碳化硅、碱金属化合物及可溶盐类，很难在本企业中消化掉。泥渣可以和泥料混合在湿磨阶段处理掉；含釉成分的泥渣，通常不能混入泥料。

（四）陶瓷工业的噪声污染

陶瓷工业的噪声污染主要是磨机等机械设备的噪声污染。

六、陶瓷工业环境监察要点

（一）落实《产业结构调整指导目录（2011 年本）》规定的陶瓷工业产业技术政策

限制类：150 万 m^2/a 及以下的建筑陶瓷生产线、60 万件/a 以下的隧道窑卫生陶瓷生产线。

淘汰类：100 万 m^2/a 以下的建筑陶瓷砖，20 万件/a 以下低档卫生陶瓷生产线，建筑卫生陶瓷土窑、倒焰窑、多孔窑、煤烧明焰隧道窑、隔焰隧道窑、匣钵装卫生陶瓷隧道窑，建筑陶瓷砖成型用的摩擦压砖机。

（二）检查水泥工业废气污染排放与控制

陶瓷工业的废气有组织排放主要有烘干、焙烧窑和煤气站产生的燃烧烟气，还有破碎和磨机除尘器排放的废气。含尘废气经袋式除尘后都能达标，SO_2 和 NO_x 目前大多未有效防控措施。

陶瓷工业的工业粉尘（工艺过程中的扬尘），多为无组织排放。修坯和喷釉工段配备有除尘器，但许多陶瓷企业产生的无组织排放也比较严重，工艺废气中不仅含有一定量的粉尘，而且还可能含有铅、镉、钴、镍等的金属氧化物，还可能含氯化氢、氟化氢等污染物。修坯和喷釉工段如果没有控尘措施，陶瓷企业的无组织污染会十分严重。

陶瓷工业原料的运输、储存和装卸场地大多缺少相关的污染防治措施，中小企业尤为突出，这些场地产生的大气污染一般多十分严重，是环境监察必须关注的。

（三）检查水泥工业废水污染排放与控制

有些陶瓷企业有煤气站产生的煤气洗涤水是直接重复使用的，一般都没采取必要的脱硫和净化措施，煤气洗涤水产生的作用只是洗尘，对其他污染物（如 H_2S、酚、氰化物）基本没有去除效果，要关注洗涤废水的污染。洗涤废水虽不排放，重复使用，但其他污染物会间接产生二次污染排放，使水中的许多有毒有害污染物转变为大气污染物排放，这是这种煤气洗涤废水简单处理工艺的普遍存在的问题。

在陶瓷生产的原料制备过程中，需要对球磨后的泥料进行过筛除铁，在对除铁器进行清洗时会产生废水，废水中有 Fe 离子、悬浮物，此外，由于受到废机油、乳化油等污染，陶瓷工业废水排放还含有一定量的石油类。特种陶瓷需要加入涂层材料，其主要的成分主要为金属氧化物、碳化物、硼化物、氮化物、硅化物等，主要涉及各种金属，如铝、硅、锆、铬、镍、锌、铍等，这些施釉使用的金属元素会在清洗、检修设备时进入废水，产生重金属元素污染。目前大部分陶瓷生产企业没有对陶瓷工业废水进行有效的治理，要重点检查废水中的重金属污染物指标。

第三节　玻璃与玻璃纤维工业污染源环境监察

一、玻璃工业的原料、产品与能耗

（一）玻璃生产的主要原料

生产普通平板玻璃主要原料有 50%的沙子（二氧化硅），其他成分有纯碱（碳酸钠）、石灰石、白云石（碳酸镁）和碎玻璃；辅助原料：着色剂；金属氧化物助熔剂：萤石；CaF_2 澄清剂：碳、芒硝等。芒硝（Na_2SO_4）主要用作玻璃液澄清剂。芒硝含率（芒硝和氧化钠总量之比）用量低，意味着进入流程和排放的硫少，可降低 SO_2 排放。

（二）玻璃生产的主要产品

玻璃生产的主要产品有平板玻璃、电子玻璃、玻璃容器、镀膜玻璃、钢化玻璃、压花玻璃、吸热玻璃（着色玻璃）等，不同的玻璃在辅料和成型工艺上有一定差别。

（三）平板玻璃的能耗

国内约 90%的平板玻璃企业以重油为燃料，个别采用天然气和煤气。2010 年我国平板玻璃平均熔化热耗下降到 6 520 kJ/kg，熔窑热效率比国外平均水平低 5%～10%。

平板玻璃单位综合能耗指标（kg 标煤/重量箱）根据国内各玻璃企业统计数据确定。目前国内最好的能耗在 11 kg 标煤/重量箱左右，国内平均水平在 21 kg 标煤/重量箱。

目前新鲜水用量国内一般在 0.2～0.3 m^3/重量箱，个别达到 0.16～0.18 m^3/重量箱。全行业每重量箱用水量平均约 0.3 m^3。

二、玻璃工业的产业政策

（一）玻璃工业产业结构调整政策

表 3-28 玻璃工业产业结构调整政策

文件名及颁布时间	内容概要
《产业结构调整指导目录》（发改委令[2005]40 号，2005 年 12 月 2 日） 《关于促进平板玻璃工业结构调整的若干意见》（发改[2006]2691 号，2006 年 11 月 30 日） 《平板玻璃工业“十一五”发展指导意见》（中国建材工程建设协会，2007 年 2 月） 《中国应对气候变化国家方案》（国家发改委，2007 年 6 月） 《平板玻璃行业准入条件》（发改委 2007 年第 52 号公告，2007 年 9 月 3 日） 《建材工业“十一五”发展规划纲要》（中国建筑材料工业协会，2008 年 8 月 5 日） 《关于做好淘汰落后平板玻璃生产能力有关工作的通知》（发改办运行[2007]1959 号，2007 年 8 月 14 日） 《关于抑制部分行业产能过剩和重复建设引导产业健康发展若干意见的通知》（国发[2009]38 号，2009 年 9 月 26 日） 《关于水泥、平板玻璃建设项目清理工作有关问题的通知》（发改办产业[2009]2351 号，2009 年 11 月 10 日） 《关于抑制产能过剩和重复建设引导平板玻璃行业健康发展的意见》（工信部原[2009]591 号，2009 年 11 月 27 日） 《关于进一步加强淘汰落后产能工作的通知》（国发[2010]7 号，2010 年 2 月 6 日） 《2010 年工业节能与综合利用工作要点》（工信厅节函[2010]188 号，2010 年 3 月 8 日） 《关于进一步加大工作力度 确保实现“十一五”节能减排目标的通知》（国发[2010]12 号，2010 年 5 月 4 日） 工业和信息产业部公告（工产业[2010]第 111 号，2010 年 8 月 5 日） 《日用玻璃行业准入条件》（工产业政策[2010]第 3 号，2010 年 12 月 30 日）	产业布局：1.在国家法律、法规、行政规章及规划确定或县级以上人民政府批准的风景名胜、生态保护、自然和文化遗产以及饮用水源保护区，不得建设平板玻璃生产企业。上述区域内已经投产的平板玻璃生产企业要根据该区域规划通过“搬迁、转产”等方式逐步退出。2.严格控制东中部及产能较为集中的地区新建日用玻璃生产项目。3.在自然保护区、风景名胜区和饮用水水源地保护区等依法实行特殊保护的地区，城镇规划中确定的居民居住区、商业交通居民混合区、文化区等区域内国家核准的耕地红线范围内的农田保护区不得建设日用玻璃生产企业及新建、改扩建项目。4. 严格限制新建保温瓶项目，重点对现有生产线进行技术改造和升级。 原料结构：1.鼓励使用天然气作为燃料，严格限制发生炉煤气为燃料。2.使用低含硫量的优质燃料，控制硫酸盐和硝酸盐原料的使用，禁止使用三氧化二砷、三氧化二锑、含铅、含氟、铬矿渣及其他有害原辅材料。 生产规模：“十一五”期间，平板玻璃总产能控制在 5.5 亿重量箱，其中浮法玻璃比重达到 90%以上；优质浮法与特殊品种比例达到 40%；玻璃深加工率达 40%以上；前 10 位玻璃企业集中度提高到 70%（单个企业规模达 3 000 万重量箱/年以上）。 工艺设备：1.新建或改建平板玻璃生产线熔窑规模应在 500 t/d 以上（超薄线除外）。2.所用硅质原料采用粉料进厂和建有大型硅质原料均化库；采用高精度电子称量系统；采用优质配合料混合设备和加水、加汽过程的自动检测与控制；生产控制系统应配备快速分析仪表。3.熔窑采用先进熔窑结构和优质耐火材料。4.采用新型石墨档次及配置方案。5.退火窑改善保温材料铺设结构和电加热器布置方式；建立上、下独立的冷却风系统。6.《土壤环境质量标准》（GB 15618）规定的土壤环境质量类别为Ⅰ类、Ⅱ类的地区和《环境空气质量标准》（GB 3095）规定的Ⅰ类、Ⅱ类区域，严格限制使用发生炉煤气燃料。7. 大批量生产的玻璃瓶罐、玻璃器皿、保温瓶胆，应采用自动化程度高的多组（工位）、多滴成型机械。小口径玻璃瓶罐新建或改扩建生产项目，应有采用压吹法工艺生产轻量瓶的成型机械。8. 用螺杆式空气压缩机，严格限制选用低压活塞式空气压缩机。 淘汰落后：淘汰六机及以下垂直引上平板玻璃生产线，淘汰平拉工艺平板玻璃生产线（含格法）等落后平板玻璃产能（2012 年年底前）。“十一五”期间淘汰落后小玻璃产能 3 000 万重量箱（2010 年淘汰落后产能玻璃 648 万重量箱）。 能源消耗：1.≥500 t/d 的新建或改建优质浮法玻璃生产线单位产品综合能耗限值≤16.5 kg 标煤/重量箱，熔窑热耗≤6 500 kJ/kg 玻璃液。2.日产 300 t 以下、300～500 t 和 500 t 以上的平板玻璃生产线单位产品综合能耗限值分别为≤20.5 kg 标煤/重量箱、≤19.5 kg 标煤/重量箱、≤18.5 kg 标煤/重量箱；熔窑热耗限值分别为≤8 200 kJ/kg 玻璃液、≤7 500 kJ/kg 玻璃液、≤7 100 kJ/kg 玻璃液

（二）玻璃工业环境保护政策

表 3-29 玻璃工业环境保护政策

文件名及颁布时间	对企业的要求
《清洁生产标准 平板玻璃行业》（HJ/T 361—2007，2007年8月1日） 《平板玻璃行业准入条件》（发改委 2007 年第 52 号公告，2007 年 9 月 3 日） 《国家酸雨和二氧化硫污染防治“十一五”规划》（环发[2008]1 号，2008 年 1 月 3 日） 《平板玻璃单位产品能源消耗限额》（GB 21340—2008，2008 年 4 月 18 日） 《关于抑制部分行业产能过剩和重复建设引导产业健康发展若干意见的通知》（国发[2009]38 号，2009 年 9 月 26 日）	规划要求：1. 2009 年 10 月底前已备案未开工的平板玻璃项目，不得开工建设；拟建平板玻璃项目不得核准或备案；在建平板玻璃项目必须经认定后方可点火。2. 新建或改建升级平板玻璃生产项目，必须符合国家产业政策和产业规划，符合土地利用总体规划、土地供应政策和土地使用标准的规定。3. 新建或改建平板玻璃生产企业用房，必须符合城乡规划的要求。 环境标准：现有平板玻璃企业二氧化硫排放限值≤850 mg/m^3，颗粒物限值≤50 mg/m^3；新建企业二氧化硫排放限值≤500 mg/m^3，颗粒物限值≤30 mg/m^3，氮氧化物≤700 mg/m^3。 污染治理要求：1. 生产用水应采用封闭循环系统。2. 严格限制使用发生炉煤气燃料；严禁新建燃煤和发生炉煤气坩埚窑。3. 以发生炉煤气为主要燃料的新建或改扩建玻璃熔窑，必须在烟道上设置除尘或含有除尘的末端治理装置，做到达标排放。4. 新建或改扩建玻璃熔窑，应预留烟气脱硝治理设施场地。5. 严禁新建燃煤和发生炉煤气坩埚窑。6. 废水原则上应自行处理或接入集中工业废水处理设施处理后达标排放，不得接入城镇污水处理系统。7. 以发生炉煤气为主要燃料的新建或改扩建玻璃熔窑，必须在烟道上设置除尘或含有除尘的末端治理装置，达标排放。8. 新建或改扩建玻璃熔窑，应预留烟气脱硝治理设施场地。
《日用玻璃行业准入条件》（工产业政策[2010]第 3 号，2010 年 12 月 30 日）	污染治理技术要求：1. 发展先进的浮法工艺，推广炉窑全保温技术、富氧和全氧燃烧技术；大力开发节能煅烧技术及设计技术等。2. 玻璃器皿、玻璃仪器及高档白料玻璃瓶生产线的配合料制备系统应采用无铁生产工艺技术。3. 采用保温、热风循环、网带炉内返回、分区自动控温等节能技术。 资源综合利用：1. 硅质原料的选矿回收率要达到 80%以上。2. 废玻璃回收率达到 100%。3. 平板玻璃深加工率大于 40%。 清洁生产：1. 平板玻璃单位综合能耗≤13 kg 标准煤/重量箱（1 级），≤17.5 kg 标准煤/重量箱（2 级），≤20 kg 标准煤/重量箱（3 级）；玻璃熔化能耗≤5 700 kJ/kg 玻璃液（1 级），≤6 500 kJ/kg 玻璃液（2 级），≤7 600 kJ/kg 玻璃液（3 级）。2. 新建或改扩建日用玻璃项目清洁生产污染物产生指标应达到《新建或改扩建日用玻璃生产项目主要污染物控制指标》中的限额指标

三、玻璃工业的生产设备与工艺

（一）熔窑设备

熔窑类型主要有池窑和坩埚窑。

池窑属于较为先进的玻璃熔窑设备。其结构主要包括：玻璃熔制、热源供给、余热回收和供气排烟四部分。池窑是由用耐火砖砌建的熔制池和蓄热室或换热室等所组成。原料由熔制池的一端进入，经熔化、澄清、冷却等阶段后，由另一端引出而进行成型。常用气体燃料加热，火焰直接掠过熔制池的上面，并利用蓄热室或换热室以预热燃烧所需的空气，以提高热的利用率。操作连续，生产量大，燃料消耗省，且易于机械化和自动化。用于制造平板玻璃、瓶罐玻璃、玻璃管等。

坩埚窑是在窑内放置坩埚，在坩埚内将配合料熔化成玻璃的一种热工设备。窑膛内放置单只或多只坩埚。由于坩埚窑产量小，热效率低，污染严重。也用间歇式的小型池窑以代替坩埚窑。

（二）玻璃工业的主要生产工艺

玻璃和玻璃制品是以碱金属、碱土金属氧化物为主要原料制成的。不同玻璃制品的制造方法各有其特点，但主要工艺是相似的。生产过程主要包括配合料制备、熔制、成型、退火和后加工等步骤。目前平板玻璃的生产主要包括如下三种工艺：浮法工艺、平拉工艺、垂直引上工艺。

玻璃成型——将玻璃液加工成固定几何形状的制品。玻璃降温时由液态、可塑态至固态，将玻璃的供取料、赋形和定型的制作阶段连接起来。在玻璃的可塑范围内对玻璃料进行剪切、黏结、吹扩、压延等成型操作。

（1）吹制法：用以制造空心玻璃制品，如水杯、器皿、瓶、罐、灯泡等。一端蘸取玻璃液，一端为吹嘴，在模中（或不用模）吹成制品。

（2）压延法：用以制造厚玻璃板、压花平板玻璃、夹丝平板玻璃。可将玻璃液倾倒在金属平台上，用压辊延展成板，也可将玻璃液连续流入两个滚筒间隙中滚压成平板。滚筒上刻有花纹即成压花平板。滚筒间夹入金属丝便成夹丝玻璃。

（3）拉引法：用以制造玻璃管、棒、纤维以及窗片与平板等。机械引板的方法是在通道成型室以玻璃液面拉引起玻璃板。玻璃液面设槽子砖的称有槽引上法，玻璃液从砖、槽中涌出；自由液面向上拉引，经转向辊成为水平拉引，分别称无槽引上法和水平拉引法。浮法生产是经过配料、炉窑融化、锡槽成型、切割装箱。熔融玻璃从池窑中连续流入并漂浮在相对密度大的锡液表面上，在重力和表面张力的作用下，玻璃液在锡液面上摊平，展开，逐渐上下表面平整，硬化，再经机械拉引挡边和接边机的控制，形成所需要的玻璃带，然后被拉引出锡槽，经过渡辊台，进入退火窑。经退火，切裁，就得到平板玻璃产品。为避免锡液氧化，锡槽内空间充满氮氢保护气体。

（4）浇注法：用以生产光学玻璃、建筑装饰制品等。其中离心浇注法用以生产大直径玻璃管、器皿、大容量反应锅和玻璃锥等。用于浇注的玻璃液黏度要小，在模具中凝固成型。离心浇注时，玻璃液注入模具中，然后高速旋转，玻璃液受离心力作用紧贴到模具壁上，直到固化。

四、玻璃工业的排污节点

（一）主要污染物的来源

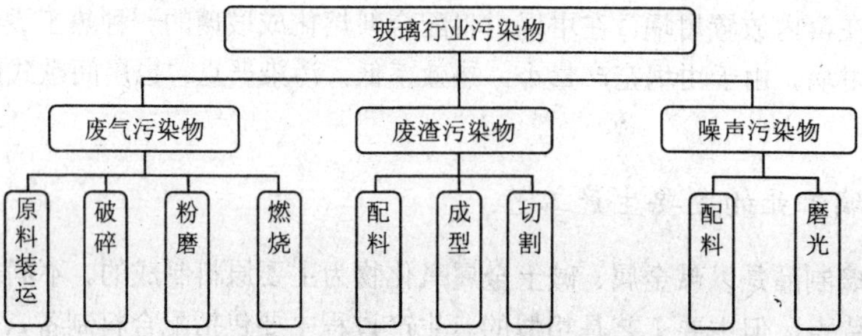

图 3-9 玻璃行业主要污染物来源

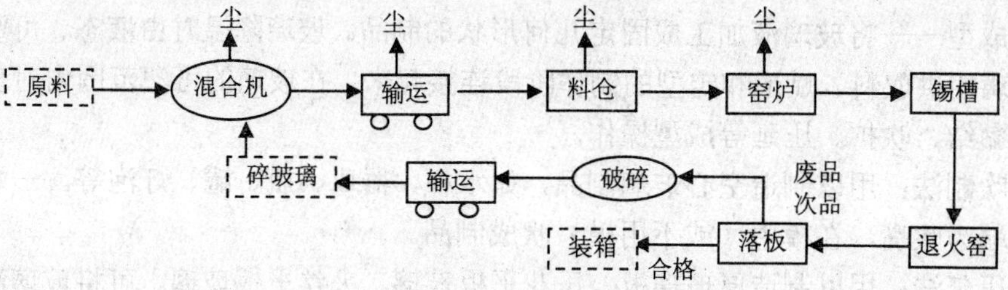

图 3-10 玻璃行业污染物产排放节点

（二）主要控制措施

表 3-30 玻璃企业主要废气排污节点及所采取的主要控制措施

工序名称	排污节点	主要污染物	可能采取的几种污染控制措施
贮存、搬运、混合	原料分散	粉尘	粉尘治理不需进行调温调质处理，可根据工艺流程特点，选取集中或分散除尘系统，在工艺允许的条件下尽量回收可利用的粉尘。一般情况下，同一种物料、同一生产工艺流程、收尘点相距不远、使用时间基本相同时尽量设集中除尘系统以方便管理，其他情况则可应用分散除尘系统，物料尽量回收利用。 平板玻璃厂粉尘控制广泛应用的是袋式除尘器
玻璃熔窑	原料及燃料燃烧	烟尘、二氧化硫、氮氧化物、氯化物、氟化物 原料中的芒硝（Na_2SO_4）燃烧分解，导致烟气中有大量 SO_2 产生。未对烟气脱硫情况下，采用重油为燃料，一般排放浓度在 1 800 mg/m³ 左右。 氮氧化物一般浓度高达 2 000 mg/m³ 以上	烟气烟尘粒度范围从 0.1 μm 到 0.5 μm 以上，燃烧重油的玻璃熔窑废气中烟尘浓度通常在 200 mg/m³ 以上。目前主要采用如下几种处理工艺：湿式除尘、电除尘器和袋式除尘器。 对于烟气 SO_2 控制，按脱硫吸收工艺的不同，可以分为湿法、干法和半干法等。 现在常用：（1）湿法除尘、脱硫工艺；（2）干法/半干法脱硫 + 电除尘工艺。 NO_x 的治理措施大致可分为一次措施和二次措施。 一次措施突出污染源控制，即在产生 NO_x 的源头上进行严格控制，限制 NO_x 的形成，主要的一次措施包括改进燃烧技术和纯氧助燃技术等。 二次措施是指对熔窑废气中已经产生的 NO_x 进行处理，从而降低废气排放时的 NO_x 浓度和 NO_x 的排放量，主要的二次措施包括：3R 技术、SCR 和 SNCR 技术、湿法还原吸收法等。采用 SCR 技术，脱硝效率可达 70%～80%。

表 3-31　平板玻璃烟气中污染物初始排放水平

污染物	初始排放浓度/（mg/m^3）	初始吨产品排放量/（kg/t）
颗粒物	99～280	0.2～0.6
硫氧化物（SO_2计）	365～3 295	1.0～10.6
氮氧化物（NO_2计）	1 800～2 870	1.7～7.4
HCl	7.0～85	0.06～0.22
HF	<1.0～25	<0.002～0.07
金属	<1.0～5.0	<0.001～0.015

注：① 来源：《欧盟 IPPC 平板玻璃工业 BAT 技术参考文档》。

② 干烟气、273K、压力 101.3kPa、8%含氧量状态下。

五、玻璃工业的环境污染

（一）玻璃工业的废气污染

1．粉尘污染

玻璃生产主要是废气污染，原料处理和贮存场产生的无组织排放粉尘。玻璃熔窑和磨机产生的有组织废气排放，玻璃熔窑（尤其是池窑）使用煤或重油为燃料的污染更为严重，NO_x排放的浓度可达 1 000～1 400 mg/m^3，SO_2的污染也十分严重，以煤为燃料的烟尘污染也十分严重。生产废气主要污染物有 SO_2、烟尘、CO、NO_x、氟化物等，其中 NO_x和氟化物是玻璃行业较其他行业污染严重的污染物。

2．废气中 SO_2 的排放

平板玻璃熔炉产生 SO_2 的原因是燃料中含有硫分，原料中含有芒硝（Na_2SO_4），这些含硫物燃烧氧化或分解，导致烟气中有大量 SO_2 产生。燃料（重油、天然气、煤气、煤炭）燃烧产生 SO_2，还有作为玻璃澄清剂的芒硝（Na_2SO_4，约占平板玻璃配料总量的 2%～5%）熔化过程，硫分约 90%参与分解产生 SO_2。

表 3-32　不同芒硝含率融化后 SO_2 产生量

单位 \ 芒硝含率	2%	2.5%	3%	3.5%	4%	4.5%	5%
kg/重量箱玻璃	0.11	0.138	0.165	0.193	0.22	0.248	0.275
kg/t 玻璃	2.2	2.76	3.3	3.86	4.4	4.96	5.5

目前我国平板玻璃熔炉所用燃料，主要是重油和天然气两种。其中 90%左右的生产线采用重油作为燃料。重油含硫量（一般在 2%或以下）直接决定了 SO_2 排放水平的高低。单位玻璃产品燃料燃烧产生的 SO_2 主要与燃料类型（重油或天然气）、单位玻璃产品燃料消耗量、燃料含硫率有关。

玻璃熔化产生的 SO_2 量由芒硝熔化和燃料燃烧产生 SO_2 量之和。计算方法如下：

（1）使用天然气为燃料 SO_2 产生量（天然气含硫忽略）。

$$G_{硫}=2.2\times(\chi/2)\quad \text{kg/t 玻璃}$$

（2）使用重油为燃料 SO_2 产生量。

$$G_{硫}=2.2\times(\chi/2)+1.95B_0\cdot S\quad \text{kg/t 玻璃}$$

式中：$G_{硫}$ —— 吨玻璃 SO_2 产生量，kg/t 玻璃；

χ —— 芒硝含率，%；

B_0 —— 吨玻璃重油消耗量；

S —— 重油含硫率，%。

如果没有 B_0 值，可按 2009 年我国玻璃行业热耗指标中的 B_0 值。

（3）SO_2 去除量。

$$G_{硫去}=G_{硫}\eta\quad \text{kg/t 玻璃}$$

式中：η —— 脱硫设施的脱硫率。

（4）SO_2 排放量。

$$G_{硫排}=G_{硫}(1-\eta)\ \text{kg/t 玻璃}$$

例如：500 t 玻璃熔窑，使用含硫 2%的重油为燃料，芒硝含率 3%，SO_2 产生量则为：

$$G_{硫}=2.2\times(3/2)+1.95\times179\times2\%$$
$$=3.3+6.98=10.28\quad \text{kg/t 玻璃}$$

表 3-33 不同燃料 SO_2 排放水平 单位：mg/m^3

燃料	天然气	含 1%S 重油	含 2%S 重油
SO_2 排放水平	300～1 000	1 200～1 800	2 200～2 800

3. 废气中 NO_x 的排放

玻璃熔炉中 NO_x 是由空气燃烧和玻璃原料中少量硝酸盐分解产生的。由于平板玻璃熔炉火焰温度高达 1 650～2 000℃，空气中氮气便会与氧气反应生成大量 NO_x。此外，由于原料中含有硝酸盐（一般为 KNO_3）在高温下分解产生部分 NO_x。因此，平板玻璃烟气中有大量的 NO_x 排放，一般浓度超过 2 000 mg/m^3。

表 3-34 玻璃池窑中 NO_x 的排放与工艺的关系

工　艺		换热式	马蹄形	横火焰
NO_x 排放/（mg/m^3）	燃油	1 200	1 800	3 000
	燃气	1 400	2 200	3 500

4. 氯化氢的排放

由于原料、碎玻璃中含有的氯化物杂质，当燃烧时便会生成一定量的 HCl。一般初始排放浓度在 85 mg/m^3 以下。

5．氟化氢的排放

由于平板玻璃一般不采用萤石作为原料，氟化氢排放主要来源于原料中的含氟杂质和辅助熔剂。

6．电子玻璃的含铅废气污染

由于锥玻璃、管玻璃等电子玻璃部件为防止显像管工作大量的X射线从锥体部位泄漏从而损害人体健康，在其原料中必须加入一定量的铅以吸收 X 射线。一般锥玻璃含铅量（PbO）为22%～24%，管玻璃含氧化铅34%，低熔焊料玻璃粉成分中氧化铅含量更是高达75%。在电子玻璃窑炉融解工艺阶段，将排放大量含铅尘（主要是氧化铅）的废气。

除了铅尘外，电子玻璃行业污染物排放其他大气污染物与一般玻璃制造相似。例如，电子玻璃工业单位产品 NO_x 的排放水平在 5.4kg/t（折算成8%含氧量浓度在2 700mg/m^3）左右。

表 3-35 平板玻璃制造业大气污染无组织产生量

单位：废气量为 m^3/t 产品，工业粉尘为 kg/t 产品

产品名称		浮法平板玻璃	压延/平拉平板玻璃
燃料		油（重油、煤焦油）或气（天然气、煤气）	气（天然气、煤气）
有原料破碎	工艺废气量	1 225	1 225
	工业粉尘	2.64	2.91
无原料破碎	工艺废气量	630.7	630.7
	工业粉尘	0.60	0.65

注：数据主要参考《第一次全国污染源普查工业污染源产排污系数手册》。

表 3-36 平板玻璃制造业大气污染物产生量

单位：烟气量为 m^3/t 产品，污染物为 kg/t 产品

产品名称	浮法平板玻璃						压延/平拉平板玻璃	
原燃料	硅砂+油（重油、煤焦油）			硅砂+气（天然气、煤气）			硅砂+气（天然气、煤气）	
工艺	浮法						压延/平拉	
规模	日熔量≥600t	400＜日熔量＜600t	日熔量≤400t	日熔量≥600t	400＜日熔量＜600t	日熔量≤400t	日熔量≥100t	日熔量＜100t
烟气量	4 120	4 250	4 680	3 990	4 230	4 450	4 390	5 630
烟尘	0.63	0.64	0.69	0.31	0.42	0.54	0.76	0.91
SO_2	5.61	7.37	8.64	3.26	4.05	4.43	8.28	9.39
NO_x	4.37	5.81	6.05	3.57	5.55	5.65	6.59	6.60
氟化物	0.007	0.007	0.024	0.007	0.007	0.024	0.025	0.025

注：数据主要参考《第一次全国污染源普查工业污染源产排污系数手册》。

（二）玻璃工业的废水污染

如熔窑以重油为燃料时，重油在装卸、输送、储存过程中所排放的 2%左右为水分，其中含有石油类污染物；又如用发生炉煤气做燃料时，在气化过程中的沥滤水含有煤粉和

浮悬物，发生炉灰盘水封水和洗涤煤气的洗涤水含有悬浮物、煤焦油、酚、硫化物和少量氰化物，洗涤煤气的废水含酚约为 105～250 mg/L，熔窑煤气交换器的水封水也含有上述污染物。油站废水含油量为 600～6 000 mg/L；机修车间的污水中所含油类物质及玻璃深加工过程中玻璃原片和坯体清洗是油类物质的主要来源，平板玻璃厂废水中含油脂量为 12～15 mg/L；化学抛光、浮选和磨砂过程是产生含氟污染物质的主要来源；深加工如制镜、钢化和夹层工艺是含银、含铜等重金属污染物质的主要来源，其中制镜生产线产生的废水污染较为严重。

某玻璃厂的污水处理厂进水水质 COD：350 mg/L，SS：470 mg/L，挥发酚 112 mg/L，含油 20 mg/L，含氟类物质 50 mg/L。

表 3-37 平板玻璃制造业水污染物产生量

单位：废水量为 m^3/t 产品，污染物为 kg/t 产品

产品名称	浮法平板玻璃						压延/平拉平板玻璃	
原燃料	硅砂+油（重油、煤焦油）			硅砂+气（天然气、煤气）			硅砂+气（天然气、煤气）	
工艺	浮法						压延/平拉	
规模	日熔量≥600 t	400＜日熔量＜600 t	日熔量≤400 t	日熔量≥600 t	400＜日熔量＜600 t	日熔量≤400 t	日熔量≥100 t	日熔量＜100 t
工业废水量	0.28	0.31	0.39	0.2	0.25	0.31	0.4	0.45
COD	0.09	0.13	0.20	0.06	0.10	0.15	0.20	0.22
石油类	0.005	0.005	0.005	0.000 1	0.000 1	0.000 1	0.000 1	0.000 1

注：数据主要参考《第一次全国污染源普查工业污染源产排污系数手册》。

（三）玻璃工业的固体废物污染核算

在平板玻璃生产过程中，各种矿物原料、废耐火材料、碎玻璃等是主要的固体污染物。

六、玻璃纤维工业的环境污染

玻璃纤维的生产与平板玻璃生产相似，主要废气污染也和玻璃制品工业相似主要是原料处理和贮存场产生的无组织排放粉尘。玻璃熔窑和磨机产生的有组织废气排放，生产废气主要污染物有 SO_2、烟尘、CO、NO_x、氟化物等，其中 NO_x 和氟化物是玻璃行业较其他行业污染严重的污染物。

排放的废水玻璃纤维的生产与生产平板玻璃不同，因为玻璃纤维在拉丝后还要洗丝，因此玻璃纤维产生较大的废水污染。玻璃纤维生产排放废水约 4 m^3/t，产生废丝约 190 kg/t。

2007 年 2 月 1 日起执行的《玻璃纤维行业准入条件》，对企业布局、工艺与装备、能耗指标、环保指标与监督管理作出了规定，要求新建生产线的规模必须达到年产 3 万 t 以上，依法立即淘汰陶土坩埚法生产线等。

表 3-38　玻璃纤维纱水污染物产生量

单位：废水量为 m^3/t 产品，污染物为 kg/t 产品

原料	叶蜡石 + 重油	叶蜡石 + 气			玻璃球
工艺	池窑拉丝（熔煅烧窑）				铂金坩埚拉丝
规模	所有	>3 万 t/a	1 万～3 万 t/a	≤1 万 t/a	所有
工业废水量	7.62	7.07	9.67	9.73	3.54
COD	6.87	6.01	7.56	8.05	6.61
石油类	0.045	0.09	0.11	0.14	0.16

注：数据主要参考《第一次全国污染源普查工业污染源产排污系数手册》。

表 3-39　玻璃纤维工业大气污染物产生量

单位：废气量为 m^3/t 产品，污染物为 kg/t 产品

产品	玻璃纤维纱				玻璃原料球（无碱）	玻璃原料球（中碱）
原料	叶蜡石+重油	叶蜡石+气			石英砂+长石	
工艺	池窑拉丝（熔煅烧窑）				所有工艺（熔煅烧窑）	
规模	所有	>3 万 t/a	1 万～3 万 t/a	≤1 万 t/a	所有	
工业废气量	9 907	5 495	6 262	8 482	14 139	11 117
烟尘	4.03	0.44	1.68	1.68	0.46	0.28
SO_2	9.65	6.31	6.56	13.93	1.13	1.32
NO_x	9.77	7.27	8.74	14.62	24.69	18.17
氟化物	0.797 3				0.144 4	0.032 6

注：①以天然气为燃料采取纯氧燃烧工艺的工业废气量的产排污系数在此基础上除以 2；②以天然气为燃料采取纯氧燃烧工艺的氮氧化物的产排污系数在此基础上除以 4；③工业废气量仅指窑炉。

数据主要参考《第一次全国污染源普查工业污染源产排污系数手册》。

七、玻璃工业环境监察要点

（一）落实《产业结构调整指导目录（2011 年本）》规定的玻璃（玻璃纤维）工业产业技术政策

限制类：普通浮法玻璃生产线、中碱玻璃球生产线、铂金坩埚球法拉丝玻璃纤维生产线。

淘汰类：平拉工艺平板玻璃生产线（含格法）、陶土坩埚玻璃纤维拉丝生产工艺与装备。

（二）检查玻璃（玻璃纤维）工业废气污染排放与控制

1．玻璃熔炉产生的烟尘、粉尘

我国平板玻璃工业多数企业使用重油作为燃料，少数使用天然气和煤气。

玻璃熔炉烟气来源于三个方面：在加料过程中少部分原料被带入烟气中；熔炉中易挥发物质（部分金属氧化物，氟化物等）高温挥发后冷凝生成烟尘；燃料生成的烟尘、NO_x 和 SO_2 等。玻璃工业的有组织废气排放主要来自熔窑，使用燃煤、燃油产生的主要污染是烟尘、SO_2 和 NO_x；使用燃气产生的燃烧烟气主要污染物是 NO_x，但多数玻璃企业使用的燃气是采用以煤为燃料的煤气站，煤气发生炉会产生烟尘、SO_2 和 NO_x，煤气燃烧还会产生较高的 NO_x。

粉尘是平板玻璃工业对大气的重要污染物，粉尘主要产生于物料的破碎、筛分、贮存、转运过程的有组织和无组织排放，是玻璃企业粉尘的主要来源，应加强这方面的监督检查。

2．工艺废气产生的 SO_2

平板玻璃生产过程可能采用芒硝作为澄清剂，导致 SO_2 产生量大幅增加。由于平板玻璃熔炉采用燃料中存在含硫成分（例如，采用重油作为燃料）氧化；另外，原料中芒硝（Na_2SO_4，作为玻璃澄清剂，约占平板玻璃配料总量的5%）分解，导致烟气中有大量 SO_2 产生。未对烟气脱硫情况下，采用重油为燃料，一般排放浓度在1 800 mg/m^{3}左右。

3．检查玻璃工业产生的 NO_x

玻璃熔炉中氮氧化物是由空气燃烧和玻璃原料中少量硝酸盐分解产生的。由于平板玻璃熔炉火焰温度高达1 650～2 000℃，空气中氮气便会与氧气反应生成大量 NO_x。此外，由于原料中含有硝酸盐（一般为 KNO_3）在高温下分解产生部分 NO_x。因此，平板玻璃烟气中有大量的 NO_x 排放，一般浓度高达2 000 mg/m^{3}以上。

4．检查玻璃工业产生的氟化物

玻璃一般可能采用萤石作为原料，原料中的含氟杂质都会在生产过程排放的废气中含一定量的氟化物，对外界环境产生严重影响。锥熔炉烟气中总含尘量不高，但含铅量较高，一般占总粉尘量的60%以上。

5．检查电子玻璃生产过程的铅污染

电子玻璃生产在其原料中必须加入一定量的铅以吸收X射线。熔炉熔融阶段排放出的烟尘，主要由于燃料燃烧、原料挥发造成的。对电子玻璃生产的烟粉尘控制措施的检查一定要到位，防止金属铅污染排放。

6．日用玻璃工业重金属污染物

重金属主要来源于熔制过程中澄清剂、着色剂的使用及后续加工工序中的印花、喷涂等装饰工艺产生的大气污染物，如水晶玻璃生产使用的Pb，啤酒瓶生产使用的着色剂Cr，生产硒硫化镉颜色玻璃使用的着色剂硫化镉和硒；脱色剂中的硒与氧化钴。

（三）检查玻璃（玻璃纤维）工业废水污染排放与控制

1．检查煤气洗涤废水

有些玻璃企业从煤气站产生的煤气洗涤水是直接重复使用的，没采取必要的脱硫和净化措施，煤气洗涤水的作用只是洗尘，对其他污染物（如 H_2S、酚、氰化物）基本没有去除效果，要关注洗涤废水的污染。洗涤废水虽不排放，重复使用，废水中的酚、环芳烃等有毒有害污染物的浓度非常高，导致水中的有毒有害污染物转变为大气污染物产生二次排放。

2．检查电子工业的含铅废水

电子工业废水包括研磨废水、模具车间排放的电镀废水以及含油碎玻璃废水，主要污染因子为悬浮物、COD、油类以及铅等。应加强达标排放，尤其是金属铅的达标排放。

3．检查日用玻璃制造含银废水

日用玻璃企业中的废水来源主要有冷却水、各生产过程中产生的废水和冲洗水，生产保温玻璃瓶胆和镜子的企业产生的废水中还有含银废水，对这类玻璃企业要求生产废水中的总银指标应达标。

第四章　有色金属工业污染源环境监察

第一节　铜冶炼工业污染源环境监察

在有色金属工业中金属铜冶炼工业属于集中度和技术水平较高的行业，我国八大铜冶炼厂粗铜生产能力占全国产量90%以上，大型铜冶炼企业铜冶炼技术和装备水平基本可以达到发达国家20世纪90年代水平，铜冶炼综合能耗已从700kg标煤/t铜降到400kg标煤/t铜以下，SO_2利用率也从65%提高到95%以上。

一、金属铜冶炼的设备和原料

（一）铜冶炼使用的原料

熔炼铜主要原料有铜精矿、熔剂（石灰石、砂）、燃料（焦炭、无烟煤、重油等）。

炼铜原料以硫化矿为主，品位一般为1%左右，采出的矿石须先经选矿得到含铜20%～30%的精矿，再行冶炼。炼铜的方法分火法和湿法，以火法为主。火法生产的铜占世界铜总产量的80%以上。

冰铜熔炼使用的原料主要是铜精矿为主，一般含铜18%～24%，含铁21%～30%，含硫14%～33%，还有含铜返料，还含一定量的脉石（$CaCO_3$、$MgCO_3$、SiO_2、Al_2O_3），铜精矿中还含有多种金属元素，如铅、锌、镍、钴、金、银、铂、钯等重金属和贵金属。

铜冶炼过程中，除了铜精矿作为原料，废铜也是精炼铜的主要原料，利用这些废旧原料生产的铜我们称为再生铜。

（二）铜冶炼的能耗

铜矿石主要以硫化矿为主，在冶炼过程中硫可以燃烧产生大量热能而减少燃料消耗。密闭鼓用空气炼铜，一般要消耗0.8～1.1t焦炭才能产1t粗铜。2005—2009年，铜冶炼综合能耗下降56%，2005年我国铜冶炼综合能耗为733.07kg标煤/t铜，2009年全国平均每吨粗铜的综合能耗已降至412.38kg标煤。铜冶炼行业的结构调整节能减排效果明显。

（三）铜冶炼的设备

我国现有大型炼铜厂。粗铜生产多采用两段炼铜法，即先熔炼，后吹炼。

金属铜熔炼的主要设备有：

造锍熔炼的传统方法如鼓风炉熔炼、反射炉熔炼和电炉熔炼，由于效率低、能耗高、环境污染严重而逐渐被淘汰，但目前中小型冶炼企业尚未全部淘汰。新的强化熔炼有闪速熔炼和熔池熔炼两大类。熔池熔炼炉包括艾萨炉、奥斯麦特炉、白银炉、诺兰达炉、水口山（SKS）炉。

传统的吹炼设备有卧式转炉、虹吸式转炉和连续吹炼炉。近年来，吹炼技术又有创新，如先进的淬炼炉有闪速吹炼炉、ISA 吹炼炉、三菱吹炼炉等。

铜的水法精炼在电解槽内进行。粗铜的火法精炼在阳极炉内进行，对转炉产出的液态粗铜采用回转式阳极炉或固定反射炉精炼。

目前大多数电解铜厂都使用传统电解法，永久阴极电解法（ISA 法和 KiDD 法）和周期反向电流电解法（PRC 法）是 20 世纪 70 年代以来发展的新技术。

二、铜冶炼加工的主要工艺

铜冶炼分火法冶炼和湿法冶炼。

铜的火法冶炼主要包括三段工艺，原矿的采选工艺、粗炼工艺和精炼工艺。

火法冶炼是经造锍熔炼获得铜锍（俗称冰铜），铜锍经吹炼产出粗铜。粗铜火法精炼后浇铸成阳极板，再经电解精炼获得品位 99.95%以上的电解铜。浸出、萃取、电积的湿法冶炼工艺适用于氧化铜矿、低品位矿石或浸出的硫化矿金属。

（一）铜精矿的粗炼

金属铜的粗炼分两步，先将铜精矿熔炼成冰铜，再将冰铜吹炼成粗铜。

1．铜的熔炼（冰铜）

造锍过程是将 FeS 氧化成 FeO，造渣除去，得到白冰铜（Cu_2S），完成了铜与绝大部分铁的分离。再除去铜锍中的铁、硫及其他杂质。熔炼得到的冰铜（铜锍），再送入转炉吹炼成粗铜。

火法炼铜技术走向连续化、自动化，金属和硫的回收率提高，环境状况获得很大改善，特别是 SO_2 污染得到有效的控制。熔炼工艺包括物料储存、配料、干燥和熔炼等生产工序，铜精矿经熔炼，产生冰铜（造锍）。

2．冰铜吹炼（粗铜）

冰铜在冶炼温度 1 200～1 280℃条件下进行吹炼，在吹炼设备中，鼓入空气或氧气，使硫化亚铜中的硫氧化进入烟气，得到含铜 98%～99%的粗铜。

湿法冶炼可以大大降低铜冶炼的能耗和成本，但产生的污水量比较多。先进湿法冶炼还有硫酸化焙烧－浸出－电积、浸出－萃取－电积、细菌浸出等冶炼方法，适于低品位复杂矿、氧化铜矿、含铜废矿石的堆浸、槽浸选用或就地浸出。

（二）粗铜的精炼

粗铜（含铜 98.5%）经精炼制成精铜，通过精炼工艺对粗铜进一步提纯。工业上铜精炼方式有火法精炼和水法精炼两类。

1．火法精炼

粗铜火法精炼过程包括氧化、还原、浇铸三道工序，在 1 150～1 200℃高温下，将空气压入熔炼电炉中，进行杂质的氧化脱出，用碳去除铜液中的氧，最后浇铸成阳极板（浇铸为圆基浇铸）。再送回电解车间精炼。

火法精炼有反射炉精炼、回转炉精炼、倾动式炉精炼。

火法精炼产出的阳极铜中铜的品位一般为 98.5%～99.5%，其中还含有 1.5%～0.5%的杂质，杂质主要为砷、锑、铋、镍、钴、铁、锌、铅、氧、硫和金、银、硒、碲等。

2．电解精炼（水法精炼）

铜电解工艺有传统电解法、永久阴极电解法和周期反向电流电解法三种。目前大多数电解铜厂都使用传统电解法，永久阴极电解法（ISA 法和 KiDD 法）和周期反向电流电解法（PRC 法）是新技术。

金、银、硒等用火法精炼时难以回收。铜电解精炼的目的就是把火法精炼铜中的有害杂质进一步除去，得到电解铜；同时回收金、银、硒等有价金属。

火法冶炼可以得到 99%～99.9%的纯铜，电解可以使铜的纯度达到 99.95%～99.99%。

（三）金属铜冶炼的工艺流程

1．火法冶炼

炼铜的焙炼前都要对铜精矿进行干燥、成团、烧结等物料初加工。

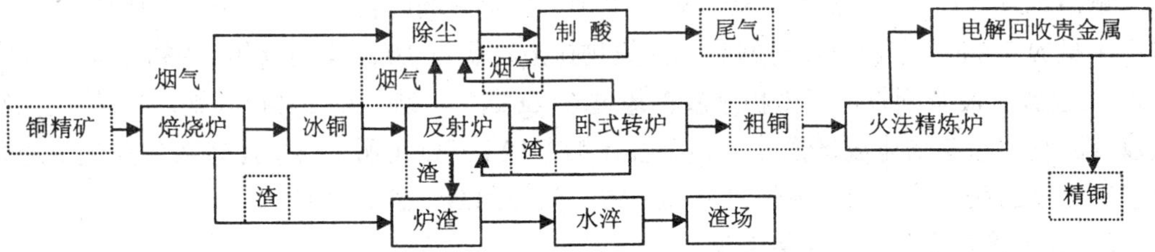

图 4-1　铜火法冶炼工艺

2．湿式冶炼

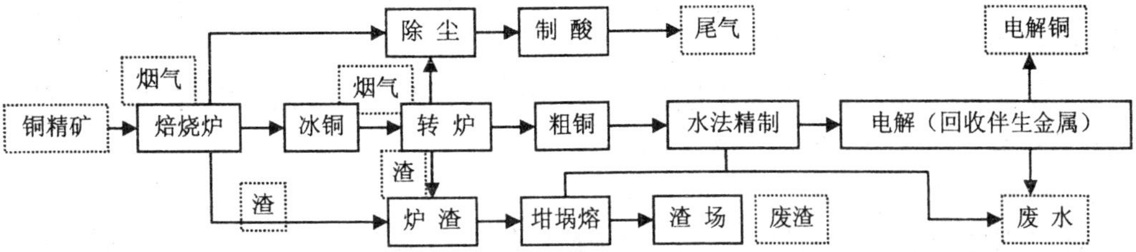

图 4-2　铜湿法冶炼工艺

湿法主要用于氧化铜的处理，使用酸将铜浸出；利用电解回收，得到电解铜。

三、铜冶炼的环境污染

（一）铜冶炼的废气污染

废气来源于焙烧、烧结、熔炼和火法精炼过程，与消耗的能源数量与冶炼工艺有直接关系。铜的火法冶炼消耗燃料约660kg标准煤/t铜，从铜精矿火法冶炼成精铜，产生废气大约是钢铁冶炼的3倍，废气量近25 000m^3/t精铜，粉尘产生量约210kg/t精铜，SO_2产生量约1 900 kg/t精铜；从铜精矿湿法冶炼成精铜，则废气量仅20 000m^3/t精铜，粉尘产生量约200kg/t精铜，SO_2产生量约1 900 kg/t精铜。

1．粉尘产生量和排放量计算

从铜精矿熔炼成铜锍过程，产生的废气量约13 000 m^3/t冰铜，烟尘产生量约100 kg/t冰铜。

从冰铜吹炼成粗铜过程，产生的废气量约7 000 m^3/t粗铜，烟尘产生量约110 kg/t粗铜。

从粗铜精炼成精铜过程，产生的废气量约5 000 m^3/t粗铜，烟尘产生量约1～5 kg/t精铜。

$$\text{粉尘排放量 } G_{\text{铜排放}} = G_{\text{铜产生}}（1-\eta_{\text{铜}}）$$

式中：$G_{\text{铜产生}}$ —— 铜冶炼有组织排放粉尘产生量，kg/t精铜；

$\eta_{\text{铜}}$ —— 铜冶炼的除尘率，%。

铜冶炼过程在备料、原料入炉、产品出炉、炉窑泄漏时会产生大量的无组织排放，如果产生量的5%的工艺废气没有回收，污染物排放将超过10 kg烟尘/t铜、95 kg SO_2/t铜；3%的工艺废气没有回收，污染物排放将超过6 kg烟尘/t铜、57 kgSO_2/t铜；1%的工艺废气没有回收，污染物排放将超过2 kg烟尘/t铜、19 kgSO_2/t铜。铜冶炼排放的粉尘中还含有较高浓度的铜、锌、铅、镉等重金属和砷、氟等元素，含大量CO。

2．SO_2产生量和排放污染监察

铜冶炼烟气和尾气中SO_2产生量主要与原料、燃料中的含硫量有关，还与制硫酸、进入废渣和污水中的含硫量有关，去除量则和制酸与各设施尾气脱硫有关。排放量既有有组织排放，也有无组织排放，排放点又多，很难用监测方法合理确定。可以采用生产过程中的硫平衡法计算。计算方法如下：

SO_2产生量＝2×（原料中含硫总量－回收硫酸中的硫量－冶炼废渣含硫量－回收粉尘和返粉含硫量－污水中含硫量）

SO_2排放量＝2×（原料中含硫总量－回收硫酸中的硫量－冶炼废渣含硫量－回收粉尘和返粉含硫量－污水中含硫量－尾气脱硫量）

3．NO_x排放污染监察

有色金属NO_x的产生与控制问题，目前研究性资料很少，有色金属工业的污染源普查数据是由北京矿冶研究总院做的。初期研究尚缺少NO_x的有关数据，目前正在进行NO_x的数据研究补充，氮氧化物的产生量还与吨铜燃料消耗量和燃料类型（燃煤、焦炭等）有关。

铜冶炼温度大约在 1 150～1 250℃。按照铜冶炼的燃料消耗（消耗焦炭或无烟煤400 kg/t铜），如果使用焦炭为燃料1 t铜NO_x产生量约0.2 kg/t铜，如果使用无烟煤为燃料

1 t 铜 NO_x 产生量约 4～5 kg/t 铜。

铜冶炼的能耗由于大量硫化物反应热，热耗小于钢铁冶炼，粗铜冶炼温度大约在 1 150～1 250℃，铜冶炼过程 NO_x 产生主要取决于燃料型 NO_x，热力型 NO_x 量很少，铜冶炼过程产生的 NO_x 主要是与燃料消耗量和燃料中氮的含量关系比较大。在这个温度段，1 t 原煤（无烟煤）NO_x 产生量约在 12 kg/t 燃煤，燃料中的氮在焦化过程已大部分多已转化了，1 t 焦炭 NO_x 产生量约在 0.4 kg/t 焦炭。

4. 电解精炼工艺产生废气的污染

电解精炼工艺过程和制酸过程产生的废气主要来源于电解过程中产生的硫酸雾。

按照铜冶炼的燃料消耗，如果使用焦炭为燃料 1 t 铜 NO_x 产生量约 0.2 kg/t 铜，如果使用无烟煤为燃料 1 t 铜 NO_x 产生量约 2～3 kg/t 铜。

表 4-1　铜冶炼废气产污系数表

单位：废气量为 m^3/t 铜，污染物为 kg/t 铜

产品	单位	精炼铜-阴极铜	精炼铜-阴极铜	精炼铜-阴极铜	粗铜	阳极铜	铜锍（冰铜）	粗铜
原料		铜精矿	铜精矿	铜精矿	铜精矿	铜精矿	铜精矿	铜锍
工艺		闪速法熔炼-吹炼-火法精炼-电解精炼	熔池熔炼-吹炼-火法精炼-电解精炼	鼓风炉熔炼-吹炼- 火法精炼-电解精炼	鼓风炉熔炼-吹炼-	鼓风炉熔炼-吹炼-火法精炼	鼓风炉熔炼-（反射炉）	转炉吹炼
废气量	m^3（标气）/t 铜	22620	20450	25930	20420	24450	13170	7253
烟尘	kg/t 铜	349	93.08	252	161	161	78.8	81.7
SO_2	kg/t 铜	2124	1888	1969	1967	1969	1158	809
产品		粗铜或阳极铜	精炼铜-阴极铜	精炼铜-阴极铜	精炼铜-阴极铜	精炼铜-阴极铜	粗铜	—
原料		含铜废料或粗杂铜	粗杂铜	阳极铜	铜矿石或铜矿废石	含铜废料（冶炼渣）	含铜污泥	—
工艺		火法熔炼—火法精炼	火法精炼—电解精炼	电解精炼	湿法冶炼（堆浸—萃取—电积）	焙烧—浸出—电积	铜熔炼	—
废气量	m^3（标气）/t 铜	4025	5510	1485	—	4 832	346 100	—
烟尘	kg/t 铜	0.25	0.25	—	—	198	61	—
SO_2	kg/t 铜	0.002	0.002	—	—	703.1	952	—

注：规模等级为所有规模；数据主要参照《第一次全国污染源普查工业污染源产排污系数手册》。

（二）铜冶炼的废水污染

铜冶炼污水来自冷却、冲渣、烟气洗涤、湿法收尘、湿法冶炼、金属电解、冲洗地面等作业。其中冲渣水经沉降、冷却水经降温后均可重复使用，且二者的废水量占冶炼污水量的 90%以上。其他废水则污染物种类多且含量高，并呈酸性。冶炼废水的水质水量相对较为稳定。

粗铜的废水产生量约为 $20 m^3/t$ 粗铜，废水中含铜、锌、铅、镉等重金属和高浓度 SS，废水中铜和锌的产生量各为 1.5 kg/t 铜左右。铜渣的水淬用水量为 $7\sim8 m^3/t$ 炉渣，排水量约 $5 m^3/t$ 炉渣。湿法铜冶炼过程中废水量为 $30\sim80 m^3/t$ 铜。

铜电解生产过程中产生的废水主要来源是：清洗阴极板产生的废水和电解槽清洗水；其他主要是车间清洁用水、压滤机滤布清洗水和净化系统冷却水等。车间清洁用水、压滤机滤布清洗水中主要含有重金属、硒等。

表 4-2 铜冶炼废水产污系数表

单位：废水量为 m^3/t 产品，污染物为 kg/t 产品

产品	精炼铜-阴极铜	精炼铜-阴极铜	精炼铜-阴极铜	粗铜	阳极铜	铜锍（冰铜）	粗铜
原料	铜精矿	铜精矿	铜精矿	铜精矿	铜精矿	铜精矿	铜锍
工艺	闪速法熔炼—吹炼—火法精炼—电解精炼	熔池熔炼—吹炼—火法精炼—电解精炼	鼓风炉熔炼—吹炼—火法精炼—电解精炼	鼓风炉熔炼—吹炼—	鼓风炉熔炼—吹炼—火法精炼	鼓风炉熔炼—（反射炉）	转炉吹炼
废水量	24.65	29.56	80.2	77.19	78.6	41.67	35.52
COD	5.5	1.26	6.27	5.73	6.01	1.12	4.618
镉	0.125	0.264	0.373	0.371	0.372	0.139	0.231
铅	0.081	0.195	0.602	0.582	0.597	0.419	0.164
砷	1.163	1.157	1.145	1.137	0.001	0.997	0.14
产品	粗铜或阳极铜	精炼铜-阴极铜	精炼铜-阴极铜	精炼铜-阴极铜	精炼铜-阴极铜	粗铜	
原料	含铜废料或粗杂铜	粗杂铜	阳极铜	铜矿石或铜矿废石	含铜废料（冶炼渣）	含铜污泥	
工艺	火法熔炼—火法精炼	火法精炼—电解精炼	电解精炼	湿法冶炼（堆浸—萃取—电积）	焙烧—浸出—电积	铜熔炼	
废水量	1.41	3.01	1.6	2466	1.641	43.09	
COD	0.28	0.36	0.07	0.862	0.30		
镉	0.002	2.115	0.0005	0.39	0.00007	0.052.	
铅	0.015	19.36	0.0005	2.22	0.0006	0.017	
砷	0.006	8.458	0.002	0.03		0.048	

注：规模等级为所有规模；数据主要参照《第一次全国污染源普查工业污染源产排污系数手册》。

（三）废渣污染监察

冶炼废渣为 $2\sim3.2$ t/t 铜，还有含砷危险废物为 $30\sim280$ kg/t 铜，还有去除的粉尘或尘泥。

铜电解工艺过程中产生的污染物主要有电解产生的阳极泥、硫酸雾，电解槽清洗泥渣等。

表 4-3 铜冶炼废渣产污系数表

单位：冶炼渣为 t/t 铜，含砷危废为 kg/t 铜

产品	精炼铜-阴极铜	精炼铜-阴极铜	精炼铜-阴极铜	粗铜	阳极铜	铜锍（冰铜）	粗铜
原料	铜精矿	铜精矿	铜精矿	铜精矿	铜精矿	铜精矿	铜锍
工艺	闪速法熔炼—吹炼—火法精炼—电解精炼	熔池熔炼—吹炼—火法精炼—电解精炼	鼓风炉熔炼—吹炼— 火法精炼—电解精炼	鼓风炉熔炼—吹炼	鼓风炉熔炼—吹炼—火法精炼	鼓风炉熔炼—（反射炉）	转炉吹炼
冶炼渣	1.99	3.12	3.28	3.28	3.28	0.632	0.632
含砷危废	22	35	286	286	286	135	135
产品	粗铜或阳极铜	精炼铜—阴极铜	精炼铜—阴极铜	精炼铜—阴极铜	精炼铜—阴极铜	粗铜	
原料	含铜废料或粗杂铜	粗杂铜	阳极铜	铜矿石或铜矿废石	含铜废料（冶炼渣）	含铜污泥	
工艺	火法熔炼—火法精炼	火法精炼—电解精炼	电解精炼	湿法冶炼（堆浸—萃取—电积）	焙烧—浸出—电积	铜熔炼	
冶炼渣	0.021				0.131	161	

注：规模等级为所有规模；数据主要参照《第一次全国污染源普查工业污染源产排污系数手册》。

四、铜冶炼工业环境监察要点

我国铜冶炼产量的90%都是来自大型铜冶炼企业，生产工艺和技术水平都较高。有些地区尚存一些中小型的铜冶炼企业，缺少必要的酸回收装置和相应的环保设施，污染相当严重。

（一）落实《产业结构调整指导目录（2011 年本）》规定的铜冶炼工业产业技术政策

限制类：单系列 10 万 t/a 规模以下粗铜冶炼项目。

淘汰类：鼓风炉、电炉、反射炉炼铜工艺及设备（2011 年），再生有色金属生产中采用直接燃煤的反射炉项目、无烟气治理措施的再生铜焚烧工艺及设备、50 t 以下传统固定式反射炉再生铜生产工艺及设备，烟气制酸干法净化和热浓酸洗涤技术。

国家发改委于 2006 年颁布《铜冶炼行业准入条件》，规定单系统铜熔炼能力在 10 万 t/a 及以上为首要的准入条件。

（二）检查铜冶炼工业的废气污染排放与控制

铜冶炼工业的废气按其含污染物的种类大体上可分为四大类：

（1）从采矿、选矿和冶炼原料制备等过程产生的含工业粉尘为主的废气；

（2）从冶炼原料制备、焙烧、烧结、熔炼、精炼和环境集烟等过程产生的含 SO_2、NO_x、

烟尘等污染物的烟气；

（3）烟气制酸和电解过程产生的含硫酸雾废气；

（4）从湿法冶炼过程产生的含氯和氯化氢废气。

铜冶炼过程 SO_2 的产污强度非常高，粉尘的产污强度也非常高，同时粉尘内含有相当数量的重金属，还有一定量的 NO_x。虽然经过回收制酸，铜冶炼企业炉窑烟气中的绝大多数 SO_2 都被回收，但还有许多设备产生的废气中的 SO_2 浓度较低，不能回收制酸，各种冶炼炉窑的炉气泄漏，都会排放相当数量的 SO_2。SO_2 排放的环境监察是铜冶炼企业的重点。烟气中的粉尘虽经处理达标，但因其中含有重金属，还要考虑重金属是否超标。

铜冶炼的无组织排放的废气主要来自于炉窑装料、出料和熔炼过程中的泄漏，产生的无组织排放主要是 SO_2 和含重金属的粉尘，产生的数量远远高于钢铁冶炼过程，也高于铜冶炼的有组织排放。这是铜冶炼环境监察的重点。

（三）检查铜冶炼工业的废水污染排放与控制

铜冶炼污水来自冷却、冲渣、烟气洗涤、湿法收尘、湿法冶炼、金属电解、冲洗地面等作业。废水污染物种类多且含量高，废水中含铜、锌、铅、镉等重金属和高浓度 SS，并呈酸性。冶炼废烟气湿式收尘废水含一定量的砷、铅、铜等有毒有害金属元素，如改为干法收尘，可以消除大量含砷、铅、铜等的污水。

铜电解生产过程中产生的废水主要来源是：清洗阴极板产生的废水和电解槽清洗水；其他主要是车间清洁用水、压滤机滤布清洗水和净化系统冷却水等。车间清洁用水、压滤机滤布清洗水中主要含有重金属、硒等。

铜冶炼产生的废水监察的重点是严控排放废水中的重金属、硫化物超标，防止因超标排放产生污染事故。

（四）检查铜冶炼工业固体废物的污染排放与控制

铜冶炼产生的废渣除了回收的尘泥、冶炼废渣、污水处理后的污泥，任意处置都可能产生重金属的二次污染，对于这些固体废物的去向，环境监察应加强监管。

第二节　铅、锌冶炼工业污染源环境监察

一、金属铅冶炼原料与能耗

（一）铅冶炼的原料

铅的矿物有原生硫化矿和次生氧化矿两种。硫化矿的主要矿物为方铅矿（PbS），常与闪锌矿（ZnS）、辉银矿（Ag_2S）、黄铁矿（FeS_2）等共生。氧化矿主要有白铅矿（$PbCO_3$）和硫酸铅矿（$PbSO_4$）。方铅矿是生产铅的主要矿物。

铅的火法冶炼使用的原料有铅精矿、铅烟灰、熔剂、还原剂，铅精矿成分以铅、锌、

镉、汞、铜等重金属以及砷、硫、铁、锰等元素为主，一般含铅30%、含硫20%。炼铅原料大部分是硫化铅精矿，小部分是铅锌氧化矿。炼铅主要采用烧结—鼓风炉熔炼。

如某铅冶炼企业使用的铅精矿含铅61%，锌5%。

（二）铅冶炼的能耗

按照2007年每吨铅锭消耗1.67t标准煤计算，粗铅工序实物单耗等级指标，按表4-4规定执行。现有铅冶炼企业综合能耗低于650kg标煤/t，粗铅冶炼综合能耗低于460kg标煤/t，粗铅冶炼焦耗低于360kg/t，电铅直流电耗降低到121kWh/t铅，铅电解电流效率大于95%。

从表4-4可以看出不同的铅冶炼工艺能耗差距很大。

表4-4　粗铅工序实物单耗等级指标

能源品种及主要耗能工质			等级指标	工艺名称			
				烧结鼓风炉	密闭鼓风炉	铅锑混合熔炼	富氧底吹
电		kWh/t	一级	220	340	330	100
			二级	250	390	370	150
焦炭		kg/t	一级	330	200	440	190
			二级	380	230	470	220
燃料	烟煤	kg/t	一级	50	—	850	30
			二级	80	—	950	60
	或重油	kg/t	一级	22	—	—	—
			二级	28	—	—	—
	或煤气	m^3/t	一级	160	90	—	—
			二级	200	110	—	—
氧气		m^3	一级	—	—	—	290
			二级	—	—	—	350
氮气		m^3	一级	—	—	—	70
			二级	—	—	—	100

二、铅冶炼的设备

（一）烧结设备

硫化铅精矿烧结采用间断作业的烧结锅、烧结盘烧结，稍后出现了吸风烧结机，烧结过程发展为连续作业。

烧结锅、烧结盘因烧结和焙烧都不均匀，粉尘污染严重，无法对废气脱硫处理，多将 SO_2 排空，是国家产业政策明令淘汰的炼铅工艺设备。

吸风烧结机是烧结中用得最广泛的一种装置。通过吸风或鼓风使整个料层燃烧以达到烧结焙烧目的。

（二）熔炼设备

鼓风炉，是冶金设备中的竖炉，由炉基、炉底、炉缸、炉身、炉顶（包括加料装置）、支架、鼓风系统、水冷或汽化冷却系统、放出熔体装置和前床等部分构成。可分为敞开式和密闭式两类。

富氧底吹熔炼炉，主要装置为底吹熔炼炉和鼓风炉。

（三）精炼设备

熔析法所用设备有反射炉、熔析锅和熔析设备三部分。熔析锅用铸钢制成，容量 30～370 t，以重油作燃料。熔析温度 500～600℃，熔析渣浮出铅液面用捞渣器捞出。

三、铅冶炼工艺

（一）铅冶炼原理

铅冶炼是先将硫化精矿焙烧或者烧结焙烧，烧结工艺是粉状硫化铅精矿配料进行高温氧化焙烧脱硫与烧结成块的过程。烧结块在熔炼设备内与空气或氧气反应，PbS 氧化为 PbO，再利用碳质还原剂在高温下使 PbO 还原为金属铅。

（二）铅冶炼工艺

铅冶炼火法炼铅约占总产量的 90%，生产工艺与铜冶炼相近，火法炼铅分为传统炼铅法和直接炼铅法；湿法炼铅尚未实现工业化。

传统炼铅法包括：烧结－鼓风炉熔炼法（量最多）、密闭鼓风炉熔炼法（ISP 法，适用于铅锌联合冶炼和锌冶炼）、电炉熔炼法（极少）等。

直接炼铅法包括：氧气底吹炼铅法（QSL 法）、基夫赛特法、我国自我研发的氧气底吹－鼓风炉炼铅工艺（SKS 法）、顶吹旋转转炉法（卡尔多法、TBRC 法）、富氧顶吹喷枪熔炼法（ISA 或 Ausmelt 法）、奥托昆普闪速熔炼法、瓦纽可夫法等。

工信部发布了《部分工业行业淘汰落后生产工艺装备和产品指导目录（2010 年本）》，其中对于铅冶炼需要淘汰的主要设备及工艺有：烧结—鼓风炉炼铅工艺（2012 年）、坩埚炉再生铅生产工艺及设备（2011 年）、直接燃煤反射炉再生铅生产工艺及设备（2011 年）等。

粗铅的冶炼方法可以简单概括为传统法和直接炼铅法两大类。

表 4-5 各类铅冶炼工艺及特点

	工艺类型	主要设备与流程	主要特点
烧结-焙烧工艺	（1）烧结--鼓风炉熔炼法、数量最多，占 80%左右	流程由原料制备、烧结焙烧（氧化 SO_2）、鼓风炉熔炼（C 还原）等工序组成。核心设备为干燥窑、鼓风烧结机、鼓风炉等	返料循环量大、能耗高、烧结机烟气含 SO_2 浓度偏低、劳动条件差、污染环境严重等缺点，需淘汰
	（2）返烟烧结-密闭鼓风炉熔炼法	核心设备是鼓风烧结机、密闭鼓风炉、热风炉、铅雨冷凝器、烟化炉等	能同时炼铅、锌，但烧结过程控制复杂，环境问题也很多
直接炼铅法	（1）氧气底吹炼铅法（QSL 法）	核心设备为 QSL 反应器，工艺过程简单，铅回收率高达 99%，硫回收率达 99%	冶炼过程是在密闭的反应器中进行，烟气 SO_2 浓度高，利于两转两吸制酸
	（2）基夫赛特法	主要设备是基夫赛特炉，由熔炼竖炉、炉缸、电热区和烟道四部分组成	能耗低，铅回收率高，烟尘率低，SO_2 回收率高，我国尚没有生产实例
	（3）水口山炼铅法（SKS 法）	主要设备有卧式底吹转炉（SKS 炉）、鼓风炉。在我国得到推广，近期产能预计可以达到我国铅年产量的 40%	流程短、投资省、成本低，烟气 SO_2 浓度高，硫利用率高
	（4）顶吹旋转转炉法	核心设备分别为艾萨炉和奥斯麦特炉等，含铅物料的氧化熔炼和高铅渣的还原两个阶段	避免了烧结过程出现的 SO_2 和粉尘的低空污染；烟气 SO_2 浓度高，总硫利用率达 95.45%

烧结—熔炼粗铅冶炼工艺流程如下：

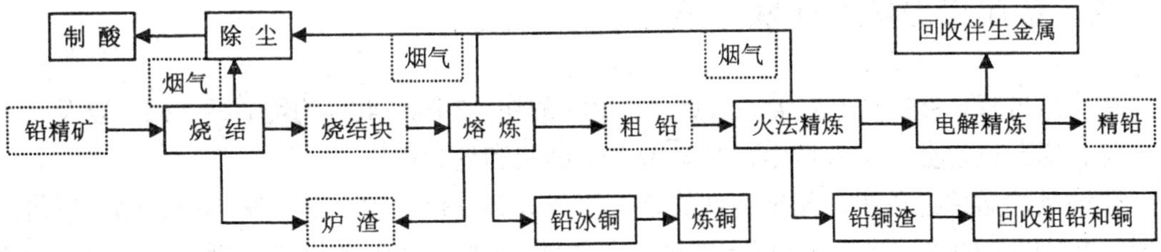

图 4-3 烧结—熔炼粗铅冶炼工艺

1. **铅矿的烧结工艺**

烧结焙烧是使硫化精矿焙烧脱硫并烧结成坚实多孔的块状物的过程，简称烧结。铅、锌精矿烧结车间一般包括配料、混合、制粒、烧结及返粉破碎、筛分和冷却等部分。

2. **烧结矿的熔炼工艺**

主要装置为底吹熔炼炉和鼓风炉，均为密闭作业，烟气均采用布袋收尘器，烟尘收集密封循环，铅尘污染小。氧气底吹熔炼实现了自热熔炼，无需配煤和补热，减少热耗；底吹熔炼炉产生的烟气要进行余热利用，每生产 1t 粗铅可产出 0.5t 蒸汽（4.0MPa）；鼓风炉物料处理量较传统烧结机流程减少约 50%，焦炭消耗节省 40%～60%。

3. **粗铅的精炼**

粗铅的精炼有火法精炼和电解精炼两种方法。我国炼铅厂一般都是采用粗铅火法精炼脱铜后再进行电解精炼的工艺。但我国的粗铅均为电解精炼，电解精炼的主体设备是电解槽，电解前的粗铅预精炼和电解后的阴极铅熔铸及除杂，均在精炼锅中进行。

（1）火法精炼

火法精炼的主要设备为精炼锅。火法精炼的工艺采用熔析法降低铅中含铜，熔析法所用设备有反射炉和熔析锅，大型炼铅厂多用熔析锅。

（2）电解精炼

将经初步火法精炼，脱除铜、锡并调整含锑量后的粗铅或半精铅铸成阳极，用纯铅铸成始极片作阴极，一同放入电解槽，在硅氟酸和硅氟酸铅组成的电解液中，通以直流电后，发生电解。

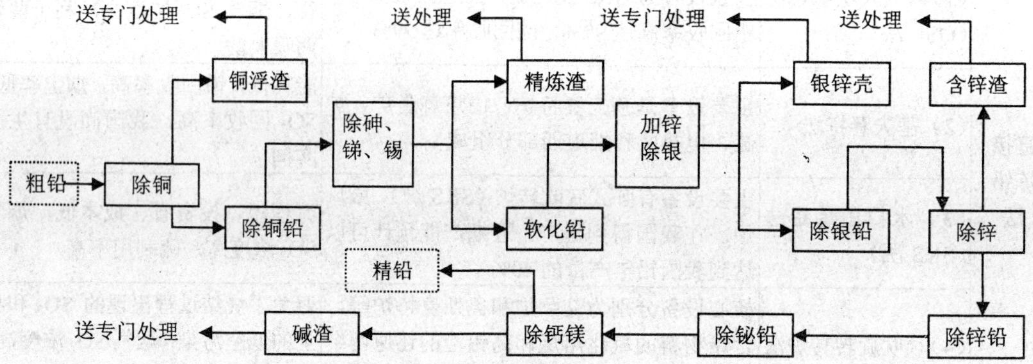

图 4-4 粗铅火法精炼工艺流程

四、金属铅冶炼的环境污染

在烧结过程，95%以上的汞进入烟气，70%的铊，30%～40%的镉、硒、碲，以及一小部分砷、锑、铋等金属进入烟尘，其余留在烧结块和返粉中。

在鼓风炉熔炼过程中，几乎全部的金、银和大部分铜、砷、锑、铋、锡、硒、碲进入粗铅，95%以上的锌、锗，50%以上的铟进入炉渣，80%～90%的镉进入烟尘。在火法初步精炼过程，粗铅中的铜、锡、铟大部分进入浮渣，金、银、铋等金属则留在铅中。

在铅电解精炼过程，比铅更正电性的金属如金、银、铜、锑、铋、砷、硒、碲等不溶解且留在阳极泥中。比铅更负电性的金属如铁、锌、镍、钴与铅一道溶解，进入电解液，但不在阴极析出。

我国有许多冶炼企业特别是小冶炼企业，这些伴生的金属物质都没有精炼回收，而是进入了冶炼废渣，造成了浪费和污染。我国大型铅冶炼厂，二氧化硫烟气从直接排放改进到回收率为92%以上。

（一）铅冶炼的废气污染

1．废气污染来源

铅冶炼的废气主要来自精矿干燥、烧结、焙烧、熔炼和火法精炼等工序，烟气量大小与炉型有关。

粗铅冶炼废气中的颗粒物主要出自各种焙烧或熔炼，以及干燥炉窑产生的挥发性烟尘或破碎产生的机械性粉尘，主要成分为各类重金属的氧化物，其出口烟气含尘浓度较高，每立方米可达数克到几十克；铅精炼废气中的颗粒物则主要是铅熔化所产生的蒸气冷凝形成的铅烟，颗粒细微，对人体危害性较大，而其浓度一般不大，在 1 000 mg/m^3 以下。

2. 粉尘污染

烧结—鼓风炉法与 ISP 法由于产气点较多，每吨铅废气排放量在 50 000～100 000 m^3，而直接炼铅法废气量则较小，有的企业甚至在 10 000 m^3/t 铅以内。

生产过程中粉尘产生量为 300～400 kg/t 粗铅（烧结机 230 kg、鼓风炉 110 kg、浮渣反射炉 8 kg、炼前处理 2 kg），粉尘中还含部分铅、锌、镉、汞、砷、氟等元素。

烧结锅工艺 1 t 粗铅需 5 t 混合料（混合料由氧化矿、铅精矿、石灰石、返粉、烟灰组成）、焦炭 320 kg。1 t 粗铅烟尘产生量 170 kg、SO_2 500 kg、炉渣 1.5 t。

富氧底吹炉工艺 1 t 粗铅需 1.8 t 混合料（混合料由氧化矿、铅精矿、返粉、石灰石组成）、焦炭 380 kg。1 t 粗铅粉尘产生量 150 kg、炉渣 0.5 t。

3. SO_2 污染

根据物料衡算，生产 1t 的金属铅约有 0.5t 的硫进入冶炼流程，因此，生产 1t 粗铅进入烟气中的二氧化硫约为 500kg。

铅冶炼烟气和尾气中 SO_2 产生量主要与原料和燃料中的含硫量有关，还与制硫酸、进入废渣、废水中的含硫量有关。去除量则与制酸和各设施尾气脱硫有关。排放量因为既有有组织排放，也有无组织排放，排放点又多，很难用监测方法合理确定。可以采用生产过程中的硫平衡法计算。

（1）烧结锅 SO_2 产生量计算

吨粗铅 SO_2 产生量=（混合料含硫 + 焦炭含硫－返粉含硫－烧结烟灰含硫－鼓风烟灰含硫－炉渣含硫－废水含硫）×2

表 4-6　烧结锅吨粗铅 SO_2 排放量计算实例（废水循环使用）

物料名称	铅含量%	硫含量/%	吨粗铅消耗或产生量/kg	铅总量/kg	硫总量/kg
混合料	41	7	5 350	2194	374.5
焦炭	—	0.5	340	—	1.7
炉渣	3.7	2.5	1 460	54.0	36.5
结块	44.0	3.1	2 430	1 069	75.3
返粉	44.0	3.1	2 430	1 069	75.3
烧结烟灰	60	9	48.4	29	4.4
鼓风烟灰	70	0.7	40	28	0.3
粗铅	97	—	1 000	970	—

上表数据计算：

$$吨粗铅 SO_2 产生量=(374.5+1.7-75.3-4.4-0.3-36.5)\times 2=259.7\times 2$$
$$=519.4 kg/t 粗铅$$

（2）烧结机粗铅 SO_2 产生量计算

吨粗铅 SO_2 产生量=（混合料含硫 + 焦炭含硫－返粉含硫－烧结烟灰含硫－鼓风烟灰含硫－炉渣含硫－硫酸含硫）×2

表 4-7 烧结机吨粗铅 SO_2 排放量计算实例（废水循环使用）

物料名称	铅含量/%	硫含量/%	吨粗铅消耗或产生量/kg	铅总量/kg	硫总量/kg
混合料	41	7	5 290	2 169	370.3
焦炭	—	0.5	400	—	2.0
炉渣	2.6	1.2	936	24.3	11.2
结块	45	1.8	2 260	1 017	40.7
返粉	45	1.8	2 580	1 161	46.4
烧结烟灰	60	9	48	28.8	4.3
鼓风烟灰	70	0.7	38	26.6	0.3
硫酸	—	32.7	610	—	199.5
粗铅	97	—	1 000	970	—

上表数据计算：

吨粗铅 SO_2 产生量＝（370.3＋2.0－46.4－4.3－0.3－199.5）×2＝121.5×2

＝243.0kg/t 粗铅

吨粗铅 SO_2 产生量＝（混合料含硫 ＋ 焦炭含硫－铜锍含硫－底吹烟灰含硫－鼓风烟灰含硫－炉渣含硫－硫酸含硫）×2

（3）富氧底吹炉 SO_2 产生量计算

表 4-8 富氧底吹炉吨粗铅 SO_2 排放量计算实例（废水循环使用）

物料名称	铅含量/%	硫含量/%	吨粗铅消耗或产生量/kg	铅总量/kg	硫总量/kg
混合矿	59	17.5	1 860	1 097.4	325.5
焦炭	—	0.5	110	—	0.6
炉渣	4.2	0.05	1 200	50.4	0.6
底吹烟灰	60	9	48	28.8	4.3
鼓风烟灰	70	0.7	40	28.0	0.3
硫酸	—	32.7	750	—	245.3
铜锍	18	17	105	18.9	17.9
粗铅	97	—	1 000	970	—

上表数据计算：

吨粗铅 SO_2 产生量＝（325.5＋0.6－17.9－4.3－0.3－245.3）×2＝58.3×2

＝116.6kg/t 粗铅

4．废气中 NO_x 污染

铅冶炼和铜冶炼一样，由于大量硫化物反应热，热耗小于钢铁冶炼，粗铅冶炼温度在 1 150～1 250℃。按照铅冶炼的燃料消耗（消耗焦炭或无烟煤 400kg/t 铅），如果使用焦炭为燃料 1t 铅 NO_x 产生量约为 0.16kg/t 铜，如果使用无烟煤为燃料 1t 铅 NO_x 产生量为 2～2.5kg/t 铜。

5. 硫酸雾污染

铅锌冶炼企业中排入空气中的硫酸雾基本上是来自制酸厂。二转二吸制酸转化率为99.5%～99.7%，尾气 SO_3 浓度在 50 mg/m^3 以上，换算为酸雾则大于 61.25 mg/m^3。

电解精炼工艺在电解过程中也会产生硫酸雾。

表 4-9 铅冶炼废气产污系数表

单位：废水量为 m^3/t 产品，污染物为 kg/t 产品

产品	粗铅		电解铅		精铅	电解铅
原料	铅精矿		铅精矿		铅精矿	铅精矿
工艺	烧结机-鼓风炉		烧结机-鼓风炉-电解		水口山法	水口山法炼铅-电解
规模/（万 t/a）	≥5	＜5	≥5	＜5	所有规模	所有规模
废气量	51910	50080	70550	8720	32660	51300
烟尘	383	416	399	423	320	356
SO_2	502	545	502	545	531	531
产品	粗铅	粗铅	粗铅	粗铅	电解铅	电解铅
原料	铅精矿	废蓄电池	废铅泥、铅精矿	冰铜渣	粗铅	铅锌混合精矿
工艺	烧结锅-鼓风炉	再生铅冶炼	烧结锅/烧结机-鼓风炉	鼓风炉-反射炉	粗铅精炼	密闭鼓风炉炼铅-电解
规模	所有规模	所有规模	所有规模	所有规模	所有规模	所有规模
废气量	57220	7156	16010	17210	18640	28040
烟尘	227	107	343	189	36.3	183
SO_2	505	46.1	204	17.2	—	559

注：数据主要参照《第一次全国污染源普查工业污染源产排污系数手册》。

（二）铅冶炼的废水污染

铅冶炼废水排放量较大，主要是冲渣废水和废气净化废水等。废水产生量约在 40 m^3/t 粗铅产品，废水中含硫化物、铅、锌、镉、汞、砷、氟等元素和 SS。铅冶炼工业外排的废水也称重金属污水，其水质复杂，水质多呈酸性，含有毒物质较多，对环境污染严重。

《铅、锌工业污染物排放标准》编制组调研数据显示：根据国内铅锌冶炼企业采用工艺的不同，吨产品新鲜水耗量一般在 20～60 m^3/t。生产实践显示，某 ISP 法企业原新水耗量在 50～60 m^3/t 铅，当其进行改造后水循环利用率达到 96.5%时，其新水用量为 28.2～32 m^3/t 铅。

根据铅冶炼行业特点和部分企业实际调查，铅冶炼废水排放量为其新水用量的 30%～40%不等，则单位产品废水排放量约为 14～19 m^3/t 铅。粗铅冶炼行业废水主要产生于硫酸车间、设备冷却、废气淋洗、循环冷却、地面冲洗等环节。

表 4-10 铅冶炼废水产污系数表

单位：废水量为 m^3/t 产品，污染物为 kg/t 产品

产品	粗铅		电解铅		精铅	电解铅
原料	铅精矿		铅精矿		铅精矿	铅精矿
工艺	烧结机—鼓风炉		烧结机—鼓风炉—电解		水口山法	水口山法炼铅—电解
规模/(万 t/a)	≥5	<5	≥5	<5	所有规模	所有规模
废水量	14.81	16.14	17.52	18.85	5.31	8.02
COD	0.932	1.00	1.169	1.201	0.766	0.445
镉	0.165	0.167	0.169	0.167	0.141	0.144
铅	0.163	0.183	0.204	0.183	0.186	0.227
砷	0.047	0.049	0.047	0.050	0.053	0.054
产品	粗铅	粗铅	粗铅	粗铅	电解铅	电解铅
原料	铅精矿	废蓄电池	废铅泥、铅精矿	冰铜渣	粗铅	铅锌混合精矿
工艺	烧结锅—鼓风炉	再生铅冶炼	烧结锅/烧结机—鼓风炉	鼓风炉—反射炉	粗铅精炼	密闭鼓风炉炼铅—电解
规模	所有规模	所有规模	所有规模	所有规模	所有规模	所有规模
废水量	28.4	1.51	9.29	1.03	2.71	6.02
COD	0.428	0.132	0.337	0.030	0.27	0.268
镉	0.018	微	0.008	微	0.003	0.053
铅	0.143	0.0009	0.052	0.0006	0.041	0.080
砷	0.028	微	0.003	0.0003	0.0007	0.011

注：数据主要参照《第一次全国污染源普查工业污染源产排污系数手册》。

（三）铅冶炼的固体废物污染

铅锌冶炼所产生的危险固废有：含铅废物（铅冶炼废水处理渣、铅滤饼、铅烟尘、铅银渣、阳极泥、锡渣、碱洗净化渣等）、含锌废物（锌冶炼污水处理渣、电尘、铁矾渣、阳极泥、锌渣、锌冶炼净化渣等）、含砷废物（砷滤饼等）、含铜废物（铜锍、黄渣、铜镉渣等）、含镉废物（镉尘、铜镉渣等）。

铅冶炼废渣的产生量约为 0.7 t/t 粗铅，还有废气处理回收的粉尘或尘泥。

表 4-11 铅冶炼废渣产污系数表

单位：kg/t 产品

产品	粗铅		电解铅		精铅	电解铅
原料	铅精矿		铅精矿		铅精矿	铅精矿
工艺	烧结机—鼓风炉		烧结机—鼓风炉—电解		水口山法	水口山法炼铅—电解
规模/(万 t/a)	≥5	<5	≥5	<5	所有规模	所有规模
冶炼渣	1218	1247	1218	1247	597	597
含铅危废	136	134	170	134	87	101
产品	粗铅	粗铅	粗铅	粗铅	电解铅	电解铅
原料	铅精矿	废蓄电池	废铅泥、铅精矿	冰铜渣	粗铅	铅锌混合精矿
工艺	烧结锅—鼓风炉	再生铅冶炼	烧结锅/烧结机—鼓风炉	鼓风炉—反射炉	粗铅精炼	密闭鼓风炉炼铅—电解
规模	所有规模	所有规模	所有规模	所有规模	所有规模	所有规模
冶炼渣	1004		1505	626		513
含铅危废	102	302	352	45	34	51

注：数据主要参照《第一次全国污染源普查工业污染源产排污系数手册》。

环境保护部等九部门要求对铅蓄电池行业进行彻底排查，坚决做到“六个一律”：对未经环境影响评价或达不到环评要求的，一律停止建设；对环境保护、安全设施、职业健康“三同时”执行不到位的，一律停止生产；对无污染治理设施、污染治理设施不正常运行或超标排放的，一律停产整治；对无危险废物资质从事废铅蓄电池回收的，一律停止违法经营活动；对发生重大铅污染事件的，一律追究责任。

五、再生铅加工的环境污染

每生产 1 t 再生铅，可节约 1 360 kg 标煤，减排固废 98.7 t，节水 208 m^3，减排二氧化硫 0.66 t，大大减少铅废料对环境的污染和资源的浪费。但是用简单的落后技术加工再生铅，同样也会产生严重的环境污染。

（一）国家对再生铅工业的政策

2007 年 3 月 10 日发布的《铅锌行业准入条件》分别从生产规模、工艺装备、能源消耗、资源综合利用、环境保护、安全生产与职业危害等方面对再生铅行业提出了明确的要求：现有再生铅企业的准入规模应大于 1 万 t/a；改造、扩建再生铅项目，准入规模必须在 2 万 t/a 以上；新建再生铅项目，准入规模必须大于 5 万 t/a。铅再生利用项目资本金比例要达到 35%及以上。新建及现有再生铅项目，废杂铅的回收、处理必须采用先进的工艺和设备。必须有节能措施，确保符合国家能耗标准。每吨再生铅冶炼能耗应低于 130 kg 标准煤，电耗低于 100 kWh。新建再生铅企业铅的总回收率大于 97%，现有再生铅企业铅的总回收率大于 95%，冶炼弃渣中铅含量小于 2%，废水循环利用率大于 90%。

2011 年 1 月 24 日，工业和信息化部、科学技术部、财政部印发《再生有色金属产业发展推进计划》，通知规定：“再生铅行业，淘汰土烧结盘、简易高炉、烧结锅、烧结盘以及直燃煤式反射炉、冲天炉、坩埚炉熔炼等落后炼铅工艺和设备。”

“节能减排及资源综合利用。再生铅熔炼能耗低于 130 kg 标准煤/t，废铅渣 100%无害化处置，再生铅熔炼金属回收率超过 95%。”

“技术装备水平。到 2015 年，再生铅企业采用预处理破碎分选、铅膏铅栅分类熔炼、低温连续熔炼、回转短窑熔炼等先进技术的产能超过 80%。”

（二）再生铅工业的主要生产工艺

我国再生铅工业主要采用的工艺技术为机械破碎—分选—湿法转化—熔炼技术、固定式熔炼炉技术、传统熔炼技术等。

再生铅工业废气中的污染物主要是颗粒物、铅蒸汽、SO_2、废酸和少量的废水。

根据估算，我国再生铅企业平均每生产 1 t 再生铅产生废水 3～4 m^3。

再生铅工业的废水包括生活废水和工业废水，工业废水主要来自废铅酸电池的预处理及湿法转化过程、冷却水、场地冲洗水等。采用传统工艺生产再生铅的企业产生的废水主要是生活废水和熔炼炉冷却水，其中冷却水可以全部循环使用（但有自然蒸发和机械损耗），而采用机械化破碎、分选、膏泥转化技术的再生铅企业产生工业废水，根据调查分析，为 0.5～1 m^3/t 铅，先进的企业更低。

六、金属锌冶炼的原料与设备

（一）锌冶炼的原料

锌冶炼厂的炼锌原料主要是硫化锌矿经浮选得到的锌精矿，其次是含铅锌的混合精矿。

锌的单一矿较少，大都为伴生矿，多数伴有铅、铟、镉、铜、铁、黄金等金属，锌冶炼原料95%以上是硫化矿，其余是锌的氧化矿。如某锌冶炼企业使用的锌精矿含锌55%，铅3%。

（二）锌冶炼的能耗

现有锌冶炼企业精馏锌综合能耗2 200 kg标煤/t，电锌工艺综合能耗低于1 850kg标煤/t，电锌生产析出锌电解直流电耗低于3 100kWh/t，锌电解电流效率大于87%；蒸馏锌标准煤耗低于1 650kg标煤/t。

蒸馏锌综合能耗接近2 500 kg标煤/t锌，煤耗在1.2～1.5t煤/t锌，属于高能耗行业，大型企业锌的回收率仅92%。

（三）锌冶炼的设备

火法炼锌工艺主要使用密闭鼓风炉工艺，密闭鼓风炉工艺核心设备是鼓风烧结机、密闭鼓风炉、热风炉、冷凝器、烟化炉等。

湿法炼锌工艺主要生产设备有精矿干燥窑、流态化焙烧炉，浸出设备、净化设备、电解槽，低频感应电炉或反射炉，浸出渣干燥窑、挥发回转窑或烟化炉，氧化锌多膛焙烧炉等。

七、金属锌冶炼的工艺

炼锌方法可分火法和湿法两大类，湿法炼锌是主要的炼锌方法，其产量约占世界锌总产量的85%以上。火法炼锌包括竖罐（平罐）炼锌、密闭鼓风炉炼锌、电炉炼锌，目前蒸馏法中平罐炼锌已被淘汰、竖罐蒸馏炼锌已趋淘汰，电炉炼锌国内也很少采用（耗电量大），密闭鼓风炉炼锌是最主要的火法炼锌方法。湿法炼锌包括有浸出渣处理炼锌工艺、无浸出渣处理炼锌工艺、氧化矿处理工艺。

传统的湿法炼锌工艺包括焙烧、浸出、溶液净化、电解沉积、阴极锌熔铸五道工序。

表4-12 锌冶炼工艺工序

工艺类型	工艺工序
竖罐炼锌工艺	工序为氧化焙烧工序、制团工序、烧结蒸馏工序、精馏工序；产品为精馏锌锭
密闭鼓风炉炼（铅）锌工艺	工序分别为烧结熔炼工序、精馏工序；产品为精馏锌锭
湿法炼锌有浸出渣处理工艺	工序分别为酸化焙烧工序、浸出净液工序、浸出渣处理工序、锌电积工序、熔铸工序；产品为电锌锌锭
湿法炼锌无浸出渣处理工艺	工序分别为酸化焙烧工序、浸出净液工序、锌电积工序、熔铸工序；产品为电锌锌锭
湿法炼锌氧化矿处理工艺	工序分别为浸出净液工序、锌电积工序、熔铸工序；产品为电锌锌锭

（一）火法炼锌工艺

火法炼锌有蒸馏法炼锌和鼓风炉炼锌，锌精馏主要的生产设备是熔化炉、精炼炉、精馏塔、冷凝器等。

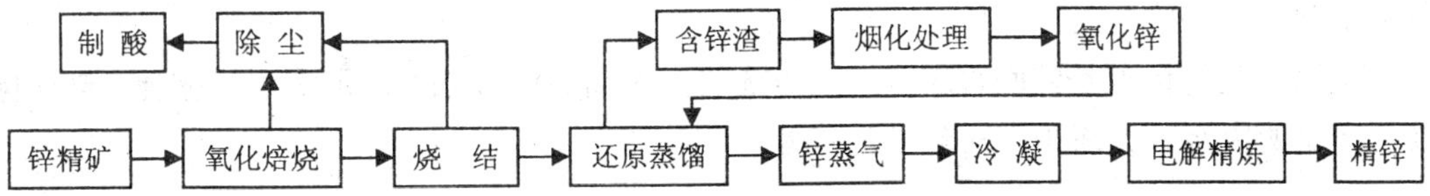

图 4-5　火法炼锌工艺

（二）湿法炼锌工艺

传统的湿法炼锌工艺包括焙烧、浸出、溶液净化、电解沉积、阴极锌熔铸五道工序，主要生产设备有精矿干燥窑、流态化焙烧炉，浸出设备、净化设备、电解槽，低频感应电炉或反射炉，浸出渣干燥窑、挥发回转窑或烟化炉，氧化锌多膛焙烧炉等，生产工艺流程见附图。

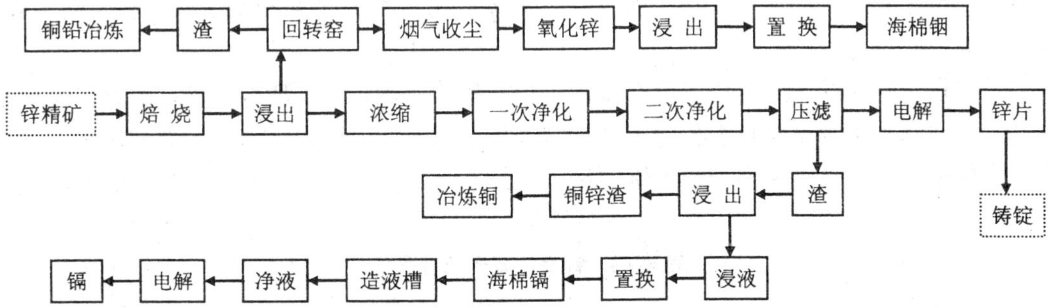

图 4-6　湿法炼锌工艺

（三）铅锌混合矿的冶炼工艺

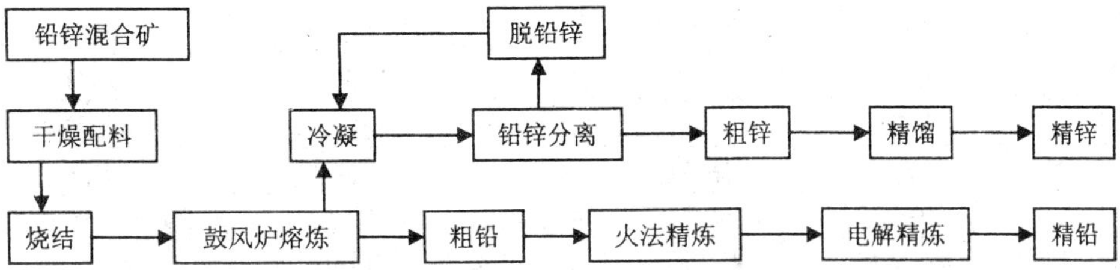

图 4-7　铅锌混合矿的冶炼工艺

（四）再生锌的处理工艺

我国再生锌的处理工艺分火法和湿法两种，以火法为主。其中处理锌含量较高的废金属杂料的方法有还原蒸馏法、湿法、熔析熔炼、铝法等。处理含锌量较低的锌厂烟尘等废物可通过回转窑、平窑等工艺生产为氧化锌，且直接得到锌锭。

蒸馏法和湿法是目前处理含锌量较高的锌渣、锌灰等的回收工艺，能直接得到锌锭。蒸馏法包括横罐蒸馏法和真空蒸馏法；湿法工艺包括溶性阳极电解和浸出—净化—电沉各两种工艺。

湿法工艺的优点是锌回收率高，比传统的火法高20%左右，便于实现机械化、自动化，过程产生的废水、废渣少，对环境污染小。

八、金属锌冶炼的环境污染

锌在有色金属冶炼中是污染相对较轻的金属之一。

（一）金属锌冶炼的废气污染

锌冶炼分湿法和火法两大类冶炼工艺，燃料消耗量差距较大，锌冶炼的废气主要来自精矿干燥、烧结、焙烧、熔炼和火法精炼等工序，烟气量大小与工艺、炉型有关，约为30 000～50 000 m^3/t。生产1吨粗锌 SO_2 产生量约为1 100 kg/t 粗锌，烟粉尘产生量为250～300 kg/t 粗锌（焙烧170 kg、烧结100 kg、炼前处理2 kg），粉尘中还含部分铅、锌、镉、汞、砷、氟等元素。

锌工业废气中的 SO_2 主要有两个来源，一是精矿含硫，二是燃料含硫。因此，锌工业的 SO_2 排放基本上都是来自于各种工业炉窑外排的烟气，因锌冶炼多采用湿法炼锌，锌冶炼产生的废气污染也大大小于铅冶炼的废气污染。

表4-13 锌冶炼废气产污系数

单位：废气量为 m^3 标气/t 产品，污染物为 kg/t 产品

产品	电锌	电锌		蒸馏锌	粗锌
原料	铅锌混合精矿	锌精矿		锌精矿	焙砂
工艺	密闭鼓风炉—电解	湿法炼锌—电解		竖罐炼锌	电炉炼锌
规模/（万 t/a）	所有规模	≥10	＜10	所有规模	所有规模
废气量	56080	10 060	12 030	29 500	5 618
烟尘	365	297	311	323	129
SO_2	1 117	1 186	1 201	1 439	3 341
产品	粗锌	焙砂	电解锌	精锌	氧化锌
原料	锌精矿	锌精矿	次氧化锌	粗锌	焙砂
工艺	电炉炼锌	焙烧炉工艺	湿法电解	锌精馏工艺	电炉或维氏炉还原挥发工艺
规模	所有规模	所有规模	所有规模	所有规模	所有规模
废气量	12 700	3 539	5 431	9 748	6 022
烟尘	365	118	—	20.4	136
SO_2	1 147	622	—	—	0.65

注：数据主要参照《第一次全国污染源普查工业污染源产排污系数手册》。

（二）金属锌冶炼的废水污染

锌冶炼工业外排的废水也称重金属废水，其水质复杂，多呈酸性，含有毒物质较多，对环境污染重。

锌冶炼废水排放量较大，废水产生量约在 20 m^3/t 产品，废水中含铅、锌、镉、汞、砷、氟等元素和 SS。

表 4-14　锌冶炼废水产污系数

单位：废水量为 m^3/t 产品，污染物为 kg/t 产品

产品	电锌	电锌		蒸馏锌	粗锌
原料	铅锌混合精矿	锌精矿		锌精矿	焙砂
工艺	密闭鼓风炉—电解	湿法炼锌—电解		竖罐炼锌	电炉炼锌
规模/（万 t/a）	所有规模	≥10	<10	所有规模	所有规模
废水量	12.04	17.18	19.29	18.33	1.498
COD	0.537	1.836	2.128	0.933	0.200
镉	0.105	0.122	0.135	0.179	微
铅	0.159	0.090	0.120	0.142	0.0008
砷	0.021	0.105	0.105	0.100	0.0006
产品	粗锌	焙砂	电解锌	精锌	氧化锌
原料	锌精矿	锌精矿	次氧化锌	粗锌	焙砂
工艺	电炉炼锌	焙烧炉工艺	湿法电解	锌精馏工艺	电炉或维氏炉还原挥发工艺
规模	所有规模	所有规模	所有规模	所有规模	所有规模
废水量	7.95	3.227	1.65	2.237	1.61
COD	0.413	0.207	0.432	0.182	0.193
镉	0.067	0.051	0.018	0.001	0.0005
铅	0.103	0.056	0.005	0.009	0.0008
砷	0.113	0.033	0.001	0.00001	0.0006

注：数据主要参照《第一次全国污染源普查工业污染源产排污系数手册》。

（三）金属锌冶炼的固体废物污染

锌渣可分为火法蒸馏渣和湿法浸出渣两大类。锌冶炼废渣包括锌烟、锌灰、锌渣、锌浮渣等。湿法浸出渣因含锌较高，经处理后又二次产生出窑渣、热酸浸出渣、烟化炉渣、浮（磁）选尾矿、半鼓风炉渣、酸化焙烧渣等。铅冶炼废渣的产生量约为 0.7 t/t 粗铅，还有废气处理回收的粉尘或尘泥。

严禁锌冶炼 SO_2 污染以及锌冶炼热酸浸出锌渣中汞、镉、砷等有害重金属离子随意堆放造成的污染；严禁铅锌冶炼厂含重金属离子、苯和酚等有害物质的废渣违反相应标准的处置和填埋。

表 4-15 锌冶炼废渣产污系数表 单位：kg/t 产品

产品	电锌	电锌		蒸馏锌	粗锌
原料	铅锌混合精矿	锌精矿		锌精矿	焙砂
工艺	密闭鼓风炉—电解	湿法炼锌—电解		竖罐炼锌	电炉炼锌
规模/（万 t/a）	所有规模	≥10	＜10	所有规模	所有规模
冶炼渣	1 026	601	586	1 029	1 142
含锌含镉危废	101	185	230	147	69
产品	粗锌	焙砂	电解锌	精锌	氧化锌
原料	锌精矿	锌精矿	次氧化锌	粗锌	焙砂
工艺	电炉炼锌	焙烧炉工艺	湿法电解	锌精馏工艺	电炉或维氏炉还原挥发工艺
规模	所有规模	所有规模	所有规模	所有规模	所有规模
冶炼渣	841	—	780	—	1 116
含锌含镉危废	103	53	147	73	0.006 3

注：数据主要参照《第一次全国污染源普查工业污染源产排污系数手册》。

九、铅锌冶炼工业环境监察要点

我国铅锌冶炼中小型企业居多，生产工艺和技术水平较低，能耗物耗较高，环保设施投资不到位，即便有环保设施，也往往运行不正常，污染相当严重，尤其是铅冶炼企业还常常发生污染事故，必须加强环境监察力度和频率。

（一）落实《产业结构调整指导目录（2011 年本）》规定的铅锌冶炼工业产业技术政策

限制类：铅冶炼项目（单系列 5 万 t/a 规模及以上，不新增产能的技改和环保改造项目除外），单系列 10 万 t/a 规模以下锌冶炼项目（直接浸出除外），新建单系列生产能力 5 万 t/a 及以下、改扩建单系列生产能力 2 万 t/a 及以下，以及资源利用、能源消耗、环境保护等指标达不到行业准入条件要求的再生铅项目。

淘汰类：采用马弗炉、马槽炉、横罐、小竖罐等进行焙烧、简易冷凝设施进行收尘等落后方式炼锌或生产氧化锌工艺装备，采用烧结锅、烧结盘、简易高炉等落后方式炼铅工艺及设备，再生有色金属生产中采用直接燃煤的反射炉项目，烧结-鼓风炉炼铅工艺，未配套制酸及尾气吸收系统的烧结机炼铅工艺，烟气制酸干法净化和热浓酸洗涤技术。

国家发改委于 2007 年颁布《铅锌炼行业准入条件》，规定了单系统铅锌熔炼和再生铅企业规模的准入条件。

（二）检查铅锌冶炼工业的废气污染排放法与控制

1．检查烟气制酸和脱硫

铅锌冶炼烟气中的气态污染物主要是 SO_2。铅锌冶炼中，烧结或焙烧烟气、直接炼铅炉烟气 SO_2 含量高，在 3.5%以上，为高浓度 SO_2 烟气，可制酸回收硫，制酸后外排的废气即制酸尾气。此外，其他低浓度含 SO_2 废气基本上均是处理后排放或未经处理直接排放。

采用“两转两吸”制酸，SO_2可以达标排放；采用“一转一吸”（转化率只有90%）制酸后的烟气很难达标；脱硫处理很难达标排放。

2. 检查烟粉尘和重金属排放

铅、锌冶炼工业有组织和无组织排放源存在点多面广、分布不规则的特点，主要的污染物是含重金属的颗粒物烟尘和粉尘的产污强度也非常高，同时粉尘内含有相当数量的重金属。烟气中的烟尘应处理达标，但因其中含有重金属，还要考虑重金属是否超标。

铅锌冶炼的无组织排放的废气主要来自于炉窑装料、出料和熔炼过程的泄漏，产生的无组织排放主要是SO_2和含重金属的粉尘，产生的数量远远高于铜冶炼企业，也高于铅锌冶炼的有组织排放。这是铅锌冶炼环境监察的重点。

3. 检查硫酸雾排放

铅锌冶炼企业中排入空气中的硫酸雾基本上是来自制酸厂，企业应采取措施去除酸雾。

（三）检查铅锌冶炼工业的废水污染排放法与控制

铅锌冶炼工业外排的废水也称重金属污水，其水质复杂，水质多呈酸性，含有毒物质较多，对环境污染重。铅锌冶炼废水排放量较大，主要是冲渣废水和废气净化废水等。废水中含硫化物、铅、锌、镉、汞、砷、氟等元素和SS。铅锌冶炼工业外排的废水也称重金属污水，其水质复杂，水质多呈酸性，含有毒物质较多，对环境污染严重。铅、锌、镉、汞、铜等重金属和砷。

铅锌冶炼产生的废水，尤其是铅冶炼产生的废水是环境监察的重点，应严防排放废水中的重金属超标，避免产生污染事故。

（四）检查铅锌冶炼工业的固体废物污染控制

铅锌冶炼产生的废渣除了回收的尘泥、冶炼废渣、污水处理后的污泥，任意处置都可能产生重金属的污染，尤其是铅冶炼产生的固体废物，更容易产生铅的废水、废气二次污染，对于这些固体废物应按照国家相关标准加强环境监管。

（五）检查再生铅冶炼工业的污染排放与控制

我国再生铅行业所产生的排污节点主要包括：原料预处理、铅膏泥转化、熔炼、铅合金精炼等。产生的污染主要有废酸、SO_2、铅蒸气、烟尘和废水等。

熔炼过程均产生烟气，烟气中的污染物有颗粒状污染物、铅蒸汽、SO_2（碳酸铅物料熔炼不产生 SO_2），如果原料中含有有机废物，则熔炼烟气中会含有二噁英。熔炼过程产生的烟气应经过袋式除尘器、脱硫塔处理后排放。

铅精炼锅应有密闭烟罩，采用负压操作，烟气中的铅蒸气在排烟管中形成氧化铅，经过高效收尘器处理之后排掉。

再生铅冶炼废水主要来自废铅酸电池的拆解（机械化拆解和手工拆解）、铅膏泥的转化过程、车间地面冲洗水等，应经过处理循环使用尽量减少对外排放。

第三节 铝工业污染源环境监察

我国铝工业的资源严重短缺，铝工业耗能占国民经济总耗能的比例，以及严重的环境保护问题，明显的反馈出我国铝工业高速发展的不可持续性。

炼铝的原料主要是铝土矿，金属铝生产分为四大步骤：①以铝土矿为原料生产氧化铝（含采矿、选矿）；②将氧化铝进行熔盐电解生产金属铝；③由于大中型电解铝企业需要大量碳素极块，还设有碳素生产车间；④由于大中型电解铝企业生产需求大量电能，还可能建有自备电厂。

金属铝生产原料主要是铝土矿。金属铝生产分为两个生产阶段：第一个阶段是以铝土矿为原料生产氧化铝，第二个阶段是将氧化铝进行熔盐电解生产金属铝。

一、氧化铝工业的原料与能耗

（一）氧化铝的原料

工业上生产氧化铝使用的原料有：三水铝石型铝土矿、一水铝石型铝土矿、霞石矿及明矾石矿。

我国铝土矿开采以露天开采为主。通常铝土矿山选矿厂是将铝土矿进行破碎、筛分至氧化铝工艺所需的粒度。但红土型铝土矿含泥多、品位低，铝土矿需经洗选，提高品位再送往氧化铝厂。

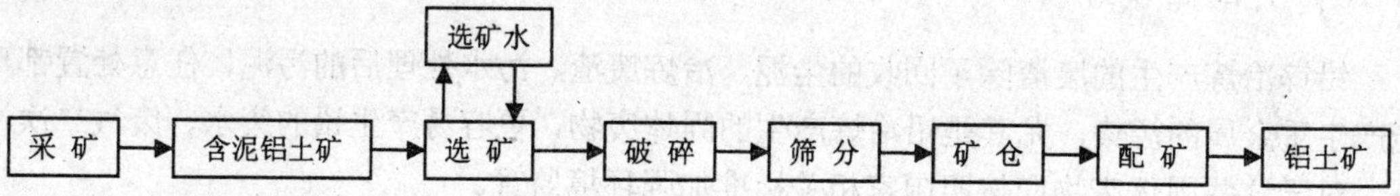

图 4-8 铝土开采工艺

制造 1t 氧化铝约需要 2～3t 铝土矿，并消耗 8 500～12 000 MJ 热能；而制造 1t 金属铝也需要近 2 t 氧化铝，需要 4～6t 铝土矿。我国铝土矿有一半由国内四大铝厂生产，每生产 1t 氧化铝平均消耗 2～2.5t 铝土矿；另一半由民采生产，每生产 1t 氧化铝平均消耗 4～7t 铝土矿储量；因此，在铝土矿产区，民采氧化铝生产的资源浪费、环境污染比较严重。

（二）氧化铝的能耗

我国生产 1t 氧化铝综合能耗曾高于 1t 标准煤/t，但铝工业的节能减排效果显著，2009 年氧化铝综合能耗为 656.69kg 标准煤/t，比 2008 年降低了近 160kg 标准煤/t。

生产 1t 氧化铝将消耗 2～3t 铝土矿、0.3～1.6t 石灰石、1.5t 煤炭、60kg 碱、10～20t 新鲜水，产生 0.9～1.7t 赤泥。

表 4-16　各类工艺吨氧化铝能耗物耗指标对照

工艺	原料单耗	电力单耗	焦炭单耗	烧成煤耗	蒸汽单耗	焙烧耗油	新水单耗
烧结法	铝土矿 2 t/t 石灰石 1.8 t/t 苏打 0.108 t/t 生料加煤量 100 kg/t	450 kWh/t	95 kg/t	770 kg/t	4.2 t/t	78 kg/t	18 m^3/t
混联法	熟料 2.6 t/t	456 kWh/t	—	464 kg/t	12.5MJ/t	—	3.9 m^3/t
拜耳法	铝土矿 1.85 t/t 苏打 0.05 t/t 石灰 0.2 t/t	257	—	—	7.2 MJ/t	3.2 MJ/t	3.6 m^3/t

注：资料参照屠海令等编著的《有色金属冶金、材料、再生与环保》2003.1（化学工业出版社）。

二、氧化铝的生产工艺

氧化铝的生产方法主要有拜耳法、烧结法和联合法，世界上 90%以上氧化铝都是由拜耳法生产的，只有我国、俄罗斯、乌克兰等少数国家采用烧结法。目前在工业上采用的是碱法烧结，主要原料是铝土矿、碱和石灰石。氧化铝生产需消耗大量蒸汽，因此我国氧化铝厂均建有自备热电厂，氧化铝生产需消耗大量碳素极块，我国氧化铝厂多建有碳素阳极厂。

表 4-17　各类氧化铝生产工艺特点

工艺	特点	备注
拜耳法	没有熟料烧成工序，因此能耗低，大气污染物排放量小，是氧化铝生产的最佳工艺	只适用于处理铝硅比（Al/Si）8.0 以上的铝矿
烧结法	熟料烧成是烧结法的核心工艺，主要设备为回转窑，燃料为煤粉，烧结法工艺能耗和大气污染物排放量均较拜耳法高出 1 倍以上	适于处理各类低品位铝土矿
联合法	是将拜耳法与烧结法联合使用生产氧化铝的方法，分为串联法、并联法和混联法。混联法是指拜耳法与烧结法联合在一起，既有串联的工序也有并联的工序	适合大规模生产和用于处理铝硅比 5～7 的原料

我国的氧化铝生产是以铝土矿（$Al_2O_3 \cdot SiO_2$）为原料，经破碎、选矿、加碱（NaOH）高压溶出、提取沉渣分离出氢氧化铝，氢氧化铝再经结晶、焙烧成氧化铝产品。受矿石品种和技术水平的限制，我氧化铝生产多采用联合法和烧结法工艺。它是以拜耳法处理大部分易溶的一水硬铝石，将难溶或不溶部分转入烧结法，且在烧结法中再配入部分铝土矿以提高品位。

（一）烧结法氧化铝生产工艺

烧结法生产的主要原料有：铝土矿、石灰、纯碱、循环母液、白煤。现有氧化铝生产系统综合能耗应在 900 kgce/t 氧化铝左右。烧结法适于处理各类低品位铝土矿。熟料烧成是烧结法的核心工艺，主要设备为回转窑，燃料为煤粉，烧结法工艺能耗和大气污染物排放量均较拜耳法高出 1 倍以上。

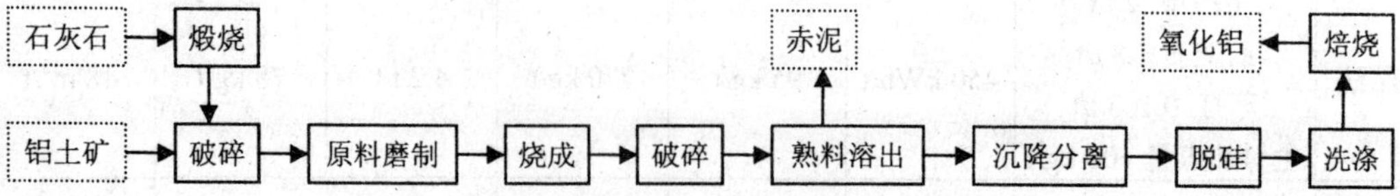

图 4-9 烧结法氧化铝生产工艺

（二）混联联合法氧化铝生产工艺

联合法是将拜耳法与烧结法联合使用生产氧化铝的方法，适合大规模生产和用于处理铝硅比 5～7 的原料。联合法工艺分为串联法、并联法和混联法。混联法是指拜耳法与烧结法联合在一起，既有串联的工序也有并联的工序。

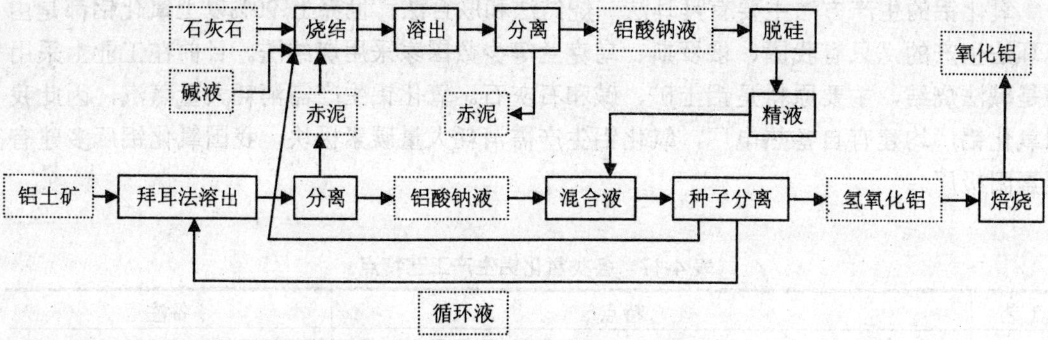

图 4-10 混联联合法氧化铝生产工艺

（三）拜耳法氧化铝生产工艺

拜耳法生产的主要原料有：铝土矿、苛性碱、石灰、种分循环母液。现有拜耳法氧化铝生产系统综合能耗应在 500kgce/t 氧化铝左右。

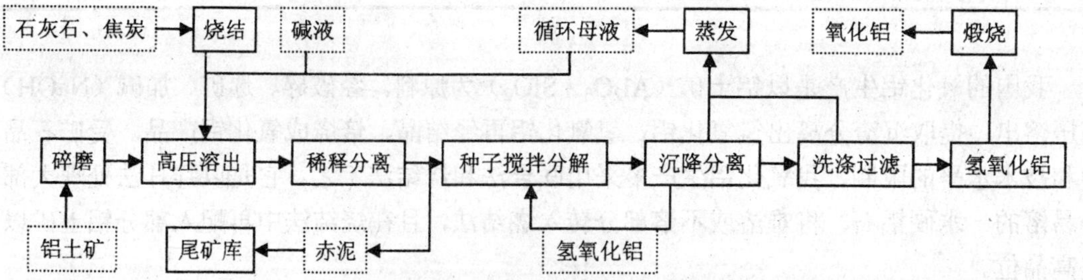

图 4-11 拜耳法氧化铝生产工艺

三、氧化铝工业的环境污染

（一）氧化铝工业的废气污染

1．铝土矿采选的废气

氧化铝厂自备矿山的选矿厂废气主要来自铝土矿的开采、破碎、筛分、尾矿堆积场产生有组织排放的废气和无组织排放的废气，有组织排放的废气可以经除尘后排放，无组织排放的废气一般都直接排放，废气中的主要污染物是含铝粉尘。铝土矿采选的污染测算方法可以参考第五章内容。

2．氧化铝生产的废气

氧化铝生产过程产生的有组织排放废气主要来自熟料窑、焙烧窑等设备燃料燃烧产生的含烟尘、SO_2、NO_x、CO_2的烟气，无组织排放废气主要来自破碎、筛分、运输、加料的生产过程产生的含铝粉尘。熟料窑、焙烧窑产生的废气主要与使用的燃料种类、品质、消耗量有关。

（1）有组织排放的粉尘

有组织排放的废气主要包括烧结和焙烧炉窑产生的烟气，还有烧结法生产 1t 氧化铝平均废气产生量约为 12 000 m^3（其中熟料窑 10 000 m^3、焙烧窑 2 000 m^3），粉尘产生量约为 1 600 kg（熟料窑 1 300 kg、焙烧窑 300 kg）左右；联合法生产 1t 氧化铝，废气产生量约为 5 000 m^3，粉尘产生量约为 1 200 kg。

（2）无组织排放的粉尘

氧化铝生产工序多、流程长，生产环节物料破碎、筛分、磨粉、贮存及输送等都易产生粉尘。氧化铝厂原矿堆场、均化场一般采取露天堆放，由于卸料、堆料、取料（有风天气）会产生大量无组织排放扬尘，近年部分氧化铝厂已采用封闭或半封闭料仓，对抑制扬尘起了很大作用。目前，各氧化铝企业对以上散尘点均采取集尘罩辅以通风收尘系统进行处理。

为了有效控制无组织排放粉尘量，氧化铝厂对干性物料装卸场所设置喷水抑尘或其他有效的集尘、降尘措施，并保证在物料装卸等过程中的正常运行；应设封闭或半封闭原料库、原料均化库，并采取相应的抑尘措施。铝矿、石灰石矿、原料煤等，均不得露天堆放。

（3）SO_2 的排放量

氧化铝行业在计算 SO_2 产排污系数时，应根据熟料窑、焙烧炉使用的燃料种类、品质和消耗量来确定。熟料窑使用的燃料是煤，氢氧化铝焙烧炉使用的燃料有天然气、重油、发生炉煤气等，在计算 SO_2 和 NO_x 产排污量时应考虑燃料的种类。

由于氧化铝要消耗一定量的燃料，但燃料中的硫分和生料中的硫分在烧结时会大部分被碱液吸收，只有很少部分排放，主要是氧化铝厂的石灰窑和蒸汽锅炉产生烟气中含有一定量的 SO_2。燃煤产生的二氧化硫可以通过物料衡算进行计算，产生量按相应炉窑的计算。

（4）NO_x 的排放量

由于正常生产中熟料烧结温度范围应控制在 1 240～1 300℃，焙烧是在 900～1 250℃下进行的，再此温度下主要产生 NO_x 的量约在 1t 燃煤产生 NO_x7 kg/t 燃煤，1t 燃油产生

NO_x 3.6kg/t 燃油。

表 4-18 氧化铝生产废气产污系数

单位：废气量为 m^3 标气/t 产品，污染物为 kg/t 产品

工艺		烧结法	联合法	拜耳法
废气量		20000	6200	2200
粉尘		500	235	51
SO_2	熟料窑（燃煤）	0.35～1.05～2.1	0.13～0.38～0.75	—
	焙烧窑（天然气）	0.14	0.14	0.14
	（重油）	3.5	3.5	3.5
	（煤气）	0.81～1.97～4.4	0.81～1.97～4.4	0.81～1.97～4.4

注：① 规模等级为所有规模；数据主要参照《第一次全国污染源普查工业污染源产排污系数手册》；
② 表中的废气对应的是熟料窑和气态悬浮焙烧炉产生的烟气。

（二）氧化铝工业的废水污染

在矿山生产中，按照设计，每生产 1t 铝土矿需要用水 6～7m^3。氧化铝工业生产 1t 氧化铝新水量消耗：烧结法为 20m^3/t 氧化铝、联合法为 5 m^3/t 氧化铝。在分离、洗涤、过滤等生产过程产生和排放大量废水，废水中的主要污染物有 SS、氧化铝、碱类物质，废水中含碱烧结法为 30kg、联合法为 14kg，含 SS 烧结法为 22kg、联合法为 12kg。

鉴于氧化铝厂产生的碱性废水中可能还含重金属元素，我国大部分氧化铝厂已实现生产污（废）水零排放，对于建在水环境敏感地区的氧化铝厂，铝工业污染物排放标准规定氧化铝厂的污水不得外排，进行处理后回用。对于事故状态下可能排出的废水，应设事故贮水池进行收集，同样需处理后回用。若处理后水没有 100%回用，则污水排放量=产生量–实际回用量。

表 4-19 氧化铝生产污水产污系数

单位：废水量为 m^3/t 产品，污染物为 kg/t 产品

工艺	烧结法	联合法	拜耳法
废水量	4.5	4	0.5
COD	1.13	0.8	0.05
石油类	0.07	0.04	0.003

注：① 规模等级为所有规模；数据主要参照《第一次全国污染源普查工业污染源产排污系数手册》；
② 表中的废气对应的是熟料窑和气态悬浮焙烧炉产生的烟气。

（三）氧化铝工业的废固体废物污染

生产 1t 氧化铝将消耗 2～3t 铝土矿，在生产过程沉降分离中产生大量赤泥，赤泥产生量：烧结法为 1.8t/t 氧化铝、联合法为 1.1t/t 氧化铝。由于消耗大量燃煤，还会产生相当于燃煤耗量 25%的灰渣。

表 4-20 氧化铝生产固体废物产污系数 单位：kg/t 产品

工艺	烧结法	联合法	拜耳法
尾矿	1500	850	1600

注：① 规模等级为所有规模；数据主要参照《第一次全国污染源普查工业污染源产排污系数手册》；
② 表中的废气对应的是熟料窑和气态悬浮焙烧炉产生的烟气。

四、铝电解的原料与能耗

金属铝主要生产原料是氧化铝、氟化盐（冰晶石、氟化铝等）、碳素阳极。

用电解法制取金属铝，t 铝消耗氧化铝约 1.92t、氟化盐 35 kg、碳素阳极约 570kg（阳极毛耗约 560kg/t 铝，阴极仅 10～15kg/t 铝）。氟化盐是电解铝企业的重要原材料。国内预焙槽电解铝氟化盐单耗一般为 26～35kg/t 铝，而国外仅为 16kg/t 铝（考虑回收，实际消耗国内约 1～12kg/t 铝，而国外仅为 0.5～1kg/t 铝）。每生产 1t 电解铝需用 530～550kg 阳极糊或 500～530kg 预焙阳极块（毛耗）。经过节能减排的促进，按照 2009 年相关资料显示 1t 铝的电耗为 14 177 kWh/t。

五、铝电解的工艺

（一）铝电解的工艺原理

金属铝生产采用的冰晶石—氧化铝熔盐电解法，是目前工业生产金属铝的唯一方法。该工艺生产是以氟化盐（冰晶石为主）为熔剂，氧化铝为溶质，碳素材料为电极进行电解。

电解槽导入强大直流电，氧化铝、氟化盐在 950℃左右条件下熔融（电解质），电解质在电解槽内经过复杂的电化学反应，氧化铝被分解，在槽底阴极析出铝液，在阳极析出气体，铝液通过真空抬包从槽内抽出，送往铸造车间，在保温炉内经净化澄清后，浇铸成铝锭或直接加工成线坯、型材等。

电解过程中，碳素阳极与氧反应生成 CO_2、CO 不断消耗，通过定期更换阳极块进行补充。电解槽散发的烟气中含有大量氟化物、粉尘、沥青烟（自焙槽）及 SO_2 等大气污染物，是铝厂最主要的大气污染源。

（二）铝电解的设备

铝电解的主要设备是电解槽、集气装置、真空抬包、保温炉。铝电解槽是炼铝的主要设备，包括：①阳极装置，一般有 10～20 个阳极炭块组，每个炭块组包括炭块、钢爪和铝导杆；②阴极装置和电解槽内衬；③槽壳、槽罩；④导电系统。

电解铝生产工艺的差别主要体现在电解槽上。电解槽总体上分为自焙槽（侧插自焙槽和上插自焙槽）和预焙槽（不连续式、连续式）。自焙槽因环境污染严重、生产技术落后，为我国已淘汰的技术装备。

电解厂多为 100 台槽以上的大系列生产，槽烟气经罩板集气处理后排放，少量逸出经车间天窗排出，形成无组织排放源。

（三）铝电解的工艺

电解铝一般采用冰晶石-氟化铝融盐电解法。按电解槽所用阳极类型又分为自焙阳极电解槽和预焙阳极电解槽。电解槽的电极材料有阳极糊（自焙槽用）、碳素阳极块（预焙槽用）、阴极炭块（电解槽内衬材料）。

铝锭综合交流电耗的总体水平已从 1980 年的 17 146 kWh/t 铝，下降到了 2007 年的 14 488 kWh/t 铝，提前达到了国际原铝协会制定的 2010 年世界原铝的节能目标为 14 600 kWh/t 铝。

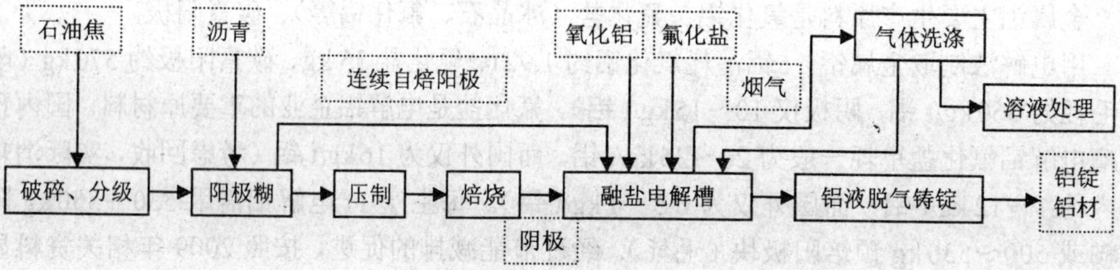

图 4-12 电解铝的生产工艺

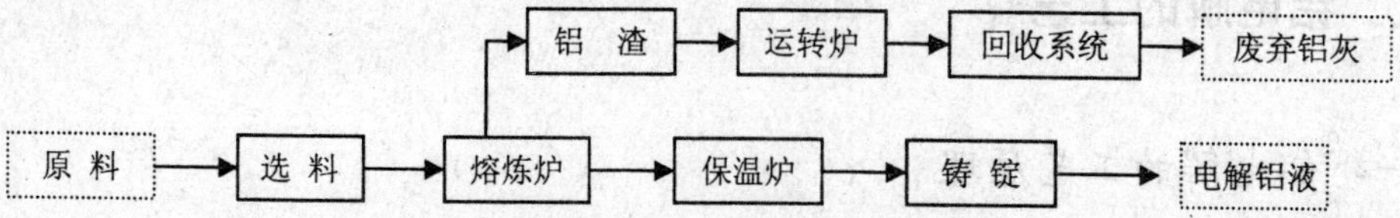

图 4-13 熔炼铝的生产工艺

铝电解用氟化盐主要是氟化铝、冰晶石、氟化钙、氟化镁、氟化锂等，其中主要以氟化铝和冰晶石为主。理论上氟化盐并不消耗，但在实际生产中槽内电解质经常减少，要不断补充氟化盐，每吨铝补充 1～20 kg，其主要原因是由于电解质温度过高会造成氟化盐的挥发损失，及原料中的水分将氟化盐分解等。

冰晶石-氟化铝融盐电解法得到的铝的纯度小于 99.8%，成为原铝；纯度达到 99.99%～99.996%的称为精铝；纯度超过 99.999%以上的称高纯铝。

六、铝电解的环境污染

铝电解工艺主要产生污染的污染源是电解槽。不同的电解槽产生的污染也有较大差异，相同点是的就是产生的污染主要是大气污染。阳极糊或预焙阳极块生产上不产生废渣和废水，但产生一定量的废气，废气中污染物有沥青烟和氟。电解铝的生产成本中所占比重最大的就是电能，大约占总生产成本的 35%，煤耗占 4%左右。

（一）铝电解的废气污染

氟化物是电解铝行业的特征污染物。即使是较为先进的预焙槽工艺，氟化物排放量也超过 1kg/t 铝，而国际上在 0.5kg/t 铝以下。在减排方面，2005 年前电解槽氟化氢（HF）

气体排放达到吨铝 23～25kg/t 铝。目前全国 HF 排放小于 1kg/t 铝，氟化炭（PFC）的减排工作也正在进行。

根据冰晶石-氟化铝融盐电解法的生产原理和原辅料的消耗，氧化铝与熔剂、阴极、阳极的反应过程中产生大量废气，废气中含有多种污染物，如氟化氢、SO_2、载氟粉尘（四氟化硅、四氟化碳、氧化铝、氟化盐、碳粒等）、CO、CO_2、沥青油烟、四氟化碳等。如果电解槽是开放式的，产生的污染物多以气态无组织方式排放，如果电解槽增加密闭的集气罩，则这些污染物可被有组织回收或净化。

1．氟化物的污染

铝电解的同时还散发出氟化物、粉尘等污染物为主的电解烟气。在 400～600℃温度下，氧化铝中仍可含有 0.2%～0.5%的水分。原料中的水分与固态氟化盐在高温条件下发生化学反应，同时，进入熔融态电解质中的水分也可与液态的氟化盐发生化学反应，生成有害的氟化氢。按照 2009 年相关资料显示，产生氟化氢为 15kg/t 铝，含氟粉尘 8kg/t 铝，四氟化碳 2kg/t 铝。世界上先进的现代化预焙阳极电解槽铝厂经回收净化后有害污染物的排放指标为 CO_2 1.6t/t 铝、氟化物 0.5kg/t 铝、四氟化碳 0.05kg/t 铝。目前，西方几乎所有的电解铝厂都已经不使用冰晶石启槽，全部使用过量电解质启槽。西方电解铝厂也几乎不用冰晶石补充电解槽里氟化盐的损失。2007 年，中国铝用冰晶石消费量大约为 14 万 t，大部分用于新槽启动，而 2007 年其他国家电解铝厂消耗冰晶石总量仅为 3.5 万 t。也就是说，中国生产了全球 34%的电解铝，却消耗了约全球 80%的冰晶石。大致测算，中国目前每 t 电解铝消耗冰晶石 11.2kg/t 铝，而国外只有 1.2～1.5kg/t 铝。

2．粉尘的污染

电解铝企业除了在电解槽产生载氟粉尘外，还在先氧化铝等原材料运输装卸过程中产生粉尘。电解槽的集气率约为 95%～98%，还有部分随无组织排放的尘从天窗排放（约 2kg/t 铝）。载氟氧化铝粉尘的回用可以回收电解氟化盐消耗的 50%。自焙槽因含水分和碳氢化合物，产生的废气量大，烟气中氟的含量比预焙槽高。氟化氢占总氟化物总量的比例：自焙槽占 2/3，预焙槽只占 1/3。没设烟气净化装置的铝厂，电解槽烟气全部散发排入空中，废气中的氟化物全部排放，造成铝厂周围特有的氟化物污染。如对电解槽密闭，烟气净化，会使氟化物排放量大大减少，但许多铝厂的电解槽的密闭盖由于经常开启，封闭都不够严密，在加料、出铝、换阳极过程中都会泄漏大量废气，排放一定量的氟化物和含氟粉尘。

3．SO_2 的污染

因为电解槽的电解过程会消耗 570kg 碳素极块/t 铝。碳素极块是由石油焦和沥青制作的，含有一定量的硫分（0.6%～0.8%），在电解过程中炭极在不断氧化，其中含的有机硫分 95%转变成 SO_2 产生量，如在集气的净化过程没有脱硫措施，将转成排放量。

SO_2 排放量的计算公式为：

$$G_{硫排}=2\times95\%\times570\times S(1-\eta_{硫})=1\,083\,S(1-\eta_{硫}) \quad \text{kg/t 铝}$$

式中：$G_{硫排}$——电解过程 t 铝 SO_2 排放量，kg/t 铝；

S——炭极的硫分；

$\eta_{硫}$——集气净化装置的脱硫率。

4．多环芳香烃（PAH）的污染

多环芳香烃的产生主要来自自焙槽生产过程产生的沥青烟。应为碳素阳极经过煅烧，残存的沥青量很少，在现代化预焙阳极电解槽几乎没有 PAH，只在使用阳极糊时少量逸出。

表 4-21 电解铝（原铝）生产废气产污系数表

工艺	熔盐电解法		
工艺规模	单位	≥160 kA	<160 kA
废气量（标态）	m^3/t 铝	100 000	130 000
粉尘	kg/t 铝	100	100
SO_2	kg/t 铝	7.5	8
氟化物	kg/t 铝	23	19.5

注：① 数据主要参照《第一次全国污染源普查工业污染源产排污系数手册》；
② 表中废气是电解铝企业电解槽产生的烟气。

（二）铝电解的废水污染

没有煤气制造的铝工业企业排水污染控制项目为悬浮物（SS）、氟化物、石油类、pH、化学需氧量（COD_{Cr}）、氨氮、总氮和总磷 8 项；含有煤气制造的铝工业企业排水污染控制项目应增加总氰化物、硫化物和挥发性酚，控制项目共 11 项。

电解铝厂生产用水不进入生产流程，外排废水主要是冷却循环水排水、机修废水、生活废水。铝工业污染物排放标准规定：对新建厂要求设备冷却水（含烟气净化风机冷却水等）采用循环水，严格控制生产废水外排。但有些电解铝企业配有自备电厂和碳素阳极厂，实际的污水排放量还要考虑自备电厂和碳素阳极厂产生的废水。

表 4-22 电解铝（原铝）生产废水产污系数表

工艺	熔盐电解法		
工艺规模	单位	≥160 kA	<160 kA
废水量	m^3/t 铝	7	8
COD	kg/t 铝	0.7	0.8
氨氮	kg/t 铝	0.07	0.08
石油类	kg/t 铝	0.07	0.08
挥发酚	kg/t 铝	0.003 5	0.004

注：① 数据主要参照《第一次全国污染源普查工业污染源产排污系数手册》；
② 表中废水是电解铝企业电解工艺产生的废水。

（三）固体废物污染核算

铝电解工业产生的固体废物有残极、废弃阳极泥、维修产生的废弃耐火材料、非保温材料等，这些固体废物有一些有氟化物残留，不严格管理，会产生氟化物的二次污染。

表 4-23　电解铝（原铝）生产固体废物产污系数表

工艺	熔盐电解法		
工艺规模	单位	≥160 kA	<160 kA
无机氟化物废物	kg/t 铝	26	35

注：① 数据主要参照《第一次全国污染源普查工业污染源产排污系数手册》；
② 表中固体废物是电解铝企业电解槽产生的。

七、铝用碳素生产工艺与环境污染

铝用碳素包括阳极和阴极。目前我国阳极毛耗约 560 kg/t 铝，阴极仅 10～15 kg/t 铝。因此具有一定规模的电解铝厂基本上配套阳极生产系统，而有阴极生产的铝厂较少（产品为半石墨质阴极）。

（一）铝用碳素生产工艺

铝用阳极生产原料为石油焦和煤沥青，生产过程包括原料贮运破碎、煅烧、沥青熔化、阳极制造、焙烧及炭块贮存和残极处理等工序。阴极生产工序与阳极相近似，包含无烟煤煅烧、中碎配料（含沥青熔化）、混捏成型、阴极焙烧、机械加工五道工序。

（二）铝用碳素生产的污染

阳极生产工序相对较长，各个破碎、筛分及物料贮运工序扬尘点较多且分散，是造成环境污染的重要原因之一。因此加强阳极通风除尘是重要的环保措施。焙烧炉烟气中含有沥青烟、碳尘、氟化物和 SO_2 等大气污染物，是阳极系统的主要大气污染源。

表 4-24　铝用碳素生产产污系数表

单位：废水量为 m^3/t 产品，废气量为 m^3 标气/t 产品，污染物为 kg/t 产品

	产品：铝用阳极炭块 原料：石油焦+煤沥青 工艺：预焙阳极法		
规模/（万 t/a）	≥20	15～20	<15
废水量	3	3	3
废气量	5 500	8 000	10 500
粉尘	0.7	1.08	1.45
SO_2　天然气	0.15	0.15	0.15
重油	3.6	3.6	3.6
低硫煤煤气	0.8	0.8	0.8
中硫煤煤气	2.2	2.2	2.2
高硫煤煤气	4.4	4.4	4.4
氟化物	0.2	0.28	0.35

八、再生铝加工的环境污染

国内以废杂铝为原料生产再生铝的企业规模普遍偏小、技术水平低下，以人工操作为主，许多企业没有采取相应的环境治理措施，环境问题突出。

再生铝的原料是各类废铝，目前国内废铝回收占总利用量的40%，进口的废铝占60%。

（一）原料

再生铝熔炼采用的原料主要是废杂铝料、熔剂（氯化钠、氯化钾、冰晶石）。再生铝是以回收来的废铝零件或生产铝制品过程中的边角料以及废铝线等为主要原材料，经熔炼配制生产出来的符合各类标准要求的铝锭。采用的燃料主要有煤、焦炭、重油、柴油、煤气、天然气等。

在熔炼过程，为了减少烧损、提高铝的回收率并保证铝合金的质量，还要加入一定数量的覆盖剂、精炼剂和除气剂，这些添加剂与铝溶液中的各种杂质进行反应，产生大量的废气和烟尘，这些废气和烟尘中含有各种金属氧化物和非金属氧化物，同时还可能含有有害物质，这些都能对环境产生污染。

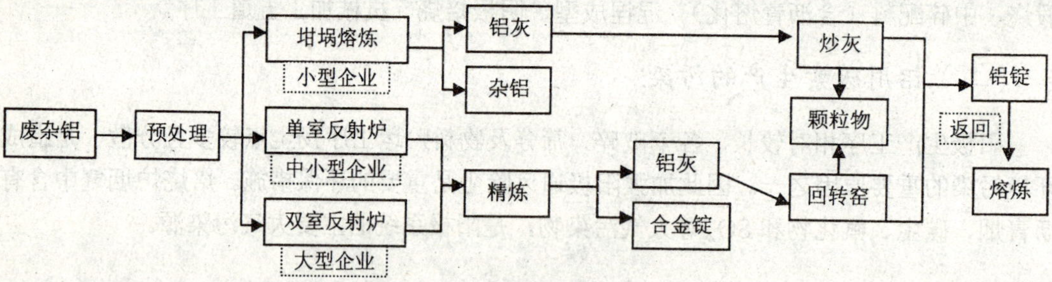

图 4-14 再生铝生产技术路线

（二）冶炼工艺

废铝料的再生冶炼一般采用火法冶金工艺。熔炼设备有坩炉、反射炉、竖炉、电炉、回转炉等。

主要生产工艺流程：

原料预处理→熔炼→成分调整→铝液处理→铸造

（三）再生铝熔炼的废气污染

1. 预处理产生的污染

预处理产生的废塑料、废钢铁、其他垃圾。主要是固体废物。

2. 熔炼炉窑产生的烟气污染

炉窑采用的燃料主要有煤、焦炭、重油、柴油、煤气、天然气等，产生的烟气主要污染物有 SO_2、NO_x、烟尘等。

3．夹杂物燃烧产生的污染

废杂铝中夹杂着诸如橡胶、塑料、树脂、油漆等杂物，在熔炼过程除了产生烟气污染外，还会产生其他气态污染物，有些还有严重的异味。

4．添加剂的污染

在熔炼过程中，一般会加入多种熔剂和精炼剂，熔炼过程会产生氟化物、氯化物等。

5．炒灰产生的烟粉尘

再生铝熔炼过程产生大量浮渣（铝灰），一般中小企业多采用大锅炒灰的方式回收其中的铝，炒灰过程产生大量烟尘和粉尘。

（四）再生铝熔炼的废水污染

生产废水主要是冷却水和洗涤水，目前大中型企业都有废铝的水洗系统或喷淋系统，规模的生产企业基本可以做到废水循环利用，不外排。但许多小企业还不能做到废水回用。

（五）再生铝熔炼的固体废物污染

在预处理过程中分选出一般固体废物大部分是可利用资源，如废塑料、废橡胶、废钢铁等。

九、铝工业环境监察要点

（一）落实《产业结构调整指导目录（2011 年本）》规定的铝工业产业技术政策

限制类：电解铝项目（淘汰落后生产能力置换项目及优化产业布局项目除外）、10 万 t/a 以下的独立铝用碳素项目。

淘汰类：铝自焙电解槽及 100 kA 及以下预焙槽（2011 年）、利用坩埚炉熔炼再生铝合金的工艺及设备、铝用湿法氟化盐项目、1 万 t/a 以下的再生铝、再生铅项目。

（二）检查氧化铝工业污染排放与控制

氧化铝工业废水产生量大，pH 值超标，还可能含有重金属元素，对环境的危害较大。但绝大多数氧化铝企业的废水都能做到重复利用，主要的问题是防止尾矿库内的废水外溢造成污染。

氧化铝工业的烧结和焙烧工艺是产生燃烧烟气的主要污染源，其污染的核算由燃料的消耗量、品质和烟气净化装置决定。要加强这方面的监管和核算。

氧化铝工业的固体废物是赤泥，数量非常大，一般都存入尾矿库。国内外都有过存放赤泥尾矿库溃坝的案例，产生巨大的环境破坏，应加强尾矿库安全的监察。

（三）检查电解铝工业污染排放与控制

电解铝的主要污染是电解槽的废气污染，由于不同的技术水平，电解槽消耗的氟化盐的数量不同，技术水平高低导致的氟化盐的消耗量差异巨大，绝大部分消耗掉的氟化盐以污染物的形式排放，少量被电解槽内衬砖吸收。排放的氟化物对周围环境产生严重污染，是电解铝工业的主要污染。

大型电解槽烟气净化系统基本上能保持正常、高效运行，氟化物净化效率可以大于98%，净化后氟排放浓度一般<3～6 mg/m^3，粉尘<30 mg/m^3。由于自焙槽存在工艺落后，集气效率低，烟气中含沥青烟而治理困难等诸多缺点，多数自焙槽铝厂烟气均未进行有效治理，污染物大部分排入环境，厂区周围环境空气污染严重，氟化物、粉尘、SO_2、B(*a*)P浓度均超过环境标准。

电解铝工业使用的碳素阳极含有一定量的硫，在电解过程中产生硫化物，数量较大，应认真核查。

自焙式电解槽使用的是电极糊，不仅产生以上的污染，还会产生大量的沥青烟，这种工艺属于淘汰工艺。

（四）检查碳素工业污染排放与控制

许多电解铝企业配有碳素阳极生产车间。碳素阳极生产过程的破碎、筛分及物料贮运工序中会产生大量扬尘。同时焙烧炉的烟气中还含有沥青烟、氟化物和SO_2等大气污染物。

在电解铝企业生产碳素阳极过程中需使用煤气，可能还设有煤气发生炉，产生洗气废水，煤气洗涤水能直接重复使用，由于没采取必要的脱硫和净化措施，煤气洗涤水的作用只是洗尘，故对其他污染物（如H_2S、酚、氰化物）基本没有去除效果，要关注洗涤废水的污染。洗涤废水虽不排放，重复使用，其他污染物会由水污染物转变为大气污染物排放，同时具有极大的环境应急隐患，这是行业中存在的普遍现象。

（五）检查再生铝工业污染排放与控制

我国熔炼再生铝多采用火焰式熔炼炉，采用的燃料主要是煤炭、燃油、燃气等。燃烧过程会产生大量烟尘和气态污染物，这是再生铝行业主要污染。废铝中夹杂有塑料、橡胶、树脂、油漆等，在熔炼时不禁产生大量烟尘，还有严重的异味。

再生铝工业产生的烟气中，不仅有烟尘，还有SO_2、氯化氢、氟化物、二噁英等污染物。

企业在熔炼铝合金时会加入各种溶剂和精炼剂，主要是氯化物和氟化物，可能产生有毒有害气体。

再生铝熔炼过程会产生大量浮渣（称铝灰），一般中小企业采用大锅炒灰回收铝，炒灰过程会产生大量烟尘。

再生铝生产过程的废水主要是预处理废水和冷却水，一般可以循环使用。

第五章　矿产资源采选工业污染源环境监察

第一节　矿产资源开发存在的环境问题与环境政策

一、矿产资源开发存在的环境问题

（一）资源破坏

1．土地资源破坏

露天采矿剥离的表土，井工采矿后的废石，以及选矿后的尾矿，都严重破坏矿区土地占用。主要发生在矿产资源开发强度大、矿山数量多的煤矿和非金属矿山。据国土资源部门统计，截至 2007 年年底，全国矿业开发占用和损毁土地约 166 万 hm^2，其中尾矿堆放占地约 91 万 hm^2，露天采坑占地约 52 万 hm^2，采矿塌陷占地约 20 万 hm^2。全国历年煤矸石累计存量约 30 亿 t，占地 5 500 hm^2，并且每年新增排放量 1.5 亿～2.0 亿 t。

2．水资源影响

采矿形成的矿坑水、选矿废水以及采矿废石、煤矸石、尾矿渣等堆放不当，构成了矿区水体和土壤的污染源。矿业活动对水资源的影响包括地表水资源影响和地下水资源影响。地表水资源影响有取水、改变河道和水文、污染水质等；地下水资源影响指地下过度采水或疏干地下水会导致水位下降、供水发生困难和地面沉降等问题。采空区形成地质沉陷后，附近被污染的地表水随着地面裂缝下渗，进一步污染埋藏较浅的地下水。在干旱地区，地下水位下降可能会造成地表植被死亡。矿山开发和矿区城镇兴起可能将大量水资源由农用转为工矿业和城镇使用，或者因过量开采地下水，造成区域或流域更大范围的生态环境影响。

（二）生态破坏

矿产资源开发产生的生态环境问题和破坏的种类很多。除露天采掘直接破坏土地外，采矿排出的废石、废渣还侵占了大量土地，并且破坏了植被，加剧了水土流失和土地沙化。另外容易引发地下水污染、塌陷、滑坡、泥石流等次生灾害，对矿区生物多样性造成致命打击，而生物多样性丧失后，虽然某些耐性物种能在矿地实现植物的自然定居，但因矿山废弃地土层薄、微生物活性差，故受损生态系统的恢复非常缓慢，通常要 5～100 年，即使形成植被，质量也相对低劣。因此，矿区生物多样性的损失往往是不可逆的。

（三）环境污染问题

采矿引起的环境污染是巨大的，并依矿种不同而不同。采矿本身的污染主要来自剥离物、尾矿和矿渣等固体废物，矿坑和选矿等的废水，爆破、掘进和交通运输产生的气态污染物，以及各种机械的噪声影响。根据全国矿山地质环境现状调查结果，全国采矿活动平均每年产生的废水、废液约 60.89 亿 t，排放量约 47.9 亿 t；每处理 1 t 矿石还将产生 0.5～0.95 t 尾矿，采矿活动每年产生的尾矿或固体废弃物量约 16.73 亿 t，排放量约 14.54 亿 t；每年约排放 200 亿 m^3 废气。到 2005 年年底，全国尾矿或固体废弃物的累计积存量约 219.62 亿 t。

矿山开采和选矿过程产生的废渣等固体废物中含酸性、碱性、毒性、放射性或重金属成分，通过地表水体径流、大气飘尘污染周围的土地、水域和大气，其影响面远远超过废弃物堆置场的地域和空间。矿山开采和选矿过程产生的废水若未经达标处理就任意排放，甚至直接排入地表水体中，会使土壤或地表水体受到污染，此外，由于排出的废水入渗，也会使地下水受到污染。矿山开采和选矿过程产生的含有 SO_2、CO_2、CO 等废气的排放，会引起大气污染和酸雨。

二、矿山采选的相关政策

（一）采选行业产业政策

表 5-1　采选行业产业结构调整政策

文件及颁布时间	内容概要
《国务院关于全面整顿和规范矿产资源开发秩序的通知》（国发[2005]28 号，2005 年 8 月 18 日） 《产业结构调整指导目录》（发改委令[2011]9 号，2011 年 3 月 27 日） 《国民经济和社会发展第十一个五年规划纲要》（十届人大四次会议，2006 年 3 月 14 日） 《国务院关于加强节能工作的决定》（国发[2006]28 号，2006 年 8 月 6 日） 《关于规范铅锌行业投资行为加快结构调整指导意见的通知》（发改运行[2006]1898 号，2006 年 9 月 13 日） 《"十一五"资源综合利用指导意见》（发改委，2006 年 12 月 24 日） 《国务院办公厅转发国土资源部等部门对矿产资源开发进行整合意见的通知》（国办发[2006]108 号，2006 年 12 月 31 日）	产业布局：1. 限制或禁止在自然保护区、地质遗迹保护区（地质公园）、重要饮用水水源保护区等生态环境保护区域一定范围内开展矿产资源开发活动。2. 禁止在重要基础设施、重大工程设施圈定范围内勘查开采矿产资源，禁止在国家重点保护的历史文物和名胜古迹所在地进行矿产资源勘查开采活动。3. 禁止在城市规划区、主要交通道路沿线、海岸线直观可视范围内露天开采矿产资源，并严格控制地下开采。4. 限制在地质灾害高易发区、重要地下水资源补给区和生态环境脆弱区开采煤炭，禁止在自然保护区、重要水源保护区和地质灾害危险区等禁采区内开采煤炭。5. 对特殊和稀缺煤种实行保护性开发，限制高硫、高灰煤炭资源开发 生产规模：1. 煤矿。2010 年煤炭产量达到 29 亿 t 以上，地面抽采煤层气 50 亿 m^3；2015 年煤炭产量达到 33 亿 t 以上，地面抽采煤层气 100 亿 m^3。山西、内蒙古、陕西等省（区）新建、改扩建矿井规模不低于 120 万 t/a；重庆、四川、贵州、云南等省（市）新建、改扩建矿井规模不低于 15 万 t/a；福建、江西、湖北、湖南、广西等省（区）新建、改扩建矿井规模不低于 9 万 t/a；其他地区新建、改扩建矿井规模不低于 30 万 t/a。2. 铁矿。到 2015 年，铁矿石年开采量达到 11 亿 t。3. 铅锌矿。2010 年精铅年产能控制在 400 万 t 以内，锌年产能控制在 500 万 t 以内；2015 年，铅锌开采量达到 700 万 t

文件及颁布时间	内容概要
《煤炭工业发展“十一五”规划》（发改委，2007年1月） 《铅锌行业准入条件》（发改委，2007年3月19日） 《关于进一步贯彻落实加快产业结构调整政策措施遏制铝冶炼投资反弹的紧急通知》（发改委，2007年4月2日） 《能源发展“十一五”规划》（发改委，2007年4月） 《煤炭产业政策》（发改委，2007年11月29日） 《全国矿产资源规划（2008—2015年）》（国土资源部，2009年1月7日） 《固体矿产资源技术政策要点》（国科发社[2009]176号，2009年4月1日）	工艺设备：1. 煤矿。大型煤矿采掘机械化程度达到95%以上，中型煤矿达到80%以上，小型煤矿机械化、半机械化程度达到40%；推广锚杆支护和采煤工作面金属支护；重点发展千万吨级露天矿山大型采、运成套设备、地下无轨采矿设备、煤矿大断面岩巷机械化掘进成套装备、煤矿巷道快速掘进与支护技术及装备、煤矿年产600万t以上的回采工作面综合机械化开采成套设备、年产800万t以上的回采工作面综合机械化开采成套装备；重点发展单系统年处理能力600万t的高效选煤成套装备、小时处理能力600t的大型节能动筛跳汰机、36m^2宽粒级（120～0mm）分选智能筛下空气室跳汰机、单槽容积40 m^3以上、小时通过能力1500 m^3的机械搅拌式浮选机、大型脱介、脱水筛分设备、直径1 500mm以上的重介质旋流器、大型离心脱水机等装备。2. 铁矿。针对中低品位铁矿、低品位锰矿等难选呆滞资源，研发复合力场选设备、大型多磁极永磁磁选机、超导磁选机、预选抛废等设备。3. 铅锌矿。选矿须采用浮选工艺，地下开采采用充填采矿法，将采矿废石等固体废弃物、选矿尾砂回填采空区，控制地表塌陷 淘汰落后：淘汰未按批准的矿区规划确定的井田范围和井型而建设的煤矿；没有采矿许可证、安全生产许可证、营业执照、矿长资格证、煤炭生产许可证的煤矿；国有煤矿矿区范围（国有煤矿采矿登记确认的范围）内的各类小煤矿；单井井型低于3万t/a规模的矿井（极薄煤层除外）（2007年）；既无降硫措施，又无达标排放用户的高硫煤炭（含硫高于3%）生产矿井；不能就地使用的高灰煤炭（灰分高于40%）生产矿井；淘汰7.6AM、φM-2.5、PA-3型煤用浮选机，PB2、PB3、PB4型矿用隔爆高压开关，PG-27型真空过滤机和X-1型箱式压滤机；淘汰ZYZ、ZY3型液压支架和木支架 能源消耗：铅锌坑采矿山原矿综合能耗要低于7.1kg标准煤/t矿、露采矿山铅锌矿综合能耗要低于1.3kg标准煤/t矿；铅锌选矿综合能耗要低于14kg标准煤/t矿；矿石耗用电量低于45kWh/t

（二）采选行业环境保护政策

表5-2 采选行业环境保护政策

文件及颁布时间	对企业的要求
《国务院关于全面整顿和规范矿产资源开发秩序的通知》（国发[2005]28号，2005年8月18日） 《“十一五”资源综合利用指导意见》（发改委，2006年12月24日） 《煤炭工业发展“十一五”规划》（发改委，2007年1月） 《关于进一步贯彻落实加快产业结构调整政策措施遏制铝冶炼投资反弹的紧急通知》（发改委，2007年4月2日）	规划要求：1. 整合煤、铁、铝、铅、锌等矿种，重新划分矿区范围，确定开采规模，一个矿区只设置一个采矿权。2.禁止新建对生态环境产生不可恢复的破坏性影响的矿产资源开采项目。3. 以石油、天然气、煤炭、煤层气、铁、锰、铜、铝、铅、锌等为重点矿种，合理部署和加强勘查。4. 总投资5亿元及以上的铝矿开发项目由国务院投资主管部门核准，其他矿山项目由省级政府投资主管部门核准。5. 新建铅锌矿山最低生产建设规模不得低于单体矿3万t/a（100t/d），服务年限必须在15a以上，中型矿山单体矿生产建设规模应大于30万t/a（1000t/d）。采用浮选法选矿工艺的选矿企业处理矿量必须在1000t/d以上。 环境标准：1.2010年严格禁止向城镇下水道排放重金属超标的废水；严格禁止含有重金属的工业废物混入生活垃圾处理设施。2. 到2010年，矿井水达标排放率100%。3. 严禁铅锌冶炼厂废水中重金属离子、苯和酚等有害物质超标排放 污染治理要求：采选、贮存、装卸中产生的污染物达标排放；加强煤矿瓦斯抽采利用和减少排放；洗煤水应当实现闭路循环；优化巷道布置，减少井下矸石产出量；发展煤矸石、煤泥发电；大力发展利用煤矸石、粉煤灰及各类化工渣生产新型墙体材料等为主的利废建材；加强粉煤灰、煤矸石等在筑路、回填、复垦等领域的利用

文件及颁布时间	对企业的要求
《能源发展“十一五”规划》（发改委，2007年4月） 《煤炭产业政策》（发改委,2007年11月29日） 《清洁生产标准铁矿采选业》(HJ/T 294—2006,2006年8月15日） 《清洁生产标准煤矿采选业》(HJ/T 446—2008,2008年11月21日） 《固体矿产资源技术政策要点》（国科发社[2009]176号，2009年4月1日）	污染治理技术要求：1. 发展低浓度 SO_2 制酸技术、尘泥造渣生产球团技术、高锌粉尘脱锌回收技术、高浓度大气量 NO_x 干法治理技术、旋风脉冲静电复合防尘技术、冶炼渣物理化学成分分析评价及利用技术。2. 煤炭。鼓励发展露天矿开采技术；鼓励发展综合机械化采煤技术，推行壁式采煤。发展小型煤矿成套技术以及薄煤层采煤机械化、井下充填、“三下”采煤、边角煤回收等提高资源回收率的采煤技术；鼓励开展急倾斜特厚煤层水平分段综采放顶煤技术的研究；鼓励水煤浆技术的开发及应用；研制和发展高效干法选煤技术、节水型选煤技术、大型筛选设备及脱硫技术。3. 铁矿。大气污染防治最佳可行技术包括凿岩湿式防尘技术、穿爆干/湿式防尘技术、就地抑尘技术、固体物料浆体长距离管道输送技术、袋式除尘技术、高效微孔膜除尘技术；废水控制与处理最佳可行技术包括：矿坑涌水——采矿矿坑涌水控制技术，酸性废水——中和法；含汞废水——铁屑过滤法、硫化沉淀法；含镉、铅废水——化学沉淀法；硫化法；固体废物处置及综合利用最佳可行技术包括铁尾矿再选技术、废石、尾矿用于建筑材料技术、尾矿制造微晶玻璃技术等
关于深入开展重金属污染企业专项检查的通知（环发[2009]112号 2009年9月29日）	资源综合利用：1.到2010年，矿产资源总回收率与共伴生矿产综合利用率在2005年的基础上各提高5个百分点，分别达到35%和40%；煤矸石、矿井水利用率均达到70%，洗煤废水闭路循环率80%；到2015年，矿产资源总回收率与共伴生矿产综合利用率平均分别提高约5个百分点，铁、锰、铬矿的采选回收率平均提高3～5个百分点。2.到2015年，工业固体废物综合利用率达到60%，其中粉煤灰综合利用率达到75%，煤矸石达到70%，尾矿达到10%，冶炼渣达到86%，矿业用水复用率提高到90%以上。3. 铅锌采矿损失率坑采（地下矿）不超过10%、露采（露天矿）不超过5%，采矿贫化率坑采（地下矿）不超过10%、露采（露天矿）不超过4.5%；废水循环利用率大于75%
《钢铁行业采选矿工艺污染防治最佳可行技术指南（试行）》(HJ-BAT-003，2010年3月）	清洁生产：1.生产过程的工艺装备、资源能源利用指标、废物回收利用指标和环境管理应符合清洁生产三级技术指标的要求。2.现有铅锌采选、冶炼企业必须依法实施强制性清洁生产审核

第二节 采选矿污染源环境监察

一、采矿生产工艺与设备

因矿床埋藏条件的不同，矿山开采分为露天开采和地下开采两种工艺。

（一）露天开采

露天开采有钻孔、爆破、铲装、运输、初次破碎、贮存等主要工序。

露天矿的装备主要有牙轮钻机、潜孔钻机、电铲和汽车以及装药车等设备。

运输方式目前为汽车—铁路、汽车—铁路—胶带机联合运输工艺。

露天开采对自然环境的破坏性较大，开采矿石时要剥离大量的覆盖岩石，同时堆存这些废石又要占用很多土地。尽管如此，露天开采因其建设快、成本低、劳动条件好、生产率高、矿石回收率高等优点，成为国内外开采矿的主要形式。

（二）地下开采

地下采矿方式有平峒、斜井、竖井或这三种坑道组成的联合开采方式。主要生产工序有掘进（钻孔、爆破）、回采、铲装、运输、初次破碎、贮存等。

地下矿山设备主要有风钻、风动凿岩机、采矿台车、掘进、液压凿岩机、高风压潜孔钻机等平巷与竖井掘进设备，以及梭式矿车、柴油铲运机、电动铲运机、双机采矿台车、井下装药车、混凝土喷射车等机组和双台板振动放矿机等。

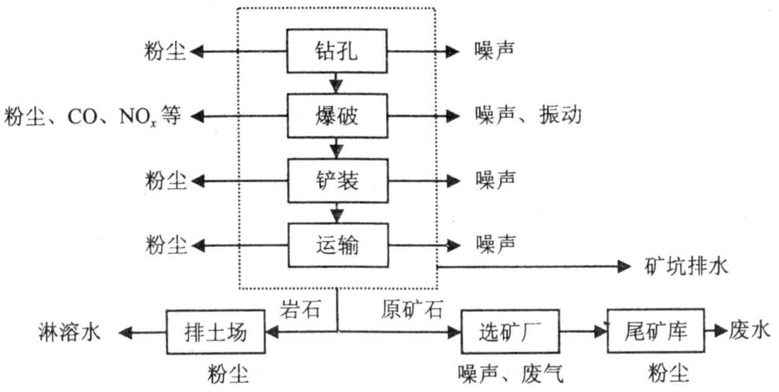

图 5-1　采矿工艺及污染物排放

无论矿井开采，还是露天开采，都会产生相当数量的剥离石和采掘废石。露天开采产生的剥离石数量更大，采掘废石数量主要取决于矿物品种和矿床含矿量（富矿少、贫矿多）。矿山堆存废石要占用大量土地，还会造成二次污染和生态破坏。废石场占地面积为露天采场总用地面积的40%～60%，破坏矿山生态环境。应该要求矿山将废石有计划地回填废矿井，并对废矿井进行覆土复垦，恢复自然环境。

二、选矿生产工艺与设备

我国的许多矿石都属于低品位矿，为了减少矿石冶炼的能耗和物耗，一般要将低品位矿石加工成高品位的精矿，这种矿石加工工艺称为选矿工艺。

选矿生产工艺包括重选、磁选、浮选、电选、风选及其联合工艺流程。选矿厂的主要生产工序有破碎、磨矿、选别、脱水等。

（一）重选工艺

重选是利用矿物与脉石的比重不同在各种运动的介质中实现分选的工艺过程。

重选的选别设备主要有跳汰、摇床、溜槽、离心机、皮带溜槽等。

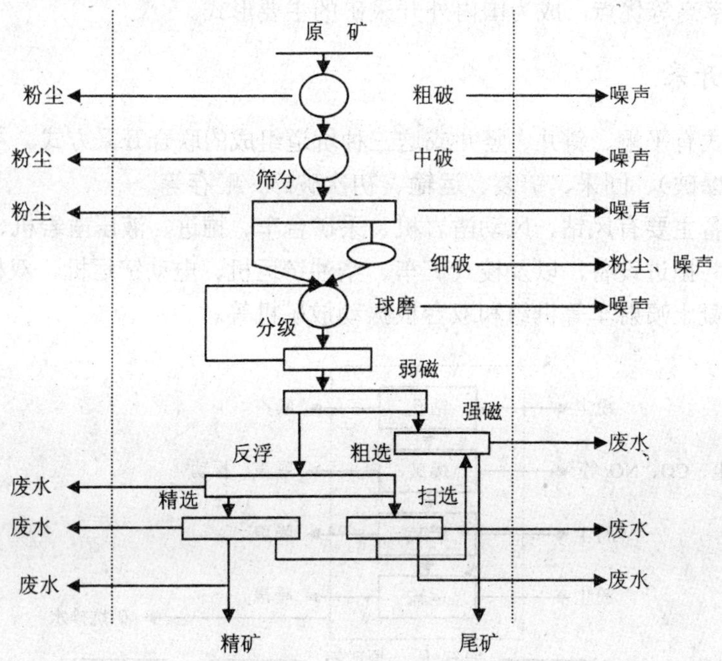

图 5-2 选矿工艺及污染物排放

(二)浮选工艺

浮选适用于分离有色金属、黑色金属、贵金属、非金属矿物和化工原料,回收有用矿物。浮选矿生产流程为破碎、提升、磨粉、洗选分级、烘干。

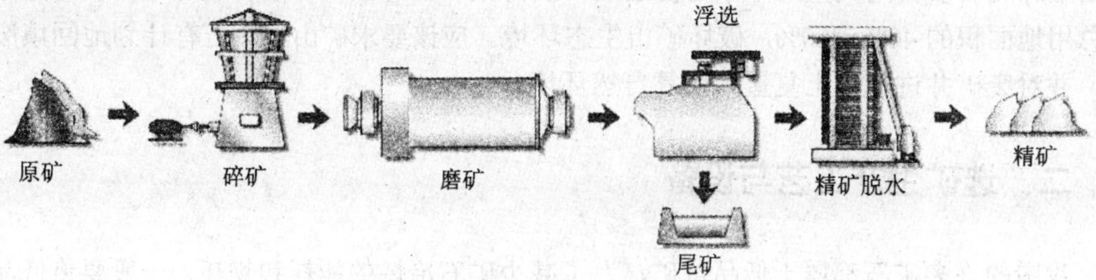

图 5-3 浮选工艺流程

浮选选矿生产线由颚式破碎机、球磨机、分级机、浮选机、浓缩机和烘干机等主要设备组成。

(三)磁选工艺

磁选工艺是将原矿经破碎、提升、磨粉、洗选分级,再经过磁选机分离开来。

磁选选矿生产线由颚式破碎机、球磨机、分级机、磁选机、浓缩机和烘干机等主要设备组成。

三、采选矿污染源环境监察

（一）采选矿大气污染

采选矿大气污染源的特点是：

① 尘源污染量少，强度低；

② 数量多，一般矿山都有数十个污染源；

③ 分散，分布在矿井、露天采场和选矿厂各个地段；

④ 无组织排放源多，地下矿山、露天矿山的污染排放都属无组织面源排放，选矿厂除破碎、筛分、传输等除尘系统属有组织排放，有一定的控尘措施外，其他均属无组织排放。

采选矿各工序的污染因子不同：地下采矿除爆破和使用柴油设备产生有害气体外，其他工序产生的都是粉尘（可能含有金属）。露天采矿除爆破和汽车运输产生有害气体外，其他工序产生的也都是粉尘（可能含有金属）；选矿厂各工序产生的污染物都是粉尘。

1. 采选无组织排放粉尘污染

地下采矿在井下作业，对环境的主要影响是地面生产场所的储存、装卸和运输污染，地下生产环境污染属于劳保问题。

露天采矿作业钻孔、爆破、装矿也产生大量粉尘和有害气体，产尘点虽少，但产尘强度大。大型运矿设备，装卸、运输、传输造成的扬尘污染也十分严重。废石场和尾矿坝的干灰也会产生扬尘污染。现场的爆破作业会产生 CO、H_2S 和 NO_x 等有害气体排放，柴油设备也会产生含有 CO、NO_x、SO_2、甲醛等的有害尾气排放。这些污染物均属于无组织排放。

选矿厂的矿石运输、装卸、破碎、磨粉等也会产生大量粉尘无组织排放。

2. 采选有组织排放粉尘污染

矿山的有组织排放粉尘主要是破碎、筛分机械作业场所经集气产生的，产尘的数量与碎石中含尘多少和尘的粒径有关。破碎筛分系统排放的粉尘浓度与破碎矿石的大小有关，粗碎 1 000 mg/m^3、中碎 2 500 mg/m^3、细碎 4 500 mg/m^3、筛分 5 000 mg/m^3。多数矿山因远离城镇而不采取任何防治措施，使有组织排放变成了无组织排放。

有组织排放主要指破碎、筛分作业和锅炉房烟气经有组织收集、净化除尘后的废气排放。由于这些有组织排放的源强并不大，通常多采用中低烟囱排放，因而经静电除尘或布袋除尘后，大多可以达标排放，而由机械除尘往往不能达标。

（二）采选矿水污染

矿山废水主要来源于露天矿坑水、地下坑道水、废石堆场淋溶水及选厂排出的洗矿水和尾矿库溢流水等。矿山废水的性质随矿石的成分、生产条件、水文地质等情况的不同而变化。矿山废水中普遍存在的污染因子为 pH 值、悬浮物、石油类及少量的金属离子，而酸性废水中，除以上污染因子外，还含有锌、铜、铁、锰、氟化物、硫化物等；选矿废水中还含有多种残余药剂。值得重视的是，矿山废水中常含有汞、镉、铬、铅、砷、镍等有毒有害物。

表 5-3 采选矿大气污染源及污染物

生产类型	生产工序	污染源	主要污染物	排放方式
地下采矿	平巷掘进、天井掘进、采矿、切割等	凿岩机、凿岩台车	粉尘	无组织
	爆破	工作面	粉尘、CO、H_2S、NO_x	
	装矿	铲运机、柴油设备	粉尘、CO、NO_x、SO_2、甲醛	
	转运	溜井倒矿口、漏斗放矿处、翻笼处	粉尘	
	喷锚	喷浆机、搅拌机、打锚杆	粉尘	
	通风	出风井口	粉尘、废气	
露天采矿	钻孔	潜孔钻机、牙轮钻机	粉尘	无组织
	爆破	台阶、采场二次破碎点	粉尘、CO、NO_2、SO_2、甲醛	
	装矿	电铲	粉尘	
	运输	汽车尾气	颗粒物、CO、NO_x、SO_2	
		汽车扬尘	粉尘	
	破碎大块	凿岩机	粉尘	
	排土	废石场	粉尘	
	倒矿	矿仓	粉尘	
选矿	运输转载	皮带转动点	粉尘	无组织
	破碎	破碎机	粉尘	无组织、有组织
	筛分	筛分机	粉尘	无组织、有组织
	废物处理	尾矿库	粉尘	无组织、有组织

1. 采矿废水污染

我国采矿业活动产生的各种废水主要包括矿坑水和流经矿区的雨水等。其中煤矿，各种金属、非金属矿业的废水以酸性为主，并多含大量重金属以及有毒、有害元素（如铜、铅、锌、砷、镉、六价铬、汞、氰化物）以及COD、BOD_5、悬浮物等。

矿山产生的废水大多未经处理就直接排放，使土壤或地表水体受到污染；矿山废水下渗，也会严重污染地下水。当矿山采掘到一定深度时常会造成地下涌水，不仅破坏了地下水系平衡，造成矿床地下水的疏干诱发地面沉降，而且还常含有地下的有毒有害成分，如酸性水、高盐分水、高氟水以及含重金属离子水等，会造成地表的各种污染。

2. 选矿生产的废水污染

选矿大多采用湿式作业，需消耗大量工艺水，也会产生大量工艺废水，磁选厂耗水率达3～4m^3/t原矿，重选厂耗水率达4～5m^3/t原矿，浮选厂耗水率达5～6m^3/t原矿。一般湿法选矿废水大多在尾矿库澄清后，还有部分回用，但每次会有一定量消耗，如建有完备的尾矿库，新鲜用水大多消耗在尾矿库，很少排放。对于没有尾矿库的小选矿厂，则大部分直接外排，造成严重污染。

因矿石性质和添加的浮选药剂的不同，选矿废水中也存在特殊污染物，产生高盐分水、酸性废水、含残存的浮选药剂以及矿岩溶于水中的金属离子废水等。因此，选矿厂的洗矿水、尾矿废水除含有金属和非金属物质外，还残留有浮选作业添加的各种药剂。

（三）采选矿固体废物污染

1. 采矿产生的废渣污染

采矿产生大量采矿剥离石和废渣，不仅侵占了大量土地，由于堆积的废矿石长期风化、空气氧化、自燃，矿尘还会产生二次废气污染，污染物不仅有尘，还有 SO_2、CO 和矿物中的金属和非金属有害物质。产生废水、废气的二次污染。堆积的废石受到雨水冲刷，废石中的矿物质会受水侵蚀，使有害矿物质污染地表水、地下水和土壤。

矿山开采中废渣对环境的影响最大，剥离废石的产生量很大，其中露天开采的剥离废石量更大，开采 1 t 矿石所需剥离的废石量称为剥采比。

$$K_{剥采}=M_{剥}/M_{矿}$$

式中：$K_{剥采}$ —— 矿石剥采比（一般在生产统计报表中可查到）；

$M_{采}$ —— 剥去的废石量；

$M_{矿}$ —— 采出的矿石量。

采矿废石产生量＝采掘总量－原矿总量。

表 5-4 矿山开采的废石量　　单位：t 废石/t 矿

矿体类型		废石量	矿体类型		废石量		
					大型矿山	中型矿山	小型矿山
煤炭		0.09～0.11	石灰石	露天	0.05～0.1	0.11	0.25
铁矿	地下	0.132～0.156	石膏	露天	0.14	0.16	0.46
	露天	2.6～2.8	大理石	露天	0.18	0.33	1.27
锰矿	地下	0.39～0.42	花岗石荒料	露天	0.67～0.69		
	露天	2.4～2.5	硬质黏土	地下	0.08		
铬矿	地下	0.36	软质黏土	地下	0.012		
	露天	2.6	铁铝矾土	露天	0.004		
铜矿	地下	0.4～0.6	高岭土	露天	1.17		
	露天	3.19		地下	0.61		
铅锌矿	地下	0.1～0.32	膨润土	露天	1.5～1.6		
镍钴矿	地下	0.1～0.66	砂岩	露天	1.0		
锡矿	地下	0.35～0.44	硅砂	砂岩	1.01		
锑矿	地下	0.78～0.85		海砂	0.005		
铝土矿	露天	9.9～10.24	磷矿石	露天	0.1～0.13		
镁矿	露天	0.26～0.29	萤石	露天	0.28		
金矿	地下	0.22～0.28	石棉矿	露天	2.07	3.79	5.5
钨矿	地下	0.69～0.91	云母矿	地下	0.32		
稀土矿	露天	1.0～1.12	石墨矿	露天	1.63		
	地下	0.093	滑石矿	露天	3.75		
钼矿	地下	0.5		地下	0.74～1.5		
	露天	2.8					

2．选矿产生的废渣污染

选矿过程会产生大量尾矿砂浆，其中含大量水（重量含量 80%），因此需要把尾矿砂浆排入尾矿库中进行澄清，澄清后的矿砂（一般称尾矿）沉淀在尾矿库，澄清水（SS 浓度为 50mg/L）一般回用，尾矿库内坝基的渗透水一般悬浮物浓度较低，不会对地下水产生影响，但通过坝体泄漏的废水污染物浓度可能较高，容易产生严重污染。另外尾矿库坝体的安全极为重要，应严防垮坝事故发生，尤其在多雨季节，更要重视尾矿库的环境安全。

选矿产生的尾矿数量与原矿含矿的品位有关，富矿产生的尾矿量较小，贫矿产生的尾矿量较多。随着富矿资源的日益减少，贫矿日益增多，因而选出 1t 精矿所排出的尾矿越来越多。

表 5-5 选矿的尾矿产生量 单位：t/t

	铁矿选矿	磁铁贫矿选矿	铅矿选矿	锌矿选矿	镍矿选矿
尾矿产生量	1～3	3	0.9	0.95	3

通常用尾矿库堆存尾矿。大型矿山尾矿库占地高达几至十几平方公里。除占用大量土地外，因尾矿砂度很小，遇风扬尘又是一大污染；尾矿库外排水也会影响环境；尾矿库发生溃坝的影响更具有灾难性。

（四）采选矿其他形式的污染

矿山因使用高噪声设备（如空压机、钻孔机、凿岩机、大型矿用汽车、电铲、球岩机、破碎机等），对周围环境产生噪声污染；矿山因使用炸药爆破，产生冲击波引起地面震动；某些矿山因矿岩中含有放射性元素而引起放射性污染。

矿山环境污染是复杂的，有时带给环境的危害很大，除掌握上述共性的污染特征外，在实际应用中还要注意具体矿山的特性。

第三节 煤炭采选工业污染源环境监察

我国目前尚有小煤矿 1 万多处，其中年产 3 万 t 以下的矿井还占相当比例。小煤矿生产设备和技术简陋，安全隐患多、资源破坏严重，基本没有环保措施，污染严重。

一、煤炭开采污染源环境监察

（一）煤炭开采大气污染

我国大部分煤矿都有瓦斯，高瓦斯突出矿井约占矿井总数的 40%。目前煤炭开采过程中产生的瓦斯基本未回收，直接排入大气。矸石堆场（矸石山）长期堆存，风吹日晒，约有 20%～25%会自燃，产生大量烟粉尘、SO_2、CO、H_2S 等大气污染物。

表 5-6　煤层气（煤矿瓦斯）排放限值

受控设施	控制项目	排放限值
煤层气地面开发系统	煤层气	禁止排放
煤矿瓦斯抽放系统	高浓度瓦斯（甲烷浓度≥30%）	禁止排放
	低浓度瓦斯（甲烷浓度<30%）	—
煤矿回风井	风排瓦斯	—

注：《煤层气（煤矿瓦斯）排放标准（暂行）》（GB 21522—2008）。

（二）煤炭开采废水污染

煤炭开采废水主要包括矿井开采的矿井涌水（地表渗透水、岩石孔隙水、矿坑水、地下含水层的疏放水）和生产过程中用于防尘、灌浆、充填的污水。矿井水由于受开采、运输过程中散落的煤粉、岩粉、支架乳化液等杂物的污染以及煤中伴生矿物的分解氧化等而导致水体混浊，大多数水体呈灰褐色，悬浮物、色度高，水面浮有油膜，并散发出少量的腥臭、油腥味，细菌和大肠杆菌群数超标。

我国吨煤涌水量地域差异极大，北方矿区平均吨煤涌水量为 3.8 m^3；而南方矿区平均吨煤涌水量为 10 m^3 左右；西北矿井涌水较少，吨煤涌水量大部分在 1.6 m^3 以下。另一方面，各煤矿所排放的矿井水水质差异极大，有的矿井水较为洁净，有的则含大量悬浮物，而有的则呈酸性。

根据开采煤层的富水条件，我国将煤炭开采区域分为一类贫水地区、二类中富水地区和三类高富水地区，依据原煤炭部颁发的矿井地质规程中涌水量的等级标准，并结合矿井实际涌水量及多年统计资料，将全国产煤地区划分三类，并将个别特殊的高水地区专门列出，分类情况见表 5-7。

表 5-7　煤炭开采区域条件分类表

区域分类	一类地区（贫水矿区）	二类地区（中富水矿区）	三类地区（高富水矿区）	特大水矿区
所含地区	山西晋北地区 山西晋中地区 陕西其他地区 甘肃全省 宁夏全区 新疆全区 云南全省 内蒙古其他地区 湖北十堰石煤矿区	河北（邯郸、峰峰矿除外） 北京市 辽宁全省 吉林全省 山西晋南地区 陕西黄陵地区 青海全省 贵州全省	长江以南（云南、贵州除外）各省、自治区 安徽全省 山东全省 黑龙江全省 河南全省 江苏全省 重庆市 内蒙古平庄元宝山地区	山东淄博地区 河南焦作地区 河北邯郸地区 河北峰峰地区 湖南煤炭坝地区 河北井陉矿区 湖南斗立山矿区
说明：除一类地区外，凡该地区属于≤30 万 t/a 矿井，其工业废水量产/排污系数都按低一等级的地区计。				

注：引自《第一次全国污染源普查工业污染源产排污系数手册》。

表 5-8 矿井涌水量与地区分类对应表

单位：t/h

一类地区（贫水矿区）	二类地区（中富水矿区）	三类地区（高富水矿区）	特大水矿区
≤60	60～300	300～900	≥900

注：引自《第一次全国污染源普查工业污染源产排污系数手册》。

煤矿开采过程和洗选过程废水中有毒有害物质指标主要指重金属、部分非金属和放射性污染物。有毒有害物质虽仅在我国少量煤矿废水中检出，但危害性大，环境风险高。目前，我国排放有毒有害废水的煤矿主要分布在东北、华北北部、淮南、贵州等矿区，主要有毒有害污染物为汞、镉、铬、铅、锌等重金属，砷、氟以及放射性物质。

表 5-9 烟煤和无烟煤采矿水污染物产生量

工艺		井工开采（综采）		井工开采（机采）			井工开采（炮采）			露天开采	
规模/（万 t/a）		≥120	30～120	≥120	30～120	≤30	≥120	30～120	≤30	≥120	<120
工业废水量/（t/t 产品）	三类地区	5.0	4.0	5.0	4.0	3.0	4.0	3.8	3.0	3.4	3.8
	二类地区	2.2	2.0	2.0	2.15	1.5	2.5	2.1	1.4	2.2	2.2
	一类地区	0.81	0.81	0.8	0.8	0.7	0.8	0.8	0.8	1.05	1.0
COD/（g/t 产品）	三类地区	466	450	460	475	302	350	405	345	272	280
	二类地区	304	272	274	320	220	281	260	182	250	255
	一类地区	129	142	138	146	127	110	110	130	167	184
石油类/（g/t 产品）	三类地区	6.2	6.5	6.4	6.6	9.8	6.2	6.0	8.66	6.42	6.41
	二类地区	6.14	6.3	6.3	6.4	6.6	5.25	5.9	5.54	6.22	6.33
	一类地区	5.88	6.1	6.2	6.2	6.0	5.15	5.34	5.37	3.33	4.45

注：数据主要参照《第一次全国污染源普查工业污染源产排污系数手册》。

表 5-10 褐煤采矿水污染物产生量

工艺		井工开采（综采）		井工开采（机采）			井工开采（炮采）			露天开采	
规模/（万 t/a）		≥120	30～120	≥120	30～120	≤30	≥120	30～120	≤30	≥120	<120
工业废水量/（t/t 产品）	三类地区	5.0	3.6	4.6	3.6	3.6	4.6	3.6	3.6	3.55	3.8
	二类地区	2.2	1.8	2.1	1.9	1.8	2.1	1.9	1.8	2.2	2.2
	一类地区	1.0	0.75	0.9	0.95	0.75	0.8	0.85	0.85	1.05	1.0
COD/（g/t 产品）	三类地区	380	388	350	420	478	405	335	350	330	360
	二类地区	315	206	340	256	271	220	320	227	270	350
	一类地区	176	117	203	173	152	102	200	150	152	180
石油类/（g/t 产品）	三类地区	7.2	8.0	9.78	8.7	10.9	7.2	6.7	9.66	6.21	5.8
	二类地区	6.95	6.9	9.47	8.6	8.03	4.7	6.2	9.6	6.19	5.7
	一类地区	6.90	5.8	6.81	7.8	6.35	3.65	5.0	5.7	4.49	4.2

注：数据主要参照《第一次全国污染源普查工业污染源产排污系数手册》。

（三）煤炭开采固体废物污染

煤炭开采产生的固体废弃物主要是采掘废矸石和剥离物等。开采 1t 煤产生的矸石量为 0.15～1t。北方煤矿在正常开采时，开采 1t 煤排出矸石 0.15t；南方煤矿在正常开采时，开采 1t 煤排出矸石为 0.2～0.4t。

矸石堆积形成煤矸石山不仅占用大量土地，而且长期堆存还会自燃，产生烟尘和 SO_2，风化时产生粉尘，造成大气环境粉尘污染，多属无组织排放。矸石山是煤矿区污染的首要原因。矸石经风化、雨水渗透等方式将矿体含有的有害有毒物质（如汞、铬、镉、铜、砷等）带入土壤与水体，造成二次污染。有些地区的煤矸石中也会含有一定量的放射性物质，产生辐射性污染。

表 5-11 烟煤和无烟煤采矿工业固体废物产生量

工艺	井工开采（综采）		井工开采（机采）			井工开采（炮采）			露天开采	
规模/（万 t/a）	≥120	30～120	≥120	30～120	≤30	≥120	30～120	≤30	≥120	<120
煤矸石/（t/t 产品）	0.11	0.10	0.10	0.10	0.09	0.09	0.08	0.08	0.11	0.10

注：数据主要参照《第一次全国污染源普查工业污染源产排污系数手册》。

表 5-12 褐煤采矿工业固体废物产生量

工艺	井工开采（综采）		井工开采（机采）			井工开采（炮采）			露天开采	
规模/（万 t/a）	≥120	30～120	≥120	30～120	≤30	≥120	30～120	≤30	≥120	<120
煤矸石/（t/t 产品）	0.10	0.10	0.10	0.10	0.09	0.10	0.09	0.08	0.10	0.10

注：数据主要参照《第一次全国污染源普查工业污染源产排污系数手册》。

二、煤炭洗选污染源环境监察

（一）煤炭洗选原理

原煤中含有如硫分和灰分等杂质，需经过煤炭洗选工艺进行提纯。经过洗煤工艺得到的煤炭称为洗精煤。煤炭洗选一般采用湿法（跳汰法、重介质选、摇床选等）洗选，获取洗精煤，同时降低洗选产品中的灰分、硫分等杂质，以满足煤炭燃烧对大气、地面环境的污染控制要求。

洗煤生产工艺主要分四个阶段，即备料、粉煤加工、粗煤加工、煤炭脱水。备料包括破碎、筛分，将煤分为粗煤和粉煤等过程。粉煤加工和粗煤加工都是利用水的运动，将煤粒浮起，杂质下沉，去除煤中的大部分杂质。煤炭脱水先用筛滤、沉降槽、旋风分离器等去除大部分水，再用干燥器进行热烘干。

（二）煤炭洗选废水污染

在湿法选煤加工过程中，不能循环需要外排的部分污水称洗选废水。一般洗选 1t 煤要消耗 4～6 m^3 水。洗煤废水可重复使用，多次循环使用后，过于黏稠的废水（固体物质含量不应超过 100g/L）需更换外排，再补新水。据统计，1t 煤的补水量为 0.3～0.7 m^3。平均每洗 1t 原煤产生 0.2～0.3 m^3 含高浓度悬浮物的选煤废水，未经处理悬浮物浓度可达 5 000mg/L 以上。洗煤废水除 SS 含量高以外，还含有脱硫过程产生的大量硫化物和酚、甲酚、萘酚等有害有机物，以及选煤使用的浮选剂——聚丙氨药剂（具有毒性）。

表 5-13 烟煤和无烟煤洗选业水污染物产生量

产品		洗精煤			洗混煤		
工艺		块煤、末煤全入选			块煤入选、末煤不入选		
规模/（万 t/a）		≥120	30～120	≤30	≥120	30～120	≤30
工业废水量/（t/t 原料）	洗水达到一、二级闭路循环	0.2	0.2	0.25	0.15	0.15	0.2
	洗水达到三级闭路循环	0.2	0.25	0.30	0.15	0.20	0.25
	洗水未达到闭路循环等级	—	0.30	0.35	—	0.25	0.3
COD/（g/t 原料）	洗水达到一、二级闭路循环	38	38	50	25	26	37
	洗水达到三级闭路循环	25	30	44	17	24	33
	洗水未达到闭路循环等级	—	24	42	—	22.4	32
石油类/（g/t 原料）	洗水达到一、二级闭路循环	1.6	1.65	2.2	1.13	1.185	1.62
	洗水达到三级闭路循环	1.4	1.81	2.25	0.8	1.31	1.7
	洗水未达到闭路循环等级	—	1.95	2.38	—	1.2	1.664

注：数据主要参照《第一次全国污染源普查工业污染源产排污系数手册》。

表 5-14 褐煤洗选业水污染物产生量

产品		洗混煤	
工艺		块煤入选、末煤不选	
规模/（万 t/a）		≥120	＜120
工业废水量/（t/t 原料）	洗水达到一、二级闭路循环	0.25	0.2
	洗水达到三级闭路循环	0.25	0.25
	洗水未达到闭路循环等级	—	0.25
COD/（g/t 原料）	洗水达到一、二级闭路循环	50	38
	洗水达到三级闭路循环	28	37.6
	洗水未达到闭路循环等级	—	29
石油类/（g/t 原料）	洗水达到一、二级闭路循环	2.1	1.97
	洗水达到三级闭路循环	1.9	1.89
	洗水未达到闭路循环等级	—	1.53

注：数据主要参照《第一次全国污染源普查工业污染源产排污系数手册》。

（三）煤炭洗选固体废物污染

原煤洗选过程中产生的固体废物是煤矸石。

表 5-15 烟煤和无烟煤洗选业工业固体废物产生量

产品	洗精煤			洗混煤		
工艺	块煤、末煤全入选			块煤入选、末煤不入选		
规模/（万 t/a）	≥120	30～120	≤30	≥120	30～120	≤30
煤矸石/（t/t 原料）	0.2	0.2	0.18	0.15	0.15	0.12
浮选尾矿/（t/t 原料）	0.06	0.05	0.05	0	—	—

注：数据主要参照《第一次全国污染源普查工业污染源产排污系数手册》。

表 5-16　褐煤洗选业工业固体废物产生量

产品	洗混煤	
工艺	块煤入选、末煤不选	
规模/（万 t/a）	≥120	<120
煤矸石/（t/t 原料）	0.15	0.15

注：数据主要参照《第一次全国污染源普查工业污染源产排污系数手册》。

三、煤矿开采储运污染源环境监察

煤炭的储存、装卸和运输过程中，产生煤尘，对环境影响较为严重。我国大小煤矿都建有储煤厂，其中万吨以上的有 5000 多座。由于缺乏防尘、降尘和集尘设施，导致煤尘飞扬，不仅损失大量煤炭，还对矿区周围生态环境造成了严重污染。

煤炭在堆存和倒运过程中，刮风、下雨、卸载、堆放、转运等过程，会引起煤炭的流失。煤炭在储存和倒运过程中的流失量大致如表 5-17 所示。

表 5-17　煤炭在储存和倒运过程中的流失量

储存煤量/t	煤尘散失量/（t/d）
16 000	0.001～0.003
32 000	0.003～0.005
64 000	0.006～0.008
倒运煤量/（t/d）	煤尘散失量/（t/d）
400	0.20～0.27
800	0.40～0.55
1 200	0.70～0.85

注：摘自贺永德主编的《现代煤化工技术手册》，化学工业出版社。

煤尘散失量与裸露面积及风速大小有密切关系，风速很大时，煤尘的散失可能比表中值高出 10 倍。

装卸煤炭时煤尘排污量为 0.5～5 kg/t。

少量煤炭堆存煤尘排污量为 1.5～2 kg/（t • a）（有喷水等措施的排污量减 30%；建有防风墙的排污量减 20%；建有防风抑尘网的中小煤场排污量减 80%；有封闭煤仓的排污量减 95%）。

小面积的短期储煤场，在煤炭装卸和储存过程中，干燥气候下储运煤尘排放量为 2～4 kg/t；潮湿季节排放量为 0.2～0.4 kg/t。

防尘网使用范围广泛，主要用于发电厂、煤矿、焦化厂、洗煤厂等企业的储煤场；港口、码头储煤场及各种料场；钢铁、建材、水泥等企业的各种露天料场；铁路、公路煤炭集运间储煤场；建筑工地、道路工程临时建场。其综合挡风抑尘墙效果非常显著——单层挡风墙的综合抑尘效果可达 80%以上，中小煤场双层挡风抑尘墙的综合效果可达 90%左右。

大面积的短期储煤场，在煤炭装卸和储存过程中，干燥气候下储运煤尘排放量约为 0.5 kg/t；潮湿季节排放量近 0.2 kg/t 煤。

四、煤炭开采储运环境监察要点

（一）煤炭开采过程环境监察要点

对露天开采煤矿的采掘以及煤矿开采过程的装卸、运输、储存产生的扬尘应有必要的防护措施，一般煤矿自备煤场的防扬尘措施要求采用筒仓或防尘网。

对开采过程产生的地下涌水和工作面的污水，要求企业处理达标后方可排放。

对煤炭开采配套的渣石场，要求企业采取防扬尘措施，防矸石自燃措施，防止产生二次污染。

（二）煤炭洗选工艺的环境监察要点

储煤场的装卸、堆存、传输过程应有防扬尘措施。

洗选废水应重复使用，或处理达标后回用、排放。

（三）煤炭的储运过程环境监察要点

煤炭储运场所一般距离居民区比较近，投诉率较高。储煤场要求采用防尘网防尘，煤炭装卸时还应有适当的喷水雾防尘措施。

第四节　铁矿采选工业污染源环境监察

一、铁矿开采污染源环境监察

（一）铁矿开采大气污染

1. 地下开采

各类凿岩机、钻机、凿岩台车都是湿式作业，已杜绝干打眼，有一定的抑尘效果。装卸、转运矿石都采取喷雾洒水抑尘措施。由于井下环境特殊，除尘技术除喷雾洒水外，各类除尘器一直未能在井下得到应用。井下污染防治的根本问题是加强和提高管理水平。

2. 露天开采

穿孔、爆破是露天矿的主要作业，穿孔用各类钻机都是湿式作业，孔口加设捕尘罩，通常采用旋风除尘器或布袋除尘器，一般都能达到排放标准。存在的问题是集尘罩往往损坏、漏风，影响捕集效果。电铲装卸矿采用喷雾洒水或高压水枪抑尘，南方各矿山潮湿多雨，电铲作业污染不严重。北方矿山空气干燥，往往难以达标。

露天矿的主要污染在于大型运输机械产生的装卸、运输扬尘，其产生强度是采掘扬尘的数十倍。污染源为线源，污染面广，目前采用洒水车沿途洒水，或在路边敷管喷洒，也有地面增湿抑尘效果，有的矿山采用覆盖剂也有明显效果。爆破产生的烟尘在自然通风差的条件下，污染也会很严重。

表 5-18　铁矿开采大气污染物产生量

工艺	地下开采			露天开采		
规模/（万 t/a）	＞100	30～100	＜30	≥200	60～200	＜60
工业废气量/（m^3/t 铁原矿）	1 883.12	1 528	1 256.35	—	—	—
工业粉尘/（kg/万 t 铁原矿）	37.23	46	59.21	60.13	82	96.63
SO_2/（kg/万 t 铁原矿）	3.8	9.65	1.5	—	—	—
NO_x/（kg/万 t 铁原矿）	28.04	36.75	43.9	9.06	8.76	8.21

注：数据主要参照《第一次全国污染源普查工业污染源产排污系数手册》。

（二）铁矿开采废水污染

铁矿开采生产用水主要包括凿岩用水、矿岩爆破后爆堆洒水和喷雾降尘、地下矿井巷和硐室定期清洗、露天矿道路洒水降尘和设备等用水。

表 5-19　铁矿露天开采涌水量指标　　单位：m^3/t 矿岩

矿山类型	大型矿山	中小型矿山	备注
铁矿山	0.05～0.1	0.15～0.25	
大型铁矿山	2.0～3.0		含采、装、运及破碎洗矿

注：用水量考核指标以采剥的矿石量计。

地下开采的节水减排用水量指标为大型铁矿山 0.25～0.5 m^3/t 矿，中小型矿山 0.4～0.7 m^3/t 矿。用水量考核指标以开采的矿石量计。

由于铁矿体往往伴生多种金属和硫化物，开采过程中，这些矿物在空气、水和细菌的共同作用下，溶出矿石中的多种金属如汞、镉、铬、铅、锌、镍、铜、锰、铁以及非金属如硫、磷、砷、氟的化合物等，有的则形成硫酸-硫酸铁酸性废水。

通过对国内重点铁矿山进行调查，矿山废水除酸性废水的 pH 值在 2～5 呈酸性外，还含有大量的悬浮物和多种金属如铅、铬、镉、汞、钒、钛、镍、锌、铜、锰、铁、镁、钙及非金属硫化物，氟化物、砷化物、石油类等。矿山废水中普遍存在的污染因子为 pH 值、悬浮物、石油类及少量的金属离子。值得重视的是矿山废水中常含有汞、镉、铬、铅、砷、镍等有毒有害物，马钢南山铁矿排土场内产生的酸性废水是主要的水污染源。在其废石中含有硫化物（品位 5%～6%），经风化、雨水浸浊及氧化条件下，形成酸性水（pH 值 2～3），废水中含有大量的铝、铁、锰、镁、铜等金属和非金属离子。每年酸水产生量为 100 万～120 万 m^3。

表 5-20 铁矿开采水污染物产生量

工 艺	地下开采			露天开采		
规模（万 t/a）	＞100	30～100	＜30	≥200	60～200	＜60
工业废水量（t/t 铁原矿）	0.72	0.63	1.75	0.32	0.11	0.3
COD（g/t 铁原矿）	89.43	69.23	38.13	2.15	2.25	3.5
石油类（g/t 铁原矿）	5.16	4.80	7.63	—	—	—

注：数据主要参照《第一次全国污染源普查工业污染源产排污系数手册》。

（三）铁矿开采固体废物污染

采矿产生大量采矿剥离石和废渣，不仅侵占了大量土地，由于堆积的废矿石长期风化、剥蚀、空气氧化产生二次废气、废水污染，污染物不仅有尘，还有 SO_2、NO_x 和矿物中的金属和非金属有害物质。

表 5-21 铁矿开采固体废物产生量 单位：t/t 铁原矿

工艺	地下开采			露天开采		
规模/（万 t/a）	＞100	30～100	＜30	≥200	60～200	＜60
工业固体废物（废石）	0.153	0.132	0.156	2.62	2.814	2.615

注：数据主要参照《第一次全国污染源普查工业污染源产排污系数手册》。

二、铁矿选矿污染源环境监察

（一）铁矿选矿的大气污染

目前投产的钢铁工业规模化选矿厂有 200 多家。选矿厂破碎机、筛分机都设有除尘系统进行有组织排放。由于除尘器选型不同，管理水平不同，使其排放治理效果相差很大。还有不计其数的民营小选矿厂采用极落后洗选工艺，没有任何环保措施，产生的“三废”直接排入环境，其污染强度要高于规模化企业的数倍或数十倍。

表 5-22 铁矿选矿业大气污染物产生量

产品名称	铁精矿							
原料	磁铁原矿、多金属原矿							
工艺	一段磁选		多段磁选		弱磁—浮选降硫	弱磁—浮选降硅	弱磁—浮选降铜	弱磁—浮选降氟
规模/（万 t/a）	≥60	＜60	≥60	＜60	所有	所有	所有	所有
工业废气量/（m^3/t 矿）	401.7	296	213	600.6	541	391	600.2	610.6
工业粉尘/（kg/t 矿）	0.803	0.66	0.87	0.836	0.7	0.9	3.46	0.462

产品名称	复合铁精矿	红铁精矿						铁矿（粉）矿
原料	复合原矿	赤铁矿、褐铁矿、菱铁矿						原矿
工艺	弱磁—强磁—浮选	强磁—细筛		强磁—浮选		重选—强磁—浮选	焙烧—磁选	铁矿（粉）矿
规模/（万 t/a）	所有	≥60	<60	≥60	<60	所有	所有	所有
工业废气量/（m^3/t 矿）	471.2	528.24	683.21	471.23	405	435.46	550.15	541
工业粉尘/（kg/t 矿）	0.95	0.514	0.362	0.154	0.25	0.636	3.16	6.96

注：数据主要参照《第一次全国污染源普查工业污染源产排污系数手册》。

（二）铁矿选矿的废水污染

铁矿选矿厂生产用水主要包括球磨机、自磨机、浮选机、磁选机、破碎机、振动筛、分级机、湿式除尘等处用水。

表 5-23　铁矿洗选矿业用水量指标　单位：m^3/t 矿

选矿工艺	磁选	弱磁选+浮选除杂	浮选	重选	洗矿
用水量	8～15	8～10	4～5	15～20	1～2.5

注：① 磁选包括弱磁、强磁、弱磁+强磁。单一弱磁时取小值，强磁、弱磁+强磁时取大值。
② 洗矿采用筛选、槽式洗矿机时取小值，采用圆筒洗矿机时取大值。

选矿厂的选矿水、尾矿废水则不仅含有固体物质和金属离子，而且还残留有浮选作业添加的各种药剂。如捕集剂黄药、黑药、白药，抑制剂水玻璃，起泡剂松节油、甲酚，活性剂硫酸铜；调节剂硫酸、石灰，及硫化剂硫化钠等。

表 5-24　铁矿选矿业水污染物产生量

产品名称	铁精矿							
原料	磁铁原矿、多金属原矿							
工艺	一段磁选		多段磁选		弱磁—浮选降硫	弱磁—浮选降硅	弱磁—浮选降铜	弱磁—浮选降氟
规模/（万 t/a）	≥60	<60	≥60	<60	所有	所有	所有	所有
工业废水量/（m^3/t 产品）	5.0	15.5	18.2	14.04	5.38	6.18	8.523	13.6
COD/（g/t 产品）	70.1	271	330	297.5	88.4	61.8	55.32	—
石油类/（g/t 产品）	55	—	—	—	—	—	14.1	—
氟化物/（g/t 产品）	—	—	—	—	—	—	—	681

产品名称	复合铁精矿	红铁精矿						铁矿（粉）矿
原料	复合原矿	赤铁矿、褐铁矿、菱铁矿						原矿
工艺	弱磁—强磁—浮选	强磁—细筛		强磁—浮选		重选—强磁—浮选	焙烧—磁选	铁矿（粉）矿
规模/（万 t/a）	所有	≥60	＜60	≥60	＜60	所有	所有	所有
工业废水量/（m^3/t 产品）	6.64	8.0	5.86	6.64	14.3	4.55	5.63	0.38
COD/（g/t 产品）	58.8	62.7	66.6	58.8	91	63.5	53.1	—

注：数据主要参照《第一次全国污染源普查工业污染源产排污系数手册》。

（三）铁矿选矿固体废物污染

冶金矿山每生产 1t 铁精矿，将产生 3.5t 以上的尾矿废弃物。铁尾矿根据其硅、铝、钙、镁的含量可分为：①高硅鞍山型铁尾矿；②高铝马钢型铁尾矿；③高钙、镁邯郸型铁尾矿；④低硅、钙、镁、铝酒钢型铁尾矿。其相同点是其化学成分主要为 SiO_2、Al_2O_3、CaO、MgO 等。铁尾矿目前大多采用尾矿库集中堆放方式，不但占用大量土地，而且对周围环境也产生一定影响。

表 5-25 铁矿选矿业固体废物产生量 单位：t/t 产品

产品名称	铁精矿							
原料	磁铁原矿、多金属原矿							
工艺	一段磁选		多段磁选		弱磁—浮选降硫	弱磁—浮选降硅	弱磁—浮选降铜	弱磁—浮选降氟
规模/（万 t/a）	≥60	＜60	≥60	＜60	所有	所有	所有	所有
尾矿	1.74	1.24	1.76	1.60	1.77	1.46	1.49	1.20

产品名称	复合铁精矿	红铁精矿					
原料	复合原矿	赤铁矿、褐铁矿、菱铁矿					
工艺	弱磁—强磁—浮选	强磁—细筛		强磁—浮选		重选—强磁—浮选	焙烧—磁选
规模/（万 t/a）	所有	≥60	＜60	≥60	＜60	所有	所有
尾矿	1.73	1.67	1.69	1.53	1.49	1.48	1.50

注：数据主要参照《第一次全国污染源普查工业污染源产排污系数手册》。

三、铁矿采选环境监察要点

（一）检查铁矿开采过程环境污染控制

对露天铁矿的采掘以及铁矿开采过程中的装卸、运输、储存过程应有必要的防扬尘措施。

对开采过程产生的地下涌水和工作面的污水，要求企业处理达标后方可排放。

对铁矿开采配套的渣石场，要求企业采取防扬尘措施。

（二）检查铁矿洗选工艺的环境污染控制

铁矿石的装卸、堆存、传输过程应有防扬尘措施。

铁矿石的破碎和粉磨应有高效的除尘设施，应达标排放。

洗选废水应重复使用，或处理达标后回用、排放。

尾矿库要有防扬尘、防外逸等措施。

（三）检查铁矿粉储运过程环境监察要点

铁矿粉储运场所一般在港口和车站。储运场所要求采用适当的防尘措施（防风抑尘网、苫盖措施等）。

第五节 铅锌与铝土矿采选工业污染源环境监察

一、铅锌矿采选工业污染源环境监察

（一）铅锌矿采选大气污染

铅锌矿采选大气污染物主要是颗粒物，包括烟尘、粉尘、铅等重金属颗粒，其主要排放源有采选过程中的破碎、筛分以及生产中的通风收尘点。

采矿的凿岩、铲运、出矿、卸矿等工序大都通过湿式作业来抑制粉尘的飞扬，选矿厂破碎系统、皮带运输及筛分系统可采用密闭抽风及除尘器净化的措施控制扬尘，常用的处理设备有旋风除尘器、布袋除尘器、文丘里除尘器、泡沫除尘器和静电除尘器等。

（二）铅锌矿采选废水污染

我国铅、锌选矿用水指标为 3～6 m^3/t 原矿（未考虑回用）。目前国内铅锌矿选矿一般采用原矿一段磨选或加粗精矿再磨浮选，产出铅精矿、锌精矿或铅锌精矿。该类选矿工艺无论原矿品位高低，其处理单位原矿耗水量都不会相差太大。而由于不同矿山铅、锌品位差别较大，特别是对于一些难选矿或多金属矿，其生产单位精矿的耗水量可能会相差较大。

国内某大型铅锌矿山原矿品位 Pb+Zn 约为 16%，选矿用水约 7 m^3/t 原矿，回水率若按 70%估算，则 1 t 原矿新水消耗量约 2.1 m^3；另一大型铅锌矿山原矿品位 Pb+Zn 约 8%，选矿用水约 6.5 m^3/t 原矿，当回水率为 70%时，1 t 原矿新水消耗量约 1.95 m^3。

铅锌矿山的矿坑水和选厂污水除含有铜、铅、锌、镉等多种有害重金属离子和化合物外，还含有酸和有机物等。如选矿所产生的废水含有重金属离子及选矿药剂，如黄药、松醇油、硫化物、氰化物、酸、碱、铜、铅、锌等污染物，pH 值高。

铅锌采矿废水按治理工艺可分为两类：一是采矿工艺废水，包括设备冷却水、凿岩除尘废水等，经沉淀后可回用；二是矿山酸性废水，主要是因空气中的氧、水和铅锌矿中的硫化物发生化学反应产生的，酸性废水中一般含有多种重金属离子，是采矿废水的主要治理对象。铅锌选矿废水的特点是悬浮物含量高，且含有一定量的金属离子和选矿药剂等。

表 5-26 铅锌矿采选水污染物产生量

工艺	坑采—磨浮		
规模/（t/d）	≥3 000	600～3 000	＜600
工业废水量/（m^3/t 原矿）	5.5	5.743	5.925
COD/（g/t 原矿）	783.5	733	979.5
汞/（mg/t 原矿）	0.425	0.427	0.513
镉/（g/t 原矿）	0.013	0.01	0.012
铅/（g/t 原矿）	0.7	0.668	0.654
砷/（g/t 原矿）	1.541	1.576	1.475

注：数据主要参照《第一次全国污染源普查工业污染源产排污系数手册》。

（三）铅锌矿采选固体废物污染

铅锌矿开采过程中会产生一定量的废石，铅锌矿选矿也会产生部分尾矿。

表 5-27 铅锌矿采选固体废物产生量

工艺	坑采—磨浮		
规模/（t/d）	≥3 000	600～3 000	＜600
尾矿/（t/t 原矿）	0.741	0.732	0.728
采矿过程产生的废石/（m^3/t 产品）	0.25	0.32	0.1

注：数据主要参照《第一次全国污染源普查工业污染源产排污系数手册》。

二、铅锌矿采选环境监察要点

（一）铅锌矿开采过程环境监察要点

对露天铅锌矿的采掘以及铅锌矿开采过程的装卸、运输、储存应有必要的防扬尘措施。

对开采过程产生的地下涌水和工作面的污水，要求企业处理达标后方可排放，严防含重金属废水排入水体。

对铅锌矿开采配套的渣石场，要求企业采取防渗、防扬尘措施，严防产生二次重金属污染。

（二）铅锌矿洗选工艺的环境监察要点

铅锌矿石的装卸、堆存、传输过程应有防扬尘措施。

铅锌矿石的破碎和粉磨应有高效的除尘设施，达标排放。

洗选废水应重复使用，或处理达标后回用、排放。

尾矿库要有防渗、防扬尘、防外逸等措施，严防重金属污染。

（三）铅锌矿粉储运过程环境监察要点

铅锌矿粉储运场所一般位于港口和车站。储运场所要求采用适当的防渗、防尘措施。

三、铝土矿采选工业污染源环境监察

铝土矿矿石根据其所含的主要含铝矿物分为三水铝石、一水软铝石和一水硬铝石三种类型。

（一）铝土矿采矿及选矿工艺

1. 铝土矿采矿工艺

我国铝土矿开采以露天开采为主。到目前为止，我国铝土矿地下开采的矿山较少，从规模上看基本上都是 15 万 t/a 以下的矿山，属于中小型地下矿山。

《铝行业准入条件》（发改委 2007 年第 64 号公告）规定，铝土矿地下开采原矿综合能耗要低于 25kg 标准煤/t 矿，露天开采原矿综合能耗要低于 13kg 标准煤/t 矿。

2. 铝土矿选矿工艺及排污节点

通常铝土矿山选矿厂是将铝土矿进行破碎、筛分至氧化铝工艺所需的粒度。但红土型铝土矿含泥多、品位低，需经洗矿提高品位再送往氧化铝厂。图 5-4、图 5-5 分别为我国典型的一水硬铝石铝土矿的选矿工艺和红土型铝土矿洗选工艺流程。

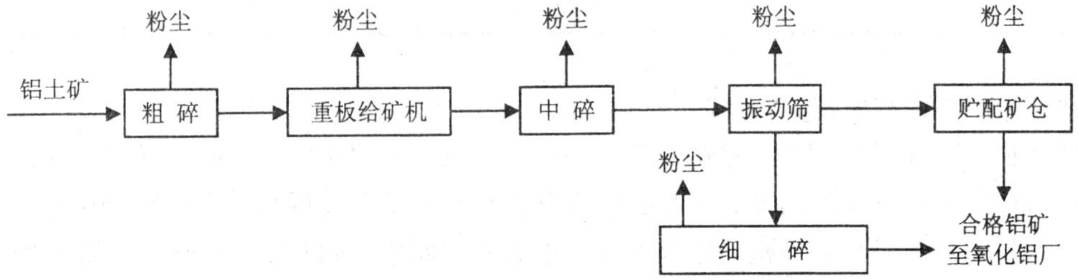

图 5-4　一水硬铝石铝土矿选矿工艺流程及排污节点

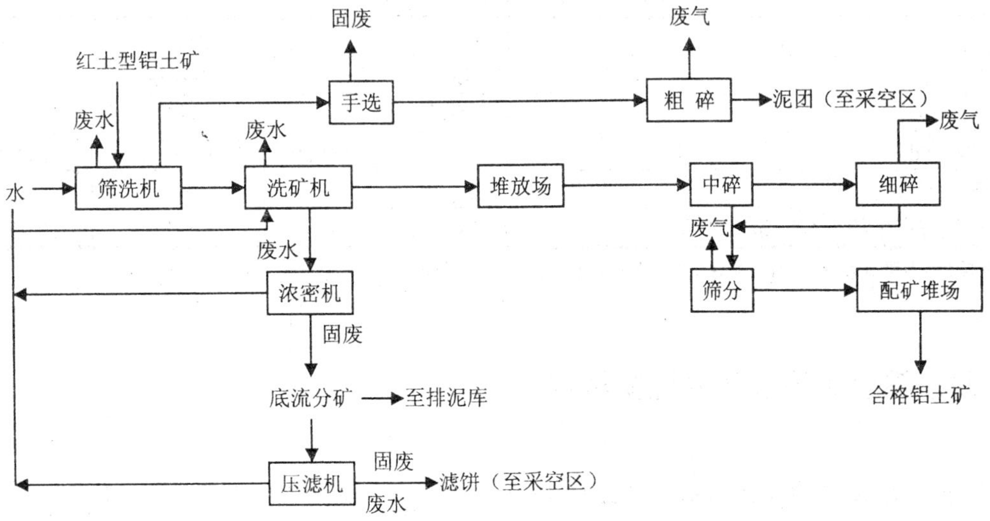

图 5-5　红土型铝土矿洗选工艺流程及排污节点

（二）铝土矿采矿及选矿环境污染

1. 铝土矿采选废气污染

采矿过程中的大气污染源难以定量，但我国铝土矿山作业总体粉尘排放量较高。选矿厂主要大气污染物是矿石贮运、破碎、筛分等过程中产生的矿石粉尘。

我国大型氧化铝厂大多自备矿山，氧化铝厂自备矿山的选矿厂粉尘点基本上均配备了相应的除尘措施，还有许多小型民采铝土矿基本没有环保措施，污染源强度高于大型氧化铝厂的自备矿山。

《铝工业污染物排放标准》编制组进行的调查显示，返回调查表的 4 家矿山中，有 1 家没有除尘系统排放参数的数据，其他 3 家矿山的 17 套除尘系统全部采用布袋除尘器，颗粒物排放浓度见表 5-28。

表 5-28　矿山通风系统排尘浓度统计

序号	浓度范围/（mg/m^3）	套数/套
1	0.256～50	4
2	52.3～90	4
3	192.2～745	2

2. 铝土矿采选固体废物污染

铝土矿浮选尾矿是拜耳法浮选后丢弃的矿物，以下简称尾矿。尾矿处理成为选矿拜耳法生产氧化铝可持续发展的难点，尾矿的再利用已是铝工业发展和资源循环利用的关键。铝土矿选矿尾矿多以自然堆积法储存于尾矿坝或赤泥库中，同时，由于尾矿的颗粒细，易形成扬沙，造成空气污染。

表 5-29　铝土矿采选固体废物产生量

产　品	铝精矿	铝矿石		
原料	铝矿石	铝矿脉		
工艺	露采—磨浮	露采		
规模/（t/d）	＜600	≥3 000	600～3 000	＜600
尾矿/（t/t 原矿）	0.2	—	—	—
采矿过程产生的废石/（m^3/t 产品）	10.23	9.9	10.12	10.235

注：数据主要参照《第一次全国污染源普查工业污染源产排污系数手册》。

四、铝土矿采选环境监察要点

（一）铝土矿开采过程环境监察要点

对露天铝土矿的采掘以及铝土矿开采过程的装卸、运输、储存应有必要的防扬尘措施。对开采过程产生的地下涌水和工作面的污水，要求企业处理达标后方可排放。

对铝土矿开采配套的渣石场，要求企业采取防扬尘措施。

（二）铝土矿洗选工艺的环境监察要点

铝土矿石的装卸、堆存、传输过程应有防扬尘措施。
铝土矿石的破碎和粉磨应有高效的除尘设施，应达标排放。
洗选废水应重复使用，或处理达标后回用、排放。
尾矿库要有防扬尘、防外逸等措施。

（三）铝土矿储运过程环境监察要点

铝土矿储运场所一般在港口和车站。储运场所要求采用适当的防尘措施。

第六节 采油工业污染源环境监察

石油主要由碳、氢等元素组成，其中含碳83%～87%，含氢11%～14%，两者合计95%～99%。碳氢化合物称为烃类物质，是石油炼制过程中加工和利用的主要对象。此外石油还含硫、氮、氧等元素，合计1%～4%，是石油生产造成污染的主要因素。

一、采油工业的主要工艺

采油工业主要指油气勘探和开发，是一项涉及地下与地上、陆地、海洋的多场合系统工程。油气勘探开发包括油气勘探、油气钻井、井下作业、油气田开发、油气集输、原油稳定、气体脱硫及硫回收等不同的作业形式。

（一）油气勘探

为了寻找和查明油气资源，利用各种勘探手段了解地下地质构造，了解油气的生油条件、油气聚集、储集空间、储量等油气田地质资料。油气物探的方法有地震勘探、重力勘探、磁力勘探、电法勘探、地球化学勘探等。勘探过程中可能使用人工地震、声、光、电、放射性等多种手段。

（二）油气钻井

使用钻机在地层钻出一个油气井筒（一般直径10～50cm，深度几百至近万米），在油气田开发勘探过程的地质勘探、区域勘探、油田开发三个阶段中，油气钻井分为探井和生产井。钻井的污染主要来自钻井设备和钻井施工现场。

（三）井下作业

包括油水井测试、小修、大修、防砂、堵水、洗井、压裂、酸化等施工工序。测试包括测试井温、压力、流量；小修包括清砂、检泵、换封、套管刮蜡等；大修包括井下打捞异物、解卡作业、换取套管、侧钻、磨铣等。

（四）油气田开发

油田开发早期原油可沿油井自喷出地面。自喷井晚期油层压力降低，原油难以自喷出地面，通常利用地面压气机注入高压气体，采用各种机械泵抽取原油。

（五）油气集输及储运

从地下采出的原油，一般伴有大量天然气、砂、水、盐类物质，必须对采集的油气进行储存和初步净化这些工作称油气集输。将初步处理过的商品原油（气）通过长距离输油（气）管道输送到炼油厂、码头或油库（气罐），油气储运还可以采用油轮运输，或采用槽罐车进行铁路或公路运输，这些工作称原油（气）储运。

石油、天然气的开发，主要在钻井、采油、采气等生产过程产生和排放污染物。油田采出水是随原油一起从油层中开采出来的，不仅含油量高，而且在高温高压的油层中溶进高浓度的各种盐类，含大量SS；加上集输过程加入化学助剂；因而采油废水中有机物含量高，水温较高，有多种细菌存在，形成油田特有的含油废水。采油废水除含浮油外，还含乳化油和溶解油。采油废水除主要污染物石油类外，含盐率也较高，氯离子含量一般为2 000～5 000 mg/L，含硫较高，并残存一定数量的破乳剂。

我国老油田较多，大部分油田由于开采时间长，油层压力下降，为提高采收率，一般都采用人工注水方式向油层补压，每生产1 t原油需回注水2～4 m^3，因此，大部分采油废水都回注到地下油层，很少直接排放到地表水体。

二、采油的用水和废水

（一）油气田的用水

油气开采过程的新鲜用水主要取自地表水、地下水及回用的采油水。油气勘探开采工业的用水主要分为采油用水、钻井用水、作业用水、机加工用水、热电厂用水、其他用水等。其中采油用水占油气田工业用水量的67.5%。在我国石油勘探开采的工业用水量中，新鲜水用量约占总用水量的37.12%，重复用水率平均为62.88%。

表5-30 油气田工业用水量及新水量所占比率 单位：%

	占油气田总用水量比率	占油气田新鲜水用量比率	重复用水量比率
钻井用水	1.14	2.19	28.6
采油用水	67.5	66.7	63.3
作业用水	0.56	0.94	38.4
机加工用水	1.99	3.57	33.5
热电厂用水	16.0	4.86	88.7
其他用水	12.9	21.8	37.1

（二）油气田的污水

油气田的废水主要来自采油废水、钻井废水（洗钻废水、冲洗振荡筛废水、废泥浆水）、井下作业废水（洗井废水、洗车废水、压裂废水、酸化废水、冲砂废水）、集输废水（洗车废水、洗罐废水）、机加废水（机加和维修废水）等。

油气田废水污染物种类复杂，主要污染物有石油类、COD、挥发酚、硫化物、氰化物、SS、六价铬、砷等，其中石油类、COD、SS 的污染总量约占所有污染物总量的 95.12%。

表 5-31　油气开采废水的主要污染物分析

工　艺	主要污染物水平
钻井废水	钻井废水 pH 值偏高，一般在 8～12；SS 含量 2000 mg/L，COD 为 500～10000 mg/L，石油类 50～500 mg/L
采油废水	石油类含量 1000～5000 mg/L；SS 含量 50～100 mg/L；COD 含量 1000 mg/L 以内
井下作业废水	pH 值在 4～9；SS 含量 100～1000 mg/L，COD 含量 100～8000 mg/L；石油类含量 50～2000 mg/L

1．采油废水产生量计算公式

$$Q_{产生}= A/(1-A)$$

2．采油废水排放量计算公式

$$Q_{排放}=A(1-C)/(1-A)$$

式中：A——含水率，量纲为 1；

C——回注（回灌）率，量纲为 1。

表 5-32　原油与天然气开采业产污系数表

产品	非稠油			非稠油		
原料	低渗透油田 ＜80%	低渗透油田 80%～90%	低渗透油田 ＞90%	非低渗透油田 ＜80%	非低渗透油田 80%～90%	非低渗透油田 ＞90%
工艺	二次采油+三次采油			二次采油+三次采油		
废水量/（m^3/t 产品）	$Q_{产生}=A/(1-A)$	$Q_{产生}=A/(1-A)$	$Q_{产生}=A/(1-A)$	$Q_{产生}=A/(1-A)$	$Q_{产生}=A/(1-A)$	$Q_{产生}=A/(1-A)$
COD/（g/t 产品）	592 $Q_{产生}$	326 $Q_{产生}$	0.29 $Q_{产生}$	0.313 $Q_{产生}$	0.598 $Q_{产生}$	0.311 $Q_{产生}$
氨氮/（g/t 产品）	14 $Q_{产生}$	5.5 $Q_{产生}$	4.6 $Q_{产生}$	5.1 $Q_{产生}$	15.1 $Q_{产生}$	4.7 $Q_{产生}$
石油类/（g/t 产品）	29 $Q_{产生}$	66 $Q_{产生}$	48 $Q_{产生}$	75 $Q_{产生}$	3.1 $Q_{产生}$	70 $Q_{产生}$
挥发酚/（g/t 产品）	0.15 $Q_{产生}$	0.10 $Q_{产生}$	0.14 $Q_{产生}$	0.78 $Q_{产生}$	0.078 $Q_{产生}$	0.133 $Q_{产生}$

产品	稠油			天然气	
原料	稠油油田＜70%	稠油油田70%～80%	稠油油田＞80%	非超低含硫	
工艺	蒸汽驱			自喷	
废水量/（m^3/t产品）	$Q_{产生}=A/(1-A)$	$Q_{产生}=A/(1-A)$	$Q_{产生}=A/(1-A)$	废水量/（m^3/万m^3产品）	0.35
COD/（g/t产品）	0.654 $Q_{产生}$	0.657 $Q_{产生}$	0.700 $Q_{产生}$	COD/（g/万m^3产品）	95
氨氮/（g/t产品）	12 $Q_{产生}$	8.58 $Q_{产生}$	10 $Q_{产生}$	石油类/（g/万m^3产品）	1.15
石油类/（g/t产品）	72 $Q_{产生}$	77 $Q_{产生}$	70 $Q_{产生}$	废气量/（m^3/万m^3产品）	0.0232
挥发酚/（g/t产品）	0.27 $Q_{产生}$	0.275 $Q_{产生}$	0.3 $Q_{产生}$	SO_2/（kg/万m^3产品）	62.1

注：规模等级为所有规模；数据主要参照《第一次全国污染源普查工业污染源产排污系数手册》。

表 5-33 原油与天然气钻井作业产污系数（一）

原料	洗井液（水）		压裂液			酸化液		
工艺	非低渗透油井洗井作业	低渗透油井洗井作业	非低渗透油井加砂压裂	低渗透油井加砂压裂	气井加砂压裂	非低渗透油井酸化压裂	低渗透油井酸化压裂	气井酸化压裂
废水量/（m^3/井次）	76	27.13	—	—	—	—	—	—
COD/（kg/井次）	105	34.68	—	—	—	—	—	—
石油类/（kg/井次）	17.65	6.12	—	—	—	—	—	—
固废（废弃钻井液）/（m^3/井次）	—	—	87.33	50.11	264	26.56	18.62	82.3

注：规模等级为所有规模；

数据主要参照《第一次全国污染源普查工业污染源产排污系数手册》。

表 5-34 原油与天然气钻井作业产污系数（二）

原料	钻井液			钻井液		
工艺	普通气井			特殊气井		
规模（进尺）/km	≥4	2～4	≤2	≥4	2～4	≤2
废水量/（m^3/100m）	53	46	55	57	52	37
COD/（kg/100m）	245	205	242	253	228	165
石油类/（kg/100m）	1.07	0.93	1.1	1.21	1.08	0.8
废弃钻井液/（t/100m）	37.05	40.5	44.9	35.6	38.3	41.5
原料	钻井液			钻井液		
工艺	普通油井			特殊油井		
规模（进尺）/km	≥3.5	2.5～3.5	≤2.5	≥3.5	2.5～3.5	≤2.5
废弃钻井液/（t/100m）	16.05	13.98	11.28	62.33	46.01	34.16

注：数据主要参照《第一次全国污染源普查工业污染源产排污系数手册》。

我国开采的原油含水普遍高达 80%～90%，产生大量采油废水。废水主要来自钻井过程中泥浆的渗漏、检修的排污、冲洗设备的废水、进入原油集输系统的脱水以及转运站脱去油气的废水，废水中主要污染物是油类、SS 和酚等，平均含油量 2 000～5 000 mg/L。我国油田废水治理后基本得到了重新利用，主要作为回注水，不仅解决了污水排放的问题，还为油田回注找到了水源。回注水的水质，国家限制为含油量不超过 30 mg/L，SS 不超过 5 mg/L，硫化物不超过 10 mg/L。采 1 t 原油的注水量为 3.69～5.33 m^3/t。

三、油气勘探开采的废气

（一）燃料燃烧废气

油气勘探开采过程中，各类锅炉、加热炉产生燃烧烟气，产生的污染物主要有二氧化硫、氮氧化物、烟尘等。

（二）工艺废气

工艺废气主要来自油气开采、集输过程各类储罐的“呼吸”，主要污染物是总烃。油罐车装卸，集气站、增压站、天然气净化厂、轻烃加工厂开停工与发生事故时排放气体，管线泄漏都会挥发一定量的烃类物质。油气田企业的原油损耗率一般为 1%～3%，主要为设备密封不严造成的挥发性排放。

四、油气勘探开采的固体废物排放源

表 5-35　油气勘探开采的固体废物排放源分析

固废类型	主要来源	产生量估计
钻井废弃泥浆和岩屑	钻井废弃的泥浆；被钻头破坏由泥浆带到地面的地层岩屑	油气田万米进尺废弃泥浆和岩屑的产生量为 643 t/万 m
落地原油	一是井下作业散落的原油，在试油、压裂、修井过程从井口喷放和散落的原油；二是在原油集输过程中管线跑、冒、滴、漏散落下的原油，以及生产事故（如井喷）及不法分子破坏造成的原油散落	石油行业统计平均每年落地油量约占产量的 5‰
油泥、油砂	从中转站、联合站、污水处理站的各类罐、池、设施清除的油泥、油砂，主要成分是油、泥砂和水，含水率达 99%	生产万吨原油油泥、油砂的产生量为 16 t/万 t

五、采油工业环境监察要点

油气田的废水主要来自采油废水、钻井废水、井下作业废水、集输废水、机加废水等，主要污染物有：石油类、COD、挥发酚、硫化物、氰化物、SS、六价铬、砷等。油气田采油生产过程产生的废水无明显规律性，废水量不好估算。污染物种类复杂，产生量较高。

我国油气开采主要是几大石油公司，一般环保措施都比较到位。集输废水、油气分离出来的废水大多经处理后回注，主要是油井的井上井下作业产生的废水，应监督检查废水是收集处置，还是就地排放。应重点检查油气井的事故性排放。

油气田的废气除了各类锅炉、加热炉产生燃烧烟气外，工艺废气主要来自油气开采、集输过程各类储罐的“呼吸”废气，还有油罐车装卸，集气站、增压站、天然气净化厂、轻烃加工厂开停工吹扫与发生事故时排放气体，可能产生烃类物质、硫化物和异味气体，其排放量很难计算。还有一些放空“火炬”燃烧后产生的 SO_2、NO_x 等。

《国家危险废物名录》规定，石油开采和炼制产生的油泥和油脚、废弃钻井液处理产生的污泥均属于危险废物，应要求企业按国家规定处置上述固体废物。

第六章　制浆造纸工业污染源环境监察

第一节　我国制浆造纸工业概况

一、我国造纸工业的原料结构

我国林木资源极为短缺，大大限制了国内木浆造纸的比重。据中国造纸协会对综合信息资料的调查，近几年我国造纸工业的原料结构比例见表 6-1。

表 6-1　2006—2009 年中国造纸工业纸浆消耗情况　　单位：万 t

	2006 年		2007 年		2008 年		2009 年	
	消耗量	占总量比例/%	消耗量	占总量比例/%	消耗量	占总量比例/%	消耗量	占总量比例/%
总 量	5 992	100	6 769	100	7 360	100	7 980	100
木浆	1 322	22.1	1 450	21.4	1 624	22.07	1 866	23
其中：进口木浆	796	13.3	845	12.5	952	12.9	1 315	16
废纸浆	3 380	56.4	4 017	59.4	4 439	60.3	4 939	62
其中：进口废纸浆	1 570	26.2	1 805	26.7	1 936	26.3	2 200	28
非木浆	1 290	21.5	1 302	19.2	1 297	17.6	1 175	15

注：废纸浆=废纸量×0.8，非木浆包括稻草浆、竹浆、蔗渣浆等。

资料来源：中国造纸协会。

以上数据与国际造纸工业的原料结构（木浆 62.6%，非木浆 3.4%，废纸浆 34%）相比，还有较大差距。据统计，在全球非木材纤维浆生产中，我国占 80%以上，其中稻麦草浆又占了 50%左右。由于非木材纤维多数具有纤维短、强度差、抄纸性能差等缺点，严重制约着我国造纸工业产品质量和档次的提高。此外，一些品位较高的纸只能使用木浆生产，草浆无法代替，而且草浆厂的规模一般偏小，废液处理和防治污染技术难度较大。

二、造纸生产的原料

植物纤维原料一般分为木材和非木材纤维原料两大类。

常用木材原料有：

（1）针叶木，包括云杉、冷杉、马尾松、落林松、红松等，又称软木。适于制造高强度纸。

（2）阔叶木，包括杨木、桉木等，又称硬木。阔叶木纤维较针叶木短，杂细胞多，成纸较疏松，适于做印刷类纸。通常用阔叶木制造机械浆或高得率的化学机械浆、半化学浆。

常用的非木材纤维原料有：

（1）禾本科植物，包括稻麦草、芦苇、荻苇、甘蔗渣、芒草、竹、龙须草等。芦苇、荻苇适于制造印刷纸类；蔗渣适于制造胶版纸和人造纤维浆粕；禾本科植物制浆容易，灰分含量高，影响碱回收。

（2）韧皮植物，包括麻类、树皮、棉秆皮等。是造纸的高级原料，如宣纸、复写原纸等。

（3）棉纤维，包括棉短纤维、废棉、破布等。棉纤维可生产高级生活纸、钞票纸、油毡纸等。

植物纤维还含有少量的如树脂、单宁、色素、淀粉、果胶、灰分等其他物质，在一般常用的原料中含量均不大，可以抽出，但会大大增加造纸污水中的COD产生量。

三、制浆、造纸过程使用的化学辅料

制浆过程使用的化学辅料包括：离解浆料时使用的火碱、芒硝、亚硫酸钠、亚硫酸铵等；漂白过程中使用的过氧化氢、氯气、漂白粉等；抄纸过程中使用的填料氧化镁、氧化钙、滑石粉等；作为施胶剂的淀粉、松香、酪素、三聚氰胺等；作为颜料的染料等。

四、制浆、造纸过程的能耗与原料消耗

1t化学浆需供应7t左右蒸汽（折消耗煤炭1.5t），再生浆需供应0.2～0.3t蒸汽（折消耗煤炭0.05t）。

一般生产1t草浆需2.8t左右干禾草，生产1t芦苇浆需2.7t左右干禾草，生产1t纸浆需2t左右干蔗渣（或4～5 t湿蔗渣），生产1t竹浆需4～5t鲜竹（2t干竹），生产1t木浆需2m^{3}左右木材，生产1t废纸浆需1.2～1.4t废纸。

生产1t碱法化学浆需消耗烧碱300kg。1t纸中约含填料10%～30%。

国际上，造纸工业平均综合能耗为0.9～1.1t标煤/t浆，2005年我国造纸平均综合能耗为1.38t标煤/t浆。到2010年年底，中国纸业实现造纸工业吨产品平均综合能耗（以标煤计）要降至1.10t。据《中国造纸年鉴2009》数据显示，我国造纸业平均吨产品煤耗已由2008年的0.8t降至2010年的0.5t。

五、我国造纸工业的水耗

以国际先进水平来看，吨纸水耗仅为10～20m^3，甚至低于10m^3，吨浆纸综合水耗为35～50m^3，比我国吨浆纸耗水量的一半还低。到2010年年底，中国纸业实现造纸工业吨产品平均取水量由2005年的103m^{3}降至80 m^3，减少了22.3%；国外纸厂水重复利用率约为40%。经过最近几年的努力，2008年，我国的吨浆纸产品平均取水量已降到61.28 m^3。但与国际先进水平相比仍有很大的差距。

表 6-2 2005 年造纸能源资源消耗统计

年份	电耗/（kWh/t 纸）	平均水耗/（m^3/t 纸）	浆耗/（t/t 纸）	综合能耗/（kg 标煤/t 纸）
2005	698.76	103	0.61	1.38
2010	582.7	80	0.58	1.10

注：摘自造纸产业发展政策。

六、造纸工业产业结构调整和环境保护政策

（一）造纸工业产业结构调整政策

表 6-3 造纸工业产业技术政策

文件及颁布时间	内容概要
《产业结构调整指导目录》（发改委令[2011]9号，2011.3.27） 《国民经济和社会发展第十一个五年规划纲要》（十届人大四次会议批准，2006.3.14.） 《造纸产业发展政策》（发改委[2007]71号，2007.10.15） 《关于做好淘汰落后造纸、酒精、味精、柠檬酸生产能力工作的通知》（发改运行[2007]2775号，2007.10.22） 《轻工业调整和振兴规划》（国办发，2009.5.18） 《国务院关于进一步加强淘汰落后产能工作的通知》（国发[2010]7号，2010.2.6） 《关于进一步加大工作力度 确保实现“十一五”节能减排目标的通知》（国发[2010]12号，2010.5.4）	产业布局：①造纸产业发展总体布局应“由北向南”调整，充分考虑纤维资源、水资源、环境容量、市场需求、交通运输等条件，发挥比较优势，力求资源配置合理，与环境协调发展。② 重点环境保护地区、严重缺水地区、大城市市区，不再布局制浆造纸项目，禁止严重缺水地区建设灌溉型造纸林基地。③ 长江以南、东南沿海地区、长江中下游地区发展林纸一体化建设；西南地区坚持木浆、竹浆并举；长三角和珠三角利用废纸和国内外木浆造纸；黄淮地区应淘汰落后草浆产能，增加商品木浆和废纸的利用，适度发展林纸一体化；东北地区加快造纸林基地建设，原则上不再布局新的制浆造纸企业；西南地区企业重组，严格控制扩大产能。 原料结构：充分利用国内外两种资源，提高木浆比重、扩大废纸回收利用、合理利用非木浆，逐步形成以木纤维、废纸为主、非木纤维为辅的造纸原料结构。到 2010 年，木浆、废纸浆、非木浆结构达到 26%、56%、18%。 生产规模：到 2010 年，纸及纸板新增产能 2650 万 t，有效产能达到 9000 万 t，力争实现建设造纸林基地 500 万 hm^2、新增木浆生产能力 645 万 t 的目标。 行业准入：企业规模要求达到：化学木浆年产 30 万 t、化学机械木浆年产 10 万 t、化学竹浆年产 10 万 t、非木浆年产 5 万 t；新建、扩建造纸项目单条生产线起始规模要求达到：新闻纸年产 30 万 t、文化用纸年产 10 万 t、箱纸板和白纸板年产 30 万 t、其他纸板项目年产 10 万 t。薄页纸、特种纸及纸板项目以及现有生产线的改造不受规模准入条件限制 工艺设备：①工艺。发展应用高得率制浆技术，生物技术，低污染制浆技术，中浓技术，无元素氯或全无氯漂白技术，低能耗机械制浆技术，高效废纸脱墨技术等以及相应的装备。优先发展应用低定量、高填料造纸技术，涂布加工技术，中性造纸技术，水封闭循环技术，化学品应用技术以及宽幅、高速造纸技术，高效废水处理和固体废物回收处理技术。②设备。年产 30 万 t 及以上的纸板机成套技术和设备；幅宽 6m 左右、车速 1200m/min、年产 10 万 t 及以上文化纸机；幅宽 2.5m、车速 600m/min 以上的卫生纸机成套技术和设备；年产 10 万 t 高得率、低能耗的化学机械木浆成套技术及设备；年产 10 万 t 及以上废纸浆成套技术和设备；非木材原料制浆造纸新工艺、新技术和新设备的开发与研究，特别是草浆碱回收技术和设备的开发；以及节水、节能技术和设备 淘汰落后：①淘汰年产 1.7 万 t 以下化学制浆生产线和排污不达标的年产 1 万 t 以下以废纸为原料的纸厂（2011 年）。②淘汰年产 3.4 万 t 及以下化学草浆生产装置、蒸球等制浆生产技术与装备，以及窄幅宽、低车速的高消耗、低水平造纸机。③ 禁止采用石灰法制浆，禁止新上项目采用元素氯漂白工艺（现有企业应逐步淘汰）。④禁止进口淘汰落后的二手制浆造纸设备。⑤“十一五”期间淘汰落后造纸产能 650 万 t。2006—2010 年分别淘汰落后造纸产能 210.5 万 t、230 万 t、106.5 万 t、50.7 万 t 和 53 万 t。⑥ “十一五”期间淘汰落后制浆造纸 200 万 t 以上。 能源消耗：①到 2010 年实现造纸产业吨产品平均取水量由 2005 年的 103 m^3 降至 80 m^3、综合平均能耗（以标煤计）由 2005 年的 1.38t 降至 1.10t。② 新建项目单位产品取水量在执行取水定额“A”级的基础上减少 20%以上，目前执行“B”级取水定额的企业自 2010 年年底按“A”级执行

（二）造纸工业环境保护政策

表 6-4 造纸工业环境保护政策

文件名及颁布时间	对企业的要求
《清洁生产标准 造纸工业（漂白碱法蔗渣浆生产工艺）》（HJ/T 317—2006，2006.11.22） 《清洁生产标准 造纸工业（漂白化学烧碱法麦草浆生产工艺）》（HJ/T 339—2007，2007.3.28） 《清洁生产标准 造纸工业（硫酸盐化学木浆生产工艺）》（HJ/T 340—2007，2007.3.28） 《造纸产业发展政策》（发改委[2007]71 号，2007.10.15） 《制浆造纸工业水污染物排放标准》（GB 3544—2008，代替 GB 3544—2001，2008.7.25） 《清洁生产标准 造纸工业（废纸制浆）》（HJ 468—2009，2009.12.21）	规划要求：充分利用竹类、甘蔗渣和芦苇等资源制浆造纸，严格控制禾草浆生产总量，加快对现有禾草浆生产企业的整合，原则上不再新建禾草化学浆生产项目。限制木片、木浆和非木浆出口。 环境标准：制浆造纸废水排放要实行许可证管理，严格执行国家和地方排放标准及污染物总量控制指标。 污染治理要求：①新建制浆造纸项目必须从源头防止和减少污染物产生，消除或减少厂外治理。②要以水污染治理为重点，采用封闭循环用水、白水回用，中段废水处理及回收、废气焚烧回收热能、废渣燃料化处理等“厂内”环境保护技术与手段，加大废水、废气和废渣的综合治理力度 污染治理技术要求：①发展应用高得率制浆技术、生物技术、低污染制浆技术、中浓技术、无元素氯或全无氯漂白技术、低能耗机械制浆技术和高效废纸脱墨技术。②优先发展应用低定量、高填料造纸技术，涂布加工技术，中性造纸技术，水封闭循环技术，化学品应用技术以及宽幅、高速造纸技术，高效废水处理和固体废物回收处理技术 资源综合利用：到 2010 年，使我国国内废纸回收率由目前的 31%提高至 34%，国内废纸利用率由 32%提高至 38%。 清洁生产：①实施清洁生产审核制度。②倡导节约模式，避免过度包装。③生产过程应符合清洁生产三级技术指标的要求

第二节 制浆造纸基本生产工艺

我国造纸企业大致分三种类型：① 制浆企业，指单纯进行制浆生产的企业，以及纸浆产量大于纸张产量，且销售纸浆量占总制浆量 80%及以上的制浆造纸企业。② 造纸企业，指单纯进行造纸生产的企业，以及自产纸浆量占纸浆总用量 20%及以下的制浆造纸企业。③ 制浆和造纸联合生产企业，指除制浆企业和造纸企业以外，同时进行制浆和造纸生产的制浆造纸企业。

造纸生产主要包括制浆和抄纸两部分：

① 制浆生产是指利用化学或机械的方法，或两者结合，使植物纤维原料离解，制成本色纸浆或漂白纸浆的生产过程（漂白浆：主要用于高级印刷纸、复印纸、电脑纸、胶版纸、封皮纸、书写纸和纸袋纸。未漂白浆：用于高强工业用纸如牛皮纸、纸塑纸）。

② 抄纸生产是指将纸浆经打浆处理、再加色料、胶料、填料助剂，经抄纸机抄造成纸产品的生产过程。

一、制浆的备料

制浆造纸的备料基本流程可概括为：贮存、切断、除尘。

稻麦草备料流程有干法备料和湿法备料，也有工厂采用干湿法结合的备料工艺。干法制浆流程主要包括运输、切草、除尘等，主要设备有切断设备（飞刀辊、底刀、喂料装置）、筛选与除尘设备（辊式除尘机、双锥草片除尘筛、水膜除尘系统）；湿法制浆流程主要包括运输、碎解、除砂、压榨等，主要设备是碎解机。

原木备料基本流程主要包括贮木、拉木、锯木、剥皮、去节、削片、筛选、木片贮存等，主要设备有单圆锯或多圆锯、剥皮机、去节机、劈木机、圆盘削片机、原筛或高频振动框平筛等。

芦苇、荻苇、芒秆的备料流程基本相同，常采用干法备料和干湿法备料，其中干法备料流程为运输、切断、除尘等，主要设备有卸料设备、切断设备、旋风分离器、圆筛或风选机等；竹类备料流程为贮存、切竹、筛选、撕裂、洗涤等；甘蔗渣备料流程为贮存（干法贮存、散装湿法贮存）、除髓（干法、半湿法、湿法）等；麻类及棉秆备料流程为贮存、切断、筛选。

二、制浆基本生产工艺

制浆是指利用化学方法、机械方法或者化学与机械相结合的方法将植物原料中的纤维与木质素分开、分散在水中制成本色或漂白纸浆的过程。制浆方法分化学法、半化学法、化学机械法和机械法等，制得的浆相应称为化学浆、半化学浆、化学机械浆和机械浆。

废纸制浆在制浆生产中是一个比较特殊的领域，是由废纸再生制浆，分为脱墨制浆与非脱墨制浆两种方式。

（一）化学法制浆生产工艺

化学法制浆的实质是通过化学药液与植物纤维原料在高温下的反应，使胞间层的木素尽可能多地溶出，原料分离成浆。化学法制浆所用的化学药品种类很多，但是工业生产上常用的有碱法制浆及亚硫酸盐法制浆两大类。碱法制浆主要包括硫酸盐法和烧碱法。碱法制浆约占世界浆产量的90%。

1. 硫酸盐法制浆生产工艺

（1）硫酸盐木浆生产工艺

备料加工的木片进入蒸煮器进行蒸煮，发生化学反应，去除木素并使纤维离解成浆。对于有碱回收的制浆系统，蒸煮液就是回收的白液，一般不再另加化学药剂，损失碱用芒硝补充；蒸煮一般分为间歇蒸煮和连续蒸煮两种。

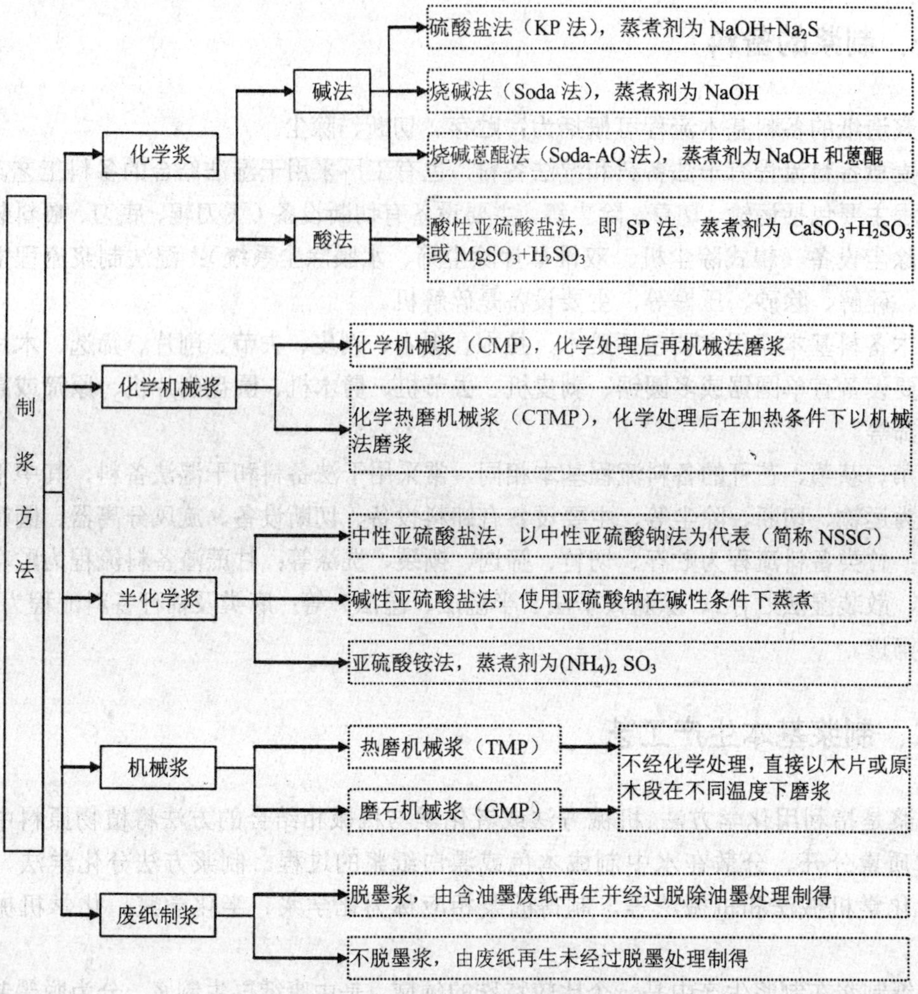

图 6-1　主要制浆方法分类

（2）硫酸盐草浆生产工艺

硫酸盐草浆生产工艺除了原料为稻麦草外，其他工艺过程和原理均与硫酸盐木浆生产工艺相同。见图 6-2。

2．碱法草浆生产工艺

备料车间的原料进入螺旋预浸机被蒸煮药液浸润后进入蒸煮设备，经高温蒸汽蒸煮后浆料喷入喷放锅。

蒸煮设备有蒸球和间歇式蒸煮器（这类设备主要是中小造纸厂使用）、立式蒸煮锅和连续蒸煮设备（分横管式和斜管式）。间歇式蒸球是我国中小型草浆纸厂应用较多的设备，一般采用 $25\,m^3$ 和 $40\,m^3$ 的小型蒸球，该设备生产能力小，占地面积大，一般大厂很少采用。

喷放设备有喷放锅和喷放仓，喷放锅主要用于木浆厂，喷放仓多用于中小型草浆厂，喷放时会产生大量废气，如不回收，会造成热能浪费并污染环境。

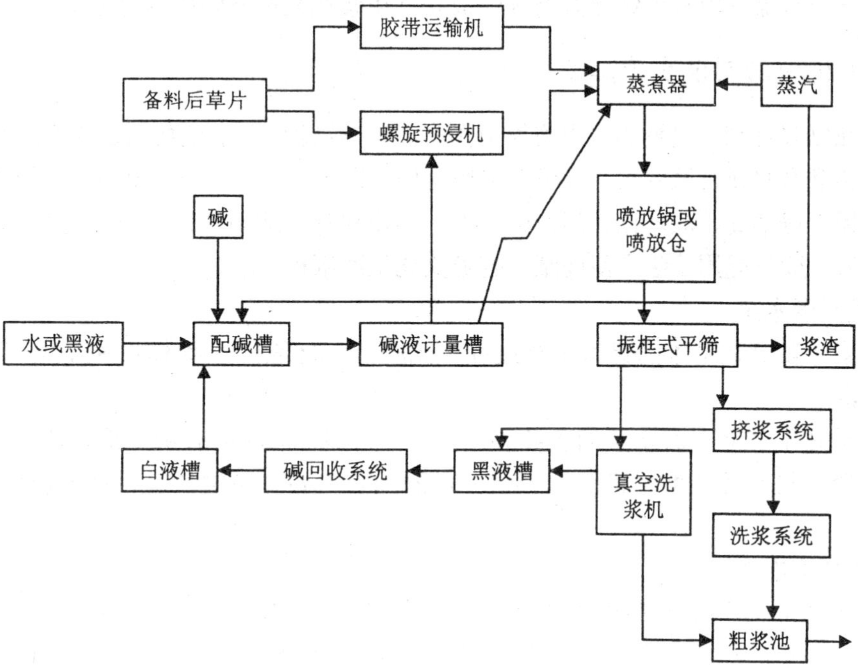

图 6-2 硫酸盐草浆生产工艺流程

3. 酸法草浆生产工艺

酸法草浆是指以亚硫酸氢盐为主要蒸煮药液，对草类原料进行处理得粗浆的制浆工艺，该工艺的原料前处理和粗浆后处理与碱法草浆基本类似，除蒸煮药液不同外，还增加了蒸煮酸的制备过程。

（二）化学机械法制浆生产工艺

化学机械法制浆是指原料经轻微化学处理，再用机械方法撕磨成浆的过程。所用原料以木材为主，制浆得率为 85%～94%，常用的化学处理法为冷碱法和亚硫酸盐法，分别用冷碱或用热的中性硫酸钠溶液对纤维进行短时间浸渍，或在低压下进行短时间蒸煮，使 10%左右的半纤维素溶出，而木素基本未溶出，再用机械磨碎的方法使之成浆。20 世纪 90 年代，出现了碱性过氧化氢的化学机械浆（APMP），它是在化学热磨机械浆的基础上发展起来的。

（三）半化学法制浆生产工艺

半化学法制浆与化学机械法相似，先对料片进行化学处理，但化学处理程度比化学机械浆剧烈，然后再磨制成浆。除去原料中 25%～50%的木素和 30%～40%的半纤维素，半化学法制浆得率在 65%～85%。

半化学法制浆的基本流程为料片→化学处理→磨浆。化学法的蒸煮药液都可以用于生产半化学浆，化学处理蒸煮设备通常为蒸球或斜管连蒸器，蒸煮过的原料只去除部分木素和半纤维素，再由机械处理才能将纤维分散成浆，磨碎的主要设备是盘磨机。

中性亚硫酸盐半化学浆（NSSC）是典型的半化学浆，其生产流程如下：

木片→预蒸器→斜管连续蒸煮器→喷放仓→粗浆洗浆机→除碎片盘磨机→贮浆池

（四）机械法制浆生产工艺

机械法制浆是利用机械的作用将原料撕磨成浆的过程，目前主要用以生产木浆，因此，机械浆又称磨木浆或机械木浆。机械木浆按原料与设备的不同又分为磨石磨木浆和木片磨木浆。机械浆得率高、成本低、污染轻，纸产品质地软、适印性好，但强度低、易返黄。磨石磨木浆一般只能用于生产新闻纸、普通文化纸和纸板。

1．磨石磨木浆

磨石磨木浆是最基本的磨木工艺过程，流程为木材备料→磨木机→筛选→除砂→浓缩→贮浆池。

磨木机是生产磨石磨木浆的主要设备，种类很多，常用的有链式磨木机、袋式磨木机、库式磨木机、环式磨木机等。影响磨木的因素主要有原木质量、磨木温度、比压、浓度等。

2．木片磨木浆

木片磨木浆又称盘磨机械浆，其生产过程是木片在盘磨机内撕磨成浆。木片不经预处理直接进入盘磨机的称普通木片磨木浆（RMP），木片经洗涤、预热再磨浆的称预热木片磨木浆（TMP）。

RMP 生产流程为木片经输送器→旋风分离器→木片洗涤器→隔栅脱水→盘磨机制成浆。

TMP 生产流程为木片经输送器→旋风分离器→木片洗涤器→螺旋输送器→螺旋进料器→预热器→盘磨机、成浆精磨等设备制成浆。

（五）废纸制浆生产工艺

废纸制浆主要工序为碎浆、筛选、除渣、脱墨、浓缩、分散和漂白。可分为两类，一类是脱墨浆，主要用于生产新闻纸、印刷书写纸、杂志纸和涂布纸板等（多一道脱墨工序）；另一类是不脱墨浆，主要用于生产包装纸、瓦楞纸和箱纸板等。

三、中段处理

以上制浆过程（废纸制浆除外），为减少中段处理 COD 污染的负荷，在中段处理前一般要先进行挤浆，回收含高浓度 COD 的废液。

（一）洗筛工段

洗浆通常分单向洗涤和逆流洗涤。单向洗涤是单纯的用水置换蒸煮废液，然后将废液排出，这种洗涤方法用水量大，排出废液浓度低，难以回收，往往直接排至下水道，污染大，但设备简单；逆流洗涤是洗液与浆流多次逆向接触，从而增加洗液浓度，其特点是用水量小，环境污染少，但设备比较复杂，该洗液为黑液（或红液）。

筛选是指将粗浆中的生料片、粗大纤维束、砂石、污垢、金属片等进行筛选。除去尺寸较大的杂物称为粗选；除去与单根纤维近似的纤维束称为精选；除去密度大而颗粒较小的杂质称为净化。

（二）漂白工段

漂白浆洗涤设备大致分为两类：一类是漂白设备（漂白机），本身装有洗鼓，连漂带洗非常方便。另一类是用单机洗涤设备（如真空洗涤机，圆网浓缩机，侧压浓缩机等），用于多段漂白的各段之间洗涤，较前一类洗涤设备效率高，能力大，优点明显。

中段处理产生的废水量最多，但 COD 污染负荷较黑液（或红液）少得多，进入污水处理设施的废水主要是中段废水。

四、抄纸基本生产工艺

使用纤维原料制造纸张和纸板的方法，一般可分为湿法造纸和干法造纸两大类。目前大多数纸和纸板采用湿法造纸，干法造纸多用于特种纸的制造。纸和纸板的生产过程大体可分为打浆、调料、造纸机前纸料的处理、纸或纸板的抄造四个阶段。

第三节　制浆造纸主要工艺的产排污节点

一、备料

表 6-5　备料工段水污染物说明

原料类型	特　征
原木	采用水上储木的方式，原木的湿法剥皮、切片的水洗都会产生污水，原木备料废水中含有一定量的木材抽出物成分，其以溶解胶体物质的形式存在，是废水的重要毒性来源
草类	草类备料废水主要含有草屑、泥沙等固体悬浮物，同时草屑及原料中的部分水溶性物质进入备料废水，会增加废水中 BOD 和 COD 的含量
蔗渣	蔗渣备料湿法除髓所造成的污染主要是 SS，同时也有水溶性物质进入废水，会增加废水中 BOD 和 COD 的含量
竹子	竹子的备料与木材相似，在竹子的削片、洗涤和筛选过程中，一部分溶出物进入废水，竹子备料废水污染负荷较低，除去水中的砂石、碎屑等之后，可以回用

二、制浆基本生产工艺产排污节点

（一）化学法制浆产排污节点

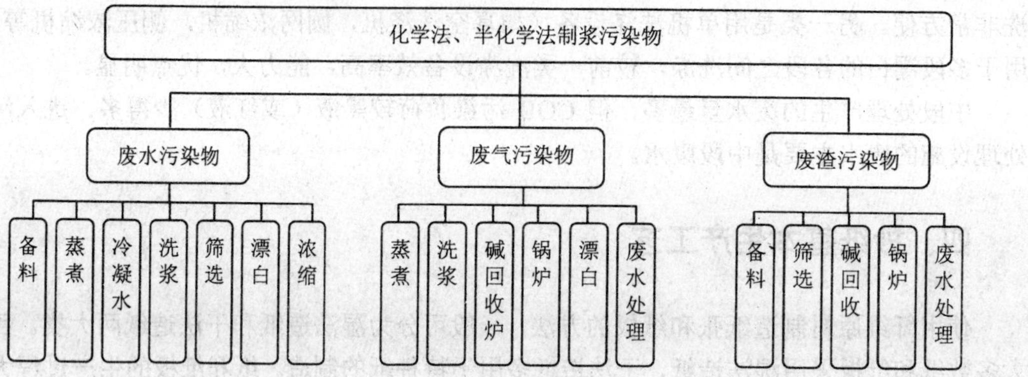

图 6-3 化学法、半化学法制浆主要污染源

表 6-6 化学法、半化学法制浆污染物说明

污染物类型	特 征
水污染物	化学法制浆废液根据原料品种、蒸煮工艺以及化学药品的种类和用量不同，存在很大差异，包括碱法制浆的黑液和酸法制浆的红液。黑液中含有大量木质素和半纤维素等降解产物、色素、戊糖类、残碱及其他溶出物，每生产 1t 纸浆约排放黑液 $10m^3$，其特征是 pH 为 11～13，BOD 为 34500～42500mg/L，COD 为 106000～157000 mg/L，SS 为 23500～27800 mg/L。红液含有大量木素磺酸盐、半纤维素降解产物、色素、戊糖类及其他溶出物，pH 在 5 以下，BOD 为 170～345kg/t 浆，COD 为 1106～1555 kg/t 浆。亚铵法制浆废液呈红褐色，杂质约占 15%，另外还含有钙盐、镁盐及残留亚硫酸盐、木素磺酸盐、糖类、少量醇、酮等
大气污染物	蒸煮是化学法制浆大气污染的主要污染源，主要成分包括 H_2S、CH_3SH、CH_3SCH_3、$CH_3S_2CH_3$ 等，间歇蒸煮排放大气污染物的量大于连续蒸煮；碱回收也会产生 H_2S、CH_3SH 等污染物；石灰窑排气中含有粉尘和含硫污染物等；污冷凝水汽提排放的气体中含有易挥发的还原硫化物以及其他溶解气体
固体废物	白泥来自碱回收的苛化工段，其主要成分是碳酸钙和硫酸钙等，绿泥来自燃烧工段，其主要成分为碳酸钙，同时还包括氢氧化钙、硅酸钙、残余氢氧化钠以及硫化钠、铝、铁、镁的化合物，而末端治理产生的物化污泥主要是水中的 SS 与混凝药剂反应生成的絮体，污水处理厂的污泥

1. 硫酸盐法制浆产排污节点

硫酸盐法木浆废水产生于蒸煮工序，此外，在蒸煮、汽提工序会有臭气产生。固体污染物主要是白泥、绿泥。图 6-4 为典型硫酸盐木浆生产工艺及产污示意图。

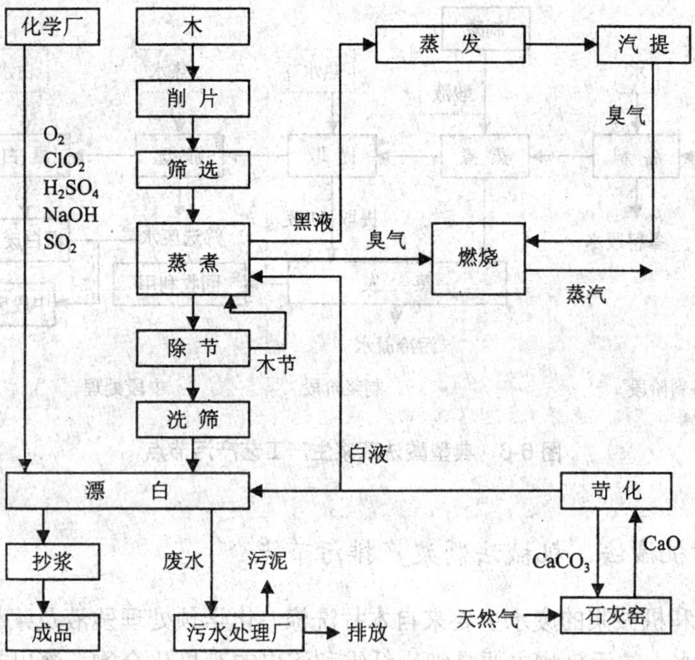

图 6-4 硫酸盐木浆生产工艺产排污节点

2. 碱法草浆产排污节点

草浆企业是制浆造纸行业中污染最为严重的一类企业，我国草浆企业的特点是规模小、环保设施不完备、污染严重。图 6-5 为草浆企业废水产生示意图，可知碱法草浆产生的废水主要来自蒸煮、提取；固体废弃物主要是碱回收白泥和绿泥、污水站污泥、锅炉煤渣；废气主要是草尘、锅炉废气。

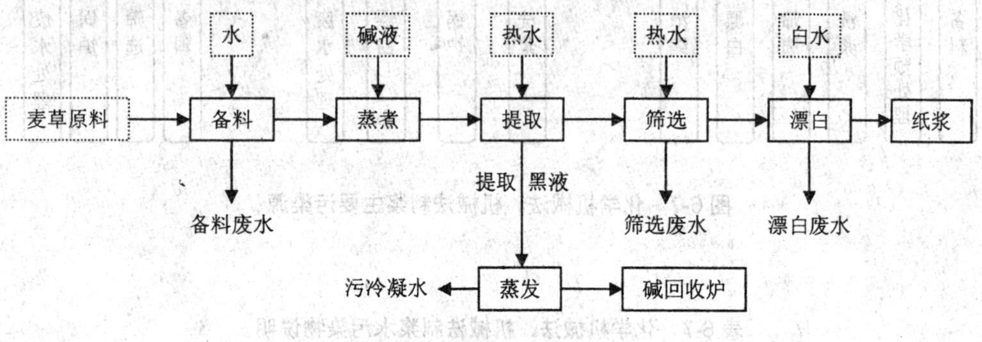

图 6-5 典型碱法草浆生产工艺产排污节点

3. 酸法草浆产排污节点

酸法草浆企业也是制浆造纸行业中污染严重的一类企业，在我国所占比例较小，并有逐步淘汰的趋势。图 6-6 为酸法草浆企业废水产生示意图，可知废水主要来自蒸煮、提取；固体废弃物主要是污水站污泥、红液过滤滤渣、锅炉煤渣；废气主要是草尘、锅炉废气以及少量未回收 SO_2。

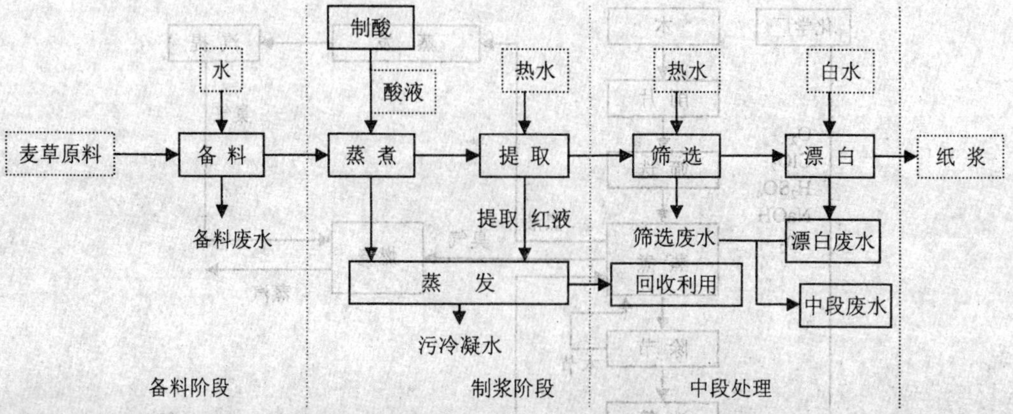

图 6-6 典型酸法草浆生产工艺产污节点

（二）化学机械法、机械法制浆产排污节点

化学机械浆和机械浆的废水主要来自木片洗涤、化学预处理残液及浆料的洗涤、筛选等工艺过程。废水中的污染物主要是细小纤维和溶出的有机化合物，溶出的有机化合物含量取决于制浆方法和原料种类。

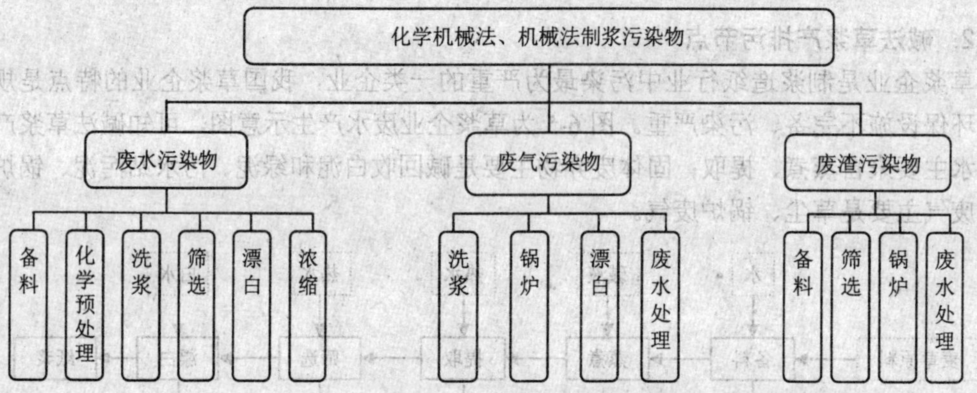

图 6-7 化学机械法、机械法制浆主要污染源

表 6-7 化学机械法、机械法制浆水污染物说明

制浆类型	特 征
化学机械浆	废液排放量为 20～30 m^3/t 浆，BOD 为 40～90 kg/t 浆，COD 为 65～210 kg/t 浆，并含有大量悬浮物和较深的色度。由于使用化学药品进行预处理，CMP 制浆废液的 COD 含量显著提高，产生的溶解性有机物一般为 5%～10%或者更高。
机械浆	SGW、RMP 和 TMP 在制浆过程中产生的溶解性有机物（木素、碳水化合物、水溶性抽出物等）为 2%～10%。

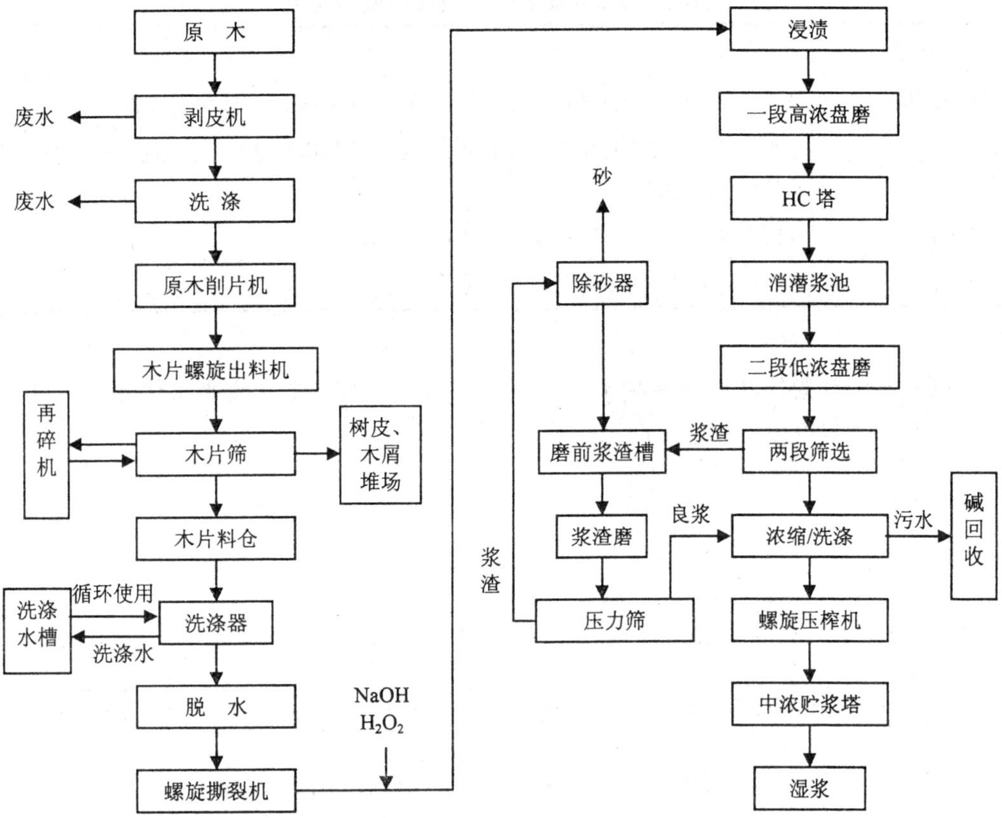

图 6-8 化学机械浆生产工艺产排污节点

（三）废纸制浆生产工艺产排污节点

废纸制浆产生的最大污染物是废水，因废纸的种类、来源、处理工艺、脱墨方法及废纸处理过程的技术装备不同，所排放的废水特性差异很大。废水主要来自废纸的碎浆、疏解，废纸的洗涤、筛选、净化、脱墨及漂白过程。一般情况下，非脱墨浆废水排放量及废水的 BOD、COD 排放负荷均比脱墨浆低。

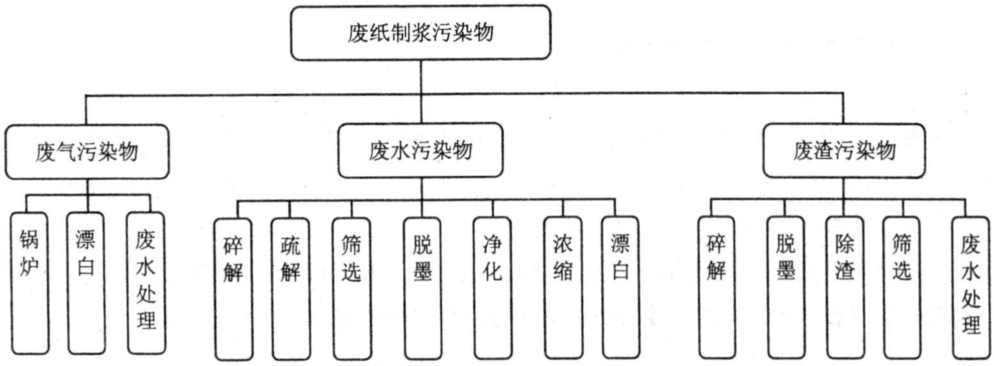

图 6-9 废纸制浆主要污染源

表 6-8 废纸制浆废水中含有的污染物说明

污染物	特 征
总固体悬浮物	包括细小纤维、无机填料、涂料、油墨微粒及微量的胶体和塑料等
可生化降解有机物	主要是纤维素或半纤维素的降解物，或是淀粉等碳水化合物及蛋白质、胶黏剂等形成废水中的 BOD_5
还原性物质	包括木素及衍生物和一些无机盐等形成 COD
有色物质	由油墨、染料及木素等化合物形成废水的色度

废纸制浆的非脱墨和脱墨两种工艺中脱墨法污染相对严重，废水可生化性较强，图 6-10、图 6-11 为典型废纸制浆生产工序及产排污流程。

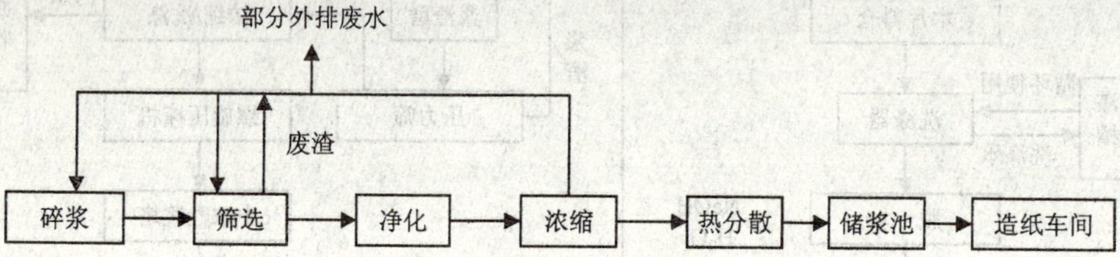

图 6-10 单一无脱墨生产工艺产排污节点

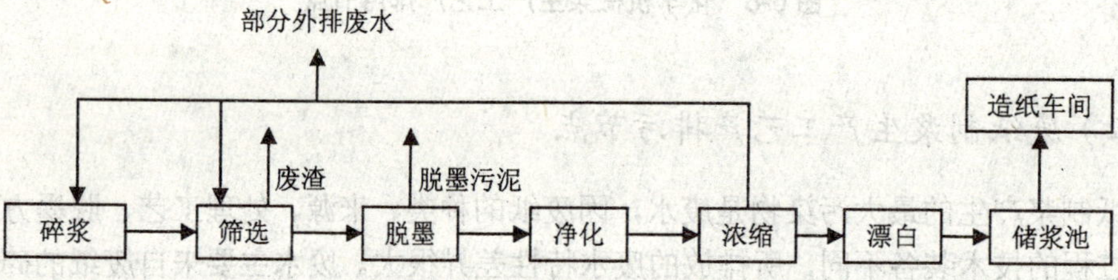

图 6-11 单一脱墨生产工艺产排污节点

三、造纸工艺产排污节点

造纸车间废水又可分为造纸系统排放废水和造纸辅助系统排放废水，造纸系统排放废水又包括重污水、轻污水、临时性（事故性）排放废水。重污水主要来自压力筛和除砂器等浆料净化系统排“渣”，而轻污水则主要来自白水回收处理系统多余白水。临时性（事故性）排放废水主要是指系统不平衡时浆槽、白水槽、水封槽等的溢流水以及控制失灵导致的事故性排放和地面冲洗水。通常白水系统废水占废水总量的 80%以上。

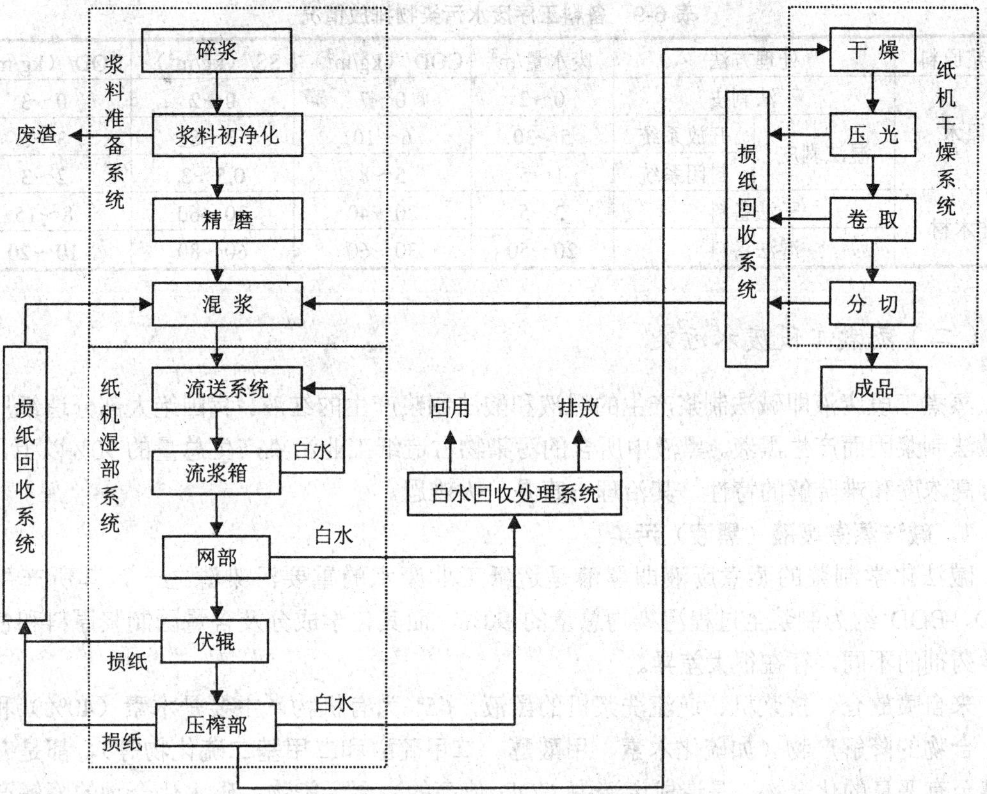

图 6-12　造纸生产工艺产排污节点

第四节　制浆造纸工业的环境污染

一、制浆造纸工业废水污染

近年来国内制浆造纸行业污染控制措施得到较大的发展，单位产品废水排放量明显下降，但到目前为止，与发达国家相比，现有企业废水排放量差别较大，总体排污水平仍然较高。每生产 1t 化学木浆排放废水 20～80m³，非木浆排放废水 60～300m³；每生产 1t 化学机械浆废水排放量为 10～40m³；每生产 1t 脱墨废纸浆废水排放量 10～70m³；无脱墨废纸浆废水量 8～40m³。

（一）备料废水

考虑到现阶段企业排水现状及行业发展趋势，备料废水基本上为木浆 0～5m³，非木浆 2～20m³。表 6-9 为备料工序的排污统计值。

表 6-9 备料工序废水污染物排放情况

制浆原料	处理方法		废水量/m^3	COD/（kg/m^3）	SS/（kg/m^3）	BOD/（kg/m^3）
原木	干法剥皮		0～2	0～7	0～2	0～3
	湿法剥皮	开放系统	5～30	6～10	3～8	3～5
		封闭系统	1～5	5～8	0.5～3	2～3
非木材	干法备料		2～5	20～40	30～60	8～15
	湿法备料		20～50	30～60	60～80	10～20

（二）蒸煮工段废水污染

蒸煮工段废液即碱法制浆产生的黑液和酸法制浆产生的红液。我国绝大部分造纸厂采用碱法制浆因而产生黑液。黑液中所含的污染物占造纸工业污染产生总量的90%以上，且具有高浓度和难降解的特性，其治理一直是一大难题。

1. 碱法蒸煮废液（黑液）污染

碱法化学制浆的蒸煮废液即黑液是造纸工业废水的重要污染源之一，其所产生的COD、BOD 约为制浆全过程污染物总量的 90%，而其化学成分及含量因制浆原料和使用化学药剂的不同，存在很大差异。

来自喷放仓、挤浆机、逆流洗浆机的黑液，65%为有机物，主要是木素（40%）和碳水化合物的降解产物（如硫化木素、甲酸醇、二甲硫醚和二甲基二硫化物等）。都是有臭味甚至有恶臭的化合物，是造成废液中 COD 值高的主要污染物；碳水化合物的降解产物则呈异变糖酸状态存在，是造成废液中 BOD 值高的主要污染物。黑液 COD 浓度 5 000～40 000 mg/L，COD 产生量为 1 300 kg/t 浆，主要是纤维素、木质素、果胶、树脂等，还含大量残碱，BOD≥5 万 mg/L，pH 值≥13，SS≥1 500 mg/L。一般每生产 1 t 化学浆，产生 10～12 m^3 黑液，其中含有机物 1.0～1.5 t，碱性物质约 0.4 t。黑液浓缩回收产生冷却水为 2～3 m^3/t 纸浆，其中：pH 值 10～11、SS 为 300～500 mg/L、COD 为 1 000～1 500 mg/L、BOD 为 500～800 mg/L。

据统计，每生产 1 t 碱法草浆约排放废液 10～12 m^3，其特征是 pH 为 11～13，BOD 为 34 500～42 500 mg/L，COD 为 106 000～157 000 mg/L，SS 为 23 500～27 800 mg/L，木浆排水量略低。

2. 酸法蒸煮废液（红液）污染

酸法化学制浆的蒸煮废液称为红液，其化学成分十分复杂，主要成分为木素和纤维素，糖类含量也比较多，还有制浆药剂。亚硫酸盐制浆厂的蒸煮废液总量与碱法制浆相当，每生产 1 t 浆一般排放废液 10 m^3 以上，但制浆总废水量比现代化碱法制浆厂高，原因是该工艺水循环率较低。

（三）中段废水污染

造纸中段废水是指化学法制浆生产过程中产生的除黑液外的全部废水，外排的中段废水是提取黑液后的蒸煮浆料在洗浆、筛选、漂白以及打浆中所排放的废水，由于处理不当而溢漏的黑液也可能混掺其中。这部分废水量较大，主要污染物为木质素和漂白过程中产生的氯酚类物质。中段废水的污染治理是我国造纸工业治理的重点。

中段水用水量特别大，我国制浆中段废水中主要的污染物有木素、半纤维素、色素、戊糖类、酚、氯化物等，以可溶性 COD 为主，污染物与黑液基本相同，但浓度低于黑液，一般情况下废水量 80～180 m^3/t 纸浆、水质特征为 pH 值 10～12、SS 600～1 000 mg/L、COD 1 500～2 000 mg/L、BOD 400～600 mg/L。

制浆造纸中段废水主要包括蒸煮污冷凝水、纸浆洗浆、筛选、净化废水、漂白废水、碱回收废水及部分泄漏黑液，颜色呈深黄色，占造纸工业污染产生总量的 8%～9%。其中漂白废水中含大量的有机氯化物，具有很深的颜色和很大的毒性，是浆厂排水污染的主要来源，也是毒性物质的重要来源。中段废水具有排放量大，污染负荷高，成分复杂，毒性大等特点；尤其是非木材纤维一直是造纸工业的主要原料；在全球非木材纤维生产中，中国占 80%以上。草浆中段废水 BOD_5/COD_{Cr} 为 0.25～0.30，木浆中段废水 BOD_5/COD_{Cr} 为 0.30～0.35，因此草浆中段废水可生化性较差，是造纸废水的处理难点。

1．污冷凝水

化学制浆过程中，蒸煮锅放出蒸汽的碱法制浆冷凝水含甲醇、乙醇、丙酮、丁酮、糠醛等污染物；硫酸盐制浆法冷凝水含硫化氢及有机硫化物等。

2．洗浆、筛选、浓缩废水

提取蒸煮液后，浆料再经筛选、浓缩，洗去浆料中的杂质这一环节会产生大量洗涤废水。1 t 浆耗水 250 m^3，经浓缩后排水量为 50～200 m^3/t 浆。COD 浓度 1 000～1 500 mg/L，COD 产生量为 300～350 kg/t 浆，如果采用筛选后浓缩排水循环到筛选前的稀释工序等措施，还可大幅度减少排水量。

如果黑液回收率由 80%提高到 90%，可以降低 40%的筛选水污染负荷，也可以减少中段废水量。目前我国大型造纸企业黑液回收率高于 85%，许多中小型企业黑液回收率平均低于 40%。

3．漂白废水

目前我国多数企业还是用氯化漂白，污染严重。纸浆漂白废水中 COD 产生量为 40～85 kg/t 浆，BOD 产生量为 10～30 kg/t 浆。传统的 CEH（氯化－碱处理－氯酸盐漂白）三段漂污染物产生量较大，废液中不但含有 COD 和 BOD，而且还含有其他剧毒物质。当使用次氯酸盐漂白时，废水中除了含有机污染物外，还含有相当数量的氯化物。含氯漂白产生三氯甲烷，每漂白 1 t 蔗渣浆排出的废液含三氯甲烷 150～250 g，每漂白 1 t 木浆约含三氯甲烷 700 g。氯化漂白除了产生三氯甲烷外，废液中还含有 40 多种有机氯化物，其中以各种氯代酚为最多，如二氯代酚、三氯代酚，还会产生二噁英和呋喃，有 10 多种是剧毒的。发达国家制浆漂白过程多使用过氧化氢为漂白剂，为了减少漂白产生的污染，还采用氧-碱漂白、臭氧漂白、气相漂白、置换漂白等新的漂白工艺。造纸工业的环境污染治理从技术角度看，在很大程度上能够得到解决，但许多造纸厂为了减少污染治理成本，没有进行黑液回收和消除二噁英污染的治理，从而加大了中段水的污染。

国内漂白工艺技术十分落后，漂白仍以次氯酸盐单段和 CEH 三段漂为主。在纸浆漂白的氯化段（C）和随后的碱抽提段（E），能够产生大量的有机酚类化合物和极毒的二噁英。据资料报道，目前在漂白废水中检测到的具有致癌、致畸、致基因突变的有硝基多环芳烃、氯代二苯丙二噁英，氯代二苯丙呋喃、氯代芳烃等物质，其中大部分物质具有不可代谢性，非常难以被生物降解，特别是二噁英，由于其具有剧毒，并且在人畜体内不可代谢，可以生物积累等，已被国际致癌研究中心列为人类一级致癌物质。

（四）废纸制浆废水污染

废纸制浆工艺污染物产生量远低于草木原料制浆，尤其不进行高温蒸煮处理，污染负荷会明显减少，废纸造纸的水污染物产生量比化学制浆造纸削减了85%以上，但废水的COD、SS浓度仍然较高。目前，我国中小型企业的排水量一般为60～100 m^3/t纸废水中除含塑料粒、泥砂外，还有细微的纤维素和半纤维素、木质素、胶粒、矿粒、填料等污染物。

废纸制浆生产过程如果需要脱墨，则因洗涤脱墨工艺用水量大，1 t脱墨浆用水量为60～100 m^3，实际排水量会比不脱墨的废纸制浆生产大得多。废纸制浆产生的废水中主要含有半纤维素、木质素、无机酸盐、细小纤维、无机填料以及油墨、染料等污染物。木质素、半纤维素主要形成废水的COD及BOD；细小纤维、无机填料等主要形成SS；油墨、染料等主要形成色度及COD。这些污染物综合反映出废水的SS、COD指标均较高。

废纸中50%的填料、70%的细小纤维和95%的油墨和少量脱墨剂、表面活性剂进入废水中，但由于没有蒸煮黑液，污染物浓度会比制浆造纸低很多。一般不脱墨废水中COD浓度约1 200 mg/L、BOD浓度300 mg/L、SS浓度1 000 mg/L；脱墨废水中COD浓度为1 000 mg/L、BOD浓度500 mg/L、SS浓度800 mg/L，国家对再生纸的排水量限制为60 m^3/t纸。为节省用水，许多纸厂利用抄纸废水作为碎浆和高浓度洗浆的用水，可以减少用水量。

废纸造纸废水排放量与多种因素有关，目前我国以中小型企业居多，1t纸排水量一般为20～60 m^3，最低已达到8 m^3/t纸，最高超过100 m^3/t纸。一般情况下，企业规模越大、设备越先进、商品浆比例越高、管理越完善，则吨纸排水量也越低。在同等条件下，高档纸吨产品排水量要高于低档纸吨产品排水量，如生产瓦楞纸吨产品排水量相对较低，而脱墨纸吨产品排水量相对较高。

废纸造纸废水水质浓度一般与吨纸排水量及污染物产生量有关。据测算，一般情况下，再生造纸的污染物产生量相对稳定，COD为70～100 kg/t纸。吨纸排水量越大，则废水COD浓度越低，但吨产品的COD产生量偏高，而引进设备的排水量及COD产生量都比较低。当复用水、回用水做得较好时，吨纸排水量降低，但COD浓度会升高。通常废纸造纸废水COD为500～2 000 mg/L，当无水质实测资料时，可按表6-10推算废水水质。

表6-10 再生造纸废水水质测算

吨纸排放量/（m^3/t）	SS/（mg/L）	COD/（mg/L）
30左右	2 000～2 500	2 000～3 000
60	1 000～2 000	1 200～2 000
100	700～1 100	800～1 200
150	500～800	600～800
200	400～600	500～600

（五）抄纸工艺的废水污染

抄纸过程的废水主要来自打浆、纸机前筛选和抄造等工序。纸料在造纸网上流动时，浆料中添加的辅助化学品和助剂（防腐剂、杀菌剂、消泡剂等）一部分保留在浆料中，另一部分则随用于悬浮纤维的水流向网下。

抄纸废水称“白水”，主要来自打浆、浆料的净化筛选和造纸机湿部。白水主要含有细小纤维、填料、涂料和溶解了的木材成分，以及添加的胶料、湿强剂、防腐剂等，以不溶性 COD 为主，可生化性较低，加入的防腐剂有一定的毒性。白水水量较大，但其所含的有机污染负荷远远低于蒸煮黑液和中段废水。

真空吸滤的、洗毛布的、冷凝冷却的污水，除了不能回用的水外，统称剩余白水。我国造纸设备耗水量一般为 50～80 m^3，许多老企业和中小企业排水量较大，高于 100 m^3，如果采用白水回用，废水量会大大减少。SS 和 COD 污染负荷分别为 60 kg/t 和 80 kg/t，白水主要含细小纤维，少量填料、果胶、糖类、填料、染料和助剂，都是有用的资源。白水中的主要污染物是 SS 和 COD，其中：pH 值 7～8、SS 为 500～800 mg/L、COD 为 300～600 mg/L、BOD_5 为 100～300 mg/L。根据其中固形物含量的不同，白水回用于系统的不同部位。剩余白水经过滤、气浮或沉淀等方法，回收纤维，出水再用于抄纸生产。

白水回收的技术在我国已普遍推广，大型纸机一般都采用了多圆盘过滤机，中小企业则采用气浮池或多圆盘过滤机进行白水回收，使造纸白水得到了充分的回用，有的已实现封闭循环。大型纸机一般都采用了多圆盘过滤机，中小企业则采用气浮池或多圆盘过滤机进行白水回收，使造纸白水得到了充分回用，有的已实现了封闭循环。造纸白水的污染治理在技术上已无障碍。

表 6-11 化学机械浆及机械浆水污染物产生量

	阔叶木		阔叶木			针叶木		针叶木			针叶木
	漂白化学热磨机械法制浆（BCTMP）		碱性过氧化氢化机法制浆（APMP）			化学热磨机械法制浆（CTMP）		热磨机械法制浆（TMP）	漂白热磨机械法制浆（BTMP）		磺化化学机械法制浆（SCMP）
规模/（万 t/a）	≥10	5～10	≥10	5～10	≤5	≥10	5～10	5～10	≥10	5～10	5～10
废水量/（m^3/t 产品）	14～30	17～34	18～28	20～30	26～40	16～28	20～35	13～21	15～20	17～25	18～22
COD/（kg/t 产品）	90～140	90～160	120～160	120～180	121～180	88～140	90～145	52～68	80～110	80～110	120～160
BOD/（kg/t 产品）	30～45	30～50	36～50	36～55	36～60	30～45	32～50	19～25	35～55	35～58	50～65

注：数据主要参照《第一次全国污染源普查工业污染源产排污系数手册》。

表 6-12 化学浆（木材）水污染物产生量

	针叶木			针叶木			桉木（阔叶木）				杨木
	硫酸盐法制浆（未漂）			硫酸盐法制浆（漂白）			硫酸盐法制浆（漂白）				
规模/（万 t/a）	≥30	10～30	≤10	≥30	10～30	≤10	≥70	30～70	10～30	≤10	≤5
废水量/（m^3/t 产品）	45～70	50～80	70～100	50～70	70～90	80～100	30～45	40～55	45～70	60～94	60～94
COD/（kg/t 产品）	30～50	30～55	35～60	40～65	45～70	50～75	35～45	38～45	40～50	50～80	60～75
BOD/（kg/t 产品）	10～16	10～18	12～20	13～20	13～25	15～30	12～17	13～17	13.5～18	16～25	15～23
挥发酚/（kg/t 产品）	0.12～0.35	0.13～0.37	0.13～0.38	0.11～0.34	0.12～0.35	0.14～0.35	0.09～0.31	0.10～0.31	0.11～0.35	0.13～0.36	0.09～0.25

注：数据主要参照《第一次全国污染源普查工业污染源产排污系数手册》。

表 6-13 化学浆（竹子）水污染物产生量

	硫酸盐法制浆（未漂）			硫酸盐法制浆（漂白）			硫酸盐法制浆（漂白）（无碱回收）
规模/（万 t/a）	≥10	5～10	≤5	≥10	5～10	≤5	≤5
废水量/（m^3/t 产品）	40～60	40～70	50～80	50～70	50～80	80～130	110～140
COD/（kg/t 产品）	45～50	50～70	60～80	75～90	75～95	95～210	1270～1428
BOD/（kg/t 产品）	12～18	15～25	20～25	23～28	25～30	30～65	381～438

注：数据主要参照《第一次全国污染源普查工业污染源产排污系数手册》。

表 6-14 化学浆（蔗渣）水污染物产生量

	硫酸盐法制浆（漂白）		硫酸盐法制浆（漂白）（无碱回收）	烧碱法制浆（未漂）		烧碱法制浆（未漂）（无碱回收）	烧碱法制浆（漂白）		烧碱法制浆（漂白）（无碱回收）
规模/（万 t/a）	3.4～10	≤3.4	≤3.4	3.4～10	≤3.4	≤3.4	3.4～10	≤3.4	≤3.4
废水量/（m^3/t 产品）	120～150	120～180	180～200	90～150	130～160	130～161	130～180	150～200	150～180
COD/（kg/t 产品）	140～180	235～319	1250～1476	100～140	170～250	1070～1261	130～170	150～260	1250～1330
BOD/（kg/t 产品）	50～70	71～93	512～590	30～42	53～75	438～504	39～51	45～77	512～558

注：数据主要参照《第一次全国污染源普查工业污染源产排污系数手册》。

表 6-15　化学浆（荻苇）水污染物产生量

	烧碱法制浆（未漂）			烧碱法制浆（未漂）（无碱回收）	烧碱法制浆（漂白）			烧碱法制浆（漂白）（无碱回收）
规模/（万 t/a）	≥10	5～10	≤5	≤5	≥10	5～10	≤5	≤5
废水量/（m^3/t 产品）	60～105	60～110	90～170	120～290	70～120	70～130	100～190	129～365
COD/（kg/t 产品）	60～96	70～105	110～245	980～1 250	74～110	90～120	160～290	1 250～1 850
BOD/（kg/t 产品）	20～30	25～35	35～74	280～320	25～35	30～40	46～83	270～430

注：数据主要参照《第一次全国污染源普查工业污染源产排污系数手册》。

表 6-16　化学浆（稻麦草）水污染物产生量

	烧碱法制浆（未漂）			烧碱法制浆（未漂）（无碱回收和综合利用）	烧碱法制浆（漂白）			烧碱法制浆（漂白）（无碱回收和综合利用）
规模/（万 t/a）	≥10	3.4～10	≤3.4	≤3.4	≥10	3.4～10	≤3.4	≤3.4
废水量/（m^3/t 产品）	60～120	80～150	100～180	110～205	75～140	100～170	110～210	110～250
COD/（kg/t 产品）	100～160	100～200	200～290	1 300～1 450	120～220	135～260	240～320	1350～1 550
BOD/（kg/t 产品）	30～50	35～65	62～88	250～380	40～55	45～85	75～92	270～410
	亚硫酸钠法制浆（漂白）（综合利用）		亚硫酸钠法制浆（未漂）（综合利用）		亚铵法制浆法制浆（漂白）（综合利用）		亚铵法制浆（未漂）（综合利用）	
规模/（万 t/a）	3.4～10	≤3.4	3.4～10	≤3.4	3.4～10	≤3.4	3.4～10	≤3.4
废水量/（m^3/t 产品）	130～185	150～220	80～162	90～217	140～180	160～230	80～110	110～180
COD/（kg/t 产品）	108～245	120～268	100～439	108～450	325～373	355～425	299～343	330～375
BOD/（kg/t 产品）	32～65	36～85	32～127	32～130	95～112	100～114	83～90	88～98.5
氨氮	—	—	—	—	8.2～16.4	10～18	7.6～11.5	8.1～17

注：数据主要参照《第一次全国污染源普查工业污染源产排污系数手册》。

表 6-17 半化学浆水污染物产生量

	木材	稻麦草、竹、苇		棉秆	非木材	稻麦草					蔗渣
	硫酸盐法制浆（综合利用）	碱法制浆（含石灰法制浆）		碱法制浆	爆破法制浆	亚铵法制浆（有综合利用）			亚铵法制浆（无综合利用）		烧碱法制浆
规模/（万 t/a）	3.4～10	≥10	3.4～10	≥10	3.4～10	≥10	3.4～10	≤3.4	3.4～10	≤3.4	3.4～10
废水量/（m^3/t 产品）	25～35	90～110	90～130	100～130	70～80	40～90	54～100	59～123	50～150	90～156	85～110
COD/（kg/t 产品）	50～55	297～379	342～399	275～316	255～377	53～88	90～136	105～160	460～587	463～650	297～369
BOD/（kg/t 产品）	14～15.5	101～129	120～159	61～70	103～150	11～20	26～37	31～48	129～175	130～190	91.4～119
氨氮/（kg/t 产品）	—	—	—	—	—	1.7～3.3	1.9～3.4	2～4.8	2.1～5.5	3.2～5.1	—

注：数据主要参照《第一次全国污染源普查工业污染源产排污系数手册》。

表 6-18 废纸浆水污染物产生量

	混合办公废纸			混合废纸			旧新闻纸
	脱墨法制浆			非脱墨法制浆			非脱墨法制浆
规模/（万 t/a）	≥10	5～10	≤5	≥10	5～10	≤5	5～10
废水量/（m^3/t 产品）	20～40	22～50	25～105	10～15	13～24	18～40	10.2～25
COD/（kg/t 产品）	30～50	34～65	50～90	25～45	30～60	30～70	10.5～35
BOD/（kg/t 产品）	9～15	12～20	15～30	8～15	9～22	10～23	3.6～11.8

	旧新闻纸			旧瓦楞纸箱			旧新闻纸
	脱墨法制浆			非脱墨法制浆			非脱墨法制浆
规模/（万 t/a）	≥5	1.5～5	≤1.5	≥10	5～10	≤5	≤5
废水量/（m^3/t 产品）	11～25	15～37	32～165	10～15	13～25	27.8～65	15～45
COD/（kg/t 产品）	15～73	15～86	25～95	20～30	20～37	24～45	15～50
BOD/（kg/t 产品）	6～17	6～22	9～28	8～12.5	8～14.8	7.5～19.7	4～14

注：数据主要参照《第一次全国污染源普查工业污染源产排污系数手册》。

二、制浆造纸工艺的废气污染

（一）硫酸盐法制浆的废气污染

硫酸盐制浆厂大气污染物的排放点主要是草类原料备料。蒸煮锅、喷放锅、洗浆设备、黑液蒸发系统、碱回收炉、熔融物溶解槽、石灰窑、石灰消化器、造纸机、锅炉、废水处理系统等，几乎各个工段都会产生大气污染物。大气污染物主要有 H_2S、CH_3SH、CH_3SCH_3、CH_3SSCH_3、SO_2、SO_3、NO_x 和粉尘等。

表 6-19　硫酸盐法制浆造纸大气污染物排放量

	废气量/（m^3/t 浆）		水蒸气量/（kg/t 浆）		硫含量/（kg/t 浆）		粉尘/（kg/t 浆）	
	无控制	控制后	无控制	控制后	无控制	控制后	无控制	控制后
间歇蒸煮锅	9	—	1 136	—	1.1	—	—	—
连续蒸煮锅	4	—	682	—	0.7	—	—	—
洗浆机	1 980	—	114	—	0.2	—	—	—
蒸发站	9	—	—	—	1.6	—	—	—
碱回收炉	9 340	9 340	1954	1 954	4.0	0.5	77.3	1.6
溶解槽	850	850	318	318	0.1	0.005	2.3	0.2
石灰窑	1 270	1 270	386	614	0.5	0.1	20.2	0.5
树皮锅炉	8 500	8 500	1 363	1 363	0.005	0.005	15.9	2.3
CEHDED 漂白	2 270	2 270	100	100	0.9	—	—	—
纸机	12 200	11 320	1 227	728	—	—	—	—
黑液氧化	—	990	—	318	—	0.1	—	—
总计	36 400	34 500	6 280	5 400	8.80	0.755	115.7	4.6

注：数据引自《制浆造纸污染控制》，刘秉钺主编，中国轻工业出版社，2009 年版。

表 6-20　硫酸盐法制浆含硫臭气排放量　　单位：kg/t 风干浆

	H_2S	CH_3SH	CH_3SCH_3	CH_3SSCH_3
间歇蒸煮小放气	0～0.05	0～0.3	0.05～0.8	0.05～1
间歇蒸煮放锅	0～0.1	0～1.0	0～2.5	0～1
连续蒸煮	0～0.1	0.5～1.0	0.05～0.5	0.05～0.4
洗浆机罩	0～0.1	0.05～1.0	0.05～0.5	0.05～0.4
洗浆机密封槽	0～0.01	0～0.05	0～0.05	0～0.03
蒸发站热水井	0.05～1.5	0.05～0.8	0.05～1.0	0.05～1.0
黑液氧化塔	0～0.01	0～0.1	0～0.4	0～0.3
回收炉	0～2.5	0～2	0～1	0～0.3
熔融物溶解槽	0～1	0～0.8	0～0.5	0～0.3
石灰窑	0～0.5	0～0.2	0～0.1	0～0.05
石灰消化器	0～0.01	0～0.01	0～0.01	0～0.01

注：数据引自 Pulp and Paper Manufacture Energy Conservation and Pollution Prevention，1977。

表 6-21 硫酸盐法制浆 SO_x、NO_x 排放量 单位：kg/t 风干浆

		SO_2	SO_3	NO_x（以 NO_2 计）
回收炉	不加辅助燃油	0～40	0～4	0.7～5
	加辅助燃油	0～50	0～6	1.2～10
石灰窑排气		0～1.4	—	10～25
熔融物溶解槽排气		0～0.2	—	—

注：数据引自《制浆造纸污染控制》，刘秉钺主编，中国轻工业出版社，2009 年版。

（二）亚硫酸盐法制浆的废气污染

亚硫酸盐法制浆的大气污染物主要是粉尘、SO_2、NO_x。粉尘主要来自草类原料的备料和酸回收系统废液的燃烧，对于没有酸回收的工厂，则主要来自草类原料的备料和制酸过程。SO_2 主要来自蒸煮、制浆洗涤、红液蒸发、红液燃烧以及制酸过程，亚硫酸氢盐法和中性亚硫酸盐法蒸煮的红液在多效蒸发系统只散发少量 SO_2，一般为 1kg/t 浆，而酸性亚硫酸盐法的红液散发的 SO_2 则高得多，达 20～30kg/t 浆。NO_x 来自红液燃烧。

表 6-22 亚硫酸盐法制浆 SO_2 排放量 单位：kg/t 风干浆

		未经控制	经碱液洗涤和吸收
蒸煮放锅	热放法	30～75	1～25
	冷放法	2～10	0.05～0.3
多效蒸发站		1～30	0.025～1.0
酸回收系统		80～250	6～20
洗涤系统		0.5～1.0	—
制酸系统		0.5～1.0	—

注：数据引自《制浆造纸污染控制》，刘秉钺主编，中国轻工业出版社，2009 年版。

（三）制浆造纸其他环节的废气污染

纸浆漂白系统、造纸车间、废水处理和动力锅炉等都会产生大气污染物。

表 6-23 纸浆造纸其他环节废气污染情况

产污环节	特 点
纸浆漂白系统	漂白过程中采用含氯漂白剂，会造成氯对大气的污染，主要污染物是 Cl_2、ClO_2 和 SO_2 等
造纸车间	主要是水蒸气及少量挥发性有机物（与涂料和助剂有关）
废水处理系统	在废水输送和处理过程中，会产生与蒸煮和漂白废气中相同的大气污染物
动力锅炉	动力锅炉的烟气中主要含有粉尘、SO_2、NO_x 和 CO 等，若以树皮为燃料，还会排出大量的水蒸气

三、制浆造纸工业的固体废物污染

制浆造纸废水污泥主要包括源头治理产生的绿泥、白泥，末端治理产生的物化污泥和剩余污泥。

根据调研统计结果，制浆造纸废水治理工程碱回收白泥量为 25～35kg 干泥/t 产品，绿泥量为 3～5 kg 干泥/t 产品，末端治理污泥量为 30～120kg 干泥/t 产品，其中末端治理污泥构成中，一级处理污泥量最大，占到污泥总量的 30%～65%，二级处理剩余污泥占到总量的 15%～20%，深度处理化学污泥量随投加药剂量变化较大，占总量的 20%～60%。

（一）化学制浆的黑液和碱回收的苛化白泥

烧碱法和硫酸盐法蒸煮制浆从浆料中提取出废液（黑液），一般数量为 10～12 m^3/t 浆，黑液中的固形物中有 65%是无机物（主要是钠盐，碳酸钠、硫化钠、氢氧化钠等，草浆黑液中还有硅酸钠），其余是有机物（COD 浓度超过 100 g/L）。一般认为 1 t 纸将就会有 1 t 有机物及 400 kg 的碱类和硫化物溶解于黑液。黑液如直接排放应视为危险废物（属于固体废物）。一般造纸企业都采用相应工艺回收碱，黑液浓缩后，送入碱回收炉燃烧，再将其中的无机物回收（碳酸钠和硫化钠），再制成水溶液，加石灰苛化，产生氢氧化钠，将碳酸钙沉淀分离，得到氢氧化钠和硫化钠的蒸煮药液回用。碱回收过程会产生大量苛化白泥。

（二）废纸制浆的废渣

废纸制浆产生的另一大污染物是固体废弃物——废渣。废渣主要来自废纸碎浆时分离出的砂石、金属、塑料等废物，以及净化、筛选、脱墨过程分离出的矿物涂料、油墨微粒、胶黏剂、塑料碎片等。固体废物的产生量与所用回收废纸的种类及再生纸或纸板的品种有关，生产 1 t 废纸再生纤维浆，一般可产生废渣 100～300 kg。

（三）污水处理产生的污泥

造纸企业废水量特别大，废水中污染物（SS 和 COD）总量又特别高，因此污水处理产生的污泥数量特别大。

表 6-24　不同造纸工艺的污泥产生量　　单位：kg/t 纸

工艺类型	污泥产生量	工艺类型	污泥产生量
化学浆/低填料纸	9～36	脱墨浆/高级纸	36～136
化学浆/高填料纸	23～68	高级纸	9～36
磨木浆/新闻及其他纸	9～45	回收纸板	9～27
板化学浆/半褶皱纸	9～27		

注：以上泥量为干泥量（纯固体物质量），一般经压滤后的滤饼含固体物质 20%，若以滤饼量计，数量为上表数据的 5 倍。

废水经物化、生物方法处理后，其中的悬浮物有 90%以上分离出成为污泥。通常原料废纸有 5%左右进入废水，1 t 纸将产生 70～80 kg 绝干污泥，折合为气浮污泥（沉淀浓缩污泥）（含水率 97%），污泥量为 2.3～2.6 t/t 纸；机械脱水后污泥含水率 75%左右，干污泥量为 0.3～0.4 t/t 纸；自然干化污泥含水率较高，污泥量＞0.7 t/t 纸。

污泥采用压滤机脱水，大中型企业以带式压滤机为多，中小型企业以板框压滤机为多。也有一些小企业采用自然干化法，自然干化容易造成二次污染，南方地区尤甚，最好避免采用。

第五节 制浆造纸工业环境监察要点

一、核查各类纸浆的使用量

核查各种纸浆（木浆、非木浆、废纸浆等）的使用量。如所用部分纸浆是外购的，其污水、COD 产排放量取零。

二、核查制浆造纸不同工艺的产污强度

核查自产浆的生产工艺、原料、企业生产规模等因素，确定自产部分纸浆的产污强度，酌情取值。

（1）化学浆（稻麦草）COD 产生量约为 1 350 kg/t 浆，若不提取黑液，废水量在 400 m^3/t 浆以上。

表 6-25 化学浆废水、COD 产生量

纸浆种类	黑液提取率/%	COD 产生量（有碱回收）/（kg/t 浆）	水量/m^3
草浆	85	334	270
苇浆	90	230	190
木浆	98	92	76
竹浆	95	190	150
蔗渣浆	90	247	206

（2）机械浆（木浆）COD 产生量为 80～100 kg/t 浆，若废液不回收利用，废水量为 60～100 m^3/t 浆。

（3）半化学浆和化学机械浆 COD 产生量为 450～600 kg/t 浆，若废液不回收利用，废水量为 250 m^3/t 浆以上。

（4）废纸制浆 COD 产生量为 40～100 kg/t 浆（不脱墨的 COD 产生量为 40～70 kg/t 浆，脱墨的 COD 产生量为 50～110 kg/t 浆），废水量为 30～100 m^3/t 浆以上（不脱墨的废水量为 30～60 m^3/t 浆，脱墨的废水量为 50～100 m^3/t 浆）。

三、确定混合浆的污水、COD 产排污量

依据上述方法所确定的各种浆使用比例以及污水、COD 产生量，按照加权平均方法确定吨混合浆污水、COD 产生量。

混合浆污水产生量计算方法如下：

混合浆污水量 = 吨浆污水产生量（木浆）×木浆比例 + 吨浆污水产生量（非木浆）×非木浆比例 + 吨浆污水产生量（废纸浆）×废纸浆比例

式中各种浆比例是指自产浆比例，如果有部分浆外购，则该部分浆的污水产生量为 0。

混合浆 COD 产生量计算方法如下：

混合浆 COD 产生量 = 吨浆 COD 产生量（木浆）×木浆比例 + 吨浆 COD 产生量（非木浆）×非木浆比例 + 吨浆 COD 产生量（废纸浆）×废纸浆比例

式中各种浆比例是指自产浆比例，如果有部分浆外购，则该部分浆的 COD 产生量为 0。

四、核查污水处理工艺

根据污水处理工艺类型，确定污水处理设施正常运行时的 COD 去除率，再根据设施运行率确定污水处理设施的实际去除率，进而得出 COD 排放量。

$$\text{混合浆 COD 排放量} = \text{混合浆 COD 产生量}(1-\eta)$$

式中：η —— 污水处理的 COD 去除率。

表 6-26　制浆造纸不同废水处理工艺正常运行时的 COD 去除率　单位：%

处理方法名称	去除率	处理方法名称	去除率	处理方法名称	去除率
物理处理法		组合工艺处理法		ABR+活性污泥法	83
过滤	28	物理+好氧生物处理	76	化学混凝沉淀法+活性污泥法	81
沉淀分离	27	物理+组合生物处理	93	稳定塘	30
化学处理法		化学+好氧生物处理	81	沉淀分离+化学+生物	74
化学混凝沉淀法	62	化学+厌氧生物处理	88	厌氧生物处理法+氧化沟	75
生物处理法		化学+组合生物处理	90	物理+厌氧生物处理	73
活性污泥法	92	沉淀+普通活性污泥法	75	化学混凝气浮法+化学混凝沉淀法	80
普通活性污泥法	73	A/O 工艺+生物接触氧化法+化学混凝法	91	过滤+化学混凝气浮法	70
SBR	88	A/O^2 工艺+化学混凝沉淀法	85	化学混凝气浮法+活性污泥法	95
厌氧/好氧生物组合工艺	91	酸析+A/O 工艺	87	化学混凝沉淀法+SBR	93
A/O 工艺	80	酸析+化学+好氧生物处理	90	过滤+普通活性污泥法	84
A^2/O 工艺	93				

五、造纸工业环境监察要点

（一）落实《产业结构调整指导目录（2011年本）》规定的造纸工业产业技术政策

限制类：新建单条化学木浆30万t/a以下、化学机械木浆10万t/a以下、化学竹浆10万t/a以下的生产线；新闻纸、铜版纸生产线，元素氯漂白制浆工艺。

淘汰类：石灰法地池制浆设备（宣纸除外），5.1万t/a以下的化学木浆生产线，单条3.4万t/a以下的非木浆生产线，单条1万t/a及以下、以废纸为原料的制浆生产线，幅宽在1.76 m及以下并且车速为120 m/min以下的文化纸生产线，幅宽在2 m及以下并且车速为80 m/min以下的白板纸、箱板纸及瓦楞纸生产线。

（二）检查造纸工业废水环境污染排放与控制

1．检查产量和生产结构

首先要了解造纸企业纸浆的产量，再进一步核查各种纸浆（木浆、非木浆、废纸浆等）的外购数量和生产数量，以此为基础初步估算企业的污水量。

2．检查废液和中段水的产生量

对于化学法制浆应检查制浆原料的类型和制浆原料单耗，检查蒸煮工序黑液（红液）的产生和回收处置数量。检查制浆过程中段水的产生数量。检查企业是否具备白水回收处理系统。进一步估算企业的污水量。

3．核查污水处理设施运行情况

检查污染物排放口的数量和位置、污染物排放方式和排污去向。

检查污染治理设施水进出口浓度、排放量达标情况。

检查监测记录和污水处理厂排污台账。

检查自动监控设施安装、运行、联网情况，检查自动监控设施的定期比对监测及监控数据的有效性审核情况；检查监测房的设置是否符合《水污染源在线监测系统安装技术规范（试行）》（HJ/T 353—2007）要求。

判断是否存在偷排漏排或采取其他规避监管方式排放废水现象；检查是否有偷排口或偷排暗管；判断是否存在废水稀释后排放；检查是否将高浓度废水利用槽车或储水罐转移出厂、非法倾倒。

（三）检查造纸工业废气环境污染排放与控制

首先要检查蒸汽锅炉烟气的治理和排放情况。

检查污水处理厂处理过程中产生的恶臭对外界的影响。

（四）检查造纸工业固体废物环境污染排放与控制

检查苛化白泥、废纸制浆的废渣、污水处理产生的污泥等固体废物的处置情况。

第六节　棉浆粕与黏胶纤维工业污染源环境监察

一、棉浆粕与黏胶纤维工业的原料

（一）棉浆粕工业的原料

棉浆粕工业的原料为棉短绒，又称棉籽绒，是经轧花机作用后，在棉籽表面附着的一部分短而密集的纤维与绒毛，将轧花的棉籽全部剥绒后，所得到的短绒数量相当于皮棉总产量的15%，是一项不可忽视的纤维资源。

（二）黏胶纤维工业的原料

黏胶纤维工业的原料为化学浆粕，其主要成分为纤维素。具体包括棉浆粕、木浆粕等。化学浆粕主要原料是纤维素含量高的植物，如棉短绒、木材等。国内多使用以棉纤维作为原料生产的棉浆粕，国外一般使用以优质木材为原料制成的木浆粕。其差距有扩大趋势。

（三）制浆原材料消耗

一般情况下，生产 1t 棉浆粕需要 1.35t 左右的棉短绒（风干），需消耗 100kg 烧碱（NaOH）。

二、棉浆粕生产工艺

（一）棉浆粕生产工艺流程

棉浆粕生产主要包括制浆和抄浆两部分：（1）制浆生产是指利用化学方法，除去棉短绒中的杂质，制成漂白纸浆的生产过程。（2）抄浆生产是指将悬浮于水中的浆液，经抄浆机抄造成浆粕产品的生产过程。

棉浆粕生产采用制浆造纸工业常规的制浆方法，即备料、蒸煮、浆料洗涤、打浆（半浆）、前除砂和漂白等工序，生产过程中蒸煮后的洗浆、半浆、漂白等工序都要排放大量废水，其中洗料工序排放的黑褐色碱性废水称为黑液，打浆、前除砂和漂白工序排放的废水统称为中段废水。黑液水质特点为碱性强，色度深、污染物浓度高，中段废水水质呈弱碱性，污染物含量明显低于黑液。棉浆粕工艺流程见图 6-13。

生产工艺说明：

（1）蒸煮——从蒸煮浆分离出废液（黑液），黑液大部分靠压榨而来，小部分靠洗涤除去，黑液中含残碱和大量有机、无机物质；

（2）洗料——洗涤残存黑液；

（3）打浆——进一步洗涤和切断；

（4）漂白——用次氯酸钠漂白；

（5）成浆——精选后进行抄浆得到棉浆粕。

棉浆粕生产的各道工序与制浆造纸类似，化学制浆法生产过程用水量大，会产生一定量的高浓度黑液及大量洗浆漂白废水。蒸煮黑液如不能分流处理，与洗浆废水混排会形成难以处理的高浓度有机废水。

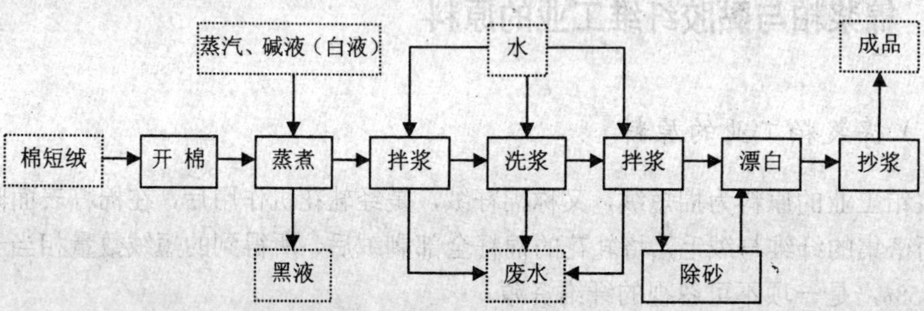

图 6-13 棉浆粕生产工艺流程

（二）黏胶纤维生产工艺流程

传统的黏胶纤维生产工艺是：棉短绒经制浆工艺制成符合黏胶纤维生产要求的棉浆粕，送到黏胶纤维厂，在烧碱里浸泡后，加入纤维素含量30%～35%的CS_2将之溶解，经制胶工艺制成纤维素磺酸钠，然后在含有100 g/L 的H_2SO_4、320 g/L 的Na_2SO_4、12 g/L 的$ZnSO_4$的凝固浴中凝固再生制成纤维。烧碱和硫酸反应生成硫酸钠，作为溶剂的CS_2多数释放排入空气中，少部分转变成H_2S。再生的纤维再用大量的水进行脱硫、洗净、漂白、上油，最后烘干打包。生产工艺流程见图 6-14。

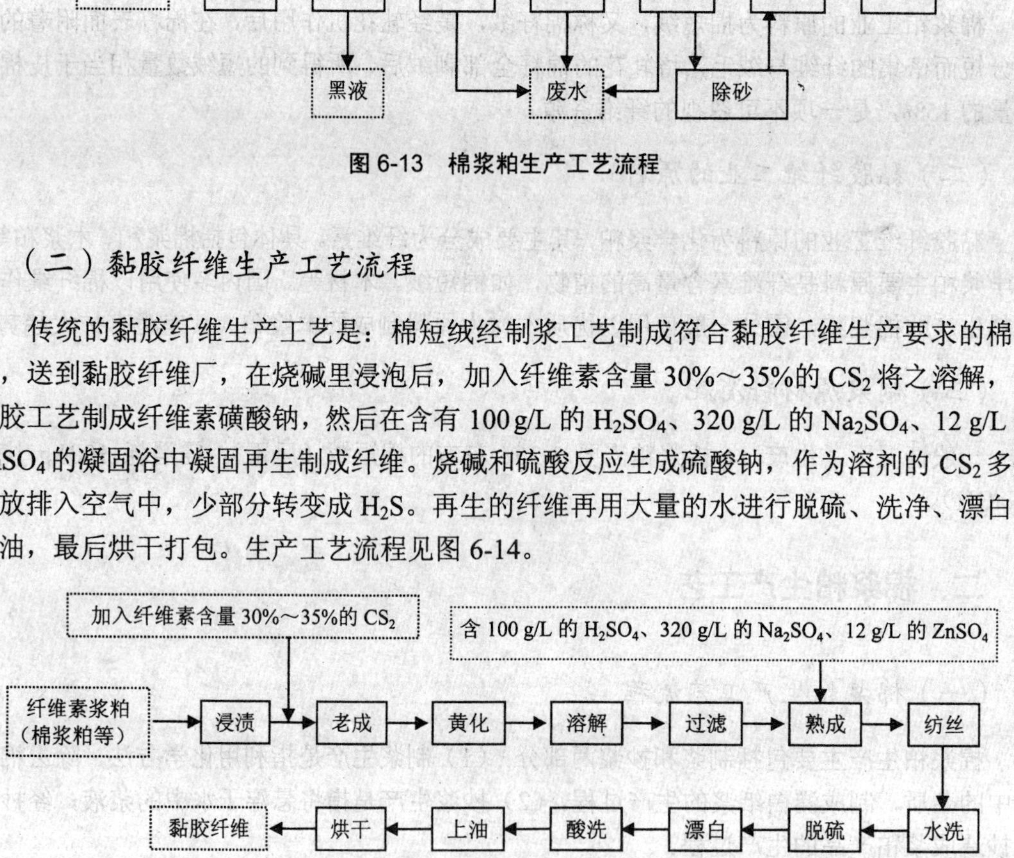

图 6-14 黏胶纤维生产工艺流程

三、棉浆粕与黏胶纤维工业环境污染

（一）棉浆粕工业废水污染治理分析

棉浆粕工业水污染主要表现在黑液因有机物含量低，碱含量低，不具备制浆造纸工业碱回收的技术和经济基础条件，回收碱成本高，目前国内尚无现成的生产技术。棉浆粕吨产品耗水量按 120 m^3/t 计，黑液产生量按 80 m^3/t 计，排放的 COD 按 300 kg/t 计，则黑液的浓度为 3 500mg/L 以上，与实际监测结果相符。

吨棉浆粕平均废水排放量为 100～150 m^3。现在要求排污单位将黑液单独处理，可以大大减少废水中的污染负荷，使蒸煮废水更好处理。浆粕中的浓黑液 COD 值在 3 万～10 万 mg/L，pH 值达 13。混合废水中的 COD 为 1 500 mg/L 左右，含有大量棉绒中的木质素、果胶、脂肪、蜡质等杂质。

表 6-27　制浆 COD 产污量对比表

浆　种	粗浆得率/%	COD 产生量/（kg/t 浆）
蒽醌烧碱法草浆	45～48	800～1 000
碱法/硫酸盐法木浆	50～56	800
化学法棉浆粕	71～74	200～300

（二）黏胶纤维污染排放分析

生产黏胶纤维污染的排放情况如下：

（1）废气。生产 1t 黏胶纤维产品需要加入 300kg CS_2、工艺过程中最多回收 110kg，其余 120 kg 以上排入大气；40 kg 以上变成 H_2S 排入大气；30kg 左右进入废水排放。

（2）废水。生产 1t 黏胶纤维产品耗水量 50t～100t，全部变成废水排放，其中含有大量的 H_2SO_4、Na_2SO_4、$ZnSO_4$ 和废黏胶等物质。为调节废水酸度，需要加入大量石灰，如果废水不经生化处理，则 COD 为 600～1 000 mg/L。副产品有 1t 以上的 Na_2SO_4，只能收回 40%，其余 60%全部进入废水。

（3）废渣。生产 1t 黏胶纤维产品废渣产生量在 2t 以上，臭气熏天，只能掩埋。

（三）浆粕及黏胶纤维工业产污系数分析

全国污染源普查给出的化纤浆粕及黏胶纤维工业产污系数如表 6-28 所示。

表 6-28　化纤浆粕工业产污系数

产品	原料	工艺	规模	污染物	单位	产污系数
棉绒浆粕	棉短绒	传统法	所有规模	工业废水量	m^3/t 产品	139.53
				化学需氧量	kg/t 产品	430.25
				工业污泥	kg/t 产品	375～387
黏胶短纤维	棉绒、木浆化纤浆粕	原液—纺丝—切断—后处理	所有规模	工业废水量	m^3/t 产品	87.45
				化学需氧量	kg/t 产品	52.22
				工业污泥	kg/t 产品	175～298
黏胶纤维长丝	棉绒浆粕	原液—纺丝—后处理	所有规模	工业废水量	m^3/t 产品	150.72
				化学需氧量	kg/t 产品	71.14
				工业污泥	kg/t 产品	332～419

注：数据主要参照《第一次全国污染源普查工业污染源产排污系数手册》。

四、棉浆粕与黏胶纤维工业环境监察要点

（一）落实《产业结构调整指导目录（2011 年本）》规定的黏胶纤维工业产业技术政策

限制类：半连续纺黏胶长丝生产线、黏胶板框式过滤机。

淘汰类：R531 型酸性黏胶纺丝机、2 万 t/a 及以下黏胶常规短纤维生产线。

（二）棉浆粕生产过程中的环境监察可以参照造纸行业的环境监察要点

（三）黏胶纤维生产环境监察要点

黏胶纤维生产过程中污染危害特别严重，绝大多数企业都不能持续达标，是黏胶纤维行业的普遍现象。

黏胶纤维生产过程中须加入 CS_2，其剩余相当数量排入大气，造成 CS_2 和 H_2S 污染，还有一部分进入废水。回收的部分不足一半。

黏胶纤维生产盐浴过程使用大量的 H_2SO_4、Na_2SO_4、$ZnSO_4$ 等物质，产生大量酸性废水，其中含有大量的硫酸盐和废黏胶等物质，废水不易处理达标，应加强监管。

黏胶纤维生产过程产生的废渣数量较大，恶臭极其严重，极易引发投诉，应认真监督管理。

第七章　纺织印染工业污染源环境监察

第一节　纺织印染工业概述

一、纺织印染工业的分类

纺织工业指利用天然纤维和化学纤维经过纺纱、织布、染色、整理等工序，加工成各类纺织产品。我国纺织工业协会编著的《中国纺织工业发展报告》中，把纺织行业分为 12 个子行业：化纤业、棉纺织业、毛纺织业、丝绸业、麻纺织业、印染业、色织业、针织业、服装业、产业用纺织品业和纺织机械制造业。

纺织工业的污染主要是水污染。纺织机械制造业的污染是机械制造型污染，不在本章阐述。服装业、产业用纺织品业主要是纺织品加工，多数加工过程存在的水污染有限，而且随工艺不同，水污染差异特别大，也不在这里阐述。

纺织工业使用的原料有天然纤维、人造纤维和合成纤维。天然纤维包括棉、麻等植物性纤维和毛、丝等动物性纤维；人造纤维包括黏胶纤维、铜氨纤维等；合成纤维包括涤纶、腈纶、锦纶、维纶、丙纶、尼龙、氯纶、氨纶等。纺织印染业由于使用的原料、工艺、流程不同，从产生污染物的性质、数量、污染控制的角度考虑，主要分为棉纺织印染、棉混纺印染、麻纺织印染、丝绢纺织印染、丝混纺印染、毛纺织印染、化纤纺织印染等。

纺织印染工艺从废水污染特征差异可以分为三大类，第一类是植物类纤维（包括棉纤维和麻类纤维）的纺织印染；第二类是动物类纤维（包括毛纤维和蚕丝类纤维）的纺织印染；第三类是化学类纤维（包括人造纤维和合成类纤维）的纺织印染。我国纤维产量中化学纤维约占 60%，其中涤纶占化学纤维产量的 80%以上；天然纤维中棉花最多，约占天然纤维产量的 80%，所以染整废水的产污分析以这两种纤维为主。

纺织工业生产过程的环境污染以水污染为主，纺织印染过程原料、辅料和化学助剂决定了污水中的主要污染物是 COD、BOD、pH、色度等。其次是噪声，废气主要来源于锅炉烟气，固体废弃物数量很少。

纺织废水 80%来自印染废水。除此之外，洗毛废水、麻脱胶废水、化纤浆粕废水和碱减量废水等特定工艺废水对纺织印染废水的水质影响非常明显，应特别关注。印染废水又是纺织工业最主要的污染源，主要水污染物是 COD、pH 和色度等。由于新工艺、新原料、新染料、新助剂的不断开发和应用，使得生产过程中排放的废水中污染物变得越来越复杂，处理的难度也在不断增大，通常仅靠生物法处理印染废水很难达标，需要生化和物化处理相结合才能达到要求。

表 7-1 三类纺织品工艺的环境特征差别

		植物类纤维	动物类纤维	化学类纤维
平均水量消耗/（m^3/t 产品）		200～280	400～500	100～200
产污特征	COD 浓度/（mg/L）	1 200～1 800	500～800	300～600
	pH 值	10.5 显碱性	5.5～6.5 略显酸性	一般显中性 若有碱减量工艺显强碱性 pH 值可达 13
	色度/倍数	500～800	400～500	300～400
说明 （以上平均特征水平不包括说明中的特殊工艺）		麻类纤维废水不包括脱胶废水及污染物	毛类纤维不包括洗毛废水及污染物	人造纤维不包括化学浆粕废水及污染物；合成纤维不包括合成纤维的单体合成、聚合、洗丝废水及污染物；合成纤维不包括碱减量废水及污染物

印染废水的水质随加工的纤维种类和采用工艺以及使用的染料助剂的不同而异，污染物组分差异很大。一般印染废水 pH 值为 6～13，色度最高可达 1 000 倍，COD 为 400～4 000 mg/L，BOD 为 100～1000 mg/L。印染废水一般具有污染物浓度高、种类多、含有毒有害成分及色度高的特点。

以处理难度为标准可分为：

（1）高浓度印染废水：机织布的退煮漂废水、牛仔线的浆染废水、印花废水、蜡染废水、碱减量废水和绣花废水等。

（2）中等浓度印染废水：毛织物染色、针织染色、丝绸染整、缝纫线染色及拉链染色等。

（3）低浓度印染废水：牛仔服饰洗漂废水。

二、印染工业的产业政策

（一）印染工业产业结构调整政策

表 7-2 印染工业产业结构调整政策

文件及颁布时间	内容概要
《印染行业废水污染防治技术政策》（环发[2001]118 号，2001 年 8 月 8 日） 《产业结构调整指导目录》（发改委令[2011]9 号，2011 年 3 月 27 日） 《国民经济和社会发展第十一个五年规划纲要》（十届人大四次会议批准，2006 年 3 月 14 日）	产业布局：1. 在国务院、国家有关部门和省（自治区、直辖市）级人民政府规定的风景名胜区、自然保护区、饮用水保护区和主要河流两岸边界外规定范围内不得新建印染项目；已在上述区域内投产运营的印染生产企业要根据区域规划和保护生态环境的需要，依法通过关闭、搬迁、转产等方式限期退出。2. 缺水或水质较差地区原则上不得新建印染项目。3. 水源相对充足地区新建印染项目，必须在工业园区内集中建设，实行集中供热和污染物的集中处理。4. 缺少环境容量地区，要限制发展印染项目，新建或改扩建项目要与淘汰区域内落后产能相结合。5. 严格限制在饮用水水源保护区上游建设水污染严重的化工、造纸、印染等类企业。

<table>
<tr><th>文件及颁布时间</th><th>内容概要</th></tr>
<tr>
<td>《中国纺织工业“十一五”发展纲要》（发改工业[2006]1072 号，2006 年 6 月 13 日）
《关于“十一五”期间全国主要污染物排放总量控制计划的批复》（国函[2006]第 70 号，2006 年 8 月 5 日）
《“十一五”资源综合利用指导意见》（发改委，2006 年 12 月 24 日）
《国家环境保护“十一五”规划》（国发[2007]37 号，2007 年 11 月 22 日）
《纺织工业调整和振兴规划》（国发[2009]10 号，2009 年 4 月 24 日）
《轻工业调整和振兴规划》（国办发，2009 年 5 月 18 日）
《工业和信息化部关于纺织机械工业结构调整的指导意见》（工信部，2009 年 12 月 11 日）
《国务院关于进一步加强淘汰落后产能工作的通知》（国发[2010]7 号，2010 年 2 月 6 日）
《关于进一步加大工作力度 确保实现“十一五”节能减排目标的通知》（国发[2010]12 号，2010 年 5 月 4 日）
《印染行业准入条件（2010 年修订版）》（工消费[2010]第 93 号，2010 年 4 月 11 日）</td>
<td>原料结构：选择可生物降解（或易回收）浆料的坯布；使用生态环保型、高上染率染化料和高性能助剂
生产规模：1. 2011 年，新型纤维面料、功能整理产品等高档产品比重由目前的 20%提高到 30%左右。2. 印染废水治理工程的经济规模为废水处理量≥1 000 m³/d
工艺设备：1. 限制采用使用年限超过 5 年以及达不到节能环保要求的二手前处理、染色设备。2. 新建或改扩建印染项目应优先选用高效、节能、低耗的连续式处理设备和工艺；连续式水洗装置要求密封性好，并配有逆流、高效漂洗及热能回收装置；间歇式染色设备浴比要能满足 1∶8 以下的工艺要求；拉幅定形设备要具有温度、湿度等主要工艺参数在线测控装置，具有废气净化和余热回收装置，箱体隔热板外表面与环境温差不大于 15℃。3.“十一五”末，先进设备比重要达到 40%。4. 重点发展印染全流程、多机台工艺参数在线检测与控制系统。5. 重点发展小浴比染色机、新型高效毛麻染整设备和节能节水苎麻脱胶设备。6. 重点发展低温染色、超声波水洗、棉织物转移印花等节能节水的印染设备与技术。
淘汰落后：1. 淘汰使用年限超过 15 年的前处理设备、热风拉幅定形设备以及浴比大于 1∶10 的间歇式染色设备，淘汰流程长、能耗高、污染大的落后工艺。2. 2011 年年底前，淘汰 74 型染整生产线、使用年限超过 15 年的前处理设备、浴比大于 1∶10 的间歇式染色设备，淘汰落后型号的印花机、热熔染色机、热风布铗拉幅机、定形机，淘汰高能耗、高水耗的落后生产工艺设备；3. 到 2011 年，淘汰 75 亿 m 高能耗、高水耗、技术水平低的印染能力。4. 淘汰和禁用织物染色后在还原剂作用下，产生 22 类对人体有害芳香胺的 118 种偶氮型染料
能源消耗：1.新建或改扩建印染项目印染加工过程综合能耗及新鲜水取水量
<table>
<tr><th>分类</th><th>综合能耗</th><th>新鲜水取水量</th></tr>
<tr><td>棉、麻、化纤及混纺机织物</td><td>≤35 kg 标煤/100 m</td><td>≤2 m³/100 m</td></tr>
<tr><td>纱线、针织物</td><td>≤1.2 t 标煤/t</td><td>≤100 m³/t</td></tr>
<tr><td>真丝绸机织物（含练白）</td><td>≤40 kg 标煤/100 m</td><td>≤2.5 m³/100 m</td></tr>
<tr><td>精梳毛织物</td><td>≤190 kg 标煤/100 m</td><td>≤18 m³/100 m</td></tr>
</table>
2. 现有印染企业印染加工过程综合能耗和新鲜水取水量
<table>
<tr><th>分类</th><th>综合能耗</th><th>新鲜水取水量</th></tr>
<tr><td>棉、麻、化纤及混纺机织物</td><td>≤42 kg 标煤/100 m</td><td>≤2.5 m³/100 m</td></tr>
<tr><td>纱线、针织物</td><td>≤1.5 t 标煤/t</td><td>≤130 m³/t</td></tr>
<tr><td>真丝绸机织物（含练白）</td><td>≤45 kg 标煤/100 m</td><td>≤3.0 m³/100 m</td></tr>
<tr><td>精梳毛织物</td><td>≤230 kg 标煤/100 m</td><td>≤20 m³/100 m</td></tr>
</table>
3. 到“十一五”末，万元产值耗电比 2005 年降低 10%～15%。到 2011 年，企业单位增加值能耗降低 10%以上</td>
</tr>
</table>

（二）印染工业环境保护政策

表 7-3 印染工业环境保护政策

文件名及颁布时间	对企业的要求
《印染行业废水污染防治技术政策》（环发[2001]118 号，2001 年 8 月 8 日）	环境标准：1. 接入城镇污水处理系统的印染企业，其排放的废水污染物指标要达到集中废水处理厂或《污水排入城市下水道水质标准》规定的要求。2.直接排入水体的印染企业，其排放的废水必须达到国家和地方纺织染整工业水污染物排放标准的控制要求
《中国纺织工业“十一五”发展纲要》（发改工业[2006]1072 号，2006 年 6 月 13 日）	污染治理要求：1. 印染废水原则上应自行处理或接入集中工业废水处理设施，不得接入城镇污水处理系统。2. 加强废水处理及运行中的水质分析和监控，对废水及固体废弃物进行综合治理，废水排放实行在线监控。3. 完善冷却水、冷凝水及余热回收装置；丝光工艺必须配置碱液自动控制和淡碱回收装置。4. 生物处理或化学处理过程中产生的剩余活性污泥或化学污泥，需经浓缩、脱水（如机械脱水、自然干化等），并进行最终处置。最终处置宜采用焚烧或填埋。5. 印染产品生产和废水治理的机械设备，应采取有效的噪声防治措施，并符合有关噪声控制要求。在环境卫生条件有特殊要求的地区，还应采取防治恶臭污染的措施。6. 印染废水治理流程的选择应稳定达到国家或地方污染物排放标准要求
《清洁生产标准 纺织业（棉印染）》（HJ/T 185—2006，2006 年 7 月 3 日）	
《纺织工业调整和振兴规划》（国发[2009]10 号，2009 年 4 月 24 日）	污染治理技术要求：1. 发展涂料印染、微悬浮体印染、转移印花、数码印花等无水或少水印染工艺技术。2. 推广麻类织物染色、防皱、柔软等先进后整理技术；高档丝绸产品印染后整理技术。3. 推广环保型染料、助剂、浆料开发应用；自动制网技术；数码印花新技术；印染生产废水治理技术。4. 重点发展智能化在线检测与控制技术。5.印染废水治理宜采用生物处理技术和物理化学处理技术相结合的综合治理路线，不宜采用单一的物理化学处理单元作为稳定达标排放治理流程。6. 棉机织、毛粗纺、化纤仿真丝绸等印染产品加工过程中产生的废水，宜采用厌氧水解酸化、常规活性污泥法或生物接触氧化法等生物处理方法和化学投药（混凝沉淀、混凝气浮）、光化学氧化法或生物炭法等物化处理方法相结合的治理技术路线。7. 棉纺针织、毛精纺、绒线、真丝绸等印染产品加工过程中产生的废水，宜采用常规活性污泥法或生物接触氧化法等生物处理方法和化学投药（混凝沉淀、混凝气浮）、光化学氧化法或生物炭法等物化处理方法相结合的治理技术路线。8. 洗毛回收羊毛脂后废水，宜采用预处理、厌氧生物处理法、好氧生物处理法和化学投药法相结合的治理技术路线。或在厌氧生物处理后，与其他浓度较低的废水混合后再进行好氧生物处理和化学投药处理相结合的治理技术路线
《印染行业准入条件（2010 年修订版）》（工消费[2010]第 93 号，2010 年 4 月 11 日）	资源综合利用：1. 实行生产排水清浊分流、分质处理、分质回用，水重复利用率要达到 35%以上。2. 到 2011 年，中水回用率达到 35%以上 清洁生产：1. 印染企业要依法定期实施清洁生产审核，按照有关规定开展能源审计，不断提高企业清洁生产水平。2. 清洁生产工艺包括转移印花、涂料印花、棉布前处理冷轧堆等节约用水工艺，纤维素酶法水洗牛仔织物、高效活性染料代替普通活性染料、淀粉酶法退浆等减少污染物排放工艺以及超滤法回收染料、丝光淡碱回收、洗毛废水中提取羊毛脂、涤纶仿真丝绸印染工艺碱减量工段废碱液回用等回收回用工艺。3. 将棉印染行业生产过程的清洁生产水平分为三级技术指标。4. 生产工艺和装备、资源能源利用、污染物产生及废物回收利用等方面应符合清洁生产一级到三级的指标要求

第二节　棉、化纤纺织及印染工业污染源环境监察

一、主要原料

主要原料包括棉花、黏胶纤维及涤纶、锦纶、腈纶、维纶、丙纶等棉性短纤维。一种或多种原料经纺纱制成纱线，纱线经织造制成坯布，坯布经染色或印花再经整理制成印染布。

二、主要产品

主要产品为纱线、坯布、色织布和印染布。

三、主要加工工艺

（一）纺纱生产工艺

纺纱工艺为连续性生产，可以用一种原料进行纯纺，也可以用多种原料进行混纺。纤维经混棉、梳棉、并条、粗纱、细纱工序制成纱线。纺纱工艺分粗梳系统和精梳系统。

（二）织造生产工艺

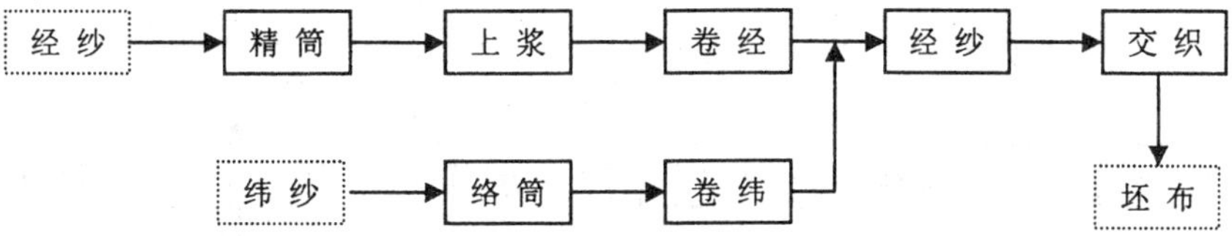

图 7-1　棉及化纤织造生产工艺

在上浆工序中棉线用变性淀粉，涤纶用聚乙烯醇、聚丙烯酸酯等作为上浆辅料，目的是使线具有较好的弹性和强度。

（三）印染生产工艺

纯棉及棉混纺产品，根据其织造方法又可分为两大类，即机织产品和针织产品。从污染物产生量分析，机织产品在纺纱和织造过程中经纱需要上浆料，而针织产品的纱线则不需浆料，浆料对印染废水水质影响较大。

纺织染整工艺主要包括前处理、染色/印花、后整理等工艺。前处理主要包括烧毛、退浆、煮炼、漂洗、开轧烘、丝光等工序。前处理后可以进行染色或印花，染色主要是将染料溶解在水中，在一定的工艺条件下将染料转移到织物上，生成有色织物；印花是通过预

制好花纹的网板，将不同颜色的染料分批、依次涂在织物上形成彩色图案。然后再经过水洗、轧光、拉幅、预缩等后整理，才能制成印染布，整理分机械整理和化学整理。印染中的前处理、印花、后整理为连续性生产，高温高压染色为间歇性生产。此外，根据不同情况，染色/印花前还要进行烧毛、丝光、碱减量等工序。

1．纯棉或棉混纺织物染色/印花工艺

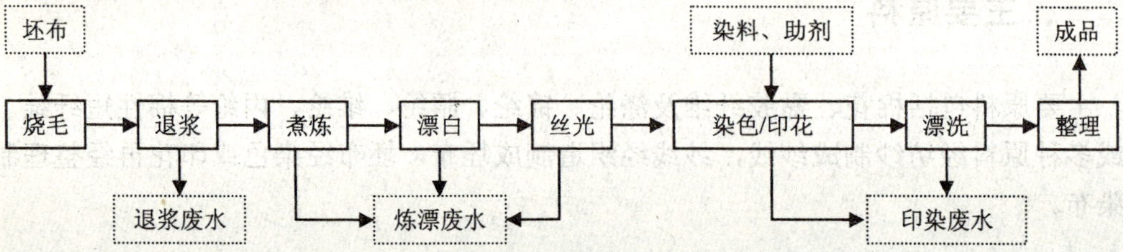

图 7-2　纯棉或棉混纺织物染色/印花工艺

2．纯棉、棉混针纺产品染色/印花工艺

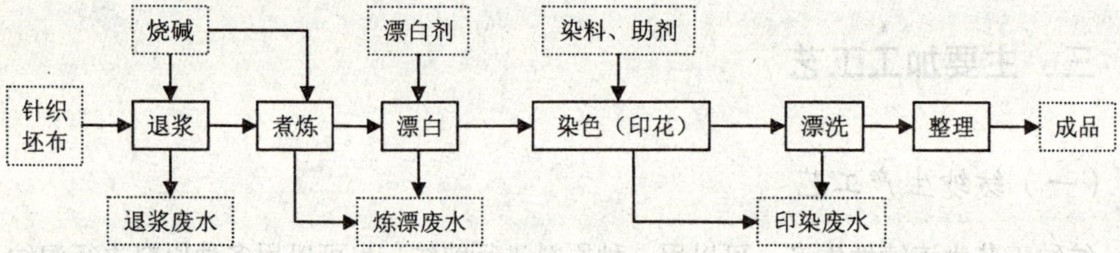

图 7-3　混针纺产品染色/印花工艺

3．灯芯绒印染工艺

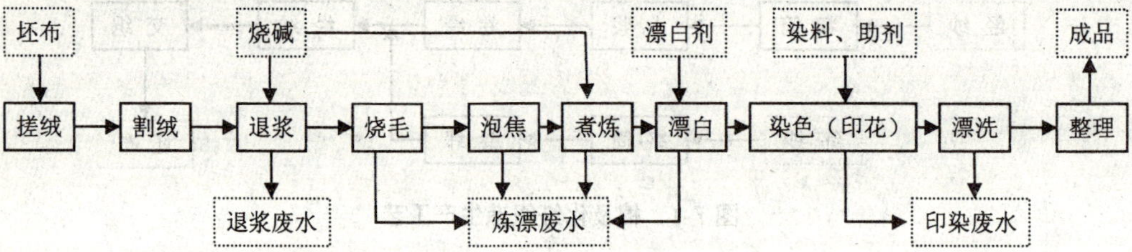

图 7-4　灯芯绒布染色/印花工艺

4．绒布印染工艺

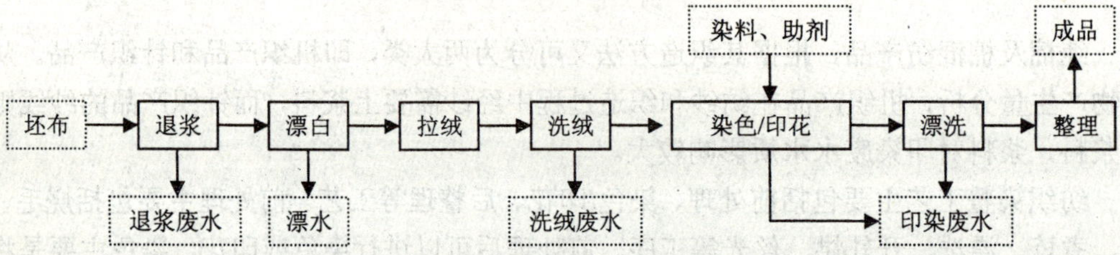

图 7-5　绒布染色/印花工艺

5. 漂白布工艺

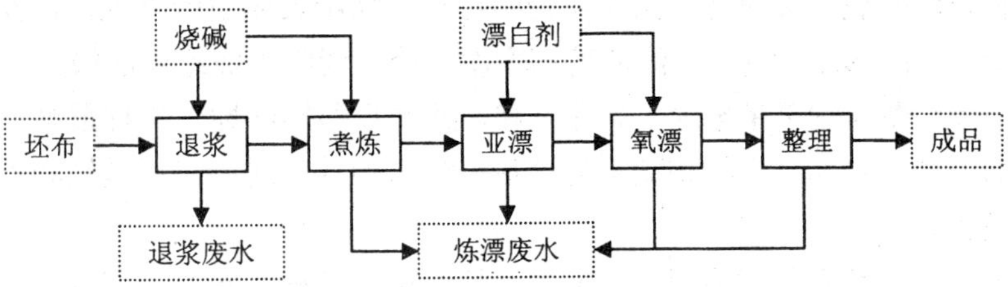

图 7-6 漂白布工艺

6. 碱减量工艺

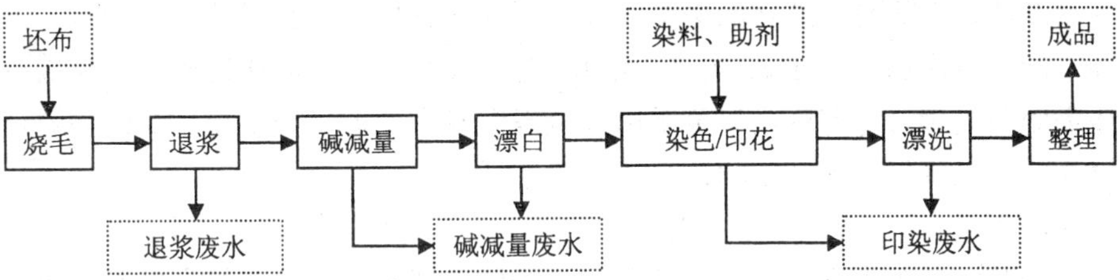

图 7-7 碱减量染色/印花工艺

（1）退浆工艺

去除织造过程经纱上的浆料，退浆又分酶法退浆（多用于纯棉织物）和碱法退浆（多用于棉混纺织物）。退浆废水含碱、酶等退浆剂和各种浆料，如淀粉、改性淀粉、PVA、CMC 等，用水量不多，污染物较多；总固体和悬浮物也较多；COD、BOD 值高；对印染废水指标的影响常达 1/3 以上。这种废水必须处理，如果化学浆料多，可用膜分离法浓缩退浆废水中的浆料（超滤回收），降低污染负荷，而且可使聚合物浆料反复利用。

（2）煮炼工艺

将织物在高温碱液（还需加表面活性剂）中蒸煮，除去织物纤维残存的天然杂质（腊质、果胶等），以增加织物对染料的吸附能力。煮炼废水含碱、表面活性剂或洗涤剂，以及各种原棉杂质，用水量多，污染物多；色深、碱性强；总固体和悬浮物指标很高；COD、BOD 值较高。如在煮炼蒸箱下面做一个蓄碱槽，排放水中的碱剂可以适度利用。这种废水应处理后排放。

（3）漂白工艺

一般使用次氯酸钠及过氧化氢两道工序漂白。漂白剂常采用过氧化氢、次氯酸钠等，COD、BOD 较低，用水量大，污染轻，有时可排放或利用，也可略加处理后回用。

（4）丝光工艺

织物在一定张力下用浓碱液处理，以增加织物对染料的吸附能力，丝光碱液一般定时补充，连续使用。丝光过程从织物上洗下来的烧碱数量很大，国内印染厂大多进行烧碱回收，回收后排出的废水中 BOD 值和总固体都不高。用水量不多，含碱较高，pH 值 12 以上，丝光水经简单处理后可回用。

织物经退浆、煮炼、丝光、漂白后，要多次漂洗去除废物。

（5）碱减量工艺

在高温和较浓的烧碱液中处理涤纶织物的过程。涤纶表面被碱刻蚀后，其质量减轻，纤维直径变细，表面形成凹坑，纤维的剪切刚度下降，消除了涤纶丝的极光，并增加了织物交织点的空隙，使织物手感柔软、光泽柔和，改善吸湿排汗性，具有蚕丝一般风格，故又称仿真丝绸处理。聚酯纤维经碱减量处理后产生水溶性的对苯二甲酸钠和乙二醇。

（6）染色工艺

染色是使染料和坯布等发生化学反应，让坯布染上各种色彩的工艺。纺织品的染色有两种主要的方法，一是应用最为广泛的染色（常规染色），主要是将纺织品放在化学染料溶液中浸染，另一种方法是使用涂料，把涂料制成微小的不可溶的有色颗粒以黏附于织物上。织物经染料、助剂配成的染液染色（纯棉织物为常温染色，涤纶织物需高温染色）后还须经多次漂洗，去除没有结合的染料。染色废水含各种染料和染色工艺助剂，水质随染料不同而不同，色泽深，COD 值较高，BOD 值一般不高，可生化性较差，排放废水除常规处理还需脱色处理。对有些染料可采用残液集中专项处理，如采用超滤法回收还原染料等疏水性染料，以降低色度和 COD。

（7）印花工艺

常用的印花工艺有直印、拔印、仿染，一般坯布都是直印。直接印花是将色浆直接通过筛网印花版印在丝织品上，是基本的印花方法之一，可用多种染料共同印制。印花的色浆是浆料和染料调配的，废水中的有机污染物较多。

以上可见，对废水指标影响大的工序是碱减量、退浆、煮炼、丝光、染色、印花。

四、棉纺织印染的环境污染

棉纺织印染的环境污染中。纺纱厂和织造厂的主要污染是噪声和无组织排放的棉尘，废水污染很不明显。纺织印染行业的主要污染都会从印染厂的环境污染中体现出来，印染废水基本就是纺织印染行业的全部废水，纺织印染行业的废气主要指印染行业的锅炉有组织排放的烟气。

天然棉纤维一般含 94%的纤维素，在约 6%的杂质中，蜡质占 0.3%～1.5%，果胶占 1.0%～1.5%，含氮物质占 1.0%～2.5%，灰分占 1%。这些物质主要通过煮炼去除。棉纺印染废水中的污染物主要来自纤维本身所含杂质，上浆过程织物添加的天然和化学浆料、残余的染料、表面活性剂等有机物质，以及退浆、煮炼、丝光等工序进入废水的残碱。

棉的前处理主要包括退浆、煮炼，主要污染物是棉布中的杂质、棉胶、半纤维素、织布时的浆料、碱等，目前前处理的 COD 平均浓度在 3 000 mg/L 左右；染色/印花的主要污染物是助剂和残留的染料，COD 平均浓度在 1 000 mg/L 左右；混合后，总平均浓度在 2 000 mg/L 左右。

（一）退浆废水

棉纺印染废水主要来自（退浆）浆料废水、（煮炼、丝光）废碱液、（漂洗）染整废水等，退浆废水中含大量浆料和少量植物有机物质，其废水量约占总废水量的 15%，COD、BOD、SS 浓度高达数千 mg/L，退浆废水中的 COD 约占整个印染过程加工废水中 COD 的

45%。若采用天然浆料，则废水中 BOD/COD 大于 0.6；若采用化学浆料，则 BOD/COD 比值小于 0.3，不利于生物降解处理。

（二）炼漂废水

1. 煮炼废水

煮炼废水量约占总废水量的 18%，其中含大量烧碱和表面活性剂，废水显强碱性，颜色深褐色，同时含大量植物有机物（如生物蜡、浆料分解物、纤维、酶等），COD、BOD 浓度高达 5 000 mg/L 以上。

2. 漂白废水

漂白是用次氯酸钠、亚氯酸钠、过氧化氢等氧化剂除去纤维中的色度，漂白废水水量大，但污染较小，可循环使用。

3. 丝光废水

丝光是在一定的张力作用下用浓碱处理，使织物具有光泽。丝光废水含碱量高，棉麻等植物纤维的纱线和织物一般都需丝光处理（即用碱浴液处理）。从丝光工序排出的废液，虽经碱液回收，但排出的废水 NaOH 含量为 3%～5%，多数印染厂通过蒸发浓缩回收 NaOH，所以丝光废水一般很少排出，经过工艺多次重复使用最终排出的废水 pH 值仍高达 12～13，COD、BOD 均较高。

煮炼、丝光和漂白统称为炼漂废水。这部分废水碱和 COD 污染严重。

（三）染整废水

染漂废水和整理废水量约占总废水量的 60%，含各种染料、助剂（印花还有浆料）等有机物，生化降解性差，色度较高。

染整废水包括染色和漂洗的废水，染整废水主要是流失的染料和助剂产生的色度和 COD 污染，这部分废水中的 COD 主要是流失的染料产生的，可生化性较差，色泽较深。印染废水的色度主要是这部分废水带来的。

如果着色是印花工艺，由于印花色浆中，浆料量比染料量多若干倍，印花废水含各种染料、添加剂和大量浆料，BOD、COD 值都较高，故印花工艺比染色工艺 COD、BOD 要高得多。BOD 约占印染厂废水总量的 15%～20%。应处理后排放。

整理废水量小，对染整废水影响不大。

（四）棉纺染整的综合废水

纯棉印染综合废水中 COD 平均浓度为 800～1 200 mg/L，SS 约 300 mg/L，色度 500～700，pH 值 10 左右。棉纺综合废水生化处理效果还可以，BOD/COD 为 30%～40%，经活性污泥法处理后 COD 去除率为 70%，BOD 去除率为 90%，色度去除率为 50%。退浆和丝光废水应进行碱回收或中和预处理。

现在棉织物多为混纺，含有化纤生产残留物，且上浆多用化学浆料（聚乙烯醇），废水中 BOD/COD 为 10%～30%，生物可降解性大大降低，单纯采用耗氧生物降解，不能满足达标排放的要求。棉混纺中的化学单体、PVA 浆料、化纤碱解物等难降解有机物进入棉印染废水，大大增加了棉纺印染废水中 COD 的浓度，可能上升至 2 000～3 000 mg/L，

BOD/COD 较低，低于 0.2，生化降解性降低。

印花废水的特征是污染物浓度高、悬浮物含量高、使用淀粉浆的废水可生化性较好，使用化学浆的废水可生化性差，处理难度大。其废水水质一般为 COD 1 500～5 000 mg/L，BOD 500～1 000 mg/L，pH 值 6～9，SS 500～1 000 mg/L。

表 7-4　棉、化纤纺织加工行业产污系数

产品	棉（化纤）未漂白机织物	棉（化纤）未漂白机织物	纱、线（未染色）	纱、线（染色）	色织棉机织物
原料	棉花、化纤	纱、线	棉花、化纤	纱、线	色织坯布
工艺	纺纱—浆纱—织造	浆纱—织造	纺纱	染色	后整理
废水量/（m^3/t 产品）	57.6	33.4	23.6	84	49.1
COD/（kg/t 产品）	6.46	4.76	1.16	43.6	32.7
污泥/（kg/t 产品）	115	67	—	31～168	25～96

注：数据主要参照《第一次全国污染源普查工业污染源产排污系数手册》，以上为所有规模。

表 7-5　棉、化纤印染精加工行业产污系数

产品	棉（化纤）印染机织物			色织棉机织物	牛仔布
原料	棉（化纤）未漂白机织物			纱、线	线
工艺	前处理—印染—后整理			染纱—浆纱—织造—后整理	
规模/（t/a）	>2 万	12 万	<1 万	所有规模	
废水量/（m^3/t 产品）	142	139	130	164	64.1
COD/（kg/t 产品）	161	201	230	125.7	45.5
污泥/（kg/t 产品）	133～314	179～306	209～285	100～360	36～128

注：数据主要参照《第一次全国污染源普查工业污染源产排污系数手册》。

企业若无折算系数可参考：棉（化纤）未漂白机织物万米与吨的折算系数为 2.5 t/万 m；色织棉机织物产品万米与吨的折算系数为 2 t/万 m；起绒布等特种织物产品万米与吨的折算系数为 3.5 t/万 m；轻磅牛仔布产品万米与吨的折算系数为 4 t/万 m，中磅牛仔布产品万米与吨的折算系数为 6 t/万 m。

表 7-6　棉及化纤制品制造业产污系数

产品	纺织制成品				
原料	本色纱线		染色纱线	机织物（未染色）	机织物（染色）
工艺	染纱—织造—后处理（割绒）—裁剪缝制—后整理	织造—精炼后处理—染色/印花—后处理（割绒）—裁剪缝制—后整理	织造—（割绒）—剪裁—缝纫—后整理	印染—（割绒）—剪裁—缝纫—后整理	剪裁—缝纫—后整理
废水量/（m^3/t 产品）	166	125	10.7	101	4.59
COD/（kg/t 产品）	198	129	3.26	95	0.78
污泥/（kg/t 产品）	333～366	107～251	2	202	0.32

注：数据主要参照《第一次全国污染源普查工业污染源产排污系数手册》，以上为所有规模。

若企业没有相关系数则吨与万条的转换关系为：单人床单（3 尺）按照 3.81 t/万条，双人床单（6 尺）按照 8.01 t/万条，棉毯按照 9t/万条，线毯按照 12.24t/万条，绒毯按照 11.43 t/万条，浴巾按照 1.80 t/万条，枕巾按照 0.90 t/万条，汗巾按照 0.25 t/万条，毛巾按照 0.58 t/万条，毛巾被按照 8.1 t/万条折算。

五、棉纺织印染环境监察要点

我国的纺织印染企业绝大多数是生产设备和工艺比较落后的民营企业，这些企业整体环保意识差，环保投入低，对环境保护的重视程度不够，是此行业废水污染排放问题较多的原因。

相当多的中小纺织印染企业不仅污染治理设施的处理能力小于实际的生产负荷，其污水处理管理人员的专业素质整体水平也较低，所以水污染治理设施的运行、维护状况都有许多问题。应加强对这些环境管理人员的培训。

棉纺织印染废气主要是蒸汽锅炉燃烧产生的废气污染。

棉纺织印染废水是环境监察的重点。棉纺织印染废水量大，产生的 COD 可生化性差，废水不易达标。尤其是废水中色度的处理更是很难达标。

第三节 麻纺织印染工业污染源环境监察

我国麻纺织工业分黄麻、苎麻、亚麻纺织三种，以黄麻纺织为主。麻纺织厂多为大中型企业，麻纺厂、单纺厂、单织厂、印染厂多为中小型企业。

一、麻纺织的原料

麻纺织印染是指以苎麻、亚麻、大麻为主要原料制造、纺纱、织布、印染的生产活动。我国麻类植物种类很多，如亚麻、苎麻、黄麻、红麻、罗布麻等，但主要的麻类原料还是苎麻和亚麻。麻纺织使用的原料称原麻。

麻为织物的韧皮纤维，韧皮中除了含有纤维素外还含有半纤维素、果胶物质、木质素等非纤维素成分。

苎麻原麻加工成精干麻的制成率约为 1.69∶1，即每投入 1.69t 原麻可生产出 1t 精干麻。黄麻制成率约为 1.25∶1。

二、麻纺织的产品

麻纺织的主要产品是苎麻精干麻、麻纱、麻类机织物、麻类印染机织物等。

原麻经两煮法脱胶后制成精干麻，精干麻经纺纱制成麻纱线，纱线经织造制成苎麻布。

三、麻纺织的主要工艺

（一）脱胶（沤麻）工艺

苎亚麻原纤维中除了含纤维素外，还含有果胶、半纤维素、木质素等非纤维素成分，统称为胶质。去除麻纤维中的胶质物质即可获得可纺性纤维，这一过程即为脱胶。

苎麻胶质的主要成分是半纤维素、果胶和木质素，目前作用于木质素的生物制剂尚未研制成功，木质素在原麻中的含量只有 0.8%～2%，可以暂时不予考虑。半纤维素和果胶分别占原麻总重量的 14%～16%和 4.5%～6%，半纤维素是苎麻脱胶的重点，也是生物脱胶的主要对象。半纤维素是指聚合度较低（聚合度在 200 左右），较易溶于稀碱溶液的多糖类物质中除去果胶之外物质的统称。原麻含胶率高的为 30%～32%，低的为 24%～26%。

脱胶是韧皮纤维加工成可纺性纤维生产过程中的关键工序，通常采用的方法有“化学脱胶法”和“微生物脱胶法”，目前应用较多的为化学脱胶。

原麻脱胶工艺包括：

1．剥皮精洗工艺

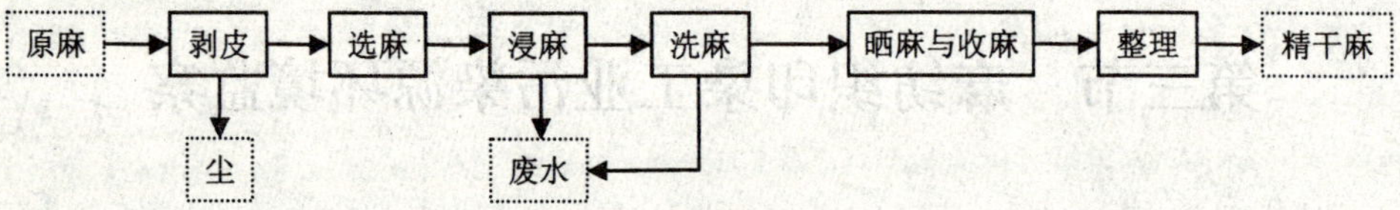

图 7-8 剥皮精洗沤麻工艺

2．带秆精洗工艺

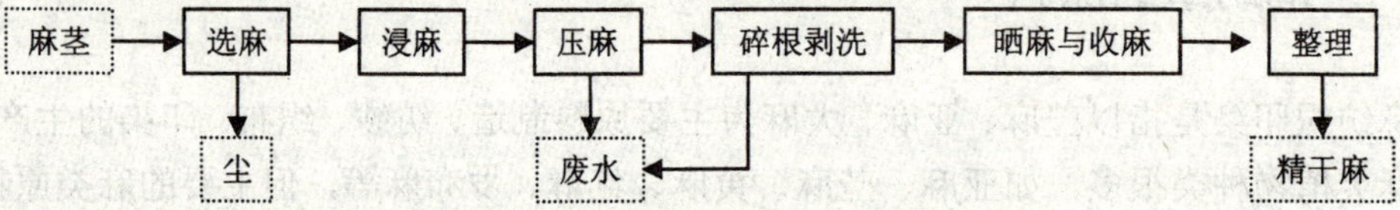

图 7-9 带秆精洗沤麻工艺

将原麻经过脱胶（也称“沤麻”）加工成精干麻。苎麻脱胶后，再通过打纤、酸洗、水洗、漂白、精炼、给油、烘干等工艺，最后得到精干麻。精干麻可作为纺纱、织造的纤维。

脱胶是麻纺织印染中污染特别严重的工序，也是纺织印染工业中污染特别严重的工序。苎亚麻脱胶工艺有化学脱胶（使用碱煮炼）；还有生物酶（微生物）脱胶。亚麻原茎的脱胶方法很多，大致可分三类，即生物法、化学法和物理化学法。

3．麻纺织印染工艺

麻纤维的纺织过程包括纺纱和织造过程。麻纤维的织造工艺可分为准备工序、织布工序和整理工序。

精干麻经过纺纱、织造，制成麻坯布，属于干法工艺。麻纤维在制造过程中需上浆，多为改性淀粉浆或化学浆（聚乙烯醇）。麻机织物的织造与印染工艺、染料及助剂都与棉机织物纺织印染产品基本相似。

（1）苎麻纺织染色工艺流程如下：

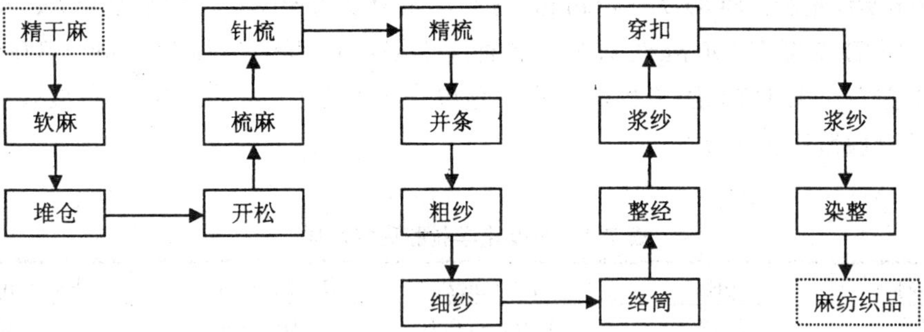

图 7-10　苎麻纺织生产工艺

（2）亚麻纺织染色工艺流程如下：

脱胶后的亚麻纤维称为梳成麻，由于其质量和纤维长短有差异，其纺织工艺也不相同。

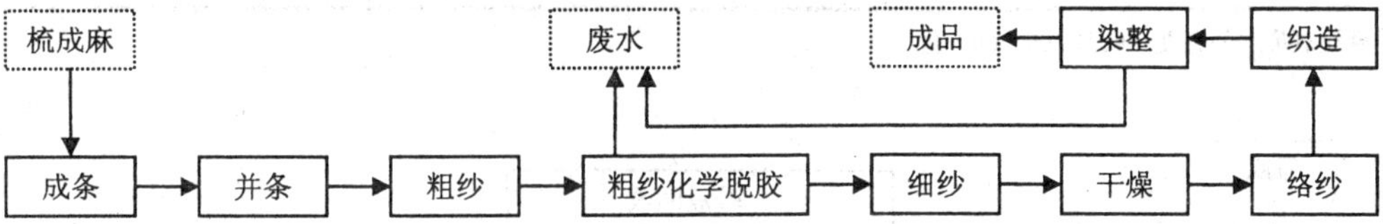

图 7-11　亚麻长纤维纺织工艺

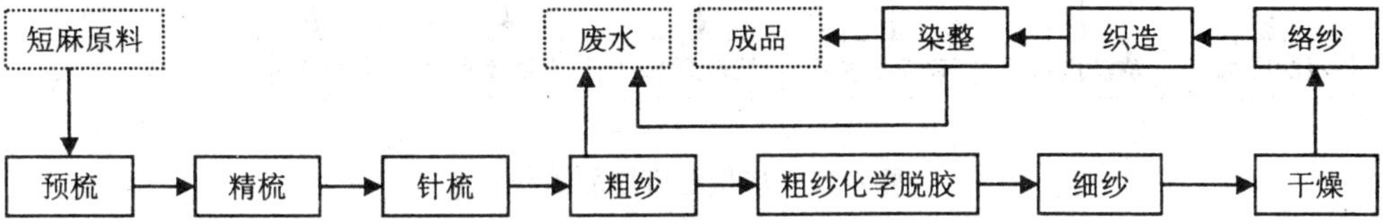

图 7-12　亚麻短纤维纺织工艺

麻纤维在织造过程中，经纱需上浆，短纤维比长纤维上浆量较大些。一般为变性淀粉浆，当麻纤维与化学纤维（主要为涤纶）混纺时，还需增加化学浆（聚乙烯醇）。

麻纺织的印染工艺主要包括退浆—初漂—丝光—复漂—漂白—染印等工序，使用的染料、助剂、印染废水水质与棉纺织相同。当麻纺厂只有染色、印花工艺时产生的废水水质与棉纺织废水水质相近。当有脱胶工艺废水时，混合后废水水质应根据脱胶废水和印染废水的比例来确定。

（二）麻纺织的废水污染

麻纺印染工艺过程主要污染是废水，产生麻脱胶废水和印染废水。

1．脱胶废水

苎麻脱胶过程中产生的废水主要来自浸酸废液、煮炼废液、煮炼洗水、拷麻水等方面：

第一类为高浓度的煮炼残液，这部分废水碱性高，pH 值达 13～14，有机污染浓度高，COD 为 15 000 mg/L 以上，BOD 为 5 000 mg/L 以上，BOD/COD 为 0.3～0.4，具有可生化性。还含有不易被生物降解的木质素，颜色呈棕褐色；第二类为洗麻、浸酸等中段废水，COD 浓度在 400 mg/L 左右，BOD 为 140 mg/L 左右，属中度污染废水，废水量较大；第三类为漂酸废水，COD 浓度在 150 mg/L 左右。各种废水混合后 COD 浓度为 2 500～3 000 mg/L，pH 值为 11 左右，BOD/COD 在 0.35 左右，色度在 500 左右，污染物产生浓度较高。

（1）苎麻脱胶废水水质

表 7-7　苎麻化学脱胶废水水质

废水名称	pH	COD/（mg/L）	BOD_5/（mg/L）	SS/（mg/L）
浸酸废水	2～3	1200～2000	500～800	＞500
酸洗废水	3～5	350～500	140～200	＞500
一煮废水	≥12	15000～20000	5000～6000	15000～20000
一煮洗水	＞12	1800～2500	700～1000	＞500
二煮废水	＞11	700～900	300～400	＞500
拷麻废水	7～9	250～300	50～100	＜500

注：苎麻脱胶废水的色度一般为 500～600 倍。

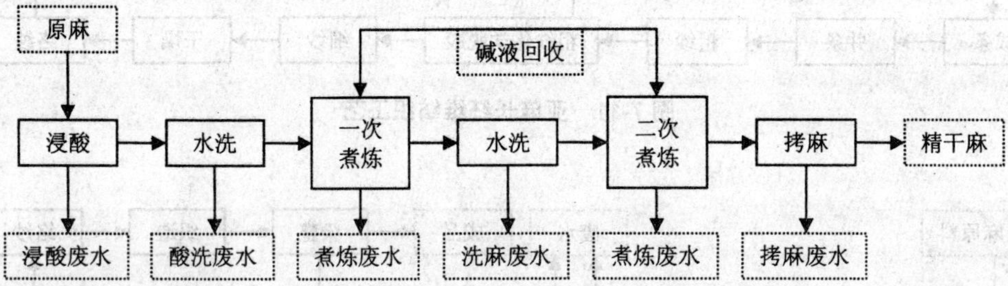

图 7-13　典型苎麻脱胶流程

（2）亚麻脱胶废水水质

沤麻是亚麻加工首要的加工环节，沤麻机理是利用温水浸泡厌氧发酵亚麻原茎，使其韧皮部与本质部之间发生分离。这一生产工艺产生的废水是亚麻生产过程中产生的污染负荷最大的废水，称为脱胶废水或沤麻废水。废水中的主要污染物是木素及其降解产物、半纤维素及其降解产物、单宁、果胶、树脂酸等。亚麻脱胶废水污染物主要指标见表 7-8。

表 7-8　苎麻化学脱胶废水水质

项目	浓度值	平均值
COD/（mg/L）	4100～10900	7712
BOD_5/（mg/L）	2000～6000	3247
SS/（mg/L）	600	
色度/倍	300～400	

2. 麻纺印染综合废水

许多麻纺厂既有脱胶废水，又有印染废水，有的工厂是把两种废水分别治理，有些则是混合治理。加工 1t 精干麻耗水 40m³，1t 丝麻耗水 120m³，印染 1t 麻织物耗水约 200m³。若无脱胶工艺，则麻纺织印染过程中废水性质与棉印染废水性质相似。

表 7-9　全国污染源普查麻纺织工业（发酵）产污系数

产品	苎麻精干麻		苎麻纱	未漂白苎麻机织物	亚麻打成麻	亚麻纱
原料	苎麻		精干麻	苎麻纱	沤制亚麻	亚麻打成麻
工艺	脱胶		纺纱	织造	温水沤麻	煮漂、纺纱
规模/（万 t/a）	>3000	≤3000	所有规模	所有规模	所有规模	所有规模
废水量/（m³/t 产品）	595	585	24	31	21	41
COD/（kg/t 产品）	567	580	5.43	6.17	228	22
污泥/（kg/t 产品）	1190	1170	47	62	207	81～89

注：数据主要参照《第一次全国污染源普查工业污染源产排污系数手册》，以上为所有规模。

目前企业生产的产品品种较多，未漂白苎麻机织物折算系数可以企业自定的折算系数为准，或者按照 2.5t/万 m 折算。若企业没有相关折算则麻袋可按照 6.01t/万条。

表 7-10　麻制品制造业产污系数

产品	麻袋
原料	黄（红）麻纱（线）
工艺	织造—剪裁—缝纫
废水量/（m³/t 产品）	1.77
COD/（kg/t 产品）	0.27
污泥/（kg/t 产品）	0.16

注：数据主要参照《第一次全国污染源普查工业污染源产排污系数手册》，以上为所有规模。

四、麻纺织印染环境监察要点

麻纺织印染的环境监察要点可参照棉纺织印染的环境监察要点。

麻脱胶过程中产生的脱胶废水主要来自浸酸废液、煮炼洗水、拷麻水等三个方面。脱胶废水具有废水量大，碱性高，有机污染浓度高，可生化性低，色度高等特点。处理达标有相当难度。故应加强对这部分废水的监察。脱胶废水具有较强的恶臭污染，应注意这方面的监督管理，以免引起投诉。

许多麻纺织印染企业使用的原料是丝麻，因而没有脱胶生产过程。废水量和废水浓度都会大幅度降低。

麻纺织印染污水处理产生的污泥数量很大，应妥善处理。

第四节 毛与丝纺织印染工业污染源环境监察

一、洗毛工业污染源环境监察

（一）洗毛工艺的原料

毛纤维是重要的动物纤维，其主要化学成分是蛋白质。毛纤维中最重要的是绵羊毛，其他还有山羊毛（又称开司米）、马海毛（原产于土耳其安哥拉省的一种山羊毛）、骆驼毛和兔毛。牦牛绒是我国的特产，近年来开发出多种牛绒纺织新品种。

羊毛洗毛工艺使用的原料是原毛，原毛中含多种杂质，主要为羊毛脂（脂肪酸、高分子醇及脂的混合物）、羊汗（有机与无机酸盐类物质）、固体杂质（沙尘、羊粪、草屑等）。这些玷污毛纤维的杂质必须通过洗毛除去。使用羊毛纤维进行纺纱、织造、染色之前，必须将这些杂质去除掉，使其成为纯净的具有可纺性纤维，这一过程称为洗毛。洗净后的毛纤维称为洗净毛（或称毛条）。

（二）洗毛工艺的产品

毛粗纺产品或毛精纺产品乃至绒线产品加工的原料为毛条，毛条是原毛经洗毛加工后得到的初级产品。

（三）洗毛工艺

有的洗毛工作是在单独洗毛厂完成的，还有的是在毛纺厂附设的洗毛车间进行的。根据具体的生产工艺，可以把洗毛分为碱性、中性和酸性三种，其中碱性洗毛使用最广泛。碱性洗毛，羊毛在 pH 为 8.5～9.5 的洗液中进行洗涤，对其可纺性、抗静电性和吸水性都比较有利，此方法在生产中使用得也比较普遍。碱性洗毛的操作温度不得超过 60℃，洗液的 pH 值为 8.5～10。

碱性洗毛目前主要为皂液洗毛。皂液洗毛是沿用较久的洗毛方法，即肥皂与纯碱配合使用。皂洗工艺装置是由多个洗涤槽和漂洗槽组成的。洗涤槽中皂碱的浓度按各种羊毛中所含油脂的性质、数量和其他杂质而定。在用合成洗涤剂洗毛时，加入硫酸铵作助剂的，称为铵碱洗毛。硫酸铵在洗液中起中和作用，防止碱损伤羊毛，生成的氨可皂化脂肪酸，有利于洗涤效果的持久性。一般皂液浓度达 0.2%即可乳化羊毛脂，pH 值控制在 11 以下，温度在 50℃以下。漂洗槽 pH 值应在 9 以下，以免对羊毛纤维造成损伤。

为了防止碱对羊毛的损伤，可以利用非离子型合成洗涤剂并用食盐、硫酸钠作助剂，称中性洗毛。洗液的 pH 值为 6～7，洗液的温度可适当提高（50～60℃），这不仅能减少羊毛的损伤，还能提高洗涤效果。

酸性洗毛过程中，在使用合成洗涤剂的同时，加入少量醋酸、甲酸或磷酸，控制 pH 在 4.8～6 进行洗毛。其手感、弹性比碱性洗毛的同样产品好，色泽也较鲜明。

洗毛设备也有多种形式，在乳化洗毛中广泛使用的是耙式洗毛机，并常和开毛、烘毛设备相连，称为开洗烘联合机。此外，还有喷射洗毛机、滚筒洗毛机、超声洗毛机等。开洗烘联合机由开松、洗毛、烘干三部分组成。开松部分的主要作用是开松、除杂，把块状原毛开松，除去大量砂土杂质；洗毛部分的主要作用是除去羊毛脂、羊汗和砂土杂质。洗毛机的槽数根据所洗羊毛的品质、含脂汗和土杂的量而定，一般有 3～5 槽。对含脂多的细毛多用 4～5 槽。

洗毛工艺如下：

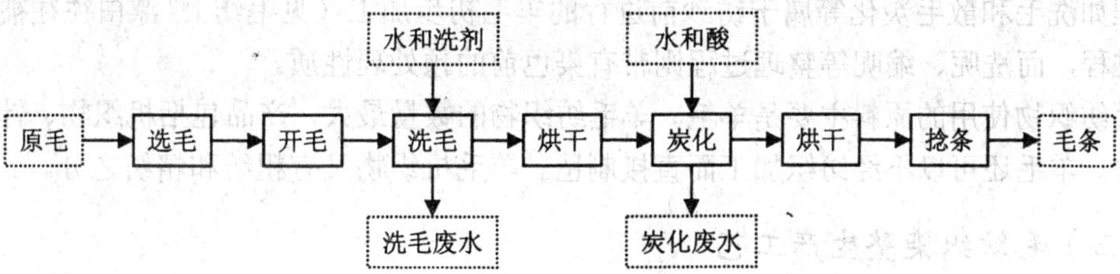

图 7-14　洗毛工业生产工艺

（四）洗毛工艺的环境污染

洗毛以水为溶剂，加入一定量的纯碱及清洗剂，经过一定的物理化学作用，去除羊毛所含的羊汗、羊毛脂等物质。国产洗毛机一般多为五槽式联合洗毛机，进口洗毛机则大多为六槽甚至七槽。

如果原毛中草杂较多，还需要经过炭化，炭化过程主要是去除羊毛中含有的植物性杂质（草籽、草叶等），将含杂质的洗净毛在酸液中通过，再经烘焙，使杂质变为易碎的炭质，再经过机械搓压打击，最后利用风力将其分离。去除杂质的羊毛再通过中和，去除羊毛上含有的过多酸，经烘干成为炭化洗净毛。

洗毛废水属生化降解性能较好的高浓度有机废水，COD 值在 15 000～30 000 mg/L，BOD 值在 8 000～10 000 mg/L，SS 值在 5 000～6 000 mg/L。控制 4、5 槽水的回用，洗毛排水量为 10～30 m^3/t 毛。

现在许多洗毛工艺，增加了回收羊毛脂的工序，经脱脂的洗毛废水 COD 可降至 6 000～10 000 mg/L，经过回收羊毛脂和厌氧处理，再与毛纺染色废水混合进行耗氧处理。回收的羊毛脂，经过精细加工，可获得高附加值的精制羊毛脂，可以作为高级润滑油和化妆品的原料。有些洗毛工艺不用炭化工序，采用梳毛（粗梳和精梳）工序代替，既可去掉剩余的杂物，又可减少污染。

二、毛纺织染整工业污染源环境监察

（一）毛纺织染整的原料

毛纺织染整的原料包括毛条，辅料包括染料、助剂（染色助剂、洗剂、缩剂等），还需要一定量的蒸汽。毛纺织物染色常用的染料很多，包括酸性染料、酸性媒染、酸性含媒染料等。常用的助剂有硫化碱、食盐、硫酸钠、重铬酸钾、过氧化氢等。

毛条主要是指羊毛精洗毛生产的产品，羊毛和山羊绒、兔毛、骆驼毛等特种动物毛的化学组成均为角朊，纤维外层都有鳞片，都不耐碱和高温，容易为氧化剂所侵蚀，其染整工艺基本相似，统称毛纺织物染整。

（二）毛纺织染整的产品

毛纺织物染整的主要指染色、印花和整理。其与其他纺织物染整的不同点是：某些工艺过程如洗毛和散毛炭化等属于纺纱前进行的羊毛初步加工（见毛纺）。漂白往往被看做整理过程，而洗呢、缩呢等整理过程则带有染色前的预处理性质。

毛纺织物使用的原料主要是羊毛。羊毛纺织物的数量最大，产品包括机织物、针织物和毛线。羊毛还可以不经纺织加工而直接制毡。羊毛机织物又有粗纺和精纺之分。

（三）毛纺织染整生产工艺

1. 毛粗纺织染整生产工艺

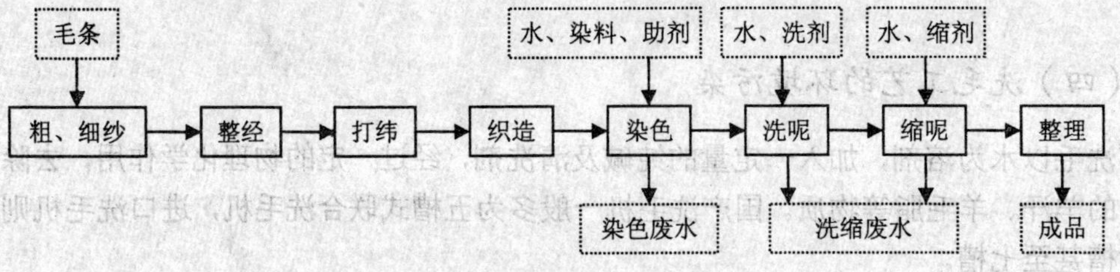

图 7-15 毛粗纺织染整工艺

洗呢工序使用水、纯碱、洗涤剂等去除呢坯中的油污、杂质等，产生一定的洗呢废水。

缩呢工序是利用缩剂（以洗涤剂为主），在一定温度与压力下，使织物产生一定收缩，废水量很少。

染色使用的染料主要是媒介染料和酸性染料，若织物是毛混纺，还会使用部分分散染料、阳离子染料和直接染料等，产生的染色废水含染料残液以及染料的漂洗废水。

2. 毛精纺织染整生产工艺

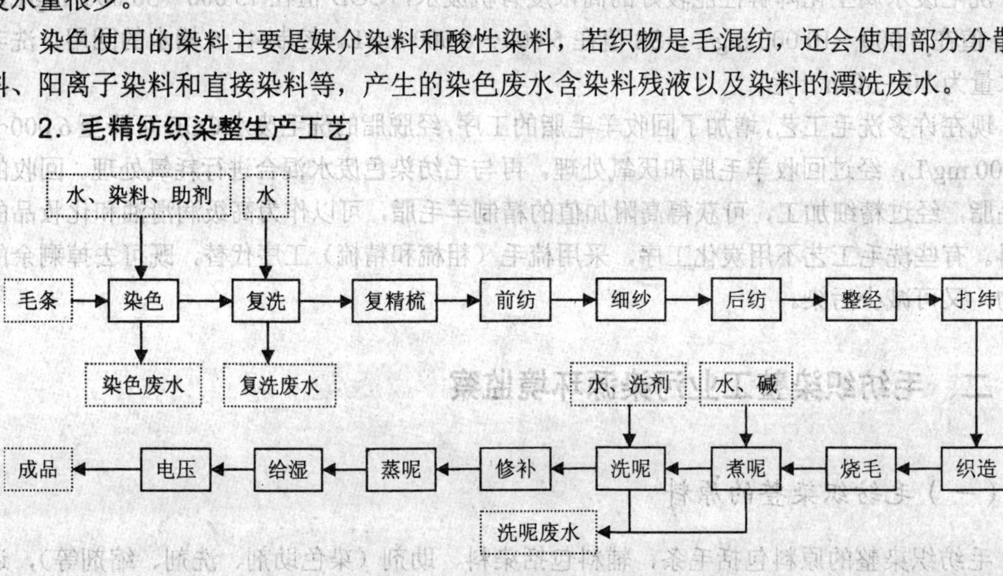

图 7-16 毛精纺织染整生产工艺

毛精纺产品一般为薄织物，属高档产品，是毛纺染色中废水量和污染物量最大的，染色工序的水量大，有大量的漂洗废水产生，煮呢、洗呢废水中含有表面活性剂类助剂。毛精纺使用的染料主要有酸性染料，还会使用部分分散染料、阳离子染料和直接染料等，废水除了含染料残液和含染料的漂洗水，洗呢废水还含一定量洗涤剂和渗透剂。染色主要使用酸性染料，毛混纺织物还使用分散、阳离子和其他染料等。其生产废水的 pH 值一般为 5.8～6.5，污染物含量较低。

3. 绒线纺织染整生产工艺

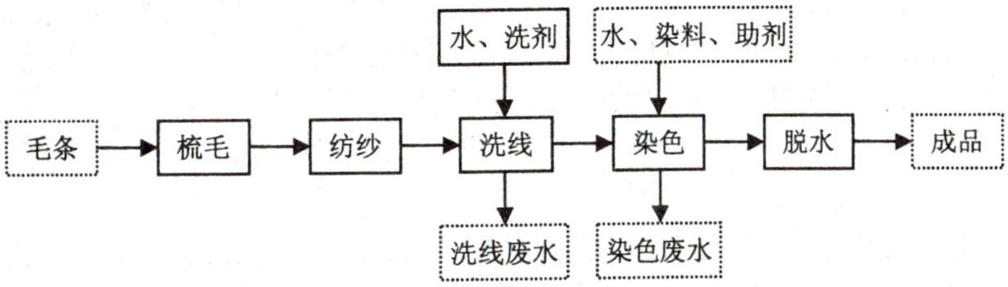

图 7-17 绒线纺织染整生产工艺

洗线工序排放一定量的含洗涤剂的废水。

染色工序排放含染料残液和含染料的漂洗水。

毛绒线分为粗绒线和细绒线，染色通常采用酸性染料，毛腈纶则采用阳离子染料。染色工序产生的废水主要为漂洗废水和染色残液，其污染物浓度介于粗纺与精纺印染废水之间。

(四) 毛纺织染整生产的环境污染

毛纺织染整生产除了蒸汽锅炉排放的燃料燃烧废气外，主要的环境污染还是染整废水，废水中的主要污染物主要是 COD、pH 值和色度。

毛纺织工业的废水包括染色残液及漂洗水、洗呢水、缩绒水等。

单位产品毛纺用水量与排水量要比棉纺织产品多 2/3。

表 7-11 毛纺产品耗水量

	单 位	毛粗纺	毛精纺	纯毛绒线	洗 毛
耗（新鲜）水量	m^3/hm	32～34	20～22	—	—
	m^3/t	360～380	340～360	70～80	20～50

毛纺织染整主要使用酸性染料、阳离子染料和分散染料，废水污染物浓度不高，大多呈中性，可生化性较好。其印染废水水质一般为 COD 500～900 mg/L，BOD 250～400 mg/L，pH 值 6～9，色度 100～300 倍。

从总体看毛纺织染整废水比棉纺织染整废水污染强度要低一些。毛粗纺比毛精纺废水中 COD 浓度要高一些。纯毛染色废水生化性较好，BOD/COD 在 0.4 左右，毛混纺的 BOD/COD 在 0.3 左右，均属于生化性较好和可以生化的有机废水。

毛纺在染色过程中使用的助剂有醋酸、硫酸、纯碱、红矾（重铬酸钾）元明粉、硫酸铵、硫化钠、柔软剂、匀染剂、平平加等助剂大部分进入到染色后的残液中，由于羊毛含羟基和氨基，染色的上染率较高，染色牢度佳，染料流失率比棉纺要低一些，废水色度较棉纺废水低一些。助剂是毛纺染色废水有机污染的主体。毛纺染色过程多在偏酸性条件下进行，产生的混合污水一般略显酸性，废水 pH 值为 5.5～6.5，取决于染料的流失率。

表 7-12 毛纺织加工印染行业产污系数

	毛条		毛纱线		精、粗梳毛机织物（印染呢绒）
	原毛		毛条		精、粗梳毛机织物（白坯呢绒）
	洗毛—制条		染条—纺纱		染整—后整理
规模/（t/a）	＞5000	≤5000	＞1000	≤1000	所有规模
废水量/（m^3/t 产品）	53	47	387	371	368
COD/（kg/t 产品）	1373	1520	236	294	255
污泥/（kg/t 产品）	1167～1235	1292～1353	770～851	743～817	735～809

注：数据主要参照《第一次全国污染源普查工业污染源产排污系数手册》，以上为所有规模。

表 7-13 毛制品制造业产污系数

	化学纤维毯类	纯毛毯
	化纤纱、化学纤维长丝	毛纱
	染纱—织造—剪裁—缝纫—后整理	白纱—织造—印染—剪裁—缝纫—后整理
废水量/（m^3/t 产品）	26	72.2
COD/（kg/t 产品）	25.2	50.5
污泥/（kg/t 产品）	262	158

注：数据主要参照《第一次全国污染源普查工业污染源产排污系数手册》，以上为所有规模。

若企业没有相关系数，则单人床单（3 尺）可按照 3.81 t/万条，双人床单（6 尺）可按照 8.01 t/万条，棉毯可按照 9 t/万条，线毯可按照 12.24 t/万条，绒毯可按照 11.43 t/万条，浴巾可按照 1.80 t/万条，枕巾可按照 0.90 t/万条，汗巾可按照 0.25 t/万条，毛巾可按照 0.58 t/万条，毛巾被可按照 8.1 t/万条折算。

（五）毛纺织染整工业环境监察要点

毛纺织生产过程洗毛工艺的废水数量大，污染物浓度特别高，一定要加强对洗毛废水处理的监督管理，洗毛废水处理产生的污泥量非常大，应妥善处置。

毛纺织印染废水量排放强度高于棉纺织印染废水量排放强度，但是 COD 浓度低于棉纺织印染废水。毛纺织印染废水略显酸性，毛纺织印染企业平均规模一般比棉纺织印染企业的平均规模大，管理也比较规范。如果没有洗毛工序，一般情况下，污水比较容易达标。

毛纺织印染的废气主要是蒸汽锅炉燃烧产生的废气。

毛纺织印染废水处理产生的污泥量比较大，应妥善处置。

三、制丝工业污染源环境监察

缫丝加工能力主要集中在江、浙、川等几个主产区，加工能力的集中度相对较高。

蚕丝中的长纤维很少上浆，可以生产绸、缎、绉、锦、罗、绫，蚕丝中的短纤维加工的织物称绢。

丝绸印染分为真丝印染和仿真丝印染。天然丝绸是以蚕（桑蚕与柞蚕）丝为原料的纺织产品。丝绸纺织包括制丝、织造、印染。主要污染是制丝和印染的废水，废水中所含污染物主要来自原料中的蜡质、浆料，染色残余的染料和助剂，废水中的污染浓度与毛精纺废水接近。化纤仿真丝染整过程中，产生碱减量废水和印染废水，碱减量废水中含一定量的残碱和不易生化降解的对苯二甲酸。

（一）制丝的原料

制丝的原料是蚕茧，蚕茧有桑蚕茧和柞蚕茧之分，桑蚕丝由南方的家蚕（主食桑叶）产出，柞蚕丝由北方的野蚕（主食柞叶）产出。桑蚕丝又细又长，白里微微带点黄，手感细腻光滑，柞蚕丝比桑蚕丝要短、粗，其原始颜色为灰黑色，往往要用酸碱性的化学药剂进行褪色才能被消费者接受，因而其对人体的健康具有一定的危害性。柞蚕丝中所含的“丝胶”较多，因此手感比较粗糙，光泽也比较暗淡，同时柞蚕丝的刚性也比较强。

蚕茧通常为灰白色、淡黄色，有时为淡绿色。

蚕丝纤维很长，单根纤维长度通常为600～1 200m。蚕丝强度较大，高于羊毛和棉，仅次于麻织物。蚕丝纤维很细，抗皱性强，且富有光泽，其织物轻薄柔软，鲜亮透气。

（二）制丝的产品

缫丝业的主产品为生丝，生丝通常为灰白色、淡黄色，有时为淡绿色。副产品为长吐、汰头及蚕蛹等。

生丝是将蚕丝中的长丝通过缫丝而得，在缫丝工序中必须把数根茧丝（通常为 4～20 根）并合而成生丝。生丝若经脱胶（即用热肥皂水、稀释碱液等去除丝胶），仍称生丝。缫丝回收的副产品为废丝，包括选茧回收的穿头茧或破裂茧、茧衣、缫丝过程回收的废丝、丝落绵、脱胶或精梳回收的绢丝。

据有关企业估计，鲜蚕茧约 7.5kg 抽 1kg 丝。副产品有鲜蚕蛹 4kg，茧衣、长吐、汰头、脚渣约 0.5kg。干茧缫丝约 3kg 干茧抽 1kg 丝。副产品有蚕蛹 1kg，茧衣、长吐、汰头、脚渣约 0.5kg。

生丝的计量多采用万绪，绪指生丝的根数。立缫机一般每台为 20 绪。

（三）制丝工艺及废水特性

生丝是以桑蚕茧为原料，用机械按一定的制丝工艺和质量要求，将若干根茧丝抱合胶着缫制而成的长丝，又称真丝。生丝是茧丝绸行业的初级产品。

从蚕茧中抽取蚕丝的过程称缫丝。缫丝通常使用水煮的方式，一方面利用水的高温杀死茧中的蚕蛹，另一方面因为蚕丝是动物纤维，含有大量动物胶质蛋白，通过加热，使其中大部分胶质蛋白溶于水中，从而起到分离纤维，顺利抽出蚕丝的目的。

缫丝加工是将蚕茧缫成蚕丝的过程，即将干茧通过缫丝机缫成丝的加工过程。缫丝方法很多，按缫丝时蚕茧沉浮的不同，可分为浮缫、半沉缫、沉缫三种。

制丝工艺如下：

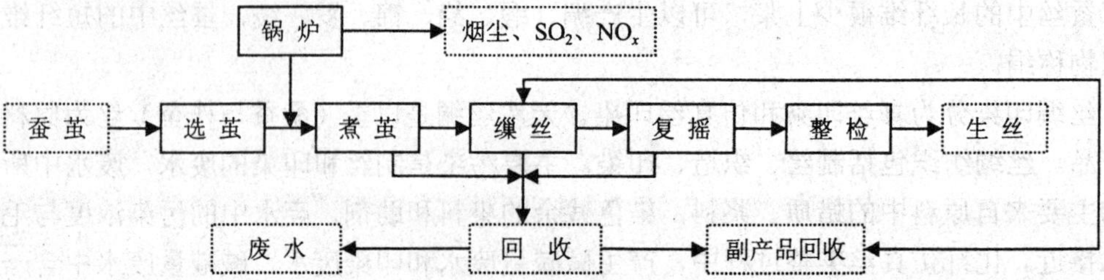

图 7-18 蚕茧缫丝工艺

主要包括煮茧、缫丝、绞丝等工序，产生脱胶废水。

制丝生产过程产生的废水中的污染物主要来源于缫丝、复摇生产过程，具体为煮茧过程溶解的丝胶，以及缫丝、复摇时蚕丝从蚕茧上剥离过程中脱落和溶解的丝胶。混合后污染物中 COD_{Cr} 为 150～250 mg/L；BOD_5 为 60～100 mg/L；pH 为 6.5～8.5，缫丝生产用水的 90%左右消耗在这两个过程中。

缫丝业在我国主要分布在华东和西南地区，因各地水资源多寡不同，区域内缫丝厂生产用水也不相同，贫水地区吨丝生产耗水 80 m^3 左右，富水地区则为 150 m^3 左右，有的超过 200 m^3，平均耗水为 120 m^3 左右。缫丝副产品生产废水产生于蛹衬与蛹体的分离过程，水中污染物主要为丝胶、粗蛋白和破碎的蛹体，生产过程中还需加入一定数量的烧碱，副产品生产耗水量较少，不到缫丝生产用水的 10%，一般占 5%左右，但污染程度高，其污染物浓度为 COD_{Cr} 7 000～10 000 mg/L；BOD_5 3 500～4 000 mg/L；SS 3 000～5 000 mg/L；pH 10～11.5，是缫丝生产业的重点水污染源。

国内绝大多数缫丝厂的制丝生产与副产品处理，都在同一厂区内进行（但也有部分企业将副产品的生产外包）。两种废水混合在一起后，污水浓度为 COD_{Cr} 1 500～3 000 mg/L；BOD_5 600～1 200 mg/L；SS 300～600 mg/L；pH 7.5～9.5。

煮茧缫丝产生废水量 110 m^3/t，废茧处理产生废水量 50 m^3/t。脱胶废水中煮茧废水量 9%，缫丝废水占 60%，其余为绕丝和废茧处理排放的废水。脱胶废水中 COD 平均为 500～1 000 mg/L，BOD 为 2 500～5 000 mg/L，属于生化降解性良好的有机废水。其中部分高浓度废水的 COD、BOD 会达到平均值的 10 倍。但脱胶废水冲洗量大，平均浓度属中等。

四、丝绸印染工业污染源环境监察

（一）真丝织物印染工艺及废水特性

真丝产品的织造印染工艺一般为：

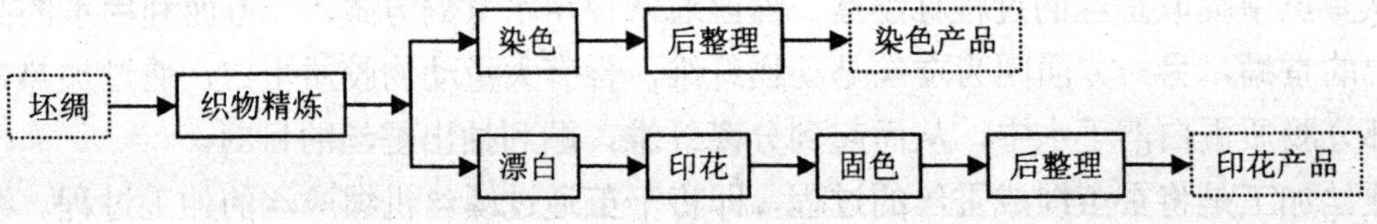

图 7-19 真丝产品的织造印染工艺

其中织物精炼、漂白、染色和印花均产生废水，精炼主要有化学法（包括碱精炼和酸精炼）和酶法，漂白一般用过氧化氢作为氧化剂，漂白废水浓度较低，染色过程中产生的废水量较少，有机污染物浓度也较低，印花废水量较少，浓度较高。因真丝品轻薄，所用的染料和助剂较少，且上染率高，所以一般真丝产品印染废水的污染物浓度较低，可生化性好，其废水一般呈弱酸性。

真丝的印染废水水质一般为 COD 500～800 mg/L，BOD 200～400 mg/L，pH 值 5～8，色度 100～300 倍。

（二）人造丝织物印染工艺及废水特性

人造丝产品的印染工艺一般为：

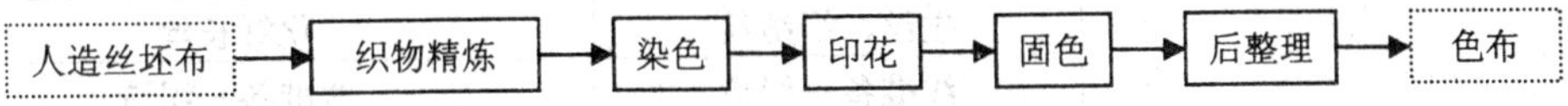

图 7-20　人造丝产品的印染工艺

其中织物精炼、染色和印花均产生废水，人造丝的印染所使用的染料助剂等与棉纺织物的印染相类似，但是由于人造丝的杂质少，因而其印染废水的污染物浓度不高，可生化性较好。人造丝印染废水水质一般为 COD 600～1 000 mg/L，BOD 250～400 mg/L，pH 值 8～10，色度 100～300 倍。纺丝织造工艺属于干法工艺，废水污染很少。

人造丝印染废水水质一般为 COD 600～1 000 mg/L，BOD 250～400 mg/L，pH 值 8～10，色度 100～300 倍。

（三）丝绸工艺综合废水

丝绸纺织印染废水主要来自缫丝脱胶废水、精炼废水、染印废水等。

缫丝废水是含有一定量丝胶（蛋白质）的脱胶废水，其废水生物降解性好。

精炼废水含一定量丝胶、浆料和有机物，废水呈碱性。

其排放的综合废水浓度介于毛粗纺废水和毛精纺废水之间，COD 浓度约 700 mg/L，硫化物 10～20 mg/L。仿真丝废水的有机物浓度比真丝废水要高，与棉纺织废水相近，COD 浓度 1 200～1 500 mg/L。

真丝印染工艺包括炼漂、染印、整理等工序。真丝印染炼漂工序使用醋酸、碱、洗涤剂、助剂，废水中含丝胶和化学有机物，呈碱性。印染以醋酸为匀染剂，醋酸生化降解性较好，上色率高，废水整体呈弱酸性，色度污染较轻。

化纤仿真丝染整包括碱减量工序，产生含高浓度对苯二甲酸的残碱液。

绢丝的加工工艺包括精炼、精梳、粗纺、精纺工序。绢丝废水分高浓度废水和低浓度废水，高浓度废水来自炼蛹废水、槽洗废水和煮炼废水，废水 COD 浓度达 4 000～5 000 mg/L；低浓度废水来自水洗机、脱水机废水和地面冲洗废水，COD 浓度在 500 mg/L 左右。

真丝的印染废水水质一般为 COD 500～800 mg/L，BOD_5 200～400 mg/L，pH 值 5～8，色度 100～300 倍。

表 7-14 缫丝加工行业产污系数

	生丝	绢纺丝	
	蚕茧	绵球	废蚕茧、废丝
	煮茧-缫丝	纺丝	腐化—精炼—纺丝
废水量/（m^3/t 产品）	532	51.59	659.56
COD/（kg/t 产品）	147	18.6	1200
污泥/（kg/t 产品）	1064	103	1319

注：数据主要参照《第一次全国污染源普查工业污染源产排污系数手册》，以上为所有规模。

表 7-15 绢纺和丝织加工业产污系数

	未漂白丝机织物	未漂白化纤长丝机织物
	生丝、绢纺丝	化纤长丝
	线准备—织造	线准备—织造
废水量/（m^3/t 产品）	59.18	52.77
COD/（kg/t 产品）	20.6	18.5
污泥/（kg/t 产品）	12～118	106

注：数据主要参照《第一次全国污染源普查工业污染源产排污系数手册》，以上为所有规模。

表 7-16 丝印染精加工业产污系数

	印染丝机织物		印染化纤长丝机织物、印染丝交织机织物	印染合纤长丝机织物
	未漂白丝机织物		未漂白丝交织机织物、未漂白合纤长丝机织物	未漂白合纤长丝机织物
	精炼—印染—后整理		前处理—印染—后整理	碱减量前处理—印染—后整理
规模/（t/a）	＞3000	≤3000	所有规模	所有规模
废水量/（m^3/t 产品）	253.81	226	101	277
COD/（kg/t 产品）	219	221	89.1	442
污泥/（kg/t 产品）	149～508	150～452	203	554

注：数据主要参照《第一次全国污染源普查工业污染源产排污系数手册》，以上为所有规模。

印染丝机织物可按照 1.5t/万 m 及 1 码＝250g 折算，印染化纤长丝机织物、印染丝交织机织物、印染合纤长丝机织物可按照 1.8t/万 m 折算。

表 7-17 丝制品制造业产污系数

	丝制饰物	其他纤维制毯子
	丝纱线	丝纱线
	白纱—织造—印染—剪裁—缝纫—后整理	织造—印染—剪裁—缝纫—后整理
废水量/（m^3/t 产品）	297	300
COD/（kg/t 产品）	203	254
污泥/（kg/t 产品）	594	599

注：数据主要参照《第一次全国污染源普查工业污染源产排污系数手册》，以上为所有规模。

若企业没有相关折算系数，则丝绸被面可按照3.15 t/万条折算。

（四）丝绸工业环境监察要点

缫丝制丝工业属于季节性生产，我国的缫丝制丝工业还有相当一部分是作坊式生产，生产工艺简单，没有污染防治措施。缫丝制丝工业和麻纺织工业的脱胶十分相似，属于污水量大、污染物浓度高的高污染行业，一定要加强环境监察力度。

丝绸纺织印染工业环境监督管理与毛纺织印染工业相似，可参照毛纺织工业环境监察要点。

第八章　制革工业污染源环境监察

第一节　我国制革工业的问题与政策

一、我国制革工业面临的环境问题

（1）加快制革清洁生产工艺和循环经济课题的研究是我国制革工业面临的重要课题，应加快新技术和清洁生产技术的推广工作，使污染尽量消除在生产过程中，尽快做到少排或不排污染物质，以最小的投入得到最大的产出。但我国目前的 2400 多家制革企业，多是年产 10 万标张以下的作坊式小厂，导致我国制革工业既有经济结构问题，又有环境结构问题，清洁生产技术推进缓慢。

（2）制革生产过程中铬的回收利用技术研究十分重要，在制革加工过程中有 1/3 的铬随污水排放，不仅是资源的浪费，而且对环境也造成了重大损害。我国污水处理方面不存在铬液回收技术问题，制革过程使用的金属铬，回收后再用于制革，会影响成品革的质量，而处理沉淀使铬进污泥又有可能使其成为危险废物，这些问题都成为困扰制革行业的重大难题。

（3）制革生产的湿加工多以水为介质，许多皮革化工辅料都要加到水中，而制革过程原料皮又不可能完全吸收水中的化工原辅料，有些化工原辅料利用率又特别低，如制革过程的浸灰脱毛工序，使用的石灰、硫化钠和硫氢化钠吸收率仅 10%～30%，转鼓中排出的废水中硫化物达 3 000 mg/L 以上，COD 高达十几万 mg/L。

（4）制革行业每所产生的制革污泥约有 5000 万 t。多数环保监督只要求制革行业污水排放达到《污水综合排放标准》，对制革污泥的排放几乎没有特殊要求。每千克干污泥含有约 12 558 kJ 的热量，制革污泥中如不含铬，则可以进行热能的回收，利用前景非常广阔；但如果含铬，在焚烧时，Cr^{3+}会被转化成毒性更大的 Cr^{6+}，加大毒性；因此污泥综合利用的前提是铬回收。

（5）成品皮革和毛皮是由原料皮加工而来的，原料皮的加工过程就是加工胶原蛋白和角蛋白的过程，加工过程中大量胶原和毛发被分解，以蛋白质形式进入废液中，加大了废水的氨氮污染负荷。污水处理后废水中的蛋白质通过化学分解，释放出高浓度的氨氮，可能使废水中的氨氮含量比处理前还高。

（6）皮革加工过程使用的表面活性剂排放到废水中，不仅去除比较难，还影响了微生物的成长，降低了生化效果。

（7）原料皮在加工过程中只能部分吸收化工原料，制革生产中的浸灰脱毛工序，对使用的石灰、硫化钠和硫氢化钠吸收率较低；在铬鞣和复鞣工序中使用 Cr^{3+} 为鞣剂，回收的铬再用到制革过程容易影响成品革的质量，利用率较低，而排出的含铬废水中 Cr^{3+} 浓度可达 2 500 mg/L。这些都是制革及毛皮加工废水比较难治理的原因。由于制革生产还使用大量的脱脂剂、加脂剂和表面活性剂，污水采用曝气好氧活性污泥法处理，容易产生大量泡沫，活性污泥会随泡沫损失。

（8）我国制革工业是产生大量污水的行业，又是一种成分复杂、污染物浓度高的有机废水，其中含有大量石灰、染料、蛋白质、盐类、油脂、氨氮、硫化物、铬盐以及毛类、皮渣、泥砂等有毒有害物质，COD、BOD、硫化物、氨氮、SS 等污染物浓度非常高，目前我国制革企业配套的污染治理设施运行成本很高。根据目前的污水治理技术，企业要使 COD 达到 100 mg/L，污水处理工程投资费用，特别是日常管理费用会很高（即便投资很高，有时还难达到一级标准要求）。在这种情况下，企业往往宁愿罚款而不愿治理，甚至存在偷排漏排的现象。

由于制革行业存在以上环保问题，国家相关行政管理机构制定了明确和严格的产业政策和环保政策。

二、制革工业的产业政策

（一）制革工业产业结构调整政策

表 8-1 制革工业产业结构调整政策

文件及颁布时间	内容概要
《产业结构调整指导目录》（发改委令[2011]9 号，2011 年 3 月 27 日） 《中国皮革行业“十一五”发展规划》（中国皮革工业协会，2006 年 9 月） 《制革、毛皮工业污染防治技术政策》（环发[2006]38 号，2006 年 2 月 21 日） 《关于生皮加工贸易有关问题的通知》（商产发[2006]390 号，2006 年 9 月 14 日） 《国家环境保护“十一五”规划》（国发[2007]37 号，2007 年 11 月 22 日） 《轻工业调整和振兴规划》（国办发，2009 年 5 月 18 日） 《轻工业技术进步与技术改造投资方向（2009—2011 年）》（国家发改委，2009 年 5 月 18 日） 《关于制革行业结构调整的指导意见》（工信部消费[2009]605 号，2009 年 12 月 3 日） 《国务院关于进一步加强淘汰落后产能工作的通知》（国发[2010]7 号 2010 年 2 月 6 日） 《2010 年工业行业淘汰落后产能企业名单公告》（工产业[2010]第 111 号，2010 年 8 月 5 日）	产业布局：1. 东部地区重点发展高附加值产品；中部地区发挥现有皮革工业基础，提高现有皮革工业综合水平；西部、东北部地区发展具有地区特色的皮革加工技术。2. 到 2011 年高档成品革占 16%，中档成品革占 50%，适应不同消费层次的需要 3. 在全国培育 5～8 个承接转移的制革集中生产区，统一规划、集中制革、统一治污。4. 引导制革和制鞋行业集中的东部沿海地区，利用其优势重点从事研发、设计和贸易，将生产加工向具备资源优势的地区转移 生产规模：1. “十一五”期间保持行业总产值年均增长 10%。2. 对生皮加工贸易进口实行总量控制。3. 现有的已采取集中制革的企业，总规模不宜低于 10 万标张。新（改、扩）建独立制革企业，年产量应在 10 万（含 10 万，以下同）标张皮以上 工艺设备：1. 对含硫化物的脱毛废液可采取酸化法回收硫化氢或催化氧化法氧化硫化物。2. 对脂肪含量较高的脱脂废水可采用酸化法回收废油脂或采用气浮法使油水分离去除脂肪。3. 对鞣制车间含铬量高的废水，可采用合适的碱性材料和工艺使铬转化为氢氧化铬沉淀，经压滤分离回收后按危险废物处理，避免铬进入综合废水处理后产生的污泥中。4. 发展全自动控制转鼓、通过式去肉机、精密剖层机、双毡辊挤水伸展机、精密削匀机、皮革染色机、辊涂机、熨平压花机、多板低温循环干燥机等。自动控制无刀模裁剪、电脑控制皮革切割、电脑控制生产鞋楦和电脑控制连帮注塑成型等制鞋设备 淘汰落后：1. 依法取缔违法违规小制革，淘汰年加工 3 万标张以下的制革生产线。2. 到 2011 年，淘汰落后皮革 3000 万张，其中 2010 年淘汰 217 万张。 能源消耗：1. “十一五”期间单位国内生产总值能源消耗比“十五”末期降低 20%；2. 到 2011 年，制革行业水循环利用率提高 10%

（二）制革工业环境保护政策

表 8-2　制革工业环境保护政策

文件名及颁布时间	对企业的要求
《清洁生产标准 制革行业（猪轻革）》（HJ/T 127—2003，2003 年 4 月 18 日） 《制革、毛皮工业污染防治技术政策》（环发[2006]38 号，2006 年 2 月 21 日） 《“十一五”资源综合利用指导意见》（发改委，2006 年 12 月 24 日） 《关于生皮加工贸易有关问题的通知》（商产发[2006]390 号，2006 年 9 月 14 日） 《制革行业清洁生产评价指标体系（试行）》（国家发改委公告，2007 年第 41 号，2007 年 7 月 14 日） 《清洁生产标准 制革行业（牛轻革）》（HJ 448—2008，2008 年 11 月 21 日） 《轻工业技术进步与技术改造投资方向（2009—2011 年）》（国家发改委，2009 年 5 月 18 日） 《关于制革行业结构调整的指导意见》（工信部消费[2009]605 号，2009 年 12 月 3 日） 《清洁生产标准 制革行业（羊革）》（HJ 560—2010，2010 年 2 月 1 日） 制革及毛皮加工废水治理工程技术规范（HJ 2003—2010，2010 年 12 月 17 日）	规划要求：1. 鼓励制革企业进入产业定位适当、污水治理条件完善的工业园区，单独建设的制革企业必须符合产业政策和环保要求。2. 新（改、扩）建企业应远离居民区等，设置必要的防护距离；达不到防护距离要求的生产车间应封闭和通风，并对车间废气进行净化处理，达标后排放。造成周围大气环境污染的现有制革企业，应予搬迁或采取上述治理措施 环境标准：严格执行国家相关污染物排放标准，合理利用各类污水处理设施，制革企业和接受制革废水的各类公共污水处理单位，应实现污水达标排放，固体废物及危险废物基本实现安全处置 污染治理要求：1. 到 2011 年，制革行业循环用水的企业数量达到 50%。2. 新（改、扩）建制革企业应采用二级生化法处理其工业废水，采用成熟的清洁生产工艺进行制革生产；至 2010 年年底之前，现有制革、毛皮废水应经过二级生化法处理，2015 年年底之前，力争在全行业中基本采用清洁生产技术和工艺，满足清洁生产的基本要求。3. 制革及毛皮加工废水宜采取清污分流、雨污分流的措施。4. 应配套建设二次污染的预防措施，保障污泥、恶臭、噪声等污染物达标排放 污染治理技术要求：1. 加快推广保毛脱毛、无灰浸灰、生态鞣制等清洁生产技术和固体废弃物资源化利用技术。2. 在脱脂及其他湿加工工序中使用超临界液体技术和其他物理处理技术；在涂饰工序中使用粉末涂饰，淘汰有机溶剂的涂饰技术；在废水处理、废水循环利用、废弃物回收等过程中使用膜技术；在准备工序及废弃物处理过程中使用生物技术。3. 发展污染物减排集成技术、过程节水与废水回用技术，废弃物资源化和高值化利用技术 资源综合利用：1. 发展皮革、化工等行业废液的资源化利用，重点回收可利用的资源。2. 加强浸灰、铬鞣工序的废液循环利用，尽量用经二级生化处理的水替代新鲜水，用于生产、厂区环境保洁及其他对用水水质要求不高的生产环节，提高水重复利用率 清洁生产：1. 清洁生产技术和工艺：盐保存、循环用盐；冷冻贮藏、直接加工；低硫脱毛、保毛脱毛；高效浸灰、低氨氮脱灰；无盐浸酸、高 pH 鞣制；低铬高吸收、无铬鞣制；高效加脂、减少排放；环保涂饰、绿色产品；优化助剂、利于降解。2. 推广保毛脱毛、无灰浸灰、生态鞣制等清洁生产技术。3. 生产工艺和装备、资源能源利用、污染物产生及废物回收利用等方面应符合清洁生产一级到三级的指标要求

第二节　皮革鞣制加工业污染源环境监察

中国皮革行业是由制革、制鞋、皮具、皮革服装、毛皮及制品五个主体行业组成的。

由于所用鞣剂的不同，可将皮革分为轻革和重革，重革主要用于制作鞋底和工业革，轻革是以铬盐为鞣剂制成的，如鞋面革、服装革、皮包革、沙发革等。

一、皮革鞣制工业的原辅材料

（一）皮革工业的原料

皮革工业的原料是动物皮，大多数动物皮都可以用于制革，如牛皮、羊皮、猪皮、马皮、爬行动物皮、鱼皮、鹿皮、骆驼皮、袋鼠皮、鸵鸟皮等。实际上，只有牛皮、猪皮和羊皮的质量好且产量大，因而是制革的主要原料。

表 8-3　不同原料皮折算牛皮标张数

皮种	牛皮	猪皮	山羊皮	绵羊皮	马皮	鹿皮
折合比例	1	5	8	5	1.2	3

注：折合比例=标张牛皮单位重量/其他皮种的单位重量。

（二）皮革工业的化学辅料

表 8-4　皮革用的化学辅料

化学辅料类型	所含细类
基本化工材料	酸类、碱类、盐类、氧化剂、还原剂、其他
酶制剂	主要是水解酶类，如蛋白酶、脂肪酶等
表面活性剂	分阴离子型、非离子型、两性型及其他类型
皮革助剂	皮革助剂属于功能性皮革助剂，其本身可以赋予皮革某种特定性能，主要有填充剂、蒙囿剂、防霉剂、防腐剂、防水剂、防污剂、防绞剂等
鞣剂及复鞣剂	无机鞣剂：铬鞣剂、锆鞣剂、铝鞣剂、铁鞣剂、钛鞣剂、硅鞣剂等 有机鞣剂：植物鞣剂、芳香族合成鞣剂、树脂鞣剂、醛鞣剂、油鞣剂等
皮革用染料	酸性染料、直接染料、碱性染料、活性染料和金属络合染料
皮革加脂剂	天然油脂加脂剂，天然油脂的化学加工产品，合成加脂剂，复合型和功能性加脂剂等
皮革涂饰剂	涂饰剂由成膜剂、着色剂、涂饰助剂和溶剂组成 成膜剂：蛋白质类成膜剂、硝化（醋酸）纤维类成膜剂、乙烯基聚合物类成膜剂、聚氨酯类成膜剂 着色剂：颜料、颜料膏和染料 溶剂：水、有机溶剂 涂饰助剂：手感剂、光亮剂、消光补伤剂、增塑剂、增稠剂、渗透剂、流平剂、发泡剂、消泡剂、稳定剂、填料、交联剂、防腐剂、防水剂等

制革生产过程物料消耗量特别大，原料皮中只有 20%的原料转化成皮革，另 80%转化成副产品和废物。制革准备阶段各工序生产过程清理大量的制革杂质（肉渣、油脂及各种杂质），其中大部分的蛋白质和油脂被处理废弃，进入制革废渣和废水中，致使废水中 COD、BOD、氨氮浓度很高。大量的物料流失使得制革废水成为一种高浓度有机废水。铬鞣制生产需消耗大量硫化物和铬鞣剂。其中少部分被皮革吸收，大部分进入废水中，硫化物和铬

均属有毒物质，在加工过程中皮革对这些原料的吸收率，决定了这些化学物质的排放浓度。生产中染料和鞣剂的流失，造成废水有较高的色度，废水中的硫化钠和蛋白质分解会产生臭味。

另外制革过程使用了大量的化工材料，主要包括鞣剂和复鞣剂；加脂剂；涂饰剂（丙烯酸树脂类）；专用助剂（防腐剂、浸水剂、浸灰剂、脱灰剂、脱毛剂、软化剂、浸酸剂、脱脂剂、匀染剂、中和剂、提碱剂、固色剂、流平剂、固化剂、缓冲剂、手感剂等）；专用染料（皮革染料主要使用进口产品）。

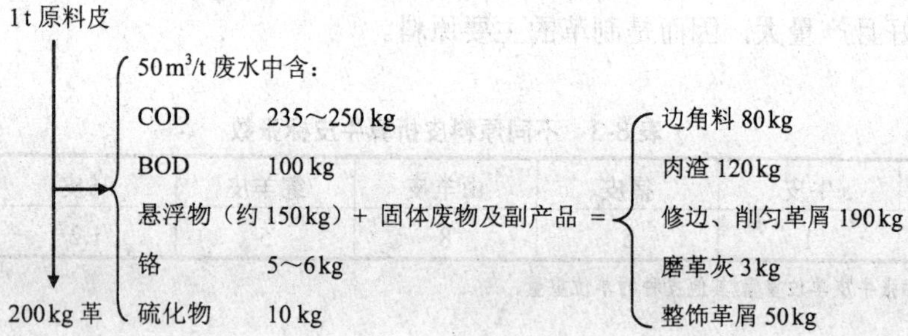

二、皮革鞣制工业产品

天然皮革又称真皮，由动物皮加工而成，常见的有猪皮革、牛皮革、羊皮革、马皮革等。

经脱毛和鞣制等物理、化学加工得到已经变性、不易腐烂的动物皮，再经修饰和整理，即为成革，又称皮革。皮革产品有鞋面革、服装革、沙发革、箱包革、装饰革等。

革的种类很多。一般按用途分类和按鞣制方法分类。按鞣制方法分为铬鞣革、植鞣革、油鞣革、醛鞣革和结合鞣革等。此外，还可分为轻革和重革。一般用于鞋面、服装、手套等的革，称轻革，按面积计量；用较厚的动物皮经植物鞣剂或各种结合鞣制，用于皮鞋内、外底及工业配件等的革，称重革，一般按重量计量。

在皮革生产的污染核算中不仅皮革加工原料如牛皮、羊皮、猪皮等对产排污量有明显影响，皮革加工产品类型如鞋面革、服装革、沙发革、箱包革、装饰革等以及鞣制方法如铬鞣、植鞣、油鞣、醛鞣和结合鞣等也对其有明显影响。

三、皮革鞣制工业的水耗

皮革加工通过准备整理和鞣制使大量蛋白质、脂肪和化学材料转移到废水和废渣中，皮革加工产生的废水量很大。

表 8-5 各种原皮加工的耗水量

	一张猪皮	一张牛皮	一张羊皮	1t 原料皮
耗水量/(m^3/张生皮)	0.45	0.9	0.25	产生废水 50
耗水量/(m^3/t 生皮)	60～120	60～120	55～70	45～70
排水量/(m^3/t 生皮)	50～100	50～100	47～60	40～60

四、皮革鞣制的生产工艺

皮革生产工艺分为准备工段、鞣制工段、整饰工段，前两者为湿操作，后者主要为干操作。实际生产过程中，一些制革企业三个工段都有；一些企业只有准备和鞣制工段，即加工到蓝湿革；还有一些企业只有整饰工段，即从蓝湿革加工到坯革或成品革。制革企业由于加工工段不一样，在制革过程中消耗的水量差别很大。

准备工段——包括从浸水到浸酸之前的操作。分浸水、去肉、脱毛、软化等工序，去除原料革上的废肉、油脂、血污、泥沙、毛、粪便等杂物。

鞣制工段——包括鞣制和鞣后湿处理。初鞣是将裸皮加工成革的质变过程，铬鞣过程中通过铬鞣剂与皮质的结合，使蛋白质性质转变，从而使皮变成了革。国内铬鞣剂主要是制革厂自配铬液，污染严重、浪费较大、质量也不稳定。目前采用的复鞣剂以合成鞣剂为主，已出现了一些性能较好的合成鞣剂，复鞣剂是以锆、铝、铬为主要原料的络合鞣剂。经初鞣后的革称为蓝湿革，还需进行鞣后湿处理，进一步改善革的品质和外观。

整饰工段——包括革的整理和涂饰，将皮革进行干燥，使用涂饰剂（目前我国使用的涂饰剂 70%是丙烯酸树脂类）进行涂饰，涂饰是在皮革表面涂施一层高分子薄膜，使皮革更具防水、防油、防污、耐光、耐溶剂、透明度高以及真皮感。

因原料皮（牛皮、羊皮、猪皮）、加工工艺、成品皮革（鞋面革、服装革、沙发革、箱包革等）的不同，制草废水水质相差特别大，是制革废水比较难治理的原因。

表 8-6　皮革鞣制工艺全过程工序

编号	工段	主要工序
1	准备工段 I	预浸水→主浸水→脱脂
2	准备工段 II	浸灰→去肉（或剖层）→脱灰→软化
3	鞣制工段	浸酸→鞣制（铬鞣）或植鞣
4	湿整理工段	静置→剖层→削匀→复鞣→水洗→中和→填充→染色加脂→挤水
5	干整理工段	干燥→振软→喷中层→干燥→振软→摔软→喷顶层→成品革

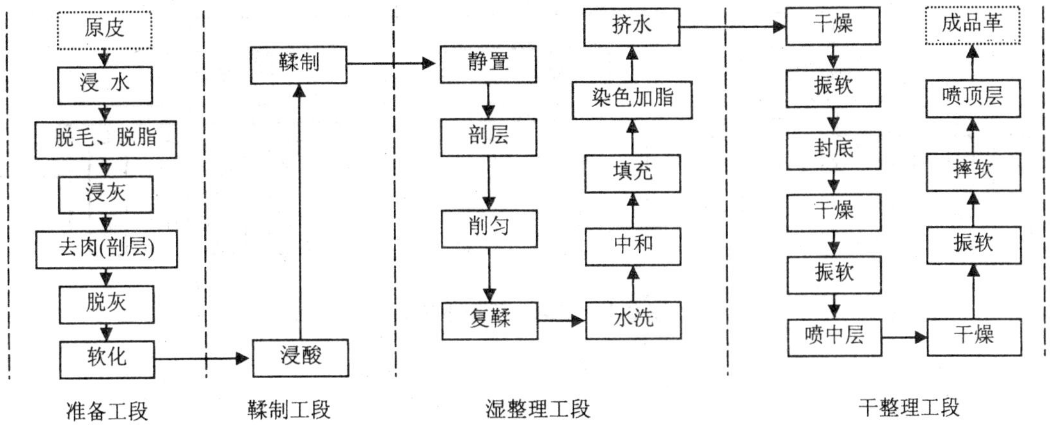

图 8-1　原皮轻革的生产工艺

五、皮革加工业的污水排污节点

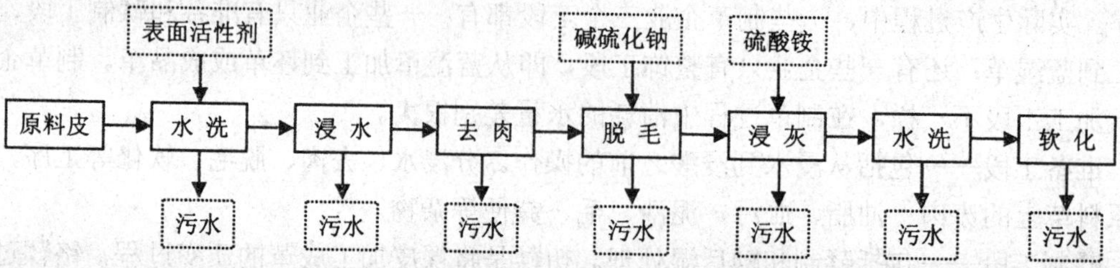

图 8-2　准备工段的污水排污节点

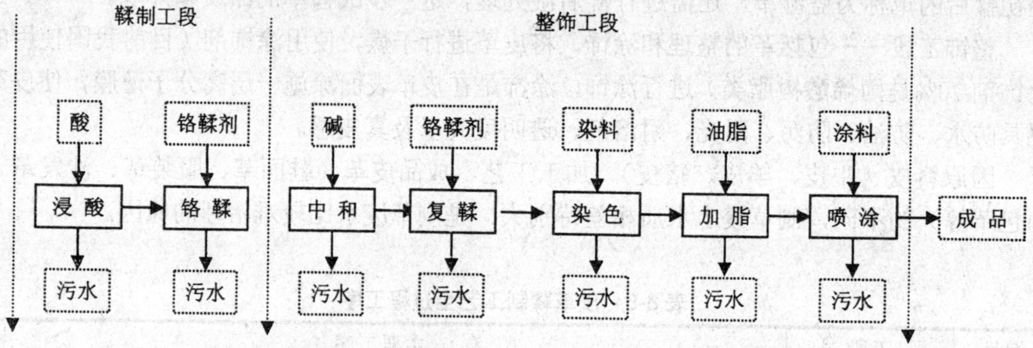

图 8-3　鞣制工段和整饰工段的排污节点

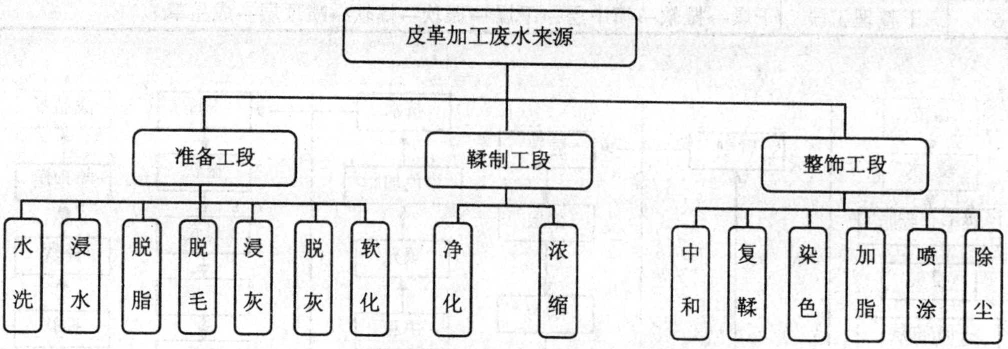

图 8-4　皮革加工废水来源

表 8-7　皮革加工业的主要污染物质来源

污染物	来　源
硫	全部来自脱毛浸灰，加工 1t 盐湿牛皮需耗 40kg 硫化物，排放 15～18kg S^{2-}，当 pH 值小于 7 时，可全部转化为硫化氢
油脂	准备工段中原料皮的油脂含量为 25%～35%，其中脱脂时会去除 10%，产生脱脂废液。脱脂废液占制革总废水量的 5%，其中油脂含量 1%～2%（1g 油脂相当于 3g COD），COD 浓度约 3000 mg/L。对脱脂废液应回收油脂
氨氮	氨氮主要来自浸灰、脱灰、鞣制等残液。浸灰工序产生的废灰液中含大量蛋白质，主要是角质蛋白质，从灰液中分离蛋白可以大大减少废水中的污染物。每 t 盐湿皮可回收 30～40kg 角蛋白
碱性废水	主要来自脱毛膨胀用的石灰、烧碱和硫化物
高盐废水	大量的氯化物、硫酸盐等中性盐主要来源于原批保藏、脱灰、浸酸和鞣制工艺，废水中含盐量可达 2000～3000mg/L
悬浮物	主要有油脂、碎肉、皮渣、毛、血污等
高色度	色度由植鞣、染色、铬鞣废水和灰碱液形成，稀释倍数一般为 600～3600 倍
含酚废水	主要来自于防腐剂，部分来自于合成鞣剂
COD	主要来自浸灰、脱灰、鞣制、复鞣、染色等工序残液；BOD_5/COD 为 0.40～0.50，可生化性好
三价铬	三价铬有 70%来自铬鞣，26%来自复鞣，废水中三价铬含量一般为 60～100mg/L，加工 1t 盐湿牛皮耗铬盐 50kg，排放总铬 3～4kg

表 8-8　皮革加工各工段的废水来源和污染物情况

工段	项目	内容
准备工段	废水来源	水洗、浸水、脱脂、脱毛、浸灰、脱灰、软化等工序
	主要污染物	有机废物：污血、蛋白质、油脂等； 无机废物：盐、硫化物、石灰、Na_2CO_3 等； 有机化合物：表面活性剂、脱脂剂、浸水浸灰助剂等； 此外还含有大量的毛发、泥沙等固体悬浮物
	污染物指标	COD、BOD、SS、S^{2-}、pH、油脂、氨氮、总氮
	废水和污染负荷比例	废水排放量约占制革总废水量的 55%～70% 污染负荷占总排放量的 70%左右，是制革废水的主要来源
鞣制工段	废水来源	浸酸和鞣制
	主要污染物	无机盐、三价铬、有机物、悬浮物等
	污染物指标	COD、BOD、SS、Cr、pH、油脂、氨氮
	废水和污染负荷比例	废水排放量约占制革总废水量的 5%～10%
整饰工段	废水来源	中和、复鞣、染色、加脂、喷涂、除尘等工序
	主要污染物	色度、有机化合物（如表面活性剂、染料、各类复鞣剂、树脂）、悬浮物
	污染物指标	COD、BOD、SS、Cr、pH、油脂、氨氮
	废水和污染负荷比例	废水排放量约占制革总废水量的 20%～35%

六、皮革工业的环境污染

（一）皮革工业的废水污染

皮革废水主要来源于准备和鞣制工段，以及整饰工段的部分工序（复鞣、染色、加脂等）。

在实际生产过程中，有一些制革企业三个工段都有；有一些企业只有准备工段和鞣制工段，即加工到蓝湿革；还有一些企业只有整饰工段，即从蓝湿革加工到坯革或成品革。各制革企业由于加工工段不一样，制革过程所消耗的水量有很大差别。

制革及毛皮加工工业污水成分复杂，污染物浓度高，含有石灰、染料、蛋白质、盐类、油脂、氨氮、硫化物、铬盐以及毛、皮渣、泥砂等对环境有害的物质。污染物主要有 COD、BOD、硫化物、氨氮、三价铬等。

制革和毛皮加工的前工序基本都是在水中进行的，因此耗水量较高。化工原料加到浴液中，原料皮不可能将化工原料完全吸收，而且有的化工原料吸收率很低，如制革生产中的浸灰脱毛工序，所使用的石灰、硫化钠和硫氢化钠的吸收率只有 10%～30%，从转鼓中排出时硫化物浓度高达 5 000 mg/L，COD 达数万 mg/L；成品皮革和毛皮由原料皮加工而来，原料皮的加工过程就是加工胶原蛋白和角蛋白的过程，加工过程中大量胶原和毛发被分解，以蛋白质的形式进入废液中，增加了废水中的污染负荷，特别是氨氮浓度很高；在制革过程中还使用了三价金属铬作为鞣剂，虽然可以回收，但回收铬用到制革过程中会影响成品革的质量，因而利用率较低。

制革废水通常间歇式排出，由于不同工序在每天的生产中都将出现生产高峰，高峰排水量约为日均排量的 2～4 倍。每周末，准备工段剖皮以前各工序可能停止，周日排水为最低峰。

由于生产品种、生皮种类、工序交错运行，使废水水质波动很大，一天中 pH 最高可达 11，最低为 2 左右。COD、BOD 浓度值也随水量变化而有较大变动。

1．准备工段废水

鞣前准备工段在水洗、浸水、脱毛、浸灰、脱脂、软化等生产过程产生大量废水，废水量占总废水量的 70%以上，废水中含大量有机废物（污血、蛋白质、脂肪、泥沙等）、无机废物（酸、碱、硫化物、无机盐类）、有机化学物质（表面活性剂、脱脂剂等）。废水中 COD、BOD、SS 等污染物浓度很高，COD 浓度高达 3 000 mg/L 左右、BOD 浓度达 1 500 mg/L 左右、SS 浓度达 3 000 mg/L、pH 值平均为 10 左右，呈碱性。

制革生产的脱毛工序多采用硫化碱脱毛技术，脱毛使用的化工原料主要是硫化钠和石灰，其废水占总水量的 10%，脱毛废液废水的 COD 量占污染总量的 50%，硫化物污染占 95%，该部分废水属高浓度，高毒性废水，废水中硫化物浓度为 1 300 mg/L，废水中 SS 浓度也很高。

2．鞣制工段废水

鞣制工段在浸酸、鞣制、水洗过程产生大量有毒废水，废水量占总废水量的 8%，废水中含高浓度铬盐、COD 等，色度严重超标。含铬浓度为 1 500～2 000 mg/L，COD 浓度为 2 000 mg/L 左右、SS 浓度为 2 500 mg/L。鞣后湿整饰工序在水洗、挤水、染色、加脂过程产生污水，废水量占总废水量的 20%，废水中含表面活性剂、酚类、有机溶剂等，COD 浓度为 4 000 mg/L、SS 浓度达 3 000 mg/L。

目前铬鞣是广泛使用的鞣制方法，有些业内人士认为革鞣工序使用的红矾（铬鞣剂）量越多，制成的革性能越好，一般红矾用量为裸皮的 5%。对铬鞣进行物料分析，革吸收其使用量的 77%（按使用量 5%计），剩余的铬则流失于鞣制废水中。鞣制 1t 裸皮需 50kg 红矾，排放 10kg 左右铬盐，过多使用的红矾都会排入废水。

铬鞣的废水量约为 1.8 m^3/t 原料皮，废水中含铬浓度 3 500 mg/L；铬复鞣的废水量约为 2.2 m^3/t 原料皮，废水中含铬浓度 1 500 mg/L；制革中的铬鞣和复鞣工序铬污染占总铬污染的 95%，其后的水洗、挤水铬污染占总铬污染的 5%。

3. 整饰工段废水

整饰工段属于干操作，污水很少。整饰过程的磨革会产生粉尘，喷涂会有因有机溶剂挥发产生的废气污染。

表 8-9 不同种类皮革加工的吨原皮（从生皮到蓝湿革）耗水量和排水量调研值

皮革种类	牛皮	猪皮	山羊	绵羊
耗水量/（m^3/t 原皮）	40～50	40～65	32～48	32～45
排水量/（m^3/t 原皮）	36～45	36～60	29～45	29～40

表 8-10 不同种类皮革加工的吨原皮（从蓝湿革到成品革）耗水量和排水量调研值

皮革种类	牛皮	猪皮	山羊	绵羊
耗水量/（m^3/t 原皮）	20～40	35～55	32～40	30～40
排水量/（m^3/t 原皮）	17～35	32～50	29～36	27～36

表 8-11 制革废水水质调查表

工序	pH	COD	BOD	SS	色度	油脂	氨氮	S^{2-}	铬
浸水	7～8	2500～5500	1100～2500	2000～5000	150～500	1000～5000	100～200	—	—
脱脂	11～13	3000～20000	400～700	3000～5000	3000～7000	1000～8000	—	—	—
浸灰脱毛	13～14	15000～40000	5000～10000	6000～20000	2000～4000	300～800	50～100	2000～5000	—
脱灰	7～9	2500～7000	2000～5000	1500～3000	50～200	—	3000～7000	300～600	—
软化	7～8	2500～7000	2000～5000	300～700	1000～2000	—	1000～3000	100～200	—
浸酸	2～3	3000～5000	500～1000	1000～2000	60～160	—	200～500	—	—
鞣制	3～4.5	3000～7000	300～800	1000～2500	1000～3000	500～1000	100～200	800～3000	—
复鞣中和	5～7	3000～7000	1000～2000	300～500	500～2000		200～400	—	40～200
染色加脂	4～6	2500～7000	1500～3000	300～600	500～100000	400～800	—	—	10～60
综合废水	8～10	3000～4000	1500～2000	2000～4000	600～4000	250～2000	300～600	40～100	—

表 8-12 牛皮革鞣制加工业废水产污系数表

	头层牛皮鞋面革			二层牛皮鞋面革	头层牛皮装潢革	
	生皮—成品革	蓝湿皮—成品革	生皮—蓝湿皮	蓝皮—成品革	蓝皮—成品革	
	所有规模	所有规模	所有规模	所有规模	≥50 万标张牛皮/年	<50 万标张牛皮/年
废水量/（m^3/t 原皮）	50～100	20～40	30～55	20～45	60～95	70～100
COD/（kg/t 原皮）	90～180	40～90	50～110	40～70	110～250	200～300
氨氮/（kg/t 原皮）	10～18	0.7～2	8～15	0.5～3	12～20	15～20
石油类/（kg/t 原皮）	1.6	1.2	1.2	0.6～0.8	1.5	1.7
总铬/（kg/t 原皮）	0.2～1	0～0.5	0.5～1.5	0～0.5	0.2～1.5	0.2～1
含铬废物/（kg/t 原皮）	8～25	—	6～20	—	8.5～22.5	8～22.5

	头层牛皮装潢革		二层牛皮装潢革	牛皮服装革	牛皮重革	牛皮箱包革
	蓝皮—成品革	生皮—蓝皮革	蓝皮—成品革	牛皮服装革	植鞣革	箱包革
	所有规模	所有规模	所有规模	所有规模	所有规模	所有规模
废水量/（m^3/t 原皮）	25～50	30～50	30～60	35～70	40～55	60～95
COD/（kg/t 原皮）	30～60	80～180	55～100	80～150	90～160	110～250
氨氮/（kg/t 原皮）	1～4	4～8	1～4.5	6～12	3～9	12～20
石油类/（kg/t 原皮）	0.7～0.8	0.8	0.8～0.9	1～1.1	1	1.5
总铬/（kg/t 原皮）	0～0.5	0.5～1.5	0～0.5	0.2～1.5	0	0.2～1
含铬废物/（kg/t 原皮）	—	7.5～21.5	—	8～22.5	0	8.5～22.5

注：数据主要参照《第一次全国污染源普查工业污染源产排污系数手册》。

表 8-13 猪皮革鞣制加工业废水产污系数表

	猪皮光面服装革	猪皮绒面服装革	猪皮鞋里革	猪皮重革
	生皮—成品革	生皮—成品革	铬鞣工艺	植鞣革工艺
废水量/（m^3/t 原皮）	55～80	65～100	50～80	60～80
COD/（kg/t 原皮）	90～200	120～270	130～240	80～120
氨氮/（kg/t 原皮）	6～15	10～16	8～15	2～8
石油类/（kg/t 原皮）	1.5	2.0	1.5	1.5
总铬/（kg/t 原皮）	0.2～1	0.2～1	0.5～1.5	0
含铬废物/（kg/t 原皮）	7.5～20	8～21.5	7.5～20	0

注：规模等级为所有规模；数据主要参照《第一次全国污染源普查工业污染源产排污系数手册》。

表 8-14　羊皮革鞣制加工业废水产污系数表

	绵羊服装革 生皮—成品革	绵羊服装革 蓝皮—成品革	绵羊服装革 生皮—蓝皮革	山羊鞋面革 生皮—成品革	山羊鞋面革 生皮—蓝皮革	山羊鞋面革 蓝皮—品革	山羊手套革 生皮—成品革
废水量/（m^3/t 原皮）	60～90	30～40	40～70	70～110	50～70	30～40	50～85
COD/（kg/t 原皮）	120～250	60～100	80～160	100～180	60～100	50～80	80～150
氨氮/（kg/t 原皮）	7～16	3～8	5～10	8～14	5～10	3～5	5～9
石油类/（kg/t 原皮）	1.5～2	1	1.5	2.5	3.5	2.5	2
总铬/（kg/t 原皮）	0.2～1	0～0.5	0.5～1.5	0.2～1	0.5～1.5	0～0.5	0.2～1
含铬废物/（kg/t 原皮）	6.5～21.5	—	7.5～20	6～20	10～25	—	7.5～21.5

注：规模等级为所有规模；数据主要参照《第一次全国污染源普查工业污染源产排污系数手册》。

（二）制革废气污染排放

制革企业在生产过程中也会产生部分气体，皮革加工过程产生硫化氢、氨水和其他一些易挥发的有机废气，蛋白质固体废料分解也会产生有毒气体或不良气味，企业废水综合池在高温天气下也会产生部分臭气。胶头堆放也会产生臭气。

（三）制革固体废物污染排放

制革工业固体废弃物主要包括制革污泥和革屑、革渣两大类。

一般来讲制革厂在对污水进行预处理时，污泥含量占污水的 5%～10%，而同时产生与污泥等量的其他固体废物。沉降污泥以大量含水的形态存在，其中的固体干物质为 3%～5%。

以生化方法处理废水中产生的污泥比用物理方法处理废水中产生的污泥多 50%～100%。皮革厂在处理污泥前，一般要对污泥进行脱水，脱水后的污泥其固体干物质的含量为 20%～40%。

第三节　毛皮工业污染源环境监察

一、毛皮工业使用的原辅材料和产品

（一）毛皮加工原料

毛皮工业使用的原料是动物皮毛，如绵羊皮、水貂皮、狐狸皮、兔皮、貉皮、水獭皮等。毛皮加工方式与皮革加工相似，也有准备、鞣制、整饰等基本工序，使用的化学辅料也基本相似，因而可以参考皮革加工的化学辅料相关资料。

表 8-15 各类毛皮折算羊皮的比例

皮种	羊皮	绵羊皮	羔皮	山羊皮	貉子皮	狐狸皮	水貂皮	黄狼皮	滩羊皮	兔皮
折合比例	1	1	3	1.6	8	3	5	8	2	8

注：折合比例是以标张羊皮单位重量/其他皮种的单位重量，标张牛皮以 25kg/标张折算。

（二）毛皮加工的产品

毛皮加工的产品有貉子毛皮、狐狸毛皮、水貂毛皮、羊毛皮、兔毛皮、羊剪绒毛皮、其他动物毛皮等。

二、毛皮加工的生产工艺

毛皮鞣制行业不同产品的加工过程有较大的差异，主要体现在原料皮来源、化工原料、鞣制（硝染）类型、产品特殊性要求等方面的差异上；其次，由于毛皮加工企业以小型居多，生产技术和管理水平差异非常明显，特别是节水工艺技术水平的差异最大。

表 8-16 毛皮鞣制工艺过程

编号	工段	主要工序
①	准备工段	组批→抓毛→浸水→脱脂→软化
②	鞣制工段	浸酸→鞣制→复鞣
③	整理工段	干燥→回潮→拉软→成品
④	染色工段	复鞣→脱脂→染色→加脂→干燥
⑤	剪绒工段	剪毛→浸复水→复鞣→脱脂→脱水→加脂→干燥

（一）鞣制工艺流程

鞣（硝）制工艺：从原料皮加工成毛皮的工艺过程，即依次进行①→②→③工段。

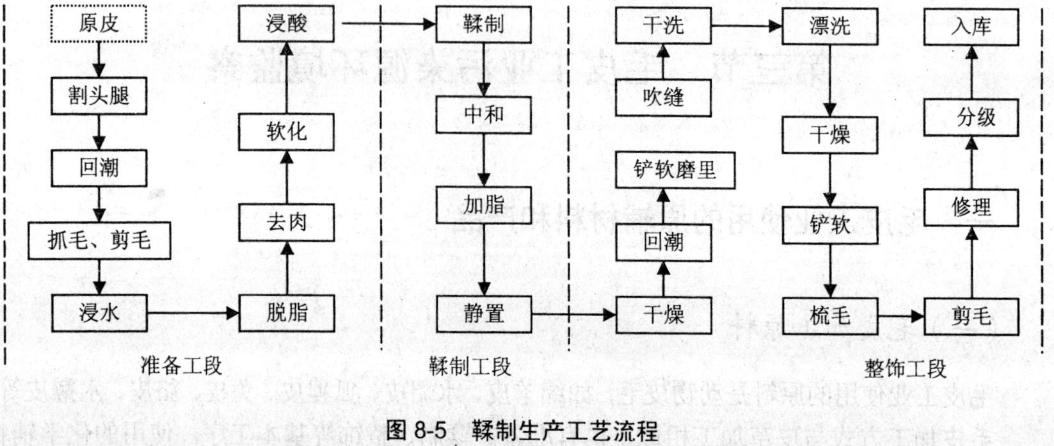

图 8-5 鞣制生产工艺流程

（二）染色工艺流程

染色工艺：原料皮加工染色成品的工艺过程，即依次进行①→②→③→④工段。对于本工艺在实际调查中应根据毛皮是否染色而定。

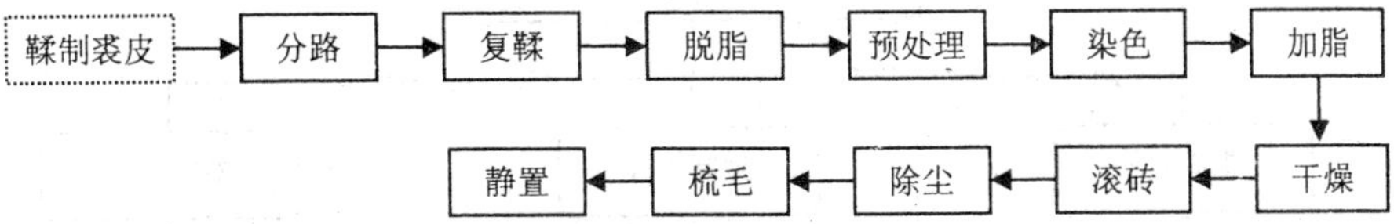

图 8-6 染色工艺流程

（三）剪绒工艺流程

剪绒工艺：按原料皮加工成剪绒羊皮的工艺过程，依次进行①→②→③→④→⑤工段。

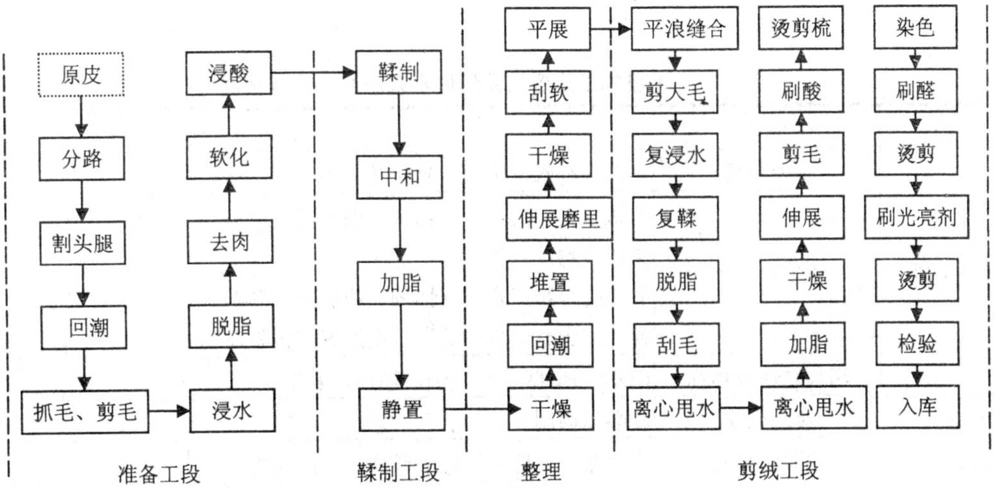

图 8-7 剪绒生产工艺流程

（四）毛革两用毛皮工艺流程

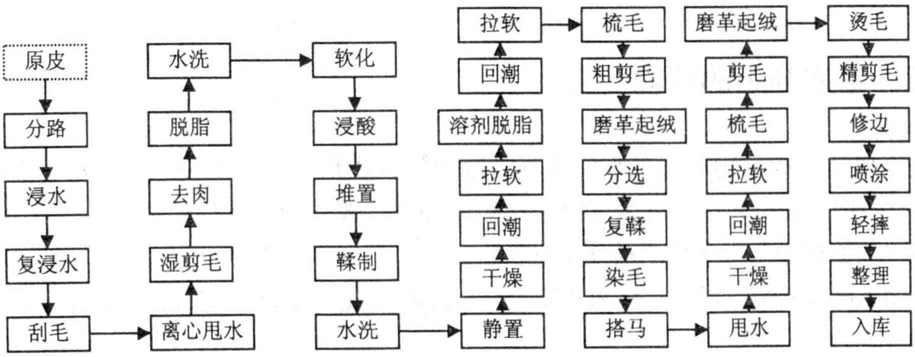

图 8-8 毛革两用毛皮生产工艺流程

三、毛皮加工的排污节点

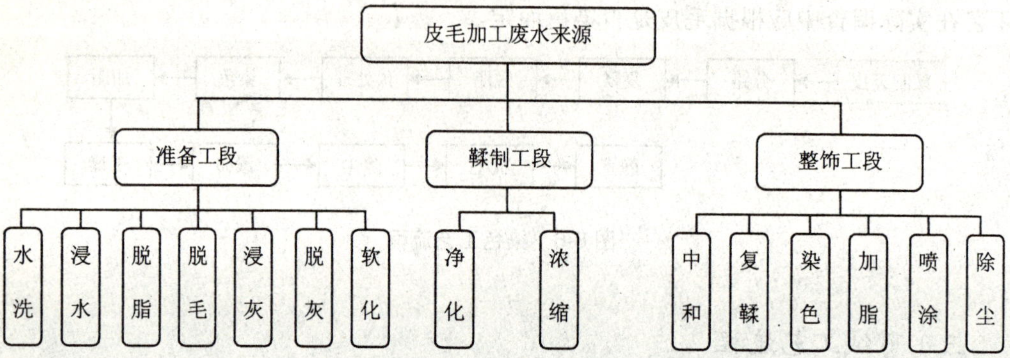

图 8-9 皮毛加工废水来源

表 8-17 毛皮加工业各工段的废水来源和污染物情况

工段	项目	内容
准备工段	废水来源	水洗、浸水、脱脂、软化等工序
	主要污染物	有机废物：污血、蛋白质、油脂等； 无机废物：盐等； 有机化合物：表面活性剂、脱脂剂、助剂等； 此外还含有大量的毛发、泥沙等固体悬浮物
	污染物特征指标	COD、BOD、SS、pH、油脂、氨氮
鞣制工段	废水来源	浸酸和鞣制
	主要污染物	无机盐、三价铬、合成鞣剂、悬浮物等
	污染物特征指标	COD、BOD、SS、Cr、pH、油脂、氨氮
整饰工段	废水来源	脱脂、中和、复鞣、染色、加脂等工序
	主要污染物	色度、有机化合物（如表面活性剂、染料、各类复鞣剂）、悬浮物
	污染物特征指标	COD、BOD、SS、Cr、pH、油脂、氨氮

四、毛皮加工的环境污染

毛皮加工的污染物和污染物的浓度与制革污水类似，但是毛皮加工过程没有脱毛工序，因此不用硫化碱，同时减少了很大一部分 COD、悬浮物，水的用量也相对减少。但由于加工工艺更加繁琐，所使用的化工材料也很多，而用水量比制革少，因此最终综合污水的污染物浓度并不低，跟制革污水相差无几。表 8-18 是毛皮加工综合污水各类污染物的浓度情况。

表 8-18　毛皮加工废水水质调查表　　单位：mg/t 原皮

指标	pH	COD	BOD	SS	色度	油脂	氨氮	铬
综合废水	8～10	2 000～3 500	1 200～2 000	1 000～2 500	600～4 000	300～1 500	60～120	10～20

表 8-19　不同种类毛皮加工的吨原皮耗水量和排水量调研值

毛皮种类	羊剪绒（盐湿皮）	水貂（干板）	狐狸（干板）	貉子（盐湿皮）	兔皮（盐湿皮）
耗水量/（m^3/t 生毛皮）	68～120	60～80	50～70	40～50	40～50
排水量/（m^3/t 生毛皮）	60～100	50～70	45～360	35～45	35～45

表 8-20　典型毛皮加工企业单位生皮综合废水量

毛皮种类	羊剪绒（盐湿皮）	水貂（干板）	狐狸（干板）	貉子（盐湿皮）	兔皮（盐湿皮）
排水量/（m^3/t 原皮）	45～100	45～70	45～60	35～45	35～45

表 8-21　典型毛皮加工企业废水水质范围　　单位：mg/t 原皮

废水	pH	COD	BOD	SS	色度	动植物油	氨氮	铬
含铬废水	3.5～5	2 000～4 000	400～1 000	400～1 500	800～2 000	300～600	40～100	300～700
综合废水	8～10	2 000～3 500	1 000～1 800	1 000～2 500	600～4 000	300～1 500	60～120	10～20

表 8-22　绵羊皮鞣制加工业废水产污系数表

	羊剪绒毛皮		滩羊皮毛皮	水貂毛皮	狐狸毛皮	貉子毛皮	兔毛皮
	短羊剪绒工艺	长羊剪绒工艺	铬鞣工艺	硝染工艺	硝染工艺	硝染工艺	硝染工艺
废水量/（m^3/t 原皮）	55～100	70～120	50～65	35～45	30～45	40～55	40～60
COD/（kg/t 原皮）	70～100	80～120	60～95	60～90	50～90	70～95	75～100
氨氮/（kg/t 原皮）	2～7	4～8	2～5	2.5	2.5	2.5	2.5
石油类/（kg/t 原皮）	2	2.5	0.2～1	1	2.5	1.5	2
总铬/（kg/t 原皮）	0.2～1	0.2～1	0.2～1	0	0～0.4	0～0.4	0～0.4
含铬废物/（kg/t 原皮）	10～20	10～22	—	—	—	—	—

注：数据主要参照《第一次全国污染源普查工业污染源产排污系数手册》。

第四节 塑料人造革、合成革工业污染源环境监察

人造革是用树脂原料和其他助剂组成的混合物，经过一定的加工处理获得的一种类似天然革的材料。目前较广泛采用的树脂原料为聚氯乙烯（PVC）和聚氨酯（PU）。

人们习惯将用 PVC 树脂为原料生产的人造革称为 PVC 人造革（简称人造革）；用 PU 树脂为原料生产的人造革称为 PU 人造革（简称 PU 革）；复合人造革是由 PVC 与 PU 互配，或 PVC、PU 分别与其他材料互配进行改性。从而获得具有一定性能要求的人造革。

用 PU 树脂与无纺布为原料生产的人造革称为 PU 合成革（简称合成革）。

一、人造革、合成革加工的原辅料

人造革：也叫仿皮或胶料，是 PVC 和 PU 等人造材料的总称。它是在纺织布基或无纺布基上，由各种不同配方的 PVC 和 PU 等发泡或覆膜加工制作而成，可以按不同强度、耐磨度、耐寒度和色彩、光泽、花纹图案等要求加工制成。

塑料人造革与合成革的主要原料是各种树脂（聚氯乙烯树脂 PVC、聚氨酯树脂 PU），用 PVC 树脂为浆料生产的人造革称为 PVC 人造革，用 PU 树脂为浆料生产的人造革称为 PU 人造革。主要原料还有无纺布和有机溶剂。底基有无纺布基，各类尼龙布基、起毛布基、针织布基、各类机织布基。

塑料人造革与合成革还要应用各种化工产品，如增塑剂（邻苯二甲酸二辛酯 DOP、邻苯二甲酸二丁酯 DBP）、溶剂（二甲基甲酰胺 DMF、甲苯 TOL、丁酮 MEK、乙酸乙酯 EA），并在人造革合成革生产配方中加入各种稳定剂、发泡剂等加工助剂。

这些化工产品在人造革合成革的生产加工制造过程中会产生大量废气、废水和固体废弃物等，给环境带来污染。

二、人造革、合成革加工的产品

塑料人造革与合成革是一种类似皮革的塑料制品。通常以织物为底基，在其上涂布或贴覆一层树脂混合物，然后加热使之塑化，再经滚压压平或压花，即得产品。近似于天然皮革，具有柔软、耐磨等特点。根据覆盖物的种类不同，有聚氯乙烯人造革（PVC），聚氨酯人造革（PU）等。

PVC 人造革有 3 类产品：发泡人造革、普通人造革、绒面人造革。

人造革和合成革产品的面积单位可换算成重量单位，具体换算如下：

仅产超细纤维合成革：　$1\ m^2=1.1\,kg$

仅产箱包革和鞋面革：　$1\ m^2=0.7\,kg$

仅产服装革：　$1\ m^2=0.5\,kg$

箱包革、鞋面革和服装革都有：　$1\ m^2=0.6\,kg$

其他用途人造革、合成革：　$1\ m^2=0.6\,kg$

三、人造革、合成革生产工艺

人造革、合成革生产工艺（工序、流程）种类较多。根据要求，一种产品往往需要多种生产工艺来组合生产。通常以一种材料为基材，在上面涂覆一层或多层合成树脂（包括各种添加剂），制成一种外观似皮革的产品。所用的基材有各类织布、合成纤维无纺布、皮革等，也有无基材的产品。涂覆的合成树脂主要为聚氨酯（PU）、聚氯乙烯（PVC），另外还有聚酰胺（PA）和聚烯烃（如聚乙烯 PE、聚丙烯 PP）等。生产工艺根据污染产生情况，可分为干法、湿法、直接成型等工艺、后处理工艺以及超纤生产特殊工艺。

根据要求，一种产品往往需要多种生产工艺进行组合生产。通常以一种材料为基材，在上面涂覆一层或多层合成树脂（包括各种添加剂）制成的一种外观似皮革的产品。涂覆的合成树脂主要为聚氨酯、聚氯乙烯，据资料介绍还有聚丙烯酸酯、聚酰胺和聚烯烃等。

（一）干法生产工艺

干法生产工艺用于聚氨酯（PU）、聚氯乙烯（PVC）及聚烯烃（如聚乙烯 PE、聚丙烯 PP）等合成革的生产，包括直接涂覆法和间接涂覆法（离型纸法、钢带法等）。其中最常见的为离型纸法。

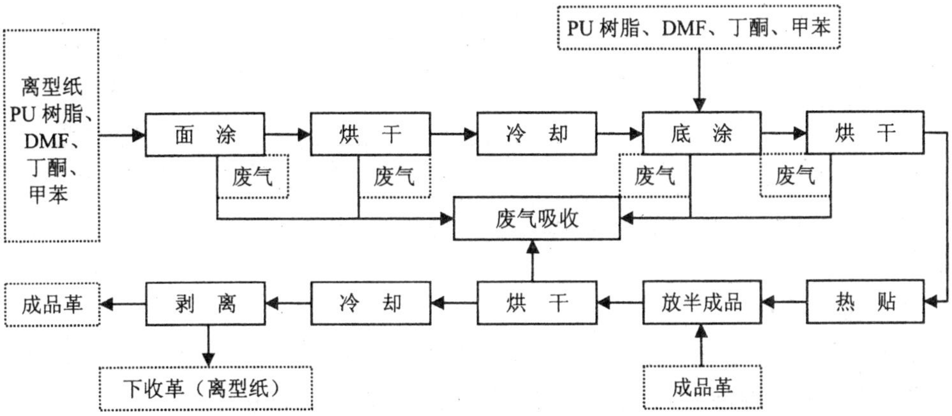

图 8-10 离型纸干法生产工艺流程

1．干法生产设备

离型纸干法生产工艺主要设备有配料罐、高速搅拌机、生产流水线（包括涂刮、贴合、烘箱、冷却、剥离、收卷装置）、检验装置等。

离型纸有不同的花纹，通过涂覆可使产品得到不同的花纹。

2．干法生产工艺

离型纸放入生产线，将已调制好的聚氨酯浆料涂刮于离型纸上，用于溶解聚氨酯的溶剂二甲基甲酰胺沸点较高，挥发量较小，涂刮过程是在半敞开的工作环境中进行的，在涂布机上方设有集气罩，挥发的气态有机溶剂大部分吸入集气罩内导入室外排放。

将涂布了浆料的离型纸送入烘干机上烘干，在密封的条件下烘干温度逐步升高，设有排气筒将挥发气态溶剂收集导出。

在放超细纤维基布前重复涂刮涂布、烘干1～3次（视工艺要求涂刮），第3次预烘干温度较低，然后在离型纸上方放置超细纤维基布，再进行烘干，冷却后剥离离型纸，上层即为超细纤维合成革成品，下层的离型纸可以重复使用。

（二）直接成型法

其生产工艺与干法类似，不依靠媒介，直接把涂层剂涂在基材上，直接涂覆，没有贴合和剥离工序。直接法指涂层剂在涂覆贴合以及固化中没有采用烘箱加热方式，直接固化成型。适用于聚氯乙烯（PVC）及聚烯烃等合成革的生产，如挤出热熔法、复合法等生产工艺。

（三）湿法生产工艺

湿法生产工艺主要是聚氨酯（PU）合成革生产工艺，生产的结果一般还是半成品（称为“贝斯”），一般再经干法工艺或其他后处理才成为成品。湿法工艺包括浸渍（含浸）、涂覆工艺或两种工艺组合。

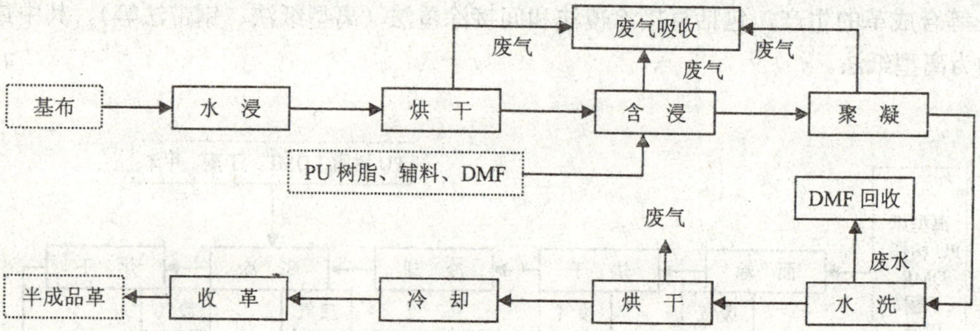

图8-11 一般湿法合成革生产工艺流程

1. 湿法生产设备

合成革湿法生产工艺的主要设备有真空配料罐、搅拌机、生产流水线（包括含浸槽、预凝固槽、涂覆/刮、凝固槽、水洗槽、挤压、烘干、冷却、收卷装置）等。

2. 湿法生产工艺

把合成革基布送入树脂含浸槽中进行含浸，含浸浆料含聚氨酯30%和溶剂二甲基甲酰胺70%，使用前再加1∶1的二甲基甲酰胺稀释。

含浸后的无纺布料即进入凝固槽进行凝固成膜处理，凝固槽中是18%的二甲基甲酰胺水溶液，含浸后的无纺布在凝固槽中进行物料的充分交换，浆料中二甲基甲酰胺被水置换，形成泡孔。

然后进入清水槽进行逆流洗涤，高浓度洗涤水最后进入凝固槽补充水分。

凝固液中的二甲基甲酰胺浓度达到20%时，送回收塔回收，产生的污水部分用于水洗和配制18%二甲基甲酰胺溶液，以重复使用。

清水槽中的洗涤水主要来自二甲基甲酰胺回收水、湿法线废气喷淋回收水和补充清水，洗涤后的半成品革送甲苯抽出车间。

（四）后处理工艺

后处理工艺是合成革发展的一个重要方向，后处理工艺种类繁多并不断更新，大多采用同皮革后处理和纺织品有关加工处理相似的工艺。包括表面涂饰（包括喷涂）、印刷、压花、磨皮、干揉、湿揉、植绒等。

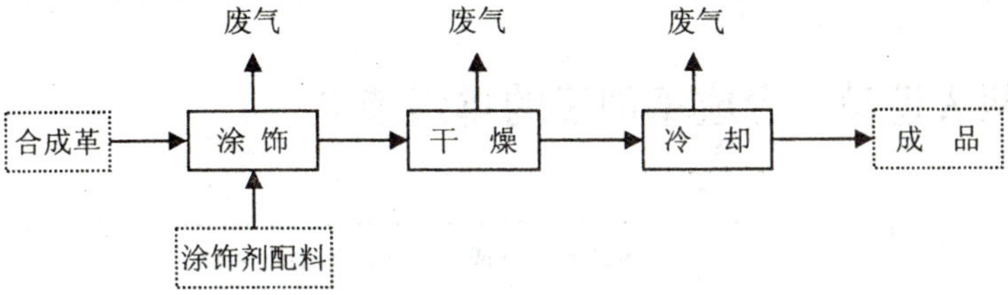

图 8-12 后处理工艺流程

（五）超细纤维生产工艺

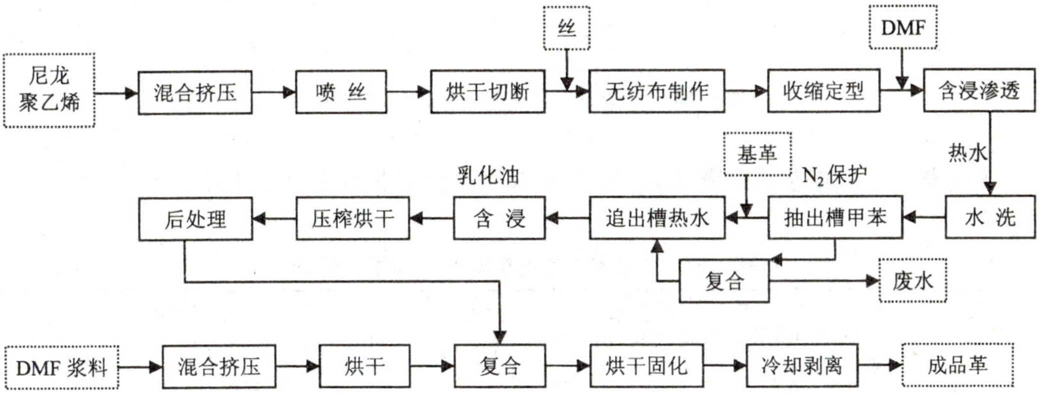

图 8-13 超细纤维生产工艺流程

1. 超细纤维生产设备

超细纤维生产工艺主要设备有切片输送装置、螺杆挤出机、纺丝箱体和自控装置、卷绕装置、喷丝板、牵伸装置、上油机、卷曲机、切断机、开混生产线、给棉机、梳理机、铺网机、预针刺机、针刺机、卷绕切割机、热收缩机等。

2. 超细纤维生产工艺

尼龙切片和聚乙烯混合，进螺杆挤压机内加热、熔融后，挤压过滤；再经纺丝箱挤出成丝；丝束通过水浴槽拉伸、卷曲、烘干，再切断成所需长度的短纤维；然后进行打包，送无纺布生产工序，其后续工艺与干法湿法基本相同。

（六）后整理工艺

1. 后整理设备

后整理工艺主要设备有研磨机、处理机、压花机、水洗机、揉纹机、抛光机、植绒机等。

2. 后整理工艺

后整理工艺大多采用同皮革后处理和纺织品有关加工处理相类似的工艺。如表面涂饰（包括表面处理、辊涂、喷涂等）、印刷、压花、研磨、干揉、湿揉、植绒等。

四、塑料人造革、合成革加工的排污节点

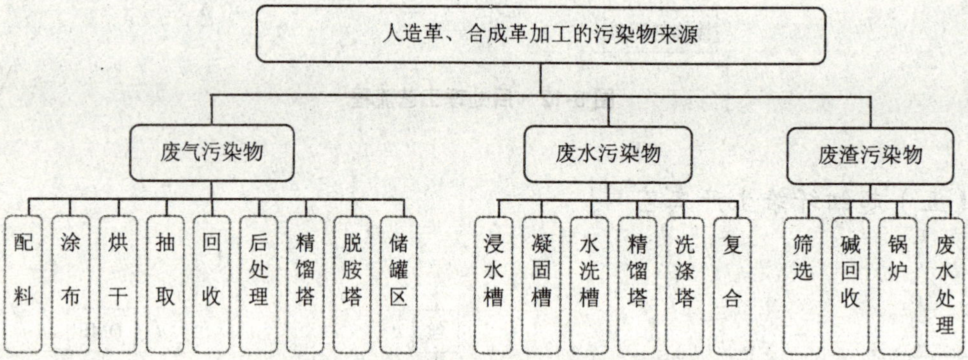

图 8-14 人造革、合成革加工的污染物来源

人造革、合成革制造业废气的产生过程和主要污染物分析见表 8-23。

表 8-23 合成革工业主要废气污染物排污节点

产生过程	主要污染因子	排放特征	措施
干法配料车间	二甲基甲酰胺、甲苯（兼有二甲苯、苯）、丁酮	无排放	可收集治理后有排放
湿法配料车间	二甲基甲酰胺	无排放	可收集治理后有排放
干法涂台上浆	二甲基甲酰胺、甲苯（兼有二甲苯、苯）、丁酮	无排放	可收集治理后有排放
湿法涂台上浆	二甲基甲酰胺	无排放	可收集治理后有排放
干法烘干线	二甲基甲酰胺、甲苯（兼有二甲苯、苯）、丁酮	有排放	主要废气源，TOL、MEK 基本直接排放
湿法烘干线	二甲基甲酰胺	无排放、有排放均有	有湿法烘干回收装置的为有排放
湿法槽	二甲基甲酰胺	无排放	自然挥发
熟化间、检验、收卷、仓库等	二甲基甲酰胺、甲苯（兼有二甲苯、苯）、丁酮	无排放	车间面源
后处理工序	二甲基甲酰胺、甲苯、丁酮、丁酯	有排放	涂饰、喷涂等表面处理工序，可收集处理
储罐、原料库区	二甲基甲酰胺、甲苯、丁酮	无排放	来源于大小呼吸及自然逸散
精馏尾气	二甲基甲酰胺	无排放	约占回收二甲基甲酰胺量的 5/10 000
脱胺塔尾气	二甲胺、二甲基甲酰胺	有排放	大部分企业没有脱胺塔设施
塔顶水	二甲胺	无排放	二甲胺沸点 7℃，容易自然挥发出来
锅炉房	SO_2、烟尘	有排放	水膜除尘

人造革、合成革制造业废水的产生过程和主要污染物见表8-24。

表8-24　合成革工业主要废水污染物排污节点

工艺或流程	产生过程	主要污染物
湿法工艺	浸水槽、凝固槽、水洗槽等的工艺废水和清洗水	二甲基甲酰胺、阴离子表面活性剂、悬浮物、氨氮
甲苯抽出工艺	水封水、甲苯回收水	甲苯、二甲基甲酰胺
后处理工艺	湿揉、洗涤废水	有机溶剂、阴离子表面活性剂、悬浮物
废气回收	水洗涤式废气净化治理水	有机溶剂、悬浮物
二甲基甲酰胺精馏	精馏塔的塔顶水、真空泵出水、二甲基甲酰胺回收废水储罐（池）的非定期排放、清洗水	二甲基甲酰胺、悬浮物
冷却塔废水	冷却水的非定期排放	同所用水有关，一般为二甲基甲酰胺、悬浮物
清洗	地面冲洗水、容器洗涤水、设备洗涤水	悬浮物
锅炉废水	锅炉废气治理废水	悬浮物

五、人造革、合成革制造业的环境污染

人造革合成革的加工制造过程是一个复杂的塑料加工工艺过程，生产过程中除大量应用各种树脂（聚氯乙烯树脂PVC、聚氨酯树脂PU）外，还要应用各种化工产品，如增塑剂（邻苯二甲酸二辛酯DOP、邻苯二甲酸二丁酯DBP）、溶剂（二甲基甲酰胺DMF、甲苯TOL、丁酮MEK、乙酸乙酯EA），并在人造革、合成革生产配方中加入各种稳定剂、发泡剂等加工助剂，这些化工产品在人造革、合成革的生产加工制造过程中会产生大量废气、废水和固体废弃物等，给环境带来污染。

合成革工业产生的污染物以二甲基甲酰胺为主，一般作为稀释剂存在于树脂原料中，其中树脂与二甲基甲酰胺含量比为3∶7。由于二甲基甲酰胺溶剂是作为稀释剂，且水溶性强，易挥发，因此在涂布凝固过程中溶于水和干燥过程中受热汽化挥发。根据湿法和干法工艺的不同，湿法凝固过程中水中二甲基甲酰胺含量约20%。干法主要的形式是干燥过程中挥发的二甲基甲酰胺气体。除二甲基甲酰胺溶剂外，还有其他添加的溶剂如甲苯、丁酮等。因此会产生含有甲苯、丁酮物质的废水和废气。

生产过程中一般的污染物有：

（1）聚氨酯干法工艺：有机溶剂（DMF、甲苯、二甲苯、丁酮等）；

（2）聚氨酯湿法工艺：有机溶剂（DMF）；

（3）后处理工艺：有机溶剂（DMF、甲苯、二甲苯、丁酮、乙酸丁酯等）、颗粒物。

（一）人造革、合成革制造业废气污染

人造革、合成革生产使用大量易挥发溶剂，如二甲基甲酰胺、甲苯、丁酮等，产生了大量的废气、废水和废渣，是造成环境污染严重的主要行业。人造革、合成革生产产生的废气主要以无组织形式排放，溶剂挥发性污染是主要问题，其中二甲基甲酰胺、甲苯（兼有二甲苯、苯）、丁酮、丁酯产生的挥发性污染比较严重，而挥发性有机物是造成光化学烟雾的一个重要原因。在DMF的使用和回收过程中，产生了二甲胺（DMA），该气体有

腥臭味、毒性。

废气排放情况有：

（1）树脂、溶剂及其他挥发性有机物在配料、运输、存放时挥发有机物；

（2）涂覆或含浸等加工以及传输过程中挥发有机物；

（3）烘箱加热时挥发有机物；

（4）后处理过程中挥发有机物；

（5）超纤工艺中甲苯在抽取以及回收处理时挥发；

（6）在使用溶剂清洗有关设备时挥发有机物；

（7）废水处理、固体废物处理及其他处理时挥发有机物；

（8）配料、磨皮等处理过程中产生粉尘。

表 8-25　合成革工业排放废气中的常见有机污染物

工艺类别	常见有机污染物
聚氯乙烯工艺	苯、甲苯、二甲基甲酰胺、邻苯二甲酸二丁酯、邻苯二甲酸二辛酯、癸二酸二辛酯、乙酸丁酯、丁醇、环已酮
聚氨酯干法工艺	二甲基甲酰胺、甲苯、苯、丁酮、丙酮、异丙醇、二甲苯、乙苯、乙酸乙酯、乙酸丁酯、二甲基环己烷
聚氨酯湿法工艺	二甲基甲酰胺、甲苯
二甲基甲酰胺精馏	二甲基甲酰胺、二甲胺
后处理工艺	二甲基甲酰胺、甲苯、苯、丁酮、二甲苯、乙苯、乙酸乙酯、乙酸丁酯、丙酮、异丙醇、丙醇

（二）合成革工业的废水污染

合成革工业污染物产生来源主要包括精馏塔顶水、冷却水、洗涤水带走的水及污染物等。

合成革废水的产生与工艺有关，根据湿法和干法工艺的不同，湿法含有机溶剂的废水量较大。目前多数合成革企业单位产品取水量能达到 60 m^3/t，部分企业能达到 50 m^3/t。二甲基甲酰胺水溶性强，湿法凝固过程中水中二甲基甲酰胺含量约 20%。干法生产工艺并不产生废水。合成革生产的废水主要是地面冲洗废水、冲塔水、洗槽水、洗桶水和生活污水，存在浓度高、不稳定、难治理的特点，平均二干二湿法生产线日排放 20 m^3，COD 在 1 000 mg/L 左右。

塑料人造革生产过程不产生废水。

（三）合成革工业的固体废物污染

产生一定数量固体废弃物，如桶内剩余树脂、报废或损坏的人造革产品，若采用二甲基甲酰胺回收的话，蒸馏过程中还会产生少量二甲胺气体和蒸馏残渣等固体废物，清洗设备或盛料桶会产生固体浆料或垃圾等，这些固体废物属于危险废物。

另外在配料、研磨、抛光等处理过程中会产生粉尘，在搬运、称料以及其他工艺处理过程中会产生颗粒物，成品加工会产生边角料，这些固体废物按照要求一般均进行收集和布袋除尘处理。

表 8-26　塑料人造革、合成革制造业产排污系数表

产品名称	原料名称	工艺名称	污染物指标	单位	产污系数
PU、超细纤维合成革	PU 浆料、二甲基酰胺	干法+湿法（全回收）	工业废水量	（m^3/t 产品）	2.9
			COD	（kg/t 产品）	3.378
			氨氮	（kg/t 产品）	0.049
		干法+湿法（75%＜回收率＜100%）	工业废水量	（m^3/t 产品）	3.7
			化学需氧量	（kg/t 产品）	4.82
			氨氮	（kg/t 产品）	0.076
		干法+湿法（50%＜回收率≤75%）	工业废水量	（m^3/t 产品）	4.5
			化学需氧量	（kg/t 产品）	6.324
			氨氮	（kg/t 产品）	0.103
		干法+湿法（回收率=50%）	工业废水量	（m^3/t 产品）	6.3
			化学需氧量	（kg/t 产品）	9.315
			氨氮	（kg/t 产品）	0.166
		干法+湿法（25%＜回收率＜50%）	工业废水量	（m^3/t 产品）	7.1
			化学需氧量	（kg/t 产品）	10.958
			氨氮	（kg/t 产品）	0.25
		干法+湿法（0＜回收率≤25%）	工业废水量	（m^3/t 产品）	7.9
			化学需氧量	（kg/t 产品）	12.40
			氨氮	（kg/t 产品）	0.307
		干法+湿法（不回收）	工业废水量	（m^3/t 产品）	9.8
			化学需氧量	（kg/t 产品）	15.779
			氨氮	（kg/t 产品）	0.402

注：数据主要参照《第一次全国污染源普查工业污染源产排污系数手册》，所有系数为一切规模。

该手册的 PU 合成革工艺均为干法和湿法的结合，具有回收二甲基甲酰胺（DMF）的精馏装置，且回收精馏装置作为 PU 合成革生产工艺中的组成部分，但精馏塔分离的水相部分（俗称塔顶水）各企业回收比率有所差别，没有回收的部分均排入末端，影响产排污系数。

参考浙江某合成革企业生命周期清单研究，数据如下：

每生产 1 m^2 的合成革，综合用水量为 114kg；化料用量为 1.596kg，用电量为 4.3kWh，生产出 0.737kg 的合格合成革，产生 102kg 废水，0.4kg 固体废物，COD_{Cr} 排放量为 22.94kg，废水中 DMF 的排放量为 0.0152kg，废水中 PVA 的排放量为 0.493g，空气中 DMF 的排放量为 0.029kg。

第五节　制革工业的污染防治与环境监察要点

一、制革工业综合污染治理技术

目前，在我国皮革行业的污染治理技术与国外基本处于同一水平，国内外目前制革行业所用的污染治理技术相差不多，都是如 SBR、UASB、氧化沟等，而且现在是信息时代，国外一些先进的环保技术会很快传入我国，为什么发达国家都不太搞制革工业，就是因为

制革行业水质特别复杂，治理难度大，环保投资太大，制革企业难以承受，环保要求非常严格，于是多将污染转移到发展中国家。

（一）制革废水的预处理

制革废水污染物种类多，排放浓度都特别高，有些工段产生的废水必须进行预处理，才能保证最终的综合污水有较好的去除效果。

（1）对油脂废水可以采用酸提取法（加酸使油脂乳液破乳，油水分离去油脂，加碱皂化得到脂肪酸）、溶剂萃取法（使用化学溶剂溶解油脂，经上浮或沉淀与水分离，挥发溶剂回收油脂）分离回收油脂。

（2）脱毛废水可以采用化学沉淀法（加入化学药剂分离硫化物，常用的药剂有亚铁盐和铁盐）、酸吸收法（废液中硫化物加酸挥发，用碱吸收为硫化碱回用）、催化氧化法（多采用硫酸锰催化剂在碱性条件下，使 S^{2-}氧化成单质硫沉淀。

（3）废灰液中蛋白质回收可以采用直接沉淀法（使用稀硫酸对蛋白质酸化沉淀，分离，碱化，回收）、超滤法（通过人造膜进行超滤，浓缩蛋白污泥，超滤液可以循环使用）。

（4）含铬废水的预处理可采用碱沉淀法（废铬液加碱产生氢氧化铬沉淀，经压滤，加入浓硫酸回收铬鞣液）、废铬液直接循环法（铬鞣后的废铬液经专门的过滤系统过滤，经补充新铬液调整含铬浓度循环使用）。

（5）加大对现有制革企业的治理力度，对制革综合废水加强预处理，采用生化处理（氧化沟法或射流曝气法）保证达标排放。

（二）皮革与皮毛鞣制加工业综合废水治理工艺

表 8-27 企业综合废水治理工艺

序号	企业性质	主 要 工 艺
1	制革企业	格栅→预沉→调节→混凝沉淀→接触氧化→二沉→SBR 反应池
2	制革企业	格栅→沉砂→调节→沉淀→曝气池→二沉→曝气生物滤池
3	制革企业	格栅→预沉→调节→水解→氧化沟→二沉
4	皮革工业园	格栅→预沉→调节→水解→氧化沟→二沉
5	制革企业	格栅→预沉→调节→混凝沉淀→氧化沟→二沉
6	制革企业	格栅→预沉→调节→混凝沉淀→气浮→A/O→二沉
7	毛皮加工园	格栅→预沉→调节→混凝沉淀→一级曝气→二沉→二级曝气→二沉
8	毛皮加工园	格栅→预沉→调节→UASB→中沉→曝气池→沉淀→氧化沟→沉淀
9	制革企业	格栅→预沉→调节→混凝沉淀→曝气池→二沉
10	制革企业	格栅→预沉→调节→絮凝沉淀→气浮→氧化沟→沉淀→气浮
11	毛皮加工企业	格栅→沉砂→调节→混凝沉淀→市政排水管网

二、制革工业污染治理设施的效率

（一）皮革鞣制加工业污染治理设施的效率

根据污水处理工艺类型，确定污水处理设施正常运行时的污染物去除率，再根据设施运行率最后确定污水处理设施的实际去除率，进而得出污水中某污染物的排放量。

皮革鞣制 COD（或氨氮）排放量=皮革鞣制 COD（或氨氮）产生量×（1－η）

η为污水处理的 COD 去除率，等于某污水处理工艺正常运行时 COD 去除率与运行率乘积。

表 8-28　皮革鞣制工业不同废水处理工艺正常运行时主要污染物去除率　　单位：%

处理方法名称	COD	氨氮	石油类	总铬
物理+化学	60	10	95	85～95
化学+好氧生物法	80～90	90	98	90～98
化学+组合生物法	80～97	94	99	90～98

（二）皮毛鞣制加工业污染治理设施的效率

根据污水处理工艺类型，确定污水处理设施正常运行时的污染物去除率，再根据设施运行率最后确定污水处理设施的实际去除率，进而得出污水中某些污染物的排放量。

毛皮鞣制 COD（或氨氮）排放量=合成革 COD（或氨氮）产生量×（1－η）

η为污水处理的 COD 去除率，等于某污水处理工艺正常运行时 COD 去除率与运行率乘积。

表 8-29　毛皮鞣制工业不同废水处理工艺正常运行时主要污染物去除率　　单位：%

处理方法名称	COD	氨氮	石油类	总铬
物理+化学	60	10	95	85
化学+好氧生物法	60～90	90	98	90～98
化学+组合生物法	80～97	94	99	90～98

（三）塑料人造革、合成革制造业污染治理设施的效率

根据污水处理工艺类型，确定污水处理设施正常运行时的污染物去除率，再根据设施运行率最后确定污水处理设施的实际去除率，进而得出污水中某污染物的排放量。

合成革 COD（或氨氮）排放量=合成革 COD（或氨氮）产生量×（1－η）

η为污水处理的COD去除率，等于某污水处理工艺正常运行时COD去除率与运行率乘积。

表8-30 人造革、合成革制造业不同废水处理工艺正常运行主要污染物去除率 单位：%

处理方法名称	COD	氨氮
厌氧/好氧生物组合工艺	94	–203（在处理过程中氨氮含量增加）
厌氧/好氧生物组合工艺+脱氮工艺	94	27

（四）企业综合废水的处理效率

表8-31 企业综合废水治理工艺处理效率 单位：%

废水种类	处理方法	主要工艺环节	处理效率				
			SS	COD	动植物油	S^{2-}	总铬
含硫废水	酸化回收	格栅（筛网）、酸化、固液分离	55～80	55～75	—	>90	—
	催化氧化	格栅（筛网）、催化氧化	—	—	—	>90	—
	化学絮凝	格栅（筛网）、絮凝沉淀（气浮）	60～80	55～75	—	>95	—
脱脂废水	酸提取	格栅、隔油、酸提取	75～85	>90	>95	—	—
	浮选	格栅、隔油、浮选	80～90	>90	>95	—	—
含铬废水	铬沉淀	格栅、碱沉淀、压滤、水洗、陈化	70～90	60～80	—	—	>99

表8-32 综合废水处理站单元处理效率 单位：%

处理程度	处理方法	主要工艺环节	处理效率			
			SS	COD	BOD	NH_3-N
一级	自然沉淀	格栅、沉砂、调节、沉淀	45～65	40～50	30～45	—
	混凝沉淀	格栅、预沉、调节、混凝沉淀	60～90	50～75	45～65	—
	混凝气浮	格栅、预沉、调节、混凝气浮	60～90	50～75	45～65	—
二级	活性污泥	活性污泥生物反应池、二次沉淀池	70～90	70～90	85～95	50～95
	生物膜	生物膜反应池、二次沉淀池	80～90	75～90	85～95	50～95
	厌氧好氧	水解（厌氧）、好氧	85～90	80～92	90～95	70～95
三级	过滤	过滤	50～60	10～20	10～15	—
	混凝	混凝沉淀（澄清、气浮）、过滤	50～70	15～30	15～25	—
	吸附	过滤+活性炭吸附	>80	>40	>40	—

三、皮革与皮毛鞣制加工业环境监察要点

（一）落实《产业结构调整指导目录（2011年本）》规定的黏胶纤维工业产业技术政策

限制类：年加工生皮能力20万标张牛皮以下的生产线，年加工蓝湿皮能力10万标张牛皮以下的生产线。

淘汰类：年加工生皮能力 5 万标张牛皮、年加工蓝湿皮能力 3 万标张牛皮以下的制革生产线。

（二）皮革与皮毛鞣制加工企业现场检查的要点

1. 检查皮革、毛皮企业的废水处理工艺、设施和运行

皮革、毛皮企业的废水由于具有污染物种类多、浓度高、毒性大等特点，重点是废水的预处理、综合废水处理设施能否保证达标排放以及实际运行情况。

2. 关注在污水生化处理过程中氨氮不降反升的特殊行业问题

由于皮革、毛皮企业生产过程产生大量蛋白质，蛋白质在生化处理过程中分解产生大量氨氮，导致氨氮污染物超标排放。

3. 检查皮革、毛皮企业的生产过程、废水处理过程产生的恶臭的防治措施

皮革、毛皮企业的生产过程、废水处理过程产生大量硫化物，导致恶臭的产生，企业污水处理过程的厌氧处理也会产生强烈的恶臭污染，因此要求企业采取相应的防恶臭措施，以防由此产生的民事纠纷和投诉。

4. 检查皮革、毛皮企业污水处理产生的污泥

皮革、毛皮企业污水处理会产生大量含铬污泥，关注含铬污泥中三价铬的浓度，要求对皮革、毛皮企业污水进行无害化处理后，再进行填埋。

（三）皮革与皮毛鞣制加工业的环境管理要点

1. 严格监督皮革、毛皮工业的产业技术政策落实

严格落实国家和地方关于制革、毛皮工业产业技术政策和环境保护相关政策，重点关注《制革、毛皮工业污染防治技术政策》等政策性文件。从行业准入、落后工艺淘汰、污染治理要求、有害污染物控制、清洁生产工艺等方面严格管理。

2. 重点检查皮革、毛皮企业废水的分质管理情况

皮革、毛皮企业生产过程产生的高浓度含三价铬废水、硫化物废水应进行分离收集和预处理，以减少对有机废水处理的影响，减少综合废水量，保证达标排放。

3. 鼓励和指导皮革、毛皮企业进行清洁生产

皮革、毛皮企业产生的废水中污染物种类多、浓度高、毒性大，污染治理难度大，处理成本高，这些污染隐患只有在企业实施清洁生产后，才能大大减少。

四、合成革工业环境监察要点

合成革工业生产过程的主要环境污染物废水、废气中的有机溶剂污染和含有机溶剂的固体废物的管理。

在合成革工业污染源监督过程应重点关注以下几方面：

（1）生产过程中，着重检查传送原辅料管道与配料釜的密闭性，检查烘干、涂布设备的密闭性和集气的回收、处置。在生产设备上设置必要的废气吸附回收装置等，二甲基甲酰胺回收要求采用高效率的工艺；要检查 DMF 废气回收率（应达到 90%以上）；

（2）严格检查湿法工艺水洗工序产生的废水中有机溶剂的回收和废水处理，检查废水中溶剂挥发产生的二次污染，提高二甲基甲酰胺回收率、水重复利用率；

（3）严格检查湿法工艺污水处理的达标情况；

（4）严格检查化学溶剂容器的管理，以防溶剂的挥发，或经雨水浸泡后的污水经雨水管道排出厂外，污染水体；

（5）在生产过程中重点控制能耗，以减少废水产生量、COD 产生量、废水中二甲基甲酰胺产生量，提高能源利用率、固体废物的处理和处置；

（6）加强企业环境管理和全员培训，严格企业环境管理制度，加强对生产一线员工控制二甲基甲酰胺无组织排放技术措施的管理，明确生产过程环境管理的职责；

（7）协助企业加强清洁生产、节能减排的环境保护工作，关注原料控制方面，不用或少用有毒有害物质，鼓励采用水性原料或可回收的溶剂新工艺、新设备、新方法的引进；关注生产过程化学溶剂的回收和控制。

第九章　发酵酿造工业污染源环境监察

第一节　我国发酵酿造工业现状

一、发酵酿造工业产品类型

酿造行业在习惯上分为若干小类别。调味食品中的酱油、食醋、酱及酱制品，酒类中的啤酒、白酒、黄酒、葡萄酒、果酒、酒制饮料等。由淀粉和糖开始的生物降解反应，可以得到一系列的微生物代谢产物，即醇、酸、醛、酮、醚等简单化合物。发酵行业是生化产品制造业的统称。制造的生化产品包括将经过纯种细菌培养、提炼、精制获得成分单一的抗生素，柠檬酸、乳酸等有机酸，味精（谷氨酸）、赖氨酸等氨基酸，酒曲、发酵粉等酵母，淀粉酶、蛋白酶等酶制剂，酒精（乙醇）、甲醇、二甲醚等有机溶剂。

表 9-1　酿造工业产品种类

酒类	果酒（葡萄酒等）、米酒、白酒等
有机溶剂	酒精、丙酮、丁醇、甘油
有机酸	醋酸、乳酸、葡萄糖酸、柠檬酸、酒石酸、衣康酸、长链二元酸（以十三到十八碳的直链烷烃为原料的发酵产品）
氨基酸	谷氨酸（单谷氨酸钠又称味精）、赖氨酸、亮氨酸、异亮氨酸、缬氨酸、精氨酸、丝氨酸、丙氨酸、酪氨酸、苏氨酸、色氨酸、苯丙氨酸、脯氨酸等
核苷酸及其类似物	鸟嘌呤核苷酸（5′-GMP）、肌苷酸（5′-IMP）、腺嘌呤核苷酸（5′-AMP）、黄嘌呤核苷酸（5′-XMP）等
抗生素	疾病治疗的药用抗生素，农业和畜牧业用于防病抗病的抗生素，如青霉素、头孢霉素、链霉素、四环素、土霉素、红霉素、稻瘟素、井冈霉素、春日霉素等
多糖	黄原胶、普鲁兰等
酶	碱性蛋白酶（洗涤剂）、中性蛋白酶（洗涤剂等）、脂肪酶（洗涤剂）、α-淀粉酶（淀粉水解）、葡萄糖淀粉酶（葡萄糖生产）、葡萄糖异构酶（高果糖糖浆生产）、纤维素酶（纤维素水解、纺织品加工）、果胶酶（食品、水果加工等）、凝乳酶（奶酪制造）、青霉素酰化酶（青霉素母核生产）、天冬氨酸酶（L-天冬氨酸制造）、延胡索酸酶（L-苹果酸制造）、葡萄糖氧化酶（检验葡萄糖）、乳酸脱氢酶（临床检验）、链激酶（治疗血栓）等，目前世界上有 100 多种酶用微生物发酵生产，应用于不同领域

二、发酵酿造行业产业政策

（一）发酵酿造行业产业结构调整政策

表 9-2 发酵酿造行业产业结构调整政策

文件及颁布时间	内容概要
《产业结构调整指导目录》（发改委令[2011]9 号，2011 年 3 月 27 日）	产业布局："十一五"时期对于严重缺乏玉米和水资源的地区及重点环境保护地区，不再核准玉米深加工项目。 生产规模： 淘汰落后：1. 到 2011 年淘汰酒精落后产能 100 万 t、味精落后产能 12 万 t。2. 2011 年底前淘汰落后酒精生产工艺及年产 3 万 t 以下的酒精生产企业（废糖蜜制酒精除外）；淘汰年产 3 万 t 以下的味精生产装置。3. 酒精行业主要淘汰高温蒸煮糊化工艺、低浓度发酵工艺、醪酒精发酵、常压蒸馏等落后的生产工艺装置。 能源消耗：1. 到 2010 年，食品行业单位产值能耗降低 20%。2. 酒精生产企业的能耗水耗指标：吨酒精玉米消耗不大于 3.15t、能源消耗不大于 0.7t 标准煤、水耗不大于 40 m^3
《节能减排综合性工作方案》（国发[2007]15 号，2007 年 5 月 23 日）	
《关于促进玉米深加工业健康发展的指导意见》（发改委，2007 年 9 月 5 日）	
《食品工业"十一五"发展规划》	
《关于做好淘汰落后造纸、酒精、味精、柠檬酸生产能力工作的通知》（发改运行[2007]2775 号，2007 年 10 月 22 日）	
《关于加强重点湖泊水环境保护工作的意见》（国办法[2008]40 号，2008 年 1 月 12 日）	
《轻工业调整和振兴规划》（国务院，2009 年 5 月 15 日）	
《国务院关于进一步加强淘汰落后产能工作的通知》（国发[2010]7 号，2010 年 2 月 6 日）	

（二）发酵酿造行业环境保护政策

表 9-3 发酵酿造行业环境保护政策

文件及颁布时间	对企业的要求
《味精工业污染物排放标准》（GB 19431—2004，2004 年 1 月 18 日）	规划要求：大力发展资源深度加工，延长产业链，促进农产品转化增值，拓宽食品工业发展的空间。限制发展白酒生产线、酒精生产线（燃料乙醇项目除外）和使用传统工艺、技术的味精生产线。限制发展以玉米为原料的食用酒精和工业酒精。 环境标准：酿造工业污水排放不得超过国家规定的污染物排放标准。 污染治理技术要求：1. 推广味精废母液生产复合肥技术。2. 推广利用酒精糟生产全糟蛋白饲料等技术。3. 推广啤酒废酵母干燥生产饲料酵母技术；废酵母经酶处理制备医药培养基酵母浸膏技术。4. 推进啤酒废酵母生产制备核苷酸、氨基酸类物质技术的产业化。5. 研发利用酒精等生产过程中产生的二氧化碳生产降解塑料技术。6. 推广谷氨酸生产过程中的蒸汽余热梯度利用技术。7. 鼓励酒精行业采用浓醪发酵、耐高温酵母等新技术，提高玉米的综合利用水平。 资源综合利用：1. 到 2010 年，食品行业工业固体废物综合利用率达到 80%以上。2. 酒精糟液综合利用率达到 100%。 清洁生产：1."十一五"期间，地方各级环保部门要围绕制药、食品、酿造等重污染行业和"三河三湖"等重点流域，加快推进强制性清洁生产审核。2. 酒精制造业的生产工艺与装备、资源能源利用指标、污染物产生指标以及废弃物综合利用指标应达到清洁生产指标要求。3. 味精工业的生产技术特征指标、资源能源利用指标、污染物产生指标以及废弃物综合利用指标应达到清洁生产指标要求
《关于促进玉米深加工业健康发展的指导意见》（发改委，2007 年 9 月）	
《食品工业"十一五"发展规划》	
《关于进一步加强重点企业清洁生产审核工作的通知》（环发[2008]60 号，2008 年 7 月 1 日）	
《清洁生产标准 味精工业》（HJ 444—2008，2008 年 9 月 27 日）	
《轻工业调整和振兴规划》（国务院，2009 年 5 月 15 日）	
《国家重点节能技术推广目录（第二批）》（发改委，2009 年 12 月）	
《中国资源综合利用技术政策大纲》（发改委[2010]14 号，2010 年 7 月 1 日）	
《清洁生产标准 酒精制造业》（HJ 581—2010，2010 年 6 月 8 日）	

第二节　啤酒工业污染源环境监察

一、啤酒工业的原料与能耗

啤酒工业的原辅材料是指参与啤酒酿造过程和形成最终产品的所有物料的总称，包括酿造用水、大麦芽、啤酒花、纯种酵母和淀粉质辅料，也包括一些添加剂和加工助剂。

我国每生产 1 t 啤酒耗电 50～130kWh、耗煤 60～160kg。根据中国酿酒工业协会啤酒分会发布的数据，2000—2005 年，中国生产 1kL 啤酒的能源消耗指标（电耗、煤耗和综合能耗）均呈下降趋势，其中，生产 1 kL 啤酒所消耗的电量由 2000 年的 100.1kWh 下降到 2005 年的 84kWh，而耗煤量则从 2000 年的 103.8kg 逐步下降到 2005 年的 85kg。

二、啤酒工业基本生产工艺

啤酒的生产过程大体可以分为四大工序：麦芽制造；麦汁制备；啤酒发酵；啤酒包装与成品啤酒。

啤酒工业生产工艺流程如图 9-1 所示。

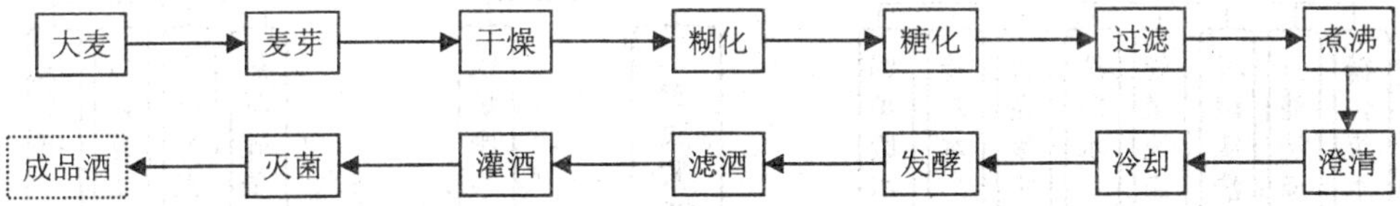

图 9-1　啤酒生产工艺流程

（一）麦芽制备工序

由原料大麦制成麦芽，习惯称为制麦，它是啤酒生产的开始。制麦芽的目的是产生各种水解酶，并使麦粒胚乳细胞的细胞壁受半纤维素酶和蛋白消解酶作用后变成网状结构，便于在糖化时酶进入胚乳细胞内进一步将淀粉和蛋白质等消解。麦芽制备工序整个浸渍周期长达 48～72h。麦芽制备工段分为大麦贮存、筛选、浸渍、发芽、干燥和除根等六道工序。

图 9-2　麦芽制备工艺流程

（二）麦汁制备工序

麦汁制备过程俗称糖化。将麦芽粉碎与温水混合，借助麦芽自身的多种水解酶，将淀粉和蛋白质等高分子物质进一步分解成可溶性低分子糖类、糊精、氨基酸、胨、肽等，麦芽内容物的浸出率可达 80%，这就是糖化过程。

（三）发酵工序

麦汁经糖化后，除去酒花糟后澄清冷却至 6.5～8.0℃，接种酵母进行发酵。发酵分前发酵和后发酵。前发酵是酵母对以麦芽糖为主的麦汁进行发酵，产生乙醇和 CO_2。后发酵是将前发酵得到的嫩酒送至后发酵罐，长期低温贮藏，以完成残糖的最后发酵，澄清啤酒，促进成熟。

（四）成品酒包装工序

在后发酵罐中，残余酵母和蛋白质等沉积于罐底部，少量悬浮于酒中，须经硅藻土过滤分离后才能罐装。经过滤后的成品酒可直接装桶或装罐。

三、啤酒工业产排污节点

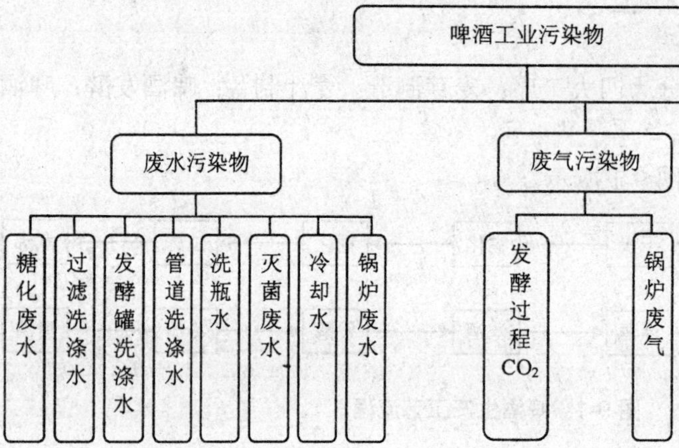

图 9-3 啤酒工业主要污染源

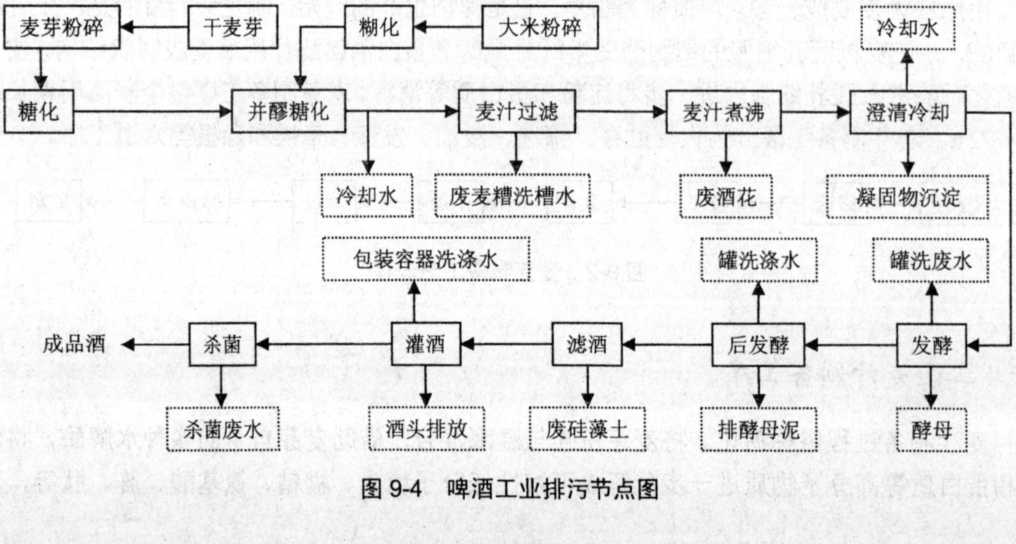

图 9-4 啤酒工业排污节点图

表 9-4 啤酒工业排污节点说明

工序	污染物类型	特征
麦芽制备	浸麦废水	浸麦时常加化学药品，如饱和澄清 $Ca(OH)_2$、CH_2O 水溶液、$KMnO_4$、NaOH 或 KOH 溶液。因此，浸麦废水是一种颜色很深、极易腐败的有机废水
麦汁制备	糖化废水	糖化，过滤过程来自糖化锅和糊化锅冲洗水、过滤槽和沉淀槽洗涤水、麦汁煮沸、冷却会产生废酒花容器等的洗涤废水，冲渣废水、含渣废水如麦糟液、冷热凝固物、剩余酵母等，这些都属于高浓度污水。废水量占总排水量的 5%～10%，废水中 COD、SS 和氨氮污染物浓度最高可达 30 000 mg/L
	废麦糟	啤酒糟占啤酒生产所需原料的 22%左右。啤酒糟内含蛋白质约 25%～30%，含脂肪 6%～12%，以及一定数量的淀粉、纤维素、氨基酸和无机盐等
发酵	发酵废水	来自发酵和贮酒过程产生的发酵罐洗涤水、过滤洗涤水、消毒废水、酵母漂洗水、酵母压缩机洗涤水，消毒废水、酵母漂洗污水，属于中浓度污水。其水量占总水量的 25%，其废水 COD 浓度约为 2 500 mg/L
	酵母泥	啤酒酵母是啤酒发酵车间的副产物，酵母含有丰富的蛋白质，以干物质计其含量为 50%，这些蛋白质由多种氨基酸组成，而这些氨基酸绝大部分为人和动物所需要。另外，酵母含有丰富的维生素，其含量不但多而且全面，因此啤酒酵母不论作为人类食品还是动物饲料都有很高的营养价值
成品酒包装	成品酒工段废水	在滤酒工艺中，经滤器截留的酒渣、部分过滤材料及残酒随水排入下水道。经过滤后的成品酒可直接桶装或罐装，装酒用的桶或罐，在装酒前需要进行清洗和消毒，因此清洗水中含有残酒和酒泥

四、啤酒工业的环境污染

（一）啤酒工业废水污染

啤酒生产过程用水量很大，特别是酿造、罐装工序过程，由于大量使用新鲜水，会产生大量废水。我国不同啤酒企业用水量相差较大，每生产 1 t 啤酒耗水 10～50 m^3，这取决于生产规模及管理水平，国内先进清洁生产水平为治理前每吨啤酒废水排放量约 11 m^3 左右。

啤酒生产总排放废水中富含糖类、醇类、蛋白质、淀粉、果胶、维生素、废酵母等物质，属于中高浓度有机废水，虽然无毒，但易于腐败，排入水体要消耗大量的溶解氧，对水体环境造成严重危害。啤酒废水的水质和水量在不同季节有一定差别，处于高峰流量时的啤酒废水，有机物含量也处于高峰。其中的主要污染因子是 pH、COD_{Cr}、BOD_5、悬浮物、氨氮，pH 值在 5～12，COD 的浓度在 1 000～3 000 mg/L，BOD 的浓度在 600～1 500 mg/L，SS 的浓度在 300～1 000 mg/L，啤酒废水的可生化性较好，BOD/COD 约为 0.5～0.7，属于可生化性较好的废水，生化处理去除效率高达 80%～90%，且处理成本较低。

表 9-5 啤酒生产废水的来源与浓度

废水种类	废水来源	排放方式	废水量占总废水量比例/%	COD/（mg/L）		
				各段废水	平均浓度	总排放口（综合废水）
高浓度废水	糖化工序	间歇排放	10	20 000～40 000	4 000～6 000	1 000～1 500
中浓度废水	发酵工序	间歇排放	25	20 00～3 000		
低浓度废水	制麦工序	间歇排放	25	300～400	300～700	
	灌装工序	连续排放	40	500～800		
	冷却水	循环使用	基本无污染物			＜100

表 9-6 啤酒厂主要生产设施产生废水主要污染物浓度水平 单位：mg/L

污染来源	COD	SS	污染物
麦汁煮沸锅	210	低	麦汁残余
过滤槽	9600	200	糖化醪残留物
回旋沉淀槽	60000	28000	麦汁和凝固物沉渣
发酵槽	92000	—	酵母残留物和凝固物沉渣等
贮酒罐	80000	—	酵母残留物和凝固物沉渣等
硅藻土过滤机	20000	40000	硅藻土、酵母、蛋白质沉淀等
清酒罐	4800	—	啤酒及微细有机残留物
滤酒机	10	34	啤酒
装酒机	4200	—	啤酒
生酒桶洗涤机	1600	100	啤酒及其他固形物
酒糟干燥机	20000	15000	麦汁及糖化醪残留物
洗瓶机	500	125	啤酒及其他固形物
废酵母	180000	—	—
硅藻土滤饼	70000	—	—
杀菌机溢流废水	15	20	—

从表 9-6 中数据可以看出，污染强度高的主要来自废酵母和各种蛋白质凝固物的排放；啤酒本身的 COD 值很高，生产中过多的啤酒流失将会提高污染强度；硅藻土、硅胶作为滤酒的助滤剂，滤后多以水冲洗此滤饼成浆状，直接排放。硅藻土、硅胶本身不分解，但滤饼内含有酵母、蛋白质沉淀等，能增高废水的 COD 值和 SS 值约 10%。

表 9-7 啤酒工业水污染物产生量

工艺名称	回收中间废弃物			不回收中间废弃物	
规模等级/（万 kL/a）	≥50	10～50	≤10	＞10	≤10
工业废水量/（m^3/kL 产品）	4	5	10	6	12
COD/（kg/kL 产品）	6	8	20	14	25
BOD_5/（kg/kL 产品）	3.6	4.8	9	8.4	12
氨氮/（kg/kL 产品）	0.5	0.6	0.9	1	1.5

注：数据主要参照《第一次全国污染源普查工业污染源产排污系数手册》。

（二）啤酒生产的废气污染

啤酒生产的废气主要来自两方面：

（1）蒸汽锅炉产生的燃料燃烧烟气，主要取决于使用的燃料和锅炉；

（2）污水处理厂会产生恶臭气体，应采取除臭控制措施。

（三）啤酒生产的固体废物污染

啤酒生产的各道工序都会产生废渣，包括过滤出的废麦糟、酵母泥、废硅藻土、废酒泥等。废麦糟是麦汁制作过滤后的废物，湿麦糟中含有 0.5%～2.0%的可洗出浸出物（残糖），粗蛋白 5%，可消化蛋白 3.5%，可溶性非氮物 10%，粗纤维 5%，灰分 1%等；废酵母是洗涤酵母过程过滤后的废物，其中含有丰富的蛋白质（以干物质计，含量达 50%）、维生素（特别是 B 族维生素，含量及种类均较多）、核酸和其他含磷有机物等。

啤酒行业的原料是大麦、酒花、大米，生产过程只利用了其中的淀粉，大部分蛋白质留在了麦糟及凝固物中，同时，还排出废酒花、废酵母、废酒、CO_2等，都是无毒无害的物质，且有一定的营养成分。每吨啤酒的可回收固体废物包括：废麦糟 200～300 kg（含水 80%）、酵母 6～9 kg、废硅藻土 7～10 kg 等。当污水采用生化法处理时，每削减 1 t BOD_5 约产生污泥 0.6t。

五、啤酒工业的污染治理

（一）啤酒工业废水治理技术

啤酒工业废水处理技术包括物理法分离、化学法去除和生物法降解等，主要去除废水中的糖类、醇类和胶体等。目前我国采用的啤酒工业废水处理工艺主要是以生化法为主，再辅以一定的补充处理手段，如混凝气浮法、过滤、吸附等。处理啤酒工业废水的生化法具体包括好氧生物处理、厌氧生物处理以及厌氧与好氧联合生物处理，应用最广泛的为厌氧与好氧联合生物处理。好氧生物处理常采用的方法有活性污泥法、生物接触氧化法等。厌氧生物处理除传统的消化池外，一些新工艺如 UASB、IC 等也已在啤酒生产废水处理中得到广泛应用。

（二）啤酒工业固体废物综合利用

1. 废麦糟的处理

废麦糟具有一定的营养价值，但含水量大，不能久放。现在废麦糟加工颗粒饲料技术和设备已得到广泛推广，其关键步骤是湿麦糟压滤脱水和干燥。此外，废麦糟还可用于制面包、饼干，压榨废麦糟的滤液中的沉淀物经烘干，蛋白质含量可高达 55%。

2. 废酵母的处理

废酵母有多重利用方式，如废酵母泥干燥生产饲料酵母、酵母破壁制营养液、浸膏、核苷酸类药物的生产和果糖二磷酸钠、谷胱甘肽等生化药品的生产。

六、啤酒工业环境监察要点

（一）啤酒工业废水的环境监察要点

啤酒工业废水的环境监察是重点。因为啤酒生产过程用水量很大，特别是酿造、罐装工序过程会产生大量废水，废水中不仅 COD 浓度较高，NH_3-N 浓度也较高。如果生产过程回收中间废弃物，主要污染物的产生量会减少 50%左右。啤酒废水属间歇性排放，给有效监管造成一定困难。

一般啤酒企业的 NH_3-N 容易超标，应加强监管。

（二）啤酒工业废气的环境监察要点

啤酒生产需要大量蒸汽。蒸汽锅炉会产生燃烧烟气，污染按蒸汽锅炉监督管理。

污水处理厂会产生恶臭气体，应采取除臭控制措施，加强监管。

（三）啤酒工业固体废物的环境监察要点

啤酒企业一般规模较大，在生产工艺和污染治理技术方面相对比较好，啤酒企业的固体废物一般都被综合利用。清洁生产对啤酒企业的污染源控制很有好处，应鼓励企业采取清洁生产措施，减少物料消耗，增加废物利用，可以大大减少污染物的产生量。

第三节　白酒工业污染源环境监察

一、白酒工业的原料与能耗

白酒企业的原料包括制曲原料、制酒母原料和制酒原料三部分；白酒的辅料主要是指固态发酵法白酒生产中用于发酵及蒸馏的疏松剂（填充料），主要能源为电、煤（蒸汽）。制造白酒所用原料种类繁多，凡含有淀粉和糖类的原料均可酿制白酒，但不同的原料酿制出的白酒风味各不相同。粮食类的高粱、玉米、大麦；薯类的甘薯、木薯；含糖原料甘蔗及甜菜的渣、废糖蜜等均可制酒。此外，高粱糠、米糠、麸皮、淘米水、淀粉渣、甘薯拐子、甜菜头尾等，均可作为代用原料。野生植物，如橡子、菊芋、杜梨、金樱子等，也可作为代用原料。

白酒生产多以高粱、小麦、玉米等为原辅料，经过四道工序（原料的预处理、糖化发酵、蒸馏出酒、装瓶）制成，每生产 1t 白酒需消耗 3t 粮食（2.5t 原料粮、0.5t 制曲用粮，原料出酒率 40%），同时需要消耗 700～1 000kg 标准煤（综合能耗）、燃料煤为 600～900kg 标准煤、水 20～50m^3、电 40～50kWh。

二、白酒工业的基本生产工艺

白酒工业生产的方法根据发酵物料状态的不同，可区分为固态发酵法、半固态发酵法和液态发酵法等。

（一）固态发酵法

固态发酵法是指发酵酒醅含水分不多，糖化与发酵在固体状态的酒醅中同时进行。以高粱等粮谷为原料，使用大曲或麸曲，入窖固态糖化发酵，成熟后固态蒸馏取酒。我国传统的白酒生产工艺，大曲酒（以大曲为糖化发酵剂）、麸曲白酒（以麸曲为糖化剂、酒母为发酵剂）及部分小曲酒（以小曲为糖化发酵剂、固态发酵及固态蒸馏）的生产均属固态发酵法。

一般的固态发酵酿酒生产工艺如图 9-5 所示。

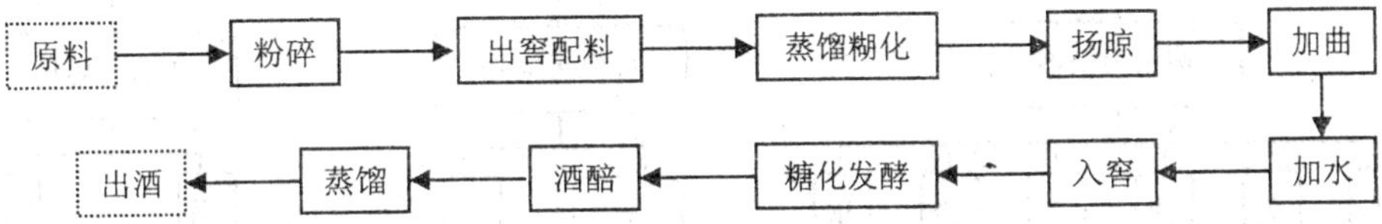

图 9-5　白酒固态发酵生产工艺流程

固态发酵法又分续渣法、清渣法两种工艺。续渣法将渣子（粉碎后的生原料）蒸熟后，加曲（大曲或麸曲和酒母），入窖（即发酵池）发酵，发酵成熟后取出入酒醅进行蒸酒，在蒸完酒的醅子中，再加入清蒸后的渣子（清蒸）；亦有采用将渣子和蒸料混合后，在甑桶内同时进行蒸酒和蒸料（混烧），然后加曲继续发酵，如此反复进行，由于生产过程中一直在加入新料及曲，继续发酵蒸酒，故称续渣发酵法。

（二）半固态发酵法

半固态发酵法是以大米为原料、小曲为糖化发酵剂或采用先固态培菌糖化、再半固态半液态发酵和蒸馏的方法，如桂林三花酒等；或采用半固态边糖化边发酵，然后蒸馏的方法，如广东米酒等，均属此法。半固态法白酒生产总量不足白酒生产总量的百分之一。

（三）液态发酵法

液态发酵法是指发酵醪于液态中进行发酵，实际上是采用相似于淀粉质原料（或糖质原料）制造酒精的生产工艺，但在调香，后处理等方面则有所不同。先制造酒精，再进行串香、调香或固液勾兑生产白酒。此法生产的白酒称为液态白酒。

将液态法与固态法相结合，创造了一套生产白酒的新工艺，即利用液态发酵法生产质量较好的酒精作为酒基，对采用固态发酵法制成的香醅进行串蒸或浸蒸，称串香法。串香法白酒生产工艺流程如图 9-6 所示。

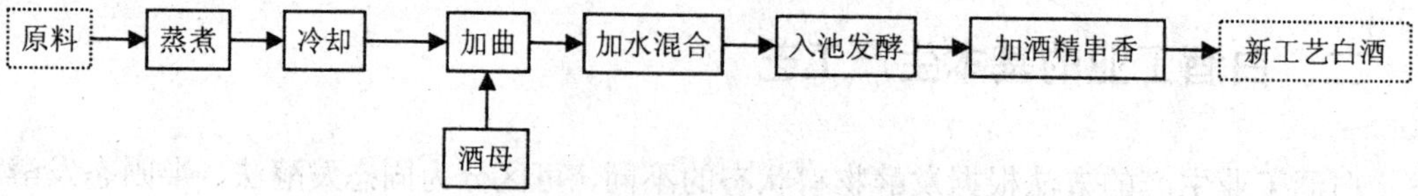

图 9-6 白酒串香法生产工艺流程

三、白酒工业产排污节点

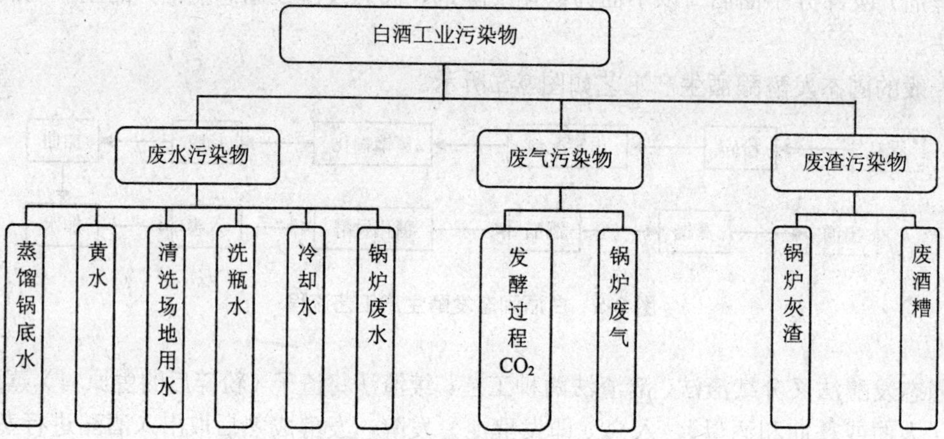

图 9-7 白酒工业主要污染源

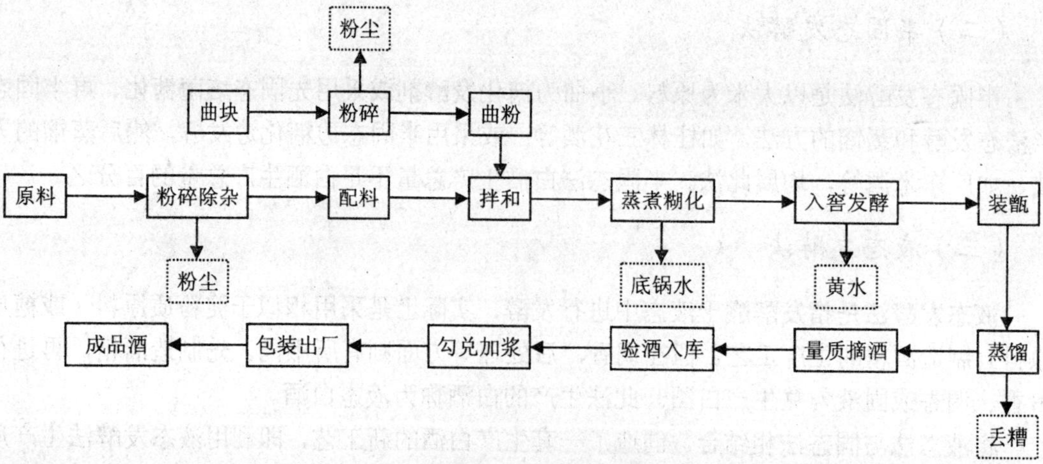

图 9-8 白酒工业排污节点图

表 9-8 白酒企业中主要污染物及来源

类型	污染物	主要来源
废水	蒸馏锅底水、黄水、冷却水	酿酒车间
	洗瓶水	包装车间
	冲洗水	酿酒、制瓶、制曲等车间
废气	粉尘	破碎、制曲等车间
	SO_2、CO、NO_x、苯并[*a*]芘	燃煤锅炉
废渣	酒糟、炉渣	酿酒车间、燃煤锅炉
物理性污染	噪声、气味等	各车间

四、白酒工业的环境污染

（一）白酒工业废水污染

白酒生产废水基本上可以分为高浓度有机废水和低浓度有机废水两部分。其中高浓度有机废水包括：蒸馏底锅水，白酒糟废液，发酵池渗沥水，地下酒库渗漏水，蒸馏工段冲洗水，制曲废水及粮食浸泡水等，这些废水 COD 浓度高达 20 000～100 000 mg/L、BOD 浓度高达 10 000～44 000 mg/L，是一种胶状溶液，污水中的主要污染物有醇类、氨基酸、酯类、醛类等物质，且生化性较差，较难降解，显酸性，间歇性排放，属于主要污染物。但这部分废水量很小，只占总量的 4%。其余如蒸馏工具清洗水和冷却水等属于低浓度废水，有机质浓度较低，COD 浓度只有 100～300 mg/L，如酿造车间的冷却水、洗瓶水、蒸馏操作工具的冲洗水、灌装车间酒瓶清洗水等。据分析，每生产 1 t 的 65%vol 白酒，约耗水 60 m^3，产生废水 48 m^3，排污量很大。

表 9-9 白酒工业主要废水特征

类型	来源	特征
甑锅底水（又称底锅水）	生产大曲酒所产生的甑锅底水，主要来源于馏酒蒸煮工艺过程	COD 浓度约为 20 000～50 000 mg/L，BOD 浓度约为 15 000～25 000 mg/L，SS 浓度约为 5 000～7 000 mg/L，呈酸性
发酵废水（又称黄水）	酒醅在微生物的作用下，部分水分渗出，而沉积在窖底形成一种棕黄色、微黏稠的混浊液体	黄水中含大量的含氮化合物、还原糖及醇、醛、酸、酯等香味物质，还含有大量的经长期驯化的有益微生物菌群。一般情况下，年产万吨规模的大曲酒厂日产黄水量 10 t 左右。黄水的 pH 约为 3.0～3.5，COD_{Cr} 浓度约为 25 000～40 000 mg/L，BOD_5 浓度约为 25 000～30 000 mg/L
冷却水	馏酒过程中作为酒蒸气的间接冷却用水	被当做废水随同甑锅底水及其他杂物一同排放
清洗场地水	清洗场地	混有大量天然有机物，使废水中 COD、SS 含量升高

表 9-10 白酒工业水污染物产生量

工艺	清香型（半固态发酵）	清香型（固态发酵）	浓香型（固态发酵）		
规模	所有规模	2000～5000	≥5000	2000～5000	≤2000
工业废水量（m^3/kL-65°原酒）	62.5	45	48.5	55	61
COD（kg/ kL -65°原酒）	391	230	206	268	298
BOD_5（kg/ kL -65°原酒）	242	110	124	160	180
氨氮（kg/ kL -65°原酒）	2.7	1.5	1.4	1.6	2.5

注：数据主要参考《第一次全国污染源普查工业污染源产排污系数手册》。

（二）白酒生产的废气污染

啤酒生产的废气主要来自两方面：

1. 蒸汽锅炉产生的燃料燃烧烟气，主要取决于使用的燃料和锅炉；
2. 污水处理厂产生的恶臭气体，应采取出臭控制措施。

（三）白酒工业固体废物污染

白酒糟是白酒企业最大的废渣或副产物，约合 1.6t 酒糟/t 酒。白酒糟中的营养成分除来自因糖化、发酵不彻底而余留部分原料残余物外，还有菌体及其新陈代谢产物和菌体自溶物。白酒糟水分大，鲜酒糟含水量 60%以上，营养丰富，不易久放，白酒糟的利用已成为行业工作的重点，白酒企业应及时将湿酒糟出售或进行处理，防止微生物大量繁殖，降低其营养价值并污染环境。

五、白酒工业的污染治理

（一）白酒工业废水治理技术

白酒废水中的污染物成分多为可生化降解的有机物，但其组分中的低碳醇、脂肪酸含量较大，需要经过很好的驯化才能使这部分有机物降解。对高浓度白酒废水，可以利用厌氧-好氧-气浮三级工艺处理；对中浓度白酒废水，可以利用好氧-气浮二级工艺处理；对低浓度白酒废水，可以利用氧化沟工艺处理。

（二）白酒糟的综合利用

目前白酒糟典型的污染控制技术是：（1）鲜酒糟进行干燥，然后采取谷壳分离技术加工饲料；（2）采用微生物发酵技术将白酒糟转化为精饲料；（3）利用白酒糟中的可燃成分，将白酒糟作为特种锅炉的燃料，燃尽的糟灰，可生产炭黑。

六、白酒工业环境监察要点

我国的白酒企业数量众多，还有相当多的白酒企业属于小型企业，甚至有传统工艺的作坊式企业，这些基本没有环保措施，都是直接排放。

（一）检查白酒工业废水的环境污染排放与控制

白酒工业废水的环境监察是重点。因为白酒生产过程单位产品用水量很大，另外，粮食浸泡、制曲、发酵、蒸馏等工序过程会产生大量高浓度有机废水，不仅 COD 浓度较高，NH_3-N 浓度也较高。白酒废水属间歇性排放，给有效监管造成一定困难。

白酒生产分原酿和勾兑，两者污染物产生量差异非常大，环境监察时需进行区分管理。白酒企业生产规模大小不一，环保措施差异很大，有些企业产生的废水会直接排放。应根据每个企业的具体情况，进行差别化监管。

一般白酒企业的 NH_3-N 容易超标，应加强监管。

（二）检查白酒工业废气的环境污染排放与控制

白酒生产需要大量蒸汽。蒸汽锅炉会产生燃烧烟气，污染按蒸汽锅炉监督管理。

污水处理厂会产生恶臭气体，应采取除臭控制措施，加强监管。

（三）检查白酒工业固体废物的环境污染控制

白酒企业的固体废物一般都被综合利用。清洁生产对白酒企业的污染源控制很有好处，应鼓励企业采取清洁生产措施，减少物料消耗，增加废物利用，可以大大减少污染物的产生量。

第四节　酒精工业污染源环境监察

一、酒精工业的原料与能耗

我国酒精生产工艺以发酵法为主，原料分糖质和淀粉质两大类，我国的酒精工业选择原料一般都是就近取材，淮河流域以薯类为主，北方地区以小麦等谷类为主，南方地区则以蜜糖类为主。生产 1t 酒精约需 3t 原料（谷物、薯类），而生产 1t 糖蜜酒精需用 3～4t 糖蜜。

表 9-11　酒精工业的原料

类型	原料
淀粉类原料	包括薯类、谷类等粮食原料（如玉米等）
糖类原料	主要是废糖蜜
纤维质原料	木材的废料、农作物秸秆、甘蔗渣、废纤维等原料
其他原料	亚硫酸盐纸浆废液、植物等原料

吨酒精标煤耗量一般在 700kg 左右，好的 600kg 左右，最低 420kg，最高 1 300kg。世界平均水平单位酒精能耗为 300～400kg 标煤。

二、酒精工业基本生产工艺

酒精生产分为发酵法和化学合成法两种。发酵法是将淀粉质、糖质等原料，在微生物作用下经发酵生产酒精。该法根据原料不同可分为淀粉质原料发酵法、糖蜜原料发酵法和纤维质原料发酵法。化学合成法生产酒精，是以裂解石油废气为原料，经化学合成生产酒精。

我国酒精工业根据原料不同主要有玉米、薯类等淀粉酒精（占 75%）、废糖蜜酒精（占 20%）、合成酒精（占 5%）。

（一）淀粉质原料发酵法

淀粉质原料发酵法是我国生产酒精的主要方法。

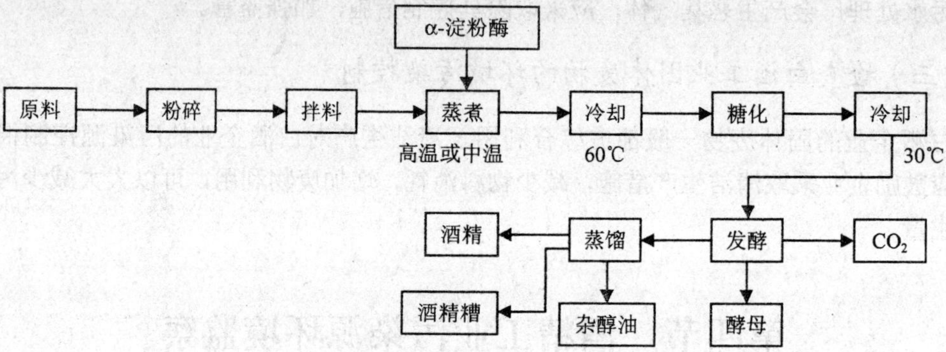

图 9-9 淀粉质原料发酵法生产酒精的工艺流程

（二）糖蜜原料发酵法

糖蜜原料发酵法是以制糖（甜菜、甘蔗）生产工艺排出的废糖蜜为原料，经稀释并添加营养盐，再进一步发酵生产酒精。其生产工艺包括稀糖蜜制备、酒母培养、发酵、蒸馏等。

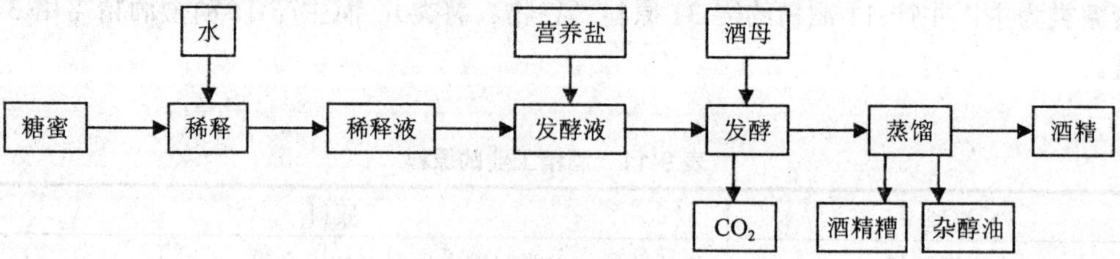

图 9-10 糖蜜原料发酵法生产酒精的工艺流程

（三）纤维质原料发酵法

纤维质原料发酵法是以林业和木材工业的下脚料、秸秆、废纤维废料、甘蔗渣等为原料，发酵、蒸馏工业酒精。

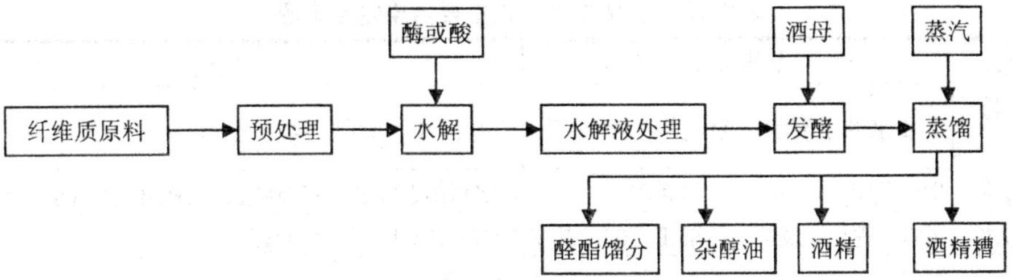

图 9-11 纤维质原料发酵法生产酒精的工艺流程

（四）化学合成法

化学合成法生产酒精，是以炼焦炭、裂解石油的废气为原料，经化学合成生产工业酒精（乙醇）。生产方法又可分为间接水合法和直接水合法两种，目前工业上普遍采用后者。

三、酒精工业产排污节点

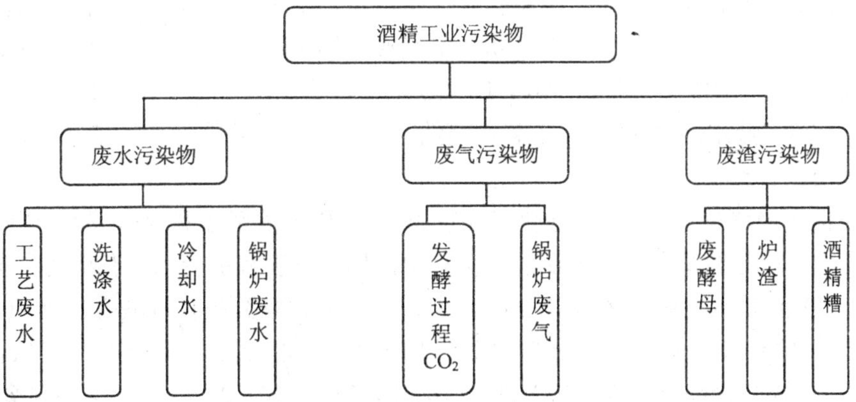

图 9-12 酒精工业主要污染物

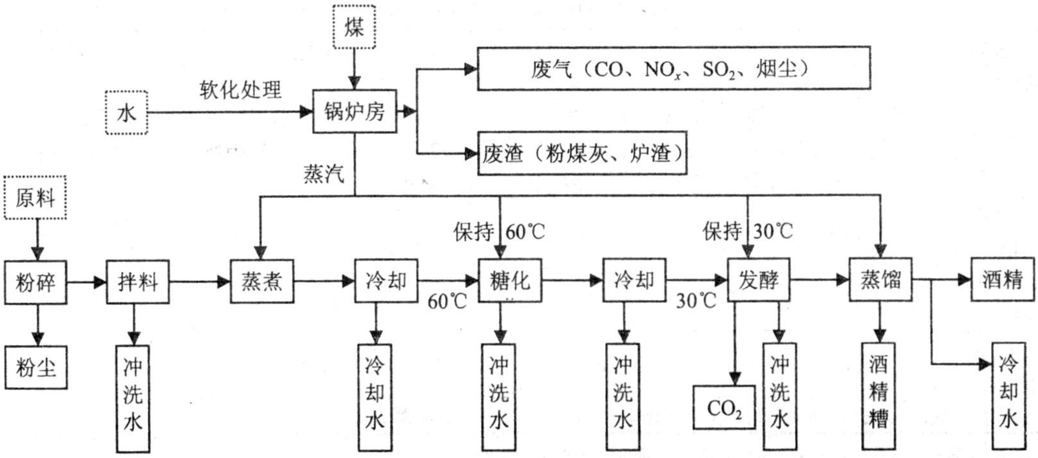

图 9-13 酒精工业（发酵法）排污节点图

表 9-12 酒精生产过程主要污染物及来源

污染物类型	主要来源	特征
高浓度有机废水	主要来源于浸泡、酿造等生产过程	含有糖类、醇类、维生素等
中浓度污水	生产设备的冲洗水、洗涤水	COD 浓度约 600～2000 mg/L，BOD 在 500～1000 mg/L
低浓度污水	蒸煮、糖化、发酵、蒸馏工艺的冷却水	COD 浓度低于 100 mg/L
废气	锅炉	CO、NO_x、SO_2、烟尘
废渣	锅炉	粉煤灰、炉渣
	发酵废渣	淀粉含量低，但是蛋白质含量却很高

四、酒精工业的环境污染

（一）酒精工业的废水污染

在酒精酿制过程中，微生物通过发酵过程将部分碳水化合物转化为乙醇或含少量乙醇的附属产物，而无机盐、蛋白质、粗脂肪等非碳水化合物和纤维素基本被留在母液中，成为高温、高浓度、高悬浮固体的酒精废水。酒精废水温度可达 100℃，BOD 及 COD 的含量都相当高，其中 COD 甚至高达 150 g/L，SS 浓度可达 10～50 g/L。每生产 1 t 粮食酒精约排放 13～20 m^3 废水，每生产 1 t 木薯酒精约产生 10～15 m^3 废水，每生产 1 t 糖蜜酒精排放 13～15 m^3 废水。

发酵法生产酒精过程会产生大量的蒸馏残液（又称为酒精废醪液），酒精废醪液是酒精粗塔排出物，这是酒精行业最主要的污水来源，属高浓度有机废水，有机物含量高，占 93%～94%，主要是碳水化合物以及氮化合物、生物菌、醇类和有机酸等。其中 COD 高达（3～5）$\times 10^4$ mg/L，BOD 达（1.3～3）$\times 10^4$ mg/L，SS 高达（1～5）$\times 10^4$ mg/L，pH 值 3～5。淀粉质酒精废水 COD 一般为 30～70 g/L，SS 为 20～35 g/L，木薯酒精废水 COD 高达 30～60 g/L，SS 高达 20～30 g/L，糖蜜酒精废水 COD 为 80～150 g/L，SS 为 50 g/L。

表 9-13 发酵法酒精生产工艺水污染物产生量

原料	玉米			薯类			糖蜜
规模/（万 kL/a）	≥8	4～8	≤4	≥8	4～8	≤4	所有
工业废水量/（m^3/kL 产品）	下限：18.55 中值：20.325 上限：22.18	下限：25.383 中值：27.192 上限：29.08	下限：30.53 中值：32.675 上限：34.82	下限：20.959 中值：22.503 上限：24.048	下限：29.07 中值：30.815 上限：32.56	下限：33.659 中值：34.464 上限：35.27	下限：47.543 中值：49.621 上限：51.7
COD/（kg/kL 产品）	569	645	661	432	458	481	1632
BOD/（kg/kL 产品）	343	383	406	246	283	289	802
氨氮/（kg/kL 产品）	0.65	0.75	0.78	0.38	0.64	0.69	5.97
工业废水量取值方法为：低醪发酵取上限值、中醪发酵取中值、浓醪发酵取下限值							

注：数据主要参考《第一次全国污染源普查工业污染源产排污系数手册》。

（二）酒精生产的废气污染

（1）锅炉烟气污染——与燃料种类、锅炉燃烧方式和烟气治理措施有关系；

（2）堆场扬尘污染——包括煤厂、渣场、料场和运输装卸有关；

（3）车间生产产生的异味——酒精生产过程的异味主要来自两个环节：①酒精；②饲料烘干；

（4）污水处理场恶臭——在污水处理过程中产生的恶臭物质主要由硫化物和有机硫化物组成，有时臭味会随风飘到很远处，影响范围大，反映强烈。

（三）酒精生产的固体废物污染

以玉米、木薯等原料发酵生产酒精的过程中，在发酵后会有很多的发酵残渣产生，如玉米酒精生产 1 t 酒精约需用 3 t 玉米，其中只有占原料 60%的淀粉能被用来发酵生产酒精，其他剩余的蛋白质、脂肪、碳水化合物、纤维素作为废物被丢弃了。另外，酒精废醪的预处理得到的酒精干酒醪也属于废渣。

五、酒精工业的污染治理

（一）酒精工业废水治理技术

酒精废醪液的治理难度较大，治理工艺有浓缩燃烧法、中和后用于水膜除尘、厌氧产沼和稀释农灌法等。我国酒精行业的酒精废醪液的处理技术一般采用厌氧-好氧法进行废水处理。酒精废醪液的预处理要进行固液分离，固液分离技术主要分两大类，一类是直接进行机械分离或蒸法浓缩分离；另一类先加药进行絮凝或中和，再进行机械分离或蒸法浓缩分离。由于酒精废醪黏度很高，增加了处理的难度，许多酒精生产企业都不能稳定达标排放。

（二）酒精工业固体废物综合利用

发酵废渣虽然淀粉含量低，但是蛋白质含量却很高，可以经烘干后做饲料；也可以此为原料采用水解-氧化-水解法生产草酸，并且在制备草酸的过程中基本消除了废气、废水的污染；还可以木薯渣为原料，利用工业糖化酶和酵母固态发酵，制取单细胞蛋白饲料，经过发酵，可以软化粗纤维和木质素，改善适口性，且该法采用工业糖化酶，具有发酵过程易于控制，不需选育淀粉分解菌的优点，有一定的工业应用潜力。

六、酒精工业环境监察要点

（一）落实《产业结构调整指导目录（2011 年本）》规定的发酵酿工业产业技术政策

酒精行业属重污染行业，国家有比较严格的产业技术政策，因此多数企业属于规模化企业。环境监察要落实国家对酒精行业的产业技术政策。

限制类：酒精生产线。

淘汰类：3 万 t/a 以下酒精生产线（废糖蜜制酒精除外）。

（二）检查酒精工业废水的环境污染排放与控制

酒精生产过程中的污染物产生量与使用的原料有很大关系，监察时应了解这方面的信息。

酒精工业废水的环境监察是重点。因为酒精生产过程单位产品用水量很大，另外，发酵、蒸馏等工序过程会产生大量高浓度有机废液，导致酒精废水量大，COD 浓度非常高，许多企业污水处理后还不能达标排放。对酒精行业废水达标排放情况的检查非常重要。

以糖蜜为原料的酒精企业 NH_3-N 的产生量也比较高，应加强监管。

（三）检查酒精工业废气的环境污染排放与控制

酒精生产需要大量蒸汽。蒸汽锅炉会产生燃烧烟气，污染按蒸汽锅炉监督管理。

酒精生产过程中，饲料烘干和污水处理厂会产生异味和恶臭气体，应采取有效的除臭控制措施，加强监管。

（四）检查酒精工业固体废物的环境污染控制

酒精企业的固体废物一般都被综合利用。清洁生产对酒精企业的污染源控制很有好处，应鼓励企业采取清洁生产措施，减少物料消耗，增加废物利用，可以大大减少污染物的产生量。

第五节　味精工业污染源环境监察

一、味精工业的原料

味精工业是以玉米、淀粉、糖蜜为主要原料的加工行业，个别厂家以小麦为原料。国内以大米、淀粉、糖蜜为原料，国外以糖蜜为原料生产谷氨酸。

二、味精工业基本生产工艺

味精生产工艺与其他发酵产品一样，生产工艺流程见图 9-14。主要包括淀粉水解糖的制取、谷氨酸发酵与提取和谷氨酸精制生产味精。

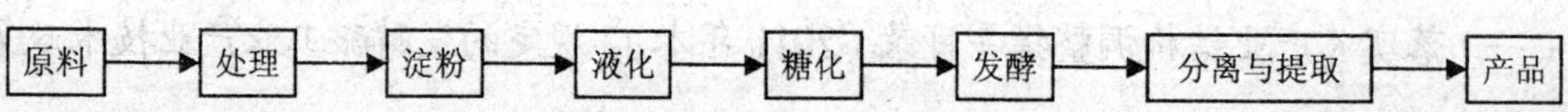

图 9-14　味精生产工艺流程图

（一）淀粉水解糖的制备

到目前为止，所发现的谷氨酸产生菌都不能直接利用淀粉，因此，以淀粉为原料时，必须先将淀粉水解成葡萄糖，才能供发酵使用。水解淀粉为葡萄糖的方法有酸解法和酶酸法等。

（二）谷氨酸发酵

谷氨酸的发酵包括谷氨酸生产菌的育种、扩大培养和发酵等过程。谷氨酸发酵是一个复杂的生化反应过程，影响因素很多。

（三）谷氨酸的提取

谷氨酸的提取是将谷氨酸生产菌在发酵液中积累的 L-谷氨酸提取出来。目前国内各味精厂主要采用以下几种方法提取谷氨酸：等电点法、离子交换法、金属盐法、盐酸水解-等电点法、离子交换膜电渗析法。

（四）谷氨酸制味精

从发酵液中提取得到的谷氨酸，仅仅是味精生产中的半成品。谷氨酸与适量的碱进行中和反应，生成谷氨酸一钠，其溶液经过脱色、除铁、除去部分杂质，最后通过减压浓缩、结晶及分离，得到较纯的谷氨酸一钠。谷氨酸一钠的商品名称就是味精或味素。

三、味精工业产排污节点

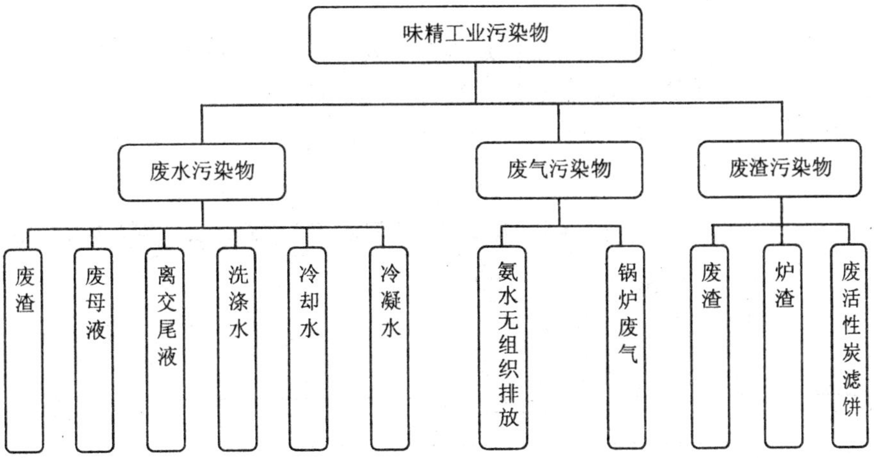

图 9-15　味精工业主要污染物

（一）水解制糖

淀粉水解制糖工艺产排污节点见图 9-16。味精生产制糖过程主要是淀粉水解双酶制糖，由图 9-16 可知，制糖生产过程中没有废气污染物排放；主要污染是生产排出的制糖清洗废水，另外还有极少量的粉渣排放。

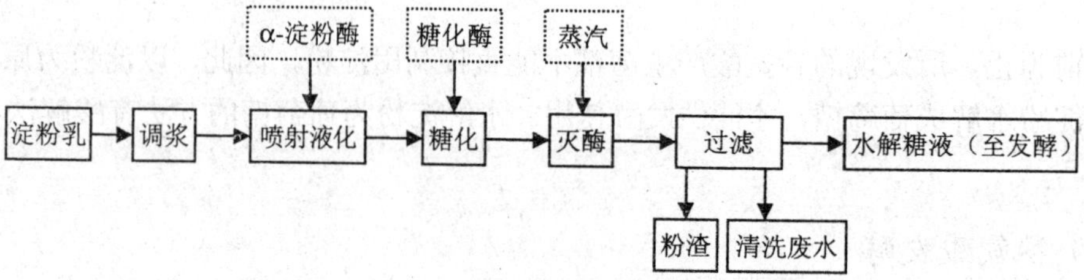

图 9-16　淀粉水解制糖工艺产排污节点

以大米（玉米）为原料的制糖工艺产排污节点如图 9-17 所示，生产过程中没有废气污染物排放；主要污染是生产排出的制糖清洗废水和洗涤水，米渣可作为饲料出售。

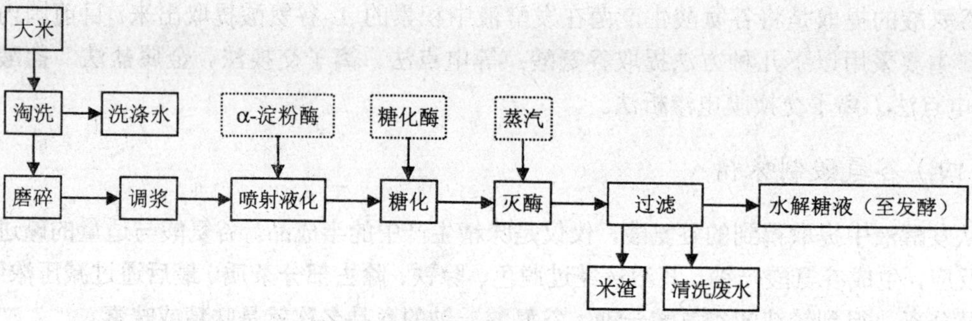

图 9-17　大米制糖工艺产排污节点

（二）谷氨酸发酵与提取

谷氨酸发酵与提取（离交工艺）生产过程中主要污染源为谷氨酸提取的离交尾液及树脂洗涤水，该部分废水排放量大，污染物浓度高、难处理；谷氨酸发酵过程中还将排出消毒灭菌洗罐废水。谷氨酸发酵提取过程中无废渣产生，废气主要来自发酵和提取过程中使用氨水而产生的无组织排放。

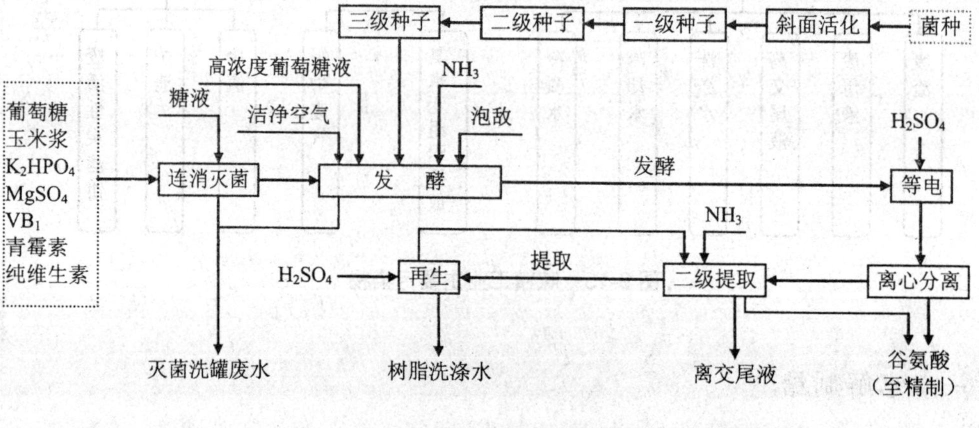

图 9-18　谷氨酸发酵与提取生产工艺产排污节点（离交工艺）

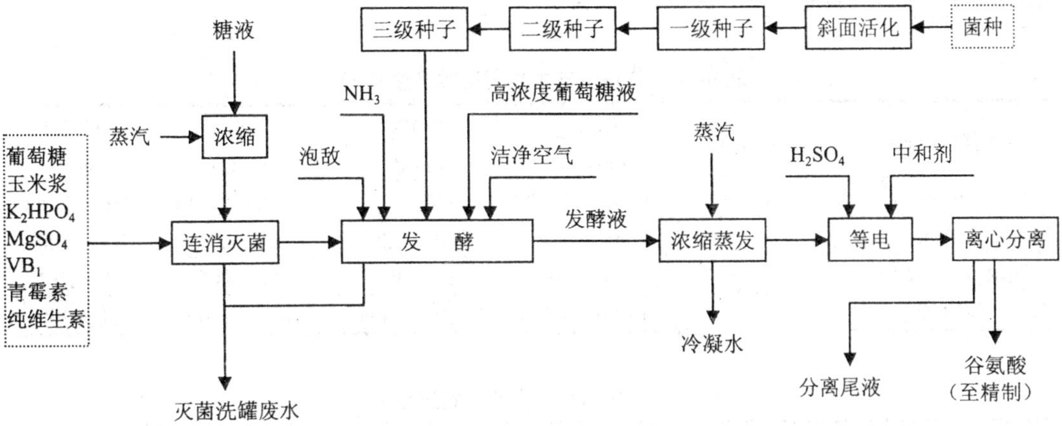

图 9-19 谷氨酸发酵与提取生产工艺产排污节点（浓缩等电工艺）

（三）谷氨酸精制生产味精

精制生产过程中主要污染源为废水，其废水排放为脱色时粒状炭柱冲洗废水，而脱色压滤洗滤布水经沉淀后全部返回中和工序，供谷氨酸溶解水使用而不外排。固体废物主要为过滤产生的废活性炭滤饼。

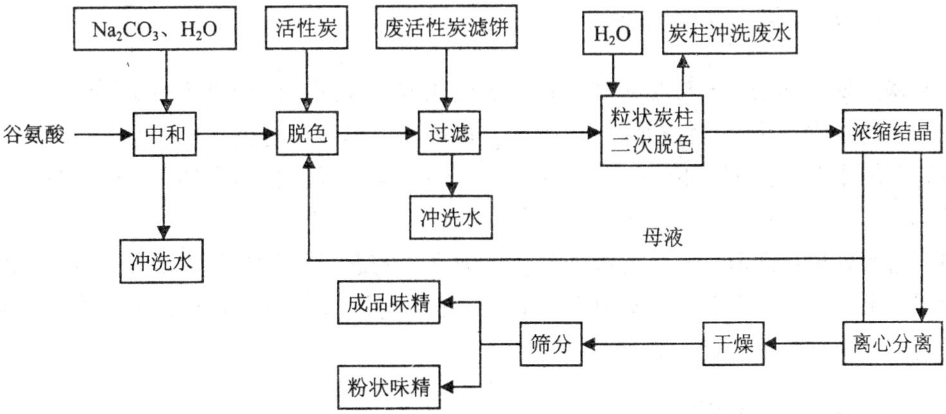

图 9-20 味精精制生产工艺产排污节点

四、味精工业的环境污染

（一）味精工业废水污染

味精行业高浓度有机废水污染严重，是行业突出的共性问题，生产 1 t 味精要产生 15～20 t 高浓度废水．其 pH 值为 1.8～2.0，COD 浓度达 30 000～70 000 mg/L、BOD/COD 大约为 0.45～0.50、SS 浓度达 12 000～20 000 mg/L、NH_3-N 浓度达 5 000～7 000 mg/L。此外，味精生产过程中洗涤水、冷凝水等中浓度废水的 pH 为 3.5～4.5，COD 浓度达 1 000～

2 000 mg/L，SS 浓度达 150～250 mg/L。

表 9-14 味精生产主要污染物产生状况

污染物分类	pH	COD_{Cr}/（mg/L）	BOD_5/（mg/L）	SS/（mg/L）	NH_3-N/（mg/L）
高浓度（废母液、离交尾液）	1.8～2.0	30 000～70 000	20 000～42 000	12 000～20 000	5 000～7 000
中浓度（洗涤水、冷凝水）	3.5～4.5	1 000～2 000	600～1 200	1 500～2 500	200～500
低浓度（冷却水）	6.5～7	100～500	60～300	100～200	5～10
综合废水		1 000～4 500	500～3 000	1 000～1 500	250～300

表 9-15 味精行业水污染物产生量

原料	玉米淀粉			大米
工艺	发酵提取		浓缩等电	发酵提取
规模/（万 t/a）	3～20	＜3	3～20	3～20
工业废水量/（t/t 产品）	70～91	82～103	67～84	75～93
COD/（kg/t 产品）	644～709	708～801	566～657	657～715
BOD/（kg/t 产品）	333～367	368～418	301～347	355～361
氨氮/（kg/t 产品）	117～132	133～146	83～96	122～136

注：数据主要参考《第一次全国污染源普查工业污染源产排污系数手册》。

（二）味精生产的废气污染

（1）锅炉烟气污染——与燃料种类、锅炉燃烧方式和烟气治理措施有关系；

（2）堆场扬尘污染——包括煤厂、渣场、料场和运输装卸有关；

（3）车间生产产生的异味——味精生产过程的异味主要来自两个环节：①味精；②饲料烘干；

（4）污水处理场恶臭——在污水处理过程中产生的恶臭物质主要由硫化物和有机硫化物组成，污水处理厂恶臭气体中硫化氢（H_2S）浓度可达 70 000 mg/m^3，有时臭味会随风飘到很远处，影响范围大，反映强烈。

（三）味精生产的固体废物污染

每生产 1 t 味精需用 4～4.5 t 大米，这其中只有占原料 60%的淀粉能被用来发酵生产味精，其他剩余的蛋白质、脂肪、碳水化合物、纤维素作为废物被丢弃了。这些被丢弃的剩余物质不仅引起严重的环境问题，还造成资源的严重浪费。味精行业每年要产生 200 万 m^3 废渣。

五、味精工业的污染治理

（一）味精工业废水治理技术

味精综合废水处理工艺一般都采用厌氧处理和好氧处理相结合的方式处理味精废水。

（二）味精工业废物综合利用

发酵废母液除菌体，得到菌体蛋白可以用于生产饲料；除去菌体后的清母液浓缩，得到的冷凝水可以重复利用；浓缩母液经过脱盐操作，获得结晶硫酸铵；结晶硫酸铵后的硫铵母液进行焦谷氨酸过滤分离，滤渣和结晶硫酸铵可生产复合肥。

六、味精工业环境监察要点

味精行业属重污染行业，国家有比较严格的产业技术政策，经过行业整合，现存企业都属于规模化企业。环境监察要落实国家对味精行业的产业技术政策。

（一）味精工业废水的环境监察要点

味精工业废水的环境监察是重点。因为味精生产过程单位产品用水量很大，另外，发酵、蒸馏等工序过程会产生大量的高浓度有机废液，导致味精生产不仅废水量大，COD浓度非常高，污水处理成本较高，许多企业污水处理后还不能达标排放。许多味精企业还做不到稳定达标，环境监察应加大对味精行业废水监督检查的频率。

（二）味精工业废气的环境监察要点

味精生产需要大量蒸汽。蒸汽锅炉会产生燃烧烟气，污染按蒸汽锅炉监督管理。

味精企业的发酵和污水处理厂会产生恶臭气体，应采取有效的除臭控制措施，加强监管。

（三）味精工业固体废物的环境监察要点

味精企业的固体废物一般都被综合利用。清洁生产对味精企业的污染源控制很有好处，应鼓励企业采取清洁生产措施，减少物料消耗，增加废物利用，可以大大减少污染物的产生量。

第六节　柠檬酸工业污染源环境监察

一、柠檬酸工业的原料与能耗

柠檬酸工艺是指以薯干（淀粉）、玉米（淀粉）等为主要原料，通过糖化、发酵、提取和精制等过程生产柠檬酸产品的工业。

表 9-16　柠檬酸生产的原料

淀粉质	甘薯、木薯、玉米、马铃薯及其制成的薯干、薯粉、淀粉、薯渣、淀粉渣等
粗制糖类	粗蔗糖、水解糖（葡萄糖）、饴糖等
制糖工业副产品	糖蜜、葡萄糖母液、冰糖母液等

生产1t柠檬酸需消耗薯干2.5～3t，消耗水量30～40 m^3。耗电3 000～3 500kWh/t，耗蒸汽15～17t/t。先进企业每吨耗粮仅1.8t，汽耗5t，电耗1 000kWh，水耗30 m^3。

二、柠檬酸工业基本生产工艺

工艺按原料可分为粗淀粉发酵工艺和精淀粉发酵工艺。前者废水量较大，废水中各类污染物的浓度也较高。我国柠檬酸生产企业多采用粗淀粉发酵工艺。玉米柠檬酸的生产工艺主要包括糖化、发酵、提取和精制等。

三、柠檬酸工业产排污节点

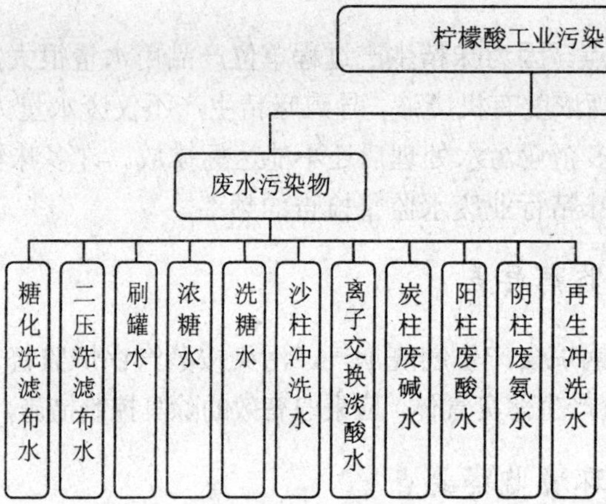

图9-21 柠檬酸工业主要污染物

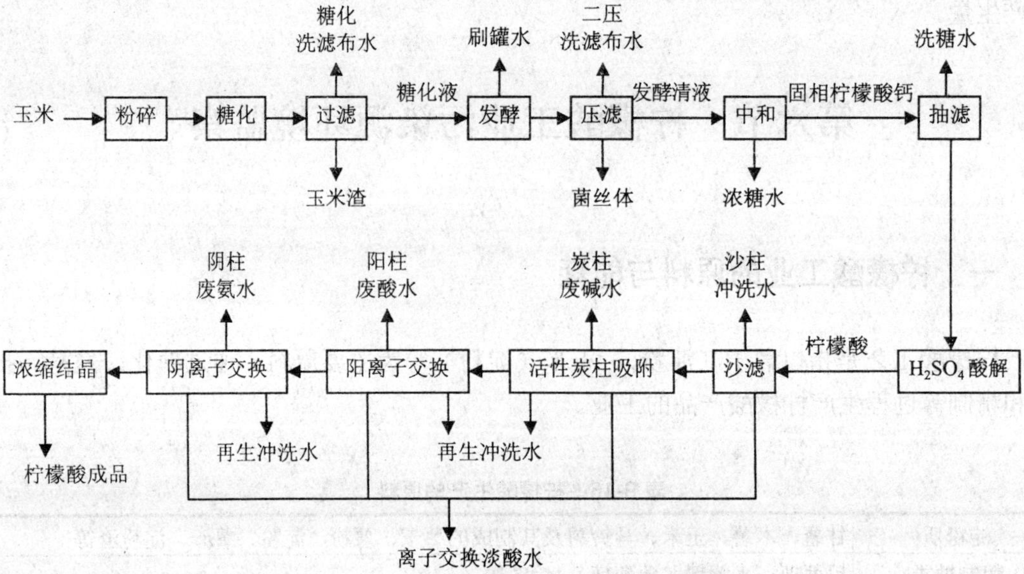

图9-22 玉米柠檬酸生产工艺废水排放节点

表 9-17　柠檬酸生产废水主要来源

名称	特点
糖化洗滤布水	在糖化过程中，糖化液必须过滤除去玉米渣，过滤机的滤布需要定期清洗，产生“糖化洗滤布水”，主要含有淀粉、蛋白质、纤维素、玉米脂肪及钠离子等
二压洗滤布水	糖液在发酵罐中发酵得到发酵液，经压滤机压滤去除菌丝体，成为发酵清液，送到提取车间。压滤机的滤布需要定期清洗，由此而产生“二压洗滤布水”，主要含有柠檬酸、残糖、蛋白质和维生素等
刷罐水	发酵罐排放发酵液后，在下一次进料前，要用清水将发酵罐洗涤干净，从而产生“刷罐水”，主要含有柠檬酸、残糖、蛋白质、维生素和聚醚等
浓糖水	发酵清液与 $CaCO_3$ 中和生成柠檬酸钙沉淀，上部母液称为“浓糖水”，含有柠檬酸、柠檬酸钙、残糖、油脂、蛋白质、微量钠盐、聚醚及有机色素等
洗糖水	中和工序得到的固相柠檬酸调浆后送入过滤机，继续使用 80～90℃的热水，进一步洗去残糖及可溶解性杂质，抽滤后排放出“洗糖水”，含有柠檬酸、柠檬酸钙、残糖、油脂、蛋白质、无机钙及有机色素等
沙柱冲洗水	精制工序中要把固体物质在沙滤器中除去，沙柱需定期冲洗，形成“沙柱冲洗水”，含有硫酸钙、柠檬酸以及其他结成滤饼的固性物
离子交换淡酸水	离子交换淡酸水由 4 个位置产生：沙柱、炭柱、阴柱、阳柱。离子交换柱再生前，将淡酸液排入后柱，然后用清水（无离子水）把残液冲向后柱，所产生的废水为“离子交换淡酸水”，含有柠檬酸、铁、钙、氯等离子以及滤层微粒和破碎的阴、阳树脂
炭柱废碱水	酸碱液经沙柱过滤后，进入活性炭柱吸附，炭柱每 2 周用 NaOH 水溶液再生，再生所排放的水为“炭柱废碱水”，含有 NaOH、柠檬酸盐及有机色素等
阳柱废酸水	来自炭柱的酸解液经过阳离子交换柱，再生时先放去浓酸液，用清水洗涤残液，形成“阳柱废酸水”，含有 HCl、柠檬酸、金属离子等
阴柱废氨水	来自阳柱的酸解液经过阴离子交换柱，再生时先放去浓缩液，用清水洗涤，放去淡酸水以后，用氨水溶液再生，形成“阳柱废酸水”，含有 NH_3、柠檬酸、非金属离子等
再生冲洗水	交换柱再生冲洗水包括炭柱、阴柱、阳柱 3 部分，再生结束，放去再生废水后，用无离子水冲洗残留的再生废水，形成“再生冲洗水”，含有 NaOH、HCl、NH_3 以及相应的盐类和破碎的树脂

四、柠檬酸工业的环境污染

（一）柠檬酸工业废水污染

柠檬酸工业的主要污染是废水污染，柠檬酸废水主要含有大量的可溶性有机物（糖类、脂肪酸、蛋白质、淀粉等），其可生化性很好。其主要工艺环节产生废水的排放量及水质情况如表 9-18 所示。综合废水 COD 浓度为 10 000～20 000 mg/L，BOD 浓度为 5 000～10 000 mg/L，SS 浓度为 1 000 mg/L 左右。

表 9-18 柠檬酸生产废水水量及水质

废水名称	废水量/（m^3/t 产品）	COD/（mg/L）	pH
糖化洗滤布水	1.80	3962	5～6
二压洗滤布水	0.54	1741	3
刷罐水	0.36	38986	1～2
浓糖水	14.40	23780	4.5～5.5
洗糖水	11.50	3650	5～6
沙柱冲洗水	0.18	—	—
离子交换淡酸水	2.70	3000～4000	1～2
炭柱废碱水	0.15	1000～3000	10～12
阳柱废碱水	0.72	1000～3000	1～2
阴柱废氨水	0.32	1000～3000	10～12
再生冲洗水	2.16	500～1000	—

柠檬酸废水主要来自提取车间的浓糖水和洗糖水，其浓度高、排放量大；发酵车间的刷罐水虽然浓度高，但水量很少，有机负荷较少；其他各点排放的废水浓度较低，水量也不大。柠檬酸废水中含有大量的有机物（有机酸、糖、蛋白质、脂肪、淀粉、纤维素等）及 N、P、S 等物质，生产中未糖化的淀粉质、未发酵的残糖、未能提取的柠檬酸等都进入废水中，形成高浓度的有机污染物。

（二）柠檬酸生产的废气污染

（1）锅炉烟气污染——与燃料种类、锅炉燃烧方式和烟气治理措施有关系；

（2）堆场扬尘污染——包括煤厂、渣场、料场和运输装卸有关；

（3）污水处理场恶臭——在污水处理过程中产生的恶臭物质主要由硫化物和有机硫化物组成，有时臭味会随风飘到很远处，影响范围大，反映强烈。

柠檬酸生产排放大量菌体渣，含水 70%，pH 值 5～6，SS 浓度约为 20000～30000mg/L，产生大量含水石膏（含量可达 98%）。柠檬酸发酵废菌丝和淀粉渣，生产 1t 柠檬酸可产生 0.25t 菌丝渣。

淀粉发酵产生的发酵液，经碳酸钙中和，再加硫酸水解，提取柠檬酸得到废渣石膏，生产 1t 柠檬酸约产生 2.4t 废渣（二水硫酸钙折合 1.3t 干石膏）。

五、柠檬酸工业的污染治理

（一）柠檬酸工业废水治理技术

柠檬酸生产废水属于高浓度有机废水，可生化性好，因此，国内外常用的废水处理方法是生化法。根据作用微生物的不同，生物处理方法可分为好氧处理和厌氧处理两大类型。

（二）柠檬酸工业固体废物综合利用

菌丝渣经水洗酸滤去水后，可以作为饲料；废渣石膏可以综合利用制取石膏粉。

六、柠檬酸工业环境监察要点

柠檬酸行业属重污染行业，国家有比较严格的产业技术政策，经过行业淘汰落后产能，现存企业多属于规模化企业。环境监察要落实国家对柠檬酸行业的产业技术政策。

（一）柠檬酸工业废水的环境监察要点

柠檬酸工业废水的环境监察是重点。因为柠檬酸生产过程单位产品用水量很大，另外，糖化、发酵、过滤等工序过程会产生大量高浓度酸性有机废水，导致柠檬酸生产不仅废水量大，COD 浓度高，pH 值接近 3，污水处理成本较高，许多企业污水处理后还不能达标排放。许多柠檬酸企业还做不到稳定达标，环境监察应加大对柠檬酸行业废水监督检查的频率。

（二）柠檬酸工业废气的环境监察要点

柠檬酸的发酵和生产需要大量蒸汽。蒸汽锅炉会产生燃烧烟气，污染按蒸汽锅炉监督管理。

污水处理厂产生恶臭物质，主要由硫化物和有机硫化物组成，有时臭味会随风飘到很远处，影响范围大，反映强烈。

（三）柠檬酸工业固体废物的环境监察要点

柠檬酸企业的固体废物一般都被综合利用。清洁生产对柠檬酸企业的污染源控制很有好处，应鼓励企业采取清洁生产措施，减少物料消耗，增加废物利用，可以大大减少污染物的产生量。

第十章　炼油及炼焦工业污染源环境监察

第一节　炼油工业基础知识

一、我国炼油工业的现状

石油炼制是以原油为基本原料，经过一系列炼制工艺，如常减压蒸馏、催化裂化、催化重整、延迟焦化、炼厂气加工及产品精制等，将沸点不同的原油成分分馏为不同的石化产品。石油炼制业不含石化有机原料、合成树脂、合成橡胶、合成纤维以及化肥的生产。

我国石油炼制行业由于行业的垄断性，整体企业规模比较大，平均技术水平，装备水平都接近世界先进水平，主要企业的环保措施也比较到位。目前我国千万吨级炼油厂共 13 家，中国石化、中国石油所属的 400 万 t/a 以上的炼油厂共 36 家。

石油炼制工业生产过程是石化行业石油类、COD、硫化物、挥发酚、BOD 等水污染物的主要来源，是非甲烷总烃、SO_2、NO_x和烟尘等大气污染物排放的主要来源。

二、炼油行业产业技术政策

（一）石油行业产业政策

表 10-1　石油行业产业结构调整政策

<table>
<tr><th>文件及颁布时间</th><th>内容概要</th></tr>
<tr><td>《节能中长期专项规划》（发改委，2004 年 11 月）</td><td rowspan="4">产业布局：（1）稳定东部、加快西部、发展南方、开发深海。（2）在能力相对过剩的地区严格控制炼油规模。在油品消费集中的地区对现有企业扩建，扩大炼油生产能力，在无炼油工业的油品消费集中地区合理布局新项目，在东南沿海和西南地区加快炼油厂改建和扩建，适时启动新建项目。（3）在广西沿海择点建设海上进口原油加工基地，在四川适时建设陆上原油加工基地，逐步改善炼油工业布局。
原料结构：（1）以洁净煤、天然气和高硫石油焦替代燃料油（轻油）。（2）建立和完善全球原料供应体系，实施原油进口来源多地区、进口方式多元化、运输方式多样化战略。（3）鼓励采取兼并收购、合作开发和国内外合资建设炼油厂等营销方式。</td></tr>
<tr><td>《产业结构调整指导目录》（发改委令[2005]40 号，2005 年 12 月 2 日）</td></tr>
<tr><td>《炼油工业中长期发展专项规划》（发改委，2005 年 12 月）</td></tr>
<tr><td>《关于加快推进产能过剩行业结构调整的通知》（国发[2006]第 11 号，2006 年 3 月 12 日）</td></tr>
</table>

文件及颁布时间	内容概要
《国民经济和社会发展第十一个五年规划纲要》（十届人大四次会议，2006年3月14日） 《能源发展“十一五”规划》（发改委，2007年4月 《石油和化学工业“十一五”发展规划纲要》（中国石油和化工工业协会，2008年11月4日） 《石化产业调整和振兴规划》（国办发，2009年5月18日） 《石油和化工产业结构调整指导意见》（中国石油和化工工业协会，2009年11月18日）	生产规模：（1）2010年，全国原油、天然气产量分别达到1.95亿m^3和1000亿m^3，原油加工能力达到4亿t，加工量3.7亿t。（2）2010—2020年，炼油装置平均开工负荷比2005年提高5个百分点，轻质油品收率平均达到74%，化工轻油自给率达到85%；2010年，炼油工业新增原油加工能力9000多万t。（3）2011年，原油加工量达到40500万t，成品油、乙烯产量分别达到24750万t、1550万t。（4）到2015年，形成若干个2000万t/a级的炼油生产基地，长三角、珠三角和环渤海地区的炼油能力比重进一步提高，炼油企业平均规模达到500万t以上，原油加工能力达到5.5亿t左右，成品油产量达到3亿t左右。 限制类项目：（1）800万t/a以下常减压炼油装置；（2）50万t/a以下催化裂化装置、40万t/a以下连续重整装置、80万t/a以下加氢裂化装置；（3）以石油（高硫石油焦除外）为原料的化肥生产项目…… 淘汰落后：（1）安全环保达不到国家标准的成品油生产装置；（2）100万t/a及以下生产汽煤柴油的小炼油生产装置（2005年）；（3）土法炼油…… 1）炼油工业实行准入制度。 2）改善产业布局：原油加工能力过剩区域和辖区内现有企业的改扩建，必须关停并转区域内小型和低效的炼油企业。 3）石油石化工业：发展水驱开采、聚驱开采，推进难利用储量的开发利用；发展油砂、油母页岩的工业化利用；推广循环流化床锅炉燃用高硫石油焦技术；推进油田和石油炼制过程中的火炬气、酸性气体等废气回收和综合利用。 4）到2015年，形成若干个2000万t/a级的炼油生产基地，炼油企业平均规模达到500万t以上。加快淘汰100万t/a及以下的炼油装置，积极引导200万t/a的炼油装置向生产特色产品转型、转向，防止以沥青、重油加工等名义新建小炼油项目。 能源消耗：（1）2010年，炼油单位能量因数能耗下降到12kg标准油/t·因数。（2）“十一五”期间，石化工业万元工业增加值能源消耗降低20%，万元工业增加值用水量降低30%。（3）到2011年，大型炼油装置吨原油加工耗标准油低于63kg，大型乙烯装置吨乙烯耗标准油低于640kg，大型煤制合成氨装置吨氨综合能耗低于1.8t标准煤。（4）到2015年，电石单位产品综合能耗下降至1t标煤，黄磷下降至7t标煤，合成氨下降至1.7t标煤

（二）石油行业环境保护政策

表10-2 石油行业环境保护政策

文件及颁布时间	对企业的要求
《海洋石油开发工业含油污水排放标准》（GB 4914—85，1985年8月1日） 《清洁生产标准 石油炼制业》（HJ/T 125—2003，2003年4月18日）	规划要求：新建炼油项目单线规模原则上要达到800万t级以上；对于没有完成小炼油等落后生产装置关停并转任务的地区，禁止建设新增产能的项目。 环境标准：（1）2015年，汽油质量标准达到国Ⅳ以上，柴油质量标准达到国Ⅲ以上；轻油收率达到75%。（2）石油开发排放的含油污水不能超过规定的排放标准。

文件及颁布时间	对企业的要求
《节能中长期专项规划》（发改委，2004 年 11 月）	污染治理技术要求：（1）油气开采应用采油系统优化配置技术，稠油热采配套节能技术，注水系统优化运行技术，油气密闭集输综合节能技术，放空天然气回收利用技术。石油炼制提高装置开工负荷和换热效率，优化操作，降低加工损失。（2）“十一五”期间重点发展复杂地区油气勘探、动用储量开发和深水勘探开发等关键技术、老油田提高采收率技术、催化裂化新工艺、加氢脱硫技术、加工进口油脱硫系列技术、高档润滑油生产技术以及炼油配套催化剂、添加剂和助剂技术等。（3）炼油乙烯行业重点推广液化气制高辛烷值汽油、渣油加氢处理、资源梯级使用等技术，提高石油资源利用率。（4）推广高效井下污水处理和再生利用技术；推广柴油机余热利用技术；推广采用不稳定排放硫化氢气体资源化利用技术回收井口无组织排放的含硫化氢气体；推广石油焦乳化焦浆/油（EGC）代油节能技术；推广炼油企业含氢尾气膜法回收技术；研发催化裂化再生烟气、加热炉气、工艺排气及电站排气中二氧化硫和氮氧化物处理技术。
《炼油工业中长期发展专项规划》（发改委，2005 年 12 月）	
《清洁生产标准 石油炼制业（沥青）》（HJ 443—2008，2008 年 9 月 27 日）	
《石油和化学工业“十一五”发展规划纲要》（中国石油和化工工业协会，2008 年 11 月 4 日）	
《石化产业调整和振兴规划》（国办发，2009 年 5 月 18 日	
《中国资源综合利用技术政策大纲》（发改委等，2010 年 7 月 1 日）	资源综合利用：“十一五”期间，工业固体废物综合利用率提高到 70%；推进余热利用及回收硫化氢气体。
《含油污水处理工程技术规范》（HJ 580—2010，2010 年 10 月 12 日）	清洁生产：（1）将石油炼制工业生产过程的清洁生产水平分为三级技术指标。（2）生产工艺和装备、资源能源利用、污染物产生及废物回收利用等方面应符合清洁生产一级到三级的指标要求

三、石油精馏的主要设备

在石油炼制工业中，各种油品的炼制都要通过各种塔设备来分离和加工各种油品，包括蒸馏塔（精馏塔）、吸收塔、解吸塔、抽提塔、洗涤塔。

四、石油炼制工业生产工艺

炼油过程主要包括以下工序：

- 分离工艺
- 转化工艺
- 油品精制工艺
- 原料和产品的储运

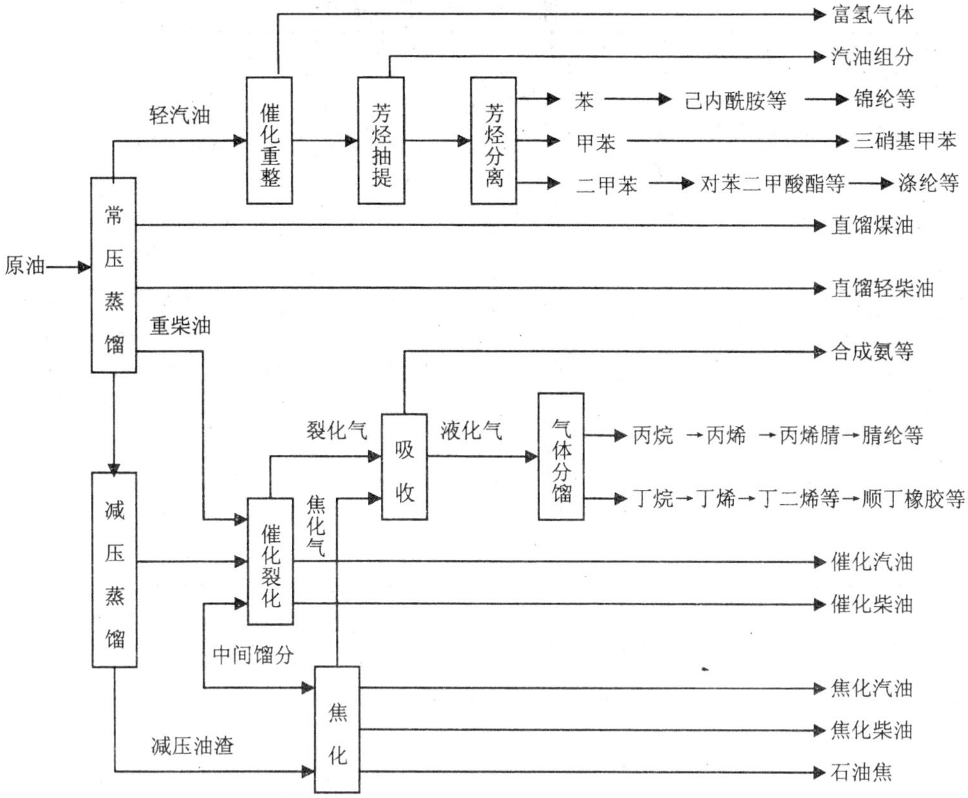

图 10-1　燃料-化工型炼油厂生产流程

把原油蒸馏分为几个不同的沸点范围（即馏分）叫一次加工；将一次加工得到的馏分再加工成商品油叫二次加工；将二次加工得到的商品油制取基本有机化工原料的工艺叫三次加工。

（一）分离工艺

石油分离工艺装置主要包括电脱盐、初馏、常压蒸馏、减压蒸馏四个部分。原油由包括烷烃、环烷烃和带有少量杂质硫、氮、氧和金属的芳香烃等烃类化合物的混合物组成。炼油厂分离工艺把原油分割为沸点相近的馏分。

1. 分离工艺的主要设备

加热炉、分馏塔、油水分离器是分离工艺的主要设备，也是主要污染源。分馏塔是通过精馏方式进行不同油品的分离。一般精馏塔都从塔顶、塔底和若干侧线获得不同产品，会产生石油加工污染。加热炉主要是使用燃料加热分馏的原料，会产生燃料燃烧污染。

2. 主要生产工艺

原油蒸馏工艺包括三个主要设备初馏塔、常压塔和减压塔。

表 10-3 石油分离工艺与污染简介

工艺	加工原理	工艺污染
电脱盐	在高压电场作用下，除去原油中无机盐类及悬浮状固体物质的工艺，可以防腐和防堵，还可防止后续工序催化剂中毒	脱盐脱水主要是水污染，这部分废水含无机盐、石油类和 COD 浓度较高，由于使用乳化液，水呈乳浊状
初馏工艺	通过加热（150℃）初馏塔，分出原油中的轻汽油馏分。塔顶出轻汽油馏分，塔底为拔头原油	常减压排水主要有含硫污水、含油污水和含盐污水。塔顶油水分离器污水：三个蒸馏塔顶产物冷凝后经油水分离器排出的污水，由于与油品直接接触，融入污染物较多，石油类、硫化物、氨氮浓度都在 100 mg/L 以上，COD 浓度在 500 mg/L 以上，BOD 浓度在 100 mg/L 以上，酚浓度在 10 mg/L 以上，水呈乳浊状。 加热炉烟气：主要是加热炉排放的烟气，含 SO_2、NO_x、粉尘等。产生烟气中的污染物计算与燃料种类、品质和消耗量有关。 设备维修吹扫，会有部分油气放空排放，应严格管理。产生的硫化氢气体经常产生泄漏，主要部位在三塔顶回流罐脱水部位，产生无组织排放，主要污染物有硫化氢和酚
常压蒸馏	通过加热（350℃）常压塔，分出原油中沸点低于 350℃的轻质馏分油，塔顶出汽油，各侧线馏分油经汽提、换热、冷却后出装置，塔底是沸点高于 350℃的重油	
减压蒸馏	通过加热（500℃）常压塔，从重油中分出沸点低于 500℃的高沸点馏分油。塔顶一般不出产品，与抽真空设备相连，侧线各馏分油经换热、冷却后出装置，作为二次加工的原料。塔底渣油经换热、冷却后出装置，作为下道工序如焦化、溶剂脱沥青的原料	

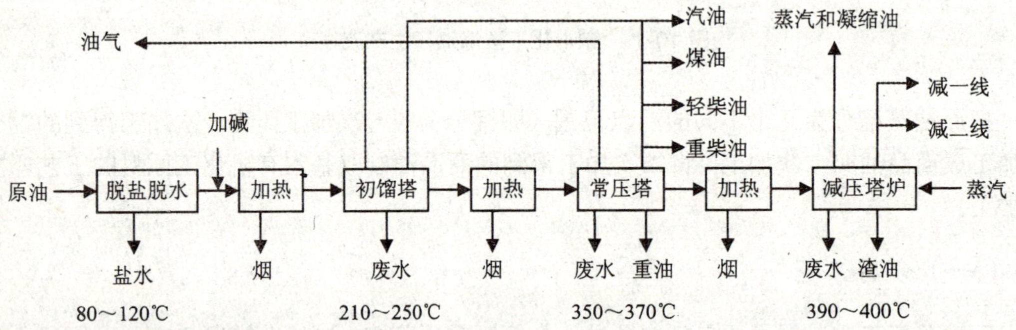

图 10-2 常/减压工艺流程

（二）转化工艺

转化工艺包括催化裂化、加氢裂化、延迟焦化、烷基化、催化叠合等设备和工艺，通过产品转化，生产高价值油品。

一次加工（蒸馏）分馏的轻质油品只占原油的 10%～40%，其余为重质馏分和残渣。催化裂化和催化重整是炼厂重要的二次深加工，可以得到更多的轻质馏分。我国汽油产量的 70%、柴油产量的 33%是由该工艺生产的。

1. 催化裂化

催化裂化装置是炼油厂二次加工装置，按处理的原料可以分为蜡油催化裂化、重油催化裂化、催化裂解等装置。主要包括反应—再生系统、分馏系统、稳定系统、脱硫系统、热工系统、三机（风机、气压机、增压机）系统等。

表 10-4 催化裂化工艺与污染

加工原理	工艺污染
在催化剂（硅铝或沸石催化剂）作用下，加热减压和焦化产生重质馏分油或渣油，重质馏分产生裂解转化，分馏出汽油、轻、重柴油、石油气等产品。催化裂化装置分三部分，反应部分（催化裂解）、分馏部分（初步分离，得部分产品和中间品）、吸收稳定部分（气体和汽油送稳定部分，经吸收、解吸、再吸收、稳定得液化石油气和稳定汽油）	粗汽油罐污水：主要是来自反应器、气体分馏塔等产生的蒸气凝结污水，吸收了反应油气中的硫化氢、氨、酚等物质，也称含硫污水，主要污染物硫化物、COD 浓度在 1 000 mg/L 以上，BOD 和氨氮浓度在 500 mg/L 以上，石油类和酚浓度在 100 mg/L 以上。 凝缩油罐排水：来自压缩富气注水和少量油气中的凝结水，含有较高的硫化氢、氨等污染物
	再生烟气：由再生器燃烧待生催化剂上的积炭产生的烟气，主要污染物有 SO_2、NO_x、CO 等，主要取决于催化剂原料是否含硫。 无组织排放的废气：装置的主要塔、器顶均有泄压线，当系统压力过高会产生放空减压，因此产生火炬燃烧污染，应回收放空气。 粉尘：催化裂化装置在开停工期间，要装入或卸出催化剂，会产生催化剂粉尘污染，当系统异常时，也会出现催化剂粉尘被再生烟气带出现象，主要污染物有粉尘和重金属
	废渣：有碱洗精制的碱渣、更换的废催化剂、停工检修产生的脱硫醇的废活性炭等，多属于危险废物

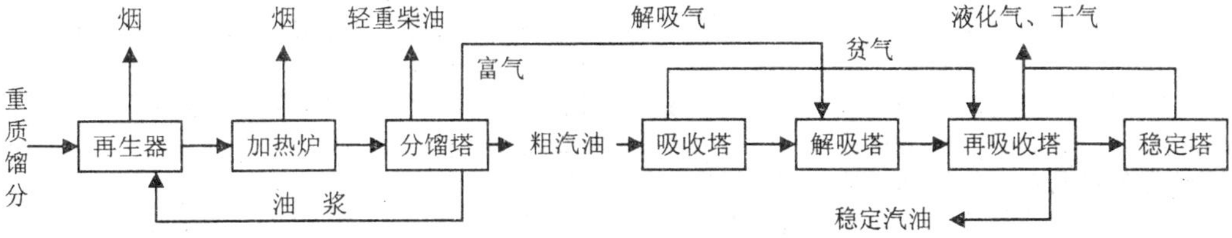

图 10-3 催化工艺流程

2. 催化重整

催化重整工艺分固定床半再生和连续再生重整两种类型，主要装置由原料预处理、催化重整、芳烃抽提、催化剂再生四部分组成。

表 10-5 催化重整工艺与污染

加工原理	污染
原料预处理是将原料分馏成适合重整的馏分，脱除有害的废金属和金属杂质； 催化重整是在催化剂（铂、铼）作用下，将石脑油中的环芳烃、烷烃脱氢，异构化生成芳烃； 芳烃抽提是利用溶剂将芳烃抽提出来； 催化剂再生是在再生器内经烧焦、氯化、干燥，再用氢气进行还原将催化剂再生	含硫废水：来自预处理单元回流罐切水、油气分离器、溶剂再生抽空排水产生含有硫化物和氯化物的废水，废水主要含油类、SS 浓度在 100 mg/L 以上，COD 浓度在 5 000 mg/L 以上，BOD 和酚浓度在 1 000 mg/L 以上。 抽真空冷凝水：系统回收塔油水分离器产生废水，含一定量的苯类物质。 含碱废水：催化剂再生过程产生含氯酸性废水，进行碱中和，会产生碱性废水
	加热炉烟气：主要是加热炉排放的烟气，含 SO_2、NO_x、粉尘等。 催化剂再生烟气：在催化剂烧焦过程产生氯酸烟气，经碱洗中和，燃烧后产生的废气排放。 无组织排放的废气：装置产生的弛放气和芳烃采样口外泄的废气。
	废渣：催化剂再生单元产生的废干燥剂、抽提系统精馏脱色处理产生的废白土、抽提系统产生的老化溶剂（环丁砜，每两个月一次，每次 2t）、更换的废催化剂，多属于危险废物

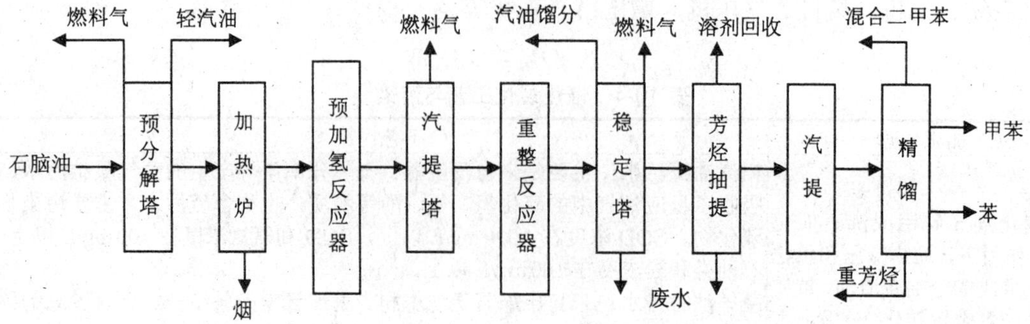

图 10-4 催化重整工艺流程

3. 加氢裂化工艺

加氢裂化作用是改变油品的氢碳比，使重质油品通过裂化反应转化为汽油、煤油和柴油。加氢裂化装置包括反应、分馏、气体脱硫三部分。加氢裂化催化剂的载体为硅铝酸和沸石等，活性组分有铂、钯、钨、钼、镍、钴等金属元素。

表 10-6 加氢裂化工艺与污染

加工原理	污染
反应过程在高温高压条件下，利用催化剂使原料进行加氢裂化和异构化过程，还可除去硫、氧、氮等杂质。 分馏过程是将反应后的生成油，经过常减压分馏成各种油品。 气体脱硫是将产生的含硫化氢干气用乙醇胺类溶剂进行中和，再进行吸收再生工艺，脱出硫化氢和二氧化碳	含硫废水：从高低压分离器排出经分馏塔顶回流罐排出高含硫化氢和氨的废水。 含油废水：导凝排液、原料罐切水、蒸汽冷凝水等含油废水。 含碱废水：催化剂再生碱液吸收过程产生的废水。 装置停工吹扫产生的高含硫废水
	加热炉烟气：主要是加热炉排放的烟气，含 SO_2、NO_x、粉尘等。 酸性废气：塔顶部位排出的含硫废气，在排入火炬燃烧后会产生含硫酸性废气。 无组织排放的废气：装置停工时对残留有毒气体进行吹扫产生的无组织排放
	废渣：包括废催化剂（镍钼和镍钨催化剂）、废溶剂（使用的二异丙醇胺）老化产生的废溶剂，都属于危险废物

4. 延迟焦化工艺

延迟焦化装置包括延迟焦化、吸收稳定、冷焦水回用、放空系统几部分。

表 10-7 延迟焦化工艺与污染

加工原理	工艺污染
延迟焦化是以重质油为原料，通过加热裂解、聚合变成轻质油、中间馏分和焦炭的加工过程；吸收稳定主要是进行吸收解吸，分别进行稳定和脱硫过程；焦水回用是经沉淀后的污水回用；放空系统为塔顶油气经冷循环吸收油气的过程	冷焦水：焦炭塔内的少量残油进入冷焦水，经脱油产生含油污水。 除焦水：高压水对焦炭切割，产生的废水，可以全部回用。 冷却塔、分馏塔顶分离切水，产生含油、含酚废水。 以上废水污染物中含硫化物、氨氮、COD 浓度在 100mg/L 以上，BOD 浓度在 500mg/L 以上，石油类、酚浓度在 100mg/L 以上
	加热炉烟气：主要是加热炉排放的烟气，含 SO_2、NO_x、粉尘等。 冷焦水防空塔废气：会产生有恶臭的含硫废气，应进行碱洗。 液态烃、干气、富气采样口泄漏的含烃废气
	废渣：正常运行时产生焦粉和粉尘；装置停工检修时产生少量油泥及焦粉沉积物，可用于制砖

5．烷基化工艺

烷基化是以炼厂气为原料，异丁烷和烯烃在催化剂存在的条件下进行加成反应，生成烷基化汽油（航空汽油和车用汽油）的生产过程。

表 10-8　烷基化工艺与污染

<table>
<tr><th>工艺</th><th>加工原理</th><th>工艺污染</th></tr>
<tr><td rowspan="3">氢氟酸法</td><td rowspan="3">反应系统：原料经干燥脱水后，在氢氟酸催化剂作用下，在反应器内发生反应，上层产物经分馏得到烷基化油、丙烷、丁烷，下层水溶液经氢氟酸再生系统，得到高浓度氢氟酸回用</td><td>干燥剂再生分水罐排水：这部分水从原料脱出，水质与原料有关。
氟化钙沉淀池排水：碱洗罐和中和器排放的废液均含有氟化物，通过混合槽，加入氯化钙取出氟化物，废水可能含氟化钙。
中和池排水：所有含氟化物的酸性废水统一排入中和池，用碱中和后排出碱性废水</td></tr>
<tr><td>主分馏塔底重沸炉烟气：主要是加热炉排放的烟气，含 SO_2、NO_x、烟尘等。
火炬烟气：主分馏塔顶回流罐排放气体及酸泄放管产生的放空火炬含氟废气。
无组织排放的废气：停工检修各塔（器）等装置进行吹扫，产生的吹扫含氢氟酸废气</td></tr>
<tr><td>废渣：氟化钙废渣，丙烷、丁烷脱氟剂废渣，丙烷、丁烷氢氧化钾处理废渣，废干燥剂等，均属危险废物</td></tr>
<tr><td rowspan="2">硫酸法</td><td rowspan="2">在预分馏部分丙烷、正丁烷、丙烯、丁烯馏分，取异丁烷-丁烯混合物经脱水、冷却后与浓硫酸催化剂混合，进入反应器反应；产物经碱洗、水洗后送分馏系统分馏得到烷基化油和工业异辛烷；冷冻系统采用循环氨，控制烷基化反应温度</td><td>原料脱水塔排水：干燥脱水中的主要污染物是石油类和 COD、BOD。
烷基化产物水洗水：烷基化产物经碱洗后，排出碱性废水。
装置停工吹扫废水：装置停工吹扫前，应做到物料退净，以免产生的含油或溶剂废水中 COD 浓度过高</td></tr>
<tr><td>废渣：在烷基化反应过程，要求酸度高于 85%，会排放大量高浓度废酸渣；在碱液洗涤过程定期排放废碱渣；装置检修过程会排出少量油泥等固体废物。以上废渣都视为危险废物</td></tr>
</table>

（三）油品精制工艺

各装置生产的油品一般还不能直接作为商品，为满足商品要求，除需进行调合、添加添加剂外，往往还需要进一步精制，除去杂质，改善性能以满足实际要求。常见的杂质有含硫、氮、氧的化合物，还有混在油中的蜡和胶质等不理想成分。它们可使油品有臭味，色泽深，腐蚀机械设备，不易保存。除去杂质常用的方法有酸碱精制、脱臭、加氢、溶剂精制、白土精制、脱蜡等。

油品精制包括加氢精制、化学精制、溶剂精制、糠醛精制、酚精制、酮苯脱蜡、丙烷脱沥青、白土精制、脱硫醇等。

表 10-9　油品精制工艺及污染

工艺	工艺原理	污染因素
加氢精制	装置包括反应系统和分馏系统。 原料与氢气通过固定的催化剂床层，发生化学反应，将硫、氮和氧等杂质转化为硫化氢、氨和水，金属则截留在催化剂中，同时烯烃、芳烃得到饱和。 分馏过程是将反应生成的油品杂质去除的过程。 催化剂一般采用氧化铝为载体，钼钴、钼镍、钼钴镍等作为催化剂	1．含硫废水：反应过程生成硫化氢和氨，产生含硫、含氨废水； 含油废水：导凝废水、原料罐切水等含油较高的石油类、COD、BOD、酚、硫化物； 含碱废水：再生催化剂产生含碱废水； 检修吹扫、清洗废水：含油、COD、BOD 等。 2．加热炉烟气：含 SO_2、NO_x、烟尘等； 含硫富气：汽提塔顶回流罐产生含硫富气，硫化氢浓度占 30%以上体积，污染严重； 工艺尾气：高压、低压分离器产生含硫在 8%体积的废气； 检修吹扫废气。 3．废渣：废催化剂、检修产生的废渣
化学精制	使用化学药剂（硫酸、氢氧化钠）与油品中的杂质（硫、氧、烯烃、沥青质、胶质等）发生化学反应，去除杂质，降低硫、氮的含量，改善油品品质。 酸精制——是用硫酸处理油品，可除去某些含硫化合物、含氮化合物和胶质。 碱精制——是用烧碱水溶液处理油品，如汽油、柴油、润滑油，可除去含氧化合物和硫化物，并可除去酸精制时残留的硫酸。氢氧化钠溶液对烃类几乎不产生化学作用，但可除去油品中的含氧化合物（如环烷酸、酚类）、硫化物（硫醇、硫化氢等）及中和酸洗后油品中的残酸。 酸碱精制在高压电场作用下，可以促进反应，加速聚集和沉降分离，也称电化学精制	酸碱洗涤后，还需水洗去除酸碱杂质。电化学精制主要是来自罐底外排的含酸碱污水，主要污染物是 COD、油、酸碱等
糠醛精制	糠醛精制是润滑油的精制工艺。在抽提塔内利用糠醛将杂质与油品分离；塔顶馏出的精制液经蒸汽汽提后送出装置；塔底产生的含糠醛废液，经三效蒸发塔回收糠醛，再经汽提塔抽取其他油分，作为废水排出	1．糠醛精制的废水主要来自脱水塔排出的含糠醛废水，废水中含糠醛、油、硫化物、COD 等。 2．废气：主要是装置泄漏的糠醛废气和检修过程产生的吹扫废气。 3．废渣：仅在检修时会清扫出少量废渣
酚精制	酚作为润滑油的精制溶剂，选择性较糠醛差，溶解能力比糠醛强。酚精制的流程包括酚抽提，精制液和抽出液回收、溶剂干燥脱水。 将原料油加热后进吸收塔，吸收酚蒸汽，送入抽提塔与酚进行逆向抽提，精制液从塔顶抽出，抽出液从塔底进酚回收系统。精制液经加热进入蒸发塔和汽提塔，进行脱酚。塔底部出来的抽出液，经干燥、蒸发、汽提后，在干燥塔顶排出酚蒸汽供抽提塔和吸收塔使用，少量含酚废水排放	1．吸收塔顶排水：属含酚含油的废水； 干燥塔排水：废水中含酚、油、COD 等； 停工检修产生吹扫废水。 2．加热炉烟气：含 SO_2、NO_x、烟尘等； 酚水罐顶产生的不凝气体排空属无组织排放，含酚。 3．废渣：仅在检修时会清扫出少量废渣

工艺	工艺原理	污染因素
酮苯脱蜡	酮苯脱蜡装置由结晶单元、过滤密闭单元、溶剂回收干燥单元、冷冻单元组成。 在低温下加入溶剂使原料中的油、蜡分离；在真空密闭条件下利用真空转鼓过滤机将蜡液分离；再利用三效蒸发工艺回收溶剂，脱去溶剂水分回用；以氨为制冷剂提供脱蜡所需低温	1. 酮回收塔排水：该废水与溶剂直接接触COD较高。 装置检修吹扫废水：在吹扫过程产生的废水含油、溶剂、COD等污染物。 2. 加热炉烟气：含 SO_2、NO_x、烟尘等； 过滤器安全排空废气含丁酮、甲苯等溶剂污染物； 冷冻系统氨不凝气排空污染； 检修时吹扫废气含酮、苯、氨污染。 3. 废渣：检修时产生的废渣
硫黄回收	硫黄回收装置由制硫、成型和尾气焚烧三个单元组成。 以生产过程回收的硫化氢为原料，在燃烧炉内高温制硫，在转化器内低温催化制硫；生成的硫黄经冷凝分离，收集，凝固成硫黄产品；焚烧尾气经脱硫排放	1. 酸性凝结水：输送过程，酸性管线带液属于高含硫废水； 检修吹扫排水：吹扫废水含较高的硫化物。 2. 制硫尾气：制硫装置产生的尾气含高浓度 SO_2，二级转化总硫转化率仅92%～95%。 3. 废渣：废制硫催化剂、吹扫产生的废渣
丙烷脱沥青	丙烷脱沥青装置由抽提和回收两个系统组成。 利用丙烷对沥青中的润滑油和蜡有较大溶解度，对胶质和沥青几乎不溶的特点进行产品分离、抽提，脱除的沥青油进入临界回收塔，经加热汽提将残余丙烷提出，使沥青沉降分离	1. 混合冷凝器和沥青池排水：该水与丙烷直接接触，排水质量较差，废水中主要含一定量的油、硫化物、COD等； 压缩机入口缓冲罐切水：含有丙烷溶剂中的较重组分。 2. 加热炉烟气：含 SO_2、NO_x、烟尘等； 丙烷泵泄漏含溶剂的气体； 检修时吹扫含残存丙烷的废气。 3. 废渣：检修时产生的废物
白土精制	一般放在精制工序的最后，用白土（主要由二氧化硅和三氧化二铝组成）吸附有害的物质。原油加热后进混合器，加入白土使油土混合，再加热后进蒸发塔，塔顶蒸发出轻组分和残余溶剂，塔底油经过滤分离出废白土渣，精制油冷却后出装置	废水主要是油水分离罐排出的废水，废水中含油量多，还含COD和SS等。过滤装置产生废白土渣，白土的用量一般为油品的2%左右
脱硫醇	脱硫醇装置分为抽提、汽油氧化、碱液氧化三部分。 汽油在抽提塔内与循环碱液逆向接触，硫醇被碱液吸收；未被吸收的硫醇在混合氧化塔内继续被氧化成二硫化物，并被分离；硫醇被碱液吸收成硫醇钠盐。含硫醇钠盐的碱液在氧化塔内与空气反应被氧化成二硫化物，并被分离，再生碱液循环使用	1. 尾气分液罐排水：主要污染物为挥发酚、硫化物、碱液、酚、氨氮、COD等。 2. 尾气放空火炬排出的废气有硫醇臭味，检修吹扫产生无组织废气，含烃类和硫醇污染。 3. 废渣：碱液分离罐产生的废碱渣；检修产生的废渣
裂解气的净化	裂解气中主要含甲烷、氢气、乙烯、丙烯，还含少量硫化物、二氧化碳、乙炔、丙二烯等杂质，裂解气的净化与分离是为除去杂质分离出单一烯烃和烃。 分离过程中气体净化系统包括：脱酸、脱水、脱CO（甲烷化）、脱炔； 如裂解气中含 H_2S 和CO低可采用碱洗法，如含硫量高，应先用乙醇胺做吸收剂除大部分硫后，再碱洗脱硫	产生碱洗废水，废水中含碱、硫化物等，泄漏的废气中含烃类物质

工艺	工艺原理	污染因素
炼厂气精制	炼油过程中产生的气体烃类统称炼厂气。炼厂气主要产自二次加工过程，如催化裂化、热裂化、延迟焦化、催化重整、加氢裂化等，其中催化裂化产气量最大。 炼厂气中常含有硫化氢等硫化物，会腐蚀设备，使催化剂中毒，并污染环境。气体精制的目的是脱硫，脱硫方法分两类，干法和湿法脱硫。干法脱硫是将气体通过固体吸附剂（氧化锌、活性炭等）床层，吸附硫化物，此法多用于处理含少量硫化氢的气体。湿法脱硫多采用醇胺法脱硫，其流程是通过气液分离器分出水和杂质，进吸收塔里与醇胺溶液接触，气体中的硫化氢和二氧化碳被吸收	液化气中的硫化物主要是硫醇，可以用吸附或化学方法脱硫。化学方法主要流程是液化气进抽提塔与含催化剂（磺化酞菁或聚钛菁钴）的氢氧化钠碱液接触，硫醇被碱液抽提，脱硫的液化气洗去碱液后，出装置。碱液进氧化塔经加热、加压硫醇钠氧化为二硫化物，氧化后的气液混合物经分离废气送火炬，再生碱液回用
天然气的处理	天然气从地下抽出后要使用油气分离器分离凝结态烃和水，天然气必须去除 H_2S（脱臭）、脱水、脱砂与分离凝析油；脱硫废气还要经过硫黄回收。目前广泛除 H_2S 的方法是用胺溶液吸收。回收的 H_2S 废气通常可以回收硫黄或生产硫酸，如不能回收，也可以通过火炬进行焚烧，大部分是采用高架的无烟火炬尾气焚烧炉，将 H_2S 转变成 SO_2 高空排放	1. 分离器废水：含有大量油、硫化物、酚、COD、BOD。 2. 脱硫尾气：含 H_2S、CO_2、CH_4 等；硫黄回收尾气：含 H_2S、SO_2、CS_2、COS、固态 S 等； 装置排放的尾气：火炬尾气主要含 SO_2、H_2S、CS_2、NO_x 等

（四）原料和产品的储运

油罐区主要是用来接收、储存和输送原油和石油产品的厂区，根据储存油品的种类可分为原油库、成品油库及罐区、中间罐区等。油品进出库的主要输运方式由铁路、海运、公路运输和输油管输送等。炼油厂的油罐区相对比较简单，主要包括各种油罐和产品罐。

炼油厂油品储运系统是炼油厂的重要组成部分，由于工艺技术和设备的限制，以及操作人员的责任心、管理水平等因素的影响，在炼油厂油品储运过程中所发生的跑、冒、滴、漏油现象、油品的蒸发损耗及含油废水的排放等，会给环境带来一定的污染影响。

第二节 炼油工业污染源环境监察

一、炼油工业的废水污染

目前国内石油炼厂规模都较大，拥有各类生产装置。原油炼制加工，要经过多次加温、冷却、催化裂化、汽提、冷凝、酸碱洗涤、水洗、脱盐、脱水、直流冷却及油罐脱水、冲洗等方法，都是产品和水直接接触，使水受到污染，在生产工艺过程中产生含有废油、COD、硫、酚、酸碱、氰、重金属等有毒有害物质的废水。此外，还有动力站、空压站、储油罐区、循环水厂等辅助设施排放的污水和办公生活设施的排水。

（一）炼油厂的废水

目前，国内加工吨原油的污水排放量：大型企业 0.4～1.0 m^3/t，平均用水量约 1 m^3/t，已经接近国外 0.2～1 m^3/t 的水平。中小型企业还都在 1.0 m^3/t 以上。

在炼油厂的用水中，动力站耗水量最大，占全厂新鲜水用量的 50%；循环水厂补充水量占第二位，约占全厂的 28%，生产装置用量约占 5%，生产辅助设施用水量约占 17%。生产装置的用水中新鲜水约占 10%，循环水占 90%。

国内炼油厂污水处理厂进水口的主要污染物浓度 COD 平均 400～600 mg/L，石油类平均 300～500 mg/L。

（二）废水污染源环境监察

炼油厂的装置特别多，废水来源也很多，废水类型也很复杂，主要有以下几类废水：

含油废水——是炼油厂排水量最多的一种废水，约占全厂混排废水量的 80%，主要含油、悬浮物及大量有机物。主要来自油气冷凝水、凝缩水、油气洗水、油罐切水及油罐等设备的洗涤水等，水中主要含原油、成品油、润滑油及少量溶剂、催化剂等。含油废水中主要污染物浓度石油类平均 500～1 000 mg/L，COD 平均 1 000 mg/L。

含硫废水——主要来自加工装置的油水分离罐、富气水洗罐、液态烃水洗罐等，这部分废水排放量较小，约占全厂废水的 10%～20%。这部分废水的特征污染物主要有硫化物、氨氮、氰化物、酚类化合物等，一般约占全厂污水中硫化物、氨氮总量的 90%。

含酚废水——主要来自常减压、催化裂化、延迟焦化、电解精制及叠合汽油水洗装置，其中催化裂化装置分流塔顶油水分离器排水中的含酚最高，约占全厂废水中总酚产生量的一半以上。高浓度含酚废水一般要在生产装置附近进行预处理，再与低浓度含酚废水一并送污水处理厂进行集中处理。常用的预处理方法有蒸汽汽提、溶剂萃取法等。

含盐废水——主要来自电脱盐排水、碱渣利用的中和废水、油品碱洗后的水洗水，催化再生废水等排水，这部分废水量约占总水量的 5%。含盐废水的特征污染物有 pH 值、石油类、无机盐、游离态碱、硫化物和酚等。

其他生产废水及生活办公污水——主要来自循环水厂冷却水排放、锅炉排水、油罐喷淋冷却水，生活辅助设施的排水等，此类废水污染程度较低。

（三）炼油企业废水污染源强

表 10-10　典型炼油企业废水污染源强排放汇总　（除 pH 外，其他污染物单位取 mg/L）

装置名称	废水种类	排放规律	主要污染物					
			pH	COD	石油类	硫化物	挥发酚	氨氮
常/减压蒸馏	含油废水	连续	9	3 000	100	2 200	50	650
	含碱废水	连续	7～8	400	100	20	20	20
	含盐废水	连续	8.5	850	150	25		
	生产废水	间断	7	<60	2	—	—	—
延迟焦化	含油废水	连续	8.5	2 800	300	2 350	50	2 130
	含硫废水	连续	7.8	400	100	20	20	20

装置名称	废水种类	排放规律	主要污染物					
			pH	COD	石油类	硫化物	挥发酚	氨氮
重油催化裂化	含硫废水	连续	8.5	2800	300	2350	50	2130
	含油废水	连续	7.5	350	150	10	5	30
	生产废水	间断	7	<60	—	—	—	—
柴油加氢精制	含硫废水	连续	6.5	17000	200	14072	200	6886
	含油废水	连续	7.8	300	100	10	5	0.5
航油加氢	含油废水	连续	7.5	350	60	2	2	2
	含硫废水	连续	6.5	17000	200	14072	200	6886
重整抽提异构化	含硫废水	连续	6.5	4000	200	3130	50	1500
	含油废水	连续	7.8	400	150	2	25	50
	含碱废水	连续	11	200	—	—	—	—
	生产废水	间断	9	<60	—	—	—	—
催化原料预处理	含油废水	连续	8	350	100	<5	0.5	5
	含硫废水	连续	8.9	27000	200	26400	50	13200
	生产废水	间断	7	<60	—	—	—	—
硫黄回收	含硫废水	连续	6.5	450	80	200	25	50
	含油废水	连续	6~9	300	150	0.5	0.1	10
酸性水汽提	含油废水	间断	6~9	300	100	5	0.1	5
制氢装置	含油废水	连续	6~9	200	100	5	0.5	5
	生产废水	间断	7	<60	—	—	—	—
脱硫醇	含油废水	连续	6~8	300	100	5	0.5	5
	含碱废水	连续	11	—	—	—	—	—
气体分馏装置	含油废水	连续	6~9	200	100	2	0.5	5
	生产废水	间断	7	<60	—	—	—	—
溶剂再生	含油废水	连续	6~9	300	100	2	0.5	5
聚丙烯	含油废水	连续	6~9	300	100	2	0.5	3
除盐水站中和池	含盐废水	间断	7	<60	—	—	—	—
凝结水站	含油废水	连续	6~9	300	100	0.5	0.5	2
热工系统	含油废水	连续	6~9	150	25	0.5	0.5	2
	生产废水	连续	7	<60	—	—	—	—
储运系统	含油废水	间断	6~9	250	100	0.5	0.5	2
	含盐废水	间断	7~8	700	300	20	5	5
化验、机修	含油废水	连续	6~9	300	100	0.5	0.5	2
成品油码头压舱水	含盐废水	连续	6~9	300	100	0.5	0.5	2
污水处理场	含油废水	间断	6~9	300	100	0.5	0.5	2
循环水厂排污	含盐废水	连续	6~9	300	10	—	—	—
生活污水	生活废水	间断	6~9	250	5	0.5	0.5	15
含油雨水	含油废水	间断	6~9	150	30	0.5	0.5	2

（四）炼油企业的废水水质

以下是几家炼油企业综合废水进入污水处理厂的水质情况。

表 10-11　综合废水水质

单位：mg/L

项　目	COD	氨氮	挥发酚	硫化物	石油类	pH
企业一	1 131	254	262.5	43	607	8.5
企业二	1 028	191	194	26	850	9
企业三	1 500	80	95	50	1 000	8～9

表 10-12　各类炼油装置产生废水的水质

装置	油	硫	酚	氰	氨氮	COD	BOD	SS	备 注
常/减压蒸馏	F	F	D	B	F	G	F	E	A<1 mg/L
催化裂化	F	H	F	C	G	H	G	D	B>1 mg/L
重油催化裂化	F	H	F	D	F	I	H	D	C>5 mg/L
加氢裂化	C	J	B	B	J	J	J	D	D>10 mg/L
催化重整	F	B	H	A	D	I	H	F	E>50 mg/L
烷基化	D	C	B	C	F	F	F	D	F>100 mg/L
叠合	D	C	A	A		F	F	D	G>500 mg/L
酚精制	E	B	E		D	G	C		H>1 000 mg/L
分子筛脱蜡	F	A	B	A		F	F	D	I>5 000 mg/L
酮苯脱蜡	D	A	A	A		G	F	C	J>10 000 mg/L
丙烷脱沥青	D	D	A	C	B	F	F	D	醛 F
糠醛精制	E	D	A	A		G	F	D	
氧化脱硫醇	F	A	B		B	F	F		
氧化沥青	F	D	B			H	G	F	
热裂化	F	J	E	B	G	I	H	E	
尿素脱蜡	E	C	D	A	G	J	I	E	
延迟焦化	F	H	F	C	H	H	G	E	
重整汽油加氢	D	H	C		D	H	H	D	
轻油精制	C	C	A	B	D	E	D	C	
分子筛脱蜡	F	B	B	A	D	F	E	D	
液态烃干气脱硫	D	E	B	D	F	H	G	D	
重整干气脱硫	E	H	F	D	H	I	H	D	
气体分馏	D	D	C	B	F	H	G	D	
电精制	E	A	B		D	H	G	E	
临氢降凝	D	J	C		E	J	J	D	
汽油脱臭	H	G	F		H	I	H	E	
石蜡成型	D	A	A	A		F	F	D	
润滑油蜡加氢	D	A	A	A	C	E	D	D	
白土精制	H	B	B		B	H	G	F	
硫黄回收	D	F	C	B	C	G	F	D	
含硫废水汽提	C	E	B	B	F	H	G	D	

装置	油	硫	酚	氰	氨氮	COD	BOD	SS	备注
减黏裂化	D	A	B	A	B	F	F	D	
气体分馏	E	B	B	B	C	E	D	D	
加氢精制	D	D	E	C	B	H	G	D	
石蜡发汗	D	A	A	A		F	F	D	
尾气回收	B	A	A	A	B	E	D	B	
清洁分散剂 T-102	G	F				F			
液态烃站	F	A	D	A	D	G	F	D	
增黏剂	B					K	J		丁醇 J、醛 J
页岩干馏	H	E	F	E	G	I	H	G	
原油罐	F	D	D	D	F	H	G	E	
汽油罐	G	F	H	D	F	I	H	E	
柴油罐	H	D	F	D	F	H	H	E	
煤油罐	H	F	F	F	D	H	H	E	
蜡油罐	H	D	B	D	E	G	F	D	
渣油罐	H	D	C	B	D	H	F	E	
洗槽站	F	B	D	A	D	H	H	E	
循环水厂	C	A	A	A	D	H	H	E	
废水处理厂	F	D	C	B	D	G	F	E	
动力站	D	A	A		B	F	E	D	
空压站	D	A	A	A	D	F	E	D	
化验室	D	B	B	A	B	F	F	E	
“三泥”焚烧	F	B	B	A	F	H	G	E	

注：杨岳平等编.《废水处理工程及实例分析》。

（五）某炼油厂各类装置产生废水的水质

表 10-13 某炼油厂各类装置产生废水的水质　　单位：mg/L

污染物	电脱盐	常减压	催化裂化	延迟焦化	烷基化	加氢精制	氧化沥青	环烷酸	罐 区
含油量	130	210	120	140	40	820	210	1100	9400
硫化物	4	1200	1600	3500	0.5	5000	15	20	15
挥发酚	1	40	250	15	0.04	10	3	290	25
COD	1200	3900	3800	12000	60	8500	4200	4100	23000
氰化物	3.5	160	1100	19	0.25	1000	12	18	1.5

（六）油罐区废水

1. 油罐区储存废水

油罐区废水主要是含油废水，包括油罐切水排水、油罐冲洗排水、油品装卸区地面冲洗水。

2. 炼油企业油气装卸、输运废水

炼油企业油气装卸、输运废水主要来自洗槽废水和冲洗场地废水。

表 10-14 油罐区废水来源及特征

废水来源	主要污染物	特征
油罐切水	石油类、COD、氨氮、硫化物、挥发酚等	石油类超过 500 mg/L
油罐冲洗排水		石油类达 3 000 mg/L，立式油罐清洗水量 0.01 m^3/m^3 容量，卧式油罐清洗水量 0.025 m^3/m^3 容量
罐区冲地洗水		
洗槽废水	石油类、COD	每辆槽车蒸汽冷凝水 100～200 kg/辆

二、炼油工业的废气污染

（一）废气污染源

炼油厂排放的废气按排放形式分为有组织排放源和无组织排放源。

炼油企业有组织排放源有四类：① 催化裂化催化剂再生烟气；② 酸性气回收装置尾气；③ 有机废气收集处理装置排气；④ 工艺加热炉烟气。主要是固定式的经常性的排放源，如锅炉、加热炉和焚烧炉的烟气，焦化放空气、硫回收尾气、氧化沥青尾气等。

炼油企业无组织排放源包括油品在装卸、贮存过程的油气挥发，设备、管道、阀门泄漏的油气，未能收集的弛放气、再生排放气，没有封闭措施的恶臭物质的散发产生的废气污染。主要污染物为：SO_2、NO_x、CO、颗粒物、非甲烷总烃、沥青烟、苯、甲苯、二甲苯、酚类、氯化氢。

抚顺石油化工研究院在对多家炼油企业的恶臭污染调查中，曾测定、检出过硫化氢、甲硫醇、乙硫醇、甲硫醚、乙硫醚、二硫化碳、二甲二硫、氨、甲胺、二甲胺、三甲胺、苯、甲苯、二甲苯、苯乙烯、苯酚、甲酚、总硫、总烃、C_1～C_8烃等物质和项目，可以将这些恶臭污染物归类为硫化物、烃类、氨、有机胺等。

表 10-15 炼油恶臭物质的种类与臭味特征

	化学类型	主要恶臭物质	臭味特征
无机物	硫化物	硫化氢、二氧化硫、二硫化碳等	臭鸡蛋味
	氮化物	碳酸氢铵、氨、二氧化氮、硫化铵等	尿刺激臭味
	卤素及其化合物	氯、氯化氢、溴等	尿刺激臭味
	其他	臭氧、磷化氢等	刺激臭味
有机物	烃类	丁烯、乙炔、丁二烯、苯乙烯、苯、甲苯、二甲苯等	臭卫生球味
	硫醇类	甲（乙、丙、丁、戊、己、庚）基硫醇、二异丙基硫醇等	烂洋葱臭、甘蓝臭
	硫醚类	二（甲、乙、丙、丁）基硫醚、二苯基硫醚等	烂大蒜、烂鱼臭
	胺类	一甲基胺、二甲基胺、三甲基胺、二乙基胺、乙二胺等	腐肉、尿臭
	酰胺类	二甲基甲酰胺、二甲基乙酰胺等	尿刺激臭味
	吲哚类	吲哚	刺激臭味
	醇、酚类	甲（乙、丁）醇、苯酚、甲酚等	刺激臭味
	醛类	甲醛、乙醛、珍烯醛等	尿刺激臭味
	酮和醚类	丙酮、乙醚、二苯醚等	臭味

注：陈家庆编.《石油石化工业环保技术概论》。

炼油厂废气排放量大，成分复杂，大多对人体和环境有一定毒性。炼油废气中多数为烃类和酸性废气，我国炼油厂烃类加工损失量为原油加工量的1%～3%，其中储运损失为加工损失的50%。挥发的烃类物质有很高的回收价值，炼油厂一定要严格控制无组织排放，既能减少损失，又可减少大气污染。

表10-16　炼油厂主要恶臭污染源

污染源类型		产污过程
有组织废气	氧化沥青工序	高温油渣与空气氧化生成胶质和沥青质，氧化分解、聚合时产生恶臭，不仅有毒，而且难闻，为炼厂主要恶臭源
	脱硫醇尾气	因催化汽油和液烃含一定量的硫醇，需通过脱硫醇装置去除。硫醇与含催化剂的碱液反应转变为硫醇钠，再通过空气氧化成硫化物。硫醇尾气含烃、H_2S、硫醇、硫醚等恶臭物质
	减压塔不凝气排放	常减压装置的减压塔顶油水分离器的不凝挥发气中含H_2S浓度6 000多mg/m^3、丙硫醇浓度400 mg/m^3、丁硫醇浓度150 mg/m^3，恶臭难闻
	酸性火炬气排放	酸性专用火炬线，当火炬为点燃或燃烧不充分时，会产生H_2S和氨的恶臭污染
	生产装置停工吹扫	硫黄回收、脱硫、脱硫醇装置、氨回收、氨精制、重整、催化、焦化等装置吹扫时，可能产生各种恶臭物质（氨、H_2S、有机硫、有机胺等）排放
无组织废气	碱渣处理装置	当处理催汽碱渣和脱硫醇碱渣时，甲酸中和回收粗酚，产生恶臭（主要是有机硫和H_2S）污染。碱渣处理装置是炼厂无组织排放的主要污染源
	各种气体放空	酸性气、瓦斯脱液、硫黄回收、含硫废水产生的放空气，都含有有机硫、H_2S产生恶臭
	油品污油罐、芳烃罐	轻污油罐、重污油罐及芳烃罐，其罐顶呼吸阀有饱和油蒸汽和恶臭物体排出，如H_2S、甲苯和二甲苯等
	污水处理设施及污染物回收设施	污水处理厂、含硫污水罐、氨水罐、污油回收罐等挥发和排放的废气中含H_2S和有机硫，特别是污水处理厂的浮选池和生化池释放的臭气，影响面较大

注：陈家庆编.《石油石化工业环保技术概论》。

在生产过程中，对可能产生恶臭的设备、管线、阀门应采取有效的密封、隔断等手段，减少恶臭气体进入大气。对必须排放恶臭气体的部位，应建立集气系统、脱臭装置，对收集的恶臭废气进行焚烧、吸附、吸收等无害化处理措施。

（二）油气蒸发损耗

在石油和油品的罐内调和、车船运输的收发油、加油站加油和地下储罐收油过程中，由于蒸发产生的油品损耗主要包括储存损耗、运输损耗、加油站损耗等。散发到大气中的油气含有苯和有机活性化合物，与NO_x、SO_2混合在紫外线作用下可能产生二次污染和光化学烟雾。

表10-17　油气蒸发损耗　　单位：kg/（次·t油）

	原油		汽油			其他轻质油	
	储罐	车船运输	储罐	车船运输	加油站	储罐	车船运输
转运和装卸损失	0.19	1.2	0.64	3.4	3.4	0.4	3.4

注：陈家庆编.《石油石化工业环保技术概论》。

减少油气排放的措施主要有控制储罐内烃的蒸发排放；降低从储罐排出废气的烃蒸汽浓度；改善油品的运输和装卸方式；对回收的油气进行处理。

（1）油品呼吸废气排放

油品的蒸发损耗和油品的性质、密度、储存条件、作业环境、地理位置及生产经营管理水平等因素有关。油品蒸发损耗主要发生于油品在油罐内静止储存时所产生的自然通风损耗和油品小呼吸损耗及油品在油罐进行收付作业时产生的大呼吸损耗。有关资料表明：1 台储存汽油的 5 000 m^3 拱顶罐，1 天呼吸产生的油气排放总量约 350 kg，1 年的油气排放总量约 126 t。由此可见，油品在储运过程中，油品的蒸发损耗是造成环境污染的一个重要因素。

（2）油品灌装废气排放

油品由罐区经栈台装油鹤管装入罐车；经装油管嘴灌入油桶，由于流速高、压力大，油品发生剧烈冲击、喷溅、搅动，都会有大量油气溢出进入大气，而产生油品灌装损耗。据有关资料表明，汽油喷溅高位装车单耗最大为 3 kg/t，低位液下装车损失为 0.4～0.8 kg/t。由此可见，油品在装车过程中所产生的灌装损耗对环境造成了污染。

油品装车时，鹤管深入车内深浅和油品装车损耗关系很大，深入车内越浅，油料对液面冲击大，油气蒸发快，损耗越多。资料表明，采用高位下鹤管装车损耗率为 0.23%，采用浸没式内液压大鹤管装车新技术，汽油损耗率为 0.044%。

三、炼油工业的固体废物污染

炼油厂生产过程产生多种固体废物，形态有固态、半固态和液态，大多数属于危险废物，部分具有可燃、有毒和易反应特点。固体形态的主要是废白土、废页岩渣、废催化剂；半固形态的主要有污水处理厂的“三泥”、储罐底泥等；液态的主要有废碱液、废酸液、废溶剂等。

表 10-18　废液来源和性质

废物种类	废物来源	废物性质
废酸液	废酸液主要来源于酸洗、油品的精制、烷基化装置、异辛烷装置、聚合装置的废硫酸催化剂	大部分废酸液为黑色黏稠液体，含酸浓度 50%以上，含油 20%，还含叠合物、磺化物、硫化物、胶质沥青质等
废碱液	主要来自油品的碱洗精制、各生产工序中的碱洗涤	大部分碱液为具有恶臭的黏液，多为乳白色或浅棕色，含碱 5%，含油 15%，含环烷酸和酚较高
废白土	炼油厂许多产品用活性白土精制，失活的白土称白土渣。精制润滑剂的白土精制，石蜡和地蜡的白土脱色工序都可产生废白土	为黑褐色的干固体废渣，含油或蜡的量约 25%
罐底泥	贮油罐和各类容器清洗时的油泥	大部分为含油和杂质的黑色固体
废水处理设施“三泥”	隔油池池底沉淀的油泥、投加絮凝剂浮选产生的浮渣、曝气池剩余的活性污泥，简称“三泥”	油泥和浮渣为硫酸铝等水化物与乳化油的糊状物质，剩余活性污泥主要是生物菌团组成，含一定量的无机物和有机物
废催化剂	主要来自铂重整、加氢裂化、催化裂化装置，当催化剂更换时，产生废催化剂	大部分催化剂和分子筛为硅、铝氧化物固体并含贵重金属
页岩渣	一般加工油母页岩时提取的油只占总量的 4%，其余的页岩都作为废渣排放	其渣为灰红色固体，主要成分为二氧化硅，还含未去除的有机物、无机物

加工含硫较高的原油每吨原油产生的碱渣量为 5.5kg，加工低硫原油每吨原油产生的碱渣量不到 1kg。

国外炼油厂的数据显示：每吨原油加工的废水处理产生的污泥量约为 0.4～0.5kg 原油。我国炼油企业原油加工能力 700 万 t 以下，废水处理污泥控制较好的可以达到 0.7 kg/t 原油，原油加工能力大于 1000 万 t，废水处理污泥控制较好的可以达到 0.5 kg/t 原油。

油库及罐区的废渣主要有罐底泥和油泥沉淀物质，清理出的罐底泥和油泥与污水处理的“三泥”都要按危险废物管理，一般应按环境保护要求进行焚烧处理。

表 10-19 大型石油库污染物排放情况

污染源类型	污染物名称	污染物排放量/（t/a）		
		规模 100 万 m^3	规模 300 万 m^3	规模 500 万 m^3
空气污染源	非甲烷总烃	25.94	89.34	98.6
水污染源	废水水量	13 380	55 045	177 502
	COD	4.67	8.28	26.63
	石油类	0.36	0.54	1.7
固体废物	危险固废	72.6	170	268.6
	生活垃圾	11.3	16.8	20.4

注：（1）油罐清洗采用 COW 工艺，每 6 年清洗一次；（2）不利工况假设为夏季装卸速度达 6000 m^3/h；（3）原油的雷德蒸汽压取平均值 48.95kPa，各月平均气象特征温度值取平均值 19.1℃。

四、原油加工及石油制品制造业产污系数

表 10-20 原油加工及石油制品制造业产污量（一）

单位：废水、废气为 m^3/t 原料，污染物为 g/t 原料

产品	常减压中间馏分油				加氢裂化汽油、柴油、煤油	
原料	原料油				减压渣油、重油馏分（减压蜡油、焦化蜡油、裂化循环油、脱沥青油等）	
工艺	常减压				加氢裂化	
规模/（万 t/a）	≤100	100～300	300～500	＞500	≤100	＞100
工业废水量	0.18	0.164	0.12	0.101	0.227	0.176
COD	375	340	247	210	3192	2563
氨氮	266	222	150	112	1016	873
石油类	111	101	73	62.2	40.1	11
挥发酚	3	2.72	1.98	1.68	45.8	20.1
工业废气量	259	153.21	134	133	388	289
SO_2	110	97.2	87	79.3	17.9	14.7

注：数据主要参考《第一次全国污染源普查工业污染源产排污系数手册》。

表 10-21　原油加工及石油制品制造业产污量（二）

单位：废水、废气为 m^3/t 原料，污染物为 g/t 原料

产品	催化裂化汽油、柴油、煤油			重整汽油、石脑油、芳烃		
原料	重油馏分、蜡油、渣油			石脑油、焦化汽油		
工艺	催化裂化			催化重整		
规模/（万 t/a）	≤100	100～150	＞150	≤50	50～100	＞100
工业废水量	0.323	0.305	0.245	0.184	0.153	0.145
COD	2 108	1 561	1 516	500	428	291
氨氮	589	421	198	146	53	7
石油类	40	29	17	82.5	7	5.78
挥发酚	59.8	58	40	1.4	0.005	—
工业废气量	1 092	1 028	916	1 019	1 011	1 004
SO_2	1 172	744	586	36	32	21
工业固废	1 200	1 200	1 200	223（废硅胶和白土）		

注：数据主要参考《第一次全国污染源普查工业污染源产排污系数手册》。

表 10-22　原油加工及石油制品制造业产污量（三）

单位：废水、废气为 m^3/t 原料，污染物为 g/t 原料

产品	精制汽油、煤油、柴油			焦化汽油、煤油、柴油、石油焦		
原料	粗汽油、煤油、柴油			渣油		
工艺	汽、煤、柴油加氢精制			延迟焦化		
规模/（万 t/a）	≤100	100～200	＞200	≤ 50	50～100	＞100
工业废水量	0.168	0.132	0.126	0.25	0.172	0.128
COD	1 574	1 282	1 057	1 300	1 120	931
氨氮	487	298	253	234	154	98
石油类	72.3	32	11	204	114	40
挥发酚	15	6	0.58	44.5	37.4	17
工业废气量	61	46	40	346	266	244
SO_2	15	10	2.4	594	60	5

注：数据主要参考《第一次全国污染源普查工业污染源产排污系数手册》。

表 10-23　原油加工及石油制品制造业产污量（四）

单位：废水、废气为 m^3/t 原料，污染物为 g/t 原料

产品	减黏汽油、柴油、渣油	精制蜡油/润滑油基础油	高辛烷值汽油添加组分	轻、重脱沥青油、脱油沥青	脱硫干气、液化气/精制汽油	石油气
原料	减压渣油	减压蜡油/减压馏分油	正构烷烃：主要是正戊烷和正己烷	减压蒸馏渣油	粗汽油、炼厂气、液化气	脱硫和脱硫醇液化石油气
工艺	减黏裂化	石蜡/润滑油加氢精制	异构化	溶剂脱沥青	双脱/汽油氧化脱硫醇	气体分馏
工业废水量	0.11	0.35	0.044	0.078	0.156	0.07
COD	766	6 064	7.85	22	110	5.6
氨氮	22.4	1 547	—	0.185	48.5	1.06
石油类	51	26	0.947	4.62	505	5.2
挥发酚	4	—	—	0.11	0.88	—
工业废气量	162	242	789	195	188	—
SO_2	142	310	48.1	86.4	11	—
危废		100（含镍废物）	—	—	2 100（废碱）	—
高辛烷值汽油添加组分的单位为 m^3/t 产品或 g/t 产品，其他单位为 m^3/t 原料或 g/t 原料。						

注：数据主要参考《第一次全国污染源普查工业污染源产排污系数手册》。

表 10-24 原油加工及石油制品制造业产污量（五）

单位：废水、废气为 m^3/t 原料，污染物为 g/t 原料

产品	脱蜡油	硫黄		氧化沥青	精制润滑油
原料	减压馏分油	炼厂酸性气		半沥青料	糠醛精制润滑油
工艺	溶剂脱蜡	硫黄回收		氧化法	润滑油白土补充精制
规模/（万 t/a）	所有规模	≤5	>5	所有规模	所有规模
工业废水量	0.28	1.24	1.1	0.10	0.12
COD	134	1 200	1 138	100	227
氨氮	—	460	436	5	0.2
石油类	15	40	38	60	18
挥发酚	—	1.2	1.1	1.33	—
工业废气量	708	7 546	4 103	2 450	30
SO_2	249	226 000	226 370	231	0.43
危废	—	333（废催化剂等）	267（废催化剂等）	—	30（废白土）

注：数据主要参考《第一次全国污染源普查工业污染源产排污系数手册》。

五、炼油工业环境监察要点

我国炼油企业绝大多数属于国内知名的石油公司，在石油的炼制加工、废物处置、环境保护设施管理等各方面工作都比较到位，存在的环境问题没有别的行业那么突出。

一般的炼油厂规模都比较大，生产工艺比较复杂，设备、管道，还有一些环保设施也都比较多，一般的环境监察进厂很难发现存在的问题，要加强对主要排污口的监测，以减少炼油企业对环境的污染。

炼油企业的废水来自于许多炼油设施和净化设施，最终进入污水处理厂，我们观察到的炼油企业各个生产设施产生的废水及污染物，实际上是由污水处理厂进口的综合浓度来判断产污量。一般炼油企业规模比较大，虽然处理每吨原油的废水量已低于 $0.5\,m^3/t$ 原油，实际上炼油厂的废水总量还是非常大的，如果某种污染物超标，对环境的污染仍然十分明显。目前多数炼油企业对废水处理后都能达标，但也有少数炼油企业时有超标现象发生。如果炼油企业发生事故性排放，对环境的破坏就十分严重。

炼油企业的废气一方面有来自于各种锅炉和加热装置的燃烧废气；另一方面还有许多来自生产过程中的工艺废气，如设备的弛放气、各类储罐的“呼吸”废气、设备检修的吹扫废气、“火炬”燃烧产生的废气，不仅产生 SO_2、NO_x 等，还使炼油企业空气中弥漫着各种刺鼻的异味气体，使周围居民经常投诉。这方面产生的废气污染物多属于间歇性排放、无组织排放，很难计算实际的排放量。环境监察应要求企业加强管理，减少泄漏。

《国家危险废物名录》规定，废水处理污泥、浮渣、废油或乳剂、隔油设施的污泥、清洗油罐产生的废物、储存设施的沉积物、废弃过滤黏土、过滤或分离装置产生的残渣等均危险废物，应要求其在收集、贮存、处置、转移过程中严格按照国家的环保制度进行管理。

第三节　石化工业污染源环境监察

一、石油化工工业污染源监察

（一）石油化工工业

石油化工的发展与石油炼制工业、以煤为基本原料的化工生产及三大合成材料的发展密切相关。用石油和石油气（炼厂气、油田气和天然气）做原料生产化工产品的工业，叫石油化学工业，简称石油化工工业。石油化工工业包括基本有机原料工业和合成材料工业。

基本有机化工又分为基础有机化工和基本有机化工。

基础有机化工——从天然原料制取乙烯、丙烯、丁烯、乙炔、苯、甲苯、二甲苯、萘等。

基本有机原料——以基础有机原料进一步加工制成的产品，也有部分是直接通过农副产品经发酵、水解、干馏加工而来的，如有机氧化物（醇、醛、有机酸、酮等）、有机硫化物（硫醇、硫醚等）、有机氮化物（胺、腈、酰胺、吡啶等）、卤化物（氯乙烷、氯甲烷、环氧氯丙烷等）、芳烃衍生物（苯胺、硝基苯、苯酚等），如甲醇、乙醇、丙酮、醋酸、丁辛醇、苯乙烯、环氧乙烷、丙烯腈、苯酐、卤代烃等。

石油化工生产主要是以乙烯裂解装置为龙头，使用石油炼制后产生的轻质油品或天然气、炼厂干气，通过裂解制取乙烯、丙烯、碳四等有机化工原料，再经过特定工序生产合成树脂、合成橡胶、合成纤维及其他精细化工产品。

生产石油化工产品的一次加工是对原料油和气（如丙烷、汽油、柴油等）进行裂解，生成以乙烯、丙烯、丁二烯、苯、甲苯、二甲苯为代表的基本化工原料。二次加工是以基本化工原料生产多种有机化工原料（约 200 种）及合成材料（塑料、合成纤维、合成橡胶）。这两步产品的生产属于石油化工的范围。有机化工原料继续加工可制得更多品种的化工产品，习惯上不属于石油化工的范围。

如要求年产 30 万 t 乙烯，粗略计算，约需裂解原料 120 万 t，对应炼油厂加工能力约 250 万 t，可配套生产合成材料和基本有机原料 80 万～90 万 t。

（二）石油化工工业污染源环境监察概述

石油化工企业与炼油企业相比，工艺过程中工艺更为复杂，变化大、产品品种多，使用的化工原料也多，因此排放的污染物的组分比炼油企业复杂得多。

1. 废水污染

石油化工企业的废水中污染物的组分比炼油企业复杂，除了普遍含油外，还有许多特征污染物，不仅使得产生的污染物复杂，而且还具有升华难降解等特性。

表 10-25 石油化工企业的废水及来源

废水类型	来源	主要污染物
含油废水	生产装置、储运装置、油罐切水、油罐的清洗水、地面冲洗水，装置检修时的设备排空、吹扫、清洗的排水	石油类的含量较高，还有硫化物、酚、COD 等
高浓度有机废水	有些生产装置产生的特殊废水，主要产生于生产工艺过程，地面冲洗水及装置检修时的设备排空、吹扫、清洗的排水	COD 浓度可达数千 mg/L，如 PTA 装置的含羧酸废水、丁辛醇装置的含醇废水，有的甚至产生含生物难降解物质的废水，如己内酰胺废水等
酸碱废水	某些装置产生的工艺废水，如醋酸、乙醛装置产生的酸性废水等	pH 过高或过低的酸碱性废水
其他生产废水	油罐喷淋水、地面雨水、循环水排污等	污染程度较轻

2. 废气污染

石油化工企业的废气除燃烧废气外，多属于无组织排放的废气，其恶臭气体和氮氧化物的排放对环境的影响尤为明显。

表 10-26 石油化工企业的废气及来源

废气类型	来源	主要污染物
燃烧废气	锅炉、工艺加热炉、废热锅炉、焚烧炉和火炬燃烧过程	SO_2、NO_x、TPS、CO_2 等，NO_x 是石油化工企业的主要大气污染物，对大气影响较大
烃类气体排放源	来自各类化工设施的工艺尾气，储罐呼吸损失（其中拱顶罐呼吸损失占总呼吸损失的 97.7%），工艺系统的跑、冒、滴、漏排入大气	烃类物质
芳烃污染源	来自各类化工设施的工艺尾气，储罐呼吸损失，工艺系统的跑、冒、滴、漏排入大气	芳烃物质
恶臭污染源	恶臭气体的排放以低架源、无组织排放为主，包括各种塔、器、储罐的呼吸口、采样口、脱水排放口、污水井（池）、污水处理设施，以及工艺的跑、冒、滴、漏排入大气	芳烃、含硫化合物、含氮化合物、烃类等

注：某石化公司曾对 33 套生产装置的工艺尾气排放进行过调查，每年排放烃类物质约数千吨（摘自《石油石化环境保护技术》，中国石化出版社）。

3. 固体废物污染

在石油化工企业的生产过程中，产生种类繁多、成分复杂的多种固体废物，多数为危险废物，不仅具有易燃、有毒、易反应等特点，其形态也有固态、浆状、浓液态等多种形式。主要是废催化剂、废碱液、废有机溶剂等。

表 10-27 石油化工企业的固体废物及来源

名称	来源	性状
罐底泥	各类油品的储罐、污油罐、污水罐、中间原料罐的罐底沉积污泥，生产装置清洗产生尾油和杂质	大多带有油泥或黑色黏稠液体
有机废液（渣）	导热炉产生的废导热油，聚醇精制塔底乙二醇残渣，顺丁橡胶溶剂精制产生的二烯二聚物，苯酚氧化精馏产生的酚焦油，裂解碱洗塔产生的废黄油、焦油及泥脚等	多数为含有机物的液态状
废聚合物	废涤纶聚酯块、聚乙烯、聚丙烯粒料除尘器，造粒及包装过程产生的废物等	多为粒状、块状或粉状
废催化剂	合成加氢、脱氢、脱烷基等反应过程废弃的催化剂	多数催化剂和分子筛为硅、铝氧化物，金属废催化剂多为颗粒或球状
白土渣及废分子筛	对二甲苯歧化的废白土吸附剂，制苯、苯乙烯白土塔、丁二烯精制用的废分子筛、乙烯干燥剂等	黑褐色含油或其他的半固体状态物质
碱渣	碱洗工序	多为棕色或乳白色或灰黑色的恶臭稀黏液
酸渣	酯化反应、磺化反应、烷基化反应废催化剂等	多为黑色黏稠的半固体物质
废水处理厂废渣	隔油池沉淀的油泥、浮选时投加絮凝剂或气浮时产生的浮渣、生物处理产生的剩余活性污泥、沉砂池泥沙等	泥状物质
锅炉废渣	粉煤灰、炉渣以及离子交换产生的废离子交换树脂等	颗粒状或灰状

二、乙烯工业污染源环境监察

石油化工的基础原料有 3 类：烯烃（乙烯、丙烯、丁烯和丁二烯）、芳烃（苯、甲苯、二甲苯、萘）、乙炔。由这些基础原料可以制备出各种重要的有机化工产品和合成材料。

乙烯是石化最基本的原料，现代化乙烯装置在生产乙烯的同时，副产大量的丙烯、丁烯、丁二烯、苯、甲苯和二甲苯，成为石油化工基础原料的主要来源。乙烯装置除生产乙烯外，副产世界上约 70%的丙烯、90%的丁二烯、30%的芳烃。三烯（乙烯、丙烯、丁二烯）和三苯（苯、甲苯、二甲苯）总产量的 65%来自乙烯生产装置。

在烯烃工业中“三烯”（乙烯、丙烯、丁二烯）是重要的有机化工基础原料，其中以乙烯最为重要，产量也最大，乙烯产量常作为衡量一个国家基本有机化工的发展水平和规模。石油化学工业中大多数中间产品（有机化工原料）和最终产品（三大合成材料）均以烯烃和芳烃为原料，除由重整生产芳烃以及由催化裂化副产物中回收丙烯、丁烯和丁二烯外，主要由乙烯装置生产各种烯烃和芳烃。

以乙烯为原料通过多种合成途径可以生产一系列石油化工产品，如聚乙烯、环氧乙烷、乙醛、二氯乙烷、高碳醇、乙醇、乙醚、溴乙烷、乙苯、乙丙橡胶、丁烯等。

（一）乙烯生产的主要原料

热裂解法制取乙烯的主要原料来自炼厂的产品或副产品，石油系烃类物质如天然气、炼厂气、石脑油、轻油、煤油、柴油、重油等，还可能采用乙醇和焦炉煤气。

（二）乙烯生产工艺

目前世界上99%左右的乙烯都是采用烃类管式炉热裂解法生产，我国新建的乙烯生产装置均采用管式炉热裂解生产技术。

表 10-28　乙烯生产工艺类型

工艺名称	工艺原理	问题
乙醇脱水	乙醇脱水所用催化剂是载于焦炭的磷酸、活性氧化铝或 ZSM 分子筛，脱水制取乙烯	由于磷酸催化剂油酸析出、泄漏，引起腐蚀，氧化铝或 ZSM 分子筛较为清洁
焦炉煤气分离制乙烯	多采用焦炉煤气低温分离法，在分离氢氮混合气的同时分离出乙烯	由于从焦炉煤气中回收的乙烯数量有限，流程较长工业很少采用
烃类热裂解制乙烯	采用石油系烃类原料，在高温、隔绝空气的条件下发生分解反应，生成低碳的烃类，以制取乙烯、丙烯、丁烯等低级不饱和烃类，同时联产丁二烯、本、甲苯、二甲苯的生产过程	
合成法制乙烯	以煤或天然气、煤层气等天然资源经过各种合成方法，最主要的产物是合成气、甲醇、二甲醚	

裂解气原料会带入气态硫化物（硫醇、硫醚、噻吩、硫茚等），在高温下会生成 H_2S，碱洗过程使用 NaOH 会产生碱性废水。

（三）乙烯生产的环境污染

1．废水污染

表 10-29　乙烯工业的废水及来源

废水类型	来源	主要污染物
含酚废水	来自工艺废水	酚、COD 等
含硫废水	来自裂解碱洗水洗塔的水洗工段，用 CO_2 中和，经汽提生成硫化氢进入火炬系统烧掉	硫化物
废碱液	来自裂解气水洗塔碱洗工段，脱除 H_2S 等酸性气体	pH 值、硫化物、石油类、COD 等
废黄油	来自裂解气碱洗水洗系统的黄油罐	石油类、COD 等
火炬罐排水	来自火炬罐气水封罐排水，火炬气中部分烃溶于废水	烃类、COD 等

2．废气污染

表 10-30　乙烯工业的废气及来源

废气类型	来源	主要污染物
燃烧废气	来自蒸汽过热锅炉、裂解炉的燃烧过程	SO_2、NO_x、TPS、CO_2 等，NO_x 是石油化工企业的主要大气污染物，对大气影响较大
火炬尾气	火炬尾气主要是来自废碱处理塔的酸性气体和系统超压排放的弛放气	SO_2、NO_x、CO_2 等
烃类污染源	来自各类化工设施的工艺尾气，储罐呼吸损失，工艺系统的跑、冒、滴、漏排入大气，维修时的吹扫废气	烃类物质，无组织排放

3. 固体废物污染

表 10-31 乙烯工业的固体废物及来源

名称	来源
废干燥剂	装置内的废干燥剂，一般在大修时更换
废焦渣	来自废热锅炉、炉管
废含钯、含镍催化剂	主要用于 C_2 加氢反应器
丙烯聚合物	来自脱丙烷塔
汽油分馏塔焦炭末	随裂解气进入汽油分流塔，只有在设备检修时才排出
废水污泥	来自污水处理厂

三、芳烃工业污染源环境监察

（一）芳烃工业

芳烃是和乙烯、丙烯、丁二烯具有同等地位的重要有机化工原料。芳烃和乙烯是石油化工的两大分支，是衡量一个国家石化工业生产能力的标志。

目前我国芳烃的生产装置主要采用炼油厂的重整装置、石油化工厂的乙烯裂解汽油和芳烃生产联合装置以及焦化装置等。一般来说，一套 60 万 t/a 的乙烯生产装置可联产苯 12 万～14 万 t/a、甲苯 9 万～10 万 t/a、二甲苯 8 万～9 万 t/a；100 万 t/a 的重整装置可产苯 6 万～7 万 t/a、甲苯 24 万～25 万 t/a、二甲苯 19 万～20 万 t/a；500 万 t/a 焦化装置可副产粗苯 5 万～7 万 t/a、甲苯和二甲苯共 2 万 t/a 左右。另外还可利用甲苯脱烷基、甲苯歧化和烷基转移技术将甲苯和 C_9/C_{10} 芳烃转化为混二甲苯和苯，在大型芳烃联合装置中一半以上混二甲苯都通过此技术生产，该法是增产对二甲苯的主要途径。另外，甲苯选择性歧化也是生产对二甲苯的一个新途径。

目前国内纯苯主要来自炼焦副产品的焦化苯以及炼油与乙烯装置的石油苯。随着我国大型石油化工、化纤装置的相继投产，石油苯占纯苯总产量的比例逐渐提高（约 80%）。我国石油苯生产主要通过芳烃抽提、甲苯脱烷基和甲苯歧化及烷基转移生产，生产装置大部分集中在中石化和中石油两大集团。

（二）芳烃工业的生产工艺

1. 焦化芳烃的生产工艺

煤在焦炉中干馏，除了生成 75%的焦炭外，还产生副产品粗煤气 25%（其中粗苯约占 1.1%），煤焦油 4.0%。粗煤气经初冷、脱氨、脱萘、终冷后，再进行粗苯回收，粗苯中“三苯”约占 85%，硫化物约占 1%～3%。粗苯经分馏分成轻苯（主要是“三苯”、不饱和烃和硫化物）和重苯，轻苯再分馏塔顶出轻沸物，塔底为“三苯”。煤焦油经分馏得到轻油、酚、萘、蒽等馏分，再经精馏、结晶可以分离出苯系、萘系、蒽系等芳烃。焦化芳烃是通过粗苯精制过程得到苯、甲苯和二甲苯，粗苯精制分酸法精制和加氢精制。

粗苯酸法精制是经过初步精馏分出初馏分和混合馏分，再将混合馏分经硫酸洗涤，再将已洗混合馏分进行吹苯，再进行最终精馏。

粗苯加氢精制是将轻苯和混合馏分进行催化加氢净化，然后再对加氢油进行精制处理得到高纯度的苯类产品。

2．石油芳烃的生产工艺

我国石油化工是以石油脑和裂解汽油为原料生产芳烃，一般包括反应、分离、转化三部分。我国原油属重质原油直馏石油脑（石油脑中含芳烃3%～10%）只占6%，我国目前大力发展氢裂化石油脑、加氢处理焦化汽油、裂解汽油萃取油作为重整的原料。

芳烃反应主要采用催化重整（主要催化剂含铂、氟、氯）和裂解汽油加氢，我国催化重整工艺用于生产芳烃和生产汽油的各占50%。乙烯工业的副产品裂解汽油加氢生产的苯已占全年苯产量的35%。

芳烃馏分的分离采用溶剂萃取，原料与萃取液逆相接触，根据溶剂对烃类的溶解度差异，把非芳烃抽提去除，提高芳烃的纯度。

（三）芳烃工业的环境污染

1．焦化芳烃工业的环境污染

（1）废水污染

生产污水主要为苯加氢分离水槽排出的分离水、稳定塔、纯苯塔、甲苯塔和二甲苯塔回流槽排出的污水、洗罐站的清洗水、地坪冲洗水、生产系统的15 min初期雨水等，一般含有较高浓度的COD、BOD、挥发酚、氰化物、石油类等污染物。

（2）废气污染

低温法粗苯加氢装置的主要污染源为排污槽和稳定塔等排气管、导热油炉和反应器加热炉烟囱、生产装置排放的弛放气和苯类贮槽等排放的污染物，主要为苯、SO_2、NO_x、烟尘等。

（3）固体废物污染

各类反应装置的废催化剂、废白土、老化溶剂、隔油池底泥等。

2．石油芳烃工业的环境污染

（1）废水污染

主要来自进料缓冲罐、脱戊烷塔顶罐、苯水分离罐、预分馏塔顶罐及苯塔塔顶罐等排放含油废水；非溶剂池排出的含溶剂废水。

（2）废气污染

苯水分离罐排放含苯废气；加热炉的燃烧烟气；加氢反应器排出的含SO_2的再生废气；稳定塔塔顶排出的含烃废气；各种罐体排出的呼吸废气；停工检修的废气等。

（3）固体废物污染

各类反应装置的废催化剂、白土塔的废白土、老化溶剂、隔油池底泥等。

第四节　炼焦工业污染源环境监察

由于焦炭生产工艺过程复杂、污染物排放强度大等特点，炼焦工业不仅大量消耗煤炭资源，而且污染物排放量大，给社会造成了巨大的资源、能源和环保压力。一大批焦化企业环保设施不到位，废水、废气等污染物排放不达标，特别是土焦、改良焦的生产，一些盲目重复建设、没有焦化产品回收和焦炉煤气回收利用装置的小机焦的生产，仍在继续严重浪费国家资源和污染当地的生态环境。

在消耗能源的同时，炼焦生产同样产生大量的焦炉气资源。据了解，每吨机焦可生产出 400 m^3 焦炉煤气，全国目前每年将生产出近 800 亿 m^3 焦炉煤气，粗略估计全国每年约有 250 亿 m^3 焦炉煤气未得到有效利用。差距意味着节能减排的空间。据专家测算，每淘汰 1 t 土焦、改良焦的产能，可节约标准煤 220 kg。据有关专家测算，每淘汰 1 万 t 落后的焦炭产能，每年可减排 3 900 m^3 焦化废水。

一、炼焦工业产业政策

（一）炼焦工业产业结构调整政策

表 10-32　炼焦工业产业结构调整政策

文件及颁布时间	对企业的要求
产业结构调整指导目录（发改委令[2005]40 号，2005 年 12 月 2 日） 关于加快推进产能过剩行业结构调整的通知（国发[2006]第 11 号，2006 年 3 月 12 日） 关于加快焦化行业结构调整的指导意见的通知（发改产业[2006]328 号，2006 年 3 月 26 日） 关于做好焦化行业结构调整工作的通知（发改办产业[2006]939 号，2006 年 5 月 10 日） 节能减排综合性工作方案（国发[2007]15 号，2007 年 5 月 23 日） 焦化行业准入条件（工信产业[2008]第 15 号，2008 年 12 月 19 日） 关于进一步做好焦化行业淘汰落后产能和准入企业监督检查工作的通知（工信产业[2010]第 199 号，2010 年 10 月 11 日） 关于进一步加强淘汰落后产能工作的通知（国发[2010]7 号，2010 年 2 月 6 日） 工信部公布 18 个工业行业淘汰落后产能企业名单（工信产业[2010]第 111 号，2010 年 8 月 5 日）	1. 鼓励类项目：（1）炭化室高度 6 m 以上、宽 500 mm 以上配干熄焦、装煤、推焦除尘装置的新一代大容积机械化焦炉建设；（2）煤捣固炼焦、配型煤炼焦工艺技术应用；（3）干法熄焦、导热油换热技术应用。 2. 限制类项目：（1）钢铁企业和缺水地区，未同步配套建设干熄焦、装煤、推焦除尘装置的焦炉项目；（2）80 万 t/a 以下延迟焦化装置。 3. 淘汰类项目：（1）土法炼焦（含改良焦炉）；（2）炭化室高度小于 4.3 m 的焦炉（2010 年底前，3.2 m 及以上捣固焦炉除外）。 4. 符合《焦化行业准入条件》的焦炭产能占总能力的 80%以上；钢铁企业的焦炭产能占总产能的 50%以上。 5. 2009 年淘汰焦炭落后产能 2 300 万 t；2010 年淘汰焦炭落后产能企业 192 家，淘汰焦炭产能 2 600 万 t。 6. 焦化生产企业实现达标排放。 7. 鼓励大中型焦化企业进行干法熄焦、煤气脱硫脱氰、煤气综合利用、废水处理等重大节能环保项目建设。 8. 在城市规划区边界外 2 km 以内，主要河流两岸、公路干道两旁，居民聚集区，自然保护区、地质公园、饮用水水源保护区等保护地内，不得建设焦化生产企业。 9. 新建顶装焦炉炭化室高度必须≥6.0 m、容积≥38.5 m^3；新建捣固焦炉炭化室高度必须≥5.5 m、捣固煤饼体积≥35 m^3，企业生产能力 100 万 t/a 及以上。 10. 新建直立炭化炉单炉生产能力≥7.5 万 t/a，每组生产能力≥30 万 t/a，企业生产能力 60 万 t/a 及以上。 11. 热回收焦炉的企业生产能力在 40 万 t/a 及以上。 12. 资（能）源消耗应达到规定指标

（二）炼焦工业环境保护政策

表 10-33 炼焦工业环境保护政策

<table>
<tr><th>文件及颁布时间</th><th>对企业的要求</th></tr>
<tr><td>焦化行业准入条件（工信产业[2008]第 15 号，2008 年 12 月 19 日）</td><td rowspan="3">1. 煤矸石综合利用电厂应为列入经批准的所在省煤矸石资源综合利用规划的建设项目；煤矸石电厂、垃圾焚烧发电厂项目的二氧化硫排放总量指标必须明确总量指标来源。
2. 焦化生产企业主要污染物排放量不得突破环保部门分配给其排污总量指标。
3. 焦炉无组织污染物排放执行《炼焦炉大气污染物排放标准》（GB 16171—1996），其他有组织废气执行《大气污染物综合排放标准》（GB 16297—1996），NH_3、H_2S 执行《恶臭污染物排放标准》（GB 14554—1996）。
4. 酚氰废水处理合格后要循环使用，不得外排。
5. 一切焦化生产的固（液）体废弃物，应按照相关法规要求处理和利用，不得对外排放。
6. 将炼焦行业生产过程清洁生产水平划分为三级技术指标。
7. 炼焦企业的生产工艺、装备、资源能源利用指标、产品指标、污染物产生指标、废物回收利用指标和环境管理要求应符合 HJ/T 126—2003 的规定</td></tr>
<tr><td>清洁生产标准 炼焦行业（HJ/T 126—2003，2003 年 6 月 1 日）</td></tr>
<tr><td>国务院关于进一步加大工作力度 确保实现“十一五”节能减排目标的通知（国发[2010]12 号，2010 年 5 月 4 日）</td></tr>
</table>

二、炼焦工业基础知识

炼焦技术是以煤炭为原料，隔绝空气经高温干馏获得焦炭产品和荒煤气，并从荒煤气中分离和精制出多种化学产品。在中国钢铁联合企业的能耗中焦炭和焦炉煤气提供的能源占绝大部分，所以大部分焦化厂设在钢铁厂，一部分是独立炼焦企业，另一部分设在民用煤气或化工企业中。

（一）炼焦原理

炼焦过程即煤的热解过程，也称煤的干馏，是指以煤为原料，在隔绝空气条件下对煤进行加热，加热到 950～1 050℃，煤在不同温度下发生的一系列物理变化和化学反应的复杂过程，生成焦炉气、液体（焦油）、固体（半焦或焦炭）等产品的一种煤转化工艺。

（二）炼焦原料及炼焦能耗

炼焦生产是以经过洗选，含水约 10%的炼焦煤为原料，粉碎成细颗粒状。制取 1 t 焦炭需消耗焦煤或洗精煤 1.35～1.45 t。目前，国际先进水平的工序能耗为 167 kg 标煤/t 焦，烟（粉）尘排放为 1.0 kg/t 焦，吨焦耗新鲜水量 2.5 m^3，吨焦耗蒸汽量 0.2 t，吨焦耗电量 30 kWh。

炼焦所需能源来自加热煤气的占 90%，炼焦生产能耗占炼焦工序能耗的 75%。目前，一些企业焦化工序能耗统计中只包括炼焦生产部分，不包括化产品部分，所以出现了焦化工序能耗偏低的现象。正常的焦化工序能耗应在 150kg 标准煤/t 焦左右。多数焦化厂的产品带出热没有回收，采用干熄焦回收红焦热量的企业不到 5%，回收高温粗煤气和燃烧废气热量的企业较少。

（三）焦化产品

通过对烟煤的炼焦，可以获得优质的焦炭、煤焦油和荒煤气及其宝贵的化工产品。目前我国化产品回收品种相对较少，与先进国家差距很大，先进国家目前从荒煤气净化中可以提取的化产品多达 100 多种，煤气冷却可分离回收氨、苯类、煤焦油等化学品。煤焦油精制可以得到萘、酚、沥青等产品。粗苯经过精制，可以得到苯、甲苯、二甲苯、溶剂油、古马隆原料等产品。而我国目前仅可回收化产品 50 种左右。同时，我国焦化行业在煤气净化、煤焦油深加工等工艺普遍存在技术装备水平落后，因此存在着很大的发展空间，无疑会成为今后焦化行业清洁生产技术的发展方向。

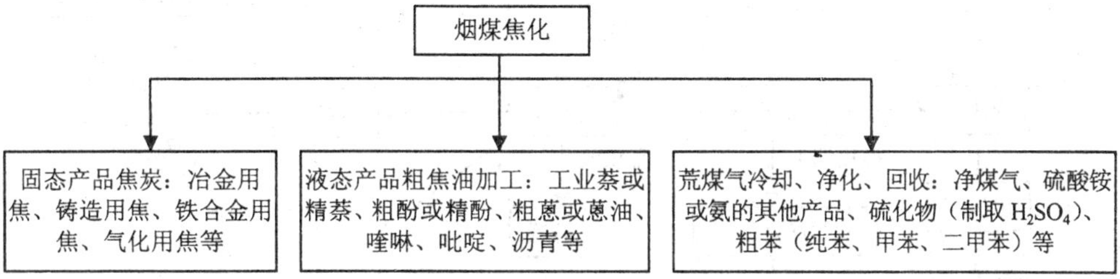

图 10-5 焦化主要产品图

表 10-34 炼焦化学品的产率

	焦炭	焦油	苯烃	焦炉气	氨	化合水	硫化氢及其他
干馏产率/%	70～75	4～4.5	1～1.6	15～21	0.3	3	1.0～1.4
近似产率/%	73	4.0	1.4	17	0.3	3	1.3
烟煤/kg	1 000	55	19	234	4	40	18

（四）炼焦设备

按生产流程煤焦化公司一般分为配煤车间、炼焦车间、回收车间、焦油车间以及精苯车间。一座焦炉通常有 25～70 个炭化室组成。炭化室顶部有装煤孔、煤气导管，炭化室两侧有推焦炉门。我国正在生产的机械化焦炉主要是顶装焦炉、捣固式热回收焦炉和直立炉。其中顶装工艺的炼焦炉炉型最为复杂、繁多，但根据国家相关政策（逐步淘汰落后、污染严重的 4.3m 以下焦炉，鼓励焦炉大型化趋势）、不同炭化室高度炉型的污染物产排量的特点，规模一般分为炭化室高度＜4.3m 顶装焦炉、4.3～6m 顶装焦炉（包括 4.3m）以及炭化室高度≥6m 焦炉三类。

三、炼焦工艺

焦化生产过程，主要有煤的配备、炼焦、熄焦、化学品回收和煤气净化回收。目前我国焦炭的主流生产工艺主要有水平室式常规机械化焦炉、捣固式热回收焦炉、直立炭化炉生产工艺。

（一）水平室式常规机械化焦炉

机械化焦炉生产工艺已很成熟，其备煤、炼焦和煤气净化工艺流程见图 10-6。

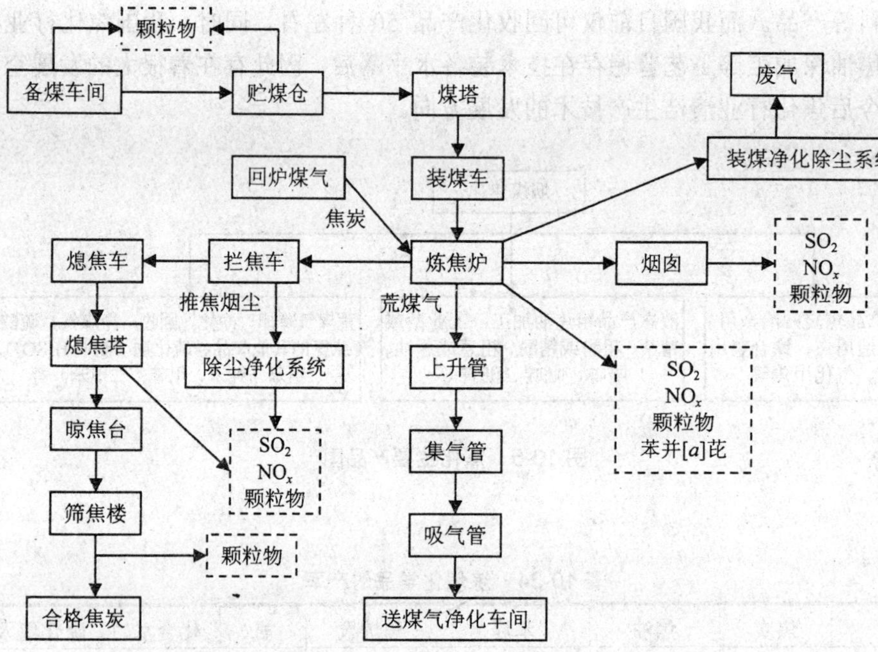

图 10-6 水平室式炼焦及焦处理工艺流程排污环节示意图

（二）捣固式热回收焦炉

目前捣固式热回收焦炉以 SJ－96 型捣固式热回收焦炉和 QRD—2000 捣固式热回收捣固式焦炉为代表，前者是由山西三佳煤化有限公司开发研制，属冷装冷出工艺，后者由山西省焦化技术研究会和山西省化工设计院共同研发，属热装热出工艺。两者均已经过多年试生产运行。

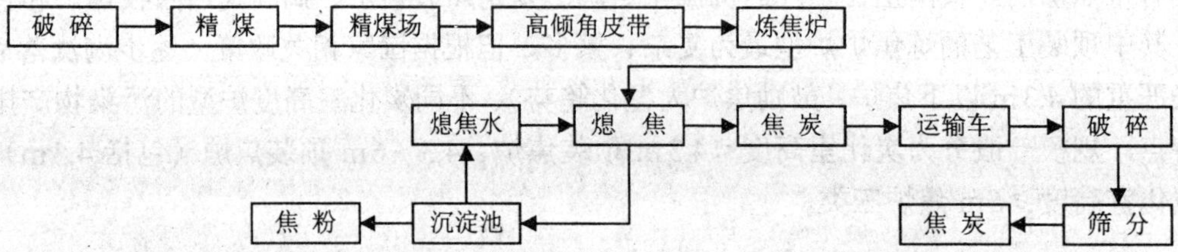

图 10-7 冷装冷出捣固式热回收焦炉生产工艺流程图

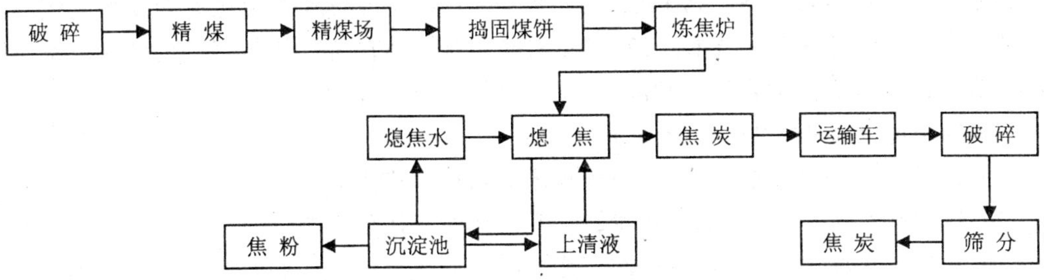

图 10-8　QRD—2000 捣固式热回收捣固机焦炉生产工艺流程示意图

（三）直立炭化炉

半焦（蓝炭）炭化炉是以不粘煤、弱粘煤、长焰煤等为原料，在炭化温度 750℃以下进行中低温干馏，以生产半焦（蓝炭）为主的生产装置。加热方式分内热式和外热式。其生产工艺主要包括备煤车间、炼焦制气车间、污水处理、煤气储备及输送部分。

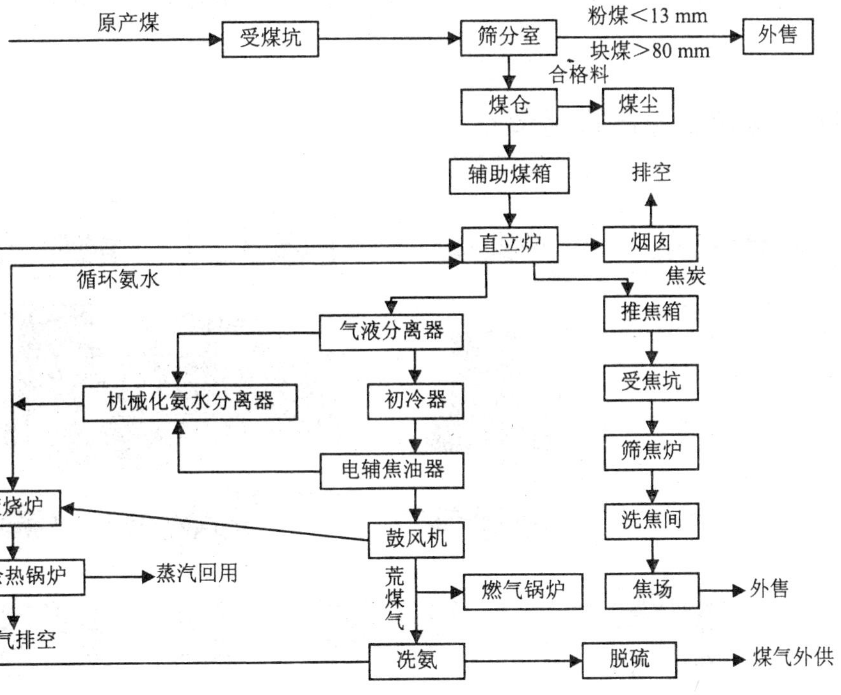

图 10-9　直立炉生产工艺流程图

半焦生产工艺简介：合格的入炉煤用胶带机卸入炉组上部的储煤仓，经带有卸料车的袋式输送机再经放煤旋塞和辅助煤箱装入直立炭化炉内。每隔一段时间打开放煤旋塞向直立炭化炉内自动加煤一次。加入炉内的块煤自上而下移落，与燃烧室送入的高温气体逆流接触。炭化室上部为预热段（360～400℃），接着进入炭化室中部的炭化段（680～720℃）被炭化为半焦，半焦通过炭化室下部被冷却（200～160℃），最后被推焦机推入炉底水封槽内冷却到 50℃左右由刮焦机连续刮出，通过刮焦机尾部时经烘干装置，烘干后落入半焦料仓后进入筛焦运焦系统。煤料炭化过程产生的荒煤气与进入炭化室的高温废气混合后，经上升管、桥管进入集气槽，120℃左右的混合气体在桥管和集气槽内经循环氨水喷洒被冷却至 80℃左右。混合气体和冷凝液送至煤气净化工段。

现有的焦化企业基本生产工艺如下：

（1）备煤——常规配煤、制型煤及煤调湿等备煤生产工艺；

（2）炼焦——顶装焦炉、捣固焦炉、无回收焦炉等炼焦生产工艺；

（3）化学品回收——各种煤气鼓冷、脱焦油、脱硫、脱氰、脱氨、脱萘、脱苯净化工艺及焦油、硫铵、无水氨、氨水、元素硫、硫酸、粗苯等化学品回收生产工艺。

炼焦生产是以经过洗选，含水约 10%的炼焦煤为原料，粉碎成细颗粒，这一过程称焦煤的配备。配好的焦煤再从焦炉顶部装入炭化室，隔绝空气，加热到约 1 000℃，经高温干馏产生焦炭，这一生产过程为高温炼焦或高温干馏。原料煤中的硫分约 70%残留在焦炭中，其余硫以硫化氢形式进入荒煤气。高温红焦用推焦车从炭化室推出，装在接焦车上，用水进行淋熄或置入关闭的槽内由循环惰性气体冷却成焦炭，这一过程称熄焦，分干熄焦和湿熄焦。炼焦过程产生的焦炉气通过导管传输到化学回收车间，经冷却、净化分离出煤气使用，这一过程称化学品回收。在焦炭生产过程中产生的粗干馏煤气，含多种芳香烃和杂环化合物、氨、硫化物、氰化物等。

四、炼焦工业产排污节点

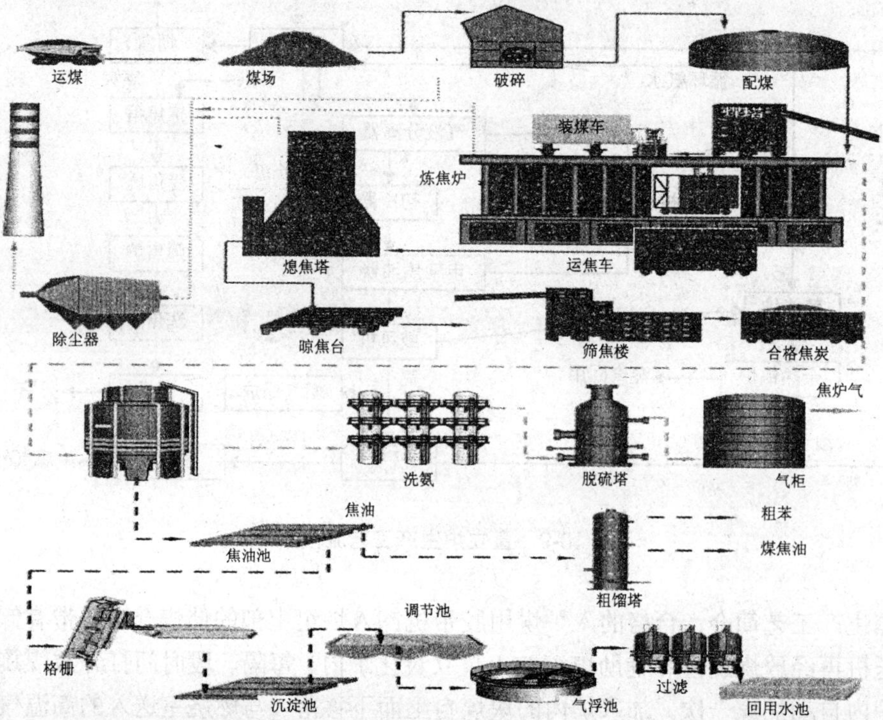

图 10-10　炼焦行业的产排污节点

表 10-35 炼焦企业主要废气排污节点及所采取的主要控制措施表

序号	工序	排污节点	主要污染物	控制措施	备注
1	储备煤工序	储煤场	颗粒物（无组织排放，约 2.5 kg/t 焦）占焦化无组织排放总量的 22%	1．筒仓储煤； 2．封闭式储煤库储煤； 3．四周设挡风抑尘网和洒水设施	采用其中任何一种可满足要求
2		破碎机		1．输送廊道全封闭。 2．在破碎机产尘点设置集尘罩，统一经集尘管送除尘装置，一般采用袋式除尘器	1.2 措施同时建设，配套使用
3	炼焦工序	焦炉装煤	颗粒物（1.6 kg/t 焦）、SO_2、BaP、BSO、CO、H_2S、NH_3、HCN 等，间断排放，占炼焦无组织排放总量的 50%	1．高压氨水喷射； 2．装煤地面站（炉顶设集尘系统、炉体一侧地面上设除尘系统。据是否设置有燃烧装置和采取除尘方式不同，具体又有以下几种形式：不燃烧+干法袋式除尘、不燃烧+湿法除尘、燃烧+干法袋式除尘、燃烧+湿法除尘等）； 3．炉顶设置侧吸管，将装煤烟气吸入相邻炭化室燃烧处理； 4．炉顶设置移动式消烟除尘车； 5．装煤孔盖，特制泥浆封闭	一般 1 是各企业普遍采用的装煤消烟抑尘设施，在此基础上，尾部配套采用或 2 或 3 或 4，任一种除尘措施（2、3、4 三种措施均包括集尘和除尘两部分设施）
4		焦炉推焦	颗粒物（1.2 kg/t 焦）、SO_2、CO、H_2S、NH_3、BaP、BSO、HCN 等，间断排放，占炼焦无组织排放量的 40%	1．拦焦车上设捕集罩； 2．捕集烟气送地面站，地面站采用干法或湿法除尘； 3．捕集烟气送炉顶消烟除尘车	1 是各焦化企业出焦除尘的捕集措施，是后面各项措施的基础。捕集后烟气可送 2 或 3 进行处理
5		炉门、炉顶、上升管、桥管等	颗粒物（0.4 kg/t 焦）、SO_2、CO、H_2S、NH_3、BaP、BSO、HCN 等，间断泄漏，占炼焦无组织排放量的 10%	1．密封炉门； 2．上升管和桥管水封； 3．加强管理； 4．敲打刀边炉门、弹性刀边炉门	1、2、3 同时配套使用，4 是新技术
6		输煤、筛焦及转运站	颗粒物（2 kg/t 焦）、占焦化无组织粉尘排放量的 17%	1．转运站落料点可设喷雾装置抑尘； 2．输送廊道全封闭； 3．在产尘点设置集尘罩，统一经集尘管送除尘装置，一般采用袋式除尘器或泡沫除尘器	
7		晾焦台、焦场	颗粒物（2.7 kg/t 焦）、占焦化无组织粉尘排放总量的 23%		
8		焦炉烟囱	颗粒物、SO_2、NO_x 有组织排放	采用脱硫、脱氨后的净煤气为燃料	对焦化企业煤气净化和化学品回收设施，应建冷鼓脱焦油脱萘、湿法脱硫、喷淋式饱和器脱氨、焦油洗脱苯四部分
9		熄焦塔	颗粒物（1.5 kg/t 焦）、SO_2、CO、H_2S、NH_3、BaP、BSO、HCN 等，间断排放，占无组织粉尘排放总量的 15%	塔顶设折流板滞尘干法熄焦密闭设备，配备布袋除尘设施	两项同时建设，配套使用

序号	工序	排污节点	主要污染物	控制措施	备注
10	煤气净化和化产回收	硫铵干燥器	颗粒物	旋风除尘+雾膜水浴除尘	
11		粗苯管式炉	颗粒物、SO_2、NO_x	采用脱硫、脱氨后的净煤气为燃料	
12		蒸氨塔	氨	1. 氨汽冷却成氨水，送脱硫装置； 2. 不经冷却，送硫铵饱和器	采用1或2任一种方式
13		各类贮槽等	颗粒物、SO_2、CO、H_2S、NH_3、BaP、BSO、HCN等	1.管道收集，送排气洗净塔，用蒸氨废水洗涤后可达标排放； 2. 设置呼吸阀； 3. 设置压力平衡装置，返回煤气系统	贮槽类型和位置不同，以上三种方式可配合使用
14	锅炉烟气	锅炉房	颗粒物、SO_2、NO_x	1. 以脱硫、脱氨后的净煤气为燃料，烟气可直接排放； 2. 燃煤锅炉烟气应配脱硫除尘设施	一般焦化企业均用采燃气锅炉，部分焦化企业采用燃煤锅炉
15	剩余煤气	脱苯塔	H_2S、BaP、CO、H_2S、NH_3等	1. 可作甲醇企业生产原料； 2. 可作镁合金企业生产燃料； 3. 可作焦油加工、苯精制等原料或燃料； 4. 其他用途	如未建剩余煤气综合利用设施，直接送放散管点燃放散

表10-36 炼焦企业主要废水排污节点及所采取的控制措施表

序号	废水名称	排污节点	主要污染物	治理措施
1	熄焦废水	熄焦塔	COD、氨氮、氰化物、挥发酚、石油类等，含油量低，一般在50mg/L以下，不少都低于30 mg/L	设置焦沉池，沉淀去除粉焦后循环使用，不外排
2	水封排水	上升管、桥管水封		送污水处理装置
3	剩余氨水	冷鼓工段焦油氨水澄清槽		送蒸氨装置
4	洗脱苯废水	粗苯控制分离器		送机械化氨水澄清槽
5	终冷废水	煤气终冷器		送污水处理装置
6	管线冷凝液	煤气排送管道冷凝液收集处		送污水处理装置
7	蒸氨废水	蒸氨塔	COD_{Cr}、NH_3-N、挥发酚、总氰化物、硫化物	送污水处理装置
8	地坪冲洗水	地坪冲洗	SS、氨氮、酚、氰等	送污水处理装置
9	生活化验水	办公楼、宿舍楼等	BOD_5、COD、SS等	送污水处理装置
10	化学水处理站排水	锅炉给水处理站	盐分	作为熄焦、煤场抑尘、加湿卸灰使用
11	锅炉排污水	锅炉	盐分	
12	循环水系统排水	化产、制冷循环水系统	盐分	
13	污水处理装置出水	污水处理装置	COD、氨氮、氰化物、挥发酚、硫化物、石油类等	污水处理工艺一般A/O法（包括A^2/O，A/O^2，A^2/O^2法）。处理后出水作为熄焦或洗煤补充水，不得排放
	木屑过滤法对生化出水中BaP的去除率达95%以上，可使出水中BaP含量降至0.5μg/L以下；混凝沉淀法对生化出水中BaP去除率高达91%以上，出水中BaP含量为0.8μg/L到6.2μg/L；活性炭吸附法对生化出水中BaP去除率高达98%以上，出水中BaP含量平均为0.018μg/L，最高为0.05μg/L；催化湿式氧化法对焦化废水中BaP的去除率达97%左右，出水中BaP的含量为0. 679μg/L			

表 10-37 炼焦企业主要固体废物产生节点及采取的处置措施表

序号	固体废物名称	产生部位	主要污染成分	处置方式
1	粉焦	熄焦焦沉池	焦尘	一般固废，外售给周边居民或企业做燃料
2	焦油渣	冷鼓工段机械化氨水澄清槽和焦油分离器	含一定量焦油和氨水的煤粒及游离碳的混合物，一般含水8%～15%，挥发分60%左右	危险废物，可掺入煤中炼焦
3	脱硫废液	脱硫工段脱硫液贮槽	主要为 $Na_2S_2O_3$、NaCNS、$(NH_4)_2S_2O_3$、NH_4CNS 成分	危险废物，可掺入煤中炼焦
4	酸焦油	硫铵工段满流槽	约含甲苯可溶物50%～70%，灰分5%～10%，以及苯族烃、萘、蒽、酚类、硫化物等	危险废物，可掺入煤中炼焦
5	沥青渣	蒸氨塔	沥青渣	危险废物，掺入煤中炼焦
6	再生残渣	粗苯工段洗油再生器	主要为芴、联亚苯基氧化物等	危险废物，掺入煤中炼焦
7	剩余污泥	污水处理装置	有机物、细菌、微生物及重金属离子等	危险废物，可掺入煤中炼焦
8	除尘灰	备煤、筛焦袋式除尘系统，装煤、出焦除尘地面站	煤尘、焦尘等	一般固废，可掺入煤中炼焦
9	生活垃圾	办公楼、宿舍楼等	有机物、无机物等	定点堆放

五、炼焦工业的废气污染

焦炭生产过程排放的废气特征污染物主要有 TSP、SO_2、BaP 和废水中的氨氮、挥发酚和石油类。焦化废气污染物产生于装煤、推焦产生的颗粒物、苯并[*a*]芘、SO_2；焦炉烟囱产生的 SO_2；焦炉无组织逸散的废气污染物。

装煤过程排放的污染物占炼焦过程排放总量的 50%，推焦占 40%，炼焦设备泄漏占 10%。钢铁厂焦炉的加热常采用高炉煤气混焦炉煤气加热，非钢铁厂的大型焦炉采用煤气加热，中小锅炉采用焦炉煤气加热。产生的废气量约 1 500 m^3，废气中有少量 SO_2、NO。泄漏的 CO、SO_2、甲烷、焦油气、苯并[*a*]芘等，主要是无组织排放，而且是间断排放。

（一）炼焦工业的粉尘污染

焦炉在煤场装卸、贮煤，输煤、筛焦、转运，焦场、焦炭运输过程产生的无组织扬尘排放严重，大约 7kg/t 焦，如在贮煤场和焦场采用防风抑尘网控尘，输煤采用封闭措施，扬尘可减少到 2kg/t 焦左右。

在炼焦车间的装煤、推焦、湿熄焦、放焦过程中产生大量烟粉尘约 4.5kg/t 焦（装煤 1.55 kg/t 焦、推焦 1.2 kg/t 焦、炉门炉顶泄漏 0.36 kg/t 焦、熄焦 1～2 kg/t 焦）。如在装煤、推焦、熄焦过程采用吸尘罩，炼焦车间扬尘可以减少到 0.5～1 kg/t 焦。

焦炉煤气的产生量为 M=280+1000×（H－22%）m^3/t 煤，其中 H 为煤的挥发分（%），如缺少煤的挥发分数据可采用平均值 M= 345 m^3/t 煤，或 450 m^3/t 焦。其中含水蒸气 140kg、焦油 40kg、粗苯 12kg、氨 5kg 和煤气 350～430m^3（主要含 H_2、CH_4、CO、氰化物、氨

等可燃成分）。荒煤气的温度在 700℃左右，离开炭化室时带走的热量约占总加热煤气热量的 35%，折合为 1 280 MJ/t 焦。荒煤气经过氨水喷洒冷却，再进一步分离煤焦油、净煤气、粗苯等化工产品。

干法熄焦和湿法熄焦比较。出炉红焦的显热约占焦炉能耗的 35%～40%，干法熄焦可回收 80%的显热，吨焦生产可节约 80～100 kg 动力煤（每吨动力煤燃烧可产生烟尘 1.8 kg、16 kg SO_2、1 t CO_2）、可降低能耗 50～60 kg、节约用水 450 kg；干法熄焦投资（110～150 元/t）是湿法熄焦投资（10～15 元/t）的 10 倍。先进的配煤技术工艺可使炼焦煤节约 30%以上，通过提高煤气净化技术可大大提高粗苯、粗萘、粗蒽的回收率。

在化学产品回收和精制车间设备和管道的泄漏，将生产过程中的许多化学品如硫化氢、苯、酚、氰化物、碳氢化合物、氨、环芳烃等排放到外界环境，这些都属于有毒化学品。

表 10-38 炼焦行业烟气量、工艺废气量、粉尘产生量系数

工艺	规模	标态烟气量/（m^3/t 产品）	工艺标态废气量/（m^3/t 产品）	粉尘量/（kg/t 产品）
顶装	炭化室≥6 m	1 368～1 924	2 302（干熄焦）	0.003 4～0.024 7（烟尘）
			1 879～2 021（湿熄焦）	7.169（无组织）
	炭化室 4.3～6 m	1 511～3 376	2 385（干熄焦）	0.003 5～0.029 3（烟尘）
			1 946～2 090（湿熄焦）	7.766（无组织）
	炭化室＜4.3 m	1 660	2 391～2 568（湿熄焦）	0.004（烟尘）
				10.541（无组织）
捣固	全部	1 598～2 133	1 970～2 115（湿熄焦）	0.003 7～0.028 8（烟尘）
				7.995（无组织）
热回收	全部	4 096	433（干熄焦）	0.437（烟尘）
煤焦油加工	全部	921		0.002 2（烟尘）

注：1. 工艺废气量为：装煤地面站+出焦地面站+（备煤、筛焦、转运站处）+熄焦的废气量，粉尘无组织排放量为装煤地面站+出焦地面站+（备煤、筛焦、转运站处）的粉尘量；2. 炭化室规模等级 4.3～6 m 包括炭化室高 4.3 m 焦炉，但不包括 6 m 焦炉。

注：数据来自《第一次全国污染源普查工业污染源产排污系数手册》。

表 10-39 炼焦生产无组织粉尘排放量 单位：kg/t 焦

	煤场	焦场	备煤、筛焦、转运	装煤	推焦	焦炉泄漏（炉门炉顶）	湿熄焦	合计
炭化室≥6 m	2.543	2.658	1.968	1.55	1.210	0.363	1.028～1.936	11.3～12.2
炭化室 4.3～6 m	2.794	2.807	2.165					11.9～12.8
炭化室＜4.3 m	3.794	3.976	2.771					14.7～15.6

注：数据来自《第一次全国污染源普查工业污染源产排污系数手册》、胡学毅等著《焦炉炼焦除尘》、山西李云兰著《焦化生产中废气来源与危害》。

（二）炼焦工业的二氧化硫污染

如果炼焦煤的含硫率为 S，约 1.36t 原煤生成 1t 焦炭，焦化过程煤中约有 30%的硫进入焦炉煤气，生产每吨焦炭进入到焦炉煤气中的硫约为 1 360S×30%=408S kg。如果焦煤的含硫率为 0.8%，则有 3.26kg 硫分（90%的硫以 H_2S 的形式存在，因为硫化氢在水中的溶解比 1∶2.6，所以硫化氢溶解于冷凝水中的量很小）进入焦炉煤气，如焦炉煤气未脱硫，燃烧后产生的二氧化硫约为 6.53kg。如有脱硫措施，排放量根据实际去除率测算。

焦炉荒煤气中一般含 H_2S 为 4～8 g/m^3、含氨为 4～10 g/m^3、含 HCN 为 0.5～1.5 g/m^3，若不事先脱除，将会有 50%的 HCN 和 10%～40%H_2S 进入氨、苯回收系统，加剧了设备的腐蚀。焦炉煤气净化工艺流程的选择，主要取决于脱氨和脱硫的方法。根据上述焦煤炼焦过程硫的平衡测算（按 0.8%的硫分，焦炉煤气含硫分 3.26kg）若考虑部分 H_2S 进入氨、苯回收系统，实际进入焦炉煤气的硫分总量为 2～2.5kg。

一般焦炉产生的焦炉气满足炼焦需要只需 45%的焦炉煤气（160～200 m^3）即可。如果炼焦全部使用焦炉煤气，炼 1t 焦焦炉煤气中的硫分产生的 SO_2 量还会少。如果焦炉气经过脱硫，实际用于炼焦产生的 SO_2 量和普查系数情况大致相同。焦炉气不脱硫多出现在中小炼焦企业。回收的焦炉气除了 45%直接用于炼焦，其余如外输，必须脱硫，不会在焦化企业使用，其中 45%的硫分在炼焦过程转为 SO_2；如不能外输，多进行点火放散，即焦化产生的硫分全部转为 SO_2。

表 10-40 煤在高温干馏时其硫在产品中的分布

产品	焦炭	焦油	煤气
占煤中总含硫量（质量分数）/%	70		30

注：数据主要参考向英温等著《煤的综合利用基本知识问答》。

表 10-41 山西焦炭行业不同炉型大气污染物排放系数汇总 单位：kg/t 产品

	清洁型热回收焦炉	大机焦	小机焦	改良焦	土焦
二氧化硫（SO_2）	0.59	0.2	1.936	1.53	3.41

注：曹海霞著，《山西省焦化行业污染物排放总量控制研究》，山西省社会科学院能源研究所。

表 10-42 焦化行业二氧化硫产生量系数表 单位：kg/t 产品

工艺	规模	燃 料	有组织	无组织④	工艺	燃 料	有组织	无组织④
顶装	炭化室≥6m	高炉煤气	0.0139	0.032	捣固	高炉煤气	0.015	0.048
		焦炉煤气	0.0622①			焦炉煤气	0.0117①	
			0.0988②				0.1223②	
	炭化室 4.3～6m	高炉煤气	0.0147	0.046			1.808③	
		焦炉煤气	0.0695①		热回收	焦炉煤气	5.039	
			0.1132②		煤焦油加工	焦炉煤气	0.041①	
			1.705③				0.071②	
	炭化室<4.3m	焦炉煤气	0.1318②	0.050				
			1.878③					

注：①采用湿式氧化脱硫（H_2S）工艺（包括 HPF 法、T.H 法、F.R.C 法、ADA 法等）的焦炉煤气加热；②采用湿式吸收脱硫（H_2S）工艺（包括 A.S 法、索尔菲班法、真空碳酸盐法等）的焦炉煤气加热；③采用未脱硫的焦炉煤气加热；④无组织排放仅指装煤和推焦污染物系数

注：数据主要参照《第一次全国污染源普查工业污染源产排污系数手册》。

（三）炼焦工业的 NO_x 污染

焦化工艺氮氧化物形成机理：由于规划和工艺需要，加热煤气包括焦炉煤气或高炉煤气。加热煤气中的氮形成氨被洗去，炼焦过程中的氮氧化物主要是热力型的 NO_x（空气中的氮转化形成）。在温度小于 1 350℃时，几乎没有热力型 NO_x，只有温度超过 1 600℃，热力型 NO_x 才会明显增加。由于炼焦加热的温度超过 1 400℃，故炼焦过程中的氮氧化物主要是热力型 NO_x。

表 10-43　焦化行业 NO_x 产生量系数表　　单位：kg/t 产品

工艺	顶装			捣固	热回收		煤焦油加工
规模	炭化室≥6m	炭化室 4.3～6m	炭化室 <4.3m	全部	全部		全部
氮氧化物	0.34～0.413	0.389～0.452	0.439	0.403～0.462	0.177（铸造焦）	0.393（冶金焦）	0.206
注：表中的氮氧化物产生量为烟气中的含量，均为有组织排放。							

注：数据主要参照《第一次全国污染源普查工业污染源产排污系数手册》。

（四）炼焦工业的苯并[a]芘（BaP）污染

泄漏的苯并[a]芘排放量约 1～3 g/t 焦，成为焦化生产过程的主要废气。

表 10-44　山西焦炭行业不同炉型大气污染物排放系数汇总　　单位：kg/t 产品

	清洁型热回收焦炉	大机焦	小机焦	改良焦	土焦
苯并[a]芘（BaP）	0.000 13	0.001	0.001 5	0.002 9	0.034

注：曹海霞著，《山西省焦化行业污染物排放总量控制研究》，山西省社会科学院能源研究所。

六、炼焦工业的废水污染

国内领先水平的耗水指标为 4.5 m^3/t 焦，耗电为 40 kWh/t 焦等。湿法熄焦每吨红焦约需 1.4～1.6 m^3 水，蒸发的水量约 0.5 m^3/t 焦。生产过程冷却水消耗最大的是上升管喷洒的剩余氨水，其次是煤气从 70℃冷却到 25℃左右的初冷水。在污水处理过程中，为满足去除氨、氮的要求，需补充大量新水用以稀释高浓度废水。焦化生产具有不同生产规模和工艺差别，但循环水补充用量约 2.0～6.0 m^3/t 焦，处理后外排水量约为 0.5～3.0 m^3/t 焦。蒸汽消耗主要在蒸氨、精苯加工、焦油加工等生产系统，在现有生产水平下的平均蒸汽耗量为 50～400 kg/t 焦。

焦化废水主要来自熄焦废水、蒸氨酚氰废水、备煤工段产生的污染物蒸氨废水。焦化废水中污染物主要有：COD、挥发酚、氰化物、硫化物、石油类、氨氮等。

焦化厂的污水主要产生于炼焦、制气、化学产品回收过程。废水量大，水质复杂。废水中有大量铵盐、硫化物、氰化物，油类、氨氮，还有酚、苯、多种环芳烃和杂环烃等，不仅有毒有害、难以降解，而且还有致癌物质，对环境污染极其严重。

焦化厂的洗煤污水、冲地污水、湿法熄焦水、除尘污水，这类污水主要含 SS，一般经澄清处理后可重复使用。

荒煤气的冷却、净化洗涤水、粗苯加工的蒸汽冷凝水、焦油加工的冷凝水和洗涤水、设备清洗水等。这类废水称酚氰废水，含一定浓度的酚、氰化物、硫化物、焦油类、氨，这类废水毒性极强，是焦化废水治理的重点。废水中氨氮含量 600 mg/L。

以下是某钢铁公司的焦化废水进出口水质数据。

表 10-45　实验进水和出水水质数据　　单位：mg/L

	进水浓度			出水浓度		
主要污染物	最大值	最小值	均值	最大值	最小值	均值
COD_{Cr}	7 000	2 720	3 400	84	68	76
氨氮	1 221	262.3	630	21.5	0	10.8
挥发酚	1 147.8	432.7	640	0.423	0.04	0.20
硫化物	53.7	4.81	30	0	0	0
总氰化物	57.7	7.81	36	0.52	0.26	0.39

表 10-46　焦化行业水污染物产生量系数表

工艺	规模	蒸氨工段采用的工艺	工业废水量	COD	BOD_5	氨氮	石油类	挥发酚	氰化物
顶装	炭化室≥6m	硫铵	0.48	730.2	256.8	93.5	93.1	186.7	3.9
		水洗氨	0.64	1 308.5	381.1	142.4	135.6	253.8	5.7
	炭化室 4.3～6 m	硫铵	0.50	885	293.1	104.5	114.6	267.5	4.5
		水洗氨	0.68	1 435.1	419.4	162.8	168.5	371.3	6.5
	炭化室 ＜4.3 m	硫铵	0.53	1 206.8	435.4	136.4	149.1	297.2	7.6
		水洗氨	0.71	2 147.3	643.8	205.3	205.2	423.2	12.2
捣固	全部	硫铵	0.58	1 017.3	326.8	115.8	117.3	263.3	5.6
		水洗氨	0.79	1 838.3	451.4	179.5	152.9	355.2	9.3
煤焦油加工	全部	—	0.364	32.034	11.585	6.124	5.824	4.604	0.321

注：工业废水量的单位为 t/t 产品，其他水污染物产生量的单位为 g/t 产品。

注：数据主要参照《第一次全国污染源普查工业污染源产排污系数手册》。

（一）国家对焦化废水排放要求

焦化行业污水排放执行《污水综合排放标准》（GB 8979—1996）。1997 年 12 月 31 日之前建设的单位和 1998 年 1 月 1 日后建设的单位按第一类污染物和第二类污染物分别执行不同的排放标准（以环境影响报告书批准的日期为准划分）。

《污水综合排放标准》（GB 8979—1996）规定焦化企业（煤气厂）的最高允许排放水

量为 1.2 m^3/t 焦炭。具体污染物的排放标准可查阅《污水综合排放标准》。

（二）焦化废水产生

焦化废水是煤制焦炭、煤气净化及焦化产品回收过程中产生的废水，废水排放量大，水质成分复杂，除了氨、氰、硫氰根等无机污染物外，还含有酚、油类萘、吡啶、喹啉、蒽等杂环及多环芳香族化合物（PAHs）。

焦化废水以蒸氨过程中产生的剩余氨水为主要来源。蒸氨废水是混合剩余氨水蒸馏后所排出的废水。剩余氨水是焦化厂最重要的酚氰废水源，是含氨的高浓度酚水，由冷凝鼓风工段循环氨水泵排出，送往剩余氨水贮槽。剩余氨水主要由三部分组成：装炉煤表面的湿存水、装炉煤干馏产生的化合水和加入吸煤气管道和集气管循环氧水泵内的含油工艺废水。剩余氨水总量可按装炉煤的 14%计。剩余氨水在贮槽中与其他生产装置送来的工艺废水混合后，称为混合剩余氨水。混合剩余氨水的去向，有的是直接蒸氨，有的是先脱酚后蒸氨，有的是与富氨水合在一起蒸氨，还有的是与脱硫富液一起脱酸蒸氨，脱酸蒸氨前要进行过滤除油。

焦化废水所含污染物包括酚类、多环芳香族化合物及含氮、氧、硫的杂环化合物等，是一种典型的含难降解的有机化合物的工业废水。焦化废水中的易降解有机物主要是酚类化合物和苯类化合物，吡啶、萘、呋喃、咪唑类属于可降解类有机物。难降解的有机物主要有砒啶、咔唑、联苯、三联苯等。焦化废水的水质因各厂工艺流程和生产操作方式差异很大而不同。一般焦化厂的蒸氨废水水质如下：COD_{Cr} 3 000～3 800 mg/L、酚 600～900 mg/L、氰 10 mg/L、油 50～70 mg/L、氨氮 300 mg/L 左右。焦化废水一般按常规方法先进行预处理，然后进行生物脱氮二次处理。

焦化污水的水量、水质因焦化生产的规模、采用的煤气净化工艺以及对化工产品加工的深度不一而有所不同，但水质水量的变化基本遵从表 10-47 的规律。

表 10-47 国内焦化废水的水质

废水名称		挥发酚/(mg/L)	BOD/(mg/L)	COD_{Cr}/(mg/L)	焦油类/(mg/L)	氰化物/(mg/L)	苯/(mg/L)	硫化物/(mg/L)	挥发氨/(mg/L)	萘/(mg/L)	水温/℃	水量/[m^3/t(焦炭)]
蒸氨废水	已脱酚	150～200	1 500	4 000～6 000	200～500	10～25		50～70	120～350		98	0.34～1.05
	未脱酚	200～12 000	1 500	5 000～8 000								
粗苯分离水		300～600		1 000～2 500	微量	100～250	100～500	1～2	100～200		46～65	0.05～0.08
终冷水排水		100～300		700～1 000	200～350	100～200		20～50	50～100	10（水洗）	30	0.5
精苯车间废水		350		350～2 500		50～750	200～400	5～30	35～85			0.012～0.022
古马隆废水		30				5～10						0.015
水封槽排水		10	200～300		5～10	1		0.7～3	20～30			0.01～0.04
沥青池排污		10			20～40	1～5		5～10	20～40			

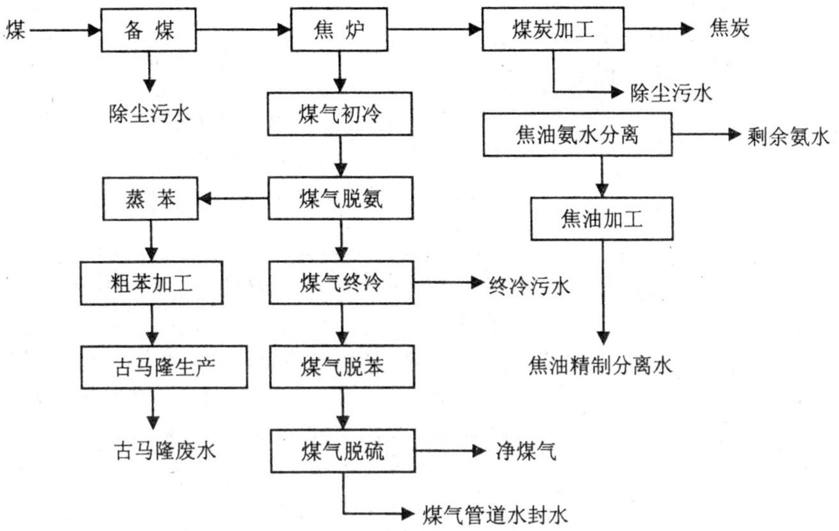

图 10-11　焦化厂污水排放节点

（三）炼焦废水治理技术

焦化废水处理工艺从处理效果区分大致分为两类，一是以 A/O、A^2/O、A/O^2 为代表的厌氧/好氧生物组合工艺；二是以普通活性污泥法为代表的好氧生物处理工艺。

物理化学处理方法一般是焦化废水深度处理方法。物理化学方法对氨氮等物质的去除率较低，单独使用，很难使焦化废水处理达标排放，必须与其他方法相结合，才能使出水达标。该方法具有操作简单，管理方便，运行成本相对较低等特点，但处理设施占地面积大，土建投资较大，污染物只是从水中转移到污泥中，没有得到无害化降解，并产生污泥处理问题。深度处理技术对设备要求高，操作复杂，耗能大，现今工厂中实际应用很少。

化学处理方法催化剂和絮凝剂等药剂的价格较高，处理成本高，并且对设备要求严格，设备投资比较大。

生物处理方法是国内外处理焦化废水技术应用最广泛的方法。主要应用于焦化废水的二级处理。生物处理方法的稀释水用量大，处理设施规模大，停留时间长，投资费用较高，对废水的水质条件严格，废水的 pH 值、温度、营养物质、有毒物质的浓度、进水有机物的浓度、溶解氧量等多种因素都会影响到细菌的生长和出水水质，对操作管理提出较高的要求，操作费用较高。

表 10-48 焦化废水治理技术

处理方法		去除物质	说明
物理化学法	混凝	COD、CN^-、酚类、色度	国内厂家主要使用聚合硫酸铁做混凝剂
	吸附	氨氮、酚类	吸附法处理成本高，吸附剂再生困难，不利于处理高浓度的废水，故常用于废水的深度处理
	稀释和汽提	氨氮、CN^-	一般情况下，汽提不能使氨氮达到排放标准，只能作为预处理
	烟道气处理	氨氮	它“以废治废”具有投资省、运行费用低、处理效果好的巨大优势
化学法	Fenton 法	COD、酚类、CN^-、氨氮	Fenton 试剂法在处理焦化废水等有毒有害生物难降解有机废水中极有应用潜力，但是该方法处理费用较高，只适用于低浓度、少量废水的处理
	焚烧法		焚烧法处理效率高，不造成二次污染，还可以副产蒸汽以供生产和生活使用，从而降低运行费用，但其处理费用昂贵
	等离子体处理技术	酚、氰、COD、氨氮	该技术是一种高效、低能耗、使用广泛、处理水量大的新型环保技术。但是，处理装置费用较高
	湿式氧化法	酚、氰、COD、氨氮	适用范围广、氧化速度快、处理效率高、二次污染低、可回收能量和有用物料；但其催化剂价格昂贵，处理成本高，且在高温高压条件下运行，对工艺设备要求严格，投资费用高
	光催化氧化法	酚、氰、COD、氨氮	这种处理方法能耗低，有很大的发展潜力。但是，有时也会产生一些有害的光化学产物，造成二次污染
	超临界水氧化技术	氨氮、COD、酚类	是一种新技术，能在很短的时间内将难降解的、危险的有机物彻底转化为 CO_2 和 H_2O，实现有机有毒污染物的无害化
	臭氧氧化	酚、氰、COD、氨氮，同时起到脱色、除臭、杀菌作用	臭氧的强氧化性可将废水污染物快速除去，自身分解为氧，不会造成二次污染，管理操作方便。但是，这种方法存在投资高、电耗大、处理成本高的缺点。目前臭氧氧化法，主要应用于废水的深度处理
	电化学氧化	酚、氰、COD、氨氮	电化学氧化法氧化能力强、工艺简单、不产生二次污染，是一种前景比较广阔的废水处理技术
生物法	活性污泥法	酚、氰、COD、氨氮	属于传统工艺，一般不会单独采用活性污泥法，应该和其他工艺联合使用
	生物脱氮技术	酚、氰、COD、氨氮	主要有 A^2/O 工艺、UBF（上流式污泥床过滤器）-BAF（曝气生物滤池）组合工艺
	生物强化技术	氰	实验室培养氰化物降解的酵母菌（土生隐球酵母）来加强去除效果
	生物流化床技术	酚、氰、COD、氨氮	生物流化床兼有完全混合式活性污泥法接触所形成的高效率和生物膜法能够承受负荷变化冲击的双重优点，具有良好的处理效果
	固定化微生物技术	酚、氰、COD、氨氮	主要有结合固定化、交联固定化、包埋固定化和自身固定化等

七、炼焦工业的固体废物污染

备煤工段收尘器回收的煤尘、装煤推焦除尘系统除下的粉尘、熄焦筛焦系统回收的焦粉、冷鼓工段的焦油渣、粗苯再生渣和剩余污泥。这些废物成分复杂，如果固体废物在露天堆置，随风飘散或被雨水冲刷会对大气、土壤和水体产生污染。因此，必须对这些废物采取有效的综合利用和合理处置。

焦炭生产、煤气净化、化学产品精制过程中会产生固态、半固态及液态的固体废物，如尘泥、焦油渣、酸焦油、洗油残渣、黑萘、吹苯残渣及残液、生化处理污泥、酚和吡啶精制残渣、脱硫残渣、焦油与焦油残渣等。这些废渣除尘泥外，均为有毒、易燃的危险废物，应严格管理，尽量回收利用。

焦化企业产生的固体废物中，除粉焦、除尘灰外，其余均为危险废物，掺入炉精煤中炼焦是目前较为可靠的综合利用方式。

检查固体废物主要产生源、产生量；检查各类固体废物现场堆存量和堆存方式，判断是否满足危废暂存要求；检查固体废物综合利用措施，判断是否符合危废处理处置规范。

若采用外销方式，应检查是否有外销协议，协议方是否有处理危废的资质。

焦化企业固体废物来源、主要成分或常见处置方式见表 10-49。

表 10-49 固体废物来源、主要成分或常见处置方式

污染源名称	来源	主要污染成分	处置方式
粉焦	熄焦——焦沉池	焦尘	外售
焦油渣	冷鼓——机械化氨水澄清槽和焦油分离槽	含有一定量焦油和氨水的煤粒及游离碳的混合物，一般含水 8%～15%，挥发分 60%左右	掺煤炼焦
脱硫废液	脱硫——溶液贮槽	主要为 $Na_2S_2O_3$、NaCNS、$(NH_4)_2S_2O_3$、NH_4CNS 成分	掺煤炼焦
酸焦油	硫铵——满流槽	约含甲苯可溶物 50%～70%，灰分 5%～10%，以及苯族烃、萘、蒽、酚类、硫化物等	掺煤炼焦
沥青渣	蒸氨——蒸氨塔	沥青渣	掺煤炼焦
再生残渣	脱苯——洗油再生器	主要为芴、联亚苯基氧化物等	掺煤炼焦
剩余污泥	污水处理装置	有机物、细菌、原生动物及重金属离子等	掺煤炼焦
粉灰	地面站等除尘装置	煤尘、焦尘等	掺煤炼焦
生活垃圾	办公楼、宿舍楼等	有机物、无机物等	定点堆放

八、炼焦工业的环境监察要点

（一）落实《产业结构调整指导目录（2011 年本）》规定的炼焦工业产业技术政策

按照工业和信息化部办公厅《关于进一步做好焦化行业淘汰落后产能和准入企业监督检查工作的通知》（工信厅产业[2010] 199 号）要求，2011 年，国家要求焦化行业淘汰炭化室高度 4.3 m（捣固焦炉 3.8 m）以下的焦炉（西部地区、城市汽源生产企业的炭化室高度

为 3.2 m 的捣固焦炉）。

检查《焦化行业准入条件》（工信产业[2008]第 15 号）的贯彻落实情况。

（二）检查炼焦工业的废气排放与控制

首先要检查炼焦企业有无脱硫设施及脱硫设施的运行情况，关注焦炉燃烧室产生的有组织排放烟气的 SO_2 和 NO_x 排放情况。要关注未能综合利用的焦炉煤气放空（火炬）的烟气排放。

检查炼焦生产企业（工段）在煤炭储运、筛焦、运焦过程的防尘控尘措施。

检查焦炉装煤、推焦、熄焦过程的污染控制措施。炼焦过程中的炉体泄漏污染情况。

重点关注除尘设施类型及其运行状况。

（三）检查炼焦工业的废水排放与控制

焦化废水主要由以下几类废水组成：剩余氨水、煤气终冷水、蒸汽冷凝分离水等。焦化废水成分复杂，污染物浓度高，难降解，含有数十种无机和有机污染物，其中无机污染物主要是氨盐、硫氰化物、硫化物、氰化物等；有机污染物除酚类外，还有单环及多环的芳香族化合物、杂环化合物等。以上废水应全部汇入焦化废水处理站，集中处理后回用或者达标排放。

按照《关于焦炭生产企业环境监管及排污收费有关问题的复函》（环函[2009]122 号）的相关规定，炼焦废水用来熄焦的，处理达标后方可作为熄焦水。如炼焦废水未经处理或处理不达标即用于熄焦的，属于将水中污染物转化为污染物直接排放的行为，其排放的污染物数量应以水中污染物的含量按照大气污染物的因子计算排污费。

（四）检查炼焦工业的固体废物控制

焦化工艺产生多种固态、半固态及流态的固体废物，主要有焦油渣、酸焦油、洗油再生器残渣、黑萘、吹苯残渣及残液、黄血盐残铁渣、酚和精制残渣、脱硫残渣、废水处理污泥等，基本都属于危险废物。

第十一章　无机化工工业污染源环境监察

第一节　电石工业污染源环境监察

电石是有机合成工业的重要基本原料。我国电石主要用于生产乙炔，可制取乙烯、氯丁橡胶、氰氨化钙、乙酸、三氯乙烯等，还可生产PVC、橡胶、炭黑等，电石也可作钢铁的脱硫剂，还用于金属的切割和焊接。

一、电石工业的原料与能耗

焦炭是电石生产的原料，焦炭的主要成分是C，所以也有企业用其他的碳素材料代替部分的焦炭，比如石油焦和煤等碳素材料。石灰也是电石生产的原料。电极糊是制成电炉电极的原料，电极在生产电石的过程中不断消耗并补充。

每生产一吨电石耗电能 3 300 kWh，电石生产过程中电力的消耗按其用途分为两种，一种是生产过程中的综合用电，如：动力用电、照明用电等辅助用电；另一种是用于提供电石生成反应所需的热能，行业内常称为工艺用电，即为电炉电耗，是电石生产的主要电力消耗。电炉电耗占电石生产成本的 60%～70%。另外还需要焦炭 600 kg，煤 500 kg，炭精棒 50 kg。

二、电石工业的主要设备

（一）电石炉

电石生产过程的主要设备是电石炉，其种类主要有开放式电石炉、内燃式电石炉（也称为半密闭式电石炉）和密闭式电石炉。

开放式电石炉只有一个炉体和变压器，电极控制由卷扬机进行控制，加料从二楼楼面人工加入，没有环保装置，生产操作完全依靠人工经验，能耗高且污染严重。“十一五”期间，开放式电石炉已经被强制淘汰。

内燃式电石炉的变压器容量在 30 000 千伏安（kVA）以下，分为由开放式电石炉改造而成的装置和完全新建装置两种。改造的装置较为简单，无原料烘干设备，炉气余热也未利用；新建的内燃式电石炉在工艺装置设置、自动化程度、环保设施、操作环境上均有较大提高。

密闭式电石炉最初是在20世纪90年代从国外引进，变压器容量多数在25 000 kVA以上，配套有电极控制系统、炉气净化、气烧石灰窑等装置。目前有部分企业已经将内燃式电石炉改造为密闭式电石炉，取得了很好的节能减排效果。

（二）石灰窑

石灰窑主要由窑体、加料装置、窑底进空气管道、燃烧装置、卸灰装置、除尘装置等组成。石灰窑分为回转窑和石灰立窑等不同形式的石灰窑，结构形式和煅烧形式有所区别，工艺流程近似水泥焙烧窑，原理和产生的污染也趋同。不同的窑形有不同的预热、煅烧、冷却和卸灰方式。

回转窑是一个转动的卧式圆筒形石灰石煅烧设备。它包括干法窑（包括带余热锅炉的干法窑）。干法悬浮预热窑、预分解窑和各种新型石灰烧成窑系统。

立窑是一个静止的立式圆筒形熟料燃烧设备。它包括机械立窑和普通立窑。立窑是人工加料和人工卸料或机械加料，人工卸料；机械立窑是机械加料和机械卸料。相对于普通立窑来说，机械立窑是连续操作的，它的产量、质量及污染排放都比普通立窑要好。

三、我国电石工业生产的基本工艺

电石工业生产仍沿用电热法工艺，是生石灰（CaO）和焦炭（C）在埋弧式电炉（电石炉）内，通过电阻电弧产生的高温反应制得，同时生成副产品一氧化碳（CO）。

（一）石灰生产

生石灰（CaO）是由石灰石（$CaCO_3$）在石灰窑内于1 200℃左右的高温煅烧分解制得：

$$CaCO_3 \longrightarrow CaO+CO_2$$

石灰窑可以是固体燃料的混烧窑，或气（液）体燃料的气烧窑。

（二）电石生产

电石（CaC_2）是生石灰（CaO）和焦炭（C）于（电石炉）内通过电阻电弧热在1 800～2 200℃的高温下反应制得：

$$CaO+3C \longrightarrow CaC_2+CO$$

电石炉是电石生产的主要设备，电石工业发展的初期，电石炉的容量很小，只有100～300 kVA，炉型是开放式的，副产品CO在炉面上燃烧，生成CO_2白白地浪费。到20世纪五六十年代，国外的电石炉容量向大型化发展，已出现75 000 kVA的电石炉，电石炉也由开放式向全密闭化进步，现时还采用了中空电极和生产过程的计算机控制。大型化全密闭电石炉的出现，实现了电石生产的副产品CO的回收，回收的CO则用于配套的气烧石灰窑，这些技术的成功利用，标志着电石生产在工艺技术上走向清洁生产和循环经济，具备节能减排特征。2004年国内建成30 000 kVA的全密闭电石炉目前已开始成功推广。目前国家规定电石炉容量必须大于 5 000 kVA，现阶段炉型上内燃式电石炉和全密闭式电石炉并存。

内燃式和全密闭式电石炉的区别在于：内燃式电石炉，生产过程中产生的副产品CO，在炉面上燃烧，成为含夹带粉尘的 CO_2 的高温尾气排放。全密闭式电石炉，生产过程中产生的副产品 CO 经过净化处理后加以回收利用，正常时应无尾气排放。

四、电石工业产排污节点

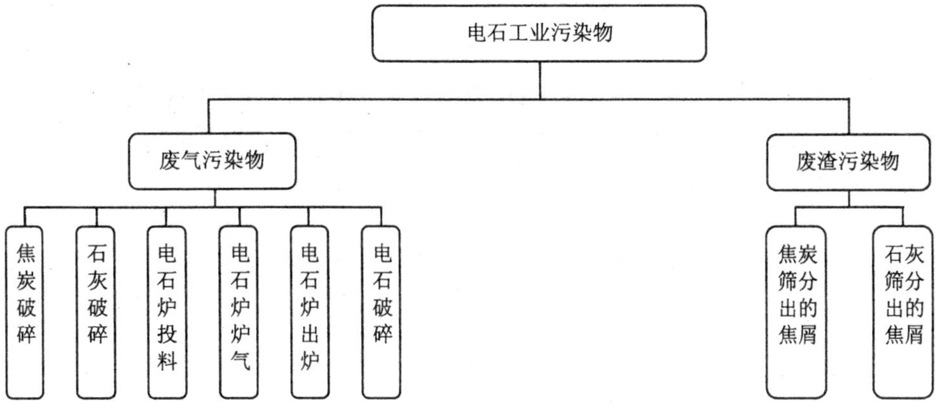

图 11-1　电石工业主要污染源

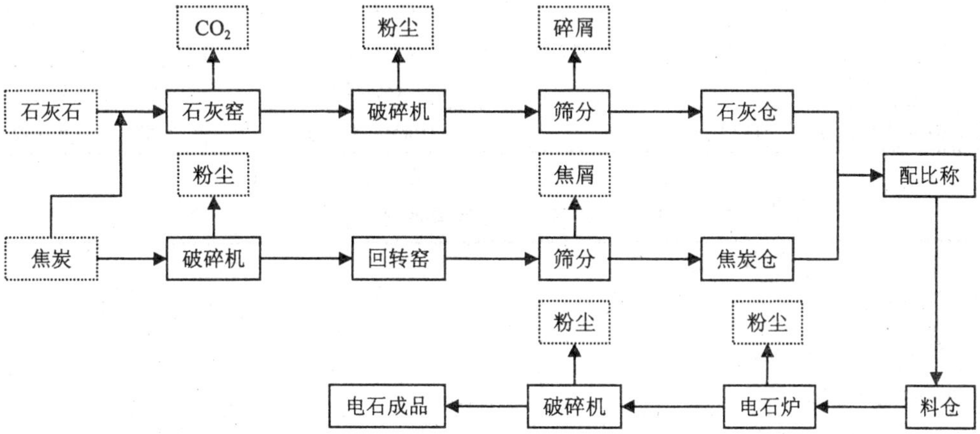

图 11-2　电石工业产排污节点图

表 11-1　电石工业排污节点说明

污染物类型	工序	主要成分及特征
粉尘	原材料加工	CaO、C
	电石炉炉气	CaO、C（密闭炉粉尘中含 C，但内燃式其 C 因燃烧而消失）全密闭电石炉的粉尘在未处理前中含有微量 CN^-
	成品加工	CaC_2
固体污染物	原材料加工	是可以回收利用的，可以用于空心电极，中小型电石企业也可以成型后作为原材料投入电石炉

五、电石工业的环境污染

（一）电石工业的废气污染

电石生产的环境污染主要是废气污染，除了石灰、焦炭、电石的粉碎和筛分过程产生粉尘外，主要废气污染是电石炉产生的高温反应废气，密闭式电石炉产生废气量约为 400 m^3/t，其中 320 m^3 是 CO，废气中 80%体积是 CO，20%体积是 CH_4，还含大量粉尘含其尘浓度约为 150 g/m^3，产生粉尘 60 kg/t 电石，开放式电石炉产生废气量约为 3 000 m^3/t，含尘浓度约为 20 g/m^3。电石炉这一工序，每生产 1 t 电石，将至少有 0.06 t 粉尘产生。

表 11-2 部分企业电石炉炉气排放调研（末端处理前） 单位：kg/t 电石

企业名称	电石炉容量/年产量	炉型	粉尘量
西安西化热电化工有限责任公司	2.55 万 kVA/4.5 万 t	密闭	100
贵州水晶化工股份有限公司	3.5 万 kVA/6 万 t	密闭	40～60
湖南湘维有限公司	1.8 万 kVA/3.6 万 t	密闭	45～70
青海东胜化工有限公司	2.55 万 kVA/4.5 万 t	密闭	40
皖维高新材料股份有限公司	2.5 万 kVA	密闭	48～72
昊华集团宣化有限公司下花园电石厂	2.55 万 kVA/4.5 万 t	密闭	60
浙江巨化电石有限公司	2.3 万 kVA/4.5 万 t	内燃	140～224
福建三钢集团有限责任公司电石厂	2 万 kVA/4.0 万 t	内燃	78～82.8

表 11-3 电石工业大气污染物产生量

工艺	内燃炉	密闭炉
工业废气量/（m^3/t 产品）	14 000	400
二氧化硫/（kg/t 产品）	1.5	1.5
烟尘/（kg/t 产品）	74.5	30.7
工业粉尘/（kg/t 产品）	11.9	11.4
工业废气量、二氧化硫、烟尘污染物指标为电石炉产生；工业粉尘为产品破碎、筛分、运输过程产生		

注：数据主要参照《第一次全国污染源普查工业污染源产排污系数手册》。

（二）电石工业的固体废物污染

电石生产的固体污染物是原料加工过程中产生的，电石生产对原料石灰（CaO）、焦炭（C）的块度大小有严格的要求，过大或过小都不利于生产。所以原料都有一个破碎和筛分的过程，破碎和筛分的过程就会有许多碎屑产生，这些碎屑如果不加以利用就会污染环境，尤其如 CaO 的小颗粒原料（包括粉料）如果不及时利用，它吸水后就会变成 $Ca(OH)_2$，失去了原来的化学特性。

表 11-4　电石工业固体废物产生量

工艺	内燃炉	密闭炉
工业固体废物/（t/t 产品）	0.23	0.21
工业废气量、二氧化硫、烟尘污染物指标为电石炉产生；工业粉尘为产品破碎、筛分、运输过程产生		

注：数据主要参照《第一次全国污染源普查工业污染源产排污系数手册》。

六、电石工业环境监察要点

我国电石生产大多采用传统工艺，有些企业还是小型企业，电石炉和电石产品收集过程中的炉气都会有不同程度的泄漏，有些企业泄漏现象非常严重，导致电石生产对环境的污染非常明显。国家对电石生产企业的规模和设备有严格的要求，一定要按照国家的政策要求严格执法。

电石工业主要是废气污染，一方面是电石炉泄漏的粉尘和 CO，还有原料（蓝炭、石灰石）、产品的储存、装卸过程中产生的无组织排放。另一方面，电石炉产生有组织烟气除尘后应达标排放。目前的许多电石生产企业粉尘的无组织排放超过了粉尘的有组织排放量。对电石企业废气的无组织排放应加大查处力度。

第二节　烧碱工业污染源环境监察

烧碱是最重要的基础化工原料之一，广泛应用于轻工、化工、纺织、印染、医药、冶金、石油和军工等行业，主要消费领域为有机化工、无机化工和造纸。

一、烧碱工业的原料与能耗

（一）原料消耗

盐是烧碱工业的重要原料，可以是海盐、湖盐、井盐、卤水。国外离子膜法烧碱的盐耗一般在 1.5t 以下，国内盐耗一般在 1.55～1.60t，甚至有些厂高达 1.67～1.76t。烧碱生产中隔膜法平均耗水 6 m^3/t，离子膜法平均耗水 4.8 m^3/t。

（二）能耗

电耗高是其主要特点，电耗是烧碱生产的主要成本。烧碱单位产品综合能耗平均约 794.6kg 标煤/t，年消耗标煤约 1 470 万 t；按每吨烧碱平均耗电 2 600kWh 计算，年耗电约 481 亿 kWh，折标煤 591 万 t。我国离子膜法烧碱的平均电耗 2 286kWh/t，与国外先进水平相差 17%～43%。2000 年，我国离子膜法制高纯烧碱的蒸汽消耗平均为 0.67t（折标煤 95.7kg）。而日本的蒸汽消耗只有 0.343t（折标煤 49kg），综合能耗国内平均水平比国外高 31%左右。

二、我国烧碱工业生产的基本工艺

我国的烧碱生产方法有离子膜法和隔膜法。离子交换膜法制碱技术是20世纪70年代中期出现的清洁、节能的电解制碱技术，是生产高纯碱的主要方法，在世界上应用较为广泛。目前我国离子膜烧碱总能力占烧碱总产能的70%以上。近年来金属阳极、改性隔膜加小极距技术的应用使隔膜法制碱技术提高到了一个新的水平。彻底淘汰了水银法烧碱和部分石墨阳极隔膜法烧碱生产。

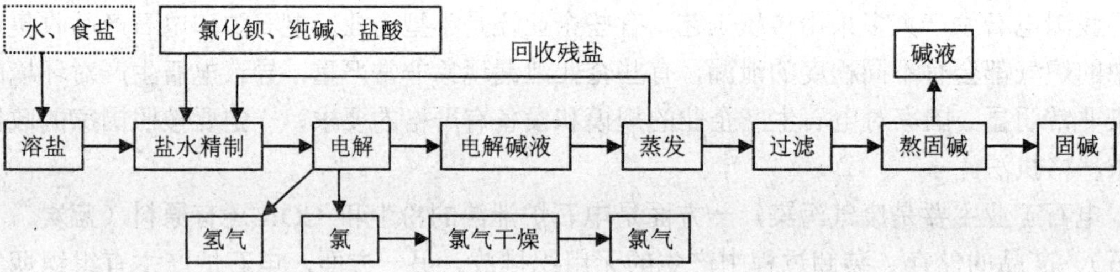

图 11-3 电解法烧碱生产工艺图

（一）离子膜法烧碱生产工艺

离子交换膜法是20世纪70年代新发展的方法。这种方法是用离子交换膜作隔膜，它允许 Na^+通过，但 Cl^-和 OH^-不能通过。因此，用这种方法生产的烧碱纯度很高，浓度也较大。

在电解槽中，用阳离子交换膜把阳极室和阴极室隔开。阳离子交换膜具有选择透过性。随着电解的进行，不断往阳极室里注入精制食盐水，以补充 NaCl 的消耗；不断往阴极室里注入水，以补充水的消耗和调节产品 NaOH 的浓度；所得的碱液从阴极室上部导出。因为阳离子交换膜能阻止 Cl^-通过，所以阴极室生成的 NaOH 溶液中含 NaCl 杂质很少。用这种方法制得的产品比用隔膜法电解生产的产品浓度大，纯度高，而且能耗也低，所以它是目前最先进的生产氯碱的工艺。

（二）隔膜法烧碱生产工艺

电解在立式隔膜电解槽中进行，这层隔膜把电解槽分隔成阳极室和阴极室。将已除去 Ca^{2+}、Mg^{2+}、SO_4^{2-}等杂质的精制食盐水从电解槽的上部加入，食盐水中进行电解反应。

在隔膜电解槽中，隔膜放在阳极和阴极之间，它能使食盐水通过，还能防止阳极和阴极产生的气体混合而发生副反应。

电解后产生的氯气和氢气，冷却后，使带出的蒸气冷凝分离，就能作为产品，或者用作进一步加工的原料。电解后的电解液含氢氧化钠 130～145 kg/m^3、175～210 kg/m^3、次氯酸钠 0.05～0.25 kg/m^3。通过蒸发浓缩，利用溶解度的差别，氯化钠以晶体析出，过滤后即得到液碱或进一步蒸发而得到固碱产品。

三、烧碱工业产排污节点

烧碱生产过程中产生的主要废物为工业废水和盐泥。废水主要来源于氯气冷却工序产生的含氯废水以及离子膜法烧碱生产过程中离子交换树脂的再生废水；盐泥为盐水精制过程产生。

（一）离子膜法烧碱生产产排污节点

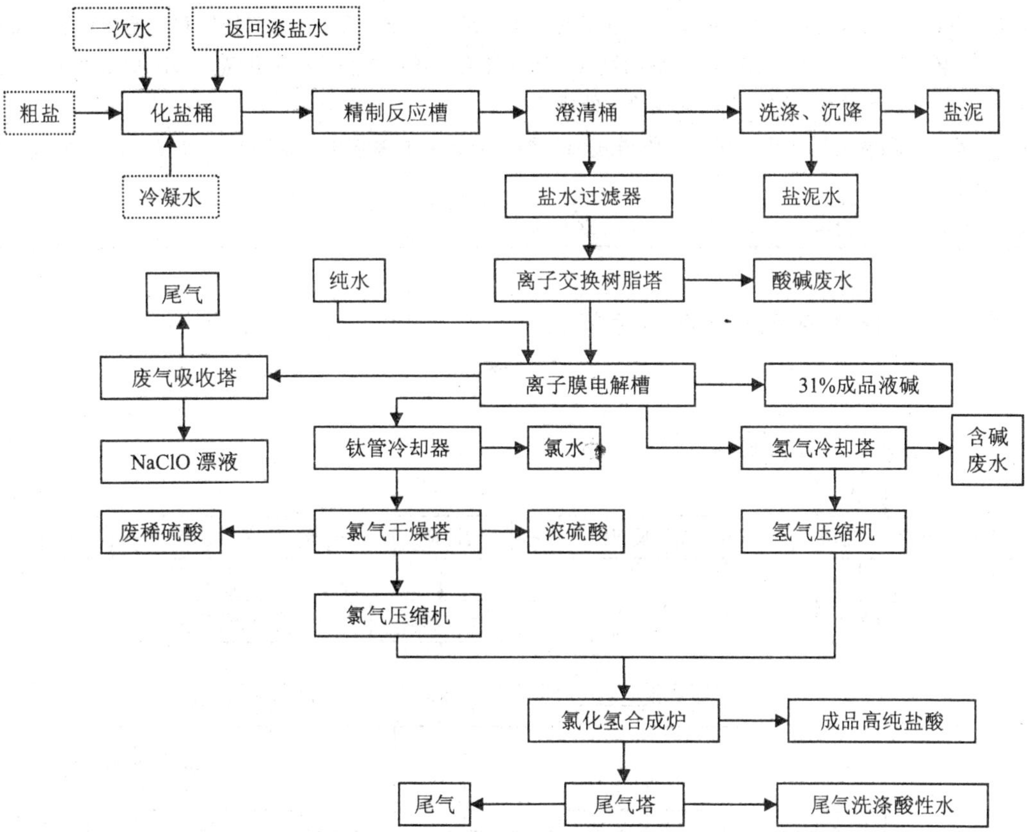

图 11-4 离子膜法烧碱生产产排污节点

表 11-5 离子膜法生产烧碱主要污染物说明

工序	污染物及其特征
盐水精制	原盐送至化盐桶，用电解槽返回淡盐水加上一次水进行化盐，饱和粗盐水在反应槽加精制剂与钙镁等杂质反应再至澄清桶将杂质沉淀除去后，经过盐水过滤器送离子交换树脂塔进行再精制。澄清桶出来的盐泥经过三层盐泥洗涤桶洗涤后盐泥经自然沉降外排，洗涤水循环化盐。由于盐泥未经压缩，大部分盐泥水外排。 经过离子交换树脂塔精制后的盐水，Ca-Mg 的含量降至 20×10^{-12} 以下，合格的精制盐水送至电解工序。离子交换树脂再生过程中排放一定量的含酸、含碱废水，约为 $0.5m^3/h$

工序	污染物及其特征
电解	电解工序中加入 1.25 t/h 的纯水，电解产生的氯气、氢气送至氯、氢处理工序，淡盐水循环用于电解槽，碱液冷却后送成品碱贮槽做成品（31%成品烧碱）。 淡盐水加盐酸后再经脱氯塔用空气吹除脱氯，后又经 Na_2SO_3 还原处理，使淡盐水中含氯量降低到规定浓度返回盐水系统，脱氯气体入 NaClO 漂液工段。事故及开停车氯气入废气吸收塔被 NaOH 碱液吸收，尾气外排
氢、氯处理	电解的氯气经过二次钛冷却器与循环水 7℃冷水间接换热后，再经扑沫器进入泡沫干燥塔与塔顶下来的硫酸逆流接触，干燥氯气经压缩机大部分送氯化氢盐酸工段、液氯工段，液氯尾气及脱氯气送次氯酸钠工序。干燥后的废硫酸自流入废酸贮槽供用户利用。Ⅰ、Ⅱ段钛冷却器出来的氯水（$0.6\,m^3/h$）入循环水系统消毒。电解来的湿氢气经喷淋冷却后，经氢气压缩机送至氯化氢、盐酸工段，喷淋冷却水外排。净化后的氯气和氢气在合成炉内燃烧生产氯化氢，经冷却、吸收后生成30%的试剂盐酸，尾气洗涤酸性废水外排
吸收塔	吸收塔顶部的尾气进入尾气吸收塔底部与循环泵送来的碱液再一次吸收，使排空废气含氯达标排放
其他	另有部分水封用水及泵冷却水、实验室及各工序生活废水外排

（二）隔膜法烧碱生产产排污节点

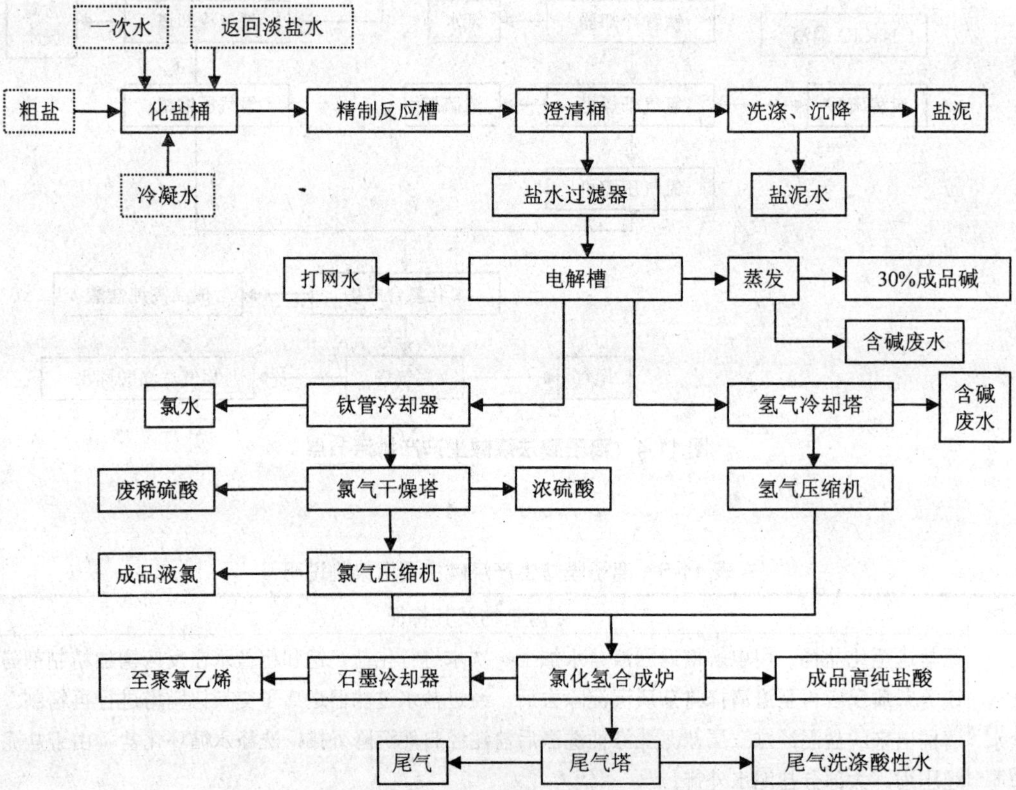

图 11-5　隔膜法烧碱生产产排污节点

表 11-6　隔膜法生产烧碱主要污染物说明

工序	污染物及其特征
盐水精制	原盐送至化盐桶，用蒸发工段过来的冷凝水及一次水进行化盐，饱和粗盐水在反应槽加精制剂与钙镁等杂质反应再至澄清桶将杂质除去。澄清桶出来的盐泥经过洗涤沉降后外排，精制后的盐水送至电解工序。盐泥未经压滤，部分盐泥水外排
电解	电解产生的氯气和氢气送至氯、氢处理工序，电解液送蒸发工序浓缩，最终生成 30%的成品液碱，由蒸发工序采集的盐经溶化后送回化盐工序。蒸发喷射泵产生的碱性废水外排。开停车及事故氯气入漂液车间生产漂液；同时在清洗隔膜电解槽时产生的间歇废水-打网水外排
氢、氯处理	电解的氯气经过二次钛冷却器和经过泡沫干燥塔浓硫酸干燥后大部分送氯化氢、盐酸工段，余氯送液氯和 $Ca(ClO)_2$ 漂液阶段，干燥后的废硫酸流入废酸贮槽。Ⅰ、Ⅱ段钛冷却器出来的氯水（$1\,m^3/h$）入循环水系统消毒，电解的湿氢气喷淋冷却后送氯化氢盐酸工段。喷淋冷却水入三次水池重复利用。净化后的氯气和氢气在合成炉内燃烧生成氯，部分吸收后生成 30%的盐酸，氯化氢合成炉尾气洗涤酸性废水外排，部分送聚氯乙烯工段
合成炉	合成炉尾气排空
其他	另有部分空压机及泵冷却水、实验室及各工序生活废水外排

四、烧碱工业的环境污染

烧碱生产以氯化钠为原料的，废水量约为 4～5 m^3/t 烧碱，废水中的污染物主要有氯、氨、碳酸氢铵、pH、盐。

烧碱工业废气主要是生产设施排放的含氯尾气和燃烧废气。

废渣主要是盐泥，数量较大，产生量约 160kg/t 烧碱。不同地区原盐产生的盐泥量不同，一般用海盐每生产 1t 烧碱要产生盐泥 30kg，岩盐和湖盐每生产 1t 烧碱产生盐泥 50～60kg。2006 年全国烧碱总产量 1511 万 t，产生盐泥 60 万 t。盐泥主要成分硫酸钡占 35%～45%，钙镁碳酸盐占 25%，氯化钠占 2%～2.5%，其他是水分和泥土。

表 11-7　烧碱工业污染物产生量

	离子膜电解法			隔膜电解法		
规模/（万 t/a）	≥18	8～18	<8	≥12	6～12	<6
工业废水量/（m^3/t 产品）	6.0	6.4	7.5	164	182	195
COD/（kg/t 产品）	—	—	—	13.1	15.5	15.8
工业废气量/（m^3/t 产品）	230	250	260	300	340	352
工业固体废物（盐泥/干基）/（kg/t 产品）	56	56	56	50	50	50
工业固体废物（80%废硫酸）/（kg/t 产品）	25.6	26	26.1	26.9	27	28
HW36 危险废物（石棉废物）/（kg/t 产品）	—	—	—	0.13	0.13	0.14

注：数据主要参考《第一次全国污染源普查工业污染源产排污系数手册》。

五、烧碱工业的污染治理

工业废水通过物理化学处理后一般循环利用，利用率可达 90%以上；大多数企业将盐泥进行安全填埋处理，少数企业用作建筑材料用，也有一些企业回收盐泥中的硫酸钡或者轻质氧化镁和氯化钙等，盐泥中的钙镁盐都以碳酸钙和碳酸镁的形式存在，约占盐泥的25%。采用烧碱酸解的方法可以将盐泥中的钙镁酸溶性沉淀从盐泥中分离出来。此项技术已经在部分烧碱企业中采纳，得到了合格产品，为烧碱企业开创了一条治理盐泥的新路。

六、烧碱工业环境监察要点

烧碱工业包括隔膜法和离子膜法，隔膜法的能耗高，产品的浓度低，杂质多，污染产生量远大于离子膜法。

烧碱工业的废气污染主要是蒸汽锅炉的燃烧废气和生产、储存、运输过程中泄漏的氯气和氯化氢气体的污染。

烧碱工业的废水主要来自生产过程中的洗涤、冷凝、蒸碱凝水，含有氯、碱等污染物质。

烧碱工业的固体废物主要是盐泥，应按规定处置。

烧碱工业由于产品有氯、氯化氢和烧碱，上述产品都属于危险化学品，在生产、贮存、运输过程中极易发生生产事故，从而导致化学品泄漏污染，企业一定要做好环境应急管理工作。

第三节　PVC 工业污染源环境监察

PVC（聚氯乙烯），英文名称 Polyvinyl chloride polymer，是一种使用一个氯原子取代聚乙烯中的一个氢原子的高分子材料。常见制品包括板材、管材、鞋底、玩具、门窗、电线外皮、文具等。聚氯乙烯的最大特点是阻燃，因此被广泛用于防火应用。但是聚氯乙烯在燃烧过程中会释放出氯化氢和其他有毒气体，例如二噁英。

一、PVC 工业的原料与能耗

（一）原料消耗

目前，我国 PVC 树脂的生产有乙烯法和电石法两个原料路线。乙烯氧氯化法是世界上通常采用的生产原料路线，电石法是符合我国国情的具有中国特色的生产原料路线。因此，在我国聚氯乙烯的生产通常说有乙烯和乙炔原料路线，当然我国聚氯乙烯生产有直接进口单体，也有采用二氯乙烷，但其来源均为乙烯，都属于乙烯原料路线。

由于我国天然气制乙炔受资源和技术限制，乙炔的来源主要是电石发生，因此称为电石乙炔法，在我国电石乙炔法的聚氯乙烯生产占总产量的 71%以上。

（二）能耗与物耗

电石法生产 PVC 属于高能耗、高污染行业，从电石法配套的烧碱、电石和电石渣水泥产业链分析，将配套烧碱、电石和电石渣的电耗全部折算到 PVC 上，每生产 1t 电石法 PVC 树脂，其综合耗电量达到 8 500kWh，而 1t 乙烯法 PVC 的耗电量约 3 600 kWh。

电石法生产 PVC 耗汞量较大，我国电石法 PVC 行业汞使用量占全国汞使用总量的 60%左右。目前，我国每吨电石法 PVC 消耗氯化汞触媒平均约 1.2kg（以氯化汞的平均含量 11%计）。

二、我国 PVC 工业生产的基本工艺

（一）乙烯原料生产氯乙烯工艺

以乙烯、氯气和氧气为原料生产氯乙烯单体的生产方法称为乙烯平衡氧氯化法。其生产原理主要有三个反应步骤完成（1）直接氯化反应：乙烯和氯气在三氯化铁为催化剂条件下直接反应生成 1,2-二氯乙烷，反应是放热过程，工业上一般控制温度在 50～120℃之间，分为低温直接氯化法、中温直接氯化法和高温直接氯化法。(2）氧氯化反应：乙烯、二氯乙烷裂解出的氯化氢和氧气在以 Al_2O_3 为载体的 $CuCl_2$ 催化剂条件下进行反应，反应过程是一个放热反应，控制温度在 240℃左右，按氧气的来源分为空气法和纯氧法，按照反应器的性质分为沸腾床和固定床法。(3）二氯乙烷的裂解：二氯乙烷在裂解炉管内加热到 500℃左右，压力 2.5MPa 条件下裂解为氯乙烯单体和氯化氢，转化率一般为 50%～55%。粗氯乙烯经过精制生产出聚合用单体。氯乙烯单体工业生产中乙烯消耗一般为 0.459～0.500，氯气消耗为 0.584～0.610。

（二）电石乙炔法氯乙烯生产工艺

采用电石乙炔法生产氯乙烯首先要制取乙炔，乙炔是电石加水生成乙炔气和氢氧化钙，乙炔的生产过程中有 $Ca(OH)_2$ 产生，为处理这些副产物，有两种生产方法，一种是生成消石灰干粉，称为干法，其最大特点是这些干渣便于搞综合利用。一种是以水带走 $Ca(OH)_2$ 形成渣浆，称为湿法，目前我国主要采用湿法。

由乙炔装置送来的精制乙炔气，与氯化氢装置送来的氯化氢气体（经缓冲器），借流量计分别控制流量使分子配比乙炔/氯化氢=1/1.05～1.1，于混合器中充分混合后进入脱水设备，干燥的混合气经预热器预热以降低相对湿度，由流量计控制进入串联的第Ⅰ组转化器（可由数台并联操作），借列管中填装的升汞/活性炭催化剂（触媒），使乙炔和氯化氢合成反应转化为氯乙烯气体。第Ⅰ组转化器出口气体中尚含有 20%～30%未转化乙炔气，随转化的氯乙烯再进入第Ⅱ组转化器继续反应，使出口处未转化的乙炔控制在 1%～3%（单台转化器）以下。粗氯乙烯单体经精制生产出聚合用单体。

（三）PVC 生产工艺

无论是以乙烯为原料还是以乙炔为原料生产的氯乙烯，其聚合过程是一样的。经过近200年的发展，虽然PVC已经可以采用悬浮、乳液、本体和溶液等方法制备，但实际上往往根据产品用途对性能的要求以及经济效益，选用其中一两种方法进行工业生产，因而也造成了各种方法所生产树脂产量的很大不同，世界（国内）采用各种方法生产 PVC 树脂所占的比例大约是：悬浮法 80%（94%），乳液法 10%（4%），本体法 10%（2%），溶液法则几乎为零。

以下就 PVC 生产中常用的悬浮法进行介绍。通常，VC 悬浮聚合的操作过程如下：先将去离子水加入聚合釜内，在搅拌下继续加入分散剂水溶液和其他聚合助剂，再加入引发剂，上人孔盖密闭，充氮试压检漏，抽真空或充氮排除釜内空气，最后加入 VC 单体；将釜温升至预定温度进行聚合，反应至预定压降（转化率）即加入终止剂，回收未反应单体；PVC 浆料经汽提脱除残留单体、离心洗涤分离、干燥等工序，即包装成 PVC 树脂产品。

三、PVC 工业产排污节点

（一）电石乙炔原料生产氯乙烯过程的产排污节点

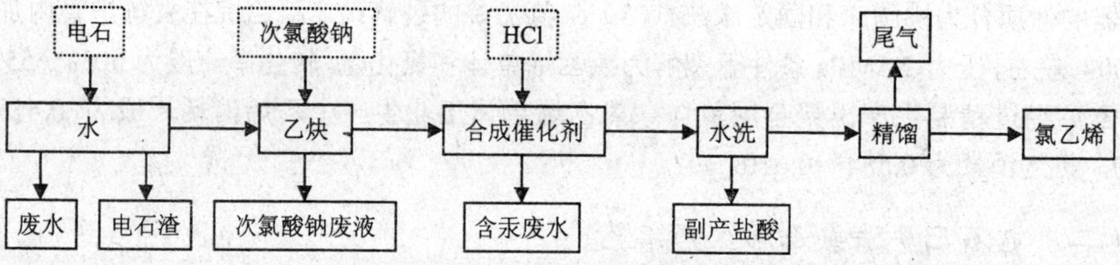

图 11-6 电石乙炔原料生产氯乙烯路线的产排污节点

表 11-8 电石乙炔原料生产氯乙烯路线的主要污染物说明

工序	污染物及其特征
电石在水中反应	在这个过程中产出电石渣、乙炔发生上清液、废次氯酸钠等废水。废次氯酸钠一般补充在上清液中用作乙炔发生的工艺水
合成粗氯乙烯	在合成过程中，一般氯化氢过量，因此过量的氯化氢经水洗生产废盐酸
精馏	氯乙烯经精馏制成成品氯乙烯，同时产生精馏尾气，在这个过程中可以产生的废水有：换催化剂时冲洗反应器的水，其中含有催化剂和升华汞，这部分水经过滤吸附后重复利用，此外因水洗产生的废盐酸会含有升华汞。废盐酸经脱吸后，烯酸重复利用，其中汞在累积达到一定浓度加入硫化钠生产硫化汞，分离后为固体废物

（二）乙烯原料生产氯乙烯过程的产排污节点

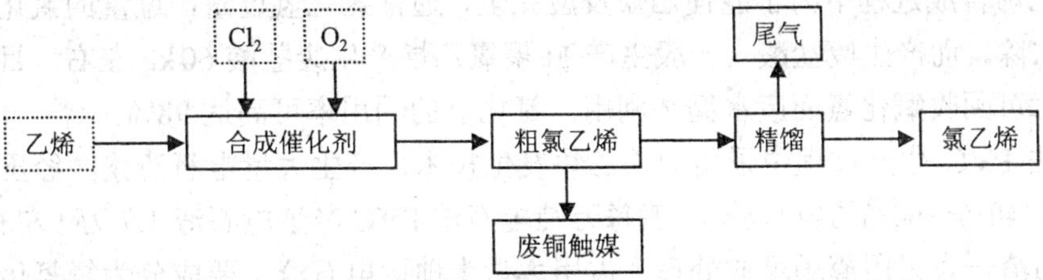

图 11-7　乙烯原料路线生产氯乙烯的产排污节点

从图 11-7 可以看出，乙烯原料路线生产氯乙烯过程中乙烯与氯气、氧气在催化剂 $CuCl_2$ 作用下生产粗氯乙烯。因此会产生废 $CuCl_2$ 催化剂。在粗氯乙烯精馏中会产生尾气，精馏尾气为工业废气。

（二）氯乙烯聚合及成品的产排污节点

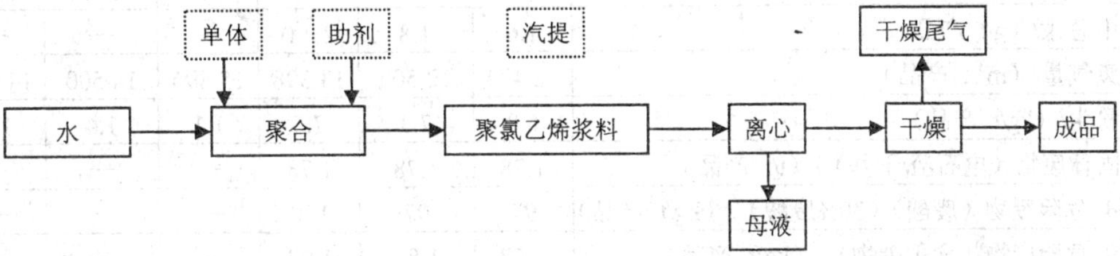

图 11-8　氯乙烯聚合及成品的产排污节点

氯乙烯聚合是在水相中加入氯乙烯及各种助剂，经聚合后生成聚氯乙烯浆料，经汽提将未反应完全的氯乙烯脱除后进行离心分离产生含水分在 30%左右的聚氯乙烯和离心母液，离心母液中含有溶解在其中的各种助剂，主要是聚乙醇类有机物。含水的聚氯乙烯经干燥产生聚氯乙烯的同时产出含聚氯乙烯细粉的干燥废气。

四、PVC 工业的环境污染

母液是聚氯乙烯生产中必然产出的，无论乙烯法还是电石法，一般产生量在 3～4 t/t PVC，主要含有聚乙烯醇等各种有机物，COD 在 180～300 g/t，回收技术有膜法和生化法。采用膜法可回收 70%的水，而浓水再去生化处理。而直接生化法可以使水中 COD 降到 30 g/t 以下，完全达到工业用水指标，企业可以根据需要进行水平衡。进一步采用溴氧处理可使 COD 降到 10 g/t 以下，从而实现回用的要求。

乙炔是电石和水反应生成的产物。湿法乙炔发生是用多于理论量 17 倍的水分解电石，产生的电石渣浆含水量为 90%。干法乙炔发生是用略多于理论量的水以雾态喷在电石粉上使之水解。

低汞触媒的汞的含量在 5.5%左右，是高汞触媒（汞含量 10.5%～12%）的一半左右。

电石法氯乙烯的生产过程中汞采用活性炭吸附等技术治理，含汞活性炭和使用后的废汞触媒，由有资质的厂家回收利用。

在氯乙烯合成过程中为了能使乙炔反应完全，通常氯化氢过量，过量的氯化氢采用水洗的方法去除，而产生废盐酸，一般生产 1t 聚氯乙烯产生废盐酸 60kg 左右。目前采用盐酸脱吸技术可回收氯化氢而废水循环利用。氯化氢的回用率可高达 98%。

电石法 PVC 生产过程中采用湿法乙炔发生技术，产生大量电石渣浆，经压滤脱水后可得到含水 40%～60%的电石渣，一般每万吨电石法 PVC 产生电石渣 1.7 万 t 左右（干基）。过去，电石渣一直采用渣场堆放处理，占用大量土地，电石渣主要成分为氢氧化钙，呈粉状，遇风天气易造成粉尘污染。电石渣处理一直是制约我国电石法 PVC 发展的最大瓶颈问题。

表 11-9 聚氯乙烯制造业污染物产生量

工艺	电石法			乙烯氧氯化法		
规模/（万 t/a）	≥16	8～16	<8	≥40	30～40	<30
工业废水量/（m^3/t 产品）	35.8	37	45	5.65	5.8	5.25
COD/（kg/t 产品）	22.4	22.9	27.0	1.04	1.05	1.12
废水中总汞/（g/t 产品）	1.6	1.8	2．0	—	—	—
工业废气量/（m^3/t 产品）	12 474	12 500	13 398	15 895	14 500	14 986
工业粉尘/（kg/t 产品）	6.8	7.3	7.5	1.1	1.4	1.5
工业固体废物（电石渣/干基）/（t/t 产品）	1.78	1.78	1.78	—	—	—
HW34 危险废物（废酸）（30%废酸）/（kg/t 产品）	97	97	130	—	—	—
HW29 危险废物（含汞废物）/（kg/t 产品）	1.57	1.82	1.94	—	—	—
HW22 危险废物（含铜废物）/（kg/t 产品）	—	—	—	0.3	0.3	0.3
说明：废水中总汞的产污系数的考核点在含汞废水处理装置的进口						

注：数据主要参考《第一次全国污染源普查工业污染源产排污系数手册》。

五、PVC 工业的污染治理

（一）废水处理

在聚氯乙烯生产中产出多种废水，在乙炔工序中产生的乙炔发生上清液和乙炔清净废次氯酸钠，基本上可以做到回用。在合成过程中产生的换催化剂的废水为单独储封闭循环使用并同时采用过滤及吸附工艺脱除其中的汞和废催化剂。在聚合过程中产生的离心母液主要是降级为循环水的补充水，当然也有排放到污水处理厂治理，只有几家企业目前回收生化处理，作为工厂的工业补充水。

（二）废催化剂处理

废催化剂回收并运回催化剂制造厂，目前按照国家现行危险废物管理规定执行。

（三）副产盐酸处理

聚氯乙烯生产过程中，副产盐酸的大小与工艺控制水平有关，与氯化氢过量程度有关。目前企业采用盐酸脱吸工艺，可回收氯化氢烯盐酸中的汞经处理后生成的硫化汞采用填埋。

（四）氯乙烯精馏尾气处理

氯乙烯精馏产生的尾气主要采用变化吸附，将尾气中的氯乙烯回收，直排尾气氯乙烯含量在5%～10%，吸附后可达到 35×10^{-6} 以下。

（五）干燥工业废气处理

聚氯乙烯干燥尾气一般采用旋风分离将尾气中的树脂粉回收达标排放。

（六）电石渣的处理现状

电石渣是电石乙炔法聚氯乙烯生产过程中产生的废渣。目前，电石渣有生产水泥、制砖、铺路、电厂脱硫、添加剂等多种用途，各企业根据各地区的市场情况而确定。近年来电石渣生产水泥已有成熟技术，在处理电石渣中占的比例最大。

六、PVC 工业环境监察要点

乙炔法制 PVC 生产过程产生的污染物主要来自几大生产环节，包括次氯酸钠洗涤废水、离心母液回用剩余部分母液等，VCM 回收尾气、PVC 干燥尾气等，乙炔装置产生的电石渣、VCM 装置产生的合成废催化剂等。乙烯氧氯化法 PVC 生产过程中产生的污染物主要为废气，主要包括乙烯氧氯化工艺中裂解炉燃料燃烧烟气、精制工序洗涤塔尾气等。

第四节　合成氨工业污染源环境监察

氨是生产尿素、磷酸铵、硝酸铵等化学肥料的主要原料，还可用来制造硝酸、氨基塑料、纯碱、聚酰胺纤维、丁腈橡胶、磺胺类药物及含氮的无机和有机化合物。氨还可以用来制造硝化甘油、三硝基甲苯等炸药和导弹火箭的推进剂和氧化剂，氨还是常用的冷冻剂之一。

一、合成氨工业的原料与能耗

合成氨工业生产过程是以天然气或煤炭为原料通过水蒸气重整工艺制得氢气，然后与氮气进行高压合成制得合成氨。合成氨的原料是煤、焦炭、天然气、石油脑、重油等，目前合成氨原料已从固体燃料为主转移到以气体燃料和液体燃料为主。

化肥工业目前每年原材料消耗量为：天然气 100 亿 m^3，煤炭 7 000 万 t，油（重油、石脑油）60 万 t，磷矿石 4 300 万 t，硫铁矿 1 150 万 t，硫黄 900 万 t，卤水 8 000 万 m^3，电 500 亿 kWh。化肥工业的能耗约占全国能源消费总量的 3%，占化学工业能耗的 35%。

煤头原燃料消耗如下：

原料煤消耗（入炉）：优质无烟块煤量：1 400～1 700 kg/t 氨，非优质无烟块煤量：1 600～2 000 kg/t 氨；

燃料煤消耗：烟煤量 245～275 kg/t 氨；

耗电： 碳化流程 1 600～2 000 kWh/t 氨；

循环冷却水：100 m^3/t 氨。

表 11-10 合成氨工业的燃料消耗

原料	天然气		烟煤	无烟块煤（型煤）
工艺	连续加压天然气制氨	常压间歇转化工艺制氨	水煤浆加压气化制氨	固定床间歇煤气化
燃料烟煤消耗量/（kg/t 氨）	330～500	420～500	20～64	245～275

按照不同的装置水平，我们每生产吨碳酸氢铵需要 800 m^3 天然气，装置技术水平低一些的需要大概 1 000 m^3。尿素是高能耗的产品，每吨尿素需耗 1.2～1.5 t 原料煤（吨尿素消耗 0.59 t 氨）。以"煤头"化工企业合成氨产量占比 64%和 1 t 合成氨耗煤 2.2 t 计算，2004 年合成氨耗煤为 5 404 万 t，化工行业耗煤为 10 808 万 t，较 2003 年增加 933 万 t。

二、我国合成氨工业生产的基本工艺

合成氨的生产工序主要包括造气、脱硫、CO 变换、脱碳、精制、压缩与合成。

目前，我国采用的合成氨生产工艺主要有：无烟煤固定床间歇气化制氨、水煤浆加压气化制氨、天然气蒸汽转化（连续加压）制氨、天然气常压间歇制氨等。

（一）以固体燃料为原料的生产工艺

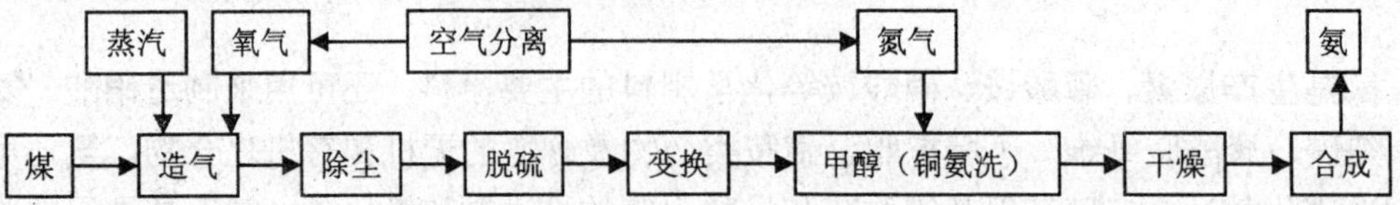

图 11-9 以煤为原料合成氨工艺

造气——制备含氢、氮、一氧化碳的粗原料气。

净化——除去氢、氮以外的杂质，如硫化物、一氧化碳、二氧化碳，老工艺采用铜氨液洗涤，现多采用甲烷化或液氮深冷分离法。

压缩和合成——将纯净的氢、氮混合气压缩到高压，在铁催化剂与高温条件下合成为氨。

（二）以天然气（或石油气）为原料的生产工艺

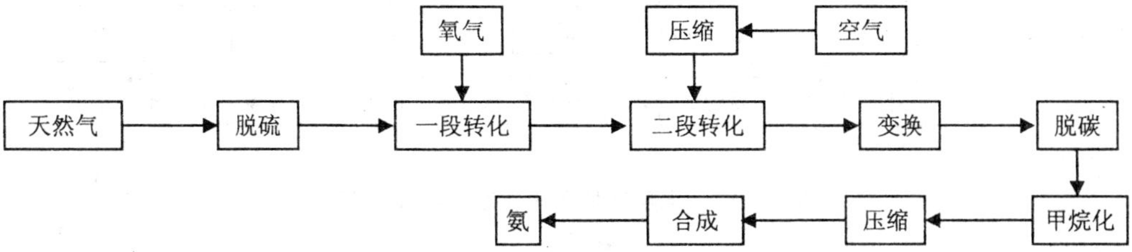

图 11-10　以天然气为原料合成氨工艺

（三）以重油为原料的生产工艺

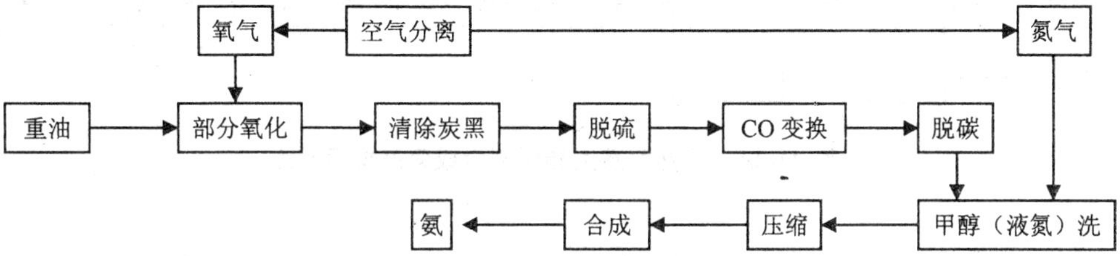

图 11-11　以重油为原料合成氨工艺

三、合成氨工业主要生产工艺产排污节点

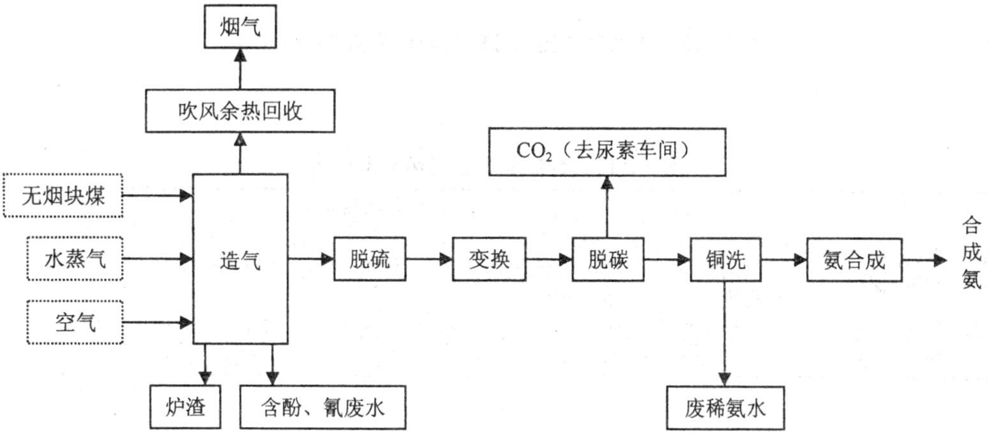

图 11-12　无烟块煤固定床间歇气化制氨产排污节点

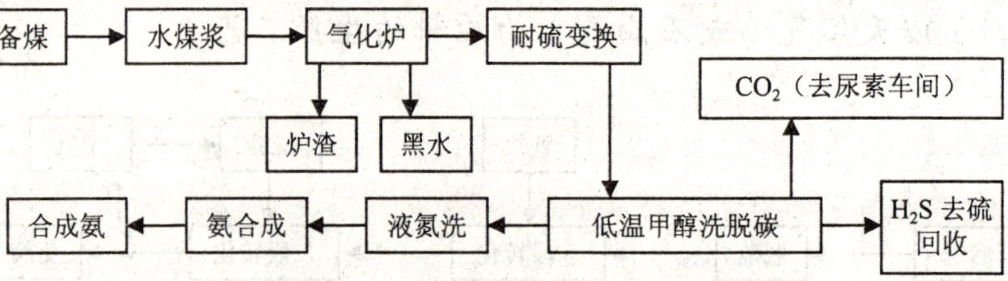

图 11-13 水煤浆加压气化制氨产排污节点

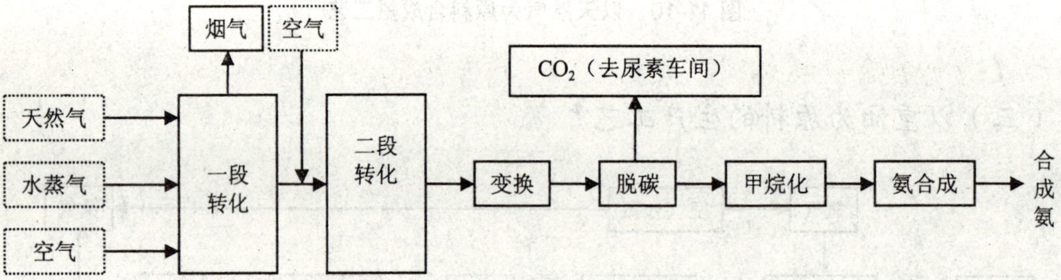

图 11-14 天然气蒸汽转化制合成氨产排污节点

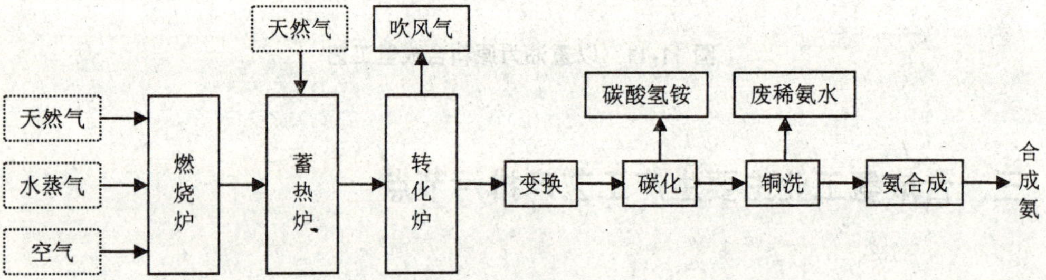

图 11-15 天然气常压间歇转化制合成氨产排污节点

表 11-11 合成氨工业排污节点说明

生产工艺	污染物特征
无烟块煤为原料采用固定床间歇气化制氨	废水主要有含酚、氰等的造气、脱硫洗涤冷却水，煤气脱硫工艺过程脱硫液再生排放的硫泡沫废液，含油废水，含氨废水，循环冷却水排水。视工艺路线不同，吨氨废水排放量 5～50t
水煤浆气化工艺制氨	污染物主要是气化装置产生的含有细灰的黑水，大部分循环使用及用于制水煤浆
天然气制氨	生产过程中的污染物主要是含氨废水，其主要污染物成分是氨氮

四、合成氨工业的环境污染

（一）合成氨工业的废水污染

以煤（焦）造气洗涤废水、重油气化炭黑净化水含氰化物浓度较高，须进行脱氰处理。

合成氨工业的废水有：脱硫工序产生的脱硫（主要是硫化氢和有机硫）废水、铜洗工序产生的含氨废水、冷凝的含氨废水、铜洗工序产生的含氨废水、冷凝的含氨废水。合成氨生产过程废水量较大，理论用水量在600 m^3/t，如果水循环率为50%，可降至300 m^3/t，如果水循环率为70%，可降至180 m^3/t，如果水循环率为95%，可降至30 m^3/t。废水中主要污染物有氨氮、COD、氰化物、硫化物、挥发酚等，废水中氨氮浓度约400 mg/L，氰化物浓度2～3 mg/L，SS浓度1 000～1 500 mg/L，硫化物4 mg/L。合成氨的氨氮产生量约为30 kg/t氨，COD8 kg/t氨，氰化物0.6 kg/t氨，油0.33 kg/t氨，合成氨生产废水污染严重，应严格控制生产过程的氨氮物料流失。

表 11-12 不同原料路线的合成氨生产废水排放情况

污染物类型	天然气、油田气为原料	煤、焦为原料	以油为原料
水量/（$m^3/t\ NH_3$）	11.10	30～70	3～8
COD/（$kg/t\ NH_3$）	1.29	1.61～25.2	0.19～2.96
氨氮/（$kg/t\ NH_3$）	1.87	2.80～32.9	0.37～5.39
悬浮物/（$kg/t\ NH_3$）	0.52	3.5～35	0.08
挥发酚/（$kg/t\ NH_3$）	0.22×10^{-3}	0.7～35	0.08×10^{-3}～8×10^{-3}

数据引自：吴萱，何有光. 合成氨工艺清洁生产分析[J]. 辽宁城乡环境科技，2001（8）.

表 11-13 合成氨工业水污染物产生量

原料	天然气		烟煤	无烟块煤（型煤）		
工艺	连续加压天然气制氨	常压间歇转化工艺制氨	水煤浆加压气化制氨	固定床间歇煤气化		
规模/（万 t/a）	所有	所有	所有	≥18	8～18	<8
工业废水量/（m^3/t 产品）	5～10 10～20 20～30	10～30	1.3～5.0	5～10	5～20	10～20 20～40
COD/（kg/t 产品）	0.6～1 1.0～4.5	0.6～6	0.25～1.1	0.5～1.5	0.5～3	1～6
氨氮/（kg/t 产品）	0.3～1 1.0～3	0.3～3	0.15～0.48	0.35～1	0.35～2	0.4～3.5
石油类/（g/t 产品）	—	—	1～26	30～100	30～200	50～400
挥发酚/（g/t 产品）	—	—	0.006～0.06	0.5～2.0	0.5～4.0	0.5～8.0
氰化物/（g/t 产品）	—	—	0.4～0.7	5～10	5～20	5～40

注：数据主要参照《第一次全国污染源普查工业污染源产排污系数手册》。

（二）合成氨工业的废气污染

合成氨的废气包括锅炉排放的烟气、造气排放的造气吹风气、铜洗再生气、合成放空气、氨贮槽的氨罐弛放气等，铜洗再生气废气量175 m^3/t，主要污染物是CO；合成弛放气废气量170 m^3/t，废气中含NH_3、CH_4、Ar等；液氨储罐气废气量50 m^3/t，废气中含NH_3、CH_4。锅炉烟气约6 000 m^3/t氨，其余的工艺废气主要含氨、甲烷、二氧化硫、一氧化碳等。合成原料气中含二氧化硫、一氧化碳较多，每合成1 t氨，废气中产生的二氧化硫约2

kg，以煤为原料制得的煤气中含硫化氢浓度约 3 000 mg/m³，有机硫 400 mg/m³，以天然气和重油为原料的原料气中的含硫化物量视含硫量不同有很大区别。

表 11-14 不同原料路线的合成氨生产废气排放情况

污染物类型	天然气、油田气为原料（来自转化炉的烟气）	煤、焦为原料（锅炉燃煤烟气和废热锅炉排出的造气吹风气）	以油为原料（来自除 H_2S 浓缩塔排放尾气和锅炉烟气）
烟气量/（m^3/t NH_3）	7 618.7	1 853～3 671	4 060.9
SO_2/（kg/t NH_3）	1.38	2.28～5.7	2.77
烟尘/（kg/t NH_3）	0.03	0.42	—
甲醇/（kg/t NH_3）	—	—	0.014

数据引自：吴萱，何有光. 合成氨工艺清洁生产分析[J]. 辽宁城乡环境科技，2001（8）.

表 11-15 合成氨工业大气污染物产生量

原料	天然气		烟煤	无烟块煤（型煤）		
工艺	连续加压天然气制氨	常压间歇转化工艺制氨	水煤浆加压气化制氨	固定床间歇煤气化		
规模/（万 t/a）	所有	所有	所有	≥18	8～18	<8
工业废气量/（m^3/t 产品）	3 650～5 350	4 600～5 600	20～64	2 650～3 000	2 650～3 000	2 650～3 000
SO_2/（kg/t 产品）	0.03～0.04	0.04～0.05	0.05～0.2	—	—	—
NO_x/（kg/t 产品）	0.08～0.54	0.1～0.6	—	1.3～3.0	1.3～3.0	1.3～3.0
粉尘/（kg/t 产品）	—	—	—	0.15～0.6	0.15～0.6	0.15～0.6

注：数据主要参照《第一次全国污染源普查工业污染源产排污系数手册》。

五、合成氨工业环境监察要点

合成氨工业的污染与原料种类密切相关，油和天然气制合成氨，在制取氢气过程中污染物产生量很少，而以煤为原料制取合成氨是我国合成氨生产企业的主体，其燃料煤耗和原料煤耗都比较高，在制气和制氨过程污染严重。

煤制合成氨的废气污染主要来自蒸汽锅炉的燃烧废气。现在这类企业的蒸汽来源已呈现多元化。有些企业的蒸汽完全由外部供应，基本没有燃烧烟气；有些企业蒸汽完全靠自产，燃烧烟气产生的污染物数量较多；还有些企业的蒸汽部分外供，部分自产。故监察燃烧废气时必须了解蒸汽来源。

煤制合成氨的废水污染主要来自造气过程、合成氨工序、尿素工序。污染物主要来自原料煤，废水中 NH_3-N、COD、酚、氰可能超标，应监督企业达标排放。

合成氨是危险化学品，合成氨生产、储存、运输过程容易产生生产事故，导致氨泄漏，造成环境污染事故，企业应做好应急管理工作。

第五节　纯碱工业污染源环境监察

纯碱产品是重要的化工基础原料，是建筑玻璃、日用玻璃等建筑材料的主要原料并广泛应用于轻工业、冶金工业和食品工业。纯碱工业在国民经济中起着重要作用。

一、纯碱工业的原料

氨碱法是以盐和石灰石为主要原料，以氨为中间辅助材料。联碱法是以氨和二氧化碳及原盐为原料。天然碱法以天然碱矿为原料。

二、我国纯碱生产的基本工艺

纯碱主要用于硼砂（四硼酸钠）、红矾钠、氧化铝、合成洗涤剂、日用玻璃制品、肥皂、平板玻璃、硅酸钠（包括偏硅酸钠）、合成洗衣粉、三聚磷酸钠生产。

纯碱生产方法有三种，即氨碱法、联碱法和天然碱法。我国纯碱生产氨碱法占 52.5%，联碱法占 40.2%，天然碱法占 7.3%。企业生产以氨碱法、联碱法为主。

（一）氨碱法生产工艺

氨碱法是以盐和石灰石为主要原料，以氨为中间辅助材料生产纯碱的方法。原盐用水（或海水）溶解成为粗盐水后，经过精制去除粗盐水中的 Ca^{2+}和 Mg^{2+}杂质，精制后的盐水在吸氨塔内吸收氨生成氨盐水。氨盐水在碳化塔内吸收二氧化碳，生成 $NaHCO_3$悬浮液。悬浮液经真空过滤机进行固液分离，得到的滤饼经煅烧后即为纯碱产品。煅烧生成的二氧化碳气体返回碳化塔循环使用。过滤得到的母液在蒸氨塔内与石灰乳反应，蒸馏出的氨气循环使用。

蒸、吸氨工序是氨碱法生产的一个主要工序，目的是用精制盐水回收过滤母液中的氨和二氧化碳，从而制得生产纯碱的氨盐水。

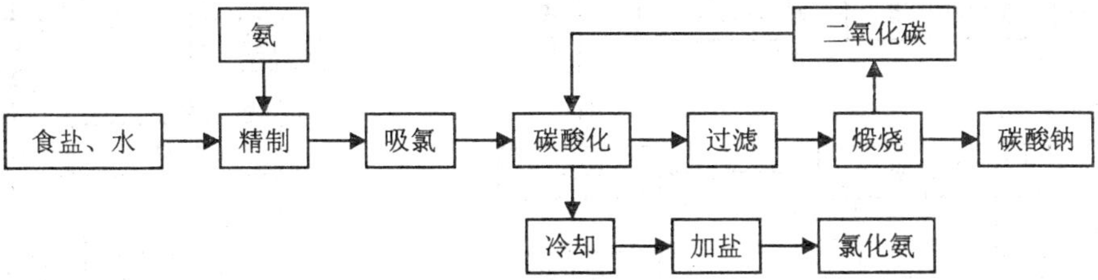

图 11-16　氨碱法纯碱生产工艺

（二）联碱法工艺过程

联碱法是以合成氨装置生产的氨和二氧化碳及原盐为原料生产纯碱并联产氯化铵的

方法。联碱法分为Ⅰ和Ⅱ两个过程：

Ⅰ过程制取纯碱：氨母液Ⅱ和二氧化碳在碳化塔内反应，生成$NaHCO_3$悬浮液，经真空过滤后得到滤饼，滤饼煅烧后即为纯碱产品，滤液送Ⅱ过程。

Ⅱ过程制取氯化铵：来自真空过滤机的母液经吸氨、换热后，在冷析结晶器中析出氯化铵结晶，来自冷析结晶器的母液在盐析结晶器中加盐继续析出氯化铵结晶，冷析和盐析得到的晶浆，经离心分离、干燥得到氯化铵产品。盐析排出的母液经换热、吸氨、澄清后送往Ⅰ过程。

（三）天然碱法工艺过程

以天然碱矿为原料，利用高压熔采技术获取卤水，卤水经过蒸发、过滤、煅烧、冷却、包装等工序制得纯碱。工艺废水重复利用，回注熔采制卤水。

三、纯碱工业产排污节点

（一）氨碱法工艺产排污节点

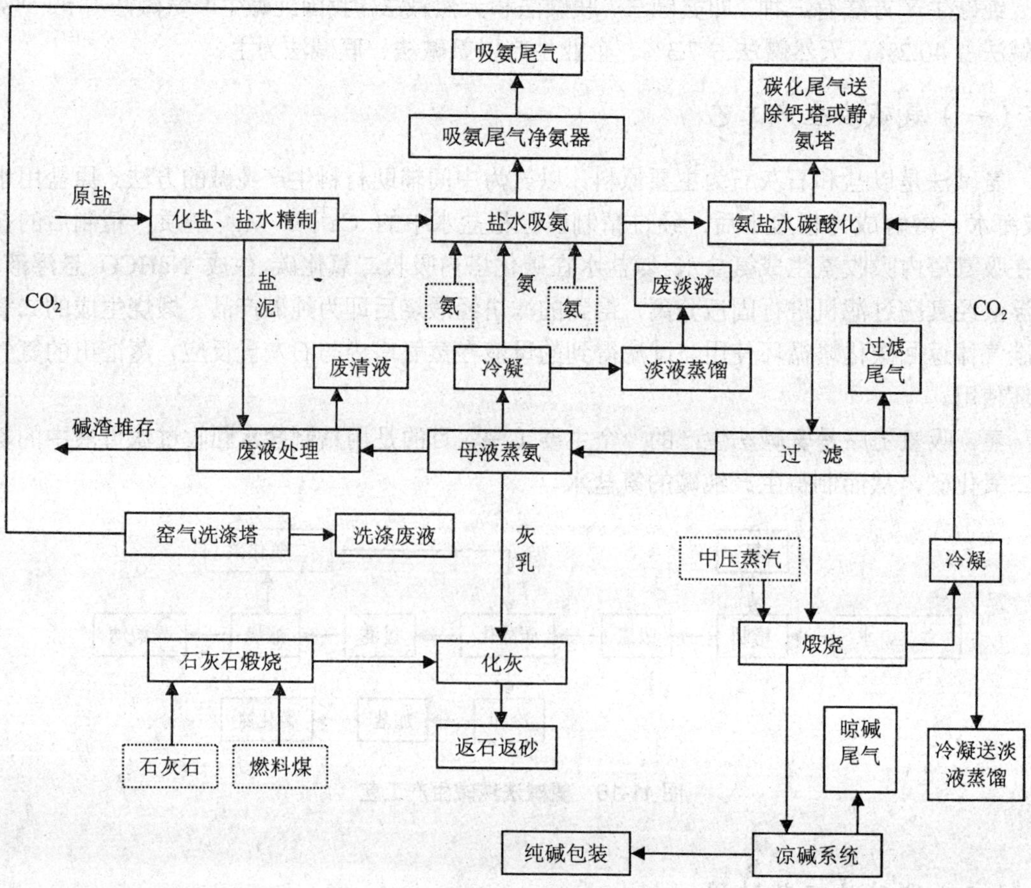

图 11-17　氨碱法生产工艺产排污节点

表 11-16 氨碱法生产污染物说明

工序	污染物及其特征
盐水	粗盐水中 Mg^{2+}、Ca^{2+}反应生成 $Mg(OH)_2$ 和 $CaCO_3$，形成盐泥，盐泥与蒸馏废液混合经澄清或压滤，废清液排放，固态渣堆存。盐泥的产生量和化学成分因原盐中 Mg^{2+}、Ca^{2+}含量等不同而不同。盐泥产生量约 1.1～1.2 m^3/t 碱，其中含固体渣约 60 kg/t 碱(干基)。固形物中硫酸钙约 11.55%，碳酸钙约 58.5%，氢氧化镁约 19.5%，酸不溶物 2.07%，混合氧化物 2.11%，其他 6.27%。原盐中 Ca^{2+}、Mg^{2+}杂质较高时，采用石灰碳酸铵法精制盐水比较经济，但石灰碳酸铵法精制盐水产生的盐水废泥中含氨，其浓度和排放量与除钙量和操作水平相关。采用石灰纯碱法精制盐水，没有氨损失，但在原盐中 Ca^{2+}、Mg^{2+}杂质较高时，因使用产品纯碱，运行费用高
石灰工序	石灰石煅烧后制取含二氧化碳窑气去碳化车间制碱，石灰消化后用于母液蒸馏和盐水精制。窑气需经洗涤塔、电除尘器、冷却塔进行除尘、降温。洗涤水产生量约 8 m^3/t 碱，其中含有粉尘、煤焦油等物。化灰工序中，由于石灰石、焦炭或白煤质量等原因，不可避免产生一些沙石等杂物，分离后，可用于建筑铺路等
蒸、吸氨工序	母液中总氨分为游离氨和固定铵，固定铵必须加入灰乳后才能分解。蒸氨过程产生蒸馏废液，蒸馏废液经澄清或压滤，产生废清液和固态渣。部分废清液用于生产氯化钙，剩余部分排放；部分固态渣用于制造工程土、建筑胶泥等，剩余部分堆存。蒸馏废液约 10 m^3/t 碱，含固体废渣约 200～300 kg/碱（干基）。废液中固体物基本来源于灰乳，废渣产生量取决于石灰石质量、石灰石煅烧后的有效分解率等。废渣 pH 值小于 12.5，属于一般固体废物。为保证氨的回收率，降低排放废液中的氨氮浓度，必须保持灰乳过剩。废液中含过剩灰约 2 滴度（1 滴度等于 1/20 摩尔浓度），废清液中含 $Ca(OH)_2$ 约 800 mg/L。经澄清等方式处理后，废清液 pH 值一般在 11～11.5，其中含 NaCl 约 55 g/L、$CaCl_2$ 约 100 g/L、氨约 50 mg/L。影响废液含氨的因素比较复杂，主要因素有蒸氨塔的开用周期、母液的成分波动、灰乳的成分波动、母液与灰乳的相对量等，与设备水平、生产过程的自动化控制水平、原料的质量都有较大关联
冷凝等	蒸氨冷凝液、重碱煅烧炉气冷凝液及设备的清洗、检修、泄漏等造成含氨母液进行淡液蒸馏，淡液蒸馏后的淡液含氨约为 400 mg/L，返回系统

（二）联碱法工艺产排污节点

联碱的废水，主要来自设备清洗水及母液冒溢。

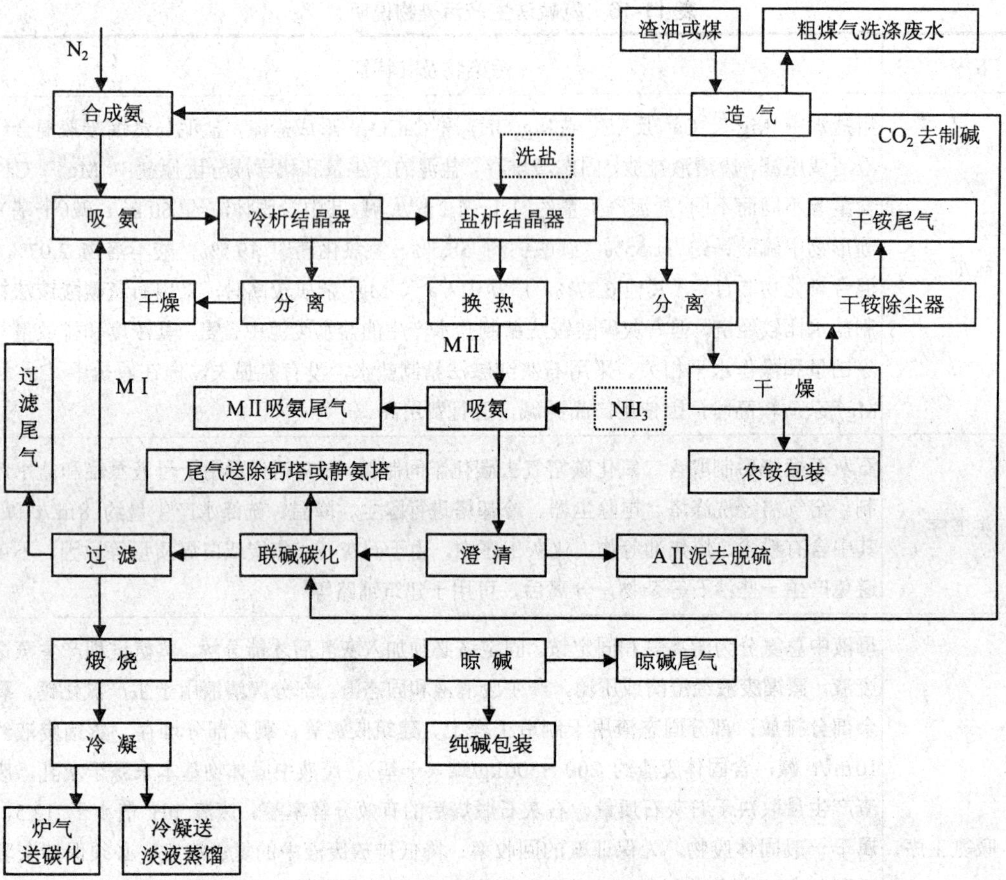

图 11-18 联碱法生产工艺产排污节点

1．联碱法生产过程中，像母液换热器、盐析和冷析结晶器、滤碱机、离心机、除尘器等设备需要定期或不定期清洗，清洗水为含氨废水；设备故障、设备检修、母液贮桶、泵、管线等泄漏等也产生含氨废水。这些含氨废水必须回收进入系统，才能降低排水氨氮浓度。

2．联碱生产封闭循环，要求达到母液平衡，原盐、CO_2、向系统带入水分，对维持母液平衡是一不利因素，母液一旦膨胀，就会造成母液外溢。必须通过加强生产调度管理，避免母液膨胀。

3．利用洗水对真空过滤机滤饼洗涤降低重碱盐分，是保证纯碱盐分的必需措施。联碱法制碱和氨碱法制碱不同，洗水的加入量既要保证纯碱盐分合格，又要兼顾系统的水平衡，当生产系统波动时，经常会出现母液总储量膨胀，无法调度，其结果必然是母液冒溢。解决这些问题，需要很高的工艺管理水平。

4．在氨加工企业中，联碱法与尿素、硝胺、碳铵生产相比，氨的利用率较低，主要原因是联碱法的工艺流程较长，氨的曝空损失较高，含高氯根的母液对设备的腐蚀较严重，设备检修较为频繁。

（三）天然碱法工艺产排污节点

天然碱法生产过程中的含碱废水基本回用，排放的废水主要为少量冷却水、原水过滤反冲洗水和生活用水。

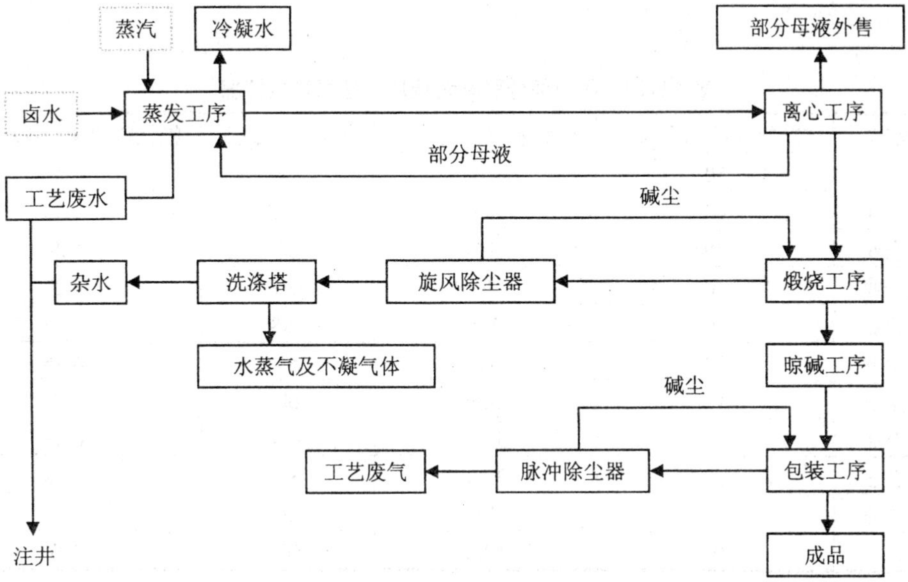

图 11-19　天然碱法生产工艺产排污节点

四、纯碱工业的环境污染

生产 1 t 纯碱约排出 10 m^3 的蒸氨废液，其中含氯化钙 105 g/L、氯化钠 55 g/L、氨 5 mg/L。经澄清、蒸发浓缩后，氯化钠先结晶析出，再继续浓缩、冷却凝固制得氯化钙。氨碱法废水 10 m^3/t，含氯化钙 100 g/L，氨 5 mg/L。

氨碱法废气主要是工艺废气，包括碳酸化废气（含 0.34%氨）、石灰窑废气（含尘、二氧化硫、氮氧化物）、吸氨塔尾气（含 0.02%氨）、凉碱炉排放的尾气含有少量碱尘。

纯碱生产中，废泥的产量约为 0.74 t/t 纯碱。

（一）氨碱法生产纯碱工业的污染

表 11-17　国内部分氨碱企业废水氨氮排放情况

企业	纯碱产量/（万 t/a）	排水量/（m^3/t 碱）	氨氮/（mg/L）	氨氮排放量/（kg/t 碱）
山东某企业	220	16.3	48.5	0.79
河北某企业	160	29.2	25	0.73
江苏某企业	110	17	50	0.85
山东某企业	65	13	63.9	0.83
内蒙古某企业	30	13.2	115.57	1.53
新疆某企业	15	14.2	180	2.56
平均	100	17.15	80.5	1.22

（二）联碱法生产纯碱工业的污染

表 11-18 国内部分联碱企业废水氨氮排放情况

企业	纯碱产量/（万 t/a）	排水量/（m^3/t 碱）	氨氮/（mg/L）	氨氮排放量/（kg/t 碱）
四川某企业	50	10	200	2
湖北某企业	60	4.3	356.9	1.53
江苏某企业	40	17	60	1.8
江苏某企业	30	8	33.8	0.27
天津某企业	26	3.5	188	0.66
四川某企业	20	12	53	6.36
浙江某企业	15	5.5	68	7.1
湖南某企业	15	3.04	114	6.88
湖南某企业	10	32.4	83	2.96
湖南某企业	10	18	200	2
平均	30.7	12.6	150.7	3.5

表 11-19 纯碱工业污染物产生量

	原盐、氨、石灰石	原盐、氨、二氧化碳			天然碱矿		
	氨碱法	联碱法			天然碱法		
规模/（万 t/a）	≤40	≥40	20～40	≤20	≥60	30～60	≤30
工业废水量/（m^3/t 产品）	13.0	8.5	9.0	10.0	10.0	10.0	10.0
COD/（g/t 产品）	700	800	800	870	600	600	600
氨氮/（g/t 产品）	760	1 470	1 490	1 500	—	—	—
石油类/（g/t 产品）	—	15	15	15	—	—	—
工业废气量/（m^3/t 产品）	1620	2350	1350	1540	500	530	540
工业粉尘	1.2	0.21	0.23	0.24	0.85	0.81	0.84
工业固体废物/（t/t 产品）	0.35	0.013	0.013	0.013	—	—	—
氨碱法的工业固体废物为蒸氨废渣及盐泥；联碱法的工业固体废物为氨Ⅱ泥							

注：数据引自《第一次全国污染源普查工业污染源产排污系数手册》。

五、纯碱工业的水污染控制技术

（一）氨碱法企业水污染物主要控制技术

装置能力和主体设备实行大型化，减少泄漏点。尽量采用优质原盐和石灰石，减少废物排放。改进滤碱机结构，提高洗涤效果，减少洗水量。采用 DCS 系统控制生产，优化工艺指标。采用真空蒸馏塔，延长作业周期，减少清理次数。

（二）联碱法企业水污染物主要控制技术

装置能力和主体设备实行大型化，减少泄漏点。尽量采用优质原盐，减少废物排放。

改进滤碱机结构，提高洗涤效果，减少洗水量。完善淡液蒸馏系统，回收淡液中的氨，循环使用。采用 DCS 系统控制生产，优化工艺指标。

六、纯碱工业环境监察要点

纯碱工业的废气包括石灰窑废气（含尘、二氧化硫、氮氧化物）、碳酸化废气（含 0.34% 氨）和吸氨塔尾气可能产生氨气排放，对周围环境产生影响，应加强监督。

纯碱工业的废水主要来自蒸氨废液，含有一定量的残氨，要检查废水的 pH 值和氨氮的排放指标，应处理达标后排放。

纯碱工业的固体废物主要是电解槽废泥、要检查废泥的 pH 值，如超标应按危险废物监管。

第六节　硫酸工业污染源环境监察

硫酸是重要的基础化工原料之一，是化学工业中最重要的产品，主要用于化肥工业（用于生产磷肥和复肥，消费量约占总消费量的 70%），其次作为基础化工原料用于有色金属的冶炼（电解精炼铜、锌、镉、镍时电解液需使用硫酸）、石油精炼（石油精炼用硫酸为洗涤剂，除去石油工业产品中的不饱和烃等）、石油化工（硫酸是生产各种硫酸盐的主要原料，是塑料、人造纤维、染料、油漆、药物、农药的原料）、冶金工业（电镀和轧钢生产的酸洗要用硫酸，某些贵金属的精炼亦需硫酸进行去杂）有色金属冶炼的湿法浸取工艺、纺织印染、无机盐工业、某些无机酸和有机酸、橡胶工业、油漆工业以及国防军工（浓硫酸用于制取硝化甘油、三硝基甲苯等炸药）、农药、医药、制革、炼焦等工业部门，此外还用于钢铁酸洗、蓄电池、合成洗涤剂等生产。

一、硫酸工业的原料与能耗

硫酸的生产原料主要有硫黄、硫铁矿和有色金属火法冶炼厂含 SO_2 的烟气；此外，有些国家还利用天然石膏、磷石膏、硫化氢、废硫酸、硫酸亚铁等做原料。2000 年以前，我国硫酸生产主要以硫铁矿为主要原料，硫黄制酸所占比例不到 30%，而国外基本上是以硫黄为制硫酸的生产原料。近几年来，我国硫黄制酸和烟气制酸工业得到了较快发展，所占比例逐年提高，2006 年硫黄矿制酸所占比例增加到 44.8%。

二、我国硫酸工业生产的基本工艺

硫酸生产路线有硫黄制酸、硫铁矿制酸、石膏制酸和烟气制酸等。

通常，采用接触法制造硫酸，其包括三个基本工序：（1）由含硫原料制备含 SO_2 气体，实现这一过程需要将含有硫原料焙烧，故工业上称为“焙烧”；（2）将含 SO_2 和氧的气体催化转化为 SO_3，工业上称为“转化”；（3）将 SO_3 与水结合成硫酸，实现这一过程需要

将转化所得 SO_3 气体用硫酸吸收，工业上称为“吸收”。

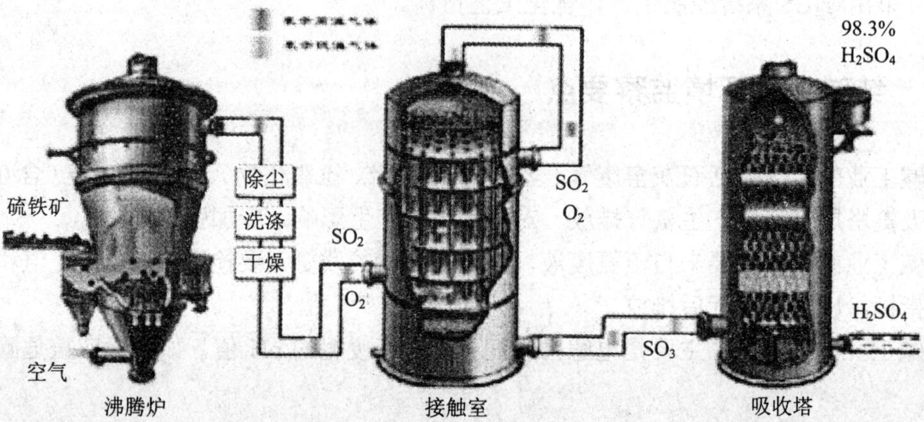

图 11-20 接触法制硫酸示意图

硫酸生产总体工艺流程包括原料预处理、SO_2 炉气制取、炉气净化、SO_2 转化、SO_3 吸收、尾气处理等六大工序。不同的生产原料有着不同的预处理方式，而产生的 SO_2 则按相同的反应原理制得硫酸。

表 11-20 硫酸生产总体工艺流程说明

工序	特征
原料工段	硫精砂运入矿库，经皮带输送焙烧工段矿粉贮斗
焙烧工段	硫精砂有胶带加料机送入沸腾炉焙烧，产生 900℃的高温炉气，经废热锅炉回收热量，再经干法除尘器去除大部分粉尘，温度降至 300℃进入净化工段
净化工段	用湿法文丘管除尘器洗涤矿尘和氟、砷等杂质，炉气温度降至 60℃，炉气中的 SO_3 形成酸雾，再用泡沫塔、电除雾器和干燥塔，除去污水和水分，从脱吸塔排出的污水应进入污水站
转化吸收工段	在催化剂作用下，SO_2 氧化成 SO_3，净化后的炉气经热交换，通过三段催化剂转化，转化率可达 90%，再经冷却，进入吸收塔用稀硫酸吸收。 现代硫酸生产常用的两转两吸（二次转化二次吸收）工艺，使经过催化剂的气体，先进入中间吸收塔，吸收掉生成的 SO_3，余气再次加热后，通过后面的催化剂层，进行第二次转化，然后进入最终吸收塔再次吸收
尾气处理	吸收塔头的尾气经石灰清液吸收后排放，污水排入水处理站

（一）硫黄制酸

硫黄制酸包括焚硫、转化和吸收。当原料为液态硫黄时，可直接用液硫泵将其输入焚硫炉；若原料为固态硫黄，则需在熔硫槽中以蒸汽间接加热熔融，滤除杂质后，用泵送入焚硫炉。SO_2 经“转化”和“吸收”可得硫酸，一般用 98.3%的浓硫酸吸收 SO_3 制硫酸。

（二）硫铁矿制酸

硫铁矿是硫化铁矿物的总称，它包括黄铁矿与白铁矿（分子式均为 FeS_2），以及成分相当于 Fe_nS_{n+1} 的磁硫铁矿，三者中以黄铁矿为主。硫铁矿经焙烧后制得含二氧化硫的气体。

控制沸腾层焙烧温度在 850～950℃，设置废热锅炉，以回收多余的反应热。

硫铁矿制酸按原料物理状态又分为硫铁矿石制酸和硫精砂制酸。硫铁矿石制酸时原料要经过破碎工序以利于在焚硫炉内充分焙烧而硫精砂制酸时则不需要，其主要工序为：硫铁矿焙烧、炉气净化、二氧化硫转化及三氧化硫吸收。

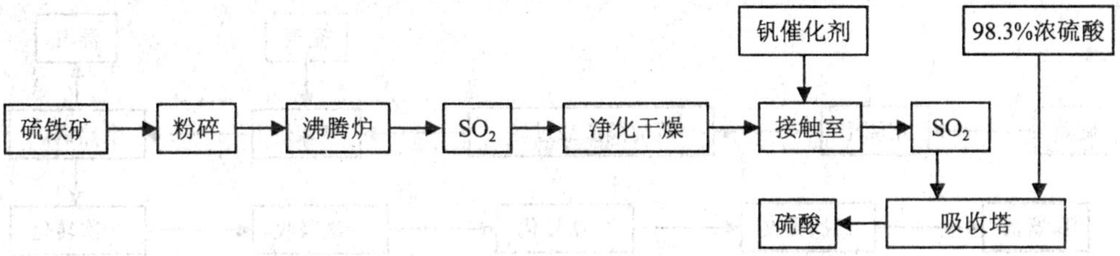

图 11-21　硫铁矿制酸生产工艺流程

（三）石膏制酸

石膏制酸是将石膏、焦炭和其他辅料在回转窑内于约 1 400℃下煅烧，同时制得水泥熟料和含二氧化硫的气体。

生成的氧化钙与物料中的氧化硅成分在窑中反应生成水泥熟料，通常烟气中的二氧化硫浓度为 7%～10%，送入接触法硫酸生产装置制成硫酸。生产每吨硫酸可同时制得 1 t 水泥熟料。石膏的煅烧通常采用半水工艺。

（四）硫化氢制酸

工业废料硫化氢，主要是在煤的炼焦及许多其他热加工过程中，由一般的硫化物转变而成存在于焦炉气或其他气流中，天然气、石油气中也含有硫化氢。这些硫化氢对一般工业来说，都是有害物质。通常用有机溶液脱除气体中的硫化氢，溶液再生时，放出高浓度硫化氢气体，用作生产硫酸的原料。从天然气或石油中回收的大量硫化氢气体通常用于克劳斯法制取硫黄。而由焦炉气或煤气精制过程中得到的硫化氢，由于数量较小，将其燃烧生成二氧化硫，用于生产硫酸。

硫化氢气体首先进入燃烧炉，在送入的空气中燃烧。温度达 1 000℃的气体从硫化氢燃烧炉出来，进入废热锅炉，在这里冷却到约 450℃，然后经洗涤、电除雾、干燥后，进行转化、吸收。

三、硫酸工业产排污节点

硫酸工业废水是指硫酸生产过程排放的废水，包括生产工艺酸性废水、脱盐废水、设备冷却水、锅炉排污水、循环冷却排污水及生活污水等，其中炉气净化工程中产生的酸性废水为主要污染源。

硫酸工业的主要废气污染源是硫酸工业尾气，即由吸收塔顶部或经进一步脱硫后排放的制酸尾气，其主要污染物为二氧化硫和硫酸雾；此外，硫铁矿制酸过程中在原料破碎、干燥工序产生的含尘废气，需收集并经除尘设施处理后由排气筒排放，主要污染物为颗粒物。工艺设备、储罐的不严密性导致的跑、冒、滴、漏，取样和设备检修等过程会产生 SO_2、硫酸雾及颗粒物的无组织排放。

（一）硫黄制酸

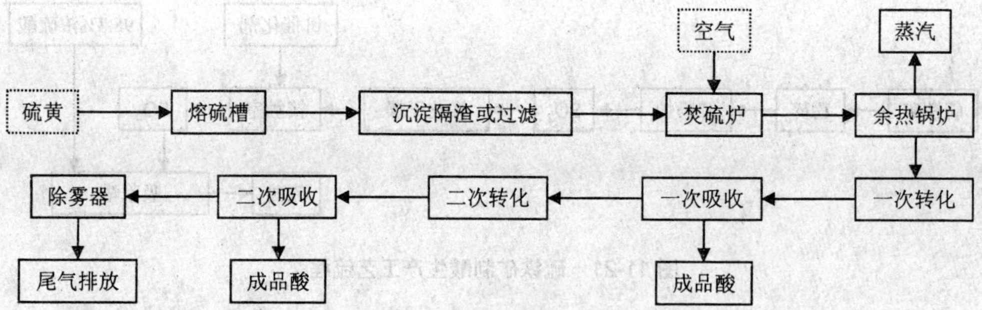

图 11-22 硫黄制酸产排污节点

在硫黄制酸生产过程中排放的废水有脱盐废水、设备冷却水、锅炉排污水及循环冷却排污水。废气主要是由吸收塔顶部或经进一步脱硫后排放的尾气，即硫酸工业尾气，主要污染物为 SO_2 和硫酸雾。

（二）硫铁矿制酸

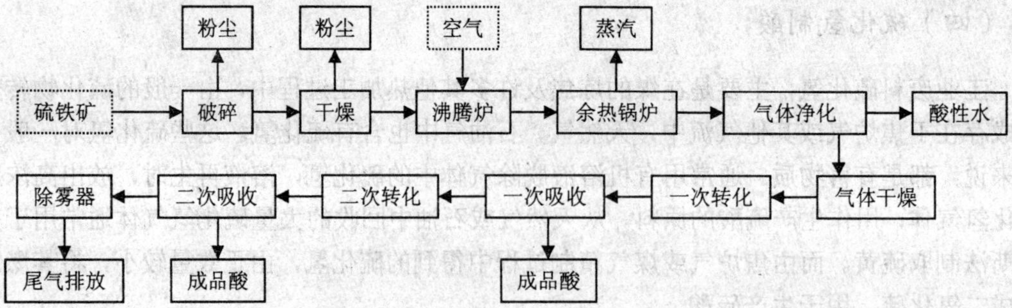

图 11-23 硫铁矿制酸产排污节点

硫铁矿制酸生产过程中，排放的工艺废水为净化工序产生的酸性废水，其主要污染物为 H_2SO_4、H_2SO_3、矿尘（Fe_2O_3）、砷、氟及重金属离子，如 Pb、Zn、Cu 等有害杂质。此外，硫铁矿制酸过程还排放脱盐废水、设备冷却水、锅炉排污水及循环冷却排污水。

硫铁矿制酸过程中产生的废气即硫酸工业尾气，主要污染物为 SO_2 和硫酸雾。

（三）石膏制酸

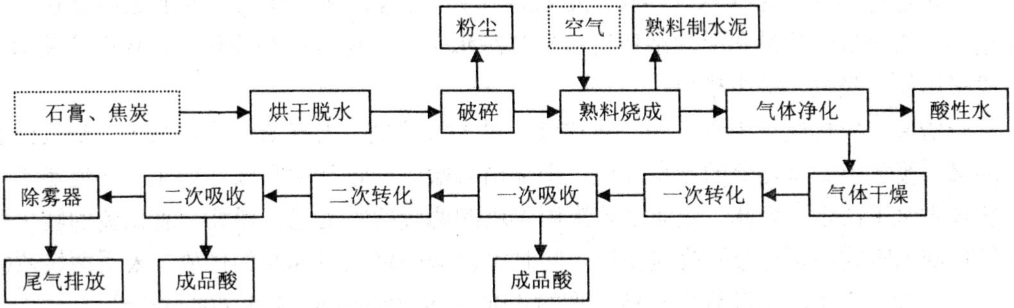

图 11-24　石膏制酸产排污节点

石膏制酸生产过程中，排放的工艺废水为净化工序产生的酸性废水，其主要污染物为氟和悬浮物等。

（四）硫化氢制酸

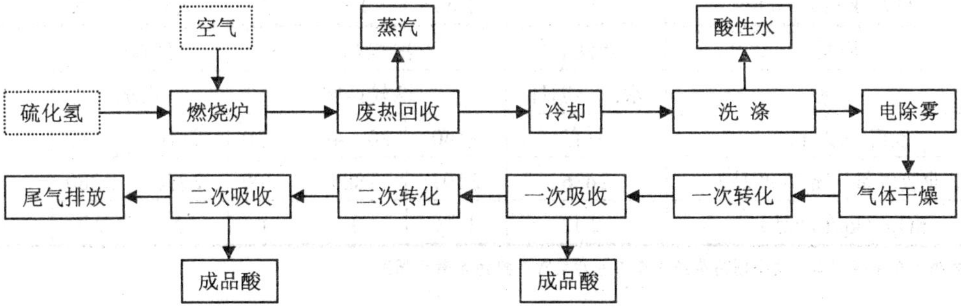

图 11-25　硫化氢制酸产排污节点

硫化氢制酸生产过程中，排放的工艺废水为净化工序产生的酸性废水，其主要污染物为硫化物。

四、硫酸工业的环境污染

硫酸工业属于化工行业，因此具有化工行业的高污染性。硫酸工业排放的主要污染物包括大气污染物和水污染物，其中大气污染物主要为 SO_2，水污染物主要为砷、氟和重金属离子等。

（一）硫酸工业的废气污染

以硫铁矿为原料制成的原料气，含有大量粉尘、砷、氟化氢、氯化氢等杂质，需使原料气净化去杂。焙烧和转化工段产生的废气量约为 3 500 m^3/t 硫酸，主要污染物为二吸塔生产尾气中含的 SO_2、尘和砷、氟化物等，在转化前应进行净化。硫酸生产设备还会产生酸雾污染（SO_3）。在硫酸生产的原料场和渣场还会产生无组织粉尘排放。

回收余热的原料气。先通过干式净化设备（旋风除尘器、静电除尘器）除去绝大部分矿尘，再进行湿法净化（水洗净化或酸洗净化）。前者是将洗涤水一次通过净化设备，不作循环，原料气的热量和所含杂质均由排放污水带出。尾气虽经净化，但还会产生 SO_2。一般采用氨气吸收，减少排放。

硫酸装置所排废气中含有的二氧化硫，对大气环境、大气质量影响很大，是扰民的主要因素。废气中二氧化硫的含量高低，主要由硫酸生产过程中吸收、转化、净化等工序的工艺技术水平决定。为此，企业必须采用先进的两转两吸工艺，提高二氧化硫的转化率和三氧化硫的吸收率，充分回收硫资源，同时可以减少尾气中 SO_2 的排放。采用两转两吸工艺，尾气 SO_2 产生的浓度可由一转一吸的 4 000～8 000 mg/m^3 降至 600 mg/m^3。

表 11-21 硫酸工业大气污染物产生量

原料	硫黄			硫铁矿			磷石膏
工艺	两转两吸			酸洗			两转两吸
规模/（万 t/a）	≥40	20～40	≤20	≥20	10～20	≤10	所有
工业废气量/（m^3/t 产品）	1920	2012	2248	2287	2311	2418	4323
SO_2/（kg/t 产品）	1.5	1.64	1.8	2	2.3	2.6	1.7

原料	硫铁矿	冶炼烟气			硫铁矿	
工艺	水洗半循环	两转两吸			水洗	
规模/（万 t/a）	所有	≥40	20～40	≤20	≥10	<10
工业废气量/（m^3/t 产品）	2436	2191	3885	4200	2250	2380
SO_2/（kg/t 产品）	2.1	1.73	3	4	2	2.3

注：数据主要参照《第一次全国污染源普查工业污染源产排污系数手册》。

（二）硫酸工业的废水污染

硫酸生产的主要水污染源是焙烧工段和净化工段，废水量为 15～20 m^3/t 硫酸（不包括冷却水，如生产过程有废水回用，废水量可降至 5～10 m^3/t 硫酸），废水中的主要污染物是 pH 值、砷、氟、硫化物等，pH 值可达 1～2。水洗工序中产生大量酸性废水，废水中含砷、氟、SS 和重金属元素，应采用硫酸亚铁或石灰进行中和沉淀，采用循环洗涤可以减少废水产生量。

对于工艺污水，因使用硫铁矿为原料，含有废酸、悬浮物和重金属离子等有害因子，因此处理技术难度高，投资大，且效果不大理想，一直是硫酸行业感到棘手的问题。传统硫酸生产工艺生产每吨硫酸排放污水 5～20 m^3/硫酸，此法易对环境造成严重危害，一般很少使用。新工艺采用洗涤液在系统中循环，不断吸收原料气中的 SO_3 而成为稀硫酸。所以此法污水量少，便于处理或利用，应用日益广泛。

表 11-22　硫酸工业水污染物产生量

原料	硫黄			硫铁矿			磷石膏
工艺	两转两吸			酸洗			两转两吸
规模/（万 t/a）	≥40	20～40	≤20	≥20	10～20	≤10	所有
工业废水量/（m^3/t 产品）	0.24	0.24	0.26	0.43	0.72	0.97	2.65
COD/（g/t 产品）	9.0	9.9	11.6	16.0	38.0	97.0	291.0
砷/（g/t 产品）	—	—	—	201 301 402	213 312 436	221 334 451	—

原料	硫铁矿	冶炼烟气			硫铁矿	
工艺	水洗半循环	两转两吸			水洗	
规模/（万 t/a）	所有	≥40	20～40	≤20	≥10	<10
工业废水量/（m^3/t 产品）	8.90	0.80	2.14	3.4	9.60	10.47
COD/（g/t 产品）	360.0	280	414	662	301.0	878.3
砷/（g/t 产品）	426 625 872	75.3 621 348	83 652 383	105 745 452	402 602 804	441 669 902
汞/（mg/t 产品）	—	169 835 2388 1722	203 960 2627 1894	254 1086 2627 2066	—	—
镉/（g/t 产品）	—	296 222 259	325 288 310	384 310 310	—	—
铅/（g/t 产品）	—	670 351 511	737 457 613	805 457 613	—	—

注：数据主要参照《第一次全国污染源普查工业污染源产排污系数手册》。

（三）硫酸工业的固体废物污染

使用硫铁矿为原料生产硫酸，会产生大量硫铁矿渣，可以用于炼铁和生产水泥。

焙烧阶段产生大量硫酸渣（主要成分是 Fe_2O_3），如果硫酸生产使用的原料硫精砂含硫率在 22%，则每生产 1 t 浓硫酸需要消耗 1.5 t/t 酸原料，产生硫酸渣约 1.2 t/t 酸。污水处理站产生干基中和渣 0.2 t/t 酸，其主要成分为水和硫酸钙或亚硫酸钙，可供水泥厂做掺合剂。还有一定量的废钒催化剂。

表 11-23　硫酸工业大气污染物产生量

原料	硫黄	硫铁矿	冶炼烟气
工艺	两转两吸	酸洗、水洗、水洗半循环	两转两吸
工业固体废物/（t/t 产品）	0.002	0.63～1.14	0.07

注：数据主要参照《第一次全国污染源普查工业污染源产排污系数手册》。

五、硫酸工业的污染治理

石灰法和石灰-铁盐沉淀法是目前国内硫酸工业应用最广泛的废水处理方法，也是最基本的废水处理工艺。常用的中和药剂除了石灰外，还有石灰石和电石渣等。

我国硫酸生产过程中产生的废气污染物主要是未完全转化或吸收的 SO_2 及硫酸雾。通常采用氨-酸法处理硫酸工艺尾气。该方法在降低消除 SO_2 污染的同时，可生产出有经济价值的固体硫酸铵和液态二氧化硫等副产品。硫酸雾是液体气溶胶，可以用微粒态污染物的净化方法处理。由于雾滴直径和密度较小，因此要用高效分离方法，如过滤才能有效地捕集。又由于硫酸雾具有较好的物理、化学活性，故可用气态污染物的净化方法处理，如吸收并且净化效果很好。通常，采用除雾器和（或）碱液洗涤处理可使硫酸工业尾气中的硫酸雾含量降至 45 mg/m^3 以下。一般采用除雾器净化，常用的设备有丝网除雾器和纤维除雾器。目前行之有效的方法是在二吸塔顶安装纤维除雾器。

六、硫酸工业环境监察要点

硫酸工业的原料有冶炼废气、硫黄、硫化亚铁，其中硫化亚铁原料经常含有一定数量的砷，在制酸过程中，污染最为严重。硫酸生产、储存、运输过程因生产事故导致的环境突发事件屡屡发生，危害极大。硫酸企业一定要做好环境应急管理工作。

（一）硫酸工业废水的环境监察要点

硫酸生产的主要水污染源是焙烧工段和净化工段，如生产过程有废水回用，废水量可减少一半以上，废水中的主要污染物是 pH 值、砷、氟、硫化物等，pH 值可达 1～2。水洗工序中产生大量酸性废水，废水中含砷、氟、SS 和重金属元素，硫酸生产产生砷污染主要出现于硫化亚铁制酸的生产过程，一定要严格监督管理。

（二）硫酸工业废气的环境监察要点

硫酸装置所排废气中含有的一定量的二氧化硫，有些规模较小的硫酸企业仍采用“一转一吸”制酸工艺，硫酸回收率低，属应淘汰工艺，尾气经脱硫也很难达标，要加大监督管理力度。

制酸过程中可能产生酸雾泄漏，对环境产生危害。

（三）硫酸工业固体废物的环境监察要点

因原料中含有砷，硫化亚铁制酸产生的废渣也含有相当数量的砷，应按危险废物进行管理，防止产生二次有毒物质污染事故。

第七节　电解锰工业污染源环境监察

目前，我国已成为世界电解锰生产第一大国，电解锰产能和产量均占到全球的97%以上。我国电解锰行业的特点是企业总的数量大、管理粗放、平均规模小、起点极低、设备极简陋、工艺技术比较落后。截止到2009年10月，全国电解锰企业产能超过5万t的仅5家，超过3万t的仅10家，半数以上是产能低于5 000t及以下的企业。

我国电解锰企业分布在湖南、广西、重庆、贵州、湖北、宁夏和四川等12个省、自治区、直辖市，主要集中在湖南、重庆、贵州三省市交界地区（俗称“锰三角”），广西、宁夏近几年产能增长迅速。

一、电解锰工业的原料与能耗

我国电解锰生产湿法冶金工艺中95%以菱锰矿为原料，经直接酸浸、净化、电解沉积后生产金属锰。国内锰电解企业直流电耗处于5 900～6 300kWh/（t·Mn），已经处于国际先进水平。

二、我国电解锰工业生产的基本工艺

目前，金属锰的生产以湿法冶炼技术最为成熟。典型的电解锰生产过程包括粉碎、酸浸、化合、净化、压滤、电解、钝化、水洗、烘干、剥离等各工段。

（一）制粉车间

将矿坪中堆积的菱锰矿石送入雷蒙机破碎，再用球磨机制成100目左右的锰矿粉，供化合车间化合之用。多数企业均有制粉车间，亦有少数企业直接从锰粉加工厂购买锰粉，因此无制粉车间。在此过程中，产生粉尘、噪声环境污染。

（二）化合车间

包括浆化、浸出、氧化、中和的工艺流程。有的企业设置了浆化桶，浆化后泵入化合桶中；也有企业未设置浆化工段，四个工艺流程均在化合桶内完成。因大部分企业未采用自动密闭投料装置，化合过程中，将产生粉尘污染；加入硫酸时，将产生大量的二氧化碳气体，携带化合液溢出桶外，形成水雾状气体，即硫酸雾。

（三）压滤车间

化合车间将制好的合格浆液，泵送至压滤车间，经粗压和精压后，加入抗氧剂二氧化硒，制成合格液。也有企业要经过反复三次压滤。压滤后的滤渣即为锰渣。多数企业的压滤房建在渣场之上，压滤后的渣直接进入渣场，由于使用年限过长，部分渣场坡度较小，因此，必须及时清理产生的滤渣，方可正常生产。压滤车间未建于渣场之上的企业，则采用渣车运输锰渣至渣场堆放。

（四）电解车间

主要包括电解、钝化、抛光、水洗、烘干、剥离、洗板等工艺流程。极板出槽、剥离后洗板、清洗隔膜框布等过程中将产生含锰废水；钝化后洗板则产生含铬废水。车间内设有分类收集管网，对各类废水进行收集后送废水处理站处理。

（五）冷却水系统

合格浆液在电解槽内电解时将产生大量的热量，而电解锰的生产工艺要求槽温严格控制在 47℃以下，因此，在电解槽周围布有冷却水管，对电解槽降温。各企业的冷却水系统采用闭路循环。配有冷却水循环池、冷却塔等设施。

三、电解锰工业产排污节点

电解锰是一个高能耗、高污染的行业，电解生产的各个环节都可能产生污染。其主要工业废弃物主要有三类：固体废弃物、废气和废水。固体废弃物主要包括酸浸产生的锰渣、废水处理产生的铬渣、电解过程产生的阳极泥；工业废气主要包括粉尘、有毒废气包括酸雾、氨气等，主要产生于粉碎、化合、酸浸、电解、干燥等工段；工业废水主要有电解钝化过程的极板清洗废水、钝化废水、板框清洗废水、渣库渗滤液、冷却水等。

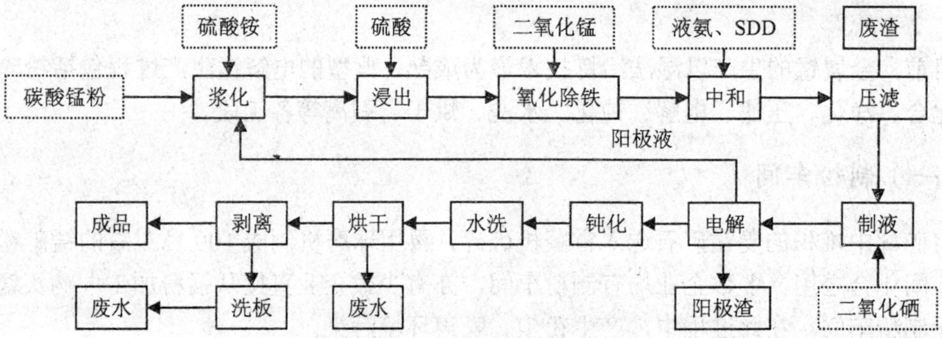

图 11-26　电解金属锰产排污节点

表 11-24　电解金属锰主要污染物说明

污染物类型	来源及特征
废渣	电解锰生产过程中产生的废渣主要包括：压滤过程中产生的锰渣和电解过程中产生的阳极泥。由于我国电解锰行业使用的原料大多是低品位的菱锰矿（主要成分 $MnCO_3$），杂质多，生产 1t 金属锰产生 6～7t 的锰渣
废水	电解锰生产过程中产生的含 Mn、NH_4^+-N 工业污水主要来源于清洗过程，包括阴极板、车间地面和设的清洗，由于电解过程中有一定的水量蒸发损失，可采用工业污水于化合工段补充，严格控制清洗水的用量，实现污水的零排放 电解过程中需要大量的冷却用水。通过选用合适的冷却装置可以实现冷却水的循环使用。目前，由于气候的原因，冬季（通常是气温在 10℃以下时）可以做到冷却水 70%以上循环利用，夏季由于气温较高目前冷却用水只能达到 40%的循环利用率
粉尘	电解锰生产企业的粉尘主要来源于锰矿粉碎和投料。锰矿粉碎大都采用普通球磨设备，防尘效果不好，产生大量的粉尘；锰矿粉在人工搬运、人工投料过程中，也会有粉尘产生
噪声	主要来源于锰矿的粉碎过程和阴极板上锰片的剥离过程

四、电解锰工业的环境污染

（一）电解锰工业的固体废物污染

电解金属锰生产固体废弃物主要来源于矿石酸浸后固液分离产生的锰渣和含铬废水处理过程中产生的含铬污泥。其他废渣有阳极泥、硫化渣、生活垃圾等。

锰渣主要含有锰、可溶性盐类及其他固态矿物成分，其中硫酸盐、氨氮、锰的浓度极高，属一般工业固体废弃物（Ⅱ类）。排放量较大，达 6～10t/t 产品。铬渣污染是废水处理过程中所产生的沉淀物，是一种有毒有害的固体废弃物。

目前国内电解工艺阳极泥产出率约为 15.0%（占产品量的比例），即产生量为 150kg/t 锰。

（二）电解锰工业的废气污染

废气主要来源于矿粉加工过程产生的含尘气体和矿石浸取过程中的硫酸酸雾，粉尘和酸雾对人体和环境均具有危害性。

（三）电解锰工业的废水污染

电解锰生产主要废水污染源是工艺废水，包括钝化废水、洗板清洗废水、车间地面冲洗废水、滤布清洗废水、板框清洗废水、清槽废水等，其他还有渣库渗滤液、厂区地表径流、电解槽冷却水等。工艺废水中的主要污染物是总锰、六价铬和氨氮等；渣场渗滤液所含污染物以高浓度氨氮、总锰为主；厂区地表径流所含污染物以悬浮物、总锰、氨氮为主。

五、电解锰工业的污染治理

（一）固体废弃物处置

锰渣的主要成分暂未列入国家危险废物名录，目前的处理方式是建立专门堆放锰渣的渣库，渣库通常修建在山谷。目前国内矿渣处理出现的问题较多，主要表现在部分企业渣库设计不合理、设施不完善，导致矿渣在雨天随着雨水流入山谷，直至下游流域，锰渣中的多种可溶性有害盐类对水体造成污染。

对含铬污泥必须进行无害化处理，杜绝二次污染。目前企业均建有铬渣临时堆放场所。

（二）废水污染治理

电解锰企业废水处理工艺主要采用铁屑还原和石灰中和方法。渣场渗滤液目前主要经收集池汇集后，经过滤处理后进入废水循环系统返回化合工段。

六、电解锰工业环境监察要点

电解锰行业是我国特定地区的高消耗、重污染行业，一定要严格按照国家规定取缔采用落后工艺的小型企业，取缔没有任何环保措施的“三无”企业。

电解锰工业产生的废水量非常大，在钝化、洗板清洗、车间地面冲洗、滤布清洗、板框清洗、清槽等过程产生的废水中的主要污染物含总锰、六价铬和氨氮等，如不采取到位的污染治理设施处理，直接排入水体，对环境的危害极大。

由于电解锰生产过程使用大量的浓硫酸，产生含硫酸酸雾、氨气和粉尘的废气污染严重，一定要监督企业采取相应的措施进行净化达标后方可排放。在烘干过程会产生燃烧废气。

电解锰的吨产品原料消耗量很大，因此产生的固体废物数量也很大。一般矿石酸浸后固液分离产生的锰渣数量非常大，应和危险废物分类管理。对锰渣中的有害重金属含量进行监督，严防其产生二次污染。含铬废水处理过程中产生的含铬污泥、阳极泥、硫化渣等属于危险废物，应严格管理。

第十二章　农药工业污染源环境监察

农药企业生产中存在的主要环境问题是废水排放，主要包括生产过程中的排水、产品洗涤水、设备和车间地面的清洗水。农药废水的特点是：①有机物浓度高，毒性大；②污染物成分复杂；③难生物降解物质多；④吨产品废水排放量大。另外，有相当一部分农药生产企业工艺技术及污水处理水平较为落后，也使得农药企业的水污染问题较为严重。农药行业在化学工业中是污染大户，且由于农药品种多、生产历程长、反应步骤多，生产过程中有大量废水排出，废水含有机物浓度高、毒性大，而且废水污染成分较复杂，治理污染难度较大。

第一节　有机磷农药工业污染源环境监察

一、有机磷类农药中间体的原料

有机磷类农药中间体的起始原料是黄磷、氯气和硫黄，黄磷和氯气合成三氯化磷，三氯化磷和硫黄合成三氯硫磷，黄磷和硫黄合成五硫化二磷，它们构成了有机磷农药的不同品系。三氯化磷、三氯硫磷和五硫化二磷三种化合物构成有机磷类农药的主要原料。其中三氯化磷和三氯硫磷大多由农药企业自行生产，五硫化二磷则外购。

二、有机磷类农药主要产品

有机磷农药品种有四十种左右，但它们主要由少数几种有机磷中间体为原料合成得到。由不同中间体生产的主要农药品种如表 12-1 所示。

表 12-1　我国有机磷农药的种类与分类（以三氯化磷（PCl_3）为原料）

<table>
<tr><th colspan="3">中间体</th><th>有机磷农药的种类</th></tr>
<tr><td colspan="3">$(CH_3O)_2POH$</td><td>氧化乐果、美曲膦酯、草甘膦（除草剂）、甲基硫环磷</td></tr>
<tr><td colspan="3">$(CH_3O)_3P$</td><td>敌敌畏、久效磷、草甘膦、磷胺、速灭磷</td></tr>
<tr><td rowspan="5">$PSCl_3$</td><td colspan="2">CH_3OPSCl_2</td><td>胺硫磷、甲胺磷、胺甲硫磷、蔬果磷、水杨硫磷、甲基异硫磷、胺丙磷</td></tr>
<tr><td colspan="2">$(CH_3O)_2PSCl$</td><td>甲基对硫磷、甲胺磷、杀螟硫磷、甲基毒死蜱、乙酰甲胺磷、倍硫磷、杀螟腈、甲基立枯磷（杀菌剂）</td></tr>
<tr><td rowspan="3">$(C_2H_5O)_2PSCl$ →五硫化二磷（P_2S_5）</td><td>$(C_2H_5)_2PSSH$</td><td>甲拌磷、特丁磷、三磷锡</td></tr>
<tr><td>$(C_2H_5)_2PSCl$</td><td>对硫磷、三唑磷、丙溴磷、嘧啶氧磷、伏杀硫磷、哒嗪硫磷、硝虫硫磷、辛硫磷、毒死蜱、嘧啶磷、二嗪农、喹硫磷、蝇毒磷</td></tr>
<tr><td>$(CH_3O)_2PSSH$</td><td>乐果、马拉硫磷、亚胺硫磷、杀扑磷、克菌壮（杀菌剂）</td></tr>
</table>

已建的双甘膦企业，其原料亚氨基二乙酸（或钠盐）均自行合成。亚氨基二乙酸钠有两条生产路线：亚氨基二乙腈水解法和二乙醇氨氧化法。大多数企业选用亚氨基二乙腈路线。个别企业采用二乙醇氨路线。

其他有机磷农药有倍硫磷、拌种灵、丙溴磷、草铵磷、虫胺磷、哒嗪硫磷、稻丰散、二嗪磷、二溴磷、伏杀硫磷、甲拌磷、甲基吡噁磷、甲基毒死蜱、甲基嘧啶磷、甲基异硫磷、喹硫磷、乐果、氯胺磷、马拉硫磷、嘧啶磷、灭线磷、三乙磷酸铝、杀螟腈、杀螟硫磷、杀扑磷、莎稗磷、水胺硫磷、双硫磷、特丁硫磷、硝虫硫磷、亚胺硫磷、氧化乐果、乙酰甲胺磷、异稻瘟净、苯线磷。

三、有机磷类农药生产工艺类型

各种有机磷农药是由上述有机磷中间体和其他中间体进行缩合反应得到的。与有机磷中间体缩合的另一种中间体主要是含羟基或氨、氨基的苯系或杂环化合物，个别品种使用肟、酯类、乙硫醇、氯乙酸等化合物。这些化合物部分由农药企业自行合成，它们的生产原料主要是低级脂肪醇、甲醛、羧酸、卤代羧酸、酯、酚类等。

表 12-2　部分有机磷农药生产工艺路线

有机磷农药品种	生产工艺路线
杀螟硫磷（杀螟松）	（甲基氯化物）+（对硝基间甲酚）→ 杀螟硫磷（杀螟松）
乐果	（甲基硫化物）+（氯乙酸甲酯）→ 乐果
甲胺膦	（甲基氯化物）+（氨水）→（磷酰胺）+ 氯化铵 → 甲胺膦
敌敌畏	（亚磷酸三甲酯）+（三氯乙醛）→ 敌敌畏
美曲膦酯	（亚磷酸二甲酯）+（三氯乙醛）→美曲膦酯
草甘膦	（双甘膦）+ 氧气 →（草甘膦）

四、有机磷农药工业的环境污染

表 12-3　有机磷农药生产的主要污染物指标

污水	COD、氨氮、挥发酚、氰化物、总磷等
固体废弃物	农药生产废弃物、污盐、污泥、危险废物
废气	二氧化硫、氮氧化物

有机磷农药生产过程中，产生的废水量很大，即使生化处理去除率达到 85%，COD 总排放量也是比较高的。有机磷农药废水总磷含量高，生产过程产生的工艺废水中，总磷高达 3 000mg/L 以上（以 P 计），其中大部分是磷酸酯类化合物。生化处理过程大部分降解为磷酸盐。没有降解的有机磷化合物进入自然水域中，也会降解为磷酸盐。目前还有许多企业没有除磷装置。对有机磷农药企业来说，建设除磷装置是必需的。

有机磷农药生产过程排放大量盐。以草甘膦工业为例，每生产 1t 排放的氯化钠接近 1t，大部分氯化钠排入废水。一些品种废水即使蒸发结晶产出污盐，也基本是堆放，很少处置和利用。部分有机磷农药的废水不易生物降解，许多企业只是将其与其他废水稀释混合后，进入生化处理装置，实质上是稀释排放。

以中间体亚磷酸酯与甘胺酸、三氯乙醛合成农药草甘膦、美曲膦酯和敌敌畏时，废水量很少，易生物降解；但甘胺酸合成时需要用乌洛托品和三聚甲醛，它们影响草甘膦废水生化处理的效率。以美曲膦酯碱解法制敌敌畏时，由于反应是在甲苯-水双溶剂中进行的，美曲膦酯中的杂质大多数进入了水中，因而比亚磷酸三甲酯与三氯乙醛合成敌敌畏时的排污量大。每吨产品排放废水 5～7 t，COD 在 4 万 mg/L 左右。

（一）有机磷农药工业的废水污染

以中间体甲基氯化物（二甲基-硫代磷酰氯）缩合制农药时，一般每吨农药排放废水 2～3 t，COD 约 3 万 mg/L，总磷 3 500～4 500 mg/L，洗涤水 4～6 m^3，COD 1.5 万～2 万 mg/L，总磷约 2 000 mg/L。

以中间体二硫代磷酸酯为原料生产的农药，废水的直接排放量一般在 3～4 t/t，COD 在 20 万～30 万 mg/L，生化处理效率与废水中二硫代磷酸酯在总 COD 中所占比例有关。农药生产过程中产生的废水间断性排放，污染物种类繁多、组分复杂，水质水量变化范围大。农药原药生产中产生的废水 COD 浓度每升高达几千到几万毫克，污染负荷极高，而且废水中含有大量的有毒有害物质，给废水的生化处理造成了很大的困难。据调查，多数原药吨产品 COD 产生量为 300～500 kg（包括中间体），个别产品 COD 排放量高达 1 t 以上。

例如对硝基酚（对硫磷和甲基对硫磷原料）属可生物降解物，在池容负荷小于 120 g/（m^3·d）时，去除率可以达到 98%～99%，而中间体三氯吡啶醇、嘧啶醇、氯化苄等难生物降解，因此甲基对硫磷（与其他废水混合处理）、对硫磷、甲胺膦等农药废水采用生化处理可以得到良好的处理效果，而农药毒死蜱、嘧啶磷、异稻瘟净等农药的废水生化处理效果不好。

如甲拌磷的原料是乙硫醇和甲醛，废水生化处理时 COD 去除率在 85%以上，马拉硫磷的原料是顺丁烯二酸二乙酯，其废水生化处理时 COD 去除率在 75%以上。乐果原料是先用氯乙酸甲酯和二甲基二硫代磷酸的铵盐水溶液进行缩合反应，再与一甲胺（水溶液）进行胺解反应，因而没有参与反应的二硫代磷酸酯大部分进入了废水中，废水生化处理时 COD 去除率在 55%左右，而且会使曝气池中微生物迅速减少。有机磷农药和有机磷中间体对哺乳动物和鱼类的毒性差别很大，一般看来，对哺乳动物剧毒和高毒的大多数对鱼类的毒性比较低，而一部分对哺乳动物属中、低毒的农药对鱼类毒性强烈。

（二）有机磷中间体生产中废水的产生情况

表 12-4　部分有机磷农药废水来源及主要污染物

品种	废水来源	废水中主要污染物
亚磷酸二甲酯	亚磷酸二甲酯由三氯化磷与甲、乙醇合成，反应废水量不大，主要是真空泵水和废气洗涤水，以及二甲酯蒸馏残液回收亚磷酸时排出的含甲醇的废水	主要污染物有亚磷酸、醇和少量亚磷酸酯，易生物降解。降解产物是二氧化碳、水和磷酸盐

品种	废水来源	废水中主要污染物
亚磷酸三甲酯	亚磷酸三甲酯由氯化磷与甲醇合成，反应废水量比较大	主要污染物有亚磷酸、醇、亚磷酸酯和三乙胺。三乙胺较难生物降解，废水中三乙胺的相对含量决定生化处理时的COD去除率
三氯硫磷与甲醇的酯化反应产品	三氯硫磷与甲醇的酯化反应废水量比较大，*O,O*-二甲基硫代磷酰氯（甲基氯化物）为8～10 m^3/t产品，*O*-甲基硫代磷酰二氯为4～5 m^3/t产品	其中含有10%～15%的氯化钠和0.2%～0.5%的甲醇，以及3 000～3 500 mg/L的一硫代磷酸酯（以P计）。可以生物降解，COD去除率一般在80%左右，在一定条件下可以达到87%～90%，但是能耗较高
二甲（乙）基二硫代磷酸	由五硫化二磷与低级醇反应制备，废水量视原料五硫化二磷的纯度有所差异，自1～10 m^3不等	主要污染物是二硫代磷酸酯，还含有约0.2%的醇。废水中由于硫元素在总COD中所占的比例太高，对微生物有较强的毒性，必须通过预处理的方法，除去大部分的含硫有机物，生化处理才能够顺利进行。预处理后废水中剩余的有机硫与总COD之比值决定了废水生化处理时COD的去除率，其中COD浓度可达1万mg/L以上，总磷含量约1 000 mg/L
二乙基硫代磷酰氯（乙基氯化物）	由二硫代磷酸酯和氯气反应制备，产生的废水量因各企业操作有异，为3～6 m^3/t产品	主要污染物是高浓度的硫代硫酸钠和一硫代、二硫代磷酸酯类化合物。COD浓度为8.5万mg/L
双甘膦	有亚磷酸合成，生产过程产生的废水量在3 m^3/t左右	含盐量高达20%左右，属高含盐废水；COD 20 000 mg/L左右，总磷含量为6 500～7 000 mg/L。最好的企业废水中COD约10 000 mg/L，总磷含量在3 000 mg/L左右。废水中的污染物主要是亚磷酸、双甘膦、亚氨基二乙酸、甲醛和氯化钠

（三）有机磷农药工业产污数据

表12-5 有机磷农药工业产污数据

单位：废水量 m^3/t产品，污染物kg/t产品

产品	草甘膦			美曲膦酯	三唑磷	辛硫磷
原料	多聚甲醛甘氨酸、亚磷酸二甲酯	二乙醇胺亚磷酸、多聚甲醛	亚氨基二乙腈、三氯化磷、多聚甲醛	三氯化磷三氯乙醛、甲醇	乙基氯化物、苯肼	乙基氯化物、苯乙腈
工艺	甘氨酸工艺	二乙醇胺氧化、双甘膦工艺	亚氨基二乙腈碱解、双甘膦工艺	三氯乙醛工艺	缩合	合成
废水量	25.93	39.19	10.42	2.394	16.50	10.26
COD	48.41	90.99	124.4	6.92	63.6	211.6
氨氮	0.69	7.16	7.16	1.501	0.02	1.52
总磷	5.77	24.57	24.57	0.015	10.08	12.9
农药废弃物	盐渣1000	废活性炭13	盐渣1000		13	180

产品	敌敌畏	毒死蜱	毒死蜱	敌敌畏	其他有机磷类农药
原料	亚磷酸三甲酯、三氯化磷、三氯乙醛	三氯乙酰氯、丙烯腈、乙基氯化物	三氯吡啶醇钠、乙基氯化物	美曲膦酯、烧碱	含磷原料
工艺	三甲酯一步法	环合+缩合	缩合	双碱两步法	合成
废水量	14.77	27.28	3.37	6.648	30.0
COD	212.3	1011	78.37	200.2	200.0
氨氮	—	51.8	0.14	—	4.0
总磷	3.564	9.60	9.60	33.79	12.0
农药废弃物	—	310	176.6	—	200

注：1. 其他农药包括：倍硫磷、拌种磷、丙溴磷、草胺磷、虫胺磷、哒嗪硫磷、稻丰散、二嗪磷、二溴磷、伏杀硫磷、甲拌磷、甲基吡噁磷、甲基毒死蜱、甲基嘧啶磷、甲基异硫磷、喹硫磷、乐果、氯胺磷、马拉硫磷、嘧啶磷、灭线磷、三乙磷酸铝、杀螟腈、杀螟硫磷、杀扑磷、杀蝉磷、水胺硫磷、双硫磷、特丁硫磷、硝虫硫磷、亚胺硫磷、氧化乐果、乙酰甲胺磷、异稻瘟净、苯线磷。

2. 规模等级为所有规模。

3. 数据主要参照《第一次全国污染源普查工业污染源产排污系数手册》。

五、有机磷农药工业废水处理技术

有机磷农药众多产品中，具有同一结构特点的有机磷农药废水的主要污染物组分，在处理时有一定的共性。

活性炭吸附法——适用于清洗设备、清洗包装容器和冲洗地面的废水。活性炭吸附法作为处理乐果废水的生化预处理效果较好。

萃取——有机磷农药缩合工艺中一般都有萃取，可有效回收流失的农药成分，萃取的回收溶剂多采取焚烧处理。

碱性水解和酸性水解——有机磷农药在碱性水中一般都不稳定，容易水解，此法处理制剂车间、包装车间清洗设备与地面的废水较好，使用石灰进行碱解后废水中的有机磷含量大幅下降。二硫代磷酸酯类中的乐果直接稀释生化处理 COD 去除率 65%，有机磷去除率约 30%，属于比较难生物降解的废水。石灰乳碱解预处理后的废水生化处理可以达到 COD 去除率 85%～90%。

铜盐络合——二甲基二硫代磷酸酯类的铜盐在水中的溶解度很小，可以用铜盐溶液有效去除二甲基二硫代磷酸酯类农药。

湿式氧化——影响有机磷农药废水生化处理效果的主要原因是水中有机硫的相对含量，元素硫有较强的杀菌作用，随着氧化深度提高，生化处理效果也会提高，如有机硫的去除率在 21%和 7%，后续的生化处理率会达到 75%和 84%。湿式氧化-生化法的处理流程是：先在强碱性条件下回收一甲胺和甲醇，COD 去除率大约为 55%，然后进行湿式氧化，湿式氧化结束后沉淀回收磷酸盐（磷酸盐回收率接近 95%），最后进行生化处理。

焚烧法——有机磷农药除乐果、氧化乐果、马拉硫磷等几种以外，多数的 COD 含量在 50 000 mg/L 以内，热值不足 500 kJ/L。有一些有机磷农药废水中含大量难以生物降解的化合物，而且用萃取、吸附、水解等方法效果不佳，最终应考虑用焚烧法处理。

大的有机磷农药合成企业中，废水普遍经过生化处理后排放，COD 去除率大多数为 80%～85%。各企业基本是将废水稀释调配到 COD 1 000 mg/L 左右送入曝气池。生化处理后废水 COD 大多为 150～200 mg/L。总磷含量平均达到 80 mg/L 或更高（其中 70%以上是磷酸盐）。

剧毒的甲拌磷、高毒的对硫磷、甲胺膦直接稀释生化处理时，COD 去除率为 85%～90%，氧化乐果、甲基对硫磷的废水生化处理时，COD 去除率为 80%～85%。但是一些低毒的有机磷杀虫剂以及有机磷杀菌剂废水难以生物降解。如毒死蜱、丙溴磷、嘧啶磷、硝虫硫磷、异稻瘟净等，采用焚烧处理为首选。

根据污水处理工艺类型，确定污水处理设施正常运行时的污染物去除率，再根据设施运行率最后确定污水处理设施的实际去除率，进而得出污水中某污染物的排放量。

有机磷农药 COD（或氨氮）排放量=有机磷农药 COD（或氨氮）产生量（$1-\eta$）

η为污水处理的 COD 去除率，等于某污水处理工艺正常运行 COD 去除率与运行率之乘积。

表 12-6 有机磷类农药行业不同废水处理工艺正常运行主要污染物去除率

处理方法名称	去除率		
	COD	氨氮	总磷
物化+生物	88%	38%	3%
物化+生物+沉淀除磷	—	—	72%

有机磷农药生产企业的废水，包括有机磷中间体的废水，经过生化处理和除磷的费用，平均折每吨农药产品 2 000 元左右，占农药生产成本的 6%～7%。毒死蜱等难生物降解的农药废水，如果采用焚烧处理，每吨产品的处理费用将达到 5 000～6 000 元。各企业在没有进行预处理装置和除磷酸盐装置的建设与运转前，目前除个别单纯生产草甘膦（甘胺酸法）的企业外，基本都不能达标排放。

第二节 有机硫农药工业污染源环境监察

一、有机硫类农药生产原料

表 12-7 有机硫类农药生产原料和辅料

有机硫类农药		原料和辅料
代森系列	钠法	二硫化碳、乙二胺、氢氧化钠、硫酸锌、5%硫酸、保护剂、氯化锌、稳定剂等
	氨法	二硫化碳、乙二撑、氨水、硫酸锌（硫酸锰）、氯化锌、亚硫酸钠、保护剂、氯化锌、稳定剂等
沙蚕毒素类	杀虫双	氯丙烯、二甲胺、硫代硫酸钠、液氯、液碱、盐酸、二氯乙烷等
	杀虫单	磺化物、盐酸、甲醇
	杀螟丹	杀虫单、氰化钠、甲醇、甲苯

注：其他有机硫类农药有丙森锌、代森锌、福美双、福美锌、代森联；该类品种的产排污系数同代森锰锌；其他沙蚕毒素类农药有杀虫环、杀虫安。

二、有机硫类农药的产品

有机硫类农药主要包括代森类有机硫杀菌剂、沙蚕毒素类杀虫剂。

表 12-8　有机硫农药品种

类型	农药品种
代森类有机硫杀菌剂*	代森锰锌、代森锌、代森锰、代森铵
沙蚕毒素类杀虫剂	杀虫双、杀虫单、杀螟丹

注：*其中代森铵生产过程中除少量氨气无组织排放外，四个品种生产工艺与污染物产生情况基本相同。

三、代森系列有机硫类农药工艺

代森类杀菌剂生产工艺有钠法和氨法两种，其区别在于，钠法是由代森钠与硫酸锌（硫酸锰）合成生成代森锌（代森锰），而氨法则是由代森铵与硫酸锌（硫酸锰）合成代森锌（代森锰），所用原料前者为30%液碱，后者为20%～25%氨水。

表 12-9　代森系列机硫类农药生产工艺

农药品种	生产工艺
代森钠的合成	反应釜中加清水及乙二胺，再滴加二硫化碳，反应结束后分批加入氢氧化钠溶液，反应终止后静置分层，将未反应的二硫化碳分离利用
代森锰的合成	将代森钠水溶液投入代森锰合成釜，用 5%硫酸溶液中和过量的氢氧化钠（中和时产生的硫化氢气体进入吸收塔，吸收处理）。加入 25%硫酸锰溶液，反应终止后离心过滤，水洗得到黄色固体代森锰
代森锰锌合成	在反应釜中加入定量清水使氯化锌溶解，将代森锰投入釜中进行络合反应，反应结束后离心分离，甩干出料，干燥后即得代森锰锌，所得母液循环利用
代森铵的合成	将配制好的氨水、二硫化碳及乙二胺投入反应釜中合成代森铵，反应结束后将未反应的二硫化碳分离，回收利用
代森锰及代森锰锌的合成	向代森铵溶液中分别投加定量的硫酸锰，经反应后生成代森锰。在该反应釜中投加定量的氯化锌、焦亚硫酸钠，合成代森锰锌，反应结束后离心分离，并用清水洗涤，甩干出料，干燥后即得代森锰锌

两条生产工艺路线废水排放量有较大区别，钠法污水产生量小于氨法，钠法产生的废水不含氨氮，而氨法因所用原料为氨水，产生的废水中含有大量硫酸铵。由上述分析可知，钠法产生的废水量比较少，且不含氨氮，有利于环境保护。

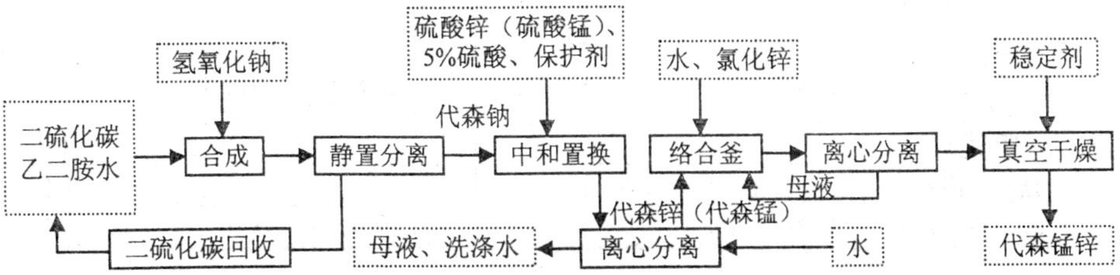

图 12-1　代森锰锌（钠法）生产工艺流程

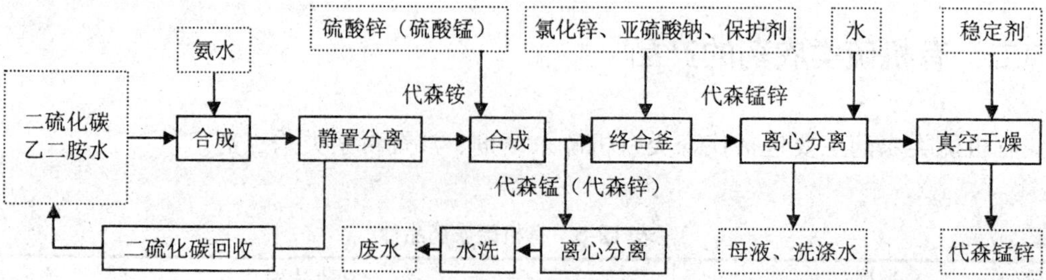

图 12-2 代森锰锌（氨法）生产工艺流程

四、代森系列有机硫类农药工业的环境污染

钠法合成代森类生产污水中所含主要污染物有乙二胺、Mn^{2+}、Zn^{2+}、亚乙基硫脲、代森锰、代森锰锌。氨法合成代森类生产污水中所含主要污染物有乙二胺、Mn^{2+}、Zn^{2+}、代森锰、硫酸铵、亚乙基硫脲、NH_3-N、代森锰锌。

根据氨法生产工艺路线分析及对废水产生情况调查，产生的废水主要是产品抽滤母液及洗水，主要污染物有硫酸铵、硫酸锰、乙二胺、代森锰、亚乙基硫脲。在产品滤饼喷雾干燥时产生喷啉水，真空干燥时产生真空泵循环水，上述两股低浓度废水中主要污染物为代森锌（代森锰）、亚乙基硫脲、代森锰锌。

表 12-10 代森锰锌生产厂污水产生及水质调查情况

生产厂	废水名称	水质/（mg/L）							污水产生量/（t/t 原药）	备注
		COD	pH	NH_3-N	总锰	Zn^{2+}	代森锰	亚乙基硫脲		
1	母液	3 500～7 000	7	17 000～35 000	2 800～4 800	—	2 625	1 729	3.9	氨法
	洗水	1 000～2 000	7	4 000～7 000	590～710	—	937.8	318.6	5.4	
	合计								9.3	
	真空泵循环水（北区）	106					72.5	6.0		
	喷啉水（南区）	171					21.8	3.1	30	
2	母液	7 453	7	10 669	4 340	0.25	1 797.7	2 567.0	4.6	
	洗水	488	7	2 134	615		300.3	107.4	5.6	
	合计								10.2	
3	母液	11 928	7	9 500	1 800	—	4 258.1	631	13	
	洗水	336					63.1	35.7		
	合计									
4	母液、洗水混合	2 395	7	—	755	—	246.9	166.1	4.5	钠法
	喷啉水								16	
	蒸汽冷凝水								1.5	
5	母液、洗水混合	3 056	7				79.4	680.3	4.5	

钠法与氨法两条工艺路线所用的主要原料基本相同，根据对氨法生产工艺路线分析及对废水产生情况调查，产生的废水主要是产品抽滤母液及洗水，主要污染物有硫酸铵、硫酸锰、乙二胺、代森锰、亚乙基硫脲。在产品滤饼喷雾干燥时产生喷啉水，真空干燥时产生真空泵循环水，上述两股低浓度废水中主要污染物为代森锌（代森锰）、亚乙基硫脲、代森锰锌。因为钠法与氨法两条工艺路线所用的主要原料基本相同，消耗定额略有区别。因此，钠法与氨法产生的废水的主要污染物一致。这里不单独叙述。

表 12-11　污染源普查有机硫类农药工业产污数据

产品	原料	工艺	规模	污染物	单位	产污系数
代森锰锌	硫酸锰	合成	所有规模	工业废水量	m^3/t 产品	12.96
				COD	kg/t 产品	36.58
				氨氮	kg/t 产品	60.60
				工业废气量	m^3/t 产品	3 000
				农药废弃物	kg/t 产品	4.3

五、沙蚕毒素系列有机硫农药生产工艺

（一）沙蚕毒素系列农药的主要产品

沙蚕毒素系列有机硫农药主要有杀虫双、杀虫单、杀螟丹等农药产品。

（二）沙蚕毒素系列农药的主要生产工艺

1．杀虫双的工艺

国内杀虫双生产厂生产工艺路线基本一致。均由胺化、酸氯化、磺化三个生产步骤组成。

表 12-12　杀虫双的生产工艺路线

生产单元	生产工艺路线
胺化反应	在蒸胺釜中加入二甲胺、液碱，通入蒸汽，同时滴加氯丙烯进行胺化反应，生成烯丙胺
酸氯化反应	烯丙胺送入酸化釜中，滴加盐酸，进行酸化反应，生成氯丙烯盐酸盐；经减压脱水后加入溶剂二氯乙烷，将物料送至氯化釜通入氯气进行氯化反应生成氯化物盐酸盐
磺化反应	将硫代硫酸钠在水中溶解加入液碱并补加溶剂甲醇后滴加氯化物盐酸盐进行磺化反应，反应结束后过滤除盐渣，滤液即为杀虫双原药

2．杀虫单的工艺路线

杀虫单的生产工艺路线是以杀虫双的中间体氯化物为起始原料，经溶剂法磺化、酸化反应而成。

表 12-13 杀虫单的工艺路线

生产单元	生产工艺路线
氯化物盐酸盐的合成	与生产杀虫双中间体氯化物盐酸盐的合成相同
磺化物合成	将硫代硫酸钠加入磺化釜中与釜内氯化物盐酸盐进行磺化反应，反应结束后脱溶（甲醇），过滤除盐，滤液即为磺化物，磺化物中有效体含量 40%～45%，氯化钠含量 5%左右，硫代硫酸钠含量 1.5%以下
杀虫单合成	将磺化物加入反应釜中，用盐酸调节料液 pH 到 4.0～4.5 即为终点，再将物料送入结晶釜中，冷却结晶，过滤后湿粉干燥，得杀虫单原药

3．杀螟丹的生产路线

国内杀螟丹生产路线基本一致，只是采用的原料可为杀虫双或杀虫单。

表 12-14 杀螟丹的生产路线

生产单元	生产工艺路线
硫氰化物的合成	在氰化釜中加入杀虫单（杀虫双），在夹套内通入冷冻盐水降温，滴加 20%氰化钠水溶液，反应结束后过滤，滤饼即为硫氰化物
杀螟丹的合成	在合成釜内加入甲醇，在低温下通入干燥的氯化氢气体，反应结束后过滤，溶剂回收利用，滤饼干燥后即为产品

六、沙蚕毒素系列农药工业的环境污染

（1）杀虫双（单）的排污节点

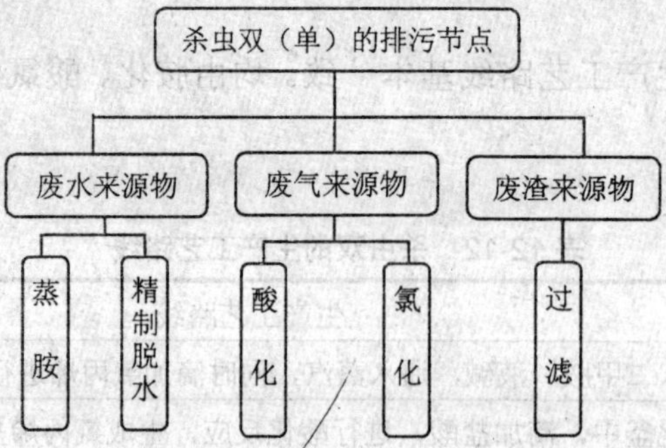

图 12-3 杀虫双（单）的排污节点

蒸胺废水水质基本相同，内含主要污染物为二甲胺、氯丙烯、烯丙胺、氯化钠，其中的有机化合物可以用 COD 作为污染指标。杀虫双（单）生产过程中产生的主要污染物为废水，废水产生点为蒸二甲胺时产生的废水、酸化反应结束后的蒸出水，每吨 100%杀虫双（单）污水产生量 1 194 kg。

（2）杀螟丹的排污节点

在杀螟丹原药生产过程中如外购杀虫双为原料则只在合成硫氰化物时产生过滤母液，

其主要水污染物为氰化物；杀螟丹生产过程中主要污染物为废水，废水产生点为硫氢化物合成后的过滤母液，每吨 100%杀螟丹污水产生量 5 470kg。

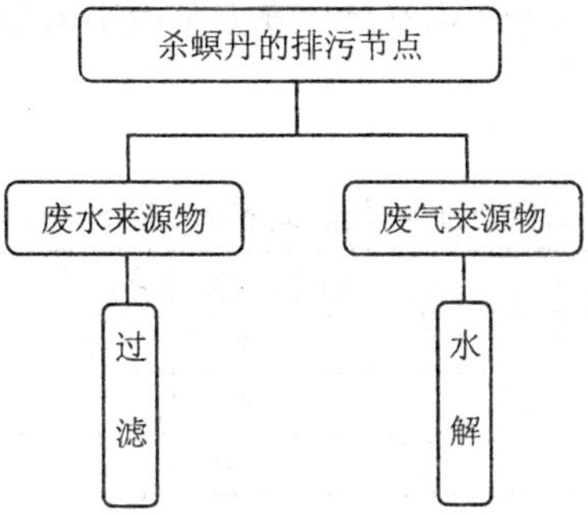

图 12-4 杀螟丹的排污节点

表 12-15 污染源普查有机硫类沙蚕毒素系列农药工业产污数据

产品	原料	工艺	规模	污染物	单位	产污系数
杀虫双	氯丙烷、液氯、二甲胺、二氯乙烷	合成法	所有规模	工业废水量	m^3/t 产品	10.30
				COD	kg/t 产品	19.07
				氨氮	kg/t 产品	0.012
				工业废气量	m^3/t 产品	95.77
				磺化盐渣	kg/t 产品	1 219
				农药废弃物	kg/t 产品	90
其他沙蚕毒素类农药		合成法	所有规模	工业废水量	m^3/t 产品	10.00
				COD	kg/t 产品	20.00
				氨氮	kg/t 产品	0.02
				工业废气量	m^3/t 产品	100
				磺化盐渣	kg/t 产品	1 200
				农药废弃物	kg/t 产品	90

注：其他沙蚕类农药有杀虫单、杀螟丹、杀虫环、杀虫安。

七、有机硫类农药工业的主要污染治理效率

废水经预处理—生化处理后 COD 总去除率达 84%，处理成本为 57.8 元/m^3 污水。对于杀螟丹，目前国内有的企业对含氰废水采用高温破氰的技术破坏废水中的氰化物，经处理后 CN^-浓度可达 3～4 mg/L，经生化处理后 CN^-浓度可达 0.5 mg/L 左右，去除率接近 100%。破氰后的废水 COD 在 15 000 mg/L 左右，蒸发浓缩后，蒸出液多为低沸点的易生物降解的有机物，COD 一般在 2 000 mg/L 左右，与厂内其他废水混合后进行生化处理，生化出水可以在 150 mg/L 左右。釜残亚硫酸钠盐渣出售或焚烧处理。

根据污水处理工艺类型，确定污水处理设施正常运行时的污染物去除率，再根据设施

运行率最后确定污水处理设施的实际去除率，进而得出污水中某污染物的排放量。

有机硫类农药COD（或氨氮）排放量=有机硫类农药COD（或氨氮）产生量×（1－η）

η为污水处理的COD（或氨氮）去除率，等于某污水处理工艺正常运行COD（或氨氮）去除率与运行率之乘积。

表12-16　有机硫类农药行业不同废水处理工艺正常运行主要污染物去除率

处理方法名称	COD去除率/%	氨氮去除率/%
物化+生物	85	42
物理+化学氧化	97	98
氧化还原法+吸附+蒸发	90	98

第三节　有机氯农药工业污染源环境监察

一、有机氯类农药的原料

表12-17　有机氯类农药原料

品种	原料和辅料
百菌清	① 以间苯甲酸、氯化亚砜为原料，以氯气、氨气、五氧化二磷（或三氯氧磷，或亚硫酰氯）为辅料； ② 以间二甲苯、氨和空气为原料，氨、氯气为辅料
三氯杀螨醇	以三氯乙醛、氯苯、发烟硫酸为原料，氢氧化钠溶液、氯气、有机磺酸（如对甲苯磺酸、对氯苯磺酸）等为辅料

二、有机氯类农药的产品

目前有机氯类农药原药品种有：百菌清、三氯杀螨醇、硫丹、四螨嗪、四氯苯酞、林丹和三氯杀虫酯，有机氯类农药中百菌清、三氯杀螨醇产量较大，占有机氯类农药原药总产量的90%以上。

三、百菌清生产工艺

1. 以间苯甲酸和氯化亚砜为原料，经氯化反应生成间苯甲酰氯，然后通入氯气氯化生成四氯间苯二甲酰氯，再通入氨气反应制得四氯间苯甲酰胺，最后加入五氧化二磷或三氯氧磷或亚硫酰氯进行反应得到产品百菌清。

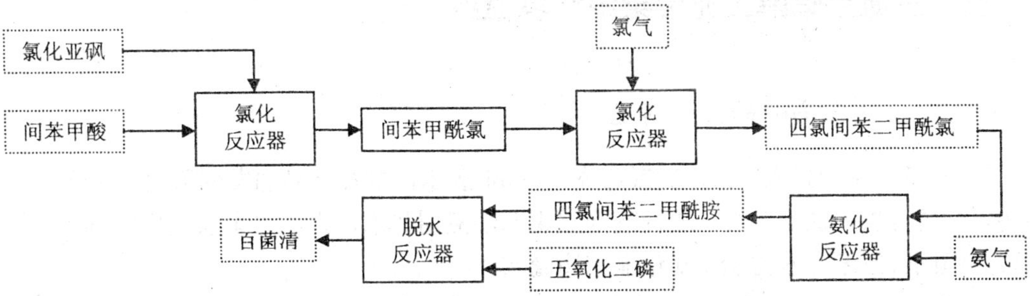

图 12-5 以间苯甲酸和氯化亚砜为原料百菌清生产工艺

2. 以间二甲苯、氨和空气为原料，经氨氧化反应生成中间产品间苯二甲腈，然后间苯二甲腈与氯气发生氯化反应最终生成百菌清产品。

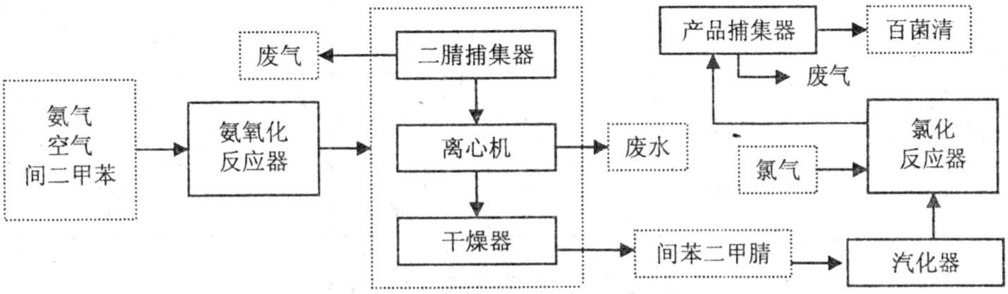

图 12-6 以间二甲苯、氨和空气为原料百菌清生产工艺

四、百菌清生产的环境污染

百菌清合成中的副反应间二甲苯在生成中间产品间苯二甲腈的同时，伴有生成 HCN 的副反应。氨气与氧气发生反应，生成氮氧化物和氨氮。

我国百菌清生产工艺基本上是以间二甲苯、氨和空气为原料，经氨氧化反应生成间苯二甲腈，然后氯化得到百菌清。主要污染因子见表 12-18。

表 12-18 百菌清合成工艺中生产废水产生情况

生产工艺	主要水污染物
以间二甲苯、氨气和氯气为原料	NH_4NO_3、NH_3-N、CN^-、间二甲苯、盐酸、百菌清
以间苯二甲腈、氯气为原料	NH_3-N、CN^-、百菌清

对于百菌清生产废水，国内生产企业大多数采取物化处理和生化处理相结合的办法，但出水尚不能稳定达标。

五、三氯杀螨醇工业污染源环境监察

（一）三氯杀螨醇的生产工艺

1．在缩合釜中投入 1 mol 三氯乙醛、2 mol 氯苯，搅拌下滴加发烟硫酸。缩合反应后的物料静置分层，放净废酸，酸性滴滴涕氯苯溶液用热水洗涤，再用氢氧化钠溶液洗涤，然后蒸馏回收氯苯，残留物冷却结晶得滴滴涕。

2．滴滴涕与氯气经催化剂（偶氮二异丁腈）的作用在氯化器中进行氯化反应，生成氯化滴滴涕，氯化滴滴涕经水解釜，经甲酸、浓硫酸催化的有机磺酸（如对甲苯磺酸、对氯苯磺酸）水解，制得三氯杀螨醇，萃取三氯杀螨醇原油。

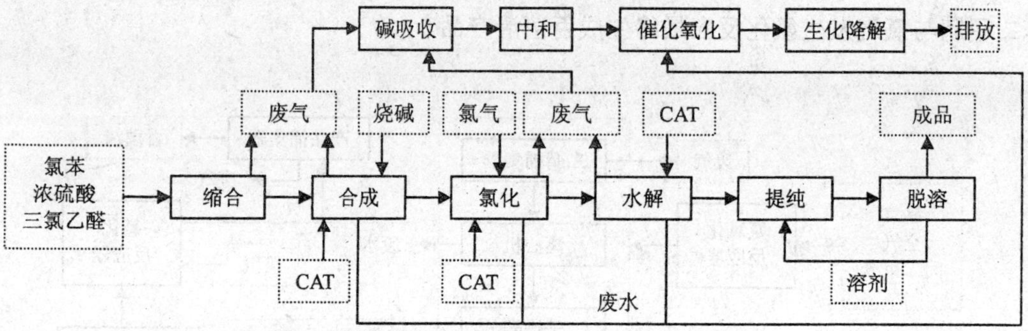

图 12-7　三氯杀螨醇的生产工艺

（二）三氯杀螨醇生产的环境污染

车间工艺废水产生量为 2.5～3 m^3/t 折百原药，主要污染物为氯苯、三氯乙醛、对氯苯磺酸、聚乙二醇、DDT 以及三氯杀螨醇等。三氯杀螨醇生产企业排放的废水 COD 高，BOD/COD 的值低，废水可生化性差，因废水含有对氯苯磺酸等，造成废水 pH 值较低。废水中含有大量的有毒成分（DDT、三氯杀螨醇等），增加了废水生化处理的难度。

利用生化法处理三氯杀螨醇生产企业排放废水。首先进行废水的清污分流，三氯杀螨醇生产废水也必须进行必要的预处理才能进入生化处理单元。

第四节　菊酯类农药工业污染源环境监察

一、菊酯类农药工业的主要原料和产品

目前国内生产的主要拟除虫菊酯类原药约 12 种，包括氯氰菊酯（高效氯氰菊酯）、氯氟氰菊酯、丙烯菊酯、氰戊菊酯、甲氰菊酯、溴氰菊酯、胺菊酯、氯菊酯、丙炔菊酯、甲烯菊酯、苯氰菊酯、苯醚菊酯等。氯氰菊酯具有高效、广谱、中毒、低残留、对光和热稳

定的特点，目前是我国农药产量最大的菊酯类农药。

表 12-19　菊酯类农药工业的主要原料和产品

产品	主要原辅材料
氯氰菊酯	以二氯菊酸甲酯、液碱、乙醇为原料，甲苯、盐酸、光气、氰化钠、醚醛、环己烷等为辅料
氯氟氰菊酯	以三氯三氟乙烷、贲亭酸甲酯和水为原料，叔丁醇钠、叔丁醇、氢氧化钠、溶剂、二氧化碳、盐酸等为辅料
丙烯菊酯	以菊酸乙酯为原料，氯化亚砜、石油醚、吡啶、盐酸、液碱等为辅料
氰戊菊酯	以异丙基对氯苯乙腈、硫酸、水、甲苯为原料，液碱、硫酸、甲苯、苯醚醛、石油醚、水氰化钠、催化剂等为辅料

其他拟除虫菊酯类农药有氯菊酯、高效反式氯氰菊酯、顺式氯氰菊酯、富右旋反式苯醚菊酯、右旋苯醚菊酯、溴氰菊酯、溴氟菊酯、甲氰菊酯、富右旋反式炔丙菊酯、富右旋反式烯炔菊酯、右旋烯炔菊酯、氯烯炔菊酯、胺菊酯、富右旋反式胺菊酯、右旋胺菊酯、甲醚菊酯、氟氯氰菊酯、醚菊酯、氟氯苯菊酯、富右旋反式苯氰菊酯、右旋苯氰菊酯、环戊烯丙菊酯、联苯菊酯、炔丙菊酯、炔咪菊酯、生物烯丙菊酯、右旋烯丙菊酯、戊烯氰氯菊酯、右旋苯醚氰菊酯、右旋反式氯丙炔菊酯、驱蚊菊酯。

二、氯氰菊酯农药工业污染源环境监察

（一）氯氰菊酯的生产工艺

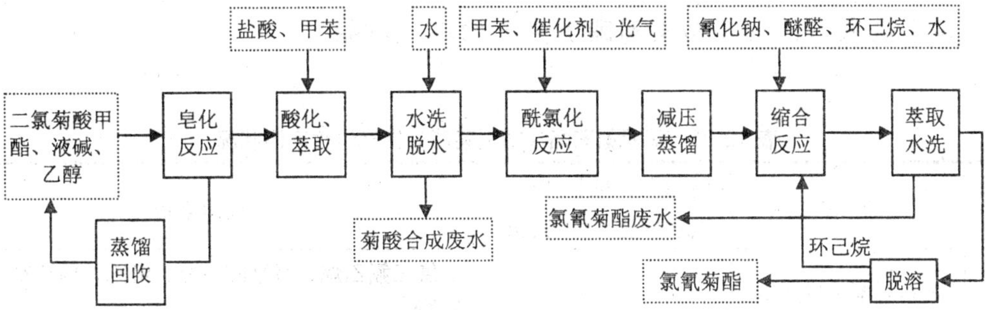

图 12-8　氯氰菊酯的生产工艺

（二）氯氰菊酯生产工艺的环境污染

表 12-20　氯氰菊酯（高效氯氰菊酯）生产过程产污状况

类型	名称	废水（气）量/（t/t 产品）	COD/（mg/L）	主要污染物
废水	菊酸合成废水	7.5	12 000	HCl、NaCl、甲醇、乙醇、二氯菊酸甲酯、二氯菊酸、甲苯
	氯氰菊酯合成废水	1.0	43 000	NaCN、苯醚醛、二氯菊酰氯、氯氰菊酯、溶剂（环己烷）
	氯氰菊酯转位废水 A	3.2	12 600	三乙胺、乙醇、异丙醇、氯氰菊酯
	氯氰菊酯转位废水 B	8.0	100 000	HCl、三乙胺、乙醇、异丙醇、二甲苯、氯氰菊酯
废气	酰氯化尾气	0.31		$COCl_2$、HCl、SO_2、CO_2

三、氯氟氰菊酯农药工业污染源环境监察

（一）氯氟氰菊酯的生产工艺

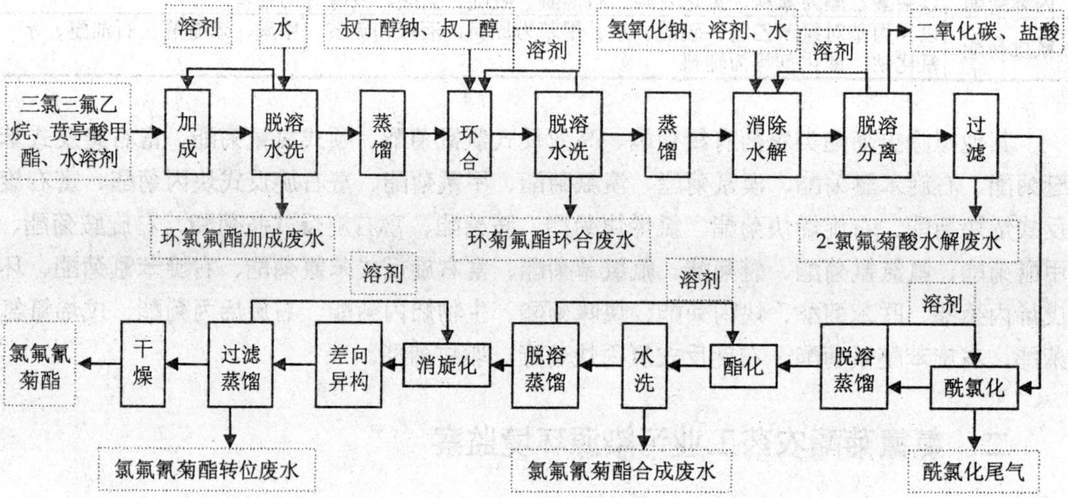

图 12-9 氯氟氰菊酯的生产工艺

（二）氯氟氰菊酯（功夫菊酯）生产的环境污染

表 12-21 氯氟氰菊酯（功夫菊酯）生产过程产污状况

类型	名 称	废水（气）量/（t/t 产品）	COD/（mg/L）	主要污染物
废水	环氯氟酯加成废水	—	—	三氯三氟乙烷、贲亭酸甲酯、溶剂、催化剂、氯氟酯
	环氯氟酯环合废水	9.9	200 000	NaCl、叔丁醇、叔丁醇钠、溶剂、氯氟酯、环氯氟酯
	2-顺式氯氟菊酸水解废水	9.3	40 000	NaCl、HCl、Na_2CO_3、环氯氟酯、环氯氟酸钠、氯氟菊酸
	氯氟氰菊酯合成废水	7.1	9 200	NaCN、苯醚醛、氯氟菊酰氯、氯氟氰菊酯、溶剂、PTC
	氯氟氰菊酯转位废水			三乙胺、乙醇、异丙醇、氯氟氰菊酯
废气	酰氯化尾气	0.39	—	光气、氯化氢、二氧化硫

四、丙烯菊酯农药工业污染源环境监察

（一）丙烯菊酯的生产工艺

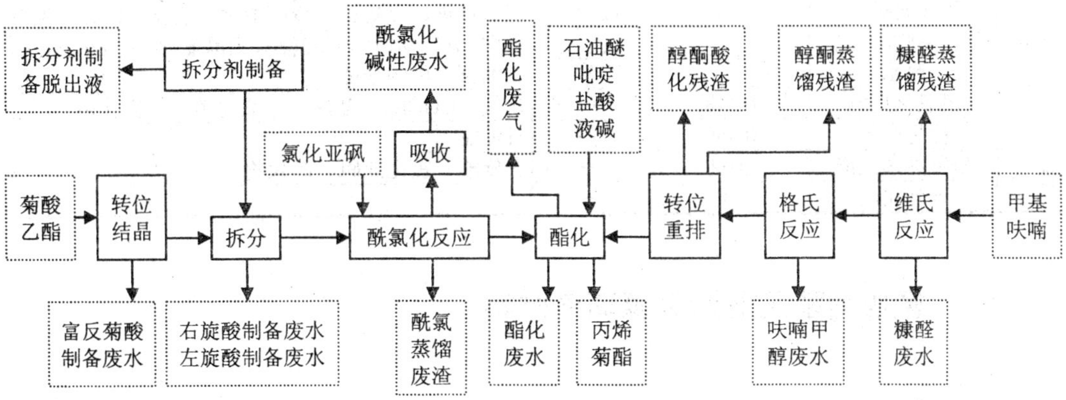

图 12-10　丙烯菊酯的生产工艺

（二）丙烯菊酯生产过程的环境污染

表 12-22　丙烯菊酯生产过程产污状况

类型	名 称	废水（气）量/（t/t 产品）	COD/（mg/L）	主要污染物
右旋菊酯生产过程“三废”排放				
废水	富反菊酸制备废水	3.9	17 860	硫酸、硫酸钠、菊酸乙酯、乙醇钠、乙醇、富反式菊酸、甲苯
	右旋酸粗品制造废水	5.1	42 400	工业盐、硫酸、拆分剂（$C_{11}H_{16}N_2O_4$）、甲醇、菊酸
	左旋酸制备酸性废水	6.0	12 400	硫酸、拆分剂（$C_{11}H_{16}N_2O_4$）、菊酸、甲苯
	消旋酸制备废水	9.2	31 000	硫酸、硫酸钠、溴、苯、溴苯、偶氮、菊酸、甲苯
废气	消旋酸制备废气	0.023	—	溴苯
废渣	拆分剂制备脱出液	0.30	—	氨基醇、甲酸、甲醛
	消旋酸蒸馏残渣	0.10	—	消旋化产物、左旋酸、高聚物
烯丙醇酮生产过程“三废”排放				
废水	5-甲基糠醛废水	9.3	12 400	三氯氧磷（$POCl_3$）、氯化钠、氢氧化钠、磷酸钠、二甲基呋喃、甲酰、胺、5-甲基糠醛、一氯二甲铵、甲苯
	呋喃甲醇废水	3.6	32 300	盐酸、氯化镁、氯丙烯、四氢呋喃、革氏试剂、5-甲基糠醛、烯丙基呋喃甲醇、甲苯
	醇酮废水	20.0	3 500	盐酸、氯化钠、烯丙基呋喃甲醇、环已烷
废气	—	—	—	—

类型	名 称	废水（气）量/（t/t 产品）	COD/（mg/L）	主要污染物
废渣	5-甲基糠醛蒸馏残渣	0.09	—	糠醛、甲酰胺、高聚物
	醇酮酸化残渣	0.20	—	呋喃甲醇、环己烷、高聚物
	醇酮蒸馏残渣	0.04	—	醇酮、氯仿、高聚物
丙烯菊酯生产过程“三废”排放				
废水	5-甲基糠醛废水	9.3	12 400	氢氧化钠、氯化钠、亚硫酸钠、氯化亚砜、石油醚
	酯化回收吡啶后废水	3.1	22 300	盐酸、氯化钠、烯丙基醇酮、菊酰氯、吡啶（600 mg/L）、石油醚、丙烯菊酯、苯
废气	酰氯化尾气	0.318	—	光气（$COCl_2$）、盐酸、二氧化硫、二氧化碳
	酯化废气	0.350	—	石油醚
废渣	酰氯蒸馏残渣	0.02	—	右旋酸、氯化亚砜、高聚物
	含乳化层	0.30	—	

五、 氰戊菊酯工业污染源环境监察

（一）氰戊菊酯的生产工艺

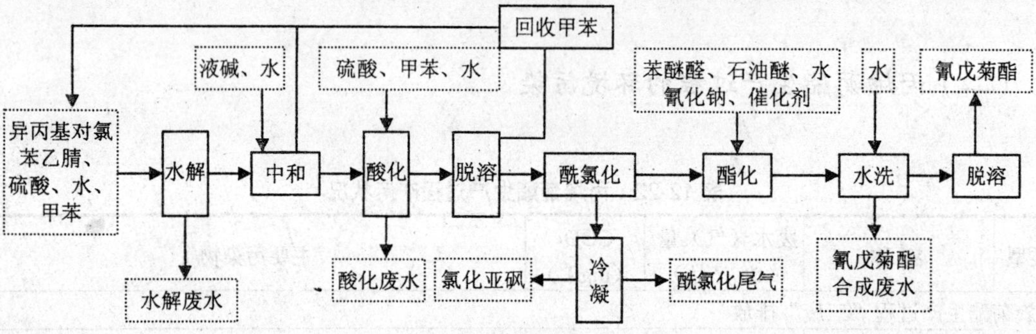

图 12-11 氰戊菊酯的生产工艺

（二）氰戊菊酯农药工业的环境污染

表 12-23 氰戊菊酯生产过程产污状况

类型	名 称	主要污染物
废水	烷基化分层水	氢氧化钠、氯化钠、氯（溴）代异丙烷、对氯苯乙腈、异丙基对氯苯乙腈、相转移催化剂
	烷基化水洗水	氢氧化钠、盐酸（HBr）、氯（溴）代异丙烷、对氯苯乙腈、异丙基对氯苯乙腈、相转移催化剂
	水解废水	硫酸、氨、异丙基对氯苯乙腈、异丙基对氯苯乙酸、甲苯
	酸化废水	硫酸、硫酸钠、氨、异丙基对氯苯乙腈、异丙基对氯苯乙酸、甲苯
	氰戊菊酯合成废水	氰化钠、氯化钠、苯醚醛、异丙基对氯苯乙酰氯、氰戊菊酯、石油醚、催化剂
废气	酰氯化尾气	光气、氯化氢、二氧化硫、二氧化碳

六、拟除虫菊酯类农药工业污染物产污系数

（一）拟除虫菊酯类农药工业污染物产污系数

表 12-24　污染源普查拟除虫菊酯类农药工业污染物产污系数

单位：废水量为 m^3/t 产品，污染物为 kg/t 产品

产品	氯氰菊酯		三氟氯氰菊酯	富右旋反式烯丙菊酯	其他菊酯类农药
原料	DV 菊酸甲酯菊酰氯、醚醛、氰化钠	二氯菊酰氯、醚醛、氰化钠	贲亭酸甲酯、氯化亚砜、氰化钠	DE 菊酰氯丙烯醇酮、吡啶	
工艺	全合成	缩合	全合成	半合成（酯化）	全合成
废水量	26.74	6.184	34.28	31.20	24.60
COD	356.70	60.34	957.3	567.00	458.30
氨氮	1.29	2.12	7.04	1.835	4.833
氰化物	1.21	1.21	4.58	—	1.753
二氧化硫	—	—	0.184	325.7	127.4
农药废弃物	14.4	—	49	18.00	20.4

注：数据主要参照《第一次全国污染源普查工业污染源产排污系数手册》一切规模。

（二）菊酯类农药工业的主要污染治理效率

根据污水处理工艺类型，确定污水处理设施正常运行时的污染物去除率，再根据设施运行率最后确定污水处理设施的实际去除率，进而得出污水中某污染物的排放量。

菊酯类农药 COD（或氨氮）排放量=菊酯类农药 COD（或氨氮）产生量×（$1-\eta$）

η为污水处理的 COD（或氨氮）去除率，等于某污水处理工艺正常运行 COD（或氨氮）去除率与运行率之乘积。

表 12-25　菊酯类农药行业废水典型处理工艺正常运行主要污染物去除率

处理方法名称	去除率		
	COD	氨氮	氰化物
物化 + 生物	82%	85%	92%

第五节 磺酰脲类农药工业污染源环境监察

一、磺酰脲类农药工业的主要原料和产品

磺酰脲类农药为选择性内吸传导型除草剂，商品化的产品有二十几个品种。磺酰脲类农药生产工艺皆为磺酰胺与嘧啶或三嗪（品种不同所用的原料不同）进行缩合反应而得到磺酰脲农药产品，其工艺路线、污染物排放节点与原材料消耗定额都大致相同。

表 12-26 磺酰脲类农药工业的主要原料和产品

产　品	主要原辅材料
绿磺隆、甲磺隆、氯嘧磺隆（豆磺隆）、胺苯磺隆（油磺隆）、苄嘧磺隆（苄黄隆）、苯磺隆等	磺酰胺、嘧啶、三嗪

其他磺酰脲类农药有：氯磺隆、甲磺隆、甲嘧磺隆、苯磺隆、苄嘧磺隆、吡嘧磺隆、单嘧磺隆、氯嘧磺隆、胺苯磺隆、烟嘧磺隆、醚磺隆、噻吩磺隆、醚苯磺隆、乙氧磺隆。

二、磺酰脲类农药的生产工艺

异氰酸酯原料和溶剂分别按投料比投入反应釜。通过加料仓加入氨基二甲氧基嘧啶，进行缩合反应后，得苄嘧磺隆。反应后的浆料经离心机分离，母液进入废溶剂储槽，滤饼进入干燥器真空干燥，然后烘干、包装，即得产品。

· 苄嘧磺隆的生产工艺过程

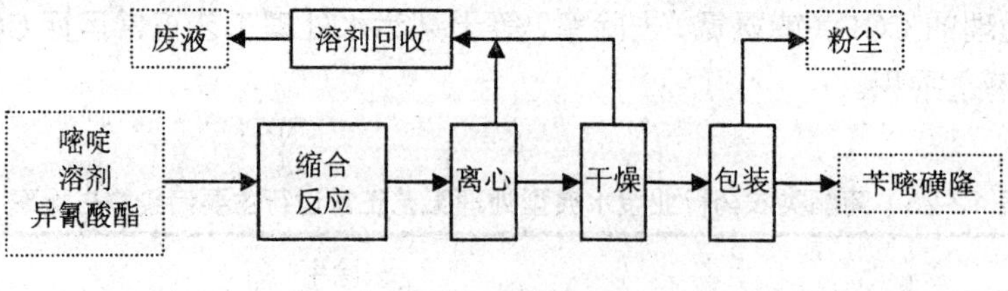

图 12-12 苄嘧磺隆的生产工艺

在苄嘧磺隆工艺过程中，离心和干燥回收的溶剂产生废液污染物，在包装过程产生粉尘。合成过程中无生产废水排放，只有溶剂回收后的釜残作为废渣焚烧处理。

三、磺酰脲类农药生产的环境污染

（一）磺酰脲类农药生产的污染来源

表 12-27　磺酰脲类农药产污状况

类型	产污节点	污染物成分	产生原因
废水	地面清洁水、清洗设备水及包装工人生活用水等含有原药成分的废水	磺酰脲原药等	清洗
废气	各反应釜	溶剂挥发气	来自生产过程中因放料、装置密封等原因产生的溶剂的无组织排放
	干燥及包装车间	磺酰脲原药粉尘	磺酰脲原药产品经干燥后进行包装，该过程产生含有高浓度产品的粉尘
废渣	溶剂回收产生的一定数量的釜残、使用过的吸附介质和过滤材料、粉尘除尘网、生化处理装置中定期除掉的含有原药的活性污泥及废弃的包装材料等物质		

（二）磺酰脲类农药工业污染物产污系数

表 12-28　污染源普查磺酰脲类农药工业污染物产污系数

单位：废水量为 m^3/t 产品，污染物为 kg/t 产品

产品	苯磺隆		苄嘧磺隆		其他磺酰脲类
原料	糖精、乙腈、氯气、甲醇、甲胺	糖精、甲醇、光气、甲基三嗪	邻甲基苯甲酸、光气、氯气、硝酸胍、丙酯、甲醇、三氯氧磷	苄磺胺、光气、2-氨基-4,6-二甲氧基嘧啶	糖精、甲醇、光气、三氯氧磷异氰酸丁酯、二羟基嘧啶
工艺	全合成	半合成	全合成	半合成	全合成
废水量	122.8		21.10	1.02	82.13
COD	621		1 052.0	0.515	793.4
氨氮	2.48		57.87		24.63
废气量		13 000	17 000	48 000	8 500
农药废弃物	254.7	254.7	1 263	3	505.2

注：数据主要参照《第一次全国污染源普查工业污染源产排污系数手册》一切规模。

其他磺酰脲类农药有：氯磺隆、甲磺隆、甲嘧磺隆、苯磺隆、苄嘧磺隆、吡嘧磺隆、单嘧磺隆、氯嘧磺隆、苯胺磺隆、烟嘧磺隆、醚磺隆、噻吩磺隆、醚苯磺隆、乙氧磺隆。

（三）磺酰脲类农药工业的主要污染治理效率

根据污水处理工艺类型，确定污水处理设施正常运行时的污染物去除率，再根据设施运行率最后确定污水处理设施的实际去除率，进而得出污水中某污染物的排放量。

磺酰脲类农药 COD（或氨氮）排放量 = 磺酰脲类农药 COD（或氨氮）产生量×（$1-\eta$）

η为污水处理的 COD（或氨氮）去除率，等于某污水处理工艺正常运行 COD（或氨氮）去除率与运行率之乘积。

表 12-29　磺酰脲类农药行业不同废水处理工艺正常运行主要污染物去除率

处理方法名称	去除率		
	COD	氨氮	氰化物
物化+生物	85%	90%	92%

第六节　酰胺类农药工业污染源环境监察

一、酰胺类农药工业的主要原料和产品

酰胺类除草剂是世界广泛应用的除草剂之一，酰胺类除草剂品种主要有乙草胺、甲草胺、异丙甲草胺、丁草胺、丙草胺、克草胺、异丙草胺。其他酰胺类农药有苯噻酰草胺、吡氟酰草胺、敌稗、毒草胺。

表 12-30　酰胺类农药的主要原料和产品

产　品	主要原辅材料
乙草胺	以三氯氧磷或氯乙酰氯为原料，2-甲基-6-乙基苯胺、氯乙酸、乙醇、多聚甲醛、碱、硫酸、氯化铵等为辅料
丁草胺	以三氯氧磷或氯乙酰氯为原料，2,6-二乙基苯胺、氯乙酸、丁醇、多聚甲醛、碱、硫酸、氯化铵为辅料
甲草胺	以三氯氧磷或氯乙酰氯为原料，2,6-二乙基苯胺、氯乙酸、甲缩醛、多聚甲醛、碱、硫酸、氯化铵为辅料

二、乙草胺农药生产的环境污染

（一）乙草胺的生产工艺

乙草胺的生产主要采用的工艺有两种：三氯氧磷工艺和氯乙酰氯工艺，生产工艺主要

包括酰化、醚化和缩合。

表 12-31　乙草胺的生产工艺过程

工艺类型	工段	工艺过程
三氯氧磷工艺	酰化	三氯氧磷在溶剂中进行酰化反应，生成氯化氢气体直接用管道输送至醚化工段使用（下层为磷酸废液）
	醚化	乙醇和多聚甲醛、氯化氢气体在一定温度下进行醚化（下层为盐酸废液）
	缩合	酰化工段生成的伯酰胺、醚化工段生成的氯甲基乙基醚、氢氧化钠在溶剂中进行缩合反应（下层为废碱液）
氯乙酰氯工艺	酰化	氯乙酰氯在溶剂中进行酰化反应，生产的伯酰胺备下一步进行缩合反应；生成氯化氢气体供醚化工序使用
	醚化	乙醇和多聚甲醛、氯化氢气体在一定温度下反应，反应至终点静止分层（下层为废盐酸）
	缩合	酰化工段生成的伯酰胺、醚化工段生产的氯甲基乙基醚和氢氧化钠在溶剂中进行缩合反应，至终点后加水分层（下层为废碱液）

采用氯乙酰氯工艺（比较好的工艺）生产每吨乙草胺原药的废水排水量为 3.5～7 m^3/t 原药。实际企业生产每吨原药的废水排水量为 4～8 m^3/t 原药。

（二）乙草胺生产的产污状况

（1）酰化废水含有高浓度磷酸，主要污染物均为苯胺类有毒有害化合物；
（2）醚化废水为含氯化氢的强酸性废水；
（3）缩合废水为含氢氧化钠的强碱性废水；
（4）硫酸铵废水来自盐酸发生工段，废水主要含硫酸铵和酸；
（5）预处理后的混合废水。

表 12-32　乙草胺生产的产污状况

废水类型	废水量/(m^3/t 原药)	COD/（kg/t 原药）	pH	磷酸盐/（kg/t 原药）	Cl^- /（kg/t 原药）
酰化废水	0.71	22 000～40 000	1～2	50 000～70 000	—
醚化废水	0.20	190 000～560 000	<1	—	122 000
缩合废水	1.95	19 000～24 000	13～14	—	—

三、丁草胺生产的环境污染

（一）丁草胺的生产工艺

丁草胺生产工艺与乙草胺相同，只是生产原料各异。三氯氧磷工艺中共有三股废水产生：酰化反应结束后，加水分层产生酰化废水；醚化反应结束后的分层产生醚化废水；缩合反应结束后加水分层产生缩合废水。氯乙酰氯工艺也有三股废水产生：醚化反应结束后的分层产生醚化废水；缩合反应结束后加水分层产生缩合废水；酰化反应提供 HCl 气体所需的盐酸气发生过程产生酸性废水。由于各企业原料消耗和洗涤水水量不同，采用氯乙酰氯工艺（比较好的工艺）生产每吨丁草胺原药的废水排水量为 5～8 m^3/t 原药。

（二）丁草胺生产的产污状况

表 12-33 丁草胺生产的产污状况

	废水量/（m^3/t 原药）	COD/（kg/t 原药）	pH	磷酸盐/（kg/t 原药）	Cl^-/（kg/t 原药）
酰化废水	0.89	26 000～60 000	1～2	50 000～70 000	—
醚化废水	0.21	290 000～300 000	<1	—	122 000
缩合废水	2.89	17 000～30 000	13～14	—	—

甲草胺生产水平与丁草胺相近，采用氯乙酰氯工艺（比较好的工艺）生产每吨丁草胺原药的废水排水量为 5～8 m^3/t 原药。

四、酰胺类农药工业的污染源监察

（一）酰胺类农药工业的环境污染

采用三氯氧磷工艺生产丁草胺过程中排放废水总量约为 4 m^3/t 原药（以 100%计）。在实际生产过程中，由于各企业的原料消耗和洗涤水量不同，排水量略有不同，同时反应中生成的杂质与未反应的原料也会溶在相应的废水中，因此，企业实际的废水排放量为 5～8 m^3/t 原药。根据对企业的调查，由于各企业原料消耗和洗涤水水量不同，氯乙酰氯工艺产生的工艺废水排水量为 5～8 m^3/t 原药。

表 12-34 酰胺类农药行业产污系数表

产品名称	原料名称	工艺名称	规模等级	污染物指标	单位	产污系数
乙草胺	2,6-甲乙基苯胺 氯乙酰氯 多聚甲醛 乙醇	酰胺法/甲叉法	所有规模	工业废水量	m^3/t 产品	5.1
				化学需氧量	kg/t 产品	18.9
				氨氮	kg/t 产品	0.332
				工业废气量	m^3/t 产品	173
				HW35 危险废物（废碱）	kg/t 产品	1 764
其他酰胺类农药		合成	所有规模	工业废水量	m^3/t 产品	8.0
				化学需氧量	kg/t 产品	44
				氨氮	kg/t 产品	0.830
				工业废气量	m^3/t 产品	173
				HW35 危险废物（废碱）	kg/t 产品	1 700

（二）酰胺类农药工业的主要污染治理效率

根据污水处理工艺类型，确定污水处理设施正常运行时的污染物去除率，再根据设施运行率最后确定污水处理设施的实际去除率，进而得出污水中污染物的排放量。

酰胺类农药 COD（或氨氮）排放量=酰胺类农药 COD（或氨氮）产生量×（1－η）

η为污水处理的 COD（或氨氮）去除率，等于某污水处理工艺正常运行 COD（或氨氮）去除率与运行率之乘积。

表 12-35　酰胺类农药行业废水典型处理工艺正常运行主要污染物去除率

处理方法名称	去除率		
	COD	氨氮	总磷
物化+生物	88%	40%～64%	50%

第七节　生物类农药工业污染源环境监察

一、生物类农药的原料与产品

生物农药传统意义上主要是指可以用来防治病、虫、草等有害生物的生物活体，可利用细菌、病毒、真菌、线虫及拮抗微生物等来控制病虫草害的制剂。现在，生物农药的概念已扩展，定义为用来防治病、虫、草等有害生物的生物活体及其代谢产物和转基因产物，并可以制成商品上市流通的生物源制剂，包括细菌、病毒、真菌、线虫、植物生长调节剂和抗病虫草害的转基因植物等。目前我国登记的生物农药品种有 50 多个，但真正能实现较大规模工业化生产的生物农药只有几个品种，其中生产和使用量较大的有井冈霉素、阿维菌素、赤霉素等。生产中常见的生物农药品种见表 12-36。

表 12-36　常见的生物农药品种

类　型	品　种
抗菌素	是真菌生物农药。产品有井冈霉素、农抗 120、公主岭霉素、灭瘟素、春雷霉素、链霉素等
阿维菌素	是一类具有杀虫、杀螨、杀线虫活性的十六元大环内酯化合物，由链霉菌中的灰色链霉菌发酵产生
生物化学农药	主要产品有赤霉素、云苔素内酯、灭幼脲、除虫脲、避蚊油、乙烯利、多效唑，以及红铃虫、棉铃虫性引诱剂、干扰素
植物源农药	产品有鱼藤酮、皂素烟碱、楝素等
病毒类农药	产品有斜纹夜蛾核多角体病毒、棉铃虫核多角体病毒等
真菌类农药	产品有白僵菌、木霉菌等
植物生长调节类农药	产品有 5406 个细胞分裂素、赤霉素、脱落酸等

（1）阿维菌素。它是近几年发展最快的一种大环内酯抗生素，至 2000 年年底，已有 198 家企业获得批准生产阿维菌素单剂或以阿维菌素为原料的混配制剂的登记，该药具有很强的触杀活性和胃毒活性，能防治柑橘、林业、棉花、蔬菜、烟草、水稻等多种作物上的多种害虫。

（2）抗菌素。中国抗菌素的开发较早，水平处于世界先进之列，产品有井冈霉素、农抗 120、公主岭霉素、灭瘟素、春雷霉素、链霉素等。

（3）生物化学农药。以植物生长剂和昆虫生长调节剂产品为主，国内相继研究开发了一些产品。其中以赤霉素生产历史久、产量大、厂家多。最高峰每年生产几千吨，最近几年赤霉素的生产呈下降趋势。云苔素内酯也是一种发展前景看好的品种。此外，灭幼脲、除虫脲、避蚊油、乙烯利、多效唑，以及红铃虫、棉铃虫性引诱剂、干扰素等相继开发成功并进入工业化生产，有的已使用多年。

生物类农药生产工艺相对简单，基本是发酵生产工艺，因此，生产废水中的污染物成分类似，一般为一些可溶性蛋白、氨基酸、残糖、无机盐及极微量的活性成分，而这些活性成分的毒性往往很低。

二、井冈霉素工业污染源环境监察

（一）井冈霉素生产工艺

井冈霉素的生产主要是发酵工艺，菌种经纯化培养后，接种到种子罐制备种子液，然后接种到发酵罐发酵扩大培养，经板框过滤后得到发酵培养液，发酵液经浓缩，浓缩固体经干燥后得到井冈霉素粉剂，液体去配制乳油。

（二）井冈霉素生产的环境污染

生产过程中产生的废水是在板框过滤阶段的洗涤废水，废渣主要是板框过滤过程中产生的过滤废渣。井冈霉素生产过程中不产生废气。井冈霉素生产过程中，废水主要是板框过滤过程中的压滤水、冲框水、过滤布水。废水中的主要成分有可溶性蛋白类、氨基酸、残糖、无机盐。

三、阿维菌素工业污染源环境监察

（一）阿维菌素生产工艺

阿维菌素农药的生产主要是发酵工艺，整个工艺流程可分为两段，即发酵培养和阿维菌素成品制备。

（1）发酵培养。菌种经纯化培养后，接种到种子罐制备种子液，然后接种到发酵罐发酵扩大培养，经板框过滤后得到培养物滤渣。

（2）阿维菌素成品制备。发酵培养物滤渣经干燥后加入溶媒（乙醇），浸提后过滤，滤渣可与煤混合燃烧。滤液经浓缩结晶，结晶品即为阿维菌素，再经干燥即得阿维菌素成品。结晶后过滤母液用于配制阿维菌素乳油。

（二）阿维菌素生产的环境污染

在阿维菌素生产过程中废水主要是板框过滤过程中的压滤水、冲框水、过滤布水。废水中的主要成分有可溶性蛋白类、氨基酸、残糖、无机盐及微量的阿维菌素。

表 12-37 阿维菌素生产废水的水质

污水来源	COD_{Cr}/（mg/L）	BOD_5/（mg/L）	NH_3-N/（mg/L）	pH 值
萃取废液	386 000	23	45 200	—
过滤水	6 430	23	298	4.35
真空泵排水	24 100	163	49.7	7.29

表 12-38 部分生物类农药废水处理前的水质

企业		处理前水质/（mg/L）
阿维菌素生产企业	企业 1	COD：5 500
	企业 2	COD：23 000
	企业 3	COD：40 000
	企业 4	COD：16 000～20 000
井冈霉素生产企业	企业 5	COD：2 000

四、生物类农药生产污染治理

（1）井冈霉素若采用“废水→调节池→厌氧池→预曝调节池→曝气池→清水池→排放”工艺流程处理污水，按污水产生量为 260 m^3/t 产品计算，运行成本为 3.0 元/m^3 污水。

（2）阿维菌素若采用“废水→集水池→pH 调整预沉池→预曝调节池→接触氧化池→厌氧池→ICEAS 池→气浮池→排放”工艺流程处理污水，按污水产生量为 500 m^3/t 产品计算，运行成本为 4.0 元/t 污水。

五、生物类农药工业环境监察要点

（1）了解生产装置的地理位置、规模；

（2）检查生物农药生产工艺过程；

（3）检查污染物排污节点的产排污情况及产生的污染物名称、产生量、排放量；

（4）检查企业的污染物处理设施、处理能力及处理效果。

第八节 苯氧羧酸农药工业污染源环境监察

一、苯氧羧酸类农药工业的主要原料与产品

目前，在我国广泛生产和使用的苯氧羧酸类除草剂有2,4-滴系列和2 甲4 氯系列。2,4-滴系列除草剂的生产品种主要有2,4-滴酸、2,4-滴丁酯（异辛酯）、2,4-滴二甲胺盐、2,4-滴钠盐等。2甲4氯系列除草剂的生产品种主要有2甲4氯酸、2甲4氯钠盐、2甲4氯胺盐和2甲4氯酯等。

表12-39 苯氧羧酸类除草剂工业的主要原料和产品

产 品	主要原辅料
2甲4氯系列	邻甲酚、氯乙酸
2,4-滴系列	苯酚、氯气、氯乙酸、碱液、盐酸、溶剂

二、2甲4氯系列（4-氯-邻甲基苯氧乙酸）农药工业污染源环境监察

（一）2甲4氯系列（4-氯-邻甲基苯氧乙酸）农药的生产工艺

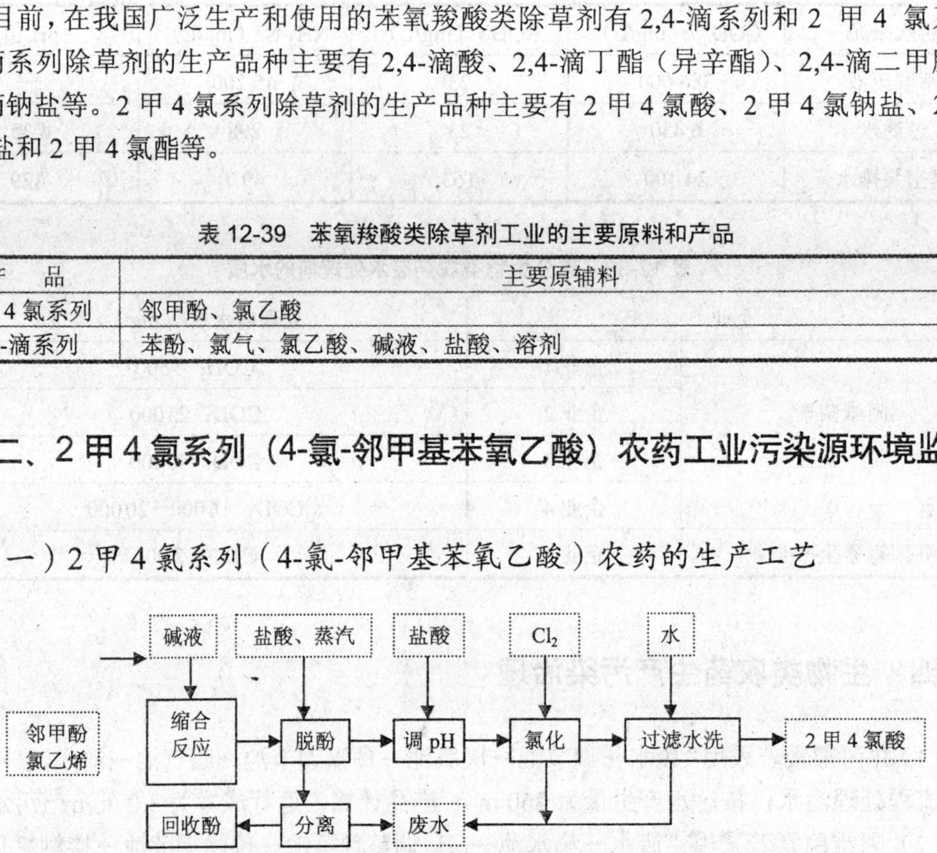

图12-13 4-氯-邻甲基苯氧乙酸的生产工艺

（二）2甲4氯酸废水产污状况

以2甲4氯酸为例，2甲4氯酸生产过程中排放的污染物主要为缩合后脱酚废水、氯化母液以及水洗废水。2甲4氯系列农药生产过程产生的废水主要是含酚废水。

表12-40 2甲4氯酸废水产生及排放情况

产生部位	污染物成分	工艺废水产生量
脱酚	酚类	脱酚废水量0.5 t/t产品
氯化	酚类、2甲4氯酸产品	氯化母液量3.0 t/t产品
过滤	酚类、2甲4氯酸产品	过滤水洗废水量7.4 t/t产品

三、2,4-滴酸（2,4-二氯苯氧乙酸）农药工业污染源环境监察

（一）2,4-滴酸（2,4-二氯苯氧乙酸）农药生产工艺

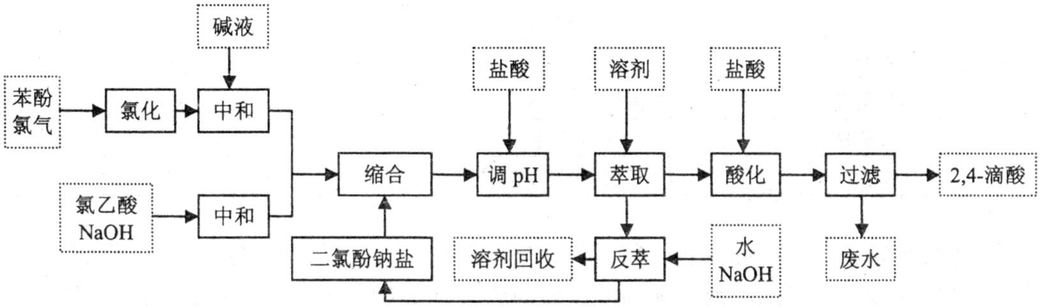

图 12-14　2,4-二氯苯氧乙酸的生产工艺

（二）2,4-二氯苯氧乙酸农药的产污状况

表 12-41　2,4-滴酸部分企业工艺废水水质情况

企业	污水量/（t/t 产品）	pH	COD_{Cr}/（mg/L）	挥发酚/（mg/L）	2,4-滴酸/（mg/L）	2,4-二氯酚/（mg/L）
1	12.6	1	3 540	76	212	188
2	13.6	4	6 801	277.8	53	355.5
3	10.8	1～2	5 500	94	330	240

表 12-42　2,4-滴酸废水产生及排放情况

产生部位	污水比例	主要污染物	COD	酚	pH
缩合母液	18.6%	少量有机物	75 200	11 000	6
缩合洗水	35.2%	苯酚、二氯酚	7 350	1 112	9
酸化洗水	46.2%	苯酚、二氯酚、酸	3 307	8	1

第九节　杂环类农药工业污染源环境监察

一、杂环类农药工业生产原料与产品

杂环类农药范围很广，其中又包含不同类别的农药，虽然都归为杂环类，但由于各类农药的结构不同，生产工艺流程不同，生产过程中排放的特征污染物就不同。吡虫啉、三

唑酮、多菌灵、百草枯、莠去津五种农药产量大或毒性高或对环境影响大。

表 12-43　杂环类农药工业的主要原料与产品

品种	主要原料
吡虫啉	双环环戊二烯、2-氯-5-氯甲基吡啶、咪唑烷
	吗啉、丙醛、丙烯酸甲酯
	苄胺、丙醛、丙烯酸甲酯
三唑酮	频哪酮
多菌灵	氯甲酸甲酯
百草枯	吡啶、氯甲烷
莠去津	三聚氯氰、异丙胺、乙胺

其他杂环农药有苯菌灵、吡嗪酮、草除灵、稻瘟灵、敌草快、啶虫脒、噁草酮、噁霉灵、噁唑禾草灵、二氯吡啶酸、氟菌唑、氟吗啉、环嗪酮、氯吡脲、氟氯吡氧乙酸、氯噻啉、咪唑喹啉酸、咪草烟、咪唑乙烟酸、嗪草酮、嗪草酸、噻菌灵、噻菌铜、噻霉酮、噻嗪酮、噻森铜、噻唑锌、噻苯隆、三氯吡氧乙酸、十三吗啉、四螨嗪、烯丙苯噻唑、烯啶虫胺、烯禾啶、烯酰吗啉、异霉唑、呋喃虫酰肼、吡丙醚、高效氟吡甲禾灵、高效吡氟甲禾灵、啶菌噁唑、精吡氟禾草灵、精恶唑禾草灵、精氟吡甲禾灵、喹禾灵、精喹禾灵、喹啉铜、嘧霉胺、异噁草松。

二、杂环类农药工业的主要工艺

表 12-44　杂环类农药工业的主要工艺

品种	主要工艺路线	主要工艺单元
吡虫啉	环戊二烯路线	① 2-氯-2-氯甲基-4 氰基丁醛合成工段；② 2-氯-5-氯甲基吡啶合成工段；③ 吡虫啉缩合工段
	苄胺-正丙醛路线	① *N*-苄基 *N*-丙烯基乙酰胺的合成工段；② 2-氯-5-甲基吡啶合成工段；③ 2-氯-5-氯甲基吡啶合成工段；④ 吡虫啉缩合工段
	吗啉-正丙醛路线	① 2-氯-5-甲基吡啶合成工段；② 2-氯-5-氯甲基吡啶合成工段；③ 吡虫啉缩合工段
三唑酮		① 三唑的合成工段；② 频哪酮的合成工段；③ 一氯频哪酮的合成工段；④ 三唑酮合成工段
多菌灵		① 氯甲酸甲酯的合成工段；② 氰胺基甲酸甲酯钙盐的合成工段；③多菌灵的合成工段
百草枯	氰化物法	分为氰醇法和氰氨法两种工艺路线。氰化物工艺的根本特点在于先将吡啶生成 *N*-甲基吡啶盐再进行二聚反应氯氧化生产百草枯。氯盐氰氨法工艺以吡啶为主要原料，经烷基化—聚合—氧化合成百草枯；醇氰法同氰氨法相似，不同之处是二聚反应在水和甲醇介质中进行
莠去津	水法和溶剂法	目前国内生产企业均采用溶剂法生产，其中大部分生产厂采用单一溶剂法。莠去津溶剂法生产工艺路线是将三聚氯氰溶解后用异丙胺、乙胺分别取代三聚氯氰中的两个氯原子，取代反应结束水蒸气蒸馏，回收溶剂后得到产品莠去津

三、杂环类农药工业主要产品的环境污染

（一）杂环类农药工业主要产品的产污状况

表 12-45 杂环类农药工业主要产品的产污状况

品种	主要原料	主要污染物
吡虫啉	环戊二烯路线	水污染物：常规污染物 pH、COD_{Cr}、SS、色度；特征污染物吡啶化合物、咪唑烷、吡虫啉；污水产生量为 14～28 t/t 产品 大气污染物：氯化氢、氯气、丙烯醛、丙烯腈 废渣：环戊二烯多聚体及炭化物、加成及环合多聚物、咪唑烷、吡虫啉，排放量为 1.3～2.9t/t 产品
	苄胺-正丙醛	水污染物：常规污染物 pH、COD_{Cr}、SS、色度；特征污染物吡啶化合物、咪唑烷、吡虫啉；废水量为 41.35t/t 产品 大气污染物：氯化氢、氯气、丙烯醛、丙烯腈，氯化氢产生量为 0.05t/t 产品 废渣：甲苯、三乙胺、氯苯、氯苄、高聚物、咪唑烷、吡虫啉，产生量为 0.655t/t 产品
	吗啉-正丙醛	水污染物：常规污染物 pH、COD_{Cr}、SS、色度；特征污染物吡啶化合物、咪唑烷、吡虫啉；废水量为 7.45t/t 产品 大气污染物：氯化氢、氯气、丙烯醛、丙烯腈，氯化氢产生量为 0.08t/t 产品 废渣：焦油、碳化物、吡啶化合物、咪唑烷、吡虫啉，产生量为 0.388t/t 产品
三唑酮	频哪酮	水污染物：常规污染物 pH、COD_{Cr}、SS、色度；特征污染物有三唑酮、对氯苯酚；污水产生量为 2.87～4.88 t/t 产品 大气污染物：主要是二氧化硫和氯化氢；排放量为 0.32～0.45 t/t 产品 废液废渣：吡喃衍生物、甲醇、频哪酮、氯化铵等，排放量为 0.12～0.18t/t 产品
多菌灵	氯甲酸甲酯	水污染物：常规污染物 pH、COD_{Cr}、SS、色度；特征污染物多菌灵、邻苯二胺；污水产生量为 8～30 t/t 产品 大气污染物：生产排放的气体污染物主要是光气和氯化氢，排放量为 500 m^3/t 产品 废液废渣：固体废弃物主要成分是无机钙盐和石灰氮，排放量为 1.4～4.2t/t 产品
百草枯	吡啶、氯甲烷	水污染物：常规污染物 pH、COD_{Cr}、色度、氨态氮、氰根离子，吡啶、百草枯、2,2'：6',2''-三联吡啶。采用氨氰法工艺，单位产品的废水产生量较低，在 4m^3 左右；采用醇氰法工艺，单位产品废水产生量较高，在 7m^3 左右 大气污染物：氯气、氨气、吡啶、氯甲烷 废液废渣：含氰废物
莠去津	三聚氯氰、异丙胺、乙胺	水污染物：常规污染物 COD 及 NH_3-N；特征污染物莠去津；废水产生量为 4～9m^3 莠去津生产过程中无废气、废渣产生

（二）杂环类农药工业污染物产污系数

表 12-46　污染源普查杂环类农药工业污染物产污系数

单位：废水量为 m^3/t 产品，污染物为 kg/t 产品

产品	吡虫啉		多菌灵	其他杂环类农药	莠去津	其他均三嗪类农药
原料	双环环戊二烯、2-氯-5 氯甲基吡啶、咪唑烷	吗啉、丙醛、丙烯酸甲酯	石灰氮、邻苯二胺、光气、甲醇	含氮原料	三聚氯氰	
工艺	双环环戊二烯	丙醛—吗啉	水解、缩合	合成	二取代法	
废水量	30.5	347.5	8.1	400	5.2	7.0
COD	1 039	900	409	800	13.9	11.0
氨氮	10.5	27.5	89.7	100	0.84	1.0
总磷	1.46	13.9				
废气量	69 725	22.7	344	1 000		
农药废弃物	1 430	1 400	600	1 500	10	3
产品	三唑酮	三环唑	其他三唑类农药			
原料	一氯频哪酮、水合肼、异戊烯、对氯苯酚	邻甲苯胺硫氰酸铵水合肼				
工艺	全合成	全合成	全合成			
废水量	2.2	46.2	24.2			
COD	38.6	0.66	0.35			
氨氮	6.0	13.0	9.53			
挥发酚	11.3	17.4	14.3			
二氧化硫	302.3		151.2			
农药废弃物	464	113	288			

注：数据主要参照《第一次全国污染源普查工业污染源产排污系数手册》一切规模。

（三）杂环类农药工业的主要污染治理效率

根据污水处理工艺类型，确定污水处理设施正常运行时的污染物去除率，再根据设施运行率最后确定污水处理设施的实际去除率，进而得出污水中某污染物的排放量。

杂环类农药 COD（或氨氮）排放量=杂环类农药 COD（或氨氮）产生量×（$1-\eta$）

η为污水处理的 COD（或氨氮）去除率，等于某污水处理工艺正常运行 COD（或氨氮）去除率与运行率之乘积。

表 12-47　杂环类农药行业废水典型处理工艺正常运行主要污染物去除率

处理方法名称	去除率		
	COD	氨氮	总磷
物化 + 生物	88%	60%～90%	80%
过滤 + 浓缩焚烧	97%	98%	

第十三章　医药工业污染源环境监察

原国家环保总局科技标准司根据制药产品的种类及生产工艺过程与排污特点，初步将医药制造业生产企业分为 7 大类，即化学合成类、半合成类、发酵类、提取类、生物工程与生物制品类、中药类、混装与加工制剂类，目前已制定出 6 大类的水污染物排放标准。

医药制造业属于精细化工，其特点是原料药生产品种多，生产工序多，使用原料种类多、数量大，原材料利用率低。一般一种原料药往往有几步甚至 10 余步反应，使用原材料数种或 10 余种，甚至高达 30～40 种，原料总耗有的达 10 kg/kg 产品以上，高的超过 200 kg/kg 产品。从而产生的“三废”量大，废弃物成分复杂，污染危害严重。制药工业废水通常具有组成复杂，有机污染物种类多、浓度高，COD 和 BOD_5 值高，NH_3-N 浓度高，色度深、毒性大，固体悬浮物 SS 浓度高等特征。医药制造业是国家环保规划要重点治理的 12 个行业之一。

第一节　化学合成制药工业污染源环境监察

一、化学合成制药工业的产品

以现行的“国家基本药物品种目录”为基础，根据产品规模与产品在行业所占地位及其污染源对环境的敏感影响进行归纳分类。将化学合成药物分为抗微生物感染类药物、抗肿瘤类药物、心血管系统类药物、激素及计划生育类药物、维生素类药物、氨基酸类药物、驱虫类药物、神经系统类药物、呼吸系统类药物、消化系统类药物、其他类药物共十一大类近千个品种。

表 13-1　化学合成类制药产品分类

合成类抗生素	抗感染类	氯霉素类（氯霉素、琥珀氯霉素、棕榈氯霉素、合霉素、阿莫西林、头孢拉定）；磺胺类（磺胺嘧啶、磺胺异噁唑、磺胺甲噁唑）；喹诺酮类（吡哌酸、诺氟沙星、盐酸环丙沙星）；唑类抗真菌类（氟康唑、克霉唑、硝酸咪康唑、酮康唑）；其他类（黄连素，链霉素，利福平，对氨基水杨酸钠，磺胺多辛，葡萄糖酸锑钠，甲苯咪唑）
	抗肿瘤类	烷化剂（氮芥类、亚乙基亚胺类、亚硝基脲类、甲磺酸酯类等）；其他（长春碱、替尼泊苷、他莫昔芬、丙卡巴肼、门冬酰胺酶）

合成类抗生素	神经系统类	麻醉药（恩氟烷射剂、羟丁酸钠、普鲁卡因、利多卡因）；骨骼肌松弛药（氯化琥珀胆、阿曲库铵、维库溴铵、哌库溴铵、麻黄碱）；镇痛药（吗啡、哌替啶、芬太尼、苯噻啶、丁丙诺啡）；解热止痛、抗炎、抗风湿药（阿司匹林、对乙酰氨基酚、复方对乙酰氨基酚、布洛芬、吲哚美辛、萘普生、舒林酸、阿西美辛、奥沙普秦、氨基葡萄糖、萘丁美酮、洛索洛芬、依托芬那酯、金诺芬、丙磺舒、苯溴马隆、安乃近）；脑血管病用药（尼莫地平、巴曲酶、罂粟碱、倍他司汀）；中枢神经兴奋药（咖啡因、甲氯芬酯、胞磷胆碱、吡拉西坦、茴拉西坦、洛贝林、二甲弗林）；其他（金刚烷胺、卡马西平、苯巴比妥、麦角胺咖啡因、硫酸锌、舒必利、艾司唑仑、阿米替林片剂、匹莫林无）
	心血管系统类	硝苯地平、普鲁卡因、普萘洛尔、阿替洛尔、艾司洛尔、地高辛、卡托普利、阿昔莫司
	呼吸系统类	乙酰半胱氨酸、喷托维林、氨茶碱、茶碱
	消化系统类	西咪替丁、氢氧化铝、阿托品、地芬诺酯、阿米洛利、坦洛新
	激素及影响内分泌系统类	去氨加压素、氢化可的松、泼尼松、格列喹酮、左甲状腺素、甲睾酮、甲地孕酮、氯米芬
	营养药及矿物质类	葡萄糖酸钙、碳酸钙、乳酸钙、磷酸氢钙
	调节水盐、电解质及酸碱平衡类	甘油磷酸钠、磷酸氢钾、门冬氨酸钾镁
	解毒类	二巯丁二酸、青霉胺、硫代硫酸钠、亚甲蓝、氟马西尼、阿托品
	诊断类	碘番酸、硫酸钡、胆影葡胺、半乳糖－棕榈酸
	妇产科类	利托君、聚甲酚磺醛、复方炔诺酮、炔雌醇、米菲司酮、壬苯醇醚
	五官类	碘仿、复方氯己定、碘胺醋酰、羟苄唑、双氯非那胺、乙酰唑胺、卡替洛尔、托吡卡胺、透明质酸钠、鱼肝油酸钠、地芬尼多
	外用药类	新霉素、甲紫、硼酸、过氧苯甲酰、丙体-六六六、地蒽酚、氟轻松、甲氧沙林；过氧化氢、甲醛、碘叮、过氧乙酸
	其他类	肾上腺素、多巴胺、多巴酚丁胺、硫酸亚铁、噻氯匹定、甲奈氢醌、氨甲环酸、华法林、肝素、琥珀酰明胶、羟乙基淀粉、茶苯海明、氯苯那敏、阿司咪唑、酮替芬、色甘酸钠
半合成类抗生素	β-内酰胺类	普卢卡因青霉素、苄星青霉素、头孢羟氨苄、头孢噻肟钠、头孢哌酮纳等
	四环类	多西环素、米诺环素、美他环素、胍甲环素
	氨基糖苷类	阿米卡星、双脱氧卡那霉素、乙基西索米星
	多肽类	黏菌素甲烷磺酸钠、米卡霉素
	其他类	克林霉素、利福平、利福定、利副喷丁
维生素类		维生素 B_2、烟酰胺（维生素 PP）、维生素 A、维生素 C、维生素 D、维生素 K 等
氨基酸类		甘氨酸、苏氨酸、色氨酸、丙氨酸、亮氨酸、异亮氨酸、天门冬氨酸、丝氨酸、胱氨酸、半胱氨酸、酪氨酸、脯氨酸、精氨酸、组氨酸

在化学合成工艺中，企业往往使用多种优先污染物作为反应和净化的溶剂，包括苯、氯苯、氯仿等。

表 13-2 化学合成工艺使用的溶剂

甲醛	甲苯	二甲苯	乙醇	石脑油	二乙醚	氰化甲烷	二甲基甲酰胺	甲基异丁基酮
丙酮	苯	二甲胺	氯苯	正戊酸	乙酸乙酯	二氯甲烷	二甲基乙酰胺	乙烯基乙二醇
丁醛	苯胺	二乙胺	甲醇	异丙酸	甲酰胺	甲酸甲酯	1,2-二氯乙烷	聚乙二醇 600
戊醛	苯酚	三乙胺	氯仿	异丙醚	正庚烷	二甲基亚砜	乙酸正丁酯	1,4-二氧杂环乙烷
糠醛	甲胺	环己胺	氯甲	正己烷	2-丁酮	2-甲基嘧啶	二甲基苯胺	二氯苯
氨	嘧啶	正丙醇	正丁醇	异丙醇	四氢呋喃	甲基溶纤剂	三氯氟甲烷	

表 13-3 部分化学合成类制药产品的生产废水基准排水量限值

序号	药物种类	代表性药物	单位产品基准排水量/（m^3/t 产品）
1	维生素类	维生素 B_1	45
		维生素 E	3 400
2	神经系统类	安乃近	80～100
		阿司匹林	30～50
		咖啡因	250～300
		布洛芬	120～140
3	半合成类	阿莫西林	240
		头孢拉定	1 200
4	氨基酸类	甘氨酸	401
5	抗感染类	氯霉素	1 000
		磺胺嘧啶	280
		呋喃唑酮	2 400
6	呼吸系统类	愈创木酚、甘油醚	45
7	心血管系统类	辛伐他汀	240
8	激素及影响内分泌类	氢化可的松	4 500～5 000
9	其他类	盐酸赛庚啶	1 894

注：数据摘自《制药工业水污染物排放标准化学合成类》。

二、部分化学合成类制药工艺范例

化学合成药物生产的特点是：品种多、更新快、生产工艺复杂；需要的原辅材料繁多，而批产量一般不太大；产品基本采用间歇生产方式；其原辅材料和中间体很多是易燃、易爆、有毒性的物品。

生产过程主要以化学原料为起始反应物，通过化学合成先生成药物中间体，然后对其药物结构进行改造，得到目的产物，然后经脱保护基、提取、精制和干燥等主要几步工序得到最终产品。工艺过程见表 13-4。

表 13-4 部分化学合成药物生产工艺

药名	主要原料	主要生产工艺	废水量/（m^3/t 产品）
安乃近	苯胺	重氮化→水解→甲基化→水解→还原→酰化→水解→中和→缩合→安乃近	88
阿司匹林	水杨酸	酰化→离心→阿司匹林	45
甲氧苄啶	二溴醛	甲基化→缩合→环合→精制→甲氧苄啶	400
布洛芬	异丁苯	傅克反应→缩合→酰洗→精制→布洛芬	120
氢化可的松	皂素	开环→提取→环氧化→沃氏氧化→上溴→脱溴→酰化→发酵→分离→精制→氢化可的松	4 500
咖啡因	氯乙酸	氰化→酸化→亚硝酸→酰化→甲基化→精制→咖啡因	248

三、化学合成类制药工艺范例

化学合成药物生产的特点是：品种多、更新快、生产工艺复杂；需要的原辅材料繁多，而产量一般不太大；产品质量要求严格；基本采用间歇生产方式；其原辅材料和中间体不少是易燃、易爆、有毒性的物品。

生产过程主要以化学原料为起始反应物，通过化学合成先生成药物中间体，然后对其药物结构进行改造，得到目的产物，然后经脱保护基、提取、精制和干燥等主要几步工序得到最终产品，其工艺过程如图 13-1 所示。

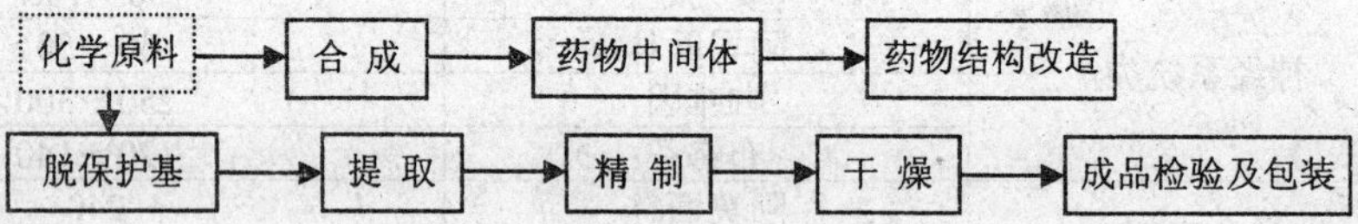

图 13-1 化学合成类制药工艺

（一）安乃近生产工艺及排污节点

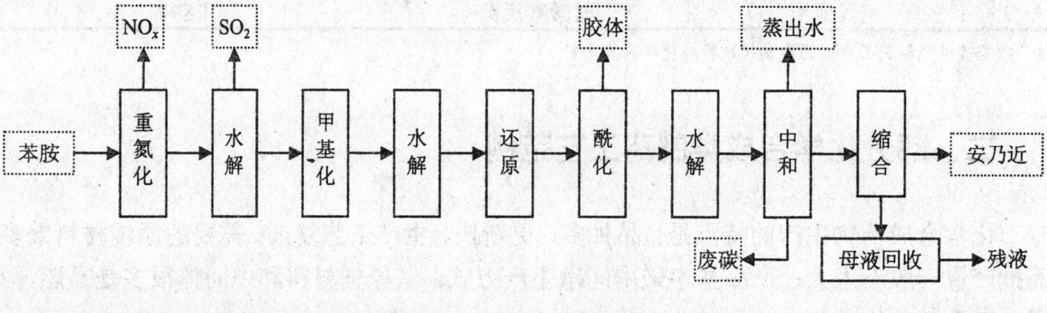

图 13-2 安乃近生产工艺

（二）阿司匹林生产工艺及排污节点

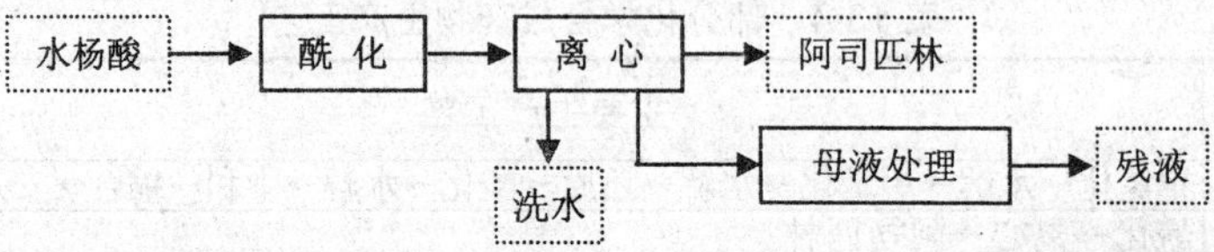

图 13-3 阿司匹林生产工艺

（三）甲氧苄啶生产工艺及排污节点

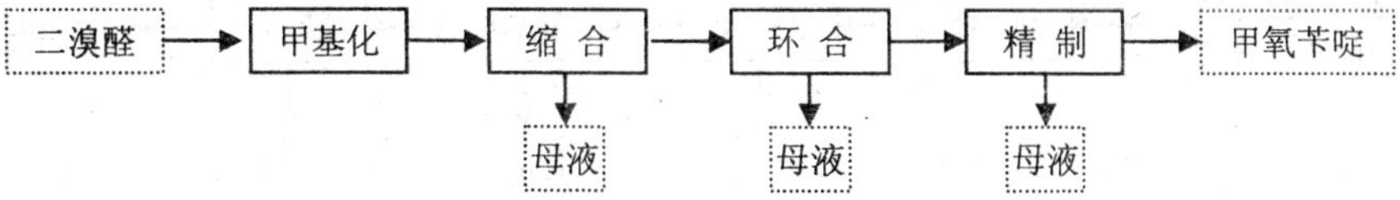

图 13-4　甲氧苄啶生产工艺

（四）布洛芬生产工艺及排污节点

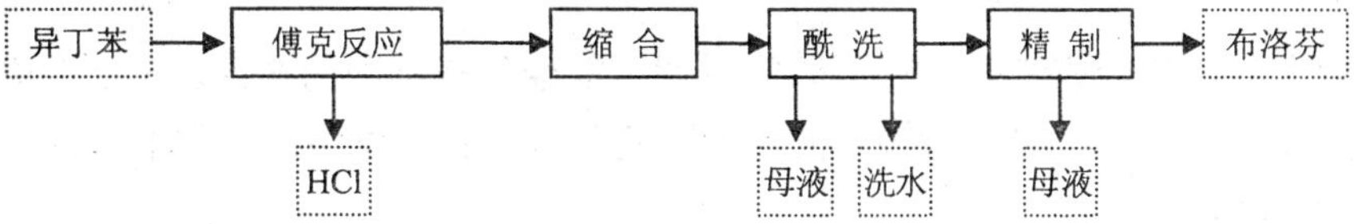

图 13-5　布洛芬生产工艺

（五）氢化可的松生产工艺及排污节点

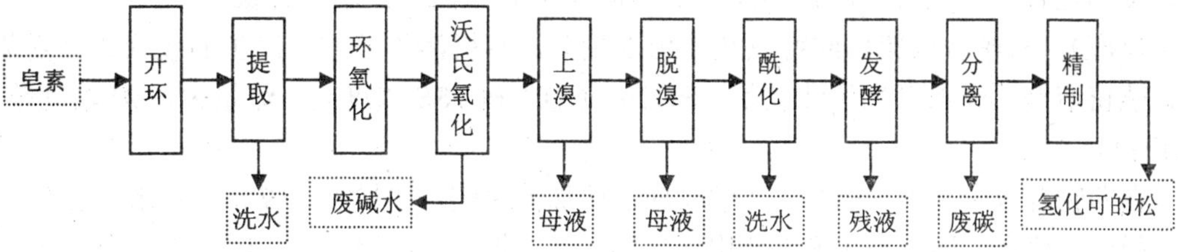

图 13-6　氢化可的松生产工艺

（六）咖啡因生产工艺及排污节点

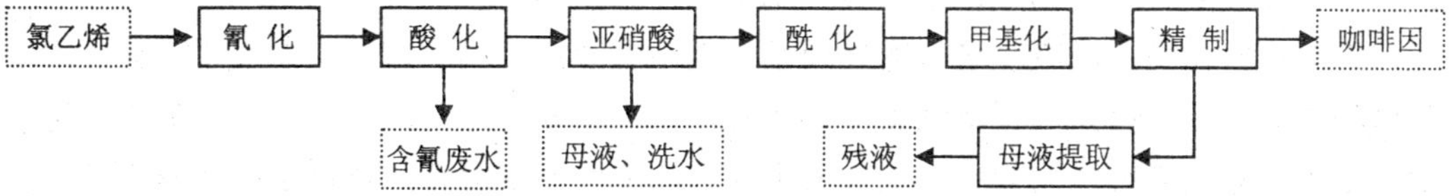

图 13-7　咖啡因的生产工艺

（七）吡哌酸生产工艺及排污节点

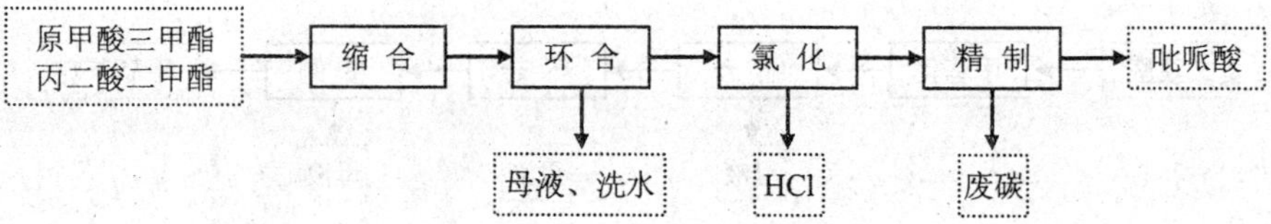

图 13-8 吡哌酸的生产工艺

四、部分化学合成类制药工业污染源环境监察

规模较大的化学合成制药厂在不同的时期可能会生产不同的产品。一批合成药生产完成后，清洗设备，选用不同的原料，根据不同的配方，就可以生产不同的产品，但也会产生不同的污染物。

（一）废水污染

化学合成废水的主要来源：1）工艺废水，例如失去效能的溶剂、过滤液和浓缩液；2）地板和设备的冲洗废水；3）管道的密封水；4）洗刷用具的废水；5）溢出水。

废水污染物主要来自反应器的清洗水。清洗水中包括未反应的原材料、溶剂，并伴随大量的化合物，化合物随化学反应的不同而不同（例如：硝化、氨化、卤化、磺化、烃化反应）。化学合成废水的特点是：用水量大，有机污染严重，产生的废水成分复杂，含有残留溶剂，废水可生化性较差，BOD_5、COD 和 TSS 浓度高，流量大，pH 波动范围为 1～11。

在药物合成中 80%～95%的化学反应需要加催化剂，如加氢、脱氢、氧化、还原、脱水、脱卤、缩合、环合等几乎都要用催化剂，其中钯、铂、镍、汞、镉、铅、铬、铜、锌是常用的催化剂。醇、乙酸、乙醚、氯甲烷、四氢呋喃、丙酮、硝基苯、喹啉、甲苯、苯、二氯甲烷、氯仿、乙腈等是常用的溶剂。

废水中污染物主要控制指标有：

（1）常规污染物：TOC、COD、BOD_5、SS、pH、氨氮、色度、急性毒性；

（2）特征污染物：总汞、总镉、烷基汞、六价铬、总砷、总铅、总镍、总铜、总锌、氰化物、挥发酚、硫化物、硝基苯类、苯胺类、二氯甲烷。

有时候，化学合成废水与生物处理系统是不兼容的，因为在处理系统中，化合物对单位体积生物量的浓度太高或毒性太大。因此，在生物处理之前，应对化学合成废水进行化学预处理。对这类废水的处理，主要采用高、低浓度废水混合，然后进行混凝沉淀、厌氧生化（或水解好氧）、好氧生化、物化法处理。废水中 COD 浓度一般在 3 000～20 000 mg/L，BOD 一般在 500～1 500 mg/L，氨氮在 100 mg/L。

（二）废气污染

化学合成类制药企业排放的大气污染物主要为氯化氢、溶剂（丁酯，丁醇）、二氯甲烷、异丙醇、粉尘、丙酮、乙腈、NH_3、NO_x。目前通常使用的治理方法是水膜除尘、水洗塔吸收、中效过滤、碱液淋洗、化学合成碱液吸收塔，固体制剂除尘器、二级穿流板吸收塔。

（三）固体废弃物污染

化学合成类制药生产过程产生的固体废弃物主要有废油、废溶剂、废活性炭、反应残余物、浓缩废液、废药品、废试剂原料、废包装材料、废滤芯（废滤膜）、废水处理污泥等。高浓度釜残液作为危险废物处置，不宜进入废水中。其余固体废弃物均应作为危险废物处置。

表 13-5 污染源普查化学制药工业产污数据

产品	原料	工艺	规模	污染物	单位	产污系数
化学药品原药	化学原料 化学药物 中间体	化学合成法	1 000 以上～200 以下	工业废水量	m^3/t 产品	284～494～914
				COD	kg/t 产品	497～801～1 289，原料/产品＜5 569～917～1 476，5＜原料/产品≤10 657～1 058～1 703，原料/产品＞10
				氨氮	kg/t 产品	22.3～27.6～30.0，原料/产品＜5 25.6～31.6～36.0，5＜原料/产品≤10 29.5～36.5～41.5，原料/产品＞10
				石油类	kg/t 产品	3.3～4.3～4.5
				医药废物	kg/t 产品	126～226～364
化学药品制剂	化学药品原药	固体制剂工艺	1 000 以上～200 以下	工业废水量	m^3/t 产品	39.6～125.45～345.8
				COD	kg/t 产品	26.1～61.9～119.9
				石油类	kg/t 产品	1.8～1.9～2.1
				医药废物	kg/t 产品	1.4～2.9～4.5
	化学药品原药	液体制剂工艺	1 000 以上～200 以下	工业废水量	m^3/t 产品	96.07～165.8～367.4
				COD	kg/t 产品	25.8～41.5～73.5
				石油类	kg/t 产品	1.6～1.9～2.1
				医药废物	kg/t 产品	0.6～1.2～2.1

注：规模等级为所有规模；数据主要参照《第一次全国污染源普查工业污染源产排污系数手册》。

第二节 发酵类制药工业污染源环境监察

一、发酵类制药工业的产品

目前，常用的抗生素已达 100 多种，发酵类药物中仍以抗生素为主，如青霉素类、头孢菌素类、红霉素类和四环素类。发酵工程的内容包括菌种选育、培养基的配置、灭菌、种子扩大培养和接种、发酵过程和产品的分离提纯（生物分离工程）等方面。

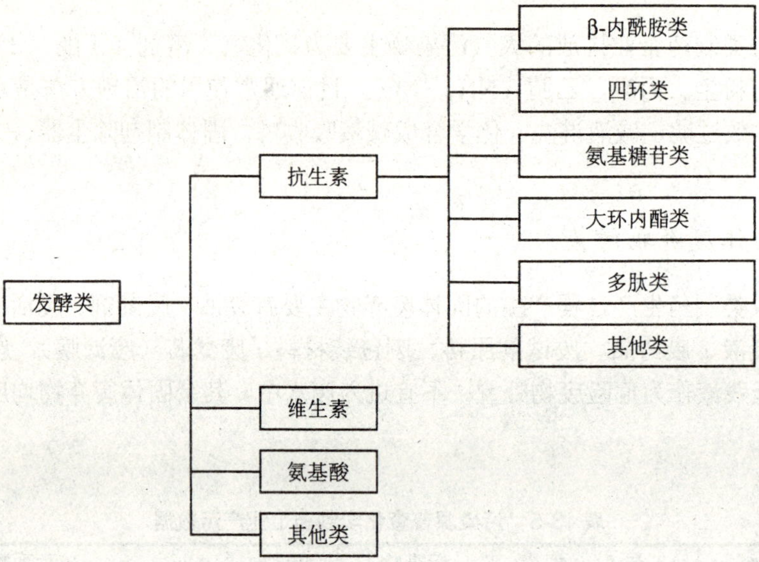

图 13-9 发酵类制药工业的产品结构

表 13-6 发酵类制药产品分类表

类型		产品
发酵类抗生素类药物	β-内酰胺类	以青霉素类和头孢菌素类两类抗生素为主，还有一些β-内酰胺酶抑制剂和非经典的β-内酰胺类抗生素
	四环类	例如盐酸土霉素、盐酸四环素、盐酸金霉素等
	氨基糖苷类	例如硫酸链霉素、硫酸双氢链霉素、硫酸庆大霉素等
	大环内酯类	例如红霉素、吉他霉素、麦吉他霉素等
	多肽类	例如盐酸去甲万古霉素、杆菌肽、环孢素、卷曲霉素（卷须霉素）、紫霉素、结核放线菌素、威里霉素、恩拉霉素（持久霉素）、平阳霉素等
	其他类	例如林可霉素、利福霉素、创新霉素、赤霉素、井冈霉素、环丝氨酸（氧霉素）、更新霉素、自立霉素、正定霉素（柔红霉素）、链褐霉素、普卡霉素（多糖苷类）、阿克拉霉素、新制癌霉素、克大霉素（贵田霉素）、阿霉素等
发酵类维生素类药物		主要包括维生素 B_{12}、维生素 C 等
发酵类氨基酸类药物		主要包括赖氨酸、谷氨酸、苯丙氨酸、精氨酸、缬氨酸
其他类		例如核酸类药物（辅酶 A）、甾体类药物（氢化可的松）、酶类药物（细胞色素 C）等

二、部分发酵类制药生产工艺

发酵类药物是通过微生物发酵的方法生产抗生素或其他药物的活性成分，后再经过分离、纯化、精制等工序制得的一类药物。发酵类药物的生产特点基本相似，一般都需要经过菌种筛选、种子制备、微生物发酵、发酵液预处理和固液分离、提炼纯化、精制、干燥、包装等步骤。

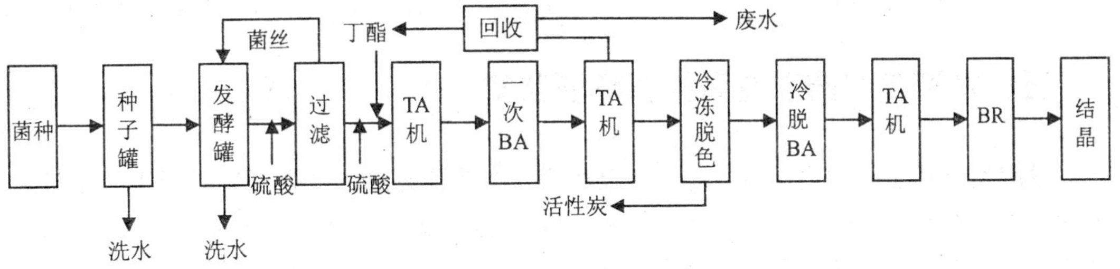

图 13-10 发酵类制药生产工艺

生物制药基本生产工艺为：

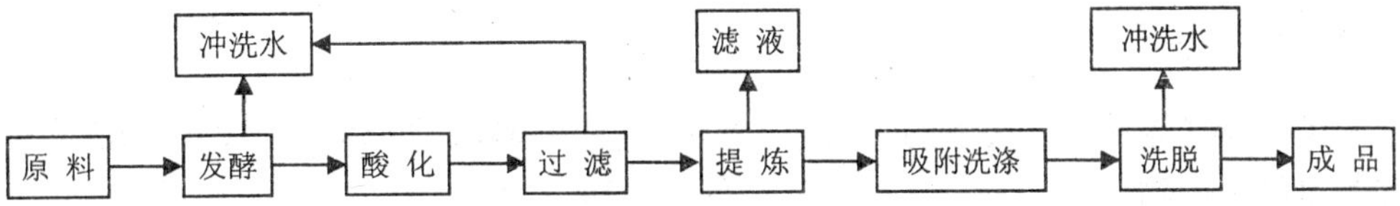

图 13-11 发酵类制药基本生产工艺

抗生素的生产步骤：

（1）青霉素发酵。其发酵工艺以玉米浆、麸质粉为氮源，葡萄糖为碳源以及无机盐作为发酵培养基同时加入，合成青霉素所必需的前体物质为原料，采用种子罐和发酵罐进行二级发酵，经 180～200h 发酵培养，得到青霉素发酵液，过滤除菌丝后，澄清青霉素 V 滤液进入提取和制备工序。青霉菌在发酵过程中产生次级代谢产物。

（2）青霉素提取。利用青霉素在不同 pH 值条件下以不同的化学形态（青霉素游离酸和青霉素盐类），在水和有机溶媒中溶解度的差别，经过反复萃取、转移、分离过程，进行浓缩和提纯，用溶剂将青霉素提取，再经过冷冻、抽提、结晶、分离、干燥，得到青霉素结晶。青霉素酸与钾盐或钠盐反应得到青霉素盐的母晶，经溶剂洗涤、分离、干燥后得到成品结晶。

（3）产品回收。常用三种方法：溶剂萃取法、直接沉淀法和离子交换吸附法。最常用的是溶剂萃取法：采用有机溶剂回收发酵液中的活性药剂或产品，从有毒混合物中制得很少量的产品需经过多种溶剂萃取。另外一种常用方法是直接沉淀法：在发酵液中加入铜或锌等重金属溶液，使产品以重金属盐的形式沉淀下来，然后过滤发酵液，从剩余固体物中提取药品。离子交换吸附法是用离子交换树脂和活性炭等固体材料黏结产品，而后用溶剂萃取、浓缩、结晶，提取药物，溶剂蒸馏回收。

表 13-7 部分抗生素提炼与干燥方法

抗生素品种	提炼方法	干燥方法
金霉素盐酸盐	溶剂提炼法、沉淀加溶媒精制	气流干燥、真空干燥
链霉素、庆大霉素	离子交换法	喷雾干燥
四环素盐酸盐	四环素碱加尿素成复盐、加溶媒精制法	真空干燥
土霉素盐酸盐	沉淀加溶媒精制法	气流干燥
红霉素	溶媒提炼法、大孔树脂加溶媒精制	真空干燥
其他大环内酯类抗生素	溶媒提炼法	真空干燥

三、发酵类制药工业污染源环境监察

发酵类制药工业的生产特点是生产品种多，生产工序多，使用原料种类多、数量大，原材料利用率低。一般一种原料药往往有几步甚至 10 余步反应，使用原材料数种或 10 余种，甚至高达 30～40 种，原料总消耗有的达 10 kg/kg 产品以上，高的超过 200 kg/kg 产品。从而产生的“三废”量大，废弃物成分复杂，污染危害严重。其废水通常具有组成复杂，有机污染物种类多、浓度高，COD 和 BOD 值高，NH_3-N 浓度高，色度深、毒性大，固体悬浮物 SS 浓度高等特征。

（一）废水污染

发酵类制药企业生产废水的污染物主要是常规污染物，即 COD、BOD、SS、pH、色度和氨氮等污染物。

表 13-8 发酵类制药工业原料药最高允许排水量　　单位：m^3/t 产品

原料药	最高允许排水量
青霉素	4 700
链霉素	1 450
土霉素	1 300
四环素	1 900
林可霉素	9 200
金霉素	3 000
庆大霉素	20 400
维生素 C	1 200
氯霉素	2 700
磺胺甲唑	2 000
维生素 B_1	3 400
安乃近	180
非那西汀	750
呋喃唑酮	2 400
咖啡因	1 200

发酵类制药产生的废水来源及产污特点见表 13-9。

表 13-9　发酵类制药产生的废水来源及污染特点

废水类型	来源	特点
抗生素生产废水	（1）提取工艺的结晶液、废母液，属高浓度有机废水；（2）洗涤废水，属中浓度有机废水；（3）冷却水	（1）排放量大，污染物浓度高。来自发酵残余营养物的高 COD（10～80 g/L）和高 SS（0.5～25 g/L）；（2）含有难降解物质和有抑菌作用的抗菌素，高浓度硫酸盐及高浓度酸、碱、有机溶剂等，有生物毒性，难生化降解；（3）pH 波动较大，温度较高，带有颜色，气味重；（4）间歇生产造成水质、水量波动
维生素生产废水	主要来自洗罐水、母液及釜残	（1）排放量大，污染物浓度高；（2）高浓度有机废水多为间歇排放，造成排水水质不均匀；（3）废水中主要含有有机污染物，水质偏酸性，另外还含有氮、磷及无机盐，废水可生化性好
氨基酸生产废水	主要来自发酵罐气体洗涤水、蒸发气洗涤水和树脂洗涤水	水中含有蛋白、糖等。某些具有副产品生产能力的氨基酸生产企业，废水还部分来源于副产品车间蒸发结晶工序及制肥车间等，废水中主要含有氨氮等
其他类生产废水	主要来自发酵、提取车间洗排水、地面冲洗水等	废水的污染物主要是发酵残余物，包括发酵代谢产物、残余的消沫剂、凝聚剂等，以及在药品提取过程中的各种有机溶剂和一些无机盐类等

在《污水综合排放标准》中，规定了部分制药行业的最高允许排水量。

表 13-10　一般发酵类制药企业污水处理设施污染物进水浓度

污染物	浓度范围	污染物	浓度范围
COD	3 000～20 000 mg/L，多数厂家在 10 000 mg/L 以下	BOD	在 500～5 000 mg/L，大多数厂家在 3 000 mg/L 以下
SS	80～2 242 mg/L，大多数厂家在 1 000 mg/L 以下	NH_3-N	24～200 mg/L，大多数厂家在 150 mg/L 以下

（二）废气污染

有机溶剂废气产生于提取等生产工序，常见的处理工艺有回收法，炭吸附法、冷凝法等。个别厂家收集后，经烟囱直接排放。污水处理厂恶臭气体气味来自污水处理产生的 H_2S、溶剂混合气味。污水处理站产生的恶臭气体，一般可经收集后采用碱吸收、化学吸收及生物吸收等方法处理。大部分企业采取收集后高空排放，个别企业采取无组织排放，对周围环境影响很大。

发酵类制药产生的废气来源及污染特点见表 13-11。

表 13-11 发酵类制药产生的废气来源及污染特点

	来源	特点
抗生素生产废气	生产过程（发酵、提取、精制、粉碎、筛分、总混、包装、过滤）的废气； 干燥过程产生废气； 锅炉房产生的烟气； 污水站废气	发酵车间废气主要成分是 CO_2、水蒸气等（这部分气味小）； 提取和精制工序的萃取分离、溶媒蒸馏回收以及输送、存储等过程产生有机溶媒废气； 粉碎、筛分、总混、包装、过滤过程产生药尘； 干燥中产生焦煳气味； 污水处理站排放的恶臭等，厌氧处理尤为严重
维生素生产废气	发酵车间的尾气； 转化车间的废气； 污水站废气	发酵车间废气主要成分是 CO_2、水蒸气等（这部分气味小）； 转化车间排放的有机溶媒废气； 污水处理站排放的恶臭等，厌氧处理尤为严重
氨基酸生产废气	发酵车间的尾气； 制肥车间干燥机的废气； 生产过程的废气； 污水站废气	发酵车间废气主要成分是 CO_2、水蒸气等（这部分气味小）； 制肥车间干燥机产生的干燥尾气； 生产过程中排放的氨气； 污水处理站排放的恶臭等，厌氧处理尤为严重
其他类生产废气	工艺废气； 锅炉房产生的烟气； 污水站废气	工艺废气主要是有机溶媒废气； 锅炉房产生的烟气主要是燃料燃烧废气； 污水处理设施产生的恶臭，厌氧处理尤为严重

（三）固体废弃物

抗生素生产过程中产生的固体废弃物主要为：发酵工序产生的菌丝废渣（菌丝体和蛋白质）；过滤、提取分离、精制脱色等工序过程产生的废弃树脂、废活性炭；污水处理站产生的废弃物（格栅截留物、污泥）；锅炉房燃煤产生的灰渣以及生活垃圾等。其中菌丝废渣中的主要物质是未被利用的抗生素培养基和细胞物质以及无机助滤剂等，其主要成分为蛋白质、脂肪和糖类等，同时含有一定的残留抗生素效价；废树脂、废活性炭中主要含有色素和有机杂质，同时含有一定的抗生素效价。这部分固废均属于工业危险废物，需要专门进行处理。

发酵类制药产生的固体废弃物来源及污染特点见表 13-12。

表 13-12 发酵类制药产生的固体废弃物来源及污染特点

	来源	特点
抗生素生产固体废弃物	发酵废弃物； 过滤、提取分离、精制脱色废弃物； 污水站污泥； 锅炉房灰渣	发酵工序产生的菌丝废渣（属危废）； 过滤、提取分离、精制脱色等工序过程产生的废弃树脂、废活性炭（属危废）； 污水站污泥（属危废）； 锅炉房灰渣
维生素生产固体废弃物	发酵废弃物； 转化车间废弃物； 污水站污泥	发酵车间产生的废菌丝渣（可综合利用）； 转化车间脱色、过滤、分离等工序产生的废活性炭、废溶媒（回收），釜残液（焚烧）； 污水处理站产生的废弃物（格栅截留物、污泥）（可综合利用）； 锅炉房灰渣
氨基酸生产固体废弃物	发酵车间废弃物； 提取工序的废弃物； 锅炉房产生的灰渣； 污水站产生的污泥	发酵车间产生的废菌丝渣（可综合利用）； 提取工序产生的废活性炭； 锅炉房产生的灰渣； 污水站产生的污泥（可综合利用）
其他类生产固体废弃物	发酵车间废弃物； 脱色工序的废弃物； 污水站产生的污泥	发酵车间产生的废菌丝渣（可综合利用）； 脱色工序产生的废活性炭（回收）； 污水站产生的污泥（可综合利用）

第三节　生物类制药工业污染源环境监察

一、生物类制药产品

生物类制药产品主要为基因工程药物，主要包括细胞因子（包括干扰素、白细胞介素、集落刺激因子、肿瘤坏死因子、红细胞生成素等 5 大系列）、重组多肽和酶类药物（包括重组人胰岛素、重组纤溶酶原激活剂、重组组织型纤溶酶原激活剂等）、基因工程疫苗、克隆技术制药等。

二、生物类制药工艺

生物类制药工艺主要包括灭菌工艺和分离纯化工艺。

三、生物类制药工业的环境污染

（一）废水污染

生物工程类制药企业的主要生产废水可以分为三大类来源。

表 13-13　生物工程类制药主要废水来源及特点

来源	废水特点
生产工艺废水	包括微生物发酵的废液、提取纯化工序所产生的废液或残余液、发酵罐排放的洗涤废水、发酵排气的冷凝水、可能含有设备泄漏物的冷却水、瓶塞/瓶子洗涤水、冷冻干燥的冷冻排放水等
实验室废水	包括一般微生物实验室废弃的含有致病菌的培养物、料液和洗涤水，生物医学实验室的各种传染性材料的废水、血液样品以及其他诊断检测样品，重组 DNA 实验室废弃的含有生物危害的废水，实验室废弃的诸如疫苗等的生物制品，其他废弃的病理样品、食品残渣以及洗涤废水
实验动物废水	包括动物的尿、粪以及笼具、垫料等的洗涤废水及消毒水等

生产过程排放废水（高浓度废水）COD 浓度 5 000～15 000 mg/L，BOD 浓度 5 000～15 000 mg/L；设备地面冲洗水、洗瓶水（低浓度废水）COD 浓度 150 mg/L。

（二）废气污染

大气污染物主要来自溶剂使用，主要产生点在于瓶子洗涤、溶剂提取、多肽合成仪等的排风以及实验室的排气、制剂过程中的药尘等。

（1）发酵过程中产生的细胞呼吸气体，主要成分是 CO_2、N_2。

（2）有机溶剂挥发气体——溶剂的使用以乙醇、丙酮、甲醛、乙腈等为主。产生废气的主要排污节点来自瓶子洗涤、溶剂提取以及合成仪器、层析柱等。其次是实验室废气。生物工程类制药因为有洁净度的要求，都是封闭车间，整体排风，因此生产车间的有机溶剂几乎都以有组织形式排放。使用的主要溶剂大部分属于低毒类，其中毒性较大的是甲醛、环氧乙烷、乙腈、甲醇。甲醛和环氧乙烷主要来自消毒，乙腈和甲醇主要来自于层析或洗涤过程。乙醇主要用于瓶子的洗涤等过程。

（3）恶臭气体——来自动物房和发酵过程的异味。动物房的臭气主要来自实验动物的粪便以及实验动物本身的臭气等。

（4）药尘——与制剂类大气污染物的性质是一样的。该部分使用的有机溶媒很少，比较敏感的主要是药尘的排放。

表 13-14 污染源普查生物类制药工业产污数据

产品	原料	工艺	生产规模	污染物	产污系数
生物生化药品与制品	原核、真核发酵培养基	生物发酵工艺	1 以上～0.2～0.2 以下	工业废水量/（m^3/t 产品）	1 080～3 543～7 783
				COD/（kg/t 产品）	98～310～670
				石油类/（kg/t 产品）	1.6～2.5～3.1

注：规模等级为所有规模；数据主要参照《第一次全国污染源普查工业污染源产排污系数手册》。

（三）固体废弃物污染

废弃的药剂、实验室的废弃物品、实验动物的废弃物，多为危险废物，应注意收集和处置方式。

第四节 中药工业污染源环境监察

处于原材料阶段的中药称为中药材。对中药材进行栽培、养殖、采集、捕捉、加工等生产活动称为药材生产。

一、中药生产原料与产品

中药产品主要以天然中草药植物和生物体为基本原料，经过前处理车间的洗、淘、漂、切、干燥的工序，将洗净并处理合格的原药材料，送至提取车间进行配方、煎制，最后进行水提或醇提，得到提取液经蒸发、浓缩得到浸膏半成品，再生产各种剂型的中药成品。

中药饮品加工是指对采集的天然或人工种植、养殖的动物中草药进行加工、处理的活动（各种中药材加工，炮制后形成中药饮片或提取中药的加工）。

中成药制造是指直接用于人体疾病防治的传统的加工生产。包括用中药传统制作方法制作的蜜丸、水丸、冲剂、糖浆、膏药等中成药；用现代制药方法制作的中药片剂、针剂、胶囊、口服液等以及专做治病用的药酒。

二、中药饮片生产工艺

传统的中药饮片是将中药材加工炮制成一定长短、厚薄的片、段、丝、块等形状供汤剂使用，其传统工艺通称为中药炮制。中药炮制工艺实际上包括净制、切制和炮制三大工序，不同规格的饮片要求不同的炮制工艺，有的饮片要经过蒸、炒、煅等高温处理，有的饮片还需要加入特殊的辅料如酒、醋、盐、姜、蜜、药汁等后再经高温处理，最终使各种规格饮片达到规定的纯净度、厚薄度和全有效性的质量标准。

一般工艺流程为：原料（药材）→除杂→挑选→制片→包装。

三、中药饮片工业的环境污染

（一）废水污染

主要来自药材的清洗和浸泡水、机械的清洗水以及炮制工段的其他废水，一般为轻度污染废水，COD 大约为 200 mg/L。但是如果在炮制工段需要加入特殊辅料如酒、醋、蜜等的中药饮片，其废水的 COD 浓度一般较高，可达到 1 000 mg/L 以上。

（二）废气污染

主要是切制等工序产生的药物粉尘和炮制过程中产生的药烟、中药提取和萃取过程的有机溶剂挥发性污染；中药加工企业供热锅炉产生的燃料燃烧型污染。

（三）固体废弃物污染

主要来自药材筛选、清洗过程中产生的泥沙、药渣、炉渣、粉煤灰、废弃的药剂、污水处理厂污泥等杂质。

（四）环境噪声污染

主要来自筛药机、风选机、切药机、风机等生产设备的运转。

四、中成药生产工艺

中成药生产是间歇投料，成批流转。在生产过程中，一批投料量的多少一般由关键设备的处理能力决定。其生产过程是以天然动植物为主要原料，采用的主要工艺有清理与洗涤、浸泡、煮炼或熬制、漂洗等。中药材进行炮制（前处理）后，经提取、浓缩，最后根据产品的类型制成片剂、丸剂、胶囊、膏剂、糖浆剂等。

生产工艺大致包括：水洗 → 浸汲浓缩 → 提取 → 精制 → 包装。

中药的提取、分离和浓缩，根据溶剂不同分为水提和溶剂提取，其中溶剂提取以乙醇提取为主。

五、中成药工业的环境污染

（一）废水污染

1. 主要来源

设备清洗水——每道工序完成一次批处理后，需要对本工序的设备进行一次清洗工作，清洗废水一般浓度较高。

下脚料废液清洗水——在口服液生产中，醇沉过程中产生一定量的下脚料，水量不多，浓度极高，是重要污染源。

提取工段废水——这部分废水主要来自各个设备的清洗和地面冲洗，由于提取、分离、浓缩的环节和设备多，因而废水较多，浓度高，是重要污染源。

辅助工段的清洗水——如成品工序中，安瓿的清洗水。

2. 主要特征

中药制药主要原料均系天然有机物质，含有木质素、木质蛋白、果胶、半纤维素、脂蜡以及许多其他复杂有机化合物，在生产过程中，胶体的成分互相起乳化、水解、复分解和溶解等作用，最终产物有木糖、半乳糖、甘露糖、葡萄糖等碳水化合物。在漂洗过程中，这些有机物部分进入废水中，使中药废水水质成分复杂，废水中溶解性物质、胶体和固体物质的浓度都很高。其主要特征如下：

（1）中药生产的原材料主要是中药材，在生产中有时须使用一些媒质、溶剂或辅料，因此，水质成分较复杂；

（2）废水中 COD 浓度高，一般为 14 000～100 000 mg/L，有些浓渣水甚至更高；

（3）废水一般易于生物降解，BOD/COD 一般在 0.5 以上，适宜进行生物处理；

（4）废水中 SS 浓度高，主要是动植物的碎片、微细颗粒及胶体；

（5）水量间歇排放，水质波动较大；

（6）在制造过程中要用酸或碱处理，废水 pH 值波动较大；

（7）由于常常采用煮炼或熬制工艺，排放废水温度较高，带有颜色和中药气味。

（二）废气污染

主要为锅炉燃料燃烧产生的烟气、粉尘和挥发性有机物，药材粉碎等工序产生的药物粉尘以及制药过程中使用的部分挥发性有机物的泄漏。

（三）固体废弃物污染

主要为提取过药物后的药材废渣、锅炉炉渣、废弃的药剂、除尘的粉煤灰和污水处理厂污泥等。

（四）环境噪声污染

主要来自粉碎机、空压机、包装机、压片机、风机等生产设备的运转。

六、中草药工业产污数据

表 13-15 污染源普查中草药工业产污数据

产品	原料	工艺	生产规模/(t/a)	污染物	产污系数
中药饮片	中草药	炮制工艺	1000 以上～200～200 以下	工业废水量/（m^3/t 产品）	1.28～1.32～1.5
				COD/（kg/t 产品）	2.00～4.00～6.00
中成药	中药饮片	固体制剂工艺	1000 以上～200～200 以下	工业废水量/（m^3/t 产品）	124.3～195.6～415
				COD/（kg/t 产品）	133～186～345 有煮提工序 26.9～37.6～69.9 无煮提工序
				石油类/（kg/t 产品）	1.7～1.9～2.1
				医药废弃物/（kg/t 产品）	
中成药	中药饮片	液体制剂工艺	1000 以上～200～200 以下	工业废水量/（m^3/t 产品）	130.6～230.3～580.4
				COD/（kg/t 产品）	121～174～391
				石油类/（kg/t 产品）	1.6～1.8～1.9
				医药废弃物/（kg/t 产品）	-

注：规模等级为所有规模；数据主要参照《第一次全国污染源普查工业污染源产排污系数手册》。

第五节 提取类制药工业污染源环境监察

一、提取类制药的产品类型

表 13-16 提取类药物代表品种

来源	分类	主要品种
人体		胎盘丙种球蛋白、尿激酶、绒毛膜促性激素
动物	氨基酸类	缬氨酸、亮氨酸、丝氨酸、胱氨酸、赖氨酸、酪氨酸、色氨酸、组氨酸、左旋多巴、水解蛋白等
	多肽与蛋白质类	胰岛素、胸腺素、绒促性素、鱼精蛋白、胃膜素、降钙素、尿促性素等
	酶类	胃蛋白酶、胰蛋白酶、胰酶、菠萝蛋白酶、细胞色素 C、纤溶酶、尿激酶、蚓激酶、胰激肽原酶、弹性蛋白酶、糜蛋白酶、玻璃酸酶、超氧化物歧化酶、溶菌酶、凝血酶、抑肽酶、降纤酶等
	核酸类	辅酶 A、三磷腺苷、二钠肌苷、胞磷胆碱钠、阿糖胞苷、利巴韦林、阿昔洛韦、去氧氟尿苷等
	糖类	甘露醇、肝素、低分子肝素、硫酸软骨素、冠心舒、玻璃酸、甲壳质右旋糖酐等
	脂类	豆磷脂、胆固醇、胆酸、猪去氧胆酸、胆红素、卵磷脂、胆酸钠、辅酶 Q10、前列腺素、鱼油、多不饱和脂肪酸、羊毛脂等

来源	分类	主要品种
植物	糖类	（1）单糖类：葡萄糖、果糖、核糖、维生素 C、木糖醇、山梨醇、甘露醇等； （2）聚糖类：蔗糖、麦芽糖、淀粉、纤维素、人参多糖、黄芪多糖等； （3）糖的衍生物：葡萄糖-6-磷酸等
	脂类	（1）脂肪和脂肪酸类：亚油酸、亚麻酸； （2）磷脂类：大豆磷脂； （3）固醇类：β-谷固醇、豆固醇等
	蛋白质、多肽、酶类	天花粉蛋白、蓖麻毒蛋白、胰蛋白酶抑制剂、木瓜蛋白酶、辣根过氧化物酶、超氧化物歧化酶、麦芽淀粉酶、脲酶
	苯丙素类	苯丙烯、苯丙酸、香豆素等
	醌类	辅酶 Q10、紫草素等
	黄酮类	黄酮醇、花色素、黄芩苷等
	鞣质	奎宁酸、槲皮醇等
	萜类	青蒿素、齐墩果酸等
	甾体	洋地黄毒苷元等
	生物碱	咖啡因、喜树碱等
海洋生物		海藻酸钠等

二、提取类制药生产工艺

提取类制药工艺大体可分为六个阶段：原料的选择和预处理、原料的粉碎、提取、分离纯化、干燥及保存、制剂。

提取也称抽提、萃取，其含义基本相同，就是利用一种溶剂对物质的不同溶解度，从混合物中分离出一种或几种组分，制成粗品的过程。提取法可分为两类，一类为固体的处理，也称液—固萃取；一类为液体的处理，也称液—液萃取。

提取常用的溶剂为水、稀盐、稀碱、稀酸溶液，有的用不同比例的有机溶剂，如乙醇、丙酮、氯仿、三氯乙酸、乙酸乙酯、草酸、乙酸等。提取受溶剂种类、pH、温度等条件影响。

纯化即提取出的粗品精制的过程。主要应用的方法有：盐析法、有机溶剂分级沉淀法、等电点沉淀法、膜分离法、层析法、凝胶过滤法、离子交换法、结晶和再结晶作用等。

三、提取类制药工业的环境污染

（一）废水污染

提取类制药生产企业排放的废水主要有以下几种：

（1）原料清洗废水：主要污染物为 SS、动植物油等；

（2）提取废水：通过提取装置或有机溶剂回收装置排放。废水中的主要污染物为提取后的产品、中间产品以及溶解的溶剂等，主要污染指标为 COD、BOD、SS、氨氮、动植物油等，是提取类制药的主要废水污染源；

（3）精制废水：提取后的粗品精制过程中会有少量废水产生，水质与提取废水基本相同；

（4）设备清洗水：每个工序完成一次批处理后，需要对本工序的设备进行一次清洗工作，清洗水的水质与提取废水类似，一般浓度较高，为间歇排放；

（5）地面清洗水：地面定期清洗排放的废水，主要污染指标为 COD、BOD、SS 等。

进水 COD 浓度范围为 193～40 400 mg/L。大多数厂家进行高浓度和低浓度废水的清污分流，一般高浓度废水的进水 COD 浓度在 10 000 mg/L 以上，经预处理后的高浓度废水与其他废水的混合废水进水浓度，即废水处理站的进水浓度，COD 值一般在 4 000 mg/L 以下，大多数在 500～1 500 mg/L。

表 13-17　某生物技术有限公司原水水质状况

名称	COD/（mg/L）	BOD_5/（mg/L）	SS/（mg/L）	色度/倍	NaCl/（mg/L）	Na_2SO_4/（mg/L）	pH
含量	20 000～30 500	10 000～15 000	200～500	＞100	18 000～26 000	4 000～6 000	6～9

（二）废气污染

（1）对植物提取，在原料清洗过程中会有粉尘排放；对动物提取，原料清洗及粉碎过程会有恶臭气体排放；

（2）产品的干燥、包装过程有药尘排放；

（3）提取过程和溶剂回收过程中会有溶剂挥发。

（三）固体废弃物污染

锅炉产生的炉渣与除尘的粉煤灰、废弃的药剂（属危险废物，注意收集和处置方式）。

第六节　混装制剂类制药工业污染源环境监察

一、混装制剂类制药生产的分类

混装制剂类药物是指通过混合、加工和配制等操作方式、工艺用各种原料药制成的药物成品。混装制剂类药物按药性机理可分为化学药品制剂和中药制剂。其中中药制剂在制药工业污染物排放标准体系中列入中药类。按照生产产品的种类、不同生产工艺将混装制剂类制药企业分为固体制剂类生产企业、注射剂类生产企业和其他制剂类生产企业三大类。

由于制备不同的药物制剂其生产工艺不同，而不同生产工艺又会导致其污染物的产生量、组成、性质也各不相同。

二、固体制剂类药物工业污染源环境监察

（一）固体制剂类药物生产工艺

固体制剂类药品又可按照剂型分为片剂、胶囊剂、颗粒剂等。

1．片剂的制备

制备片剂的主要单元操作包括粉碎、过筛、称量、混合（固体—固体、固体—液体）、制粒、干燥及压片、包衣和包装等。

2．胶囊剂的制备

胶囊剂系指将药物填装于空的硬胶囊或具有弹性的软胶囊中所制成的固体制剂。填装的药物可为粉末、液体或半固体。硬胶囊剂是由囊身、囊帽紧密配合的空胶囊（胶壳），内填充各种药物而成的制剂。其制备过程可分为制备空胶囊和药物填充两个步骤。

3．颗粒剂的制备

颗粒剂系指药物与适宜的辅料制成具有一定粒度的干燥颗粒状制剂。颗粒剂的生产工艺较简单，片剂生产压片前的各个工序再加上定量剂包装就构成了颗粒剂整个生产工艺。

（二）固体制剂类药物的环境污染

表 13-18 固体制剂类药物的污染物来源

“三废”	污染物来源
污水	包装容器清洗废水，污染物浓度极低； 工艺设备清洗废水，这种废水 COD 较高，但数量不大； 地面清洗废水，其污染物浓度低
废气	磨粉过筛、制粒、干燥、总混、压片和胶囊填充过程中产生的粉尘
固体废弃物	生产包装过程中或储存药品过程中产生的废旧包装材料和报废过期药品

三、注射剂类药物工业污染源环境监察

（一）注射剂类药物的生产工艺

注射剂是指将药物制成供注入人体内的灭菌溶液、乳浊液或混悬液，以及供临用前配成溶液或混悬液的无菌粉末。主要有溶液型注射剂和无菌粉末注射剂。

1．水针的制备

生产过程包括原辅料的准备、容器的处理、配制、过滤、灌封、灭菌检漏等。

生产过程中主要污染源是注射用水制备过程产生的酸碱废水，安瓿、设备清洗过程中产生的清洗废水，以及灭菌检漏工序段排出的灭菌检漏用废水。

2．输液的制备

生产过程包括原辅料的准备、浓配、稀配、瓶外洗、粗洗、精洗、灌封、灭菌、检

验等。

生产过程中主要污染源是纯化水和注射用水制备过程产生的酸碱废水，以及输液瓶、胶塞、隔离膜等清洗过程中产生的清洗废水。

3．无菌分装粉针剂的制备

是指在无菌条件下将符合要求的药粉通过工艺操作制备的非最终灭菌无菌注射剂。其生产过程包括原材料的擦洗消毒、瓶粗洗和精洗、灭菌干燥、分装、压盖、检验包装等步骤。

生产过程中的主要污染源为玻璃瓶和胶塞的清洗废水，纯化水和注射用水制备过程产生的部分酸碱废水，以及粉针分装工序产生的含尘废气。

4．冻干粉针剂的制备

冻干粉针剂是指用冷冻法制得的注射用无菌粉末。

冻干粉针剂的生产工序包括洗瓶及灭菌干燥、胶塞处理及灭菌、铝盖洗涤及灭菌、原辅料称量、配液、过滤、分装加半塞、冻干、压盖、检验包装等。

生产过程中的主要污染源为玻璃瓶、胶塞和铝盖的清洗废水，纯化水和注射用水制备过程产生的部分酸碱废水，以及过滤工序中产生的废活性炭和废滤纸。

（二）注射剂类药物的环境污染

表 13-19 注射剂类药物的污染物来源

“三废”	污染物来源
污水	纯化水和注射用水制备过程中产生的部分酸碱废水，生产设备和包装容器的洗涤水，厂房地面的冲洗水
废气	废气污染源仅为无菌分装粉针剂生产过程中粉针分装工序产生的粉尘
固体废弃物	固体废弃物污染源为生产、包装过程中，储存药品过程中产生的废旧包装材料和废旧过期药品以及过滤工序中产生的废活性炭和废滤纸

四、其他制剂类药物工业污染源环境监察

（一）其他制剂类药物的生产工艺

其他制剂类是指除固体制剂类和注射剂类药品以外的所有制剂药品。常用的其他制剂包括软膏剂、栓剂等。

1．软膏剂的制备

软膏剂是指药物、药材、药材的提取物与适宜基质均匀混合制成具有适当稠度的半固体外用制剂。

主要生产过程包括：基质处理，药物处理，配制、灌装、封口包装等。

主要污染源为生产设备的冲洗水和厂房地面的冲洗水，以及在生产包装过程中产生的废料（废药）和少量废包装材料。

2. 栓剂的制备

栓剂是指药物和基质混合制成，专供纳入腔道的一种固体剂型。

目前栓剂制备最常用的方法是热熔法，水溶性基质及脂肪性基质的栓剂均可用此法制备。生产过程主要包括：基质熔融，药物成分的处理，熔融基质与主要成分的混合，注模铸造，脱模等。

（二）注射剂类药物的环境污染

表 13-20 注射剂类药物的污染物来源

“三废”	污染物来源
污水	主要废水污染源为生产设备的冲洗水和厂房地面的冲洗水
固体废弃物	为生产包装过程中产生的废料（废药）和少量的废包装材料

表 13-21 污染源普查化学制药工业产污数据

产品	原料	工艺	规模	污染物	产污系数
生物制药原药	玉米、淀粉、葡萄糖等	发酵	1 000以上～200～以下	工业废水量/（m^3/t 产品）	319～818
				COD/（kg/t 产品）	1 014～1 172～1 485
				总磷/（kg/t 产品）	1.4～1.65～2.15
				石油类/（kg/t 产品）	3.1～4.3～4.6
				医药废弃物/（kg/t 产品）	276～454
化学药品制剂	化学药品原药	固体制剂工艺	1 000以上～200～以下	工业废水量/（m^3/t 产品）	39.6～125.45～345.8
				COD/（kg/t 产品）	26.1～61.9～119.9
				石油类/（kg/t 产品）	1.8～1.9～2.1
				医药废弃物/（kg/t 产品）	1.4～2.9～4.5
		液体制剂工艺	1 000以上～200～以下	工业废水量/（m^3/t 产品）	96.07～165.8～367.4
				COD/（kg/t 产品）	25.8～41.5～73.5
				石油类/（kg/t 产品）	1.6～1.9～2.1
				医药废弃物/（kg/t 产品）	0.6～1.2～2.1

第十四章　城镇污水处理厂环境监察

第一节　城镇污水处理厂概述

一、城镇污水处理厂存在的问题

随着城镇化进程的推进，城市的功能越来越多地体现出生活和以第三产业为主的特点，在许多城市生活废水占城市废水产生量的50%以上，COD和NH_3-N的产生量也在50%以上。“十一五”期间，生活污水中COD削减为全国污染减排作出了巨大贡献，许多城市都建设了配套的城市污水处理厂，城市污水处理厂的运行管理也逐渐完善。

目前，许多城市运行的污水处理厂在管理体制、经营模式、技术管理、资金保障、员工素质、污水来源等方面存在着诸多问题。导致许多污水处理厂并未实现建设规划的环境目标，给负责城市环境监察人员的执法带来很多困难。

（一）城镇污水处理厂管理体制和经营模式方面存在的问题

我国绝大多数的城镇污水处理厂都是隶属于某个市政管理部门的事业单位。城镇污水处理厂应以处理城镇污水并使其达标为主要目标，但实际上这些单位多把自己看成是行政管理部门，只服从上级主管部门的管理，所以环境保护行政主管部门对其很难进行有效监管。为了解决城镇污水处理厂管理体制不顺的问题，我国经济发达地区已经尝试在城镇污水处理厂管理中引入 BOT、TOT 等国际先进模式，也有一些城镇污水处理厂进行了企业改制。

（二）城镇污水处理厂在技术管理、员工素质和污水来源方面存在的问题

早期建设的城镇污水处理厂原有设计目标主要是处理COD并使其达标排放，而NH_3-N的处理能力有限，导致NH_3-N很难达标。已越来越适应不了“十二五”期间的减排要求。城镇污水处理厂的技术处理工业污水，难度很大，对有些污染物指标是没有处理能力的，但是现在很多城镇污水处理厂接收的工业污水量所占的比例越来越大，导致多项污染物指标超标。

很多城镇污水处理厂的员工专业素质不高，很多是事业单位编制，并无长期在污水处理厂工作的打算。

二、城镇污水处理厂的废水来源

为了对城镇污水处理厂进行有效的环境监督管理，城镇污水处理厂可以按照废水来源、污水处理技术和方法等几个方面分为如下两类：一类是只处理生活污水的城镇生活污水集中处理设施（国家有比较多的优惠政策）；一类是只处理工业废水的污水处理厂（有比较严格的监管措施和标准）。

还有一部分城镇生活污水处理厂受纳的污水既有生活污水又有工业废水，此类污水处理厂应该按照生活污水和工业废水的多少来确定是属于生活污水处理厂还是工业污水处理厂来进行管理。

（1）按照污水处理厂的进水浓度进行判断。全部为生活污水的进水 COD 浓度一般为 300 mg/L 左右，混入工业废水后进水 COD 浓度超过设计限值的，处理起来很难达标，应要求污水处理厂进行工艺改进，应按照工业污水处理厂进行管理。由于国家没有统一规定，COD 浓度一般不应超过 500 mg/L，建议地方环保部门根据具体情况制定各自的划分标准。

（2）依据进水中工业废水混入的比例确定污水处理厂的类型，但是由于在污水收集管道中缺少计量手段，如何确定生活污水和工业废水的比例仍存在诸多的困难。

三、城镇污水处理厂工艺类型

（一）污水处理厂建设规模类别（以污水处理量计，单位：万 m^3/d）

Ⅰ类：50～100；Ⅱ类：20～50；Ⅲ类：10～20；Ⅳ类：5～10；Ⅴ类：1～5。

（二）污水处理级别

一级处理（包括强化一级处理）：以沉淀为主体的处理工艺；
二级处理：以生物处理为主体的处理工艺；
三级处理（深度处理）：进一步去除二级处理不能完全去除的污染物。

（三）污水处理厂建设内容

包括污水处理和污泥处理的生产设施、辅助生产配套设施、生产管理与生活设施。

生产设施包括：

① 一级处理污水厂：污水一级处理和污泥处理设施。污水一级处理一般包括除渣、污水提升、沉砂、沉淀、消毒及出水排放设施。强化一级处理时可增加投药等设施。污泥处理一般可包括污泥储存和提升、污泥浓缩、污泥厌氧消化系统、污泥脱水和污泥处置等设施。

② 二级处理污水厂：包括污水二级处理和污泥处理设施。污水二级处理根据工艺的特点可全部或部分包括污水一级处理所列项目及生物处理系统设施。污泥处理可与一级污水厂的内容相同，污泥的稳定可采用厌氧消化、好氧消化和堆肥等方法进行处理。

③ 污水深度处理厂宜由以下单元技术优化组合而成：絮凝、沉淀（澄清）、过滤、活

性炭吸附、离子交换、反渗透、电渗析、氨吹脱、臭氧氧化、消毒等。

（四）污水处理工艺的选择

城市污水二级处理的生物处理工艺可分为活性污泥法和生物膜法两大类。活性污泥法主要包括以下工艺：传统法生物处理；前置缺氧区（生物选择器）普通曝气生物处理；缺氧、好氧法脱氮生物处理；厌氧、好氧法除磷生物处理；厌氧、缺氧、好氧法脱氮除磷生物处理；序批式（SBR）生物处理；氧化沟法生物处理；AB 法生物处理。生物膜法主要包括生物滤池以及生物接触氧化法等工艺形式。污水处理工艺的选择，应根据污水水质与水量、受纳水体的环境功能要求与类别，并结合当地的实际情况，经技术经济比较后确定。应优先选用低能耗、低运行费、低投入及占地少、操作管理方便的成熟处理工艺。为使选择的污水处理工艺符合实际的污水水质和处理程度的要求，可在污水处理厂建设前进行小型试验，确定有关的工艺参数。

（五）污水处理级别及排放标准确定

应根据污水水质、受纳水体的污染物总量控制标准以及水体的类别和使用功能等因素，在环境影响评价的基础上，通过技术经济比较后确定。可根据对污水处理程度的不同要求，选择相适应的污水处理级别。当要求悬浮物和五日生化需氧量的去除率分别达到40%～55%和 20%～30%时，可选用污水一级处理；当要求悬浮物和五日生化需氧量的去除率不低于 65%时，可选用污水二级处理；污染物的去除率介于污水一级处理和二级处理之间时，应经全面的技术经济比较，可采用投加药剂的强化一级处理；对除磷要求较高，生物除磷不能满足要求时，可辅以化学除磷；污水处理厂出水进行再利用时，应根据使用的目的进行适当的深度处理。污水处理厂出水不允许排入《地表水环境质量标准》（GHZB 1—1999）中规定的Ⅰ、Ⅱ类水域和《海水水质标准》（GB 3097—1997）中规定的一类海域。污水处理厂出水排入《地表水环境质量标准》（GHZB 1—1999）中规定的Ⅲ类水域（划定的保护区和游泳区除外）和排入《海水水质标准》（GB 3097—1997）中规定的二类海域的水质应符合《污水综合排放标准》（GB 8978—1996）中一级排放标准的规定。污水处理厂出水排入《地表水环境质量标准》（GHZB 1—1999）中规定的Ⅳ、Ⅴ类水域和排入《海水水质标准》（GB 3097—1997）中规定的三类海域的水质应符合《污水综合排放标准》（GB 8978—1996）中二级排放标准的规定。污水处理厂出水排放的污染物总量必须小于水体的环境规划或环境影响评价确定的污染物总量控制标准。对排入封闭和半封闭水域、现已富营养化或存在富营养化威胁的水域，应选用具有除磷脱氮功能的污水二级处理工艺。

（六）污水处理厂污泥处置

污水处理产生的污泥应进行妥善处理与处置。污泥处理工艺应根据污泥量、污泥性质、最终处置方法及对自然环境的影响等因素综合考虑确定。常规处理工艺宜为浓缩、消化、脱水。污泥的处置方法应结合当地的条件，在技术经济分析的基础上综合确定，可采用与城市垃圾一起处置、卫生填埋、焚烧以及作为农用或绿化用肥料等方法，处置的污泥应符合国家现行的有关标准的规定。

主要工艺类型		污染物负荷	主要污染物去除功效				污泥产生量	单位建设成本	单位运行成本	备注说明
			SS	COD	BOD	脱氮除磷功能				
传统活性污泥（ASP）		中	较好	一般	好	无	中	中，规模越大越低	中，规模越大越低	只能作为常规二级处理，适用于大型城市污水处理厂
AB		高	好	较好	好	常规无，改良有，效果较差	大	较高	较高	适合于高浓度污水处理、超负荷污水处理厂的改造、大型污水处理厂往往因资金严重不足，而必须分期进行
一级强化或A段+排海（江）		高、中	差	差	差	无	大	低	低	过渡型工艺，在性价比上有较好的优势，一般适用于排江、排海场合，目前已很少采用
A/O	常规	中	较好	较好	好	可有	较大	中	较低	适用于除磷或者脱氮的场合
	改良	高、中	较好	较好	好	可有	较大	中	较低	
A^2/O	常规	中	较好	好	好	一般	较大	较高	中	适用于同时除磷脱氮的场合
	改良	中	较好	好	好	较好	较大	较高	中	增加了回流比，脱氮除磷效果较好
	倒置	中	较好	好	好	较好	较大	较高	中	增加了回流比，脱氮除磷效果较好
氧化沟	Carrousel	高、中	较好	较好	好	较好	中	较高	高	新型Carrousel2000、Carrousel3000适用范围更广、脱氮除磷效果更好
	Orbal	中	较好	较好	好	好	中	高	高	推荐应用于中小规模的城市污水处理厂
	三沟氧化沟	中	较好	较好	好	不稳定	中	中	高	适合间歇排放和流量变化较大的地方
	一体化氧化沟	中	较好	较好	好	一般	中	中	高	
SBR（序列间歇式活性污泥法）	经典SBR	中、低	好	较好	好	一般	小	中	中	中小城镇污水和厂矿企业的工业废水，尤其是间歇排放和流量变化较大的地方
	ICEAS	中、低	好	较好	好	一般	小	较高	中	
	CASS	中、低	好	较好	好	较好	小	较高	中	

第二节　城镇污水处理厂环境监察

一、城镇污水处理厂水量的环境监察

城镇污水处理厂水量环境监察包括对进水和出水水量的检查和核定，检查的目的是核定进水水量和出水水量的真实性。同时还要判断进水量和出水量的水平衡，通过水平衡分析判定是否存在不正常排放和超越偷排等违法行为。

（一）城镇污水处理厂进水水量监察内容

项目	内容
查台账资料	查设计文件：城镇污水处理厂均有其明确的设计进水水量。通常情况下，污水处理厂实际进水水量应不大于最大设计进水水量（设计规模乘以变化系数 K，一般 K 取 1.1～1.3），如果进水量长期超过设计规模甚至最大设计进水水量，那么数据就很可能不真实。 查验收资料：验收材料包括污水处理厂验收材料和污水收集管网验收材料两部分。污水处理厂验收材料要重点查阅进水水量、污水构成（即纳管的工业污水情况及所占比例）等。管网验收材料要重点监管管网长度、收水范围、服务人口和提升泵站等
查流量计	流量计的计量包括瞬时流量和累计流量的计量。 一是根据瞬时流量计显示流量，同时查阅中控室进水水量历史曲线，对照近期每天进水量变化规律，估算日进水量； 二是根据累计流量计显示流量除以对应的时间计算得出日平均进水水量。用累计流量监管进水水量与中控室进水水量历史曲线进行校核
查超越管溢流	多数污水处理厂设置有超越管，要根据超越管位置进一步监管确认进水水量。 超越管设置有的位于进水提升泵的集水井中，有的位于生化池前的分配井中，个别污水处理厂在这两个位置都设置了超越管。如流量计位于超越管前，且超越管阀门开启，核算时要扣除溢流部分的水量；如流量计位于超越管后，则流量计读数就是实际进水水量
查其他重复计算的水量	个别污水处理厂为了增加进水水量将处理后的部分废水通过管道重新输入进水流量计前，重复计算进水水量（对于以进水水量作为 COD 减排核算依据的污水处理厂此项要重点监管）。 另外，污水处理厂污泥压滤废水会重新进入污水处理系统，部分污水处理厂这部分废水经过进水流量计重新计入进水水量
查中控室相关设备运行记录	查水泵运行时间和水泵流量，用运行时间乘以水泵流量计算得出进水水量。 查集水井液位、进水提升泵电流和扬程，并将之和进水量曲线对照，判定进水水量记录是否准确

（二）城镇污水处理厂出水水量监察内容

项目	内容
查流量计	参考进水水量监管办法，核算出水水量。需要注意的是，有的污水处理厂出水流量计前还有其他废水（如超越废水等）排入，在现场要详细监管，对未经处理的废水根据实际情况核减
查在线监控数据	根据环保部门在线监控数据核算出水水量
查监督性监测报告	根据环保部门监督性监测报告核算出水水量
监管对照进、出水水量	污水处理厂进、出水水量应非常接近，如没有超越排放，出水水量加上剩余污泥含水量应等于进水水量。进、出水水量差距较大时需进一步对照核实

（三）其他水量验证方法

用产泥量验证：查阅污水处理设施的生产运行台账，通过干泥或湿泥（一般含水率为80%）产生量来反算处理水量。一般处理水量和干泥产生量比例为1∶0.000 1～1∶0.000 12；湿泥产生量比例要根据污泥含水率计算。

用电量验证：查阅污水处理设施的生产运行台账，通过用电量来反算污水处理设施处理水量。一般处理1t污水耗电量为0.2～0.35kWh。

用管网服务人口验证：通过监管管网验收材料、管网覆盖人口情况验证处理水量。处理水量为管网覆盖人口与人均综合排水量之积。

二、城镇污水处理厂水质环境监察

检查城镇污水处理厂的水质主要是想获得排放废水中主要污染物的准确浓度，可以利用手工监测数据和自动监控数据。

（一）进水水质监管

多数污水处理厂在进口不设水质在线监控设备，同时由于多种因素影响，污水处理厂的进水水质报告有时难以反映实际进水水质状况，环境监察应定期取得进口浓度的监测数据，一方面可以了解进水情况，另一方面可以通过某一污染物进出口浓度判断污水处理的效率。

项目	内容
查台账资料	查阅污水处理厂设计文件和验收材料，了解污水处理厂设计进水浓度上限。查阅污水处理厂运行台账及日常监管记录，实际进水浓度一般不应大于其设计进水浓度。通常南方污水处理厂生活污水进水COD浓度不超过350mg/L，北方不超过500mg/L
查进水水质指标	一般生活污水水质各指标间存在下述关系：$6.5<pH<7.5$、$BOD_5/TP>20$、$BOD_5/TN>3.5$、$BOD_5/COD\geqslant 0.3$，查阅污水处理厂每日监测记录或环保部门监督监测报告，可根据各进水水质指标间的逻辑关系判断上报的进水COD浓度是否正常

项目	内容
查进水表观特征	一般颜色较深和气味较重的水有机质成分较多，COD 浓度也较高
查设备运行参数	用曝气机等设备运行参数可推断进水水质情况。通常进水 COD 浓度较高，需要的气水比高、曝气量大，曝气电机电流或功率也大。一般二级污水处理厂气水比为处理每吨污水需 5～12 m^3 空气。如运行正常但实际曝气量明显低于上述标准，则推断进水浓度明显低于设计标准，进一步查阅中控室曝气设备相关运行参数历史曲线或运行记录，可初步推断实际进水水质情况
查污泥浓度（MLSS）	生化反应池污泥浓度一般为 2 000～5 000 mg/L。污泥浓度长期偏低且运行正常，则进水浓度可能较低。如设计污泥浓度为 4 000 mg/L、设计进水 COD 浓度为 350 mg/L，若运行正常的污水处理厂实际污泥浓度仅 1 000～2 000 mg/L，则推断实际进水浓度会明显低于设计的 350 mg/L

（二）出水水质监管

项目	内容
查在线监测数据	符合规范要求的在线监测数据是判断污水处理厂设施运行状况及出水水质情况的重要依据，是核算污水处理厂 COD 排放量和去除量的主要数据
查监督性监测报告	根据环保部门监督性监测报告和污水厂的运行台账，监管污水处理厂出水浓度
查出水表观特征	处理较好的废水应该是清澈透明的。出水发黄（如没有工业废水的影响）可能氨氮或总氮会超标；在总排口生长较多的丝状藻类，通常源于出水总磷偏高；有二沉池的污水处理厂，如沉淀效果不好，泥水没有明显分界线，可导致 SS 和 COD 超标

三、城镇污水处理厂设施运行的环境监察

城镇污水处理厂设施运行是否正常，可以通过许多物理和化学的表征现象进行判断。检查和判断内容包括：查看配水是否合理，曝气是否均匀；活性污泥的颜色、气味、浓度是否正常，有无浮泥，污泥是否膨胀；二次沉淀单元的吸、刮泥设备运行，水质透明度、浑浊度、颜色、气味是否正常等。

（一）检查活性污泥是否正常

项目	内容
检查污泥浓度	活性污泥法或氧化沟法污泥浓度一般为 2 000～5 000 mg/L，低于 1 000 mg/L 难以保障正常处理效果，出水水质可能超标；高于 8 000 mg/L（原因可能有高浓度工业废水进入或污泥膨胀等）会导致出水泥水分离效果差，出水 SS、COD 可能超标
检查污泥表征	正常污泥的颜色一般呈黄褐色，有泥土气味；曝气时，废水泡沫不多，且较容易破裂。如没有特殊工业废水进入，污泥颜色发黑（接近污水）、发臭，废水泡沫增多、不易破碎，则处理效果可能较差甚至出水超标（原因主要有曝气不足、进水 COD 偏高、生化不充分、污泥龄短、污泥负荷高等）

项目	内容
检查污泥沉降性能	污泥沉降性能可通过污泥沉降比（SV）或污泥容积指数（SVI）来反映。SV 值一般为 20%～30%，如低于 5%，则污泥生化性较差，SV 值过低（原因主要有进水 COD 浓度过低、长期过度曝气等）；如高于 50%，则污泥性状不佳或有膨胀的趋势；如高于 80%，则污泥已经膨胀了，出水 SS、COD 和 TP 均有可能超标。SV 值过高一般源于供氧不足，出水 COD 和氨氮都有可能超标。SVI 值 [SVI=（SV×10）/MLSS] 一般在 80～150mL/g，污泥容积指数 SVI 是指曝气中的混合液静置 30min 后，每克干污泥形成的沉淀污泥所占的容积，其单位为 mL/g，如 SVI 值大于 150 mL/g，污泥中丝状菌较多，出水 SS 和 TP 均有可能超标（此时，污泥颜色浅黄。原因主要有污泥龄长，曝气过量，污泥负荷低等）。如 SVI 值小于 80mL/g 时，出水 TN 和氨氮可能超标（有两种可能原因，一是进水 COD 浓度低、污泥无机化；二是污泥负荷太高）；如果 SVI 过低，出水水质多数指标均有可能超标
检查剩余污泥	剩余污泥的排放是废水中有机物转移的重要途径，也是去除废水中总磷的唯一途径。对剩余污泥应重点关注污泥量、污泥性状和污泥去向。 （1）污泥量 一般情况下，污水处理厂污泥产量为每处理 10000t 废水产生 1～1.2t 干污泥，每处理 1t COD 产生 0.2t 干污泥（一般取 0.4t）。 由于污泥龄、污泥回流比以及设计工艺的不同，实际产泥量可能高于或低于上述比例，如同样的氧化沟工艺，污泥龄分别为 10d 和 15d 的污水处理厂，前者污泥理论产量比后者多 20%～50%。当然，如果产泥量严重偏离前述指标，现场要结合运行情况和生化反应池中污泥的浓度、颜色、沉降性能等进行判断。因此，对于不同的污水处理厂，污泥产量存在一定差异，监管这一指标是否正常需要结合设计文件、生化池污泥性状、单位电耗、实际运行效果等综合评价。 （2）污泥性状 运行正常的污水处理厂脱水污泥呈黄褐色，有泥土气味，不沾手，结成块状；运行不正常的腐败污泥或无机化污泥，颜色发黑，沾手，呈松散状。 （3）污泥去向 监管污泥去向可以进一步确认污水处理厂运行情况，并可通过对污泥去向的监管确定污泥是否得到了安全处置

（二）溶解氧（DO）的监察

项目	内容
参照数值	一般生化反应池厌氧段溶解氧浓度为 0～0.2mg/L，缺氧段溶解氧浓度为 0.2～0.5mg/L，好氧段溶解氧浓度为 1.5～3mg/L。 对于生化反应池好氧段来说，如果溶解氧过量，会出现污泥发黄、无机质成分增多、氨氮硝化过度、总磷吸附量下降等情况，可导致出水段泥水分离快、总磷偏高；同时，由于好氧段溶解氧过量，又可能导致缺氧段和厌氧段溶解氧浓度升高，不利于反硝化脱氮。如果生化反应池好氧段溶解氧过低，会出现污泥颜色发黑、生化不充分、氨氮硝化不足等情况，可导致废水处理效果降低，出水 COD 和总氮超标
监察方法	了解溶解氧浓度可查阅现场在线监测仪表，也可查阅中控室相关数据。一般生化反应池溶解氧浓度和曝气设备曝气量呈同向变化的关系，因此可通过监管设备曝气量来监管溶解氧浓度。监管时，查阅正常运行时的设备曝气量（或曝气设备运行电流），此时如果生化池溶解氧正常，则把这一曝气量（或曝气设备运行电流）作为标准值，对照历史记录，如果历史记录长时间明显低于上述曝气量（或曝气设备运行电流）标准值，则历史曝气量可能不足。 需要注意的是，进水浓度低、污泥浓度低等都可能要求降低曝气量，此时如果增加曝气量，反而不利于正常的生化反应。另外，由于曝气头损坏常会导致大量气体逃逸（可能有 30%以上的空气未发挥作用），水面呈现“开锅”现象，此时曝气量（或曝气设备运行电流）虽然符合要求，但生化反应池溶解氧浓度会明显低于正常标准，难以保障出水 COD 等指标稳定达标

（三）气水比的监察

项目	内容
参照数值	气水比是生化反应池每小时的曝气气体量和污水量的体积比，是保障生化反应池一定溶解氧浓度的过程控制指标。一般情况下污水处理厂气水比为处理每吨污水需空气 3～12 m^3（一般取 5～12 m^3）
监察方法	进水量稳定时，主要通过监管曝气设备的曝气量确定气水比是否正常。曝气量监管办法和前述溶解氧监管办法相同。 需要注意的是，如果气水比长时间明显低于标准值，现场监管就需进一步查找原因。如果进水量、进水水质、生化池污泥浓度和曝气量同步下降，且生化池各检测点溶解氧满足设计要求，出水水质稳定达标，则应认可该曝气量正常

（四）氧化还原电位（ORP）的监察

项目	内容
参照数值	氧化还原电位是判断缺氧和厌氧段反硝化情况的一项指标。通常氧化还原电位在厌氧段小于–250 mV，在缺氧段小于–100 mV。好氧大于+100 mV。 需要注意的是，一般微生物代谢需要的营养物组成碳（C）、氮（N）、磷（P）的比例是 C：N：P=100：5：1，如果进水 COD 浓度低，则碳源不足，此时 ORP 将增大，甚至为正值
监察方法	监管氧化还原电位可查阅现场在线监测仪表，也可查阅中控室相关数据

（五）耗电量的监察

项目	内容
影响因素	处理单位污水电耗量（以下简称电耗量）是判断污水处理厂是否正常运行的重要参数。影响电耗量的因素较多，主要有： 设计处理规模和实际处理水量：同一工艺，规模和处理水量越大，电耗量越低； 进水水质和水温：进水有机物浓度越高电耗量越大，水温越高电耗量越低； 曝气方式：微孔曝气电耗量较低，表曝机、转碟、转刷等机械曝气电耗量较高； 污泥脱水方式：采用离心脱水机的污水处理厂电耗量较高，采用带式脱水机的污水处理厂电耗量较低； 出水消毒方式：紫外消毒电耗量较高，加氯消毒的电耗量较低； 设备效率：进水泵、回流泵、鼓风机等采用先进的进口设备且带变频调速装置时电耗量较低； 季节性变化和昼夜变化：合流制的污水处理厂雨季水量较大，进水浓度较低，电耗量较低；污水处理厂白天水量较大，晚上特别是下半夜水量较少，电耗量相应变化
参照数值	污水处理厂电耗量一般为 0.2～0.35 kWh/t 污水。受处理工艺、规模和运行状况等因素影响，实际也可出现电耗量较低（如低于 0.15 kWh/t 污水）的情况，特别是近几年新建的污水处理厂，大多数都采用较成熟的工艺和效率较高的进口设备，电耗量会较低
监察方法	现场监管一般方法是根据某一时间段内污水处理量、耗电量计算污水处理厂实际平均电耗量，并与上述经验电耗量比较，判断污水处理厂运行是否正常。 现场监管也可用瞬时电耗量来判定污水处理厂运行状况（对于稳定运行的污水处理厂，瞬时电耗量与实际平均电耗量的误差一般不超过 10%）。 瞬时电耗量根据污水处理厂处理水量、电表参数按下式计算：瞬时电耗量=功率/流量=1.732×电压×电流×功率因数/进水流量

另外，污水处理厂运行时各主要设备的电耗量有确定的比例关系，如污水提升泵电量计入污水处理厂总用电量的氧化沟工艺，一般曝气设备电耗量占全厂用电量的50%～70%，进水提升泵电耗量占全厂用电量的20%，剩余电量主要用于污泥回流设备（包括内回流和外回流）、污泥处理设备和消毒设备等的运行。根据污水处理厂的总电耗量和各设备的电耗量比例，可进一步分析各设备是否正常运行。

四、城镇污水处理厂环境管理的环境监察

（一）检查环评制度执行情况

新建、改建和扩建污水处理厂，必须进行环境影响评价，环评审批手续齐全。

污水处理厂的性质、规模、地点、处理工艺、处理量、处理设备等应与环评报告或环评审批等文件一致。如有变更，应当重新履行环评手续。

（二）检查试运行及验收管理情况

已进入试运行的建设项目应当按照规定向环保部门提交试运行申请，并得到环保主管部门同意。污水处理厂的试运行时间，由于生物培养需要较长时间，因此可在三个月的试运行期内（最长不得超过一年）进行验收。环保主管部门提出的验收整改意见要落实到位。

（三）检查厂区环境综合管理

（1）厂区内构筑物、建筑物外观整洁，无破损、无污物。化验室的标准试剂及检测样本应摆放整齐，并有明显的标志。办公室、运行值班室和机房等场所应整洁、无积尘、无杂物，办公用品及工具用具均应摆放有序。

（2）厂区内道路完好，无破损，无积泥、垃圾；宜设机动车、非机动车停放场地，机动车、非机动车应按规定停放。

（3）生产现场卫生状况良好，无杂物，岗位物品按照定置定位要求堆放整齐。

（4）各种阀门井、计量井等井盖应完好并加以标识，井内无杂物、积泥和明显积水。当发生闸阀漏水或地下水渗漏进入阀井内等情况时，应及时采取措施将积水排出。

（5）污水处理厂应对生产过程中产生的废渣、废液以及有毒、有害物质进行适当地处理、处置，并及时清洗其堆放处。最大限度降低污水处理厂生产运行对环境的不利影响。

（6）应严格控制滤液的排放，不得排入雨水管，并且定期检查滤液排放管的腐蚀情况。

（7）电缆沟内无杂物垃圾和明显积水、积泥，盖板完整；各种线路按规定排放整齐，标志明显；电缆托盘、托架应完好无破损。

（8）应加强污水处理厂隔音措施的管理，控制厂区内各工艺段的噪声，确保噪声控制符合相关标准。

（9）应精心养护厂区内绿化植被，无死亡缺损。厂区绿化覆盖率不宜小于30%，且不得挪作他用。

（四）检查中控室自动监控情况

检查污水处理厂自动监控设施联网运行是否正常、稳定。进、出水部位的流量、溶解氧浓度、温度、COD 等数据是否正常；随机抽调、查阅 10d 自动在线监测装置记录的进出口水量和 COD 等相关项目的浓度，进行比照，差别率应小于 5%。

（五）检查标准化总排口的建设及运行情况

污水处理厂应当按照国家和省的规定规范设置排污口。在排污口应设置水量自动计量装置，安装 pH、COD（或 TOC）等主要水质指标在线监测监控装置，并与当地环保部门联网。

检查应处理水量与实际处理水量是否相符，若处理水量低于应处理水量，则检查超越管非事故情况下排放、分流情况。如果只有一条生产线或分期建设时，才可设置超越管，否则均可不设超越管。

（六）检查污水重复利用情况

污水处理厂应采取分类供水、多级用水，局部用水循环等措施，提高水重复利用率。对污水经处理后重复利用的单位要加以鼓励，反之，则要加大监督力度，促进其提高废水重复利用率。

（七）检查环境应急设施

（1）为预防入口超标污水对污水处理厂菌种的冲击，避免由此造成的系统崩溃、污水直排的局面，水厂应设置事故应急池，以缓冲突发事故对水厂的冲击。

（2）企业应急预案和应急物资管理。污水处理厂应当制定环境污染事故应急预案，要针对进水水质水量突变、停电、重要设备故障、洪涝灾害、火灾等突发事件制定环境应急预案和准备相关的应急物资，要具有有效性和可操作性，要定期进行环境事故应急演练。

污水处理厂的应急预案的环境监察可以通过以下内容来判断：事故应急指挥机构、职责和分工；应急处理的原则；事故预防措施；事故应急措施及注意事项；紧急事故的处理流程；事故后的恢复和重新进入；环境污染事故源的认定；事故源预警及措施；应急响应程序和信息报送与处理；应急指挥部的成立；指挥协调的机制和内容；应急监测；人员的安全防护；应急终止的程序和行动；信息发布；应急保障措施（资金、装备、通信、人力、宣传、培训、演练、能力评价）；环境恢复计划。

（八）检查污水处理厂内部环境管理制度

1. 内部环境管理制度建设

污水处理厂应当制定污水监测制度、污泥环境管理制度、处理设施设备操作规程、交接班制度、台账管理制度等各项环境管理制度，并将上述制度上墙。

环境管理制度主要包括：值班记录填写制度、运行报表管理制度、交接班制度、管理人员领班、查岗制度、安全文明生产管理制度、岗位通报联络制度、井下、池内作业制度、生产调度制度、化验室项目检测、化验室仪器设备管理制度、化验室安全管理制度、化验室安全操作制度、化验室质量控制管理制度、机修班安全生产管理制度、工器具管理制度、水区操作岗位巡视管理制度、中控室管理制度、卫生管理制度、运行资料管理制度、办公室主任岗位职责、生产调度室职责、水区岗位职责、泥区岗位职责、化验室岗位职责、机电维修班职责、中控室职责、变电所班长岗位职责、配电值班工岗位职责、污水和污泥设备的操作维护规程、絮凝药剂储存和配置的说明及化验室仪器操作规程。

2．内部环境管理体系建设

污水处理厂应当明确设置专门的水厂运行管理机构，定期不定期召开企业运行情况报告会和专题会议，专题研究解决企业的运行问题。必须配备保证其正常运行的足够操作人员，设立能够监测主要污染物和特征污染物的化验室，配备化验人员。

3．城镇污水处理厂内部环境管理制度的监察

环境管理机构设置检查：是否有管理机构如设置环保部（科、处）以及相应的部门，如安环部（科、处）等。

企业环境管理人员设置检查：企业是否设有分管领导、专职环保员以及车间环保员，是否组成领导小组，主要领导是否挂帅等，组织网络是否健全。

（九）检查设备及设施管理

（1）污水处理厂应设置专门的设备及设施管理机构，配备专职管理人员，负责维护保养、检修、维修、故障鉴定和更新等管理工作。应建立完善的设备及设施管理制度、设备操作规程、设备及设施维护规程以及点检制度、交接班制度、巡回检查制度、重点设备定期检查制度和岗位责任制度。

（2）设备及设施管理人员和专业技术人员应具有相应职称；各岗位操作人员应经过专业培训，熟练掌握本岗位设备操作规程，做到管好、用好、修好和会使用、会保养、会检查、会排除故障，并持证上岗。

（3）污水处理厂应按照设备、设施管理制度的规定对各种设备、设施做好日常维护保养、维修和技术改造工作。

（4）应制定设备、设施的大修和技术改造年度计划，技术改造年度计划需经主管部门批准后方可实施，其余上报主管部门备案。

（5）污水处理厂应采用计划维修与故障维修相结合的方式，安排大、中、小修理，严格按照维修作业流程进行。需要停产或部分停产检修维护时，应上报主管部门批准后方可实施。出现紧急停产维护和抢修时，应及时报主管部门备案。

（6）污水处理厂应建立并严格执行设备、设施报废制度。

（7）污水处理厂应按设备重要性科学地分类管理设备，加强重点关键设备的维修保养工作，并建立设备运行台账管理的制度。建立润滑管理制度，每台设备的润滑应定人、定点、定质、定量、定期。

（8）污水处理厂应建立设备三级巡检和二级维护的管理体系，明确设备管理人员和各级巡视人员的职责。

（9）应建立设备事故报告制度和工单管理制度。设备事故通常分为一般事故、重大事故和特大事故，一般事故，应及时处理，尽快恢复生产；重大事故，应在4h内电话报告企业的相关主管部门；特大事故，应在2h内电话报告相关主管部门；并在12h内向上述部门报送书面报告。

（10）应加强各类格栅机日常维护保养工作。日常运行时，操作人员应观察各部件工作状况、易损件的磨损和腐蚀情况及机械运行是否有异常噪声，并及时清除堵塞物或缠绕物。

（11）应定期检查水泵、污泥泵的电压、电流、轴温等各种仪表显示值是否正常、稳定，是否有异常的噪声或振动，当水泵、污泥泵的电压超过或低于GB 12325规定的额定电压允许误差时，应停止运行，检查供电设备；当电流过高或过低，或有异常噪声和振动时，亦应停机检查或维修。

（12）应检查填料密封的水泵和污泥泵填料泄漏情况，滴水是否正常；停机时先关出水阀门，防止水锤发生。潜污泵停止使用后，应防止泵内留下沉积物，保证泵的清洁。

（13）应根据各类除砂机械工作原理和进水情况，合理制订除砂机械运行周期，并加强现场监视，确保及时发现故障并采取处理措施；同时，应根据设备设施的要求，加强日常维护保养工作，除砂机械每日至少运行一次。

（14）应定时观察搅拌器和推流器的运行状况，并根据设备的使用要求定期吊出水面检查。

（15）应定期观察鼓风机、曝气机的风量、风压、电压、电流、轴温等各种仪表显示值是否正常、稳定，是否有异常的噪声或振动，冷却、润滑系统是否满足要求，并做相应记录。操作人员巡视鼓风机和曝气机间隔时间不宜超过2h。遇到异常情况应立即停机，故障排除前不得开机。

（16）每年应至少清除一次生物池的淤积和堵塞，及时检修更换损坏的曝气头，维修水下管路、放水气阀。

（17）应定时检查刮（吸）泥机和污泥浓缩机的负载情况，行走是否平稳、走偏，是否有异常振动和噪声，并记录电流、电压等数据。应定期检查刮（吸）泥机易损件和其他部件的损坏情况，及时进行维修。当清理二沉池时，应检修刮（吸）泥机水下部件。

（18）应观察机电设备的运转情况。应定期检查传动装置的润滑和油位情况，及时给予保养；应定期测量水下机电设备的绝缘性，每年至少对水下机电设备吊起检查一次，长期不用的机电设备应从水中取出。应定期检查和维护电动机、电缆，发现故障隐患应立即停车检修。

（19）应根据不同的消毒方式，对各种消毒设备和设施采取不同的管理维护措施。

（20）应定期清洗或疏通脱水系统，冲洗喷嘴、集水槽、药泵、各种转子流量计、加药管道和溶（投）药池。各种污泥脱水设备工作结束后，应立即将脱水设备、投泥泵和地面清洗干净。

（21）脱水设备的主机和各种附属设备均应定期检查和维修，定期校准投药系统和进泥流量系统的计量装置，并定期更换各种设备易损件。

（22）变、配电装置的工作电压、工作负荷和控制温度应在额定的允许变化范围内运行。变、配电装置的工作电压、工作负荷和控制温度应按照CJJ 60 要求运行。总体的功率因素不宜小于0.9。

（23）变压器的保养、检修应按CJJ 60、DL/T 572 规定的周期进行。变压器吸潮剂失效或防爆管隔膜有裂纹时，应及时更换；有渗漏油时，应及时处理。

（24）变、配电设备应按照CJJ 60 要求清楚标志各种开关；应防潮、防雨，门窗设置防护装置，周围环境保持整洁、卫生。

（25）应按 CJJ 60 规定定时巡视、清扫、检查电气设备，按时记录电气设备的运行参数，记录有关的命令指示、调度安排，不得漏记、编造和涂改。

（26）应按电力部门 DL/T 596 的有关规定定期测定电气设备的绝缘电阻、各种接地装置的接地电阻等，并应检查安全用具及其他保护电器或做耐压实验。

（27）仪器、仪表管理应符合以下要求：

① 应定期校正各类检测仪表的传感器，确保仪表的准确、可靠；

② 应加强仪器、仪表的巡视检查，其维护工作应由专业技术人员负责；不得随意移动按工艺需要布设的现场仪表的监测点；检测仪表出现故障，不得随意拆卸变送器和转换器；

③ 设置在户外的在线监测仪表，应设置防雨、防晒、防雷击等措施。

（28）自动控制系统应按照 CJJ 60 的规定由专业技术人员进行日常维护；与生产运行无关的软件，不得在中央控制室计算机上运行。

（29）应定期检查维护除臭装置的喷淋、加药和自控等系统，保障排放气体达标。

（30）特种设备和主要计量装置应由具有资质的监测单位定期进行检测，运营企业不得私自拆封进行调校和检修。污水处理厂的特种设备包括行车、锅炉、厂内机动车辆、压力容器和防爆电器等。

（31）热备设备应定期开启，保证能随时投入使用。

（32）应定期检查、维修构筑物的结构及各种阀门、护栏、爬梯、管道和支架等，并进行必要的防腐处理；常开、常闭的阀门和闸门等应定期运转，保证能够随时启用。

（33）各种工艺管线应按 CJ/T 158 要求定期涂饰不同颜色的油漆和涂料。

（34）构筑物之间的管道和明渠等连接设施每年应至少清理一次，各管道、管件、闸门应无破损，无明显锈蚀，无跑、冒、滴、漏现象。

（35）应定期检查各工艺构筑物池底沉积情况，必要时进行放空清洗，放空时应采取措施避免池体上浮。

（36）应定期检查构筑物渗漏、地基下沉、墙体裂缝等情况，及时修复损坏的墙壁、池壁和池底混凝土抹面，设施表面不应出现鼓起和脱落现象。

（37）化验室的各种仪器、设备应妥善保管、有固定的摆放位置，大型检测分析仪器不宜随意搬动；应对仪器、设备维护和定期检验，发现仪器出现故障时，应由专业技术人员检修或上报；精密计量仪器的检修和检定应由具有资质的监测单位负责；贵重仪器的维护保养应严格按贵重仪器管理规定执行。所有化学药品的容器都要贴上清晰永久标签，并按日期或编号分类摆放，试剂瓶应按高低顺序摆放。

（38）各种设备完好状况应符合以下要求：

① 机械设备各部分装置无破损、缺件，无明显锈蚀、脱漆，内外整洁、润滑良好、无泄漏。设备主要技术参数达到设备出厂标准，能满足工艺运行需要。设备启动和运转正常、无异响，温升、噪声、振动值不超过设备出厂标准；

② 电气设备装置完整，操作灵活，绝缘等级达到设计要求，安全可靠；

③ 计量监测仪表准确可信，并根据国家相关规定按时校正；

④ 自控系统应实现全厂主要工艺设备运转状况的实时监控；

⑤ 主要设备完好率应不小于 90%；无备用设备完好率应不小于 95%，设备完好率应

每月统计一次。

（39）宜定期委托有资质单位评估污水处理厂主要设备状况，污水处理厂应依据评估结果完善设备管理。

（40）运营企业应配合主管和环保部门维护在线监测装置，不得擅自拆除、闲置、改变或损坏在线检测装置；出现异常情况，应及时向主管和环保部门报告。

（十）检查基本环境管理

（1）污水处理厂必须遵守《排污申报登记制度》，向所在地的环境保护行政主管部门进行排污申报登记。

（2）环境监察部门对污水处理厂的现场监察作为定期核算环境监察系数和核定污染减排的重要依据。

（3）环境监察部门应当建立污水处理厂环境监察档案。其主要内容包括：企业基本情况登记表；审批文件；试运行文件；环境保护验收文件；现场检查记录；现场监察相关资料；企业守法信息登记表；排污申报表；电费缴纳单据复印件；购药单据复印件；危废转移联单；日常监察记录和处罚情况等。

五、城镇污水处理厂台账的环境监察

（一）污水处理设施和台账环境监察

检查处理设施每日的进出水量、水质、运行所需的耗电量、用药量、产泥量、污泥的沉降率及回流比是否在正常范围之内。检查设备开启的数量、曝气的时间等环保设备运行及维修记录等。

台账主要包括：进水水质分析表、出水水质分析报表、月份水质汇总表、进出水流量趋势图、进出水 COD 趋势图、好氧池 DO 趋势图、曝气池污泥浓度趋势图、水质监测报告、鼓风机运行时间统计表、污泥脱水机运行时间统计表、污水提升泵运行时间月统计表、设备保养和大中修记录表、污水处理厂岗位通报记录表、运行人员值班日志、中控室值班日志、污水处理厂生产运行日报表、污水处理厂水区运行记录、泥区运行记录、机修车间维修日志、生产调度值班记录。

（二）混凝池、污泥处理及污泥脱水间运行记录

检查混凝剂的投加量、污泥处理设备运行情况，如浓缩、消化、脱水设备运行是否正常；污泥产生量记录，污泥临时堆放状况；污泥转移联单，污泥处置资质和厂外处理方式；污泥清运记录等。

（三）化验室日常监测情况

检查监测仪器使用情况，六项常规监测项目报告和其他相关记录。重点检查以往的监测记录以及和现场的监测相符性。

（四）在线自动监测的建设及运行情况

污水处理厂在线监测监控装置必须按有关规定定期进行检验和校准，运行单位应正常使用、维护在线监测监控装置，不得擅自拆除、闲置、改变或者损毁。

站房应有防火、防潮设施，通风良好；站房外应设置标志牌，应标明排污单位、运营商、监察单位三方的联系方式及联系人；应悬挂在线监控的相关操作流程，如实填写加药记录、维护记录、运行记录。

现场监管中应特别注意监管导致污水处理厂在线监测数据不真实的各种因素：

一是仪器设备存在问题导致数据不真实，主要包括：仪器设备选型不当；仪器管路或其他部位老化，局部因水的浸湿、结露等影响自动分析仪运行的性能，导致数据不真实；仪器量程过高；仪器安装次序的影响；数采仪的电流、量程与 COD 监测仪的电流、量程不对应，导致数据不真实；在线监测采样探头安装以及剩样频次设置不符合规范，导致采集的样品浓度不能代表真实浓度。

二是人为造假导致数据不真实，主要包括：人为调高测量量程；人为调低设备参数（如 COD 在线监测设备显示值 Y 由 $Y=AX+B$ 得出，其中 A、B 值是经过校准后获取的一个固定值，通过人为调低设备中的校正因子 A 和修正值 B，可使测量的出水浓度低于实际排放浓度）；工控机在数采仪之前，人为调整输出软件对上传数据进行修正过滤；人为调整监测仪模拟信号输出电流；人为改变确定的反应试剂浓度；人为改变采样探头位置或人为将稀释后的处理废水作为出水在线监测样品。

三是运行、维护不当导致数据不真实，主要包括：不按规范对系统进行校准、比对、标定；不按规范配置反应药剂；对关键设备如分光光度计等不正常清洗、维护；对部分老化或不能正常运行的设备未及时修复和更换；在线监测设备不正常运行期间，不按规定进行人工监测。

四是在线监测站房不符合在线监测要求导致数据不真实。在线监测站房因温度、湿度等不符合规定要求，影响设备正常稳定运行，导致在线监测数据不真实。

六、城镇污水处理厂成本分析

（一）城镇污水处理厂处理成本的构成

污水处理厂的处理成本包括：人员工资、材料费、电费、折旧、管道维护、设备维修、化验费、车辆费、管理费、财务费用、污泥处理费用及其他费用。运行成本是除折旧费和财务费用的其他所有费用。为了方便，我们把污水处理厂的运行成本分为：人员费、动力费、维修费、药剂费和其他费用，其中人员费包括人员工资及附加、管理费、车辆费，动力费包括全厂电费和运输费，维修费包括日常的设备维修保养费、仪表的校验费、设备大修费和管道的维护费，药剂费包括各种化学试剂、絮凝剂、消毒费。用公式表示：

$$C=W+P+M+R+Q$$

式中：C —— 污水处理厂每月的运行成本，元；

W —— 人员费，元；

P —— 动力费，元；

M —— 维修费，元；

R —— 药剂费用，元；

Q —— 其他费用，按照前四项费用的5%估计，元。

（二）运行成本分析

1．人员费

人员费包括污水处理厂职工的工资、福利、津贴、补助和管理费，这些费用一般比较固定，每月基本不变。只有遇到政策调整时，人员费用才有比较大的增长。在分析污水处理厂的运行成本时，可以把其考虑成一个常数。

2．动力费

动力费主要包括电费和运输费。电费是污水处理厂的主要成本之一，主要含泵站、曝气池的电费，像粗细格栅的功率一般不超过 10 kW，二沉池刮泥机的功率不超过 5 kW，脱水机房的功率不超过 15 kW，消毒间的功率也很小，而且也不是 24h 运行，所以这些电费占泵站和曝气池的电费的比例很小，不会超过 5%。

泵站电费和曝气池鼓风机电费：

$$B = 720\,K\mu X$$

式中：B —— 泵站电费，包括提升泵、污泥回流泵、污泥泵的运行费用，元；鼓风机电费，元；

K —— 每千瓦时的电费，元/kWh；

μ —— 泵的利用效率；鼓风机利用效率；

X —— 泵的功率，kW；鼓风机功率，kW；

720 —— 每月泵的运行时间，按照每月 30 d 计算。

污水处理厂电耗量一般为 0.2～0.35 kWh/t 污水。

总的来说，对于目前常用的二级生物处理流程其大概的能耗为：预处理的能耗约占总能耗的 28%，生物处理的能耗约占总能耗的 60%，污泥处理的能耗约占总能耗的 12%，其中曝气设备的电耗约占污水处理厂总电耗的 50%。

3．维修费

维修费包括日常的设备维修保养费、仪表的校验费、设备大修费和管道的维护费，维修保养费和仪表的校验费一般每年按照设备投资额的 5%计，设备大修费和管道的维护费一般几年才有一次，每年按照设备投资额的 1%计。

4．药剂费

药剂费包括各种化学试剂、絮凝剂、消毒费。目前主要从经济的角度考虑所采用的消毒方式，一般以加入氯和二氧化氯的方法进行消毒，消毒每吨污水的运行成本为 0.025 元。

另外还包括污泥处理车间絮凝剂的费用，一般处理每立方米污水，加絮凝剂 10～15 mg。

七、城镇污水处理厂环境监察要点

（一）城镇污水处理厂的日常环境监察要点

1．检查污水来源

参照在线监控数据、监督性监测报告、检查进水口和出水口的水量和水质，检查是否存在可能严重影响污水处理效果的进水水质、水量发生重大变化或超出污水处理厂设计参数等情况。检查污水处理厂的排放是否达标，同时通过进出水表观特征与性状检查，污泥表观特征、性状及产生量检查，根据各方面检查结果，判断污水处理结果与数据之间是否存在异常情况。

2．检查城镇污水处理厂监测数据和运行台账

如果在现场检查发现有异常，应检查中控室相关设备运行记录和查台账资料，进一步在线监控数据、环境监测数据。从这些数据中估算污水处理厂的废水量和主要污染物的实际产排污量与污水处理厂上报数据是否一致，污水处理厂上报数据是否合理。

3．城镇污水处理厂运行状况检查要点

如果经数据分析还存在疑点问题，需要进行废水处理工艺的检查和分析，通过废水处理工艺运行过程的检查，对运行中存在的不正常现象，通过对废水处理设施运行的检查分析，判断监测数据是否合理可信。

4．判断城镇污水处理厂有无违法行为

（1）私设暗管或者采取其他规避监管的方式（超越管等）排放水污染物。擅自在污水管道上凿洞接管排水。

（2）不按国家规定标准排放污染物的。

（3）谎报实际运行数据、编造虚假数据的。

（4）排放未经处理的城镇污水、污泥或随意倾倒污泥的。

（5）污水处理厂不按正常运行或未经批准擅自停止污水处理厂运行的。

（6）造成重大安全、环境污染事故的。

（7）污水处理厂未按规定安装或不正常使用自动监控设备及其配套设施的。

（8）拒绝主管部门监督检查，或者在接受监督检查时弄虚作假的。

（9）影响城镇污水处理厂正常运行的其他违法行为。

（二）城镇污水处理厂的环境隐患分析

1．属于危险废物的污泥管理

经鉴别属于危险废物的污泥，是否按危险废物管理要求进行处理处置。污泥委托处理的，城镇污水处理厂、污泥运输单位和污泥接收单位是否建立污泥转运联单制度，并将转运情况上报环保部门固废管理机构。

2．设施检修、维护，需暂停运行的报告

检查是否存在未提前向环保部门申请并获得同意即进行设施检修、维护，暂停运行部分污水处理设施的情况。

3．检查实际处理成本

检查污水处理厂的基本消耗如处理吨废水的电耗、药剂消耗、处理成本，通过对这些也可能发现一些污水处理厂存在的一些不正常排污行为和虚假排污数据。

4．检查环境应急情况

检查污水处理厂的环境应急设施、环境应急措施和环境应急准备，使污水处理厂的环境应急预案能落到实处，以备污水处理厂发生突发事件时能有符合要求的应急响应。

5．检查运行台账

严格要求污水处理厂建立规范的运行台账制度。台账应准确记录污水处理厂的运行、停运维修、监测数据、物资和能源消耗等方面情况，一方面作为污水处理厂的守法和运行管理记录，另一方面也有利于环境监察的现场检查和判断。

监察要点	监察项目	监察内容	判断依据
水量	进水水量	台账资料（设计文件和验收资料）	进水水量不应超过设计水量，设计规模乘以变化系数K，一般K取1.1～1.3，结果为进水水量；污水处理厂验收材料要重点查阅进水水量、污水构成（即纳管的工业污水情况及所占比例）等。管网验收材料要重点监管管网长度、收水范围、服务人口和提升泵站等
		查流量计	一是根据瞬时流量计显示流量，同时查阅中控室进水水量历史曲线，对照近期每天进水量变化规律，估算日进水量； 二是根据累计流量计显示流量除以对应的时间计算得出日平均进水水量。用累计流量监管进水水量要与中控室进水水量历史曲线进行校核
		查超越管溢流	如流量计位于超越管前，且超越管阀门开启，核算时要扣除溢流部分的水量；如流量计位于超越管后，则流量计读数就是实际进水水量
		查其他重复计算的水量	个别污水处理厂为了增加进水水量，将处理后的部分废水通过管道重新输入进水流量计前；另外，污水处理厂污泥压滤废水会重新进入污水处理系统
		查中控室相关设备运行记录	查水泵运行时间和水泵流量，用运行时间乘以水泵流量计算得出进水水量。查集水井液位、进水提升泵电流和扬程，并将之和进水量曲线对照，判定进水水量记录是否准确
	出水水量	查流量计	参考进水水量监管办法，核算出水水量。需要注意的是，有的污水处理厂出水流量计前还有其他废水（如超越废水等）排入，在现场要详细监管，对未经处理的废水根据实际情况核减
		查在线监控数据	根据环保部门在线监控数据核算出水水量
		查监督性监测报告	根据环保部门监督性监测报告核算出水水量
		监管对照进、出水水量	污水处理厂进、出水水量应非常接近，如没有超越排放，出水水量加上剩余污泥含水量应等于进水水量。进、出水水量差距较大时需进一步对照核实
	其他水量验证方法	用产泥量验证	查阅污水处理设施的生产运行台账，通过干泥或湿泥（一般含水率为80%）产生量来反算处理水量。一般处理水量和干泥产生量比例为1∶0.0001～1∶0.00012；湿泥产生量比例要根据污泥含水率计算
		用电量验证	查阅污水处理设施的生产运行台账，通过用电量来反算污水处理设施处理水量。一般处理1t污水耗电量为0.2～0.35kWh
		用管网服务人口验证	通过监管管网验收材料、管网覆盖人口情况验证处理水量。处理水量为管网覆盖人口与人均综合排水量之积

监察要点	监察项目	监察内容	判断依据
水质	进水水质	查台账资料	查阅污水处理厂运行台账及日常监管记录，实际进水浓度一般不应大于其设计进水浓度。通常南方污水处理厂生活污水进水 COD 浓度不超过 350 mg/L，北方不超过 500 mg/L
		查进水水质指标	一般生活污水水质各指标间存在下述关系：$6.5<pH<7.5$、$BOD_5/TP>20$、$BOD_5/TN>3.5$、$BOD_5/COD\geqslant0.3$，查阅污水处理厂每日监测记录或环保部门监督监测报告，可根据各进水水质指标间的逻辑关系判断上报的进水 COD 浓度是否正常
		查进水表观特征	一般颜色较深和气味较重的水有机质成分较多，COD 浓度也较高；反之则水有机质成分较少，COD 浓度也较低
		查设备运行参数	用曝气机等设备运行参数可推断进水水质情况。一般二级污水处理厂气水比为处理每吨污水需 5～12 m^3 空气。如运行正常但实际曝气量明显低于上述标准，则推断进水浓度明显低于设计标准，进一步查阅中控室曝气设备相关运行参数历史曲线或运行记录可初步推断实际进水水质情况
		查污泥浓度	生化反应池污泥浓度一般为 2 000～5 000 mg/L
	出水水质	查在线监测数据	一是仪器设备存在问题导致数据不真实，主要包括：仪器设备选型不当；仪器管路或其他部位老化，局部因水的浸湿、结露等影响自动分析仪运行的性能，导致数据不真实；仪器量程过高；仪器安装次序的影响；数采仪的电流、量程与 COD 监测仪的电流、量程不对应，导致数据不真实；在线监测采样探头安装以及剩样频次设置不符合规范，导致采集的样品浓度不能代表真实浓度。 二是人为造假导致数据不真实，主要包括：人为调高测量量程；人为调低设备参数（如 COD 在线监测设备显示值 Y 由 $Y=AX+B$ 得出，其中 A、B 值是经过校准后获取的一个固定值，通过人为调低设备中的校正因子 A 和修正值 B，可使测量的出水浓度低于实际排放浓度）；工控机在数采仪之前，人为调整输出软件对上传数据进行修正过滤；人为调整监测仪模拟信号输出电流；人为改变确定的反应试剂浓度；人为改变采样探头位置或人为将稀释后的处理废水作为出水在线监测样品。 三是运行、维护不当导致数据不真实，主要包括：不按规范对系统进行校准、比对、标定；不按规范配置反应药剂；对关键设备如分光光度计等不正常清洗、维护；对部分老化或不能正常运行的设备未及时修复和更换；在线监测设备不正常运行期间，不按规定进行人工监测。 四是在线监测站房不符合在线监测要求导致数据不真实。在线监测站房因温度、湿度等不符合规定要求，影响设备正常稳定运行，导致在线监测数据不真实
		查监督性监测报告	根据环保部门监督性监测报告，监管污水处理厂出水浓度
		查出水表观特征	处理较好的废水应该是清澈透明的。出水发黄（如没有工业废水的影响）可能氨氮或总氮会超标；在总排口生长较多的丝状藻类，通常源于出水总磷偏高；有二沉池的污水处理厂，如沉淀效果不好，泥水没有明显分界线，可导致 SS 和 COD 超标

监察要点	监察项目	监察内容	判断依据
生物处理系统监察	活性污泥	查污泥浓度	活性污泥法或氧化沟法污泥浓度一般为2 000～5 000mg/L，低于1 000mg/L难以保障正常处理效果，出水水质可能超标；高于8 000mg/L（原因可能有高浓度工业废水进入，或污泥膨胀等）会导致出水泥水分离效果差，出水SS、COD可能超标
		查污泥表征	正常污泥的颜色一般呈黄褐色，有泥土气味；曝气时，废水泡沫不多，且较容易破裂。如没有特殊工业废水进入，污泥颜色发黑（接近污水）、发臭，废水泡沫增多、不易破碎，则处理效果可能较差甚至出水超标（原因主要有曝气不足、进水COD偏高、生化不充分、污泥龄短、污泥负荷高等）
		查污泥沉降性能	SV值一般为20%～30%。SV值过低（原因主要有进水COD浓度过低，长期过度曝气等），如低于5%，则污泥生化性较差，出水COD和氨氮都有可能超标。SV值过高（一般源于供氧不足），如高于50%，则污泥性状不佳或有膨胀的趋势；如高于80%，则污泥已经膨胀了，出水SS、COD和TP均有可能超标。SVI值一般为80～150mL/g。如SVI值大于150，污泥中丝状菌较多，出水SS和TP均有可能超标（此时，污泥颜色浅黄。原因主要有污泥龄长，曝气过量，污泥负荷低等）。如SVI值小于80mL/g时，出水TN和氨氮可能超标（有两种可能的原因，一是进水COD浓度低、污泥无机化；二是污泥负荷太高）；如果SVI值过低，出水水质多数指标均有可能超标
	剩余污泥	污泥量	污水处理厂污泥产量为每处理10000t废水产生1～1.2t干污泥，每处理1t COD产生0.2t干污泥（一般取0.4t）
		污泥性状	运行正常的污水处理厂脱水污泥呈黄褐色，有泥土气味，不沾手，结成块状；运行不正常的腐败污泥或无机化污泥，颜色发黑，沾手，呈松散状
		污泥去向	主要指污泥的最终利用。是填埋还是堆肥还是工农业利用。监管污泥去向可以进一步确认污水处理厂运行情况
	溶解氧（DO）监察		一般生化反应池厌氧段溶解氧浓度为0～0.2mg/L，缺氧段溶解氧浓度为0.2～0.5mg/L，好氧段溶解氧浓度为1.5～3mg/L。了解溶解氧浓度可查阅现场在线监测仪表，也可查阅中控室相关数据。一般生化反应池溶解氧浓度和曝气设备曝气量呈同向变化的关系，因此可通过监管设备曝气量来监管溶解氧浓度。同时注意检查曝气设备是否出现故障，出现故障则前面的判断依据失效
	气水比的监察		一般情况下污水处理厂气水比为处理每吨污水需空气3～12m^3（一般取5～12m^3）
	氧化还原电位（ORP）		氧化还原电位是判断缺氧和厌氧段反硝化情况的一项指标。通常氧化还原电位在厌氧段小于−250mV，在缺氧段小于−100mV。好氧大于+100mV。监管氧化还原电位可查阅现场在线监测仪表，也可查阅中控室相关数据
电耗量监察	电耗量		设计处理规模和实际处理水量：同一工艺，规模和处理水量越大，电耗量越低； 进水水质和水温：进水有机物浓度越高电耗量越大，水温越高电耗量越低； 曝气方式：微孔曝气电耗量较低，表曝机、转碟、转刷等机械曝气电耗量较高； 污泥脱水方式：采用离心脱水机的污水处理厂电耗量较高，采用带式脱水机的污水处理厂电耗量较低； 出水消毒方式：紫外消毒电耗量较高，加氯消毒的电耗量较低； 设备效率：进水泵、回流泵、鼓风机等采用先进的进口设备且带变频调速装置时电耗量较低； 季节性变化和昼夜变化：合流制的污水处理厂雨季水量较大，进水浓度较低，电耗量较低；污水处理厂白天水量较大，晚上特别是下半夜水量较少，电耗量相应变化。 污水处理厂电耗量一般为0.2～0.35 kWh/t污水； 现场监管也可用瞬时电耗量来判定污水处理厂运行状况（对于稳定运行的污水处理厂，瞬时电耗量与实际平均电耗量的误差一般不超过10%）； 瞬时电耗量根据污水处理厂处理水量、电表参数按下式计算：瞬时电耗量=功率/流量=1.732×电压×电流×功率因数/进水流量

参考文献

一、著作类

[1] 环境保护部环境监察局. 环境监察[M]. 第三版. 北京：中国环境科学出版社，2009.
[2] 毛应淮，扬子江. 工业污染核算[M]. 北京：中国环境科学出版社，2007.
[3] 康宏，沈志，毛应淮. 新疆污染物排放核算指南[M]. 北京：中国环境科学出版社，2011.
[4] 张卯均. 三废治理与利用[M]. 北京：冶金工业出版社，1999.
[5] 王玉彬. 大气环境工程师实用手册[M]. 北京：中国环境科学出版社，2003.
[6] 金熙，项成林，齐冬子. 工业水处理技术问答及常用数据[M]. 北京：化学工业出版社，1997.
[7] 王连生. 环境科学与工程辞典[M]. 北京：化学工业出版社，2002.
[8] 陈鹏. 中国煤炭性质、分类和利用[M]. 第二版. 北京：化学工业出版社，2011.
[9] 向英温，杨先林. 煤的综合利用基本知识问答[M]. 北京：冶金工业出版社，2002.
[10] 李芳芹. 煤的燃烧与气化手册[M]. 北京：化学工业出版社，1997.
[11] 岳福斌. 中国煤炭工业发展报告（2006—2010）[M]. 北京：社会科学文献出版社，2008.
[12] 肖钢，马丽. 黑色的金子——煤炭开发、利用与前景[M]. 北京：化学工业出版社，2009.
[13] 韩昭沧. 燃料及燃烧[M]. 北京：冶金工业出版社，1994.
[14] 沈英林，肖丹凤. 锅炉运行与维护技术问答[M]. 北京：化学工业出版社，2009.
[15] 李晓芸，雷应奇，庞力平. 火电厂环境管理[M]. 北京：中国水利水电出版社，2006.
[16] 朱法华，钟鲁文，王强，等. 火电行业主要污染物产排污系数[M]. 北京：中国环境科学出版社，2009.
[17] 四川省电力公司，四川电力教育协会. 火电厂环境监测[M]. 北京：中国电力出版社，2003.
[18] 胡满银，雷应奇. 燃煤电厂袋式除尘器[M]. 北京：中国电力出版社，2010.
[19] 张景来，等. 冶金工业污水处理技术及工程实例[M]. 北京：化学工业出版社，2003.
[20] 唐平，曹先艳，赵由才. 冶金过程废气污染控制与资源化[M]. 北京：冶金工业出版社，2008.
[21] 王社斌，许并社. 钢铁生产节能减排技术[M]. 北京：化学工业出版社，2009.
[22] 郝素菊. 高炉炼铁500问[M]. 北京：化学工业出版社，2008.
[23] 许传才. 铁合金冶炼工艺学[M]. 北京：冶金工业出版社，2008.
[24] 刘卫，王宏启. 铁合金生产工艺与设备[M]. 北京：冶金工业出版社，2009.
[25] 陈津，王克勤. 冶金环境工程[M]. 长沙：中南大学出版社，2009.
[26] 王平甫. 铝电解碳阳极生产与应用[M]. 北京：冶金工业出版社，2005.
[27] 付高峰，等. 氧化铝生产知识问答[M]. 北京：冶金工业出版社，2007.
[28] 李明照. 有色金属冶金工艺[M]. 北京：化学工业出版社，2009.
[29] 屠海令，等. 有色金属冶金、材料、再生与环保[M]. 北京：化学工业出版社，2003.
[30] 许并社，李明照. 有色金属冶金1200问[M]. 北京：化学工业出版社，2010.
[31] 宁平，等. 有色金属工业大气污染控制[M]. 北京：中国环境科学出版社，2007.
[32] 马建立，等. 绿色冶金与清洁生产[M]. 北京：冶金工业出版社，2007.
[33] 姚燕. 建材工业节能减排技术指南[M]. 北京：化学工业出版社，2010.
[34] 徐宁. 水泥工业环保工程手册[M]. 北京：中国建材工业出版社，2008.

[35] 李坚利，周惠群. 水泥生产工艺[M]. 湖北：武汉理工大学出版社，2008.
[36] 张长海. 陶瓷生产工艺知识问答[M]. 北京：化学工业出版社，2009.
[37] 杨学富. 制浆造纸工业废水处理[M]. 北京：化学工业出版社，2006.
[38] 高玉杰. 废纸再生实用技术[M]. 北京：化学工业出版社，2003.
[39] 何北海. 造纸工业清洁生产原理与技术[M]. 北京：中国轻工业出版社，2007.
[40] 刘秉钺. 制浆造纸污染控制[M]. 北京：中国轻工业出版社，2009.
[41] 纪培红，鞠成民. 造纸工艺与技术[M]. 北京：化学工业出版社，2009.
[42] 韩金梅. 制浆工艺与技术[M]. 北京：化学工业出版社，2005.
[43] 张运展. 现代废纸制浆技术问答[M]. 北京：化学工业出版社，2009.
[44] 万金泉，马邕文. 废纸造纸及其污染控制[M]. 北京：中国轻工业出版社，2005.
[45] 中国造纸学会. 中国造纸年鉴 2009[M]. 北京：中国轻工业出版社，2009.
[46] 程信君，吕竹明，孙晓峰. 轻工重点行业清洁生产及污染控制技术[M]. 北京：化学工业出版社，2010.
[47] 万端极，等. 轻工清洁生产[M]. 北京：中国环境科学出版社，2006.
[48] 汪苹，宋云. 造纸工业节能减排技术指南[M]. 北京：化学工业出版社，2010.
[49] 武书彬. 造纸工业水污染控制与治理技术[M]. 北京：化学工业出版社，2001.
[50] 王凯军，秦人伟. 发酵工业废水处理[M]. 北京：化学工业出版社，2000.
[51] 奚旦立. 纺织工业节能减排与清洁生产审核[M]. 北京：中国纺织出版社，2008.
[52] 杨书铭，黄长盾. 纺织印染工业废水治理技术[M]. 北京：化学工业出版社，2002.
[53] 李闻欣. 制革污染治理及废弃物资源化利用[M]. 北京：化学工业出版社，2005.
[54] 付长亮，张爱民. 现代煤化工生产技术[M]. 北京：化学工业出版社，2009.
[55] 郑智宏. 煤化工生产基础知识[M]. 北京：化学工业出版社，2011.
[56] 陈启文. 煤化工工艺[M]. 北京：化学工业出版社，2009.
[57] 高晋生. 煤的热解、炼焦和煤焦油加工[M]. 北京：化学工业出版社，2010.
[58] 高晋生，鲁军，王杰. 煤化工过程中的污染与控制[M]. 北京：化学工业出版社，2010.
[59] 何建平. 炼焦化学产品回收与加工[M]. 北京：化学工业出版社，2005.
[60] 潘立慧，魏松波. 炼焦技术问答[M]. 北京：冶金工业出版社，2008.
[61] 胡学毅，薄以匀. 焦炉炼焦除尘[M]. 北京：化学工业出版社，2010.
[62] 张子锋. 合成氨生产技术[M]. 北京：化学工业出版社，2011.
[63] 林玉波. 合成氨生产工艺[M]. 北京：化学工业出版社，2011.
[64] 中国石油化工集团公司安全环保局. 石油石化环境保护技术[M]. 北京：中国石化出版社，2005.
[65] 陈家庆. 石油石化工业环保技术概论[M]. 北京：中国石化出版社，2005.
[66] 金有海，刘仁桓. 石油化工过程与设备概论[M]. 北京：中国石化出版社，2008.
[67] 屈撑囤，马云，谢娟. 油气田环境保护概论[M]. 北京：石油工业出版社，2009.
[68] 马自俊. 油田开发水处理技术问答[M]. 北京：中国石化出版社，2003.
[69] 张建芳，山红红. 炼油工艺基础知识[M]. 北京：中国石化出版社，1994.
[70] 李平辉. 化工节能减排技术[M]. 北京：化学工业出版社，2010.
[71] 梁凤凯，陈学梅. 有机化工生产技术与操作[M]. 北京：化学工业出版社，2010.
[72] 陈性水，姚贵汉. 基本有机化工生产及工艺[M]. 北京：化学工业出版社，2002.
[73] 颜鑫. 无机化工生产技术与操作[M]. 北京：化学工业出版社，2011.

[74] 陈五平. 无机化工工艺学 [M]. 上册. 第三版. 北京：化学工业出版社，2001.
[75] 陈五平. 无机化工工艺学 [M]. 中册. 第三版. 北京：化学工业出版社，2001.
[76] 陈五平. 无机化工工艺学 [M]. 下册. 第三版. 北京：化学工业出版社，2001.
[77] 陈群. 化工生产技术[M]. 北京：化学工业出版社，2009.
[78] 汪达翚，徐新华，杨岳平. 化工环境工程概论[M]. 北京：化学工业出版社，2002.
[79] 方天翰，等. 化工环境保护设计手册[M]. 北京：化学工业出版社，1998.
[80] 潘长华. 实用小化工生产大全 [M]. 第一卷. 北京：化学工业出版社，1997.
[81] 潘长华. 实用小化工生产大全 [M]. 第二卷. 北京：化学工业出版社，1997.
[82] 朱盛山. 药物制剂工程[M]. 北京：化学工业出版社，2002.
[83] 胡晓东. 制药废水处理技术及工程实例[M]. 北京：化学工业出版社，2008.
[84] 王效山，夏伦祝. 制药工业三废处理技术[M]. 北京：化学工业出版社，2010.
[85] 程迪. 农药生产节能减排技术[M]. 北京：化学工业出版社，2009.
[86] 沈阳化工研究院环保室. 农药废水处理[M]. 北京：化学工业出版社，2000.

二、环境标准及标准编制说明类

[1] 环境保护部. 焦化行业现场环境监察指南（试行）. 2011.
[2] 环境保护部. 电解金属锰企业环境监察工作指南. 2010.
[3] 环境保护部. 味精行业现场环境监察指南. 2010.
[4] 环境保护部. 制浆造纸行业现场环境监察指南. 2010.
[5] 哈尔滨市环保局. 燃料燃烧排放大气污染物物料衡算办法（暂行）. 2004.
[6] 环境保护部. 燃煤电厂污染防治最佳可行技术导则（编制研究报告）. 2008.
[7] 环境保护部.《火电厂烟气脱硝工程技术规范 选择性催化还原法（征求意见稿）》编制说明. 2009.
[8] 环境保护部.《火电厂烟气脱硝工程技术规范 选择性非催化还原法（征求意见稿）》编制说明. 2009.
[9] 环境保护部.《火电厂氮氧化物防治技术政策（征求意见稿）》编制说明. 2009.
[10] 环境保护部.《火电厂烟气脱硫工程技术规范 氨法（征求意见稿）》编制说明. 2010.
[11] 国家环境保护总局.《钢铁工业（采选矿）污染物排放标准（征求意见稿）》编制说明. 2007.
[12] 国家环境保护总局.《钢铁工业发展循环经济环境保护导则》编制说明. 2007.
[13]《钢铁工业大气污染物排放标准——上海市（征求意见稿）》编制说明. 2009.
[14] 环境保护部.《钢铁工业水污染物排放标准（征求意见稿）》编制说明. 2009.
[15] 国家环境保护总局.《国家环境保护总局钢铁工业（炼钢）大气污染物排放标准（征求意见稿）》编制说明. 2007.
[16] 国家环境保护总局.《钢铁工业（炼铁）大气污染物排放标准（征求意见稿）》编制说明. 2007.
[17] 国家环境保护总局.《钢铁工业（烧结球团）大气污染物排放标准（征求意见稿）》编制说明. 2007.
[18] 国家环境保护总局.《钢铁工业（轧钢）污染物排放标准（征求意见稿）》编制说明. 2007.
[19] 国家环境保护总局.《钢铁工业（铁合金）大气污染物排放标准（征求意见稿）》编制说明. 2007.
[20]《钢铁行业大气污染物排放标准——重庆市》编制说明. 2006.
[21] 环境保护部.《钢铁工业污染防治技术政策（征求意见稿）》编制说明. 2008.
[22] 环境保护部.《 钢铁行业（炼钢）污染防治最佳可行技术导则（征求意见稿）》编制说明. 2009.
[23] 环境保护部.《钢铁行业（焦化工艺）污染防治最佳可行技术导则（征求意见稿）》编制说明. 2009.
[24] 环境保护部.《钢铁行业（轧钢工艺）污染防治最佳可行技术导则（征求意见稿）》编制说明. 2009.

[25] 环境保护部.《环境影响评价技术导则 钢铁建设项目（征求意见稿）》编制说明. 2011.
[26] 国家环境保护总局.《钢铁行业（炼钢）清洁生产标准（征求意见稿）》编制说明. 2007.
[27] 国家环境保护总局.《钢铁行业（烧结）清洁生产标准（征求意见稿）》编制说明. 2007.
[28] 国家环境保护总局.《钢铁行业（铁合金）清洁生活产标准（征求意见稿）》编制说明. 2007.
[29] 国家环境保护总局.《钢铁行业（高炉炼铁）清洁生产标准（征求意见稿）》编制说明. 2007.
[30] 国家环境保护总局.《钢铁工业废水治理及回用工程技术规范（征求意见稿）》编制说明. 2008.
[31] 国家环境保护总局.《钢铁行业除尘工程技术规范》编制说明. 2007.
[32] 国家环境保护总局.《水泥工业污染物排放标准》编制说明. 2003.
[33] 国家环境保护总局.《水泥工业建设项目竣工环境保护验收监测技术规范》编制说明. 2005.
[34] 国家环境保护总局.《水泥行业清洁生产标准（征求意见稿）》编制说明. 2006.
[35] 国家环境保护总局.《水泥行业除尘工程技术规范》编制说明. 2005.
[36] 国家环境保护总局.《水泥行业除尘工程技术规范》编制说明. 2008.
[37] 环境保护部.《平板玻璃工业大气污染物排放标准（二次征求意见稿）》编制说明. 2010.
[38] 国家环境保护总局.《平板玻璃工业污染物排放标准（征求意见稿）》编制说明. 2006.
[39] 环境保护部.《日用玻璃工业污染物排放标准（征求意见稿）》编制说明. 2011.
[40] 国家环境保护总局.《电子玻璃工业大气污染物排放标准（二次征求意见稿）》编制说明. 2005.
[41] 国家环境保护总局.《电子玻璃工业污染物排放标准（征求意见稿）》编制说明. 2005.
[42] 环境保护部.《平板玻璃行业清洁生产审核指南（征求意见稿）》编制说明. 2010.
[43] 国家环境保护总局.《平板玻璃行业清洁生产标准（征求意见稿）》编制说明. 2006.
[44] 国家环境保护总局.《平板玻璃行业清洁生产标准》编制说明. 2007.
[45] 环境保护部.《铜再生有色金属工业污染物排放标准（征求意见稿）》编制说明. 2010.
[46] 环境保护部.《铜镍钴工业污染物排放标准（征求意见稿）》编制说明. 2007.
[47] 环境保护部.《铜冶炼污染防治最佳可行技术指南（试行）（征求意见稿）》编制说明. 2010.
[48] 环境保护部.《铜冶炼业清洁生产标准（征求意见稿）》编制说明. 2009.
[49] 环境保护部.《铜电解业清洁生产标准（征求意见稿）》编制说明. 2009.
[50] 环境保护部.《铅再生有色金属工业污染物排放标准（征求意见稿）》编制说明. 2010.
[51] 环境保护部.《铝再生有色金属工业污染物排放标准（征求意见稿）》编制说明. 2010.
[52] 国家环境保护总局.《铝再生有色金属工业污染物排放标准（征求意见稿）》编制说明. 2010.
[53] 国家环境保护总局.《铅、锌工业污染物排放标准》编制说明. 2007.
[54] 环境保护部.《铅锌冶炼业污染防治技术政策（征求意见稿）》编制说明. 2010.
[55] 国家环境保护总局.《铅冶炼污染防治最佳可行技术指南（试行）（征求意见稿）》编制说明. 2010.
[56] 环境保护部.《废铅酸蓄电池收集和处理污染控制技术规范（征求意见稿）》编制说明. 2008.
[57] 环境保护部.《废铅酸蓄电池铅回收业清洁生产标准（征求意见稿）》编制说明. 2008.
[58] 环境保护部.《粗铅冶炼业清洁生产行业（征求意见稿）》编制说明. 2008.
[59] 环境保护部.《铅电解业清洁生产标准（征求意见稿）》编制说明. 2008.
[60] 环境保护部.《铅酸蓄电池行业清洁生产标准（征求意见稿）》编制说明. 2008.
[61] 环境保护部.《铝再生有色金属工业污染物排放标准（征求意见稿）》编制说明. 2010.
[62] 国家环境保护总局.《铝工业污染物排放标准（征求意见稿）》编制说明. 2006.
[63] 国家环境保护总局.《电解铝建设项目竣工环境保护验收技术规范（征求意见稿）》编制说明. 2006.

[64] 国家环境保护总局.《清洁生产技术要求 铝电解业》编制说明. 2002.
[65] 环境保护部.《氧化铝业清洁生产标准（征求意见稿）》编制说明. 2008.
[66] 国家环境保护总局.《铝工业发展循环经济环境保护导则》编制说明. 2007.
[67] 国家环境保护总局.《铝电解废气治理工程技术规范（征求意见稿）》编制说明. 2010.
[68] 国家环境保护总局.《煤炭工业污染物排放标准》编制说明. 2002.
[69] 环境保护部.《煤炭采选建设项目竣工环境保护验收技术规范（征求意见稿）》编制说明. 2011.
[70] 环境保护部.《煤炭开采工程环境影响评价技术导则（征求意见稿）》编制说明. 2010.
[71] 国家环境保护总局.《煤炭采选行业清洁生产标准（征求意见稿）》编制说明. 2007.
[72] 国家环境保护总局.《清洁生产技术要求 铁矿采选行业》编制说明. 2002.
[73] 环境保护部.《陆上油气田总体开发规划环境影响评价技术导则（征求意见稿）》编制说明. 2008.
[74] 国家环境保护总局.《制浆造纸工业水污染物排放标准（征求意见稿）》编制说明. 2007.
[75] 环境保护部.《造纸行业非木材制浆工艺污染防治最佳可行技术指南（征求意见稿）》编制说明. 2011.
[76] 环境保护部.《造纸工业（废纸制浆）清洁生产审核指南（征求意见稿）》编制说明. 2010.
[77] 环境保护部.《造纸工业（废纸制浆）清洁生产标准（征求意见稿）》编制说明. 2008.
[78] 国家环境保护总局.《制浆造纸废水治理工程技术规范（征求意见稿）》编制说明. 2006.
[79] 环境保护部.《造纸行业非木材制浆工艺污染防治最佳可行技术指南（征求意见稿）》编制说明. 2011.
[80] 国家环境保护总局.《造纸建设项目竣工环境保护验收技术规范（征求意见稿）》编制说明. 2007.
[81] 环境保护部.《造纸行业非木材制浆工艺污染防治最佳可行技术指南（征求意见稿）》编制说明. 2011.
[82] 国家环境保护总局.《造纸建设项目竣工环境保护验收技术规范（征求意见稿）》编制说明. 2007.
[83] 环境保护部.《造纸工业（漂白碱法蔗渣浆生产工艺）清洁生产审核指南（征求意见稿）》编制说明. 2010.
[84] 国家环境保护总局.《清洁生产技术要求 造纸工业 漂白硫酸盐蔗渣生产工艺》编制说明. 2002.
[85] 环境保护部.《造纸工业（废纸制浆）清洁生产标准（征求意见稿）》编制说明. 2008.
[86] 环境保护部.《制浆造纸废水治理工程技术规范（征求意见稿）》编制说明. 2008.
[87] 环境保护部.《纺织染整工业水污染物排放标准（征求意见稿）》编制说明. 2008.
[88] 环境保护部.《麻纺织工业水污染物排放标准（征求意见稿）》编制说明. 2008.
[89] 国家环境保护总局.《纺织染整工业废水治理工程技术规范》编制说明. 2007.
[90] 国家环境保护总局.《清洁生产技术要求 制浆造纸行业》编制说明. 2002.
[91] 国家环境保护总局.《造纸工业漂白硫酸盐蔗渣浆生产工艺清洁生产技术要求（征求意见稿）》编制说明. 2002.
[92] 环境保护部.《清洁生产标准 造纸工业（废纸制浆）（征求意见稿）》编制说明. 2008.
[93] 环境保护部.《清洁生产审核指南 造纸工业（废纸制浆）（征求意见稿）》编制说明. 2010.
[94] 国家环境保护总局.《制浆造纸工业水污染物排放标准（征求意见稿）》编制说明. 2007.
[95] 国家环境保护总局.《造纸建设项目竣工环境保护验收技术规范（征求意见稿）》编制说明. 2007.
[96] 环境保护部.《制浆造纸废水治理工程技术规范（征求意见稿）》编制说明. 2010.
[97] 国家环境保护总局.《化纤行业（氨纶）清洁生产标准》编制说明. 2007.
[98] 国家环境保护总局.《化纤行业（涤纶）清洁生产标准（征求意见稿）》编制说明. 2007.
[99] 环境保护部.《化纤行业（聚乙烯醇）清洁生产标准（征求意见稿）》编制说明. 2010.
[100] 国家环境保护总局.《清洁生产技术要求 化纤行业（腈纶）》编制说明. 2002.

[101] 国家环境保护总局.《清洁生产技术要求 化纤行业（维纶）》编制说明. 2002.
[102] 国家环境保护总局.《清洁生产技术要求 氨纶产品》编制说明. 2002.
[103] 环境保护部.《化纤行业（聚酯、涤纶）清洁生产审核指南（征求意见稿）》编制说明. 2010.
[104] 环境保护部.《化纤行业（聚乙烯醇）清洁生产审核指南（征求意见稿）》编制说明. 2010.
[105] 环境保护部.《麻纺织工业水污染物排放标准（征求意见稿）》编制说明. 2008.
[106] 环境保护部.《毛纺工业水污染物排放标准（征求意见稿）》编制说明. 2008.
[107] 环境保护部.《纺织染整工业水污染物排放标准（征求意见稿）》编制说明. 2008.
[108] 环境保护部.《制革废水治理工程技术规范（征求意见稿）》编制说明. 2009.
[109] 环境保护部.《制浆造纸废水治理工程技术规范（征求意见稿）》编制说明. 2010.
[110] 环境保护部.《制革工业清洁生产审核指南（征求意见稿）》编制说明. 2010.
[111] 环境保护部.《皮革制品工业大气污染物排放标准（征求意见稿）》编制说明. 2010.
[112] 国家环境保护总局.《合成革工业污染物排放标准（征求意见稿）》编制说明. 2006.
[113] 环境保护部.《制革工业（羊革）清洁生产标准（征求意见稿）》编制说明. 2009.
[114] 环境保护部.《制革行业（牛轻革）清洁生产标准（征求意见稿）》编制说明. 2009.
[115] 环境保护部.《合成革工业清洁生产审核指南（征求意见稿）》编制说明. 2010
[116] 环境保护部.《清洁生产标准 酒精制造业（征求意见稿）》编制说明. 2009.
[117] 国家环境保护总局.《味精工业清洁生产标准（征求意见稿）》编制说明. 2007.
[118] 环境保护部.《白酒制造业清洁生产审核指南（征求意见稿）》编制说明. 2010.
[119] 环境保护部.《酒精制造业清洁生产审核指南（征求意见稿）》编制说明. 2009.
[120] 环境保护部.《啤酒制造业清洁生产审核指南（征求意见稿）》编制说明. 2010.
[121] 环境保护部.《酿造工业废水治理工程技术规范（征求意见稿）》编制说明. 2009.
[122] 环境保护部.《味精工业废水治理工程技术规范（征求意见稿）》编制说明. 2011.
[123] 环境保护部.《味精工业水污染物排放标准（征求意见稿）》编制说明. 2008.
[124] 国家环境保护总局.《柠檬酸工业水污染物排放标准》编制说明. 2008.
[125] 环境保护部.《酿造调味品工业水污染物排放标准（征求意见稿）》编制说明. 2009.
[126] 国家环境保护总局.《发酵酒精和白酒工业污染物排放标准》编制说明. 2005.
[127] 环境保护部.《储油库、加油站大气污染治理项目验收检测技术规范（征求意见稿）》编制说明. 2008.
[128] 国家环境保护总局.《黑色金属冶炼及压延加工建设项目竣工环境保护验收技术规范（征求意见稿）》编制说明. 2007.
[129] 环境保护部.《煤炭采选建设项目竣工环境保护验收技术规范（征求意见稿）》编制说明. 2011.
[130] 国家环境保护总局.《石油炼制建设项目竣工环境保护验收技术规范（征求意见稿）》编制说明. 2007.
[131] 环境保护部.《石油天然气开采建设项目竣工环境保护验收技术规范（征求意见稿）》编制说明. 2008.
[132] 国家环境保护总局.《乙烯建设项目竣工环境保护验收检测技术规范（征求意见稿）》编制说明. 2007.
[133] 国家环境保护总局.《含油污水处理工程技术规范（征求意见稿）》编制说明. 2007.
[134] 环境保护部.《焦化废水治理工程技术规范（征求意见稿）》编制说明. 2009.
[135] 国家环境保护总局.《石油天然气开采业污染防治技术政策（征求意见稿）》编制说明. 2008.
[136] 环境保护部.《炼焦工业污染物排放标准（征求意见稿）》编制说明. 2010.
[137] 国家环境保护总局.《石油炼制业（沥青）清洁生产标准（征求意见稿）》编制说明. 2007.
[138] 国家环境保护总局.《石油及成品油储运销售业大气污染物排放标准（征求意见稿）》编制说明. 2006.

[139] 环境保护部.《石油炼制工业污染物排放标准（征求意见稿）》编制说明. 2010.
[140] 国家环境保护总局.《电石行业清洁生产标准（征求意见稿）》编制说明. 2007.
[141] 环境保护部.《氯碱行业（烧碱）清洁生产标准（征求意见稿）》编制说明. 2008.
[142] 环境保护部.《纯碱行业清洁生产标准（征求意见稿）》编制说明. 2008.
[143] 环境保护部.《苯氧羧酸类农药工业水污染物排放标准（征求意见稿）》编制说明. 2008.
[144] 环境保护部.《纯碱工业水污染物排放标准（二次征求意见稿）》编制说明. 2008.
[145] 环境保护部.《合成氨工业水污染物排放标准（征求意见稿）》编制说明. 2008.
[146] 环境保护部.《电解锰行业清洁生产标准（报批稿）》编制说明. 2007.
[147] 环境保护部.《电解锰行业污染防治技术政策》编制说明. 2009.
[148] 环境保护部.《硫酸工业污染物排放标准（征求意见稿）》编制说明. 2009.
[149] 国家环境保护总局.《农药工业（磺酰脲类）水污染物排放标准（征求意见稿）》编制说明. 2008.
[150] 国家环境保护总局.《农药工业（菊酯类）水污染物排放标准（征求意见稿）》编制说明. 2008.
[151] 环境保护部.《农药工业（有机磷类）水污染物排放标准（二次征求意见稿）》编制说明. 2008.
[152] 国家环境保护总局.《农药工业（有机磷酸酯类）污染物排放标准（征求意见稿）》编制说明. 2005.
[153] 环境保护部.《农药工业（有机硫类）水污染物排放标准（征求意见稿）》编制说明. 2008.
[154] 环境保护部.《农药工业（有机氯类）水污染物排放标准（征求意见稿）》编制说明. 2008.
[155] 环境保护部.《生物类农药工业水污染物排放标准（征求意见稿）》编制说明. 2008.
[156] 环境保护部.《酰胺类农药工业水污染物排放标准（征求意见稿）》编制说明. 2008.
[157] 环境保护部.《制药工业污染防治技术政策（征求意见稿）》编制说明. 2009.
[158] 环境保护部.《医疗废物污染防治技术政策（征求意见稿）》编制说明. 2010.
[159] 环境保护部.《医疗废物处理处置污染防治最佳可行技术指南（征求意见稿）》编制说明. 2011.
[160] 国家环境保护总局.《制药工业（中药类）水污染物排放标准（征求意见稿）》编制说明. 2007.
[161] 国家环境保护总局.《制药工业（提取类）水污染物排放标准（征求意见稿）》编制说明. 2007.
[162] 国家环境保护总局.《制药工业（生物工程类）水污染物排放标准（征求意见稿）》编制说明. 2007.
[163] 国家环境保护总局.《制药工业（混装制剂类）水污染物排放标准（征求意见稿）》编制说明. 2007.
[164] 国家环境保护总局.《制药工业（化学合成类）水污染物排放标准（征求意见稿）》编制说明. 2007.
[165] 国家环境保护总局.《制药工业（发酵类）水污染物排放标准（征求意见稿）》编制说明. 2007.
[166] 环境保护部.《污水处理厂污泥处理处置最佳可行技术导则》编制说明. 2008.
[167] 环境保护部.《城镇污水处理厂污泥处理处置技术规范（征求意见稿）》编制说明. 2008.

后 记

本次编制完成的环境监察系列培训教材是《环境监察》、《污染源环境监察》、《生态环境监察》、《环境典型案例分析与执法要点解析》、《环境行政处罚》、《排污收费与排污申报》和参考讲义《环境监察执法手册》、《挂牌督办典型环境违法案件》、《环境执法后督察》、《限期治理项目环境监察》、《跨行政区环境纠纷处理》、《环境监察廉洁执法》等。

为了使环境监察的执法理念及工作方法的研究工作更加科学合理，欢迎大家将上述培训系列教材使用过程中的建议和工作中好的经验、实例及时反馈给我们，使得环境监察培训系列教材能够不断地推陈出新，更好地适应新形势下环境监察工作的需要。